国家植物园
CHINA NATIONAL
BOTANICAL GARDEN

中国
二十一世纪的
园林之母

第二卷

CHINA

Mother of Gardens, in the Twenty-first Century

Volume 2

马金双　贺　然　魏　钰　主编

Editors in Chief:　MA Jinshuang　　HE Ran　　WEI Yu

中国林业出版社
China Forestry Publishing House

内容提要

《中国——二十一世纪的园林之母》为系列丛书，记载今日中国观赏植物研究与历史以及相关人物与机构。其宗旨是总结中国观赏植物资源及其现状，弘扬园林之母对世界植物学与园林学的贡献。全书拟分卷出版。本书为第二卷，共4章：第1章，柏科水杉——"活化石"；第2章，中国马兜铃科马兜铃属和关木通属；第3章，威廉·麦克纳马拉如何成为当代亚洲最丰产植物采集者之一的故事；第4章，莫古礼（Floyd Alonzo McClure）在华采集和引种竹类植物的历史。

图书在版编目（CIP）数据

中国——二十一世纪的园林之母. 第二卷 / 马金双, 贺然, 魏钰主编.
–– 北京 : 中国林业出版社, 2022.9

ISBN 978-7-5219-1840-3

Ⅰ. ①中… Ⅱ. ①马… ②贺… ③魏… Ⅲ. ①园林植物—介绍—中国 Ⅳ. ①S68

中国版本图书馆CIP数据核字（2022）第154536号

责任编辑：张　华　贾麦娥

出版　中国林业出版社（100009　北京市西城区刘海胡同 7 号）
网址　http://www.forestry.gov.cn/lycb.html
电话　010-83143566
发行　中国林业出版社
印刷　北京雅昌艺术印刷有限公司
版次　2022 年 9 月第 1 版
印次　2022 年 9 月第 1 次印刷
开本　889mm×1194mm　1/16
印张　38.25
字数　1160 千字
定价　498.00 元

《中国——二十一世纪的园林之母》
第二卷编辑委员会

编写说明

　　《中国——二十一世纪的园林之母》由多位作者集体创作，先完成的组成一卷先行出版。

　　《中国——二十一世纪的园林之母》记载的顺序为植物分类群在前而人物与机构在后。收录的类群以中国具有观赏和潜在观赏价值的种类为主；其系统排列为先蕨类植物后种子植物（即裸子植物和被子植物），并采用最新的分类系统（蕨类植物：CHRISTENHUSZ et al., 2011, 裸子植物：CHRISTENHUSZ et al., 2011, 被子植物：APG, 2016）。人物和机构的排列基本上以汉语拼音顺序记载，其内容则侧重于历史上采集或研究中国植物的主要人物以及研究与收藏中国观赏植物的重要机构。

　　植物分类群的记载包括隶属简介、分类历史与系统、分类群（含学名以及模式信息）介绍、识别特征、地理分布和观赏植物资源的海内外引种以及传播历史等。人物侧重于其主要经历、与中国观赏植物和机构的关系及其主要贡献；而机构则侧重于基本信息、自然地理概况、历史变迁、现状以及收藏的具有特色的中国观赏植物资源等。

　　全书不设具体的收载内容，不仅仅是因为类群不一、人物和机构的不同，更考虑到多样性以及其影响。特别是通过这样的工作能够使作者（们）充分发挥其潜在的挖掘能力并提高其研究水平，借以提高对观赏植物资源的开发利用和保护的认识。

　　欢迎海内外同仁与同行加入编写行列。在21世纪的今天，我们携手总结中国观赏植物概况，不仅仅是充分展示今日园林之母的成就，同时弘扬中华民族对世界植物学与园艺学的贡献；并希望通过这样的工作，锻炼、培养一批有志于该领域的人才，继承传统并发扬光大。

　　本丛书起始阶段曾得到贺善安、胡启明、张佐双、管开云、孙卫邦、胡宗刚等各位的鼓励与支持，特此鸣谢！本书所使用的各类照片均标注拍摄者或者提供者。感谢首卷各位作者们的积极参与和真诚奉献，感谢各位照片提供者，感谢各位特约审稿人的大力帮助，感谢国家植物园（北园）有关部门的协调，感谢中国林业出版社编辑的努力与付出，使得本书出版面世。

　　诚挚地欢迎各位批评指正。

编者

2022年中秋

前言

中国是世界著名的文明古国，同时也是世界公认的园林之母！数千年的农耕历史不仅积累了丰富的栽培与利用植物的宝贵经验，而且大自然还赋予了中国得天独厚的自然条件，因而孕育了独特而又丰富的植物资源。多重因素叠加，使得我们成为举世公认的植物大国！中国高等植物总数超过欧洲和北美洲的总和，高居北半球之首，而且名列世界前茅。然而，园林之母也好，植物大国也罢，我们究竟有多少具有观赏价值或者潜在观赏价值（尚未开发利用）的植物，要比较准确或者可靠地回答这个问题，则是摆在业界面前比较困难的挑战。特别是，中国观赏植物在世界园林历史上的作用与影响，我们还有哪些经验教训值得总结，更值得我们深思。

百余年来，经过几代人的艰苦奋斗，先后完成《中国植物志》（1959—2004）中文版和英文版（*Flora of China*，1994—2013）两版国家级植物志和几十部省市区植物志，特别是近年来不断地深入研究使得数据更加准确，这使得我们有可能进一步探讨中国观赏植物的资源现状，并总结这些物种及其在海内外的传播与利用，辅之学科有关的重要人物与主要机构介绍。这在21世纪的今天，作为园林之母的中国显得格外重要。一方面我们要清楚自己的家底，总结其开发与利用的经验教训，以便进一步保护与利用；另一方面，激发民族的自豪感与优越感，进而鼓励业界更好地深入研究并探讨，充分扩展我们的思路与视野，真正引领世界行业发展。

改革开放40多年来，国人的生活水准有了极大的改善与提高，国民大众的生活不仅仅满足于温饱而更进一步向小康迈进，尤其是在休闲娱乐、亲近自然、欣赏园林之美等层面不断提出更高要求。作为专业人士，我们应该尽职尽责做好本职工作，充分展示园林之母对世界植物学与园林学的贡献。另一方面，我们要开阔自己的视野，以园林之母主人公姿态引领时代的需求，总结丰富的中国观赏植物资源，以科学的方式展示给海内外读者。中国是一个14亿人口的大国，将植物知识和园林文化融合发展，讲好中国植物故事，彰显中华文化和生物多样性魅力，提高国民素质，科学普及工作可谓任重道远。

基于此，我们组织业界有关专家与学者，对中国观赏植物以及具有潜在观赏价值的植物资源进行了总结，充分记载中国观赏植物的资源现状及其海内外引种传播历史和对世界园林界的贡献。与此同时，对海内外业界有关采集并研究中国观赏植物比较突出的人物与事迹，相关机构的概况等进行了介绍；并借此机会，致敬业界的前辈，同时激励民族的后人。

国家植物园（北园），期待业界的同仁与同事参与，我们共同谱写二十一世纪园林之母新篇章。

贺　然　魏　钰　马全双
2022年中秋

目录

之园
林母
CHINA·中国

Contents

Explanation

Preface

01

-ONE-

柏科水杉——"活化石"

Metasequoia glyptostroboides of Cupressaceae
– "Living Fossil"

马金双[*]

[国家植物园（北园）]

MA Jinshuang[*]

[China National Botanical Garden (North Garden)]

邮箱：*jinshuangma@gmail.com*

摘 要： 本章以翔实的史料，确凿的文献，精美的图片，按照时间顺序，集作者二十多年研究水杉的积累以及海内外的广泛收集，详细地介绍了"活化石"水杉的今昔，特别是作为园林之母的骄子——水杉的分类与系统位置、水杉的历史背景、水杉的发现与海内外传播的过程，今日原生水杉的现状和世界各地引种水杉及其栽培情况、观赏价值以及研究的经验教训等。

关键词： 中国　水杉　活化石

Abstract: This chapter chronologically introduces the past and the present of the "living fossil" *Metasequoia glyptostroboides* (Dawn Redwood), with detailed historical materials, conclusive documents, and exquisite pictures. It is the culmination of the author's more than twenty years of experience extensively studying the Dawn Redwood at home and abroad. The chapter describes the Dawn Redwood's taxonomy and systematic position, historical background, its discovery and process of spreading into cultivation at home and abroad, the status of today's native trees in the wild, its ornamental value, and lessons for research.

Keywords: China, *Metasequoia glyptostroboides*, Living fossil

马金双，2022，第1章，柏科水杉——"活化石"：中国——二十一世纪的园林之母，第二卷：001–189页

1 水杉的分类与系统位置

1.1 水杉属

Metasequoia Hu & W. C. Cheng, *Bulletin of the Fan Memorial Institute, new series* 1(2): 154, 1948. Typus: *Metasequoia glyptostroboides* Hu & W. C. Cheng (Typ. cons.). [Homonym] *Metasequoia* Miki, *Japanese Journal of Botany* 11: 261, 1941 ［Fossil, Typus: *Metasequoia disticha* (Heer) Miki (*Sequoia disticha* Heer)］[1].

1.2 水杉

Metasequoia glyptostroboides Hu & W. C. Cheng, *Bulletin of the Fan Memorial Institute, new series* 1(2): 154–157, pl. 1, 1948; Lectotype: China, E.

Sichuan, Wanhsien, Mo-tao-hsi (now Hubei, Lichuan Xian, Moudao), roadside, by stream, alt. 1100 m, 20 Feb 1946, *C. J. Hsueh 5* (NF 101466, Ma et al, May 2005; neither Farjon, July 2005 nor Lin & Cao, 2007; isotypes (A, NAS, NF, PE, TAI, TI, TL, UC, US).

1941年三木发表水杉属*Metasequoia* Miki（化石）时把其置于杉科（Miki，1941）；1948年胡先骕和郑万钧发表水杉属*Metasequoia* Hu & W. C. Cheng（活植物）时，建立水杉科（Hu & Cheng，1948），主要考虑水杉属的特征介于杉科和柏科之间。正因为如此，后来的形态特征的表型分析（Eckenwalder，1976）以及分支分类学的研究（Hart，1987），都建议杉科和柏科合并。近年来分子系统学的工作也支持上述观点，于是传统的杉

1　For more details, please see: Shenzhen Code, Appendix III, CONSERVED, PROTECTED, AND REJECTED NAMES OF GENERA AND SUBDIVISIONS OF GENERA.

科和柏科合并（Brunsfeld et al., 1994；Christenhusz et al., 2011；Gadek et al., 2000；Fu et al., 2004；Kusumi et al., 2000，Lu et al., 2014；Mao et al., 2012；杨永 等，2017），且采用最早的科名——柏科（Cupressaceae）。实际上，水杉自发表以来，水杉属在柏科的系统位置就在不断的探讨之中（李林初，1988，1989a，1989b，1990），特别是近年来分子证据的支持下，柏科被分为7个亚科：水杉属（*Metasequoia*）与红杉属（*Sequoia*）和巨杉属（*Sequoiadendron*）共同形成红杉亚科（Sequoioideae），其次是水松属（*Glyptostrobus*）和落羽杉属（*Taxodium*）及柳杉属（*Cryptomeria*）

形成的落羽杉亚科（Taxodioideae），再次才是进化的澳柏亚科（Callitroideae）和柏亚科（Supressoideae）；而更原始的密花杉亚科（Athrotaxoideae）、台湾杉亚科（Taiwanioideae）和杉木亚科（Cunninghamioideae）则位于基部（参见图1；Mao et al., 2012；杨永 等，2017）。《中国植物志》裸子植物部分1978年出版时将水杉属置于杉科（郑万钧，傅立国，1978），而且国内过去40年的各类专著，包括省市区一级的植物志，基本上都是如此记载。中国植物志英文版*Flora of China*裸子植物部分1999年出版时也是如此（Fu et al., 1999）。

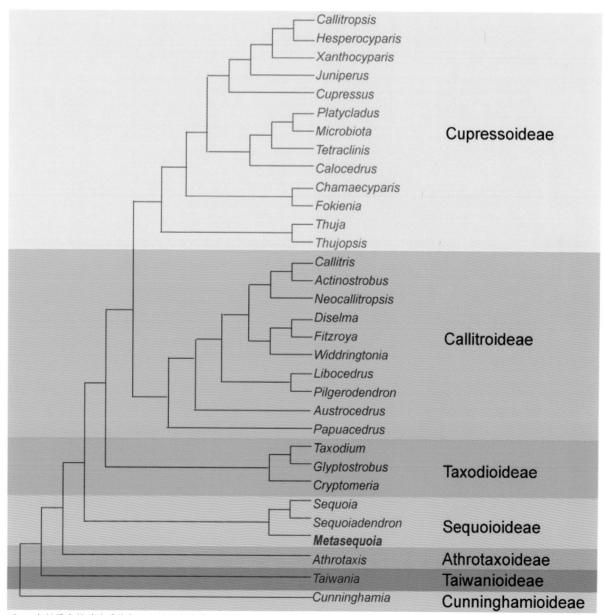

图1 水杉属在柏科的系统位置（引自杨永等，2017；郝强制作）

2 地史背景与植物演化

我们生活的地球及今日郁郁葱葱的绿色世界，是数十亿年以来漫长演化的结果；为什么会这样？如此绚丽的世界又是怎么来的？回答这些问题，要从地球与生命演化的数十亿年前说起。

地球是太阳系的一颗行星，大约诞生于45亿年前，生命出现在地球上35亿~38亿年前，简单的生物有性生殖出现在地球上大约12亿年前。在地质历史时期，寒武纪（5.42亿~4.89亿年前）出现生命大暴发，奥陶纪（4.88亿~4.45亿年前）出现陆地植物，志留纪（4.43亿~4.23亿年前）出现原始维管植物，泥盆纪（4.19亿~3.72亿年前）开始出现大量的原始石松、木贼和裸蕨植物，以及早期的前裸子植物（即原始种子植物），石炭纪（3.59亿~3.04亿年前）时原始蕨类植物和原始裸子植物开始兴旺发达，二叠纪（2.99亿~2.53亿年前）时原始裸子植物逐渐成为陆地优势类群，侏罗纪（1.99亿~1.51亿年前）时现代蕨类和现代裸子植物兴起并出现早期的原始被子植物，白垩纪（1.45亿~6500万年前）时被子植物（又称为有花植物）大规模出现，第三纪以来，现代有花植物繁盛，第四纪冰期来临，导致北半球高纬度地区的一些动植物灭亡，而第四纪的冰后期再次兴旺发达。

古植物学研究表明，水杉属植物地史上在亚洲和北美的北纬55°~80°的晚白垩纪（约距现今9 700万年，Jahren & Sternberg，2003；Liu et al.，2007）已经出现且分布很广。现今水杉原产地的植被与第三纪的北极地区物种组成及其相似（Chaney，1948c）。如今的北极地区在早白垩纪时期更为湿润温暖，使得水杉等喜湿暖的植物类群能够达到极地高纬度地区；但是随着气候的变化等因素的发生，这些植物逐渐南下；晚白垩纪（Maastrichtian时期，约距现今7 100万年）则达到北纬30°~70°；而古新世（约距今6 000万年）时已经扩展到了欧洲的北纬50°~75°；始新世时（约距今4 500万年）保存的水杉属植物化石开始减

少，而到了渐新世时（约距今2 900万年），水杉属植物随着极地环境日益寒冷和干旱，进一步南下到达北纬35°~65°范围；中新世（约距今1 400万年）北半球地质概貌基本和今天大致相似，而水杉属化石的分布范围则进一步缩小，在包括欧洲和日本的北海道等地消失；晚上新世和早更新世（52万~124万年间），水杉在北美等地逐渐消失；而早更新世（约180万年）于日本彻底消失，并于更新世（距今约16万年）达到中国的华中，而在其他地区，特别是北美和欧洲以及俄罗斯、中国东北等地（如黑龙江嘉荫、依兰、汤原，吉林敦化、珲春，辽宁抚顺；胡先骕，1950；Liu et al.，1999；Liu et al.，2007），则因为寒冷而消失。近年来在中国台湾台北（接近北纬25°，Canright，1972）和云南镇沅（接近北纬24°，Wang et al.，2019）的水杉化石报道显示中新世中期时水杉曾经分布到北纬24°~25°。中国如此幅员辽阔，水杉化石的记录或者记载还是非常有限，地史资料不完整，很多谜团还有待进一步揭示。

达尔文的自然选择与适应进化早已众所周知，适者生存（不适者则消亡）！在漫长的植物演化过程中，一些物种因为不适应环境而消失了，而另外一些物种则因为新的环境而形成并发扬光大！本文的主角——"活化石"水杉，就是这样一位！同时代的物种都成为化石了，而水杉还能够存活下来，因此俗称"活化石"！"活化石"并不是严格的学术术语。任何地史上存在于化石中的生物，且从主要的灭绝事件中存活下来，并保留过去原始的特性的一些古老的生物种类，均可称为"活化石"。"活化石"，即孑遗种，又称残遗种，是指以前分布比较广泛，后来由于地质历史和环境变迁，分布区缩小或伴随有迁移，现在仅在某个或数个局部地区存在的古老现有种，特别是经历第四纪冰川活动期后存活下来的物种（第二届植物学名词审定委员会，

2019）。这些植物的形状和在化石中发现的植物基本相同，也保留了其远古祖先的原始形状。孑遗植物的近缘类群多已灭绝，因此也是比较孤立、进化缓慢的古老植物（刘家熙，2000）。

当代水杉的原产地位于中国鄂湘川交界地带、中纬度长江支流清江发源地——湖北利川以及附近的重庆（四川）石柱和湖南龙山；湖北利川主要原产地为大约600km^2（南北30km、东西20km）的一个盆地[2]。这个古老的树种，遭受了冰川的浩劫与造山运动的摧残，为什么能在这一狭小的地区繁衍至今？这首先得益于我国的大部分地区自然地理条件的优势，第三纪和第四纪期间

没有像欧美那样受到大面积冰川覆盖的影响；特别是该地区北部和西部有绵延的秦岭山脉构成天然屏障，阻止了北方寒流南下的侵袭，加之该地区的山脉呈东北西南走向，有利于南方暖气流进入。其中主产区（湖北利川水杉坝）北为福宝山（海拔1 796m），西有九股岭（海拔1 895m），东有奶子山（1 579m）和牛头山（1 421m）。整个地势略显突起，向南倾斜的马蹄形盆地，这一独特的有利地貌条件使得该地区成为水杉的避难所，加之水杉耐寒耐湿，使其得以生存繁衍至今（胡兆谦，1980；梁广贞，1988；王开发、孙黎明，1989；郑万钧，曲仲湘，1949）。

3 水杉的发现与海内外传播过程

1941年，日本京都大学三木茂（1901—1974）根据日本的化石资料发表水杉化石属名 *Metasequoia*（Miki，1941）。

Shigeru Miki（三木茂，1901—1974），日本香川人，1918年毕业于香川县立农林学校（现香川大学农学部），1921年毕业于盛冈高等农林学校（现岩手大学农学部），并在石川县农林学校任教，1922年以选科生入京都帝国大学理学院植物科学系，1925年毕业并担任植物科学系助教，主要从事水生植物的分类与生态，1931年开始研究化石植物，1938年获博士学位，1939年晋升为讲师；1941年发表 *Metasequoia* 化石，后进入日本京都大学兴亚民族生活科学研究所并于1940—1943年曾在中国考察并发表过文章（三木，1940；三木，矢野，1941；三木，川濑，1942），1944—1945年于日本占领东南

亚（婆罗洲，加里曼丹的旧称）的望加锡研究所（Makassar Institute）从事战地服务，1945—1946年于东南亚被联军俘获拘留，1947年返回日本任大阪教育大学教授，1949年任大阪市立大学教授直到1964年退休，并转任武库川女子大学药学院教授。1953年曾出版《水杉——化石与活植物》（张玉钧 等，2008；Nakao，2003；Tsukagoshi，Momohara. & Minaki，2011）。

1943年7月21日，位于重庆的农林部中央林业实验所技正王战（1911—2000）赴湖北神农架于四川万县谋道溪采得水杉标本（王战 118号），后被鉴定为水松（*Glyptostrobus pensilis*；王战，1948）。2002年8月13日，水杉的第一份标本在失踪近60年后，于江苏省林业科学院（即原中央林业实验所）查获；遗憾的是该单位的标本室至今并没有海内外注册（傅立国，1993；覃海宁 等，

2　如果加上湖南以及重庆的产地，面积则不止1 000km^2。

2019）。这份水杉标本不仅是水杉发现的重要依据与历史见证，同时也是当时十余份中近80年后的今天唯一有下落的一份（Ma & Shao，2003）。

王战（1911—2000），奉天安东人（今辽宁东沟），1927—1931年于奉天省立安东林科高级中学学习，1932—1936年于国立北平大学农学院森林系学习，1936年毕业后留校任助教，1937—1938年任西安临时大学农学院助教；1938—1943年任职于国立西北联合大学助教、西北农学院林学系助教和讲师，其中1939—1941年兼任宝鸡工合农林实验场场长；1943—1945年任农林部中央林业实验所技正，1945—1947年任农林部林业司科长，其中1946—1947年任东北经济委员会农林处部派专员，并兼任东北农学院副教授，1947—1949年任中央林业研究所技正，1949—1950年任沈阳农学院副教授，1950—1953年任东北农学院副教授，1954年任中国科学院林业土壤研究所（1987年更名为沈阳应用生态研究所）任副研究员、研究员、室主任和副所长；著名林学家、树木分类学家和森林生态学家，长白山森林生态系统定位站的组建者和学术领导人（王战文选编委会，2011）。

1945年夏，位于重庆的中央大学森林学系的吴中伦（1913—1995)去中央林业实验所鉴定标本；王战给吴中伦一份标本（王战118号）和两个球果；吴中伦转交中央大学森林学系郑万钧（1904—1983）鉴定。郑万钧当即认为不是水松，而是新类群。之后郑万钧访问了王战所在的中央林业实验所并与所长韩安（韩竹坪，1886—1961）一同研究王战的标本（118号），并给予暂定名*Chieniodendron sinense*（王战，1948）。事后中央大学干铎（1903—1961）告诉郑万钧，他曾于1941年见过水杉，并采过标本，可惜未能保存鉴定（耿宽厚，薛纪如，1948）。

郑万钧（1904—1983），字伯衡，江苏徐州人，1923年毕业于江苏省立第一农校林科并留校任教，1924年任教于东南大学，1929—1938年任职于中国科学社生物研究所，1939年留学法国并获博士学位（Cheng，1939）；1939—1944年任云南大学农学院林学系教授，其中1940—1944年兼任云南农林植物研究所副主任，1944—1950年任中央大学森林系教授、系主任，1950—1952年任南京大学农学院森林系教授、系主任、副院长，1952—1962年任南京林学院教授、副院长、院长，其间于1955年被选为中国科学院学部委员，1962年后任中国林业科学研究院副院长、院长、名誉院长；著名的林学家、树木学家、林业教育家，裸子植物分类学家。

吴中伦（1913—1995），浙江诸暨人，1925年于上海私营的华南农场当练习生；1930年入杭州笕桥浙江大学农学院高级农业职业中学学农艺，1933 年毕业入中国科学社生物研究所当练习生，1934—1935年与中央大学陈谋（1903—1935）赴云南各地采集标本（包士英 等，1998）；1936年入金陵大学农学院植物系，同时仍在中国科学社生物研究所兼职工作；1940年从金陵大学毕业后先留校任教，1945年任云南大学农学院植物学讲师，1946年1月取道印度加尔各答赴美，1947年于耶鲁大学获林学硕士学位，1948年转到杜克大学继续深造，1951年1月获博士学位，同年2月底回到北京，任林垦部工程师、总工程师，1956年任中国林业科学研究院林业科学研究所研究员、室主任，1959年起任林研所副所长，1974—1978年任中国农林科学院森工研究所负责人，1978年起任中国林业科学研究院副院长，1980年被选为中国科学院生物学部委员。

韩安（1883—1961），字竹坪，安徽省巢县（今巢湖）人，林学家，中国近现代林业事业的奠基人之一，中国出国留学生中第一个林学硕士学位的获得者，中国最早的一位林学家出身的政府官员。1904年毕业于南京汇文书院文理科，1907年两江总督府考选派往美国留学，1909年获美国康奈尔大学文理学院理学士学位，1911年获美国密歇根大学林学硕士学位，1912—1913年在美国威斯康星大学农科学习一年后回国，任北洋政府农林部佥事、吉林林业局主任、东三省林务局主任，1913—1918年任农商部佥事，中间曾于1916年充任农商部林务处会办，1918—1921年任交通部京汉铁路局造林事务所所长，1922—1923年任北京农业专门学校、北京国立农业大学教务主任、森林系主任，1925年任察哈尔特别区实业厅厅长，1926年任绥远特别区实业厅厅长，1927—1929年任安徽省政府委员兼安庆市市长、教育厅厅长，1929—1931年任山东省青岛市政府参事、教育局局长，1931—1933年任平汉铁路局顾问，1934—1938年任全国经济委员会西北办事处专员、主任，1936年起兼任陕西省林务局副局长，1940年任四川省建设厅生产计划委员会农业组主任委员，1941—1948年任国民政府农林部中央林业实验所所长，1949年任国民政府农林部顾问，1950—1953年任西北军政委员会工程师，1953年大区撤销后告老退职，从事翻译工作。

干铎（1903—1961），湖北广济人，1918—1923年就读于湖北省立外国语专门学校，1923年转读北京大学外语系，1925—1928年就读于日本东京帝国大学农学院林学实科，1929—1931年在日本农林省目黑林业试验场从事研究，1932年从日本回国继续在北京大学农学院就读，1932—1941年任湖北省建设厅技正、主任，襄阳林场场长，湖北农业专科学校（后改为湖北农学院）教授兼教务主任，1941—1949年任中央大学农学院森林系教授，1949年任中央大学校务维持委员会委员，1949—1952年任南京大学校务委员会秘书长，1953年任南京林学院林学系主任，1956年任南京林学院副院长，1961年8月7日逝世于安徽黄山；专长森林经理学。

1946年2月20日，郑万钧派研究生薛纪如（1921—1999）从重庆乘船到万县，再从万县步行到谋道溪[3]，首次采集水杉标本（薛纪如5号，雄花枝及球果，模式）；4月中旬以前，郑万钧将这一新的裸子植物的标本"两个花枝和一个叶枝"[4]寄给在北平的静生生物调查所胡先骕（1894—1968）征求意见；随后郑万钧也将这一消息通过邮件告诉了美国哈佛大学阿诺德树木园主任 Dr. Elmer Drew Merrill（1876—1956）；4月20日胡先骕告诉哈佛大学阿诺德树木园Merrill发现新的落叶性的裸子植物；4月22日又告知爱尔兰比尔城堡（Birr Castle）的伯爵（Earl of Rosse），并拟用 *Pingia grandis* 命名这一新的裸子植物（Nelson，1998）；4月22日至5月9日之间，胡先骕将郑万钧寄来的水杉标本鉴定为三木茂发表的水杉化石活植物水杉（*Metasequoia*）[5]；5月9日，胡先骕告知加州大学伯克利分校古生物系主任Dr. Ralph Works Chaney（钱奈，1890—1971）发现了现代生存的水杉*Metasequoia*，并拟用*Metasequoia sinica*命名；5月14日，胡先骕又告知钱奈有关现代水杉发现的文章已经寄给《中国地质学会志》，并寄给他该文的手稿；5月18日，《中国地质学会志》收到胡先骕的文章，并于当年12月发表（Hu，1946）；这是"活化石"水杉活植物在中国发现的首篇报道；5月18日，薛纪如从重庆到达谋道溪第二次采集水杉标本（薛纪如51号，叶枝及未成熟球果），而回到重庆应是5月20日以后；5～6月，1941年成立于重庆的中央林业实验所随民国政府一起回师南京（1950年该所与中央农业实验所等合并成立华东农业科学研究所，1958年更名为中国农业科学院江苏分院，1960年江苏省林业研究所于江宁县东善桥林场独立，后更名为今天的江苏省林业科学研究院，院址：南京市江宁区东善桥）；原中央林业实验所的标本及王战的水杉第一份标本也同时搬往南京，并

---

3 薛纪如原始标签记载为磨刀溪，即谋道溪之旧称（1905年改为谋道溪）。

4 此时，郑万钧送胡先骕的枝叶标本是王战118号，因为薛纪如的首次采集为2月没有新叶发出时，而第二次采集是在5月（马金双，2003b）。

5 据三木茂后来回忆，他赠送给了胡先骕单行本（三木，1951），胡先骕也说他有单行本（Hu，1948），但三木茂的赠送的论文应该是发表之后寄给胡先骕的，因为三木茂描述 *Metasequoia* 的文章发表于1941年秋，而胡先骕早已于1940年2月（中国农历春节后）离开北平，并于1940年10月于江西泰和杏岭就任国立中正大学校长，直到抗战胜利后的1946年春才回到北平（王咨臣等，1986；施浒，1996；马金双，2003a）。所以，胡先骕根本不可能像日本学者所说那样在北平直接收到了三木茂的论文（斋藤清明，1995），参见马金双（2006）。

一直存放在那里（Ma & Shao，2003）。

Elmer Drew Merrill（梅尔，1876—1956），美国缅因人，1894年进入缅因大学，1898年毕业并作为优等生代表学生致告别词；毕业后在母校逗留一年，整理自己的采集并进行分类学研究同时修研究生学分，1899年加入美国农业部，并于1902—1923年间担任美国农业部派往菲律宾的植物学家，致力于亚太地区的植物研究并成为权威，离任前为菲律宾科学局局长兼菲律宾大学植物学教授，1923年任加州大学农学院院长兼任农业实验场场长，1929年任纽约植物园主任兼任哥伦比亚大学植物学教授，1935年成为哈佛大学植物学采集总监、植物学教授，1936年任阿诺德树木园主任，1946年卸任行政岗位，1948年成为荣誉教授。梅尔与Egbert H. Walker（和嘉）[6]合著的《东亚植物学文献目录》及和嘉的《东亚植物学文献补编I》（Merrill & Walker，1938 & Walker，1960）至今仍然是东亚植物学权威文献；在收到中方寄送的水杉种子之后，曾与很多机构、个人分享，特别是欧美等地的植物园以及相关机构（Hu，1948）。1916年在菲律宾时期就来过中国广州，1920年又于南京结识陈焕镛、胡先骕等，并与他们保持终生联系（陈焕镛，1956），到了哈佛之后还培养了李惠林（1911—2002）、陈秀英（1910—1949）和胡秀英（1908—2012）等中国植物分类博士（马金双，2020)。

Ralph Works Chaney（钱奈，1890—1971），美国伊利诺伊州人，高中阶段酷爱鸟类学，1908年入芝加哥大学，后改学古植物，1912年获得学士学位，然后参加美国地质调查局的阿拉斯加考察以及芝加哥地区的中学科学教师工作，1917年赴艾奥瓦州大学任讲师、助理教授，1919年获得母校芝加哥大学博士学位，1920年任职卡内基研究院（至1956年），同时兼职艾奥瓦州大学教职（至1922年），1925年赴中亚考察，1931年任加州大学伯克利教授和系主任，兼古生物博物馆古植物学研究员，1933年来华在北京周口店研究北京猿人，1937年参加中国地质学会的山东山旺考察，1940年与胡先骕发表《中国山东省中新统植物群》专著（Hu & Chaney，1940）；1948年2～3月，与希尔曼来华考察水杉，并在南京与胡先骕和郑万钧见面（Hu，1948）；1961—1971年任保护红杉联盟主席（Silverman，1990）。

薛纪如（1921—1999），河北临城人，1941年入重庆的中央大学理学院生物系，第二年转入农学院森林系，1945年于中央大学森林系读研究生（兼任技术员），1948年获硕士学位；其中，1946年春受导师郑万钧的派遣，先后两次赴万县谋道溪采集水杉标本，并被作为水杉命名的模式，1947年于《科学世界》发表中国唯一之巨树（文中使用学名Metasequioa viva Hu & Cheng，薛纪如，1947），1948年9月11日（星期六）与耿宽厚（即耿煊，1923—2009）于《中央日报》第三版发表《再论水杉》一文，明确指出水杉的发现人应该是王战，第一份标本的采集人，因为是王战的标本引起研究（耿宽厚、薛纪如，1948）；1948年再次发表论文，叙述万县水杉采集经过（薛纪如，1948）；1948年毕业先到福建研究院动植物研究所任助理研究员，然后立即进入云南大学森林系任讲师、副教授；1958年森林系独立成为昆明农林学院，1970年更名为西南林学院（即今西南林业大学），薛纪如任教授，并进行竹类和木本植物研究，为著名的森林植物学家、林学家和竹子专家；1985年应邀在哈佛大学

---

6 和嘉（1899—1991），美国伊利诺伊人，从小在密执安州长大，1922年毕业于安阿伯（Ann Arbor）的密执安大学，1922—1926年任岭南大学讲师，同时研究岭南大学校园的树木，并于1928年以此为题获威斯康星大学硕士学位，然后加入史密森学会的国家博物馆植物部，主要从事东亚紫金牛科研究，并于1940年获约翰霍普金斯大学博士学位；他1928年就开始与梅尔合作收集东亚的植物文献，最后于1938年出版《东亚植物学文献目录》，后来又在不断补充相关文献，最终于1960年独立完成《东亚植物学文献补编I》；"二战"期间与博物馆的同仁参加战时服务，特别是收集亚洲岛屿等地的标本，并开始研究琉球植物，1954年出版《琉球重要树木》，后又数次前往琉球等地考察采集，最终于1976年完成《琉球植物志》。尽管参加工作三十年后就于1959年退休，他一直于史密森学会在不同项目的支持下工作到1987年。

阿诺德树木园杂志上发表《水杉模式的采集回忆》（Hsueh，1985），后被重新印刷两次［*Arnoldia* 51(4): 17-21, 1991 and 58(4)/59(1): 8-11, 1998/1999］[7]。

胡先骕（1894—1968），字步曾，号忏盦，江西新建人，1909年入京师大学堂预科，1912年参加江西省留学考试，入美国加利福尼亚大学学习农业后转为植物学，1916年以优秀成绩获农学士学位，1917年受聘为江西省庐山森林局副局长，1918年受聘国立南京高等师范学校农林专修科植物学教授，1923年国立南京高等师范学校转为国立东南大学，胡先骕任农科的植物学教授兼生物学系主任，同年再次赴美深造，在哈佛大学攻读植物分类学，1924年获得硕士学位，1925年完成《中国有花植物志属》（Hu，1925），获博士学位，随即回国，仍任教于国立东南大学，1928年与秉志等人在尚志学会和中华教育文化基金会的支持下，于北平（今北京）创办了静生生物调查所（现中国科学院植物研究所和中国科学院动物研究所之前身）；建所初期，秉志任所长兼动物部主任，胡先骕任植物部主任，同时并受聘在北京大学和北京师范大学讲授植物学；1932年胡先骕继任所长（直至1949年）；胡先骕1934年建立庐山森林植物园（现江西省中国科学院庐山植物园），派遣秦仁昌（1898—1986）任首任园长，1938年创建云南省农林植物研究所（现中国科学院昆明植物研究所）并兼任所长；1940年赴江西泰和就任国立中正大学首任校长，1948年入选中央研究院首届院士，1949年后一直任职于中国科学院植物研究所，尽管成果丰厚，但并没有被重用，两度落选中国科学院学部委员，而且"文革"中被多次抄家并停发工资，1968年含冤与世长辞（陈德懋，1990；胡晓江，2020；黄且圆，2010；刘为民，2012；俞德浚，1983）。

1947年2月1日，美国首先引证钱奈的消息，报道胡先骕在中国发现活水杉（Anonym，1947）；5月3日，胡先骕致函梅尔首次使用暂定学名 *Metasequoia viva*；5月10日，郑万钧寄给梅尔水杉标本（标本上首次使用 *Metasequoia glyptostroboides* 作为学名）；5月17日，梅尔致函胡先骕，告知郑万钧正在寄标本给他，但他已有胡先骕寄的小标本了（寄出与收到的时间不详）；5月31日，《观察》周刊发表胡先骕的《美国加州之世界爷和万县之水杉》（胡先骕，1947），并于文中再次使用学名（*Metasequoia viva* Hu & Cheng）；6月，钱奈寄25美元给胡先骕，7月，梅尔寄250美元给胡先骕，均作为采集水杉种子的费用；8月底，郑万钧首次派华敬灿（1921—2012）赴谋道溪采集种子；华敬灿9月12日到达谋道溪并采得标本（华敬灿2号，叶枝及球果，模式）；9月末，华敬灿根据谋道溪附近过路人提供的信息，在水杉坝一带发现水杉原生种群，并于11月末返回南京；此行采集水杉种子约2kg，标本200多号；12月24日，郑万钧寄给梅尔一小包水杉种子；并告之他打算把种子寄往中国的其他省份，还有英国的邱园、爱丁堡，法国的图卢兹等地；12月26日，郑万钧直接寄水杉种子给丹麦哥本哈根植物园及附属树木园，荷兰的阿姆斯特丹植物园，印度Dehra Dun等地。

华敬灿（1921—2012），山东东峰（现枣庄薛城）人，1938年入中央大学森林系，毕业后留校任教，1947年8~11月受郑万钧委托，赴谋道溪考察水杉，并发现小河等地的水杉原生种群，采集水杉种子以及标本；1948年2（~5）月和8（~11）月，又分别陪同钱奈与希尔曼和郑万钧与曲仲湘（1905—1990）[8]先后赴水杉原产地考察，之后继续在水杉原产地采集标本和种子；1950—1952年任林垦部俄语翻译，1953年任中国林业出版社编辑，1982年任副总编辑，1988年退休；其中，1955年8月为林业部赴苏联林业考

---

7 十五年间，同一篇文章在同一个刊物，前后发表三次，可谓创纪录。
8 即曲桂龄（1904—1990），河南唐河人，1926—1930年就读于中央大学生物系，1934年入中国科学社，后任职于西部科学院，1940年任教位于重庆北碚的复旦大学兼任位于峨眉山的四川大学生物系，1945年赴加拿大，1948年于美国明尼苏达获硕士学位，回国任职于复旦大学和南京大学，1956年任职于云南大学；著名植物生态学家。

察团的翻译（张卜阳，2000；孔浩，2018）。

1948年1月5日，梅尔致函郑万钧收到首批种子，并分给其他美国和英国的有关单位［如英国皇家园艺学会威斯利（Wisley）植物园，Gilmour & Hanger，1949、爱尔兰都柏林植物园，Fulling，1976］；1月16日，胡先骕寄给加州大学植物园主任Dr. Thomas Harper Goodspeed（1887—1966）[9]两小包水杉种子，一些枝叶标本，一个雄花枝，两个球果和一幅水杉的墨线图（现存加州大学伯克利植物标本馆，UC）；1月17日，胡先骕寄种子给爱尔兰比尔城堡的伯爵（Nelson，1998）；1月28日，郑万钧寄给梅尔水杉新种描述的论文手稿，并告知可以正式使用学名*Metasequoia glyptostroboides* Hu et W. C. Cheng；与此同时应对方的要求，郑万钧还简要地介绍了有关水杉发现的过程；1月28日，活水杉在中国发现及种子到达哈佛大学阿诺德树木园的消息见诸美国几十家报刊，第二天又有更多的转载；同日，郑万钧通过美国驻上海的外交机构给梅尔发出第二批大包的水杉种子；2月6日，梅尔的第一篇有关水杉发现的文章发表于美国*Science*（Merrill，1948a），3月5日另一篇文章发表于哈佛大学阿诺德树木园*Arnoldia*（Merrill，1948b）；2月13日，美国保护红杉联盟（Save The Redwoods League，https://www.savetheredwoods.org/）资助的钱奈（Chen & Ringrose，2000）和《旧金山记事报》资助的记者Milton M. Silverman[10]（Fulling，1976）离开加州赴中国考察水杉，两人分别于3月末和4月初返美。华敬灿是美方此行的向导[11]（待钱奈和希尔

曼离开万县后，他又返回野外采集了两个月，直到5月才回到南京）；3月4日和8日，郑万钧先后两次寄水杉种子各200g给梅尔；3月11日，梅尔致函胡先骕感谢他寄来的种子（寄出与收到的时间不详），并称已分成70多小包邮往欧美各地；3月，郑万钧先寄的第二批大包的水杉种子到达哈佛大学阿诺德树木园；3月26日梅尔致函郑万钧感谢寄来种子（但无具体到达时间的记载）；3月25日，《旧金山记事报》首次刊登希尔曼来华考察的第一篇报道（Silverman，1948）[12]；美国全美广播公司（NBC）还在前一天晚上于东岸到西岸的160个电台进行了连线广播，并于当天早上和晚上又进行了重播（Fulling，1976）；3月30日，郑万钧通过钱奈寄出华敬灿于1947年在水杉地区采的一批标本（包括薛纪如5号和华敬灿2号）给梅尔；4月20日，郑万钧又告知梅尔通过钱奈寄给他水杉种子；4月25日，郑万钧刊行《水杉——六千万年以前之"活化石"》一文（油印本，郑万钧，1984）；5月8日，中国水杉保存委员会第一次会议于南京召开；议题是水杉的发现经过，成立保存委员会及聘请委员和顾问等；其中，聘请时任北京大学校长的胡适（1891—1962）和时任美国驻中国大使司徒雷登（John Leighton Stuart，1876—1962）为保护委员会顾问，韩安、郑万钧和胡先骕分别被聘为保存组、繁殖组和研究组组长；5月14日，《中央日报》第三版首次报道水杉发现，5月15日，胡先骕和郑万钧的《水杉新科及生存之水杉新种》一文正式发表（Hu & Cheng，1948）；6月，美国哲学会资助梅尔和钱奈1 500美元用于郑万钧野外考察和钱奈的研究

---

9 美国康涅狄格州人，著名烟草遗传学家，长期担任加州大学植物园主任（1919—1957）。

10 希尔曼（1910—1997），美国加利福尼亚州人，早年入学斯坦福，1936年从加州大学旧金山分校获得博士学位；从1934年开始在《旧金山纪事报》发表文章，然后作为记者，特别是科学记者，直到1959年因身体原因辞职；20世纪60年代开始从事药物研究。

11 除此之外，国民政府除在重庆配备保安以及挑夫等随行外，还有一名陈姓翻译（Wilson Chen，Fulling，1976）。

12 接下来26~30日，每天都有相关报道，外加4月5日和4月15日两次报道，前后共8次报道。

13 Botanical nomenclature and taxonomy，A symposium organized by the International Union of Biological Sciences with support of UNESCO at Utrecht，the Netherlands，June 14-19，1948.

14 嘉理思（1914—1982），美国著名昆虫学家，特别专注于亚太地区，*Pacific Insects*（即后来的 the *International Journal of Entomology*）和巴布亚新几内亚的 Wau Ecology Institute 的创建者；1933年入斯坦福大学，1935年转入加州大学伯克利，1938年毕业获学士学位，1939年获硕士学位，然后加入岭南大学工作，1941年日本偷袭珍珠港之后被日军扣押，1943年返回美国，1945年获加州大学伯克利博士学位，然后加入美军医务部门从事药用昆虫工作，期间于1948年来中国水杉产地考察昆虫，1952年开始在夏威夷檀香山的毕夏普（主教）博物馆从事昆虫学研究，1982年受邀请返回中国，先在中山大学讲学，4月26日从广州至桂林的航班出事，夫妇两人遇难（Radovsky，1983，J. Linsley Gressitt，1914—1982，*International Journal of Entomology* 25(1): 1–10；华立中主编，2014；情系中国——嘉理思博士百年诞辰纪念文集，214页；广州，中山大学）。

等；6月中旬，国际植物分类学会在荷兰乌特勒支（Utrecht）举行会议[13]，梅尔给予会者分发水杉种子（Satoh，1998/1999）；7月，加州科学院—岭南大学水杉考察队在Judson Linsley Gressitt（嘉理思）[14]的带领下在水杉产地考察昆虫及其他动物等（Gressitt，1953）；8月7日，郑万钧、曲桂龄和华敬灿考察水杉产地（郑万钧等9月中旬返回后，华敬灿又在产地采集2个月；其全部采集标本今存放于南京林业大学植物标本馆，部分在哈佛大学植物标本馆）；9月，胡先骕在纽约植物园的刊物上发表《"活化石"水杉是如何在中国发现的》（Hu，1948）[15]；该文后来被世界上不同语种的刊物全文转载或翻译多次（Florin，1952），更有数不清的部分转载和引用；10月15日，郑万钧寄给梅尔在水杉地区拍摄的相片；11月29日，郑万钧又寄500g水杉种子给梅尔。1948年，钱奈共发表4篇有关水杉的文章（Chaney，1948a，b，c & d），包括对古植物学、古气候以及地质学方面的详细讨论。

1948—1952年，三木茂连续5年至少发表6篇有关水杉的文章：三木茂，1948，水杉——活化石，植物学杂志，61：108；三木茂，1949，水杉的特征以及现存种发现的意义，生物，4：146–149；三木茂，1950，水杉，最新生物学，1：300–312；三木茂，引田，1950，水杉及红杉在日本的染色体推测，植物学杂志，63：119–123；三木茂，1951，水杉的发现，科学朝日，11：31–34；Miki & Hikita，1951，Probable chromosome number of fossil *Sequoia* and *Metasequoia* found in Japan，*Science*，113：3–4。

1949年，郑万钧和曲仲湘发表《湖北利川县水杉坝的森林现况》（郑万钧，曲仲湘，1949）；1950年曲仲湘与明尼苏达大学Cooper又发表相关的英文内容（Chu & Cooper，1950）。

1950年，水杉属的学名*Metasequoia* Hu et W.C. Cheng 及其模式种 *Metasequoia glyptostroboides* Hu et W. C. Cheng作为保留名［活植物，针对*Metasequoia* Miki和模式种*Metasequoia disticha*（Heer）Miki，化石植物］而正式载入《国际植物命名法规》[16]。

1950年，古植物学家斯行健（1901—1964）将1948—1949年间发表的13篇有关水杉的文章：1948，水杉在科学上的意义，上海大公报，1948年5月28日；1948，介绍北美西岸的红杉，南京中央日报，1948年6月26～28日；1948，介绍水松并谈到水杉，科学时代，3（4）：37，8，15；1948，水杉问题的再讨论，科学大众，7：149–151；1948，再谈孑遗植物，读书通讯，162期，1948年8月15日；1948，所谓美国世界爷与东亚世界爷，中国古生物学会讯，2；1948，第四纪的冰川与现代孑遗植物的关系，科学，30（11）：338–342；1948，水杉命名之我见，科学，30（11）：342–344；再论水杉读后，南京中央日报，1948年9月27日；1948，植物界中的孑遗与"活化石"，科学大众，5（2）：47–48；一九〇〇年后发现的现代松柏类新属，科学世界，17（12）：434；1948，现世的松柏类孑遗植物，科学世界，17（12）：433；1949，水杉命名的再讨论，科学，31（3）：88–90；以及1950年4月14日作何谓曙光红杉的文章以《水杉》一书刊行（斯行健，1950）。

斯行健（1901—1964），浙江诸暨人，1920年入国立北京大学理学院进预科学习，1922年转入国立北京大学地质学系，1926年北京大学地质系毕业，赴广东中山大学任地质地理系助教，1928年赴德国柏林大学留学，1931年从柏林大学毕业并获得博士学位，期间，1930年曾赴伦敦出席国际植物学会，此后又赴瑞典斯德哥尔摩大学研究古植物学，1933年从瑞典回国，先后在清华大学、北京大学任教授（至1937年）；1937年到中央研究院地质研究所工作（至1950年），之后随中央地质调查所转移到重庆进行研究工

---

15 包括错误：之一，胡先骕写接到郑万钧标本的时间为秋天，实为春天，即4月20至5月9日，详细参见此间关于发现活水杉之后与美方人员的信件；与此同时，胡先骕1946年发现活的水杉的文章5月14日投稿、5月18日收到，同年12月发表；另外中文文章于《观察》5月31日发表；之二，胡先骕将1947年秋天去水杉产地采种人华敬灿错误记载为薛纪如。

16 1948年提案（Schopf，1948a & b），斯德哥尔摩法规（1950年通过）；参见Taxon 6（5）：150，1957，深圳法规附录（网络版）。

作，1947年赴美国华盛顿美国地质调查所和加利福尼亚大学从事学术交流（至1948年）；1951年中国科学院古生物研究所（现中国科学院南京地质古生物研究所）正式成立，斯行健先后担任代所长、所长（至1964年）；1955年当选为中国科学院学部委员。斯行健长期从事古植物的研究，对古植物的分类和演化、地层划分对比以及植物地理分布等都有深入系统的研究，在古植物的众多领域，做出了不同程度的开拓性工作，奠定了中国古植物学和陆相地层研究的基础。

1950年，钱奈基于现代水杉属的发现而发表著名的《北美西部红杉属与落羽杉属化石的修订》（Chaney，1950）。

1953年，三木茂发表日文版《水杉——"活化石"》（On *Metasequoia*，Fossil and Living，三木，1953）一书，系统而又全面地总结了植物化石与植物残体的研究意义，并回顾了水杉的研究历史，同时还讨论了水杉和产业的关系。

1957年，江苏邳县（今邳州），在时任县领导李清溪（1913—2009）[17]的带领下，大规模栽培水杉，至今成林水杉达千万株，特别是邳苍公路两旁的绿化带巍巍壮观，被誉为"天下水杉第一路"（陈勇进，1985，1986；汤艳，2011）。

1968年7月16日，74岁的胡先骕在"文革的动乱"中经历了一系列打击之后含冤与世长辞，11年后的1979年5月25日终获平反昭雪，6月6日《光明日报》报道追悼会举行；他的骨灰于1984年7月10日被永久地安放在他亲自建立的庐山植物园（胡宗刚，2008）。

1973年，湖北利川县水杉管理站于小河建立，后改为利川市水杉母树管理站。1974年，1978年，1984年三次对水杉原生古树进行了普查；1986—1988年调查共有胸径20cm以上的母树5 757株，其中湖北利川5 746株，湖南龙山5株，四川（今重庆）石柱6株；2002年，恩施人民政府将星斗山省级保护区与利川水杉母树管理站合并，申报国家级自然保护区，2003年6月9日国务院批准成为国家级自然保护区（王希群 等，2004）；并于2018年筹建水杉博物馆。目前，利川共有水杉原始母树5 622株（即1940年代发现之前的植株，2021年星斗山自然保护区管理局提供）。

1976年，纽约植物园的Edmund Henry Fulling（1903—1975）[18]发表长篇综述（遗作）《水杉—化石与活植物》，三十年（1941—1970）的文献与历史回顾（Fulling，1976；Cronquist，1977），详细论述了水杉发现的历史和美国东西两岸的梅尔和钱奈之间有关引种水杉的争议，包括详细的参考文献以及原始信函，而且每一条都附有简要的内容记述。

1978年，农村科学实验丛书《水杉》出版（刘永传 等，1978）；包括水杉的历史与分布、水杉的形态特征与生物学特性、水杉的经济价值、种子的采集与播种育苗、大苗的培育与采穗圃、造林、水杉的优树选择、营造水杉种子园等九章。

1979年，《水杉的一生》出版（胡兆谦[19]，1979），包括古老珍贵的树种，在我国万代峥嵘、认识水杉特性、适时采收种子、选好种子、春播育苗、选好插条、四季育苗、选好良种，认真造林和开展水杉科研，加速培育良种等数章。

1980年，胡秀英[20]根据哈佛大学植物标本馆所收藏的有关标本发表《水杉地区的植物区系》一文（Hu，1980）；1987年，南京林业大学汤庚国修订了种子植物部分（汤庚国，1987）。10月5日至10日，中美鄂西联合考察队考察水杉（Bartholomew et al.，1983；Bartholomew，Boufford & Spongberg，1983），这是自1949年以

17　李清溪，江苏邳州人，时任江苏邳县（今邳州）县委书记兼县长。

18　1926年毕业于纽约州立大学锡拉丘兹林学院，1935年获得哥伦比亚大学博士学位，创建并长期从事 *Botanical Review*（1935—1964）和 *Economic Botany*（1947—）编辑工作。

19　胡兆谦（1928—），湖南华容人，1952年毕业于东北师范大学生物系，先后在东北、长沙、华容、岳阳等地从事生物教学和生物教学研究工作，同时坚持科普写作，曾于岳阳市任教科院副教授，先后在全国各类报纸、杂志发表科普文章与著作数百篇（部）。

20　胡秀英（女，1908—2012），江苏徐州人，1929—1933年于南京金陵大学获学士学位，1934—1937年于广州岭南大学获硕士学位，1938—1946年任教于成都华西联合大学；1946年赴美国哈佛大学学习，1949年获博士学位，之后任职于哈佛大学阿诺德树木园直到1976年退休；后返港任职于香港中文大学崇基学院生物系并研究香港植物；20世纪80年代曾数次回大陆讲学；2001年，香港特别行政区向胡秀英教授颁授铜紫荆星章，以表扬其毕生对植物学及中医药研究的卓越贡献；2012年5月22日，胡秀英教授病逝于香港沙田威尔斯亲王医院；2012年10月14日，香港中文大学的植物标本馆（CUHK）正式更名为胡秀英植物标本馆。

来首次外国考察队到达水杉原产地。1980年，湖南省林业科学研究所任荣荣发表《水杉的发现》一文（任荣荣，1980）；同年10月，《利川科技》（第二期）发行水杉专辑，共收载11篇文章：《水杉歌》（胡先骕）、《水杉发现发表经过》（郑万钧，1979年8月16日答复利川县林科所张丰云[21]所长的信函）、《水杉属植物的分布变迁》（郑万钧）、《水杉简介》（利川县科委）、《水杉故乡介绍》（曾庆梅、张三阳、张丰云）、《关于水杉类型的初步探讨》（张丰云、张卜阳）、《水杉开花结实发育过程的初步观察》（张卜阳、张丰云）、《搞好水杉母树管理 提高种子产量和质量》（县林业局小河水杉种子站）、《初建水杉种子园的体会》（利川县林业科学研究所）、《水杉生产技术简介》（县林科所杨荣耀）、《小河水杉》（小河水杉种子站廖先纯）；同年12月，黄继士发表《水杉之乡考察记》（黄继士，1980）。

1981年5月14日，《植物杂志》人物介绍栏编辑张雁[22]就水杉的争论一事采访郑万钧记录稿——郑万钧谈水杉，32年之后得以发表（马金双，2013）；同年，台湾东海大学王忠魁发表长篇中文综述，引用海内外资料，首次记载水杉发现的过程、海内外引种事实以及海外的争论（王忠魁，1981）；同年，彩色科学普及片《水杉》由湖北电影制片厂摄制并发行（王希群，郭保香，2011），并有观后记发表（王诚，1981）。

1984年春，湖北省武汉市确定水杉为"市树"（李晓彤，冯欣楠，2015）；郑万钧1948年的《水杉——六千万年以前之"活化石"》（油印本）以遗作发表（郑万钧，1984）。

1988年6月8日，三木茂夫人三木民子（Tamiko Miki，1906—2006），来到湖北利川谋道溪并于水杉模式树下，手捧三木茂的照片，完成三木茂未能实现亲自到中国水杉原产地的愿望。

1990年，水杉的英文考察传记（Search for the Dawn Redwoods）在美国由作者希尔曼刊行（Silverman，1990）。本书记载了作者1948年早春陪同钱奈赴中国考察水杉的全部经历，并对水杉引种美国等有较详细的讨论。自1990年开始，美国新泽西州林务局、哈佛大学阿诺德树木园等筹款，新泽西罗格斯大学（Rutgers University）的John. E. Kuser[23]与华中农业大学李明鹤[24]进行水杉异地引种栽培合作。中方从野外52株水杉树上分别采种，美方在新泽西州进行发芽试验，同时在新泽西州（Ryder's Lane Plantation）和俄亥俄州（Dawes Arboretum）两地进行全面栽培试验（Hendricks，1994；Kuser，2005）。这是目前水杉在海外最大数目的引种株系。

1995年，日文版《水杉——天皇喜欢的树》出版（斋藤清明，1995）。书中对三木茂的一生，及水杉在日本的栽培等有详细记载。

1999年，哈佛大学阿诺德树木园*Arnoldia*发表"引种水杉五十周年"专刊（*Arnoldia* 58/4-59/1：1–84，1998/1999），其中11篇文章为以往发表重新刊行，另外6篇为新作，此外还有一个与水杉有关的附表（中文人名和地名）；同年，《水杉的发现与研究》（汪国权，1999）出版；书中附录包括中国水杉保存委员会第一次会议记录（复印件）。书评详细参见笔者的文章（马金双，2003b）。同年，英文版《水杉的故事》（*Discovered Alive: The Story of the Chinese Redwood*）由加州大学急诊科医生魏歌林（William Gittlen）出版（Gittlen，1999）[25]，详细参见笔者的文章（马金双，2003b）。

21 张丰云（1930—2010），湖北武汉人，1952年湖北省农业学院森林专修科毕业后，长期在水杉天然分布区从事林业工作，对水杉进行了30多年的潜心研究。

22 2002年笔者获得杨斧先生给予的签字是张燕，2008年植物所所志记载当时学报室成员张雁（561页），1981—1983年学报室书记为张雁（862页），经中国科学院植物研究所靳晓白先生2021年8月17日证实，是张雁（1919—2014，女，共产党员，离休干部，离休前任植物学报编辑室副主任）。

23 John. E. Kuser（1926—2008），美国新泽西人，1941年进入普林斯顿大学，"二战"中服务于美国海军，1946年毕业于普林斯顿大学化学专业，之后在化学公司工作23年，1971年进入罗格斯大学的库克学院学习林学，1976年取得该校的园艺和林学硕士，1980年于俄勒冈州立大学取得林学博士学位，返回罗格斯大学的库克学院教授林学，直至2001年退休。

24 李明鹤（1936—），湖北黄陂人，1952年入华中农学院林业中技班，1955年入南京林学院，1959年毕业，分配到内蒙古林学院任教师，1973年起在华中农业大学先后任讲师、副教授、教授、林学系主任；1982年曾在美国作研究。

25 Discovered Alive tells the remarkable story of the dawn redwood tree (*Metasequoia glyptostroboides*).

2000年1月30日，水杉第一份标本采集人王战于沈阳逝世；同年8月，纪念王战的文章发表于国际植物分类协会主办的*Taxon*（Shao et al., 2000）。这是笔者首次参与水杉的工作，也是该刊首次长篇报道中国学者的完整生平和水杉的历史；3月1日，水杉网站（www.metasequoia.org，2000—2018；www.metasequoia.net，2018—）在线至今；同年，笔者有关水杉的第二篇关于相关的人名、地名以及文献的文章发表（Ma et al., 2000）；同年，张卜阳[26]著的《"活化石"水杉》一书出版（张卜阳，2000）。该书首次系统介绍了水杉的分布、起源和变迁，水杉产区的自然环境、植物区系、水杉生物学和生态学特征、生长发育规律、繁殖与栽培、木材性质及生态、社会价值等内容。该书是作者30多年对水杉研究的第一手资料的总结；书前有胡先骕的《水杉歌》为序，书末附有华敬灿20世纪40年代赴水杉产地考察的回忆资料（首次发表）。

2002年8月5~7日，首届国际水杉研讨会于中国湖北武汉中国地质大学举行，出席会议的中外50多人；会后代表赴水杉原产地利川考察；2005年，首届国际水杉研讨会论文集出版（LePage, Williams & Yang, 2005）；2006年8月1日至16日，第二届国际水杉研讨会于美国罗德岛布莱特大学和康涅狄格州耶鲁大学自然历史博物馆举行，中外近30人参加；会前参观了马萨诸塞州、康涅狄格州和罗德岛的数个植物园、树木园与相关机构、会后考察了纽约、新泽西、宾夕法尼亚州、马里兰州、华盛顿特区等数十家植物园、树木园、保护地和博物馆；2007年，第二届国际水杉研讨会文集出版（Yang & Hickey, 2007）；2010年8月3~10日，第三届国际水杉会议于日本大阪自然历史博物馆举行，中外约60人参加，会后考察了滋贺和岐阜的新近富含水杉以及三针松化石的产地，以及保存完好的木曾日本扁柏保护地；2011年，第三届国际水杉研讨会文集出版（Noshiro, Leng, LePage et al., 2011）。

2003—2013年的十年间，笔者连续发表多篇

有关水杉的文章：2003，水杉发现大事记——六十年的回顾. 植物杂志，3：37–40；2003，The chronology of the 'Living Fossil', *Metasequoia glyptostroboides*：A review (1943—2003). Harvard Papers in Botany，8(1)：9–18；2003b，水杉的未解之谜的初探. 云南植物研究，25（2）：155–172；2003，Rediscovery of the 'first collection' of the 'Living Fossil', *Metasequoia glyptostroboides*. Taxon, 52(3): 585–588；2004，The history of the discovery and initial dissemination of *Metasequoia glyptostroboides*，a 'Living Fossil'. Aliso, 21(2): 65–75（2002）；2004，Today's hometown of *Metasequoia*—Lichuan, Hubei, China. Thaiszia, 14:23–36；2005，A review of the typification of *Metasequoia glyptostroboides* (Taxodiaceae). Taxon, 54(2): 475–476；2005，Dr. Hsen-Hsu Hu (1894—1968) — a founder of modern plant taxonomy in China. Taxon, 54(2): 559–566；2006，水杉的未尽事宜. 云南植物研究，28（5）：493–504；2007，A worldwide survey of cultivated *Metasequoia glyptostroboides* Hu & W. C. Cheng (Taxodiaceae/Cupressaceae) from 1947 to 2007. Bulletin of the Peabody Museum of Natural Historyc, 48(2)：235–253；2008，世界栽培水杉的调查. 武汉植物学研究，26（2）：186–196；2008，回复"对'水杉未尽事宜'一文的几点意见". 云南植物研究，30（6）：729–733；2013，"活化石"水杉发现的历史证据，生命世界，10：54–56。

2009年，记述中国水杉和美国海岸红杉和巨杉的中英文双语版《神奇的中美红杉树》出版（谌谟美，2009），其中包括美国西海岸（特别是加州保护红杉联盟和加州大学伯克利）钱奈、魏歌林和谌谟美[27]等考察水杉的文章与活动，还有美国西海岸的海岸红杉和巨杉的介绍等。

2015年，第十届中国（武汉）国际园林博览会执委会组织编写的科学普及版《水杉的故事》

26　张卜阳（1929—2012），湖南武陵人，1950—1954年华中农学院本科生，1954—1957年河北省林业局工作，1958—1980年湖北省恩施地区林业局工作，1980—1990年湖南省常德市林业局工作，1990年退休。

27　江西南昌人（女，1930年生），1950年入北京农业大学植保专业，1954年大学毕业后曾在内蒙古林学院、西北农学院、中国林业科学研究院林业研究所森林植物病理研究室工作；主要从事森林病害的调查研究和教学工作。1984年赴美国加州大学伯克利分校从事研究工作。

（李晓彤，冯欣楠，2015）出版，其内容比较全面，包括转载《水杉歌》、彩色科学普及片《水杉》的最后台本，以及水杉发现大事记等。日本发表《水杉与文化创造》一文（冈野 浩，塚腰 実，2015），记载水杉的发现与传播等。

2016年，美国俄勒冈的自由撰稿人以 *The Metasequoia Mystery*（水杉之谜）为题[28]，特别是根据水杉相关当事人的学生等信息，再次报道水杉的未解之谜（Rubin，2016）。同年，中国台湾林业试验所著名学者林朝钦（林朝钦，Chau-Chin Lin）博士发表相关评论（林朝钦，2016），特别是针对水杉发现的争论并由此而引发的文献共享

伦理以及深层次的资料分享的学术伦理要求，非常值得今日学术界深思。

2022年，《胡先骕全集》历经8年，终于出版（胡晓江，2020）[29]；全书共19卷（包括正文18卷和附卷）近1280万字，详细记录了胡先骕一生的中文论文（第一卷）、英文论文（第二卷）、博士论文（第三和四卷）、植物学著作（第五至十卷）、植物图谱（第十一和十二卷）、科学汉译（第十三卷）、科学散论（第十四卷）、人文著作（第十五卷）、文学英译（第十六卷）、忏庵诗词和中文信函（第十七卷）、外文通信（第十八卷）和附录以及索引等（附卷）。

4 今日水杉原生种群现状与保护

水杉原产地位于华中湘川鄂交界地带，其中湖北恩施的利川为主产区（包括原始模式产地谋道溪，原属四川万县，1956年划归湖北利川），地理位置是30°04′~30°14′N，108°31′~108°48E，面积25 768hm²，包括水杉坝、红砂溪、交椅台等处，计有5 622株原生种群（即20世纪40年代发现之前的植株，2021年星斗山自然保护区管理局提供的数据）[30]。另外，重庆石柱（即原四川石柱）历史上曾经记载较多，如今通过重庆市石柱县林业局的核对，目前有4株古树（即发现现代水杉之前存在的，不包括后来栽培的）：黄水镇1株，沙子镇1株，冷水镇2株（其他数字均无法确认）。湖南龙山20世纪70年代就有报道（胡兆谦，1979）；目前有2株（落塔乡老寨村，且彼此相隔6m），另有1株在抱木村（2018年死亡，湖北

利川范深厚和湖南中南林业科技大学喻勋林二位2021年5月6日证实）。此外，一些网站或者文献记载湖南桑植有分布，经上述二位先生证实是栽培的；而且2000年出版的《湖南植物志》只记载水杉原生种群在龙山而没有记载桑植（李丙贵，2000）。

历史上，水杉主产区湖北利川曾先后数次对水杉原生古树（即原生种群）进行普查[31]。1972—1974年对全县境内的水杉原生古树进行了全面摸底调查，1978年对第1次普查进行了补充调查，1982—1983年对5 746株水杉母树（即结实）进行了系统地编号、挂牌、登记、建档等工作。2004年湖北星斗山国家级自然保护区病虫害防治检疫站组织专班清查原产区水杉资源，对胸高直径在20cm以上的水杉树实测其树高、胸径、冠幅、

---

28 骆基南（Kyna Rubin），1979—1980年间曾在复旦大学学习。
29 由于各种原因，全集延时出版（2020年为全集的CIP出版时间，而正在出版面世为2022年）。
30 本书中关于利川水杉历次调查与报道，数字不尽完全相同，主要是不同调查时间与方法及不同研究所致，具体数据详细参见之后的参考文献。
31 以下数次普查由于时间、对象以及标准等不同，记载的水杉原生母树具体数目不一致；本文在此未做具体的讨论，详细参见其后引证的原始文献。

枝下高、病虫害及机械损伤等，进行调查登记，建立水杉管理档案。对水杉母树的情况作一个初步的调查统计，在星斗山保护区内现有水杉母树（即结实）5 366株。利川的水杉母树现今分布范围涉及4个镇（忠路、汪营、谋道、建南)的16个管理区，45个行政村，分布区面积960km²；水杉母树实际上没有大片成林，基本上均为零星分布，较大的水杉种群多为10～20株，单株分布的也有很多。根据现有统计资料，最大的母树种群约有水杉母树60株。在河谷两旁的侧沟中，水杉与一些阔叶树种混生，形成了水杉针阔混交林，而且林中有水杉幼苗和幼树。从现在的情况看，这种优越的自然条件已经丧失殆尽，在5 366株母树中，仅有3株分布在树林中，分布在灌丛和竹林中的也只有20株左右，而大部分母树是分布在草丛中的。在所有结实水杉母树中，大约半数的结实状况差或较差。其原因应该与生境的恶化密切相关。更为严重的是距农舍20m以内的有2 870株，5m以内的有605株，2m以内的有183株，有4株被农舍包围在民房中间（据2000年统计资料）。大量煤烟由农舍直接排出，使分布在农舍周围的水杉原生古树受到严重污染。目前，已有8株古水杉树被煤烟污染致死（刘毅，李宏军，2006）。

现今的5 366株水杉母树分布范围涉及忠路镇12个行政村和谋道镇更新村，分布区域面积为25 768hm²，集中分布在小河水杉坝、红砂溪、交椅台等处。如果计算平均密度，则不足0.1株/hm²。水杉母树基本上没有大片成林，为零星的随机分布，最大的种群原生水杉株数为123株，较多的水杉种群株数为10～20株，也有很多单株分布。最大的母树种群位于喻家坝，分布在海拔1 500m的沟谷，为线状分布；其次是游家湾，为105株，分布在沟谷及其两侧3 600m的范围内。2006年10月至2007年12月，湖北星斗山国家级自然保护区管理局对原生水杉进行了普查，现存原生水杉数量为5 366株，其中散生分布的有896株，群落分布的有4 470株。现有的5 366株水杉母树树龄均在200～570年，平均树龄为432年，其中树龄在500年以上的有214株；胸径最大为248.4cm，平均胸径为175.8cm，胸径200cm以上的有86株；树高最

高为36.6m，平均树高34.9m，树高35m以上的有102株。单株胸径平均年生长量最大值为4.7cm，树高平均年生长量最大值为0.8cm。与1982年的调查数据相比，水杉母树从5 746株减少到了目前的5 366株，尤其是500年以上的水杉更是从289株减少到214株，数量减少是由于雷击和病虫害等原因导致水杉出现断梢、枯心而死亡。现存的5 366株母树只有极少数分布于低山盆谷，分布在杂灌丛和竹林中的水杉母树所占的比例也仅约20%，大部分母树分布在海拔900～1 500m的山腰、山坡和山脚草丛中，有的甚至为孤立木分布于耕地、农田和居民的房前屋后，生长环境较差，林下植被或周围植被均破坏较严重。在所有结实水杉母树中，大约半数以上水杉结实状况差或较差，其原因主要是当地生境恶化。更为严重的是，距农舍20m以内的有2 870株，5m以内的有605株，2m以内的有183株，有4株包围在民房中间。大量煤烟由农舍直接排出，使分布在农舍周围的水杉原生古树受到严重毒害，目前已有8株古水杉树被煤烟毒害致死。由于水杉群落所处的特有地理位置和气候环境，相对而言，其灾害种类较少，发生程度也较轻。但随着人类活动的不断扩展，对古水杉群落的影响越来越明显，各类灾害也相继不同程度地发生。经实地调查，水杉群落自然灾害主要包括病害、虫害、污染和雷击危害（王柏泉 等，2003）。其中自然灾害的雷击最为严重，特别是那些树龄古老、树体高大的孤立木更易遭受雷击；其次是污染，特别是位于居民区内的植株（陈绍林 等，2008a；Leng et al.，2007）。

湖北民族大学与利川水杉母树管理站联合进行的3次系统资源普查（1997—1998年、2006—2007年、2017—2018年）发现，现存水杉原生母树近5 694株（其中，湖北利川5 663株、湖南龙山3株、重庆石柱28株），且原生母树周边及林下，极少发现有天然更新的水杉幼苗或幼树存在（Li，2012；黄小 等，2020；吴漫玲，2020）。应用种群生态学的常规调查方法，于2007—2009年对原生水杉母树进行了调查，除83株母树因各种原因死亡而没有数据，对余下5 663株母树分别统计了经纬度、坡向、坡位、海拔、土壤类型、

胸径、冠幅、第一活枝高等数据。根据胸径数据结合当地百姓的介绍对母树树龄进行了估测，依据母树生长情况对生长势作了定性描述，分为旺盛、一般、较差、濒死、死亡五种类型。水杉原生母树分布海拔最低的为749m，海拔最高的为1 605m，高差为856m，主要集中分布在海拔1 000~1 400m的地区，占总数的89.8%，就生长势而言，也是分布在海拔1 200m左右的母树生长旺盛，平均冠幅在8m以上。但低海拔和高海拔的树体长势也较好，这是因为树的分布虽然不多，但这几株树所在地土壤、水分以及小气候都适合水杉生长。对于海拔1 500m以上的地区，分布极少，这可能是因为海拔达到一定高度后，气温随着海拔的升高而降低，同时风力加大导致树体不能适应的缘故。也有可能因为水杉树体直立高大，在高海拔地区同等高度和大小的其他树体较少，容易成为雷击的对象，被雷电干扰因子选择所致（Li & Yang，2002；熊彪等，2009）。

水杉不仅是著名的国家一级重点保护野生植物名录第一批（1999）和第二批（2021）之一，同时也是国家红色名录极危［CR B2b(iii，v）c（i，ii，iv），覃海宁等，2017］和国际红色名录濒危［Endangered B1ab(iii，v)，Farjon，2013］物种之一。综上所述，学者们针对水杉原生种群及其珍稀濒危等原因进行了大量的相关研究，尤其是针对种群的遗传学和分子生物学方面做了很多工作（Li & Yang，2002；Li et al.，2005，2012；Tang et al.，2011；吴满玲等，2020）。结果揭示原生种群的植株遗传多样性低，生境碎片化严重，且自然生长环境受人为因素影响，且亟待采取相关措施进行保护。

4.1 水杉阴沉木

阴沉木是由于地壳变迁（如地震、洪水、泥石流等自然灾害因素）使得古树倒埋于河床低洼深处或者淤泥乃至湿地里，在长期缺氧、高压以及弱酸、微生物共同作用的环境下，历经成千上万年缓慢炭化而形成的材质，具有颜色光鲜、细腻光滑，致密耐腐，甚至特殊香味，较同种现代木材相比，阴沉木内含物含量多，密度大，稳定性好，耐腐性能强等特色（张本光，2010）。水杉阴沉木（主要是树桩[32]）大范围地存在于湖北利川水杉原产地。据不完全统计，在小河原生水杉的栖息地上至少分布2 970余株水杉阴沉木，集中分布在上水杉坝、下水杉坝和红砂溪等地，蔸径2m以上的有1 758株，最大1株蔸径达8.02m，平均蔸径达2.3m。在小河向阳村三组一块近667m²地中，竟有10个蔸径2m以上的水杉树蔸，最大1株基径达6.3m，最小者也有2.5m。在星斗山保护区水杉坝近年发现的阴沉木，有不同时期沉积的茎干，树蔸（树桩），直径最大可达2.32m。这些阴沉木呈深紫灰色，均处于半炭化状态。显然，小河谷地可能曾是生长着莽莽水杉林的沼泽湿地。不同径级的阴沉木表面，表明该群落曾具有兴旺的水杉种群，而年复一年的自然力，如洪水等，以及历代的农垦，以致原始林的消失。随着人口的剧增，特别是当时人们生态意识薄弱，争相毁林辟田，导致湿地生态系统日渐退化，水杉群落生态破坏日趋严重，目前这里成为重要产粮基地（陈绍林等，2008b；杨建明，杨星宇，梁慧，2004）。据报道，武汉也曾经发现过水杉的古木（齐国凡，杨家驹，苏景中，1993）。

水杉大量阴沉木在湖北利川的存在至少有两点启示：首先，历史上其所在地应该是水杉的天然分布，或者说水杉在当地是地史的遗留产物。当今水杉原生种群应该是天然的，特别是20世纪50年代刚刚发现的时候，调查显示为原始森林，而不是后人栽培（Chu & Cooper，1950；郑万钧，曲仲湘，1949）；其次，从阴沉木的存在联想到活水杉发现的状况，再到现在的近80年间（1943—2022），原生种群就因为各种原因，消失那么多（程小玲，2004；程丹丹等，2007；林勇等，2017；刘毅，李宏军，2006；王希群等，2004，2005；文甲举等，2001）；可见当今保护水杉原生种群的重要性与迫切性（Li et al.，2012）。

---

32 主要是位于地表的树蔸，即地表基部的树桩，为当地村民砍伐之后平整土地而种水稻而遗留。

5 水杉在海内外引种栽培

如第一节所述，自第一批水杉种子于1947年底至1948年初走出国门，今天在世界六大洲近50个国家成功栽培，特别是北温带；尤其在经济比较发达的西欧和北美以及大洋洲的澳大利亚和新西兰等。此外，南美阿根廷和智利，非洲的南非和津巴布韦，南亚的印度、尼泊尔和巴基斯坦，西亚的土耳其等均有成功的引种栽培。水杉走出国门大体上可分为3个阶段（Ma，2003，2007；马金双，2008a）：

第一阶段：1947—1949年，郑万钧从南京向下列国家直接发送种子：澳大利亚Royal Botanic Gardens Melbourne、奥地利Hortus Botanicus Experimentalis Styriae Orientalis、丹麦Copenhagen Botanical Garden、Arboretum at Horsholm、Forest Botanical Garden at Charlottenlund、英国Royal Botanic Gardens Kew、University Botanic Garden Cambridge、芬兰Botanic Gardens University of Helsinki、德国Dentsche Dendrologische Gesellschaft（Dieterich，1956）、法国（Dupouy，1955；Rob，1949）、印度Forest Research Institute Dehra Dun（Raizada，1948，1953）、荷兰Amsterdam Hortus Botanicus、苏格兰Royal Botanic Garden Edinburgh、瑞典Bergius Botanical Garden Stockholm、美国Arnold Arboretum of Harvard University、Missouri Botanical Garden（Andrews，1948）、USDA Plant Introduction Station（Viehmeyer，1961）；另外，胡先骕于北平至少向加州大学伯克利植物园、爱尔兰比尔城堡、美国的哈佛大学以及纽约植物园发送了种子（Ma，2003，2007）。其中，美国哈佛的梅尔接到了郑万钧的种子之后，先后转发给美国纽约的贝利树木园、布鲁克林植物园（McGourty，1969）、密苏里植物园（Evinger，1957）、哥伦比亚大学和长岛的野外栽植树木园（Planting Field Arboretum）、宾夕法尼亚州的长木公园、

宾州大学莫里斯树木园（Skinner，1949）、斯科特特树木园和斯沃斯莫尔树木园、新泽西罗格斯大学和柳树林树木园、俄亥俄州的伯内特林地（Burnet Woods）、西克里斯特树木园（Secrest Arboretum）、辛辛那提公园、佛罗里达的费尔柴尔德热带植物园、北卡大学科克尔树木园、杜克植物园、南卡的科克尔学院、位于首都华盛顿的国家树木园（Hansell，1957）、特拉华州的温特图尔植物园、佛蒙特州大学植物园、加州洛杉矶公园局、旧金山金门公园和亨特植物园、加州大学伯克利植物园、俄勒冈霍伊特树木园和皮维尔树木园（Fischer，1949，1952）、华盛顿州的华盛顿大学树木园等也从梅尔那里收到了种子。此外，梅尔还在国际上分发种子：比利时国家植物园，加拿大哈利法克斯，捷克科学院植物研究所所在地普鲁洪尼斯公园（Pruhonice Park），英格兰的皇家园艺学会植物园，瑞士日内瓦植物园，德国柏林植物园，匈牙利塞格德大学植物园（Botanical Garden of University of Szeged），荷兰的巴伦（Baarn）、博斯科普（Boskoop）、瓦赫宁根大学植物园、乌得勒支大学植物园和莱登大学植物园，意大利植物学会（Firenze），日本东京大学，新西兰惠灵顿和尼尔森植物园（Smith，1950，1951），苏格兰爱丁堡植物园以及无数的私人等，并在1948年6月中旬于荷兰乌得勒支举行的国际植物分类学会议上向与会的10个国家的19名代表（包括两名秘书）赠送了种子，包括瑞典、瑞士、美国、法国、荷兰、英国、比利时、澳大利亚、印度尼西亚和印度（Satoh，1998，1999）。位于美国加利福尼亚州的钱奈也转发给美国，如俄亥俄州的道斯树木园、尼亚的多米尼加学院（Dominican College）、加州大学伯克利植物园、阿拉斯加林务局、俄勒冈大学、康州农学院树木园、华盛顿大学树木园等，国际上还有日本和墨西哥等（Ma，2003，2007；马金双，

2008a）。

第二阶段：1950—1979年，中国政府先后向保加利亚的Hristo Daskalov院士（Delkov et al.，1987；Goudzwaard，1992；Gramatikov，1969）、丹麦哥本哈根大学树木园（Horsholm Arboretum）（Hendricks & Søndergaard，1998）、德国耶拿大学特殊植物研究所（Institut fur Spezielle Botanik der Universitat Jena）（Boerner，1955，1956；Kammeyer，1957）、德累斯顿皮尔尼兹园艺研究所（Institut fur Gartenbau in Dresden-Pillnitz）（Boerner，1955，1956；Kammeyer，1957）、匈牙利（Goudzwaard，1992）、朝鲜（Bojarczuk & Boratynski，1984；韩恩贤，2002）、尼泊尔（Spring-Smyth，2005）、荷兰瓦赫宁根大学（Belder & Wijnands，1979）、前苏联科马洛夫植物研究所及其加盟共和国（Krishtofovich，1953；高沛之，1954）、斯洛伐克姆林尼树木园（Arboretum Mlynany）（Tokar，1986；Velicka，1995）、捷克布拉格（Liao & Podrazsky，2000；Skalicha，2005）、乌克兰基辅（Rubcov，1956；Beskaravayny & Bogoljubova，1966）等先后提供种子或者苗木（Ma，2003，2007；马金双，2008a）。

第三阶段是20世纪80年代改革开放之后，水杉再次引种海外，尽管没有详细的调查或者报道，但毋庸置疑。如1980年中美考察队首次联合考察神农架和水杉坝（Bartholomew et al.，1983）和1999年红杉树考察队再次来华（Chen and Ringrose，2000），后来又有美国新泽西和华中农业大学合作引种52个水杉株系等（Kuser et al.，1997；Hendricks and Søndergaard 1998；Kuser 1998/1999）。然而，水杉发现之后，无论是在南京的郑万钧还是在北平的胡先骕，都没有直接给日本种子；日本获得水杉首先是美国哈佛的梅尔1948年就给了东京大学的助理教授原宽种子（培养出来的苗木之一位于今日小石川植物园入口处），更有后来钱奈1950年和1951年两次日本之行，赠送100棵苗木（Hara，1950；张玉钧 等，2008），并由此无性繁殖成功

（Hasegawa，1951）。

经过70多年（1947年至今）的引种栽培，特别是水杉的无性繁殖成功之后，今日水杉在世界上，特别是北美和欧洲已经非常普遍，成为很多适合生长地的明星物种！然而，水杉毕竟是一个温带偏湿润条件下的类群，所以在北美的一些地方并不像宣传的那样——北至阿拉斯加南至墨西哥！实际上水杉在北美的北界，西岸应该是美国的西雅图和加拿大温哥华及维多利亚岛一带；而在阿拉斯加，尽管当初栽培200株（Harris，1973），如今只有首府朱诺（Juneau[33]）锡特卡（Sitka）Japonski岛（57°03′12″N，135°20′05″W）上有一株存活，而且栽培70年仅仅是灌木状（4m左右）且多分枝（Williams，2005）。东岸达到加拿大哈利法克斯以及美国缅因州的奥罗诺一带，而加拿大的蒙特利尔也和阿拉斯加朱诺的差不多，50多年（Teuscher，1953）仅仅灌木状（Willaims，2005）。水杉在北美的东西两岸，由于天时地利等因素长势比较好；然而，北美的南方（如亚利桑那、得克萨斯、内华达）由于高温而又干燥，栽培有限而且长势一般，北美的中北部地区（美国的爱达荷、蒙大拿、怀俄明、南达科他、北达科他，以及加拿大的艾伯塔、萨斯喀彻温、曼尼托巴）则由于干旱而且寒冷，几乎没有栽培成功（Ma，2007）。中美洲由于炎热等因素，目前只有墨西哥可以确认。但20世纪50年代的引种今天都没有生存（Martínez，1957），只有1984年引种的1株存活，而且海拔达1250m（Jardin Botanico Francisco Javier Clavijero，Xalapa，Veracruz，19°32′N，96°55′W，笔者亲自查看过，长势一般）。南美的阿根廷（布宜诺斯艾利斯省）只有私人植物园栽培（37°58′S，61°22′W，35°56′S，60°30′W），而智利只有网络图片（且其来源至今未获得证实）。

水杉在欧洲栽培非常普遍，从北部的斯堪的纳维亚半岛南部至地中海沿岸，从大西洋海岸至东部黑海之滨，几乎到处都有。其中，北界可达北纬60°附近，包括瑞典的斯德哥尔摩、挪威

33　如果形容阿拉斯加的地图是一把刀，而朱诺只是位于刀把子手柄处，更接近加拿大西部沿海，而远离阿拉斯加本土。

的奥斯陆和卑尔根（Bergen），以及俄罗斯的列宁格勒等地（尽管部分地区幼年时则需要保护，Bulygin et al.，1989；Bushitinov，1997），稍南一点则长势良好，诸如丹麦的哥本哈根，波罗的海的立陶宛、拉脱维亚以及波兰（Bugala，1983）等；而芬兰的赫尔辛基、奥卢（Oulu），瑞典的乌普萨拉以及俄罗斯的莫斯科，由于寒冷，室外无法生存，只能温室内栽培；南界可达西南欧（包括葡萄牙里斯本和西班牙的洛里赞，Lourizán，2016年西班牙树木冠军候选之一），然而欧洲东部界限不是很清楚，因为信息比较有限（估计应该在白俄罗斯一带，再南部的乌克兰及克里米亚确认有栽培），中欧的奥地利和匈牙利以及德国（Solymosy，1950，1967），南欧的意大利（De Philippis，1949）、克罗地亚（Krishtofovich，1953）、马其顿（Em，1972）、格鲁吉亚以及俄罗斯索契，甚至可达欧亚交接地带（如土耳其）都有广泛栽培。水杉在大洋洲的澳大利亚（布里斯班、悉尼、墨尔本、塔斯马尼亚）和新西兰（南岛和北岛，Anderson，1949；Burstall & Sale，1984；Cook，1949）都有栽培，而且生长很好。非洲主要在南非（开普敦，克斯滕伯斯国家植物园，Kirstenbosch National Botanical Garden），津巴布韦也有栽培（据标本）。亚洲主要在东亚的日本、朝鲜半岛（Sun，2015）和中国；南亚的印度大吉岭（Chakrabarti & Zaidi.，1997)和西隆（本人2009年亲自观察过）、泰国清迈（Queen Sirikit Botanic Garden自1995年成功的引种了水杉，2006年Queen Sirikit Botanic Garden的直接报告）以及巴基斯坦白沙瓦（Ullah & Khan，2015）等也有栽培，而西部可达欧亚交接的土耳其（伊斯坦布尔）以及塞浦路斯等地。

水杉在国内的引种栽培，第一批的引种时间应该是1948年早春至20世纪50年代，包括安徽黄山、北京海淀、江西庐山（王秋圃，1950；刘永书，1980）、广东广州、江苏南京、四川成都、重庆、山东青岛（山东省水杉引种调查小组，1975）、陕西杨凌（西北农学院林学系，1973；陕西省林业研究所引种组，1974）、辽宁熊岳、云南昆明等地。随后的60~70年代，全国各地大规模引种栽培活动逐渐展开。经过半个多世纪的引种栽培，水杉在中国绝大部分省（自治区、直辖市）都有，北起辽宁沈阳（陈玮 等，2003）、大连（宫振钊，1979）、本溪、丹东、营口（熊岳）、鞍山（王庆礼，1988；张淑梅，2018），到达华北的北京（魏钰，2007），天津（刘家宜，2004）、河北（杜怡斌，李丽云，1986），山西太原、晋南、晋城（刘天慰 等，1992；宋小波，2019），到陕西（陈彦生，2016；雷开寿 等，1992）、甘肃的兰州、天水、陇南和庆阳（安定国，2003；柴发熹，赵海泉，1997；甘肃白水江国家级自然保护管理局，1997；李宏泰，2019；孔宪武，1962；王继和，1994），西南的西藏林芝（陈端，1996；林玲，普布次仁，2008）；从东南的台湾（廖日京，1960；林朝钦，2016；刘业经，1957；路统信，1961，1975，1986；王忠魁，1981），香港[34]（夏念和，2007），广东深圳（李楠，韦雪梅，2017；刘玉壶，吴容芬，2000），广西（毛宗铮，1991），到西北的新疆伊犁地区（无名，1985；谢彩虹，2010；杨昌友，1992）、喀什（杨昌友，1992）和阿克苏（张静，2007）等。香港和广东以及广西等地，由于天气比较热，长势不是很好，远不如当地的水松等；但台湾的低海拔栽培，长势相当不错；如宜兰福山植物园，海拔约600m，树龄约40年。最新的调查发现，宁夏[35]银川成功栽培（不止一处，目前所知至少包括北京西路的宁花园小区，即中石化宁夏办公区；此外还有十几年前宁夏林业科学研究院引种栽培的两处，即银川市金凤区康平路1号党委办公区以及位于银川市西夏区镇北堡镇昊苑小产区的志辉源石酒庄公园等），而且最大的引种时间达40年，已经结果（刘玉锁 等，2021）。

---

34 据香港植物标本馆刘婉容证实，原来有两处公园不但长势不好，而且目前已经找不到了。
35 此信息在两版《宁夏植物志》中均未记载。

水杉的品种简介

20世纪80年代改革开放之前，水杉在海外的栽培品种，不但很少而且几乎都是来自第一批50年代以前走出国门的种源；其中美国国家树木园选育了National（De Vos, 1963）。1990年，新泽西的Kuser从中美合作采集的52株中选育数个比较有兴趣的品系进行培养，最后在莫里斯树木园获得Dwarf（Bonsai）品种（Kuser, 2005）。法国的业余爱好者Christophe Nugue经过多年的收集，整理出如下品种（名称、时间、中文名、地点、选育者或者培养者，或者来源者）：Bonsai, 1992, 盆景, 美国莫里斯树木园；Emerald Feathers, 1976, 亮叶，英国Hillier树木园；Golden Dawn, 1986, 金叶，美国特拉华州维明顿；Gold Rush, 1977, 金黄叶，日本和欧洲；Jack Frost, 1989, 杰克白，美国俄勒冈；National, 1963, 国立，美国华盛顿国家树木园；Spring Cream, 2004, 春乳，荷兰；Vada, 1967, 平枝，荷兰；Waasland, 1970, 瓦斯兰，比利时等（Nugue, 2005）。国人还从日本进行了金叶水杉的引种（李颖，2010；王红莉 等，2014；张冬梅，2006）。此外，水杉还可以作为盆景（邢升清，2002；余志满，梁承曦，1987）；特别是英国的Herons Bonsai苗圃还做成盆景视频，很有创意（https://www.herons.co.uk/；2021年夏进入）。在此介绍一下植物园保护联盟（Botanical Garden Conservation International，BGCI），其植物索引网址（https://www.bgci.org/resources/bgci-databases/plantsearch/）也可以索引到水杉的相关栽培品种（并有图片）。

6 水杉的价值

水杉被发现之后立即引起海内外对水杉各个领域的研究，包括染色体（Stebbins, 1948）、核型（李林初，1986）、形态（Morley, 1948；Sterling, 1949；Bocher, 1964）、解剖（Li, 1948a, 1948b；Brazier, 1963；Dieterich, 1955；Liang et al., 1948；Yu, 1948）、胚胎（王伏雄，钱南芬，1964）、古植物（Chaney, 1948c, 1951；斯行健，1951）、无性繁殖（Kemp, 1948；Hasegawa, 1951）、木材解析（干铎 等，1948）等，并不间断地跟踪报道栽培以及引种等相关情况（Fischer, 1952；Florin, 1952；Lenoir, 1956；Li, 1957, 1964；耿煊，1957；Gramatikov, 1969；Harris, 1973；Kuser, 1982, 2005；Hendricks, 1994；Ma et al., 2000；Mitchell, 1964, 1965, 1970, 1977；Wyman, 1968, 1970；Fulling, 1976；王忠魁，1981；马金双，2008b；Ma, 2004, 2007）。

作为著名的"活化石"，水杉在现代植物学领域，特别是植物系统与演化方面，揭示裸子植物中广义柏科的亲缘关系，具有非常重要的意义；与此同时，水杉在古气候、古生物、古地理等领域都具有相当重要的意义并且得到广泛关注（金建华 等，2003；Wang et al., 2019）。然而，水杉更由于挺拔笔直的树干、优美典雅的树形、栩栩如生的叶片、沧海桑田般的演化过程，以及那迷人的发现历史与海内外传播故事，加之从未间断的发现以及引种争论，成为海内外园林乃至观赏植物学领域的明星。除了普通的园林引种栽培之外，更由于无性繁殖的成功，使得水杉作为行道树成为可能，如比利时首都布鲁塞尔的水杉大道（马金双，2008a）；日本滋贺的水杉大道（张玉钧 等，2008）；中国江苏南京和邳州，湖北武汉、潜江和利川等地的水杉行道树栽培，都非常壮观。此外，水杉生长非常快，作为造林树种也是很好的选择；然而，材质一般，特别是由于生长迅速，不如硬阔叶树，所以更广泛地应用，除了绿化之外，就是造纸等工业材料（成俊卿，1983，1992；王朝辉 等，1998；张玉钧 等，2008）。

7 水杉歌

水杉歌是胡先骕创作的古体诗[36]，于1961年10月31日《光明日报》第四版首发；1962年2月17日《人民日报》第6版再发，并附有时任国务院副总理陈毅（1901—1972）的读后记。

胡老此诗，介绍中国科学上的新发现，证明中国科学一定能够自立且有首创精神，并不需要俯仰随人。诗末结以东风伫看压西风，正足以大张吾军。此诗富典实、美歌咏，乃其余事，值得讽诵。

一九六二年二月八日　陈毅　读后记

水杉歌

胡先骕

余自戊子与郑君万钧刊布水杉，迄今已十有三载。每欲形之咏歌，以牵涉科学范围颇广，惧敷陈事实，堕入理障，无以彰诗歌咏叹之美。新春多暇，试为长言。典实自琢，尚不刺目、或非人境庐掎摭名物之比耶？

纪追白垩年一亿，莽莽坤维风景丽；
特西斯海亘穷荒[①]，赤道暖流布温煦。
陆无山岳但坡陀，沧海横流沮洳多；
密林丰薮蔽天日，冥云玄雾迷羲和。
兽蹄鸟迹尚无朕，恐龙恶蜥横骏娑；

水杉斯时乃特立，凌霄巨木环北极。
虬枝铁干逾十围，肯与群株计寻尺；
极方季节惟春冬，春日不落万卉荣。
半载昏昏黯长夜，空张极焰光曚昽[②]；
光合无由叶乃落，习性余留犹似昨。
肃然一幅三纪图[③]，古今冬景同萧疏；
三纪山川生巨变，造化洪炉恣鼓扇。
巍升珠穆朗玛峰，去天尺五天为眩；
冰岩雪壑何庄严，万山朝宗独南面。
冈达弯拿与华夏，二陆通连成一片[④]；
海枯风阻陆渐干，积雪洹寒今乃见。
大地遂为冰被复，北球一白无丛绿；
众芳遁走入南荒，万汇沦亡稀剩族。
水杉大国成曹邻，四大部洲绝侪类；
仅余川鄂千方里[⑤]，遗子残留弹丸地。
劫灰初认始三木[⑥]，胡郑研几继前轨；
亿年远裔今幸存，绝域闻风剧惊异。
群求珍植遍遐疆，地无南北争传扬；
春风广被国五十[⑦]，到处孙枝郁菶苍。
中原饶富诚天府，物阜民康难比数；
瑶花琪草竞芳妍，沾溉万方称鼻祖[⑧]。
铁蕉银杏旧知名，近有银杉堪继武[⑨]；
博闻强识吾儒事，笺疏草木虫鱼细。
致知格物久垂训，一物不知真所耻；
西方林奈为魁硕，东方大匠尊东璧[⑩]。

36　该古体诗发表之后有数次转载以及不同注释或全译：胡先骕，1980，水杉歌，利川科技（水杉专辑），2：1-3；施浒，1981，水杉歌——记中国植物分类学奠基人胡先骕，大自然，2：17-20；胡先骕，1983，水杉歌，植物杂志，4：42；梗煊（耿煊），1987，胡先骕教授水杉歌笺注，海南大学学报（自然科学版），1：90-92；耿煊，1988，水杉歌笺注，中华林学会季刊，21（2）：103-108；周绍武，1993，胡先骕鉴定水杉综述，贵州商业专科学校校报，2：27-28；莫荣，胡洪涛，2000，水杉歌及注释，森林与人类，4：39-40；张卜阳，2000，活化石水杉，中国林业出版社；谌谟美，2009，神奇的中美红杉树，科学出版社；刘为民，2012，文坛名家胡先骕，科学，64（6）：50-54；胡适宜，孙蒙祥，2019，孑遗植物——水杉，大自然，3：78-81；李晓彤，冯欣楠，2015，水杉的故事，武汉出版社。

如今科学益昌明，已见泱泱飘汉帜；
化石龙骸夸禄丰⑪，水杉并世争长雄。
禄丰龙已成陈迹，水杉今日犹葱茏；
如斯绩业岂易得，宁辞皓首经为穷。
琅函宝笈正问世，东风仁看压西风⑫！

〔注〕①在白垩纪有特西斯海Tethys Sea，自亚洲赤道西北上，通过今地中海达峨毕海而入北冰洋。②北极光。③第三纪植物与水杉同起源于北极，以半载不见日光，遂形成落叶习性，非畏寒也。④第三纪初期，地球受星际影响，温度普遍降低数度，在造山运动以前，华夏大陆与冈达弯拿大陆为特西斯海所隔开，自珠穆朗玛峰由海底上升之后，两大陆始连合为一体，从此特西斯海涸，而赤道暖流不复入北冰洋，北极乃更寒冱而开冰河时代矣。⑤冰河期以后，欧亚北美三洲之水杉皆已灭绝无迹，仅残存于四川万县磨刀溪与湖北利川水杉坝及石柱方八百里一小区域内。⑥日古植物学家三木茂博士始从日本地层中化石发表水杉属名。⑦曾以种子遍赠全球五十国百七十余处。⑧西人号称中国为园庭之母。⑨近年陈焕镛、匡可任两教授发现银杉，亦水杉之流亚也。⑩李时珍。⑪禄丰龙乃杨钟健教授所发现。⑫群儒汇编中国植物志，正陆续出版。

另注：掎摭〔jǐ zhí〕；沮洳〔jù rú〕；冱〔hù〕；逋〔bū〕；邻〔kuài〕；侪〔chái〕子〔jié〕

On Metasequoia

H. H. Hu

Eastern Horizon 5（4）：26-28（1966）

In the winter of 1941, professor Kan Toh of Chungking, while travelling through Szechuan province, noticed a large deciduous conifer growing with two smaller ones of similar type in Wan County. Deciduous conifers are rare and this attracted his attention. But as it was winter he could not collect specimens for study. In 1944 another botanist passed there and succeeded in making collections of specimens which Professor Cheng Wan-Chun considered to be something new. In 1946 Professor Cheng sent some specimens to the author, who found them to be similar to the fossil conifer described in a work published by a Japanese paleobotanist, Professor S. Miki, and termed Metasequoia as its generic name. When an account of this living fossil was published by me and Professor Cheng as *M. glyptostroides*, it was a surprise to botanists all over the world, because numerous fossils discovered in circumpolar regions and later on at lower latitudes formerly believed to belong to the famous *Sequoia* genus are now found to belong to this new and of course of very ancient lineage genus.

Consequently effort was made to explore thoroughly in search of this new conifer. It was discovered also in Lichuan County of western Hupeh in a locality called Shui-shan-ba, where about 1,000 large and small trees were found. Then large quantities of seeds were collected from this new conifer and distributed to 170 botanical institutions in over 50 countries. They have been widely planted in China of course. Now this tree thrives in the USSR in the north and in Indonesia in the south. It is a majestic, ornamental as well as useful tree. In 1960 the present author wrote a poem in Chinese in praise of this discovery, which is now for the first time rendered into an English translation by the author himself.

Over one hundred million years ago, in the Cretaceous
epoch,
The scenery of our world was very beautiful indeed.
The Tethys Sea[37] ran through the Eurasian continent
up to the North Pole;
Warm currents of the tropical ocean guaranteed
mildness of climate.

37　The Tethys Sea was an ancient Mediterranean Sea traversing the Eurasian land mass, connecting the Indian Ocean with northern polar see.

On land, no mighty peaks of snow-ranges but undulating low hills and plains;

Vast seas were surging over the interior land-shelves.

Majestic forests and luxuriant swamp herbage abounded on all lands.

Sunshine was forever shut-out by thick clouds and mist.

Mammals and birds had not yet emerged into view;

Only dinosaurs and giant lizards prowled everywhere.

In that age Metasequoias reigned as forest monarchs,

Towering trees luxuriating with circumpolar distribution,

With dragon-like branches and ironclad trunks of immense dimensions,

Dwarfing the other trees all around.

In polar regions seasons alternate 'twixt spring and winter:

In spring the sun never sets, and lush vegetation thrive;

In the alternate half-year the North slumbers ever through dark nights;

In the distant horizon flashes only the wonderful aurora-borealis.

Photosynthesis suspended, leaves fell useless,

Hence the deciduous habit was handed down to present times:

Over the Northern hemisphere expands just such a picture of the Tertiary period,

Desolate it looks now as ever in ancient winter.

At a later age an immense cataclysm, a creation pulsation,

Stirred up the four corners of earth.

The majestic Mount Jolmo Lungma soared up to the sky;

Icy cliffs and snowy valleys towered over thousands of neighbouring lofty ranges;

Gondwanaland[38] and Cathaysia[39] were once again united into one continent.

The inland seas dried, the northward wind was cut off, the hinterland gradually desiccated;

Snow accumulated, and intense cold generated;

Thus the earth was covered with ice sheets and a glacial period ensued;

Over the Northern hemisphere a boundless white extinguished all verdure.

Remnants of this vegetation steadly migrated southwards,

Millions were destroyed, while handfuls survived.

Metasequoias, mighty kings of old, found their last refuge in a tiny spot in central China.

Miki first studied their fossil remains, Hu an Cheng continued the search.

Miraculously some descendants of these Herculean giants have been preserved!

Glad tidings once announced to distant foreign lands,

Their seeds were eagerly asked for propagation in the north and south;

To fifty countries all over the world they are thus distributed,

Everywhere new tree monarchs will again assert their supremacy.

Old China is known as 'Heavenly Kingdom',

Incomparable in her great wealth and teeming population;

Magnificent trees and wonderful flowers were introduced therefrom;

Hence the envious fame as the mother of gardens.

Cycads and gingko trees were well known of old,

Cathaya[40] being the last addition of a new conifer.

Chinese scholars are reputed for their erudition and

---

38 Goodwanaland was the ancient continent separated by the Tethya sea from the Eurasian land mass, including the Indian subcontinent, Australia and New Zealand.

39 Cathaysia was the ancient land mass embracing most of area of China.

40 Cathaya is a new conifer genus discovered by Professors Chun Woon-yung and Kuan Koa-ren.

diligence,

Devoted to study and research in their rich flora and fauna.

Their motto is 'search for knowledge' and 'study of nature',

Shame they feel if a single natural mystery remains unsolved.

The famous herbalist Li Shih-chen of the East rivalled the great botanist Linneus of the West;

But it's in the present time that the pursuit of scientific studies is steadily advancing.

The Chinese flag ever flutters over all fields of research.

World famous was the Lufengsour discovered in Yunnan;

Metasequoia throve about the same time.

But Lufengsour is known only as fossil remains,

While Metasequoia still survives as living trees in our age.

Such discovery is rare indeed, a bountiful reward for scholastic toil.

A great national flora is now in the process of publication;

The East wind will undoubtedly surpass the West wind.

8 水杉留下的思考

作为著名的"活化石",水杉引起广泛的关注并大规模研究,当然再正常不过了!然而,如果背离学术的基本原则,或者掺杂私念,包括个人恩怨与感情,乃至师生之情等,则必定引起争议。

纵观水杉的争论,可谓引人注目,不仅在中国是谁发现的,而且还有在美国是谁引种的;且持续争论之久,甚至直到80年后的今天,确实不可思议!

恕笔者直言,归根结底就是水杉的光环过于耀眼,如果不是这样的"明星",肯定没有人愿意涉入其中!不管是中方发现水杉之后,干铎的引入,还是美方引种之后钱奈的水杉原产地之行后的宣传,都或多或少地给后人留下了让人争论的借口或者是瑕疵。

在中国,水杉发现过程中,为什么开始引入干铎,后来又在《水杉》科教片中不提,而且最后留给编辑的采访也不提,即使是错了也没有必要更正?正如笔者早期的评论一样,不仅如此,而且还不引证引起发现的标本(林朝钦,2016),这不就是后人为其不平的所在吗?特别是改革开放之后,当事人的不服之因由吗?当然,后来意识到问题的严重性,尽管也努力了——比如,科教片不提干铎(王诚,1981),与植物杂志编辑交流认为王战有功(马金双,2013);遗憾的是历史并不是这样,以致后人至今还有异议。

在美国,钱奈在收到了东岸的种子之后才启程,怎么能够说自己带回来种子呢?尽管可能带回来,尽管季节不适合,但是不排除前一年的采集还有保存并予以赠送,但是正式的采种费用是东岸资助的,而且已经先于动身之前就已经拿到种子,怎么能够宣传时不否认自己带回来种子或者对宣传自己带回来种子的默许或者默认?难道这不是后人评论的焦点吗?

除此之外,科研档案与相关资料的保管,显得格外重要!水杉研究之中,很多珍贵史料的获得大多数是海外收藏,我们自己的收藏不是没有,而是相当有限。

历史教训,极为深刻;希望能够引以为戒!

图2　国家植物园（北园）樱桃沟水杉林（1974—1975年栽培，2022年春拍摄）

图3 1992年中国邮政发行的水杉邮票

图4　2002年于北京拜访水杉种子采集者、中国林业出版社退休高级编审华敬灿（1921—2012）

图5　2021年作者于北京市植物园樱桃沟水杉林讲解水杉的故事（陈红岩提供）

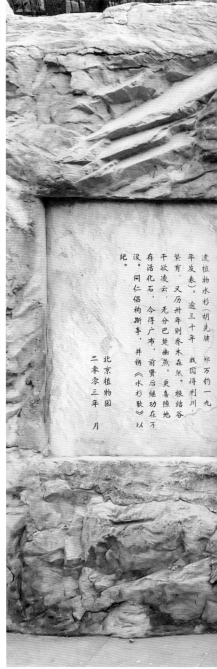

图6 北京市植物园之水杉歌碑文（2003年，郭翎 摄）

所查調物生生靜
Fan Memorial Institute Of Biology

Peiping, China.

Apr.20,1946.

Dr.E. D. Merrill,Director,
Arnold Arboretum,
Jamaica Plain,Mass.,U. S. A.

Dear Dr. Merrill:

I presume you have received my letter sent you from Nanchang,Kiangsi. I arrived Peiping April 15th to plan for the recoversion of the Fan Institute. Owing to the meagerness of fund available we have to carry on as best as we can. We have lost two thirds of our furnitures and our main building lacked of repairs. The loss in the library is considerable but not staggering. Fortunately the herbarium remained intact,although our zoological collections had suffered of considerable loss. The photographs of the specimens and their negatives are fortunately preserved.

At present the most urgent thing for me to do here is to restore the library. In this I hope you will help me as much as possible. Please send me the Arboretum journal and other publications you kindly keep reserved for our institute. Any other publications you can get for Fan institute as gift please send along. Any books or perioidical publications such as Scientific Monthly etc . which you can spare yourself we shall also gratefully to receive.

As to our large collections of Yunnan plants I have written to Mr. T. T. Yü to begin to sort out for the Arboretum. But owing to the lack of funds and helpers I don't know when these will be ready for transportation. I hope you will write to American Embassy to arrange transportation facilities for these materials. And I hope you will send some money to get these shipped to you.

Hereafter I shall devote a great deal of our energy to rebuild the Lushan Botanical Garden and Arboretum, which suffered frightfull destruc-tion in its buildings and much loss in library and nursery stocks,a great deal of which has been,however,still preserved. We shall immediately to start in nursery business in order to make self-support. Already several American nursery companies wrote to Mr. F. H. Chen,the new Keeper for seed list. We shall start to collect seeds and bulbs this fall both in the vicinity of Lushan and in Kunming and Tali. We intend to make ourselves ready for American customers. So Mr. F. H. Chen asked me to request you to buy for us a copy of the "Main Catalogue of American and European Nurserymen. Please send it directly to Mr. F. H. Chen at the Botanical Garden.

图7　胡先骕1946年4月20日自北平寄往哈佛大学梅尔的信件（之一）告知发现活的柏科新属（原始信件存哈佛大学图书馆）

所 查 調 物 生 生 靜

Fan Memorial Institute Of Biology

Peiping, China.

Have you received a communication from Dr. Wan-c hung Cheng announcing his discovery of a new genus of Cupresussaceae, whichc onsists a monotypic gigantic deciduous tree,found around Wanshen in Szec huan? What a wonderful discovery it is! Only three lofty trees of 34 meters are living.Casually I also found a few small treesof Glytotrobus penisilis in the back yards of a small village about 40 miles from Nanchang. So this proves conclusively that this c onifer can be easily planted in the 6th zone in the States. When we have c ollected seeds from these trees I shall send some to you. I hope this tree morely widely planted in the States.

With best regards ,

Yours very sincere ly,

H. H. Hu.

P. S. I shall return to Nanc hang in the latter part of May and shall c ome back to Peiping wilth my family in September. Ant letter please send still in care of Chung Cheng University before that time.

图8 胡先骕1946年4月20日自北平寄往哈佛大学梅尔的信件（之二）告知发现活的柏科新属（原始信件存哈佛大学图书馆）

Hsen-Hsu Hu, S. D.,
Director and Professor of Botany
Chi Ping, Ph. D.,
China Foundation Research
Professor of Zoology
Tsen-Hwang Shaw, A. M.,
Curator of Zoological Museum
Tchung-Lin Tehang, D. Sc.,
Assistant Professor of Zoology
Ren-Chang Ching, B. S.,
Keeper of Lushan Botanical
Garden and Arboretum
Liang-Ching Li, Ph. D.,
Curator of Herbarium and Library

靜 生 生 物 調 調 所
Fan Memorial institute Of Biology

Peiping, China.

Shou-Chie Yu, B. S.,
Assistant Professor of Zoology
Chung-Hwang Chow, Sc. D.,
Assistant Professor of Botany
Wei-I Yang, B. S.,
Secretary and
Assistant Professor of Zoology
Mme. Chung-Ching Wang Chow, Sc. D.,
Assistant Professor Botany
Tsing Tang, B. S.,
Assistant Curator of Herbarium
Fa-Tsan Wang, B. S.,
Assistant Professor of Botany

May 9,1946.

Professor Ralph W. Chaney,
Dept. of Palaeontology,
University of California,
Berkeley,Cal.,U. S. A.

Dear Professor Chaney:

I presume you have by now received my letter I sent you when I arrived in Peiping last month. I write you this letter because I made a very important discovery in botany which has some relation to palaeobotany. A short time ago Professor Wan-chun Cheng of National Central University wrote me that he discovered in Wan Hsien,Szechuan,a new genus of conifer which is related to the Chinese water-pine, Glyptostrobus pensilis,differing in the distic-hous linear leaves and decussate cone-scales of 11 pairs. The cone has a long slender peduncle. The leaves are easily deciduous. Three large trees of 34 meters in height are discovered. This is surely a new genus with both characters of Taxodiaceae and Cupressaceae.

Then I looked up the Japanese palaeobotanist,S. Miki's paper on "The clay or lignite beds flora in Japan with special reference to the Pinus trifolia beds in Central Hondo" published in Jpanese Journal of Botany XI:237-3603.On page 261 he described a new genus of Taxodiaceae Metasequoia based on Sequoia disticha published by Heer in 1876, which has distichous leaves and decussate cone-scales. He described a second species,M. japonica,with smaller cones and fewer scales. The Wan Hsien species is closely allied to M. disticha but with more cone-scales;so it may be a distinct species which I propose to call M. sinica. The three living tree may have not attained its possibly greatest height,for they may be relics of once a large grove,which have fortunately escaped from woodsmen's axe. It is possible to secure seeds of this new tree which I shall try to send some to Professor Goodspeed for cultivation.This new species I shall publish jointly with Prof. Cheng in our buletins.

I am leaving for Shanghai day after tomorrow. If you write please send your letter c/f the Nat. Chung Cheng University,Nanchang,Kiangsi. I shall return to Peiping in September.

Yours very sincerely,

H. H. Hu

图9　1946年5月9日胡先骕自北平致函加州大学古生物学家钱奈，告知活的水杉就是Metaseequoia（原始信件存俄勒冈大学图书馆）

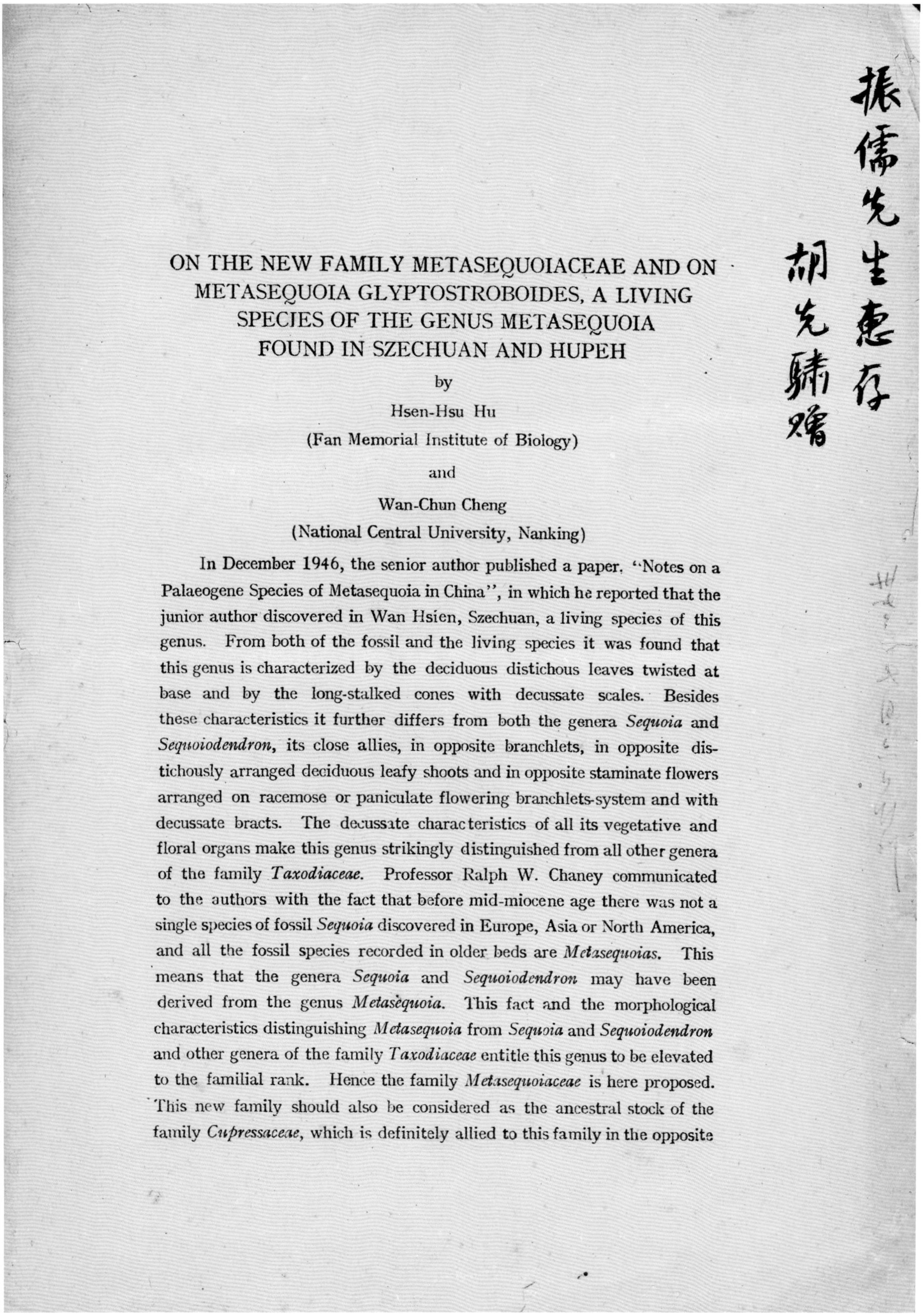

振儒先生惠存

胡先骕赠

ON THE NEW FAMILY METASEQUOIACEAE AND ON METASEQUOIA GLYPTOSTROBOIDES, A LIVING SPECIES OF THE GENUS METASEQUOIA FOUND IN SZECHUAN AND HUPEH

by

Hsen-Hsu Hu

(Fan Memorial Institute of Biology)

and

Wan-Chun Cheng

(National Central University, Nanking)

In December 1946, the senior author published a paper, "Notes on a Palaeogene Species of Metasequoia in China", in which he reported that the junior author discovered in Wan Hsien, Szechuan, a living species of this genus. From both of the fossil and the living species it was found that this genus is characterized by the deciduous distichous leaves twisted at base and by the long-stalked cones with decussate scales. Besides these characteristics it further differs from both the genera *Sequoia* and *Sequoiodendron*, its close allies, in opposite branchlets, in opposite distichously arranged deciduous leafy shoots and in opposite staminate flowers arranged on racemose or paniculate flowering branchlets-system and with decussate bracts. The decussate characteristics of all its vegetative and floral organs make this genus strikingly distinguished from all other genera of the family *Taxodiaceae*. Professor Ralph W. Chaney communicated to the authors with the fact that before mid-miocene age there was not a single species of fossil *Sequoia* discovered in Europe, Asia or North America, and all the fossil species recorded in older beds are *Metasequoias*. This means that the genera *Sequoia* and *Sequoiodendron* may have been derived from the genus *Metasequoia*. This fact and the morphological characteristics distinguishing *Metasequoia* from *Sequoia* and *Sequoiodendron* and other genera of the family *Taxodiaceae* entitle this genus to be elevated to the familial rank. Hence the family *Metasequoiaceae* is here proposed. This new family should also be considered as the ancestral stock of the family *Cupressaceae*, which is definitely allied to this family in the opposite

图 10　胡先骕签字赠送汪振儒的水杉新科论文单行本（1948年，张玉钧提供）

图11　樱桃沟水杉树桩（2001年自原产地湖北利川获得，2003年置于北京市植物园，2021年拍摄）

图12　胡先骕1954年4月于中国科学社明复图书馆的水杉树前（今上海卢湾区陕西南路235号，黄浦区明复图书馆）（胡晓江提供）

图13　中正大学时期的胡先骕（1940年，胡晓江提供））

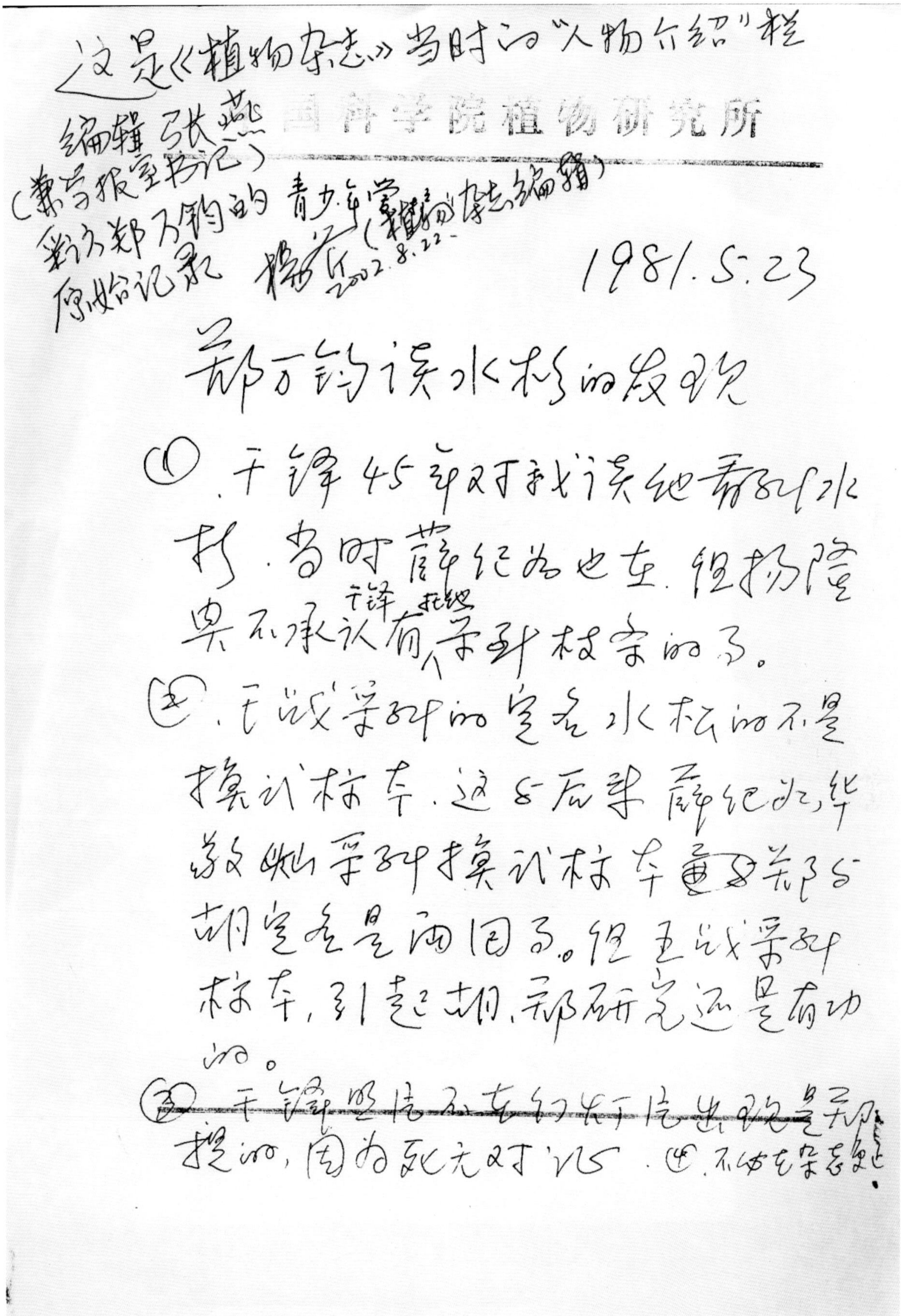

这是《植物杂志》当时的"人物介绍"栏

编辑 张燕 中科学院植物研究所

(兼写稿室书记)

采访郑万钧的 青少年堂（植物杂志编辑）

原始记录 杨斧（植物杂志编辑）2002.8.22   1981.5.23

郑万钧谈水杉的发现

①干铎45年对我谈他看到水
杉，当时薛纪如也在，但杨院
奥不承认有采到枝条的了。

②王战采到的窒名水杉的不是
模式标本，这是后来薛纪如、华
敬灿采到模式标本。重复郑与
胡窒名是两回了。但王战采到
标本，引起胡、郑研究还是有功
的。

③干铎照情不去约采信上说的是郑
提议，因为死无对证。④不妨多采考虑。

图14 《植物杂志》编辑采访郑万钧笔录（1981年；原《植物杂志》编辑杨斧2002年提供）

图15　中国科学院植物研究所北京植物园的水杉（2002）

图16 贵州省林业科学院的水杉(澳大利亚 Chris B Callaghan 提供)

图17 贵州省林业科学院内的水杉(澳大利亚 Chris B Callaghan 提供)

图18 1980年的水杉原产地景观（Bruce Bartholomew 拍摄）

图19　1948年的水杉模式树（Judson L. Gressitt 拍摄，Bruce Bartholomew 提供）

图20　1980年的水杉原产地（Bruce Bartholomew 摄）

图21　2019年10月，陪同日本学者于利川谋道溪水杉模式树前合影（左起：范深厚，作者，大阪市立大学理学部附属植物园厚井聪，日本大阪市立自然史博物館塚腰 実和保护区黄照林、黄厚伦、王敏、邱成富，洪建峰 摄）

图22　利川桂花小学路旁的水杉（2019）

图23 湖北利川水杉原产地小河乡（2003）

图24　利川谋道溪的水杉模式树（2003）

图25 利川小河的二号母树（高约40m，2003）

图26　美国加州科学院——岭南大学水杉考察队（1948年夏，Judson Gressitt 摄，Bruce Bartholomew 提供）

图27 谋道溪的水杉模式树（2003）

图28　首届国际水杉研讨会2002年8月5～7日于武汉地质大学（作者于中排右三）

图29　时任国家主席李先念为湖北潜江江汉石油管理局水杉纪念碑题词（黄运平提供）
（2003年3月27日）

图30　水杉原产地湖北利川小河乡远景（2003）

图31　小河村民房屋环绕的水杉（2019）

图32　原产地利川路旁的水杉（2003）

國立中央大學樹木園

南 京 丁 家 橋

THE ARBORETUM

NATIONAL CENTRAL UNIVERSITY

TING CHIA CHIAO, NANKING, CHINA

Dec. 26, 1947.

Director
Botanical Garden
University Helsingforsiensis
FINLAND

Dear Sir:

I beg to inform you that we have recently discovered a living species of the fossil genus Metasequoia of Coniferae. The genus was described by S.Miki in the Japanese Journal of Botany XI.p.261(1941). The genus has ten fossil species and one living species.The only new living species,Metasequoia glyptostroboides Hu et Cheng,is confined to eastern Szechuan and southwestern Hupeh in Western China. This is a big tree up to 35m.tall and 2.3m.in diam..It is manifestly allied to the American genera Sequoia and Sequoiadendron,but differs from both in the deciduous habit and in the oppoite branchlets,leaves, flowers and cone-scales.It seems to be an intermediate link between Taxodiaceae and Cupressaceae. The mature seeds of the Metasequoia were secured this year.

Enclosed here I am sending you a few mature seeds of Meta-sequoia glyptostroboides Hu et Cheng for propagating in your country. I think that you are interested to have them.

I should be much obliged to you if you send us some seeds of conifers or other arborescent species and your publications.

Thank your in advance.

With kind regards.

Sincerely yours,

Wan-Chun Cheng

Wan-Chun Cheng
Professor of Dendrology

图33 1947年12月26日，郑万钧自中央大学树木园丁家桥发给芬兰赫尔辛基大学植物园主任的信件（原件存芬兰赫尔辛基大学植物园）

图34　南京进香河路的水杉行道树（2015）

图35　江苏邳州水杉大道（250省道）（2010）

图36　南京中山植物园的水杉（2015）

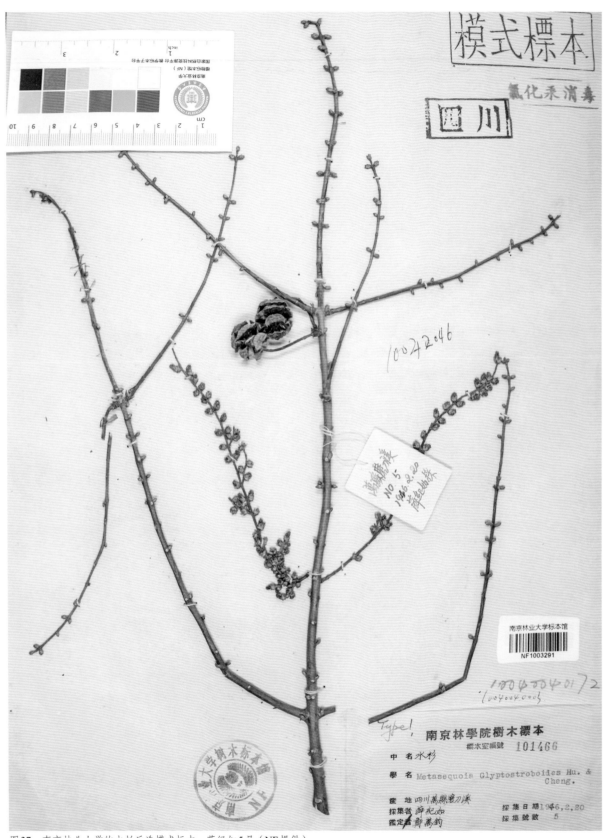

图37 南京林业大学的水杉后选模式标本，薛纪如5号（NF提供）

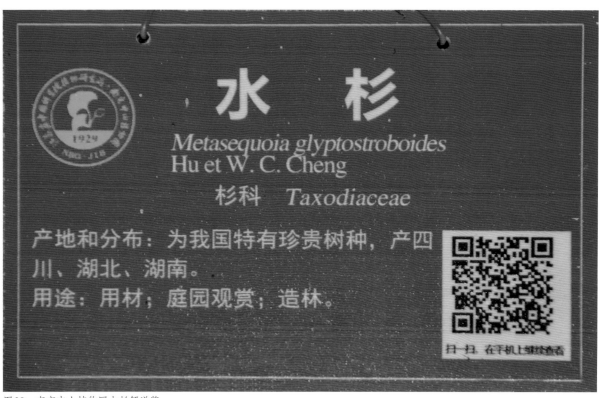

图38 南京中山植物园水杉解说牌

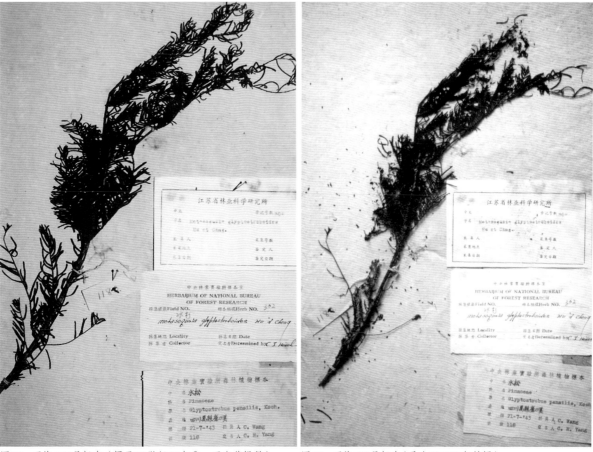

图39 王战118号标本（摄于20世纪80年代，王安莉提供）　图40 王战118号标本（马金双2003年拍摄）

图41 郑万钧和他的导师 Henri M. Gaussen（1891—1981）1939年于法国图卢兹（Jean Hoch 提供）

图42 南京中山植物园水杉林远景（2015）

图43　庐山植物园（2006）

图 44 《胡先骕全集》部分编者与编辑 2022 年于南昌（左起：刘序浩、马金双、陈世象、游道勤、胡晓江、胡欣、刘得欢、刘得意、胡杨、李月华）

图 45 《胡先骕全集》主编胡晓江、副主编马金双和胡宗刚于胡先骕墓前（2022，胡杨 摄）

图46　庐山植物园三老墓前的水杉歌碑文（2022年3月14日）

图 47　庐山植物园水杉（2022 年 3 月 14 日，胡杨 摄）

图48 庐山植物园水杉（远处落叶）（2022年，胡杨 摄）

图49　2003年于沈阳应用生态研究所王战书屋（左起：齐淑艳、李冀云、王安莉、马全双、谭征祥）

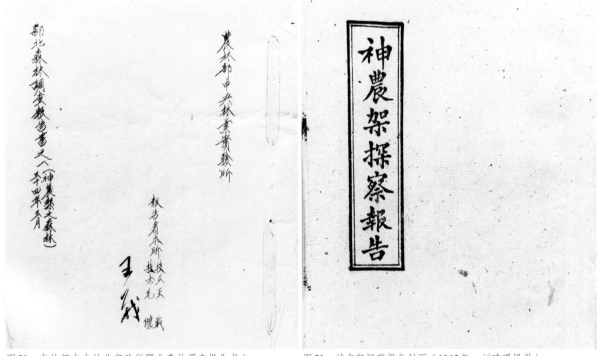

图50　农林部中央林业实验所鄂北森林调查报告书之一
（神农架之森林，1945年3月，王战签字；刘琦璟提供）

图51　神农架探察报告封面（1945年，刘琦璟提供）

图 52　王战 1987 年于长白山岳桦林（邵国凡提供）

图 53　中国科学院沈阳应用生态研究所王战书屋（2003）

王战王战在四川万县

谋道溪第一次发现

之水杉树

图54 王战保存的水杉肖像（2003年，王战女儿王安莉提供）

图55 中国科学院沈阳应用生态研究所院内的水杉（2022年，曹伟提供）

图56　台湾宜兰福山植物园栽植的水杉（海拔约600m）（2021年，林建融 摄，刘和毅提供）

图57　台湾宜兰福山植物园栽植的水杉（约40年生；2021年，林建融 摄，刘和毅提供）

图58　西藏林芝西藏农牧学院1985年引种的2年生水杉幼苗（2022年1月27日，陈甲瑞　摄）

图 59　西藏林芝西藏农牧学院的水杉（1985 年引种的 2 年生幼苗，2022 年 1 月 27 日，陈甲瑞 摄）

图60　新疆阿克苏南昌路水杉1（2022年3月2日，帕孜来提·吐尼亚孜 摄，师玮提供）

图 61　新疆阿克苏南昌路水杉 2（2022 年 3 月 2 日，帕孜来提·吐尼亚孜 摄，师玮提供）

01

图62 伊宁市公园大街的水杉（2022年6月3日，刘忠权 摄，师玮提供）

图63　伊宁市公园大街的水杉（2022年2月17日，刘忠权 摄，师玮提供）

图64　朝鲜中央植物园大门（2016年金永焕　摄）

图65　朝鲜中央植物园最粗的水杉（2016年，金永焕　摄）

图66 朝鲜水杉林（2016年，马克平 摄）

图67　朝鲜中央植物园的水杉解说牌（2016年，马克平　摄）

图 68　韩国国家树木园（2016）

图69　韩国国家树木园解说牌（2016）

图70 尼泊尔首都加德满都郊外的国家植物园（National Botanical Garden, former Royal Botanical Garden），时任国务院副总理邓小平1978年2月5日栽培的水杉（Chris Fraser-Kenkins 提供，2016年拍摄）

图71 尼泊尔首都加德满都郊外的国家植物园（National Botanical Garden, former Royal Botanical Garden），时任国务院副总理邓小平1978年2月5日栽培的水杉（Chris Fraser-Kenkins 提供，2016年拍摄）

图72 尼泊尔首都加德满都郊外的国家植物园（National Botanical Garden, former Royal Botanical Garden），时任国务院副总理邓小平1978年2月5日栽培的水杉（Chris Fraser-Kenkins 提供，2016年拍摄）

图73　尼泊尔首都加德满都郊外的国家植物园（National Botanical Garden），时任国务院副总理邓小平1978年2月5日栽培的水杉（Chris Fraser-Kenkins 提供，2016年拍摄）

图74　东京大学附属小石川植物园主门（2004年8月3日）

01

图75 大阪的水杉林（2017）

图76 大阪的水杉林（2017）

图77 大阪市区小溪旁的水杉（2010）

图78 大阪市立公园水杉的标示牌

图79 第三届水杉会议2010年于大阪召开

图80　东京大学小石川植物园的水杉（2018）

メタセコイア（アケボノスギ）Metasequoia glyptostroboides Hu et Cheng

メタセコイア属は、北半球の第三紀層から出る化石や遺体植物の研究の結果、三木茂博士により1941（昭和16）年に発表された化石属であった。発表当時は約100万年前に絶滅したものと考えられていたが、1945（昭和20）年に中国湖北・四川の省境付近で現生種が発見され、「生きた化石」として反響を呼んだ。

1947（昭和22）年この植物の種子がアメリカの調査隊によって現地で採集され、日本に初めて送られてきた。この種子は1949（昭和24）年3月東京で播種され、そのうちの1本をもとに挿木によって増殖したのがこの林である。

Metasequoia was formerly known only as a fossil plant in Tertiary rocks of the Northern Hemisphere (S. Miki, 1941), but the discovery in 1945 of plants growing in China makes *Metasequoia* famous as "living fossil". Seeds collected by American botanists in 1947 were distributed over the world and some were sent to Tokyo. The trees here are descendents of these memorable seeds.

图81 东京大学小石川植物园水杉解说牌（2004年8月3日）

图82　东京的国立科学博物馆门前的水杉（2018）

图83 东京居民家的水杉（2017）

图84　京都秋日水杉（2017）

图85　日本筑波植物园的水杉（2012）

86　三木茂的水杉化石（大阪市立自然历史博物馆 - 5，塚腰 実提供）

图 87　二木茂的水杉化石（大阪市立自然历史博物馆 - 2，
塚腰 実提供）

图 88　三木茂的水杉化石（大阪市立自然历史博物馆 - 4，塚
腰 実提供）

图89 三木茂的水杉化石（大阪市立自然历史博物馆 -3，塚腰 实提供）

图90 水杉的球果化石

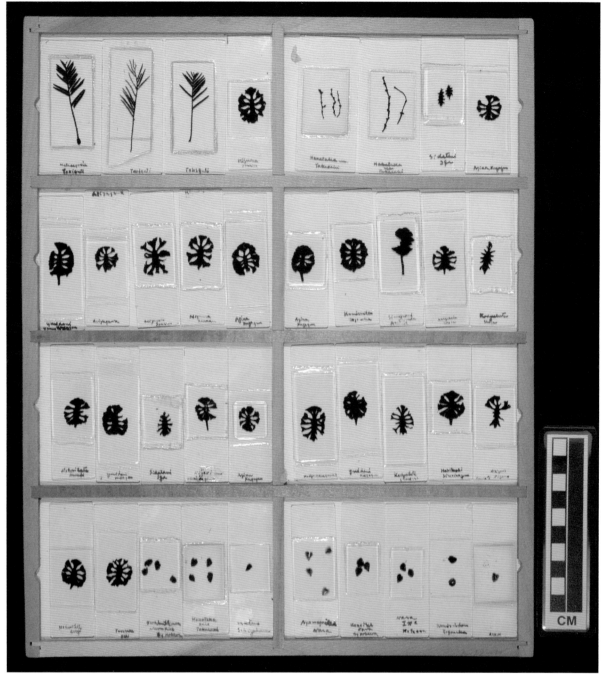

图91 三木茂的水杉化石（大阪市立自然历史博物馆 -1，塚腰 实提供）

图92 水杉的枝叶化石

图93 斋藤清明的《水杉》（1995年）

图94 本章作者与日本《水杉》一书的作者斋藤清明（2004年于东京）

图95　中日水杉相关人士2014年11月于大阪市立大学附属植物园（从左至右：斋藤清明，原每日新闻社编集委员、日文《水杉》一书的作者；胡德琨，原北京大学教授、胡先骕之子；饭野盛利，原大阪市立大学附属植物园园长；冢腰 实，原大阪市立自然史博物馆研究员；冈野浩，大阪市立大学都市研究プラザ教授、副所长、経营学研究科教授。胡德琨提供）

图96　比利时国家植物园的水杉（1951年栽培；2002年，马金双 摄）

图97 比利时布鲁塞尔水杉大街（Avenue De La Brabançonne——Brabançonnelaan）（2021年，Dirk de Meyere 摄）

图98　德国柏林植物园的水杉（2015）

图99 德国慕尼黑公园里的双枝水杉（2015）

图100 德国柏林植物园水杉解说牌（2015）

图101 德国慕尼黑公园里面的双枝水杉（2015）

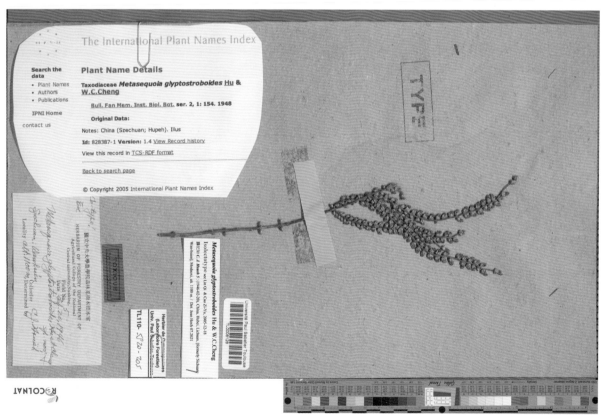

图102 水杉模式标本之一（存法国图卢兹，Jean Hoch 提供）

图103 挪威奥斯陆大学植物园水杉（2010年，张佐双 摄）

图104 挪威奥斯陆大学植物园标牌（2010年，张佐双 摄）

图 105 瑞士日内瓦湖畔的水杉（2017）

图106　瑞士日内瓦植物园的水杉（2017）

图107 瑞士日内瓦湖畔的水杉（2017）

图 108　瑞士日内瓦湖畔的水杉（2017）

图109 斯洛伐克科学院树木园的水杉（2015）

图110 斯洛伐克科学院树木园的水杉（2015）

图 111 英国爱丁堡植物园的水杉（2017）

图 112　英国爱丁堡植物园的水杉（2017）

图113 英国伦敦邱园桥的水杉（2018年，李波 摄）

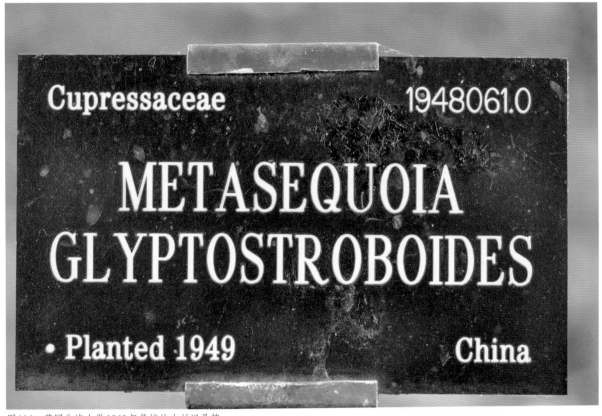

图114 英国牛津大学1949年栽培的水杉记录牌

图115　英国牛津大学水杉全貌（2010）

图116　英国牛津大学植物园的水杉树干（2010）

图117 英国邱园春天的水杉（2008）

图118　英国邱园秋天的水杉（2017）

图119 加拿大温哥华Stanley公园的水杉（2014）

图 120　加拿大温哥华 Stanley 公园的水杉（2014）

图121　美国阿拉斯加1950年栽培的水杉（Christopher Williams 提供，2001年拍摄）

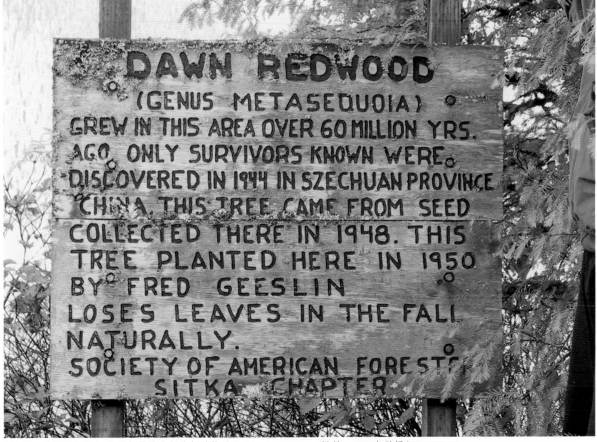

图122　美国阿拉斯加1950年栽培水杉的解说牌（Christopher Williams 提供，2001年拍摄）

图 123　2004 年作者与美国北卡 Crescent Ridge Dawn Redwoods Preserve 的 Doug Hanks 先生于杜克大学的水杉树下

图124　美国北卡杜克大学植物园的水杉（2016）

图125　20世纪80年代初的李惠林（1911—2002）（照片翻拍自1982年《李惠林文集》英文版）

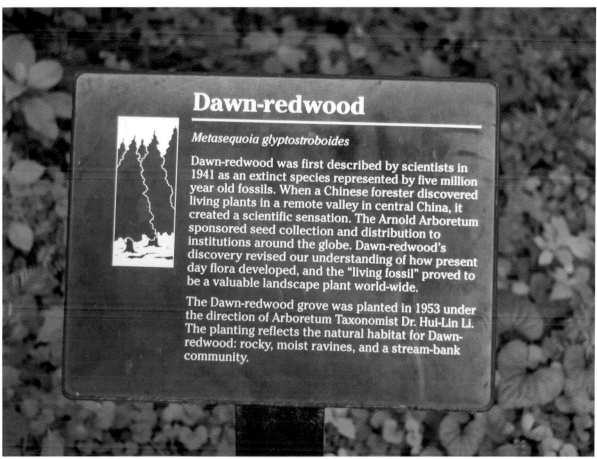

图126　美国莫里斯树木园的水杉解说牌，1953年由时任树木园植物分类学家李惠林博士指导下栽培（2006）

图 127　美国莫里斯树木园冬天的水杉（2005 年 2 月 3 日）

图128　美国莫里斯树木园夏天的水杉（2006年6月5日）

图129　美国长木植物园的水杉（2006）

01

图130　20世纪60年代美国俄亥俄州Dawes树木园栽培的水杉（冬天，2004）

图131　20世纪60年代美国俄亥俄州Dawes树木园栽培的水杉（夏天，2009）

图 132 美国俄亥俄州州立大学的 Secret Gardens and Arboretum（2009）

图 133 美国俄亥俄州州立大学的 Secret Gardens and Arboretum 的水杉标识牌（2009）

图 134 美国俄亥俄州州立大学的 Secret Gardens and Arboretum 的水杉路（2009）

01

图135　美国俄亥俄州州立大学的 Secret Gardens and Arboretum 的水杉（1950 年栽培）（2009）

图136　美国国家树木园1950年首批水杉（2004）

图137　美国国家树木园1950年首批水杉（2004）

图 138　美国国家树木园 1950 年首批水杉（2004）

图139　美国国家树木园1950年首批水杉（2004）

100,000,000-YEAR-OLD RACE OF REDWOODS

Science Makes a Spectacular Discovery

By MILTON SILVERMAN
Science Writer, The Chronicle

MO-TAO-CHI (Szechwan Province), March 15 (Delayed)—A race of ancestral redwood trees which flourished 100,000,000 years ago is surviving here in a remote valley deep in the interior of China.

These trees are known as the dawn-redwoods—themselves between five and six centuries old, and prototypes of the strain.

Their race is older than the human race, older than the mastodons and the pigmy horses, as old as the giant dinosaurs.

They represent the incredibly ancient forerunners of the modern redwoods now growing in California and Oregon.

With the prehistoric animals,

STORY OF A TREE WHOSE FAMILY LIVED WITH THE DINOSAURS

Buried in rocks all over the world are remains of animals and plants that lived on the earth millions of years before man put in his appearance. These remains are called fossils. They are put in museums and scientists study them to get an idea of what life was like in the prehistoric past.

We know that these forms of life are ancestors of what exists

dawn-redwoods had supposedly become extinct about 20,000,000 years ago, leaving behind only the fossil

today. An elephant is related to the long-dead mammoth. California's famous red woods are related to the ancient redwood trees. Fossils of these "long-dead" trees have been found in many parts of the earth.

Now, for the first time in the history of science, it is learned that these ancient trees did not die out. Some of the species are still alive — looking exactly as they looked 100,000,000 years ago; same bark, same size, same

traces of their distinctive needles and cones.

Three of these "living fossils,"

seeds. More than a month ago, Professor Ralph Chaney of the University of California left here by plane to see the trees, reportedly growing in the interior of China. The editor of The Chronicle assigned Dr. Milton Silverman, the newspaper's science writer, to accompany the expedition. Its results, the editor felt, might help us all to understand better the world in which we live.

Quite apart from its scientific implications, the expedition pro-

however, were seen alive here today by Dr. Ralph Chaney of the University of California and the Car-

duced an absorbing adventure story — the account of a 20th century journey into a part of the world occidentals have seldom visited; a journey made by air, river boat and on foot.

Today The Chronicle is publishing the first dispatch from the expedition. On succeeding days further dispatches will appear until The Chronicle has furnished a complete, documented account of one of the most spectacular scientific discoveries of our day.

negie Institution of Washington. Dr. Chaney is one of the world's most eminent authorities on pre-

historic plants. He is the first ern scientist to see them.

"To me," he said, "finding living dawn-redwood is at least remarkable as discovering a dinosaur."

He confirmed the fact of existence—an unparalleled example survival—after traveling more 10,000 miles by airplane from Francisco to Chungking and by river boat down the Ya Kiang.

The last stage of his jou from the little town of Wantook three days over muddy, pery trails which zigzagged succession of mile-high mou ranges.

Although groups of bandits reported operating around mountain trails and robbing to ers, none of them came early than 100 feet of our party.

There is no doubt that me of the dawn-redwood race hav ally survived. We have seen touched them, photographed measured them and examined green buds. We have even cl them.

Their trunks are like trun modern redwoods, big and and buttressed at the base. bark is like modern redwood although considerably thinner smoother.

Their branches, beginning at the base of the trees, extend ward and upward.

The most striking differenc in the foliage. Modern redw like most cone-bearing trees evergreen and carry their lea needles all year long. But the dawn-redwood, although a conifer, evergreen; it loses its needles in ter.

Today we saw these trees still of needles, the only living red tree that sheds its foliage.

All three of the dawn-redw seen today are growing close to er on a rice-paddy bank only hundred yards from Mo-Tao the village of Grindstone rive

Two of them are small, trees. The third is relatively g tic—10 feet, 10 inches, in dia at the base and 98 feet high.

On the basis of test boring ring counts which we made to Dr. Chaney estimates the a this big dawn-redwood at be five and six centuries.

"This tree was born at least tury before Columbus disco America," he declared. "It w tall tree when the Ming dy ruled China, and it was old the Manchu Emperors came power."

Towering over this moun guarded valley, the big tree vered by the villagers as the of a god.

"There must be a god in the explained 60-year-old Cheng men. "It is the biggest, stro straightest tree for many da travel, bigger than any othe have ever seen."

Sixteen years ago, he and s other village elders conduct campaign in which the great of 20 ounces of silver was am With this sum they built a littl and tile temple right at the of the tree. (See picture on pa There, people from Ho-Tao-Ch other villages may come to wo Many of them testify to the of the "tree god."

"We had been married for years," said a 45-year-old be coolie, "but my wife and I rem without children. Then we ca the tree and offered burnt sac and asked for a child. Wit year my wife produced a fine s

PRAYERS

A village official asserted t brew made from fragments bark, plus prayers to the tre had saved the life of his daughter.

Today, we witnessed farmer ing to the temple, placing ca on the altar and praying fo harvests.

"We can tell from our tre what the crops will be," said them.

"If there is heavy foliage o top of the tree, then there w much wheat and beans and oil in the mountains.

"If the foliage on the branches is good, then the v will bear much rice.

"But if there are only a few anywhere on the tree, then will be famine."

Fossil remains of the dawn woods—now known technica metasequoia — were first fou 1828 in rocks near Frankfurt, many. Scientists have long be this genus of prehistoric tree vanished, since no living dawn woods had ever been reported any continent by scientific exp

U. S. Scientists Reach Home of Dawn-Redwoods

The historic expedition to the dawn-redwoods in a remote mountain fastness of China is shown in these pictures dispatched from the scene by Chronicle Science Writer Dr. Milton Silverman. The negatives were sent out of the wilds by runner to Wanhsien, thence by boat along the Yangtze to Chungking, thence by air to San Francisco. The party is seen below on the sampan journey to Mo-Tao-Chi, village off the Grindstone river, near the site of the redwoods. Dr. Silverman stands in stern of sampan. In center photo the

biggest of the three dawn-redwoods discovered near Mo-Tao-Chi rises 95 feet out of a temple on the bank of a rice paddy. The altar itself is built right at the base of the tree trunk. It is 11 feet in diameter at the base. Natives of this rugged region of interior China—a land seldom trod by white men — worship the "palo alto" as a god. Picture at far right presents the "Mei-kuo" (American) discoverers — Dr. Silverman (left) and Dr. Ralph Chaney of the University of California.

At journey's end . . .

Up the river . . .

The living god . . .

NBC Features Tree Discovery Coast-to-Coast

The National Broadcasting Company last night gave nation-wide radio coverage to Chronicle Science Writer Milton Silverman's story on the discovery of ancestral redwood trees in China.

An exclusive report on The Chronicle's copyrighted story was made from San Francisco by KNBC Reporter Ralph Howard during the 9:30 p. m. broadcast of "News of the World." The program was carried by the 160 stations comprising NBC's Coast-to-Coast network.

At 11:30 p. m., KNBC also carried a special broadcast of the entire text of Silverman's dispatch from China.

Another report on the story will be made this morning by Sam Hayes or "Breakfast News" at 8:45 o'clock over KNBC and other NBC Pacific Coast stations.

there appeared perhaps this ansibly have sur-

known border Szechwan and ree young Chis brought out nens — needles, ch did not seem wn tree.

ARCH vere sent to Dr. National Cen- Nanking and to tor of the Fan t Peiping. specimens bore ance to the fos- cones of the a joint report, r decision in a urnal. ne specimens to er Drew Merrill so wrote a brief d to Dr. Chaney California. in Chaney's of- cimens arrived. he was working nd on trans-Pa- les. rmed," Chaney nk as the great- ery of the cen-

seemed essen- server had seen The whole thing e, or some kind hoax, and Cha- he Carnegie In- polite disbelief. rkable that these survive for 20,- f them declared.

irmation seemed e trees were re- ly a few miles" a river port on Maps indicated rectly to an air-

discovered when In spite of what airport at Wan- n completed.

-hsien by flying rd Nanking and mow-capped, ug- s toward Chung-

that we would ly a few miles" ins.

wartime capital by sampan and hsien. With us our interpreter, of the plant col- mself visited the

became evident few miles" was versimplification. g that it is only the Swiss Alps. from Wan-hsien either jeep, nor ckshaw can get only a winding p and down and le successions of

a procession of ry our baggage— es, sleeping bags, scientific equip- tions, and a few emergency—and arry us in sedan

airs proved to be the neck. ul only on rare ere walking was ng. On slippery, s and precipitous was quicker and comfortable for nes

dawn to dark, we e first day, clam- ry, muddy rocks e misty, rain- er another.

At night we reached Lao-Tu-Tu village of the old land god, where we first learned that bandits were working in the district. Local police vere all out chasing them.

We stayed in a cold, dark, dirty native inn, first spraying the premises with DDT and aerosol bombs.

The next morning we discovered that while police were scouring the hills, the bandits had come into the town to hide and had passed about 100 feet from us.

On the second day we acquired an escort of soldiers—a few ragged, straw - sandaled youths equipped with antique carbines—who cost us 60,000 a day apiece, about 18 cents in U. S. money.

Again we followed a trail through the canyons, up and down — mostly up—while the canyons became so narrow that often the trail passed right through the bedroom of some local inhabitant.

At night, after chalking up 27 miles, we reached Lung-Chu-Pa, the village of the excellent horse, where we lodged in the slightly cleaner but infinitely colder office of the District Magistrate.

On the third day, with new escort soldiers, we moved still higher. The trail became even steeper and more slimy, but there were still enough unprotected sharp rocks to cut our coolies' straw sandals to tatters.

Late this afternoon, we went right up a 60-degree shoulder of a mountain, crossed a pass at 4750 feet, and descended into the valley of Ho-Tao-Chi. Our mileage for the day—28.

Our "only a few miles" from Wan-hsien had turned out to be 70.

GREETING

Here at Mo-Tao-Chi, a 200-year-old village with a population of about 1000, the last foreigner — a missionary — had passed through more than a year before.

Accordingly, our entry was greeted by the villagers as an event of more than passing interest.

Adults lined the single, narrow, main alley, swarms of older children raced along beside and ahead of us, and small infants were boosted upon their fathers' shoulders to see the spectacle.

When we went out to see the dawn-redwoods, we were accompanied by nearly everyone in town. Our military escort succeeded partially in keeping the townspeople back while Dr. Chaney made his measurements and took his photographs.

During the performance, untold numbers of chickens and pigs were trodden under foot, one of our soldiers slammed his own shins with his own gun, and four children one adult slipped into the not altogether clean water of an adjacent rice paddy.

The people hadn't had such a good time, the Magistrate told us later, since the local tax collectors had fallen into their own cesspool.

SAN FRANCISCO CHRONICLE

图140　1948年4月5日《旧金山纪事报》（来源于：Library and Archive of University of Oregon）

Ancient Redwoods Located in Chinese

In a remote Chinese valley, Dr. Ralph Chaney of the University of California has just discovered a living redwood tree of a type that was believed to have become extinct 20,000,000 years ago.

Scientifically, it is as remarkable as finding a living dinosaur.

Dr. Milton Silverman, The Chronicle's science writer, was assigned by the editor to accompany Dr. Chaney's expedition in the belief its results might help us all to understand better the world in which we live.

Here is Silverman's second dispatch from this 20th century expedition into the prehistoric past:

By MILTON SILVERMAN
Science Writer, The Chronicle

WANG-SHIA-YING, Hupeh Province, March 16 (Delayed) —Tracking down reports of a large group of living dawn-redwoods to the south, Dr. Ralph W. Chaney of the University of California arrived here today from Mo-Tao-Chi.

Dawn-redwoods, fantastically ancient race trees, existed in many parts of the world in Cretaceous times — about 100,000,000 years ago — but supposedly became extinct about 20,000,000 years ago.

They represent the ancestors of modern redwoods now growing in California and Oregon.

Yesterday, on the outskirts of Mo-Tao-Chi, Dr. Chaney — world-famous authority on redwoods and on fossil plants — confirmed the existence of living dawn-redwoods.

Three of them were found growing.

Two are small, slender trees. The third, worshipped by villagers as the home of a "tree god" is more than 10 feet in diameter and nearly 100 feet high.

THREE TREES

"But three trees are not very many," Dr. Chaney declared.

Furthermore, all three of them were seen growing on the banks of a rice-paddy — not at all a natural environment.

Accordingly, he headed farther south today, seeking reported "many dawn-redwoods" near a village called Shui-Hsa-Pa in Hupeh Province. Shui-Hsa-Pa, is not shown on even the best Chinese and American maps available.

With the party is C. T. Hwa, young Chinese plant-collector who visited the Shui-Hsa-Pu area last year, and who believes he can guide us there.

Tonight he claimed one more day's journey should get us to our destination.

TYPICAL SHORT-CUT

Unfortunately, he traveled to the area last year by a different and much longer route. We are taking what should be a more direct short-cut — which he considers to be typically and distressingly American.

Like most short cuts, this one had its disadvantages. It began as a rock-paved trail from Mo-Tao-Chi, meandered across a gentle sloping valley, and then started up a range of mountains whose heads are all hidden in clouds.

Thereupon, the trail turned into a steep, winding path which vanished upward in fog and mist, and a freezing, driving rain turned the ground into red, slippery slime.

At an elevation of 5700 feet — more than a mile above sea level — the path levelled off through a long, windy pass and then pitched downward into the Valley of the Ginkgos and across to the village of Wang-Shia-Ying.

BUDDHIST TEMPLE

The local magistrate, who arranged to have us sleep in a Buddhist temple, expressed some surprise at our arrival.

"That one is a very bad route," he said.

"Many people are killed trying to cross that way. If you slip, you fall many hundreds of feet. Very dangerous. I suppose you know there are many bandits and wild boar and even tigers on those mountains."

We hadn't known.

Age-O[...]
Found [...]
The Er[...]

From the [...] redwoods, [...] ley in Hu[...] another st[...] expedition [...] past.

This is [...] where onc[...] nosaurs a[...] terrifying [...] nosaurs an[...]

Dr. Milt[...] icle science [...] to travel [...] being led b[...] distinguishe[...] ifornia pale[...] third in [...] from China[...]

By MILTO[...]
Chronicle Sc[...]
Copyright, 1948.

SHUI-H[...] ince, March [...] have foun[...] world that [...] a million c[...]

It is a my[...] segment of t[...] during the [...] gigantic din[...] rians were k[...]

Here, on t[...] gived the ho[...] the terrifyin[...] saur. Here [...] species of [...] sweet gum, [...] which shelte[...] enormous ve[...]

Here is wh[...] great flying [...] wing spread,[...] hills to find [...]

And here, [...] the dawn-r[...] race of tree[...] the forest a[...] ago, just a [...] kings of the[...]

There are [...] day, except [...] the rocks. B[...] Somehow or [...] managed to [...]

DEEP IN T[...]
This is the [...] woods, liyng [...] the Mounta[...] deep in the [...]

It is defi[...] make-believe [...] Mountains [...] Chi-Yao-Sh[...] by America[...] peak elevati[...] Valley of [...] roughly at [...] north, and [...] east, just e[...] Hupeh borde[...]

It was reac[...] W. Chaney, [...] and Carneg[...] at the end [...] muddy, slip[...] from Wan-[...] Yangtze.

"We have [...] by trail ar[...] years in hi[...] for the first [...] our own eye[...] looked in C[...] Age of Repti[...]

FIRST WH[...]
Dr. Chane[...] man to reac[...]

Accompani[...] sistant, C.[...] plant-collecte[...] Wilson Chen[...] master who [...] preter, he [...] reports of t[...] redwoods.

These tre[...] cestral race [...] modern redw[...] in Californi[...] been widely [...] redwoods, [...] lion-year-old [...] come extinct [...] years ago.

Two years [...] Mo-Tao-Chi.[...] three dawn-[...] alive. One o[...] ten feet in [...] hundred feet [...]

Today, he [...] ence of more [...] redwoods w[...] Shui-Hsa-Pa[...] growing alon[...] narrow, wine[...] in steep can[...] sides. Many [...] to 90 feet hi[...]

SAN FRANCISCO CHRONICLE

图141　1948年4月5日《旧金山纪事报》（来源于：Library and Archive of University of Oregon）

MIXED FORESTS

...these canyon areas, the dawn-woods are growing not in groves, ...e modern redwoods do in Cali-...a and Oregon, but in mixed ...ts. Their neighbors are ancient ...es of oak, sassafras, sweet gum ...liquidambar, and particularly ...idiphyllum or Katsura.

...his is just like running into a ...nical alumni reunion," Dr. ...ney declared. "Nowhere else in ...world do these trees grow to-...er naturally. The only place ... are found as neighbors is in ...l records— in rock deposits dat-...a hundred to a hundred-...twenty million years, the period ...n dinosaurs were roaming the ...h."

...claimed the canyons here ...ed so typical of a "dinosaur ...scape" that the sudden appear-...e of a flesh-eating tyrant-dino-..., roaring up one of these can-..., would be quite appropriate. ...o such appearance occurred.

...nquestionably, dinosaurs existed ...this region of China and very ...sibly stalked through this very ...ey. Only a few miles away, in ...so-called "Red Basin of Sze-...an," scientists have found fos-...zed bones of the ancient reptiles.

...HER CREATURES

...ater the dinosaurs were followed ...prehistoric rhinoceroses, dwarf ...els, tiny deer, gigantic ostriches, ...stodons and flesh-eating dogs, ...times as big as the modern wolf. ...hese animals, too, have disap-...red, but the giant dawn-red-...ds have survived.

...he villagers here have a vague ...a there is something remarkable ...ut these trees. They say the ...wn-redwood is a lucky tree, a tree ...be respected. They think it is ...he kind of pine that needs much ...ter, and call it shui-hsa, or "wa-...pine." The name of their vil-...e means Place of the Water Pine. ...he first inhabitants came here ...out 300 years ago, about the time ... first English settlers came to ...merica. The population now is ...out 70 men, women and children, ...living in five big houses.

...he houses are like other village ...uses in this part of China—dirty, ..., reeking with nauseous vapors, ...pulated by rats, fleas, cock-...ches, lice, chickens, pigs, dogs ...d children sorely in need of ...ndkerchiefs.

BEYOND THE VILLAGE

But this valley is something else. When you get beyond sight— and smell—of the village, the fields and paddies are lush and rich and clean. The mountains on both sides are covered with forests, not curved and hacked like other Chinese mountains to give room for just one more bunch of rice or one more mound of corn.

"Every year we have more rice and corn and cabbage and wheat and beans than we can eat," claims Wu Tsa Ming, the head man of the village. "Our trees give us plums, peaches, pears, walnuts, chestnuts, apples and cherries. We have many pigs and chickens and cows, and strong horses and water buffalo."

While the rest of China has been plagued, year after year, by starva-tion, Shui-Hsa-Pa has not had famin in nearly a hundred years.

The shui-ha—the dawn-redwood —may well be a very lucky tree.

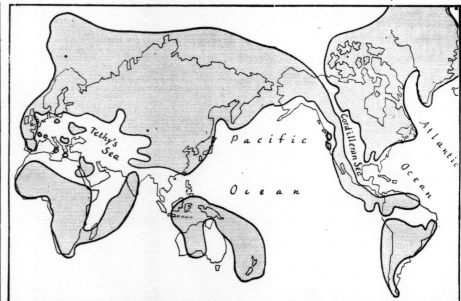

The World of the Dawn-Redwoods

Copyright, 1948. The Chronicle Publishing Co.

This is how scientists believed the world looked 100 million years ago when dawn-redwoods flour-ished. Land masses of that age are shown by shaded areas on this map. A true map of the world as it is today is drawn in light outline. In the Pleistocene Age, the Rockies were covered by the Cordilleran sea and what is now North America was divided into two continents.

The Western part of North America was connected to Eur-asia by a great Aleutian land bridge. As the map shows, San Francisco and most of California were covered by the Pacific ocean and a few islands mark what is now Western Washington. Tethy's sea, shown far to the left on the map, covered the Mediterranean area, unindating what are now North Africa, Switzerland, France. Germany, Southern Russia, most of Italy and the Balkans. This sea also covered Tibet, Afghani-stan, Persia, Malasia and Southern China and divided India. The face of the earth has changed, but dawn redwoods still live.

100 MILLION YEARS AGO— When dinosaurs were kings of the animal world, dawn-redwoods were kings of the forest. The dinosaurs are now extinct, and so were the dawn-redwoods believed to be until an expedition by Dr. Ralph Chaney of the University of California found three living specimens in Interior China this month. The Chronicle Artist Howard Brodie shows how a grove of dawn-redwoods may have looked at the time the tree flourished. This scene could not have occur-red in California, because the West coast was under water at the time these animals—and trees —throve. Lower left is a horn-headed dinosaur, Triceratops, whose armor was tough, but whose appetite was strictly that of a vegetarian. At the right are a pair of tyrant dinosaurs—the Tyran-nosaurus—who stood 40 feet high at the shoulders, were armed with sharp teeth and strong claws, ate meat, and were one of the most savage of all prehistoric animals. In the center background is a Trachodon, or duck-billed dino-saur, a vegetarian. The creature in the air is a pterodactyl, the flying reptile with a 27-foot wing-spread. There were no modern flowering plants yet, but plenty of palms and tree-ferns. The dawn-redwoods, standing at least 100 feet high, towered over all the creatures of the time.

Prehistoric Redwoods

In Chinese Valley Scientists Peek Back A Million Centuries

From the land of the dawn-redwoods, a remote Chinese valley in Hupeh Province, comes another story of a 20th century expedition into the prehistoric past.

Dr. Milton Silverman, Chronicle science writer, was assigned to travel with this expedition being led by Dr. Ralph Chaney, distinguished University of California paleobotanist. This is the fourth in his series of stories from China.

By MILTON SILVERMAN
Chronicle Science Writer

Copyright, 1948, The Chronicle Publishing Co.

SHUI-HSA-PA (Hupeh Province), March 18 (Delayed)—On a steep hillside, less than a mile from this secluded village, we have seen more than a million centuries back into the past.

Growing here, in what the villagers call The Valley of the Tiger, are ancient species of oak, birch, sassafras and pine, and giant dawn-redwoods. The earth is red and sandy, still moist from the recent rains.

This is how Alaska, Greenland and Spitzbergen looked a hundred million years ago, when those Arctic lands were warm and lush and green, and when the United States was covered by a tropical sea.

This is how Japan looked 60,000,000 years ago, before snows came to Mount Fujiyama—before Fujiyama, itself, appeared.

This is how Switzerland looked 40,000,000 years ago, before the Alps arose.

And this is how much of North America looked 30,000,000 years ago, before the creation of the Cascade range in the Pacific Northwest, and before the Sierra Nevada, Rockies and Appalachians rose to their present grandeur.

"These trees growing together, especially the dawn-redwoods, serve as indicators of a mild climate," Dr. Ralph W. Chaney said here today. "Whenever we find them, we know the winters are moderate with only a little snow, that the summers are warm but not hot, and that there is always plenty of water."

Fossil remains of these ancient trees have been found preserved together in rocks 100,000,000 years old in the Arctic, in rocks 60,000,000 years old in Japan, in rocks 40,000,000 years old in Switzerland, and in rocks 30,000,000 years old in the Northwestern United States.

"Seeing them all together here," the University of California scientist declared, "is like seeing a dim, faded daguerrotype miraculously come to life."

The discovery of these trees growing together as neighbors marks a brilliant confirmation of theories which had been built only on the study of fossils.

Dr. Chaney came here to check the reported existence of the dawn-redwood, ancient and supposedly extinct ancestors of the modern redwoods, now growing in California and Oregon. In the past three days, he found two stands of these trees—one large group of perhaps a thousand here at Shui-Hsa-Pa, in the Mountains of the Seven Humps, and a group of three trees at Mo-Tao-Chi, two days' travel to the north.

"The remarkable fact of their survival, 20,000,000 years after they were supposed to have perished marks one of the greatest discoveries in paleobotany," he claimed. "Major credit is due to my colleagues, Professors H. H. Hu of Peking and W. C. Cheng of Nanking, for their initial reports and descriptions."

The two Chinese workers made their preliminary reports in 1945 after young plant-collectors brought back leaves, cones and seeds from this area. Dr. Chaney was the first scientist to visit this region, himself.

Fossil-hunters have calculated dawn-redwoods flourished in many parts of the world as far back as Cretaceous times, 100,000,000 years ago. Fossilized leaves and cones have been found all over the Northern Hemisphere—in Greenland, Iceland, the British Isles, Germany, Switzerland, Scandinavia, Siberia, Northern China, Japan, the Aleutians, Alaska, Canada, and the United States from Eastern Oregon to New Jersey.

Strange things have happened to the world map since the Cretaceous period. Then the Mediterranean area was engulfed by an enormous sea, the Tethys, which covered what is now North Africa, France, Germany, South Russia, the Balkans, most of Italy and even Switzerland.

Tibet, Afghanistan, Persia, the Malay peninsula and Southern China were under water and a sea divided India into two parts, one of which connected with Africa.

In America, the so-called Cordilleran sea covered what is now the Rocky Mountain States. Most of California, Oregon and Washington were under the Pacific. The enormous Aleutian land bridge joined Alaska and Siberia. There were no Alps, no Himalayas, no Andes.

During Cretaceous times, the northern parts of Europe, Asia and America had balmy, temperate climate—much like that of Oregon and Northern California today—or dawn-redwoods would not have lived there. As thousands of centuries passed, however, Arctic winters began to get colder. Many species of plants died out or "migrated" southward. The dawn-redwood probably lasted longer than other cone-bearing trees, since it has the remarkable habit of dropping its leaves in winter—a life-saving device in severe cold.

At the same time the Tethys and Cordilleran seas and other ancient bodies of water shrank or disappeared entirely, uncovering millions of square miles of new land. Many plant species which died out in the freezing Arctic were able to invade these new territories. As California and Oregon emerged from the Pacific, they provided fertile soil for the dawn-redwoods and for their surprising offspring, the modern redwoods.

"But after about 80,000,000 years of this remarkable migration, it seemed as if the dawn-redwoods had been wiped out," Dr. Chaney said. "They were totally gone from Europe. They were gone from Siberia, Japan and North China. They had disappeared from Alaska and the rest of North America, leaving only the California redwoods as their surviving descendants."

Yet, fantastically, the dawn-redwoods had not entirely vanished. They made one last stand here in Central China.

And here in China, the powerful forces of nature came to their aid. The earth around them was pulled and heaved and forced upward, and enormous ranges of mountains were created. These mountains provided sanctuary. They changed the direction of the winds, they kept these few valleys warm and drenched with rain every month in the year, and—millions of years later—they acted as barriers to men who came with axes and saws.

This area near Shui-Hsa-Pa, and particularly the Valley of the Tiger, represented the last stand of an unparalleled struggle for survival.

"I can think of no other plant or animal," Dr. Chaney said, "which has fought so long to survive and which is so perilously close to extinction."

In the Valley of the Tiger there are more than a hundred big dawn-redwoods, many of them 80 or 90 or even 100 feet tall. Around them grow wild modern plants—azaleas, rhododendrons, hydrangeas, iris, wild strawberries, Chinese yew, clumps of bamboo and tall Cunninghamia trees.

"In all the world today," Dr. Chaney claimed, "there is no place like this."

So far, we have been able to explore only the lower part of the valley. We hope to climb to the top later today.

Dawn-Redwoods Expedition

This is the fifth and last article from China by Dr. Milton Silverman, The Chronicle's science writer, on discovery in a remote valley in Hupeh Province of dawn-redwood trees.

The expedition into the world's prehistoric realms has been led by Dr. Ralph Chaney, University of California paleobotanist, whose discovery of the 100-million-year-old trees is hailed as one of the most significant findings of this age.

By MILTON SILVERMAN
Chronicle Science Writer

Copyright, 1948, The Chronicle Publishing Co.

NANKING, March 29—Dr. Ralph W. Chaney, University of California fossil-hunter, arrived here safely today after eluding Chinese bandits along the Szechuan-Hupeh border.

One bandit was shot and killed by one of Dr. Chaney's armed escort near the village of Lung-Chu-Pa.

Two others are believed to have been wounded, but both escaped.

Earlier, returning from the dawn-redwood forests near Shui-Hsa-Pa, Dr. Chaney and his party were required by local officials to take a little-used detour over the mountains in order to get around bandits operating in that area.

Officials told us there were about 300 or 400 bandits up there. They made it sound like a second-rate comic opera plot or the sort of thing Americans expected.

That detour, over the Mountains of Seven Humps, between Wang-Chia-Ying and Mo-Tao-Chi, turned out to be almost as tough as the bandit attack.

It began as a muddy, rocky path, then followed an old stream bed, and finally disintegrated completely into a slimy smear that wound around the hills.

The highest pass across the mountains was nearly 6000 feet above sea level and completely swathed in clouds. Steady rain made the trail slippery and dangerous.

At the end of the day, with not a sign of a bandit, it appeared the warnings were a lot of nonsense. Nevertheless, we continued to keep our armed escort—from 4 to 20 young and poorly equipped soldiers.

Near Lung-Chu-Pa, however, the "comic opera" note disappeared entirely. One of our escorts, scouting ahead of us, bumped into the bandits.

It could not be learned whether the bandits were lying in wait for us or going about other business. By the time we arrived at the village, all but the dead one had vanished.

"This is very regrettable," the local magistrate declared. "Bandits are not supposed to do anything when a party of travelers is equipped with guards."

The number and equipment of the guards is unimportant. What counts is the presence of guards. "That is a long and honorable tradition," emphasized the official. "Most bandits are willing to comply with it."

Here at Nanking, Dr. Chaney will seek government and scientific support for preserving the small forest of dawn-redwoods near Shui-Hsa-Pa. Virtually the last stand of the ancient trees anywhere in the world, this forest is now being cut by local farmers.

"I know China is desperate for wood," said Dr. Chaney, "but it seems unthinkable that the last of these ancient trees should be destroyed."

Saws and axes are threatening what is probably the most beautiful stand of dawn-rewoods, the forest in the Valley of the Tiger about a mile from Shui-Hsa-Pa.

Dr. Chaney talked to the head man of the village, Wu Tsa Ming, and urged him to protect the dawn-redwoods.

Wu explained his people's need for wood and said the problem must be settled by "higher authorities."

Accordingly, Dr. Chaney came to the center of Chinese government to place his appeal before the nation's leaders.

Dr. Chaney, first scientist to discover that some dawn-redwoods are still alive, located the trees this week. He described what he called their "truly astonishing fight for survival."

The trees once ranged from Iceland, across Northern Europe and Siberia, the Aleutians and the North American continent from Alaska to New Jersey. They grew in Spitzbergen and Greenland when those Arctic lands were warm and mild.

They lived during the Age of Reptiles and towered over the greatest dinosaurs. Fossilized dinosaur remains have been found only a few miles from the Valley of the Tiger.

Until recently, scientists believed all dawn-redwoods had perished about 20,000,000 years ago.

But protected by great ranges of mountains created in relatively recent times, the trees have made their last stand for existence. The valley where they grow is almost inaccessible, close to the center of sprawling China.

It is roughly 700 miles from Shanghai, Peking and India, 500 miles from Indo-China and 900 miles from Tibet.

Dr. Chaney reached the area by plane from San Francisco to Chungking, by river boat to Wan Hsien and finally by a five-day journey over muddy, rain-swept, mile-high mountain passes.

The University of California scientist brought large specimens of wood to Nanking for laboratory investigation. Other logs, found where big trees were cut down during the past few months, are on their way here by river-boat.

Some samples will be analyzed at Nanking, but Dr. Chaney plans on bringing some to the United States for investigation by American experts.

Wood of the dawn-redwoods appears to be lighter in weight and softer than modern redwood. The outer portions are whitish, while the inner resembles the color of bleached bricks.

In the nearby villages, wood of these trees is used primarily for interior finishes. It is not yet known if it has the amazing resistance to termites and other insects which characterizes the redwoods of California and Oregon.

America's Foremost Pale

A Biography of Dr. Ra

Dr. Ralph W. Chaney, who verified the survival of prehistoric redwood trees in a remote Chinese valley, probably is America's foremost paleobotanist.

Paleobotany is the study of prehistoric plants.

Dr. Chaney is a member of the National Academy of Sciences, a group which advises the Government on scientific matters.

Since 1931, Dr. Chaney has been professor of paleontology at the University of California and curator of the paleobotanical collection of the university's museum of paleontology. He has been a research associate of the Carnegie Institution for more than three decades.

Dr. Chaney was born in Chicago on August 24, 1890, and began undertaking major expeditions while still an undergraduate at the University of Chicago, where he received his A. B. in 1912.

WIDE EXPLORER

By 1919, when he received his Ph. D. from the Chicago University, he already had five expeditions to his credit. All were on the North American continent, but subsequent trips took him to Central and South America, China, Manchuria, Korea and Japan.

He first went to China—where the present discovery of the "dawn-

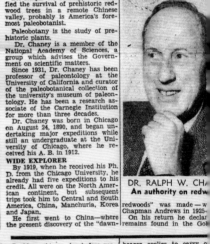

DR. RALPH W. CH

An authority on redw

redwoods" was made—w Chapman Andrews in 1925-

On his return he declar remains found in the Gol

The Dawn-Redwoods

Seedlings Planted Here By U. C.'s Fossil-Hunter

By MILTON SILVERMAN
Science Writer, The Chronicle

Dawn-redwoods are growing in America again—after an absence of 25,000,000 years, more or less.

Four of them, young seedlings ranging from six to 15 inches in height, were planted yesterday in Berkeley by Dr. Ralph W. Chaney, University of California fossil-hunter, who flew them from China late last week.

They will be guarded in greenhouses, tended and nurtured and deluged with vitamins.

They are probably the most precious of botanical specimens in America today.

Until about a month ago, most scientists had considered their existence, anywhere in the world, was roughly as unlikely as the existence of a giant dinosauer.

The four seedlings apparently survived their 10,000-mile flight from China without major damage. Some of their new green needles, however, seemed to have wilted under the startled scrutiny of plant inspectors at Honolulu.

PUZZLED INSPECTORS

The inspectors didn't know exactly what to do about dawn-redwoods. There are laws covering the importation of living cotton plants, pine trees, rose bushes, orchids and practically every other tree, shrub, bush and herb.

But the handbooks contain no specific rules and regulations on living dawn-redwoods. The inspectors finally decided to permit Chaney to bring the seedlings into America, probably on the grounds that they are antiques.

The race of dawn-redwoods is certainly ancient. It goes back to the Age of Reptiles, perhaps 100,000,000 years ago, when the Arctic was warm and balmy, when tropical seas covered California, Switzerland and South China, and when gigantic dinosaurs ruled the earth.

In those remote times, dawn-redwoods flourished all over the northern hemisphere, from Iceland and Spitzbergen to Siberia, and from Alaska to New Jersey.

Later, the climate changed. The Arctic became cold, the tropical seas shrank and disappeared, and the dawn-redwoods began to "migrate." They disappeared in the north and grew farther and farther south. Finally, it seemed, they disappeared entirely, leaving behind only their fossil traces—fossilized needles, stems and cones—preserved in the rocks. (See photos on Page 10.)

Until 1945, scientists studied dawn-redwoods only from these fossils.

Then two Chinese professors sent a couple of young plant collectors into the little-known border region between Szechuan and Hupeh provinces, east of the wartime capital, Chungking. The collectors came out with hundreds of plant specimens; among them were the needles and cones of a strange "new" tree.

At Nanking and Peking, the professors looked at these specimens and—without ever seeing the tree itself—decided they belonged to a living dawn-redwood. It was a brilliant guess—but not universally accepted.

When their reports reached the University of California, Chaney decided to head for China.

"This," he said, "I've got to see for myself."

WAIT FOR PLANE

He saw it. Accompanied by this reporter, he flew to Shanghai and then to Nanking, where he outlined his plans before U. S. Ambassador J. Leighton Stuart. Stuart was enthusiastic, offered his full co-operation, and invited us to stay at his home until we could get a plane to Chungking.

We declined his invitation and decided to stay instead at a native hotel. This, we felt, would be a good preparation for any hardships ahead. It would toughen us. It nearly wrecked us.

For the better part of the week, we waited for a plane to Chungking. Each day, the air line manager explained to us that we couldn't fly.

"Very bad weather," he would say. "Today's plane will not go. Day before yesterday's plane goes today."

Could we ride on day before yesterday's plane today?

No. Definitely no plane today. Bad weather.

When we finally left for Chungking, we brought along additional equipment provided by Lieutenant Colonel Otto R. Haney, the military attache.

We also brought two cases of K-rations. We discovered later that these rations were rancid, and that something very odd had happened to the canned cheese.

Nevertheless, they proved to be a welcome change from rice and rice and more rice, and, with a little practice, could be swallowed.

We were also accompanied by one of the plant collectors who had visited the dawn-redwood area a year ago, and who answered all our questions with great zeal and enthusiasm. His first two words invariably came out clearly and intelligibly.

SEDAN CHAIRS

At Chungking, the U. S. Consulate staff helped us get the services of Wilson Chen, a remarkably efficient interpreter, coolie-director and dealer-with-local-officials.

From Chungking, the route led down the Yangtze to Wan-Hsien—a day and a half by slow river boat, roughly one-tenth the size of an ordinary American ferry boat and carrying ten times the number of passengers.

At Wan-Hsien, Rev. Joseph Matson of the Pittsburgh Mission got us our cadre of coolies—seven bearer coolies to carry o gage and 10 chair coolies port us in sedan chairs. managed to ride reasonab fortably in these chairs. porter couldn't take it; was infinitely less uncomfo

By this time, it had painfully obvious that our plans must be somewhat r

Back in America, we h led to believe that the they really existed—were few miles from Wan-Hsien

We had naively decided would pack a picnic lunch Hsien, stroll to the trees, them, eat lunch, look so and then go home.

The "few miles" turned more nearly 115, each way.

The stroll became a 10-d trip over an endless succ mountain ranges, each l with mud, slime, slop, rain.

And our small party i finally to 15 chair coolies, coolies and 22 armed guar exact number of guard ranged from four to 22—termined each night by Chen in long, rambling ences with the local magis

The number selected s be appropriate, and thei tion was effective, but them had the unnerving walking ahead of you w carbines directed squarely your abdomen.

Traveling from 20 to 2 day, starting before wh have been daylight if

SAN FRANCISCO CHRONICLE

APRIL 6, 1948

...aney

...nia's redwoods had
...e wastes of Mon-

...ader in expressing
...lants and forests
...ponse to changing
...han that the for-
...continents move.
...e has made im-
...ions to the knowl-
...ld's changing cli-
...e past 60,000,000
...work has been pri-
...acific Basin, where
...hat 60,000,000 year
...complete.
...HORITY
...s consider him as
...test living author-
...trees, both living
...is, incidentally, a
...ouncil of the Save-
...eague.
...ined the Carnegie
...22. He served as a
...University of Cali-
...d 1930, prior to his
...professor of pale-

...ent of the Paleon-
... of America in
...e president of the
...ty of America in
...e, he has been a
...National Park ad-

...we reached the
...es at Mo-Tao-Chi
...There were only
...e, but one of them
...early 100 feet high
...diameter.
...er, we arrived at
...where there were
...—perhaps a thou-
...wn-redwoods.
...redwoods look like
...scendants, the red-
...ornia and Oregon,
...many differences.
...oods have pale red
...d is light in weight,
...thin, and their
...elatively enormous.
...nlike their modern
...awn-redwoods loose
...winter.
...HE TIGER
...ad of the trees was
...a called the Valley
...where the ancient
...ently made its last
...al.
...des are mile-high
...ted in relatively re-
...times, which have
...struggle by keeping
...rm and moist and

...the dawn-redwoods
...ecies of oak, sassa-
...a and katsura trees.
...rhododendrons, hy-
...ild iris. Nearby are
...cherry and peach

...of the Tiger resem-
...the most fertile val-
...ia.
...angri-la.

An offer of more than a thousand acres for test plantings of dawn-redwoods was presented here yesterday to the Save-the-Redwoods League.

Seeds of the ancient race of trees, sent to California from China, have already been planted in greenhouses and are now beginning to germinate.

This was revealed during a press conference by Dr. Ralph W. Chaney, University of California fossil-hunter, who last month found the dawn-redwoods still growing in central China about 20,000,000 years after they supposedly had become extinct.

"There is an excellent possibility," he said, "that the dawn-redwoods will grow at least as well in California as they do in China."

The large block of land which may be used for the first major tests is located near Mount St. Helena, in Napa country.

Authorities of the Save-the-Redwoods League, who sponsored Chaney's investigation in China, also revealed yesterday that many other offers of land—ranging from a few squares inches in a garden to several acres—have been received.

Chaney did not indicate how the seeds would be distributed, although most of them will probably be saved for scientific study.

SAN FRANCISCO CHRONICLE

图 142　1948 年 4 月 6 日《旧金山纪事报》（来源于：Library and Archive of University of Oregon）

SAN FRANCISCO CHRONICLE, MONDAY, APRIL 5, 1948

THE DAWN-REDWOODS

After 20,000 Miles, 20,000,000 Years

An envelope sent from China with a few seeds and a tattered batch of needles was enough to start a University of California scientist on a remarkable investigation in the interior of China.

The scientist, Dr. Ralph W. Chaney, accompanied by Science Writer Milton Silverman of The Chronicle, traveled 20,000 miles by plane, river boat, sampan, sedan chair and foot. At the end of the search, Chaney found the survivors of the dawn-redwoods—a race of trees which supposedly had been extinct for more than 20,000,000 years.

Below are the fossils of dawn-redwoods long studied by experts—with the needles placed in pairs on opposite sides of the stem. To the left are seeds and needles of modern redwoods growing in California, and the seeds and needles sent from China. In the latter, the needles are in opposite pairs.

This is the Valley of the Tiger near Shui-Hsa-Pa in Hupeh province, the finest stand of dawn-redwoods found by Chaney and Silverman. Here scores of the trees, survivors of an ancient race, grow surrounded by azaleas, rhododendrons, iris and hydrangeas. The pools at the bottom are typical Chinese rice paddies.

Needles and seeds from modern California redwoods (upper left) and dawn-redwoods (lower right). Dawn-redwood needles are like fossil prints.

Dawn-redwood fossils from Greenland, Switzerland, Oregon

Chaney covered nearly 230 miles in a sedan chair, carried by relays of Chinese coolies. The coolies shift loads every 2 or 3 minutes, make 20 cents a day.

A bearer-coolie lugs a load of Chaney's equipment and dawn-redwood specimens up the steep trail out of the valley of Mo-Tao-Chi.

Giant dawn-redwood, nearly 100 feet high and 11 feet in diameter, found at Mo-Tao-Chi. Small building at base is a temple where villagers worship the "tree god."

Wu Tsa Ming, head man of the village of Shui-Hsa-Pa and owner of the Valley of the Tiger, with his three small (one baffled) children at base of dawn-redwood.

Route to the dawn-redwoods went over scores of rivers like this, wound around canyons, crossed endless chains of mile-high mountains, passed through villages and even through semi-private homes. Crossing the bridge here are some of Chaney's bearer-coolies and armed guards.

From Berkeley to Szechuan Province

These photographs, taken in Szechuan and Hupeh provinces by Dr. Chaney and Silverman, high light the story of the "re-discovery" of the dawn-redwoods—the ancient race of trees which lived all over the northern hemisphere, from Iceland to Siberia and from Alaska to New Jersey, about 100,000,000 years ago.

These trees, ancestors of the modern redwoods now growing in California and Oregon, flourished when giant dinosaurs roamed the earth, and when much of the modern world was submerged beneath ancient tropical seas. For the last century, however, scientists were convinced the dawn-redwoods had perished, perhaps 20,000,000 years ago, and conducted their studies on fossil cones and needles.

The first vague clues that the race might have survived came recently from plant collectors working in Central China.

Chaney, world-famous authority on fossil plants and on modern redwoods, decided to check on these clues and confirm the finding himself. Returning last week with seedlings, needles, cones and wood specimens, he was the first scientist to visit the trees with his own eyes, the first foreigner to visit the Valley of the Tiger near Shui-Hsa-pa where many hundreds of the dawn-redwoods have managed to survive.

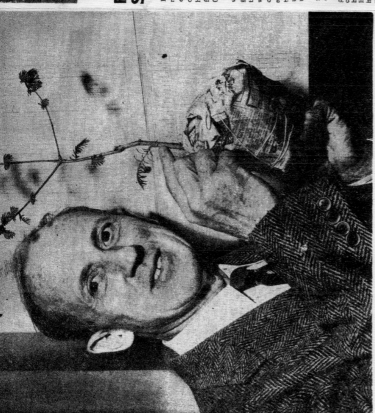

The dawn-redwoods come back to America—after a 25,000,000-year absence. Here is one of the four seedlings which Chaney brought back from China — over mountains, around bandits and through plant quarantine inspectors. The trophies will be grown in Berkeley greenhouses for scientific study.

图143　1948年4月5日《旧金山纪事报》（来源于：Library and Archive of University of Oregon）

图144　美国加利福尼亚州圣何塞大学的水杉（2004年，Howard R. Cooley 摄）

01

图145 第二届国际水杉研讨会2006年于美国罗德岛布恩莱特大学举行水杉栽培仪式（2006年8月7日）

图146　美国康涅狄格州大学的水杉（2006）

图147　美国康涅狄格州耶鲁大学博物馆的水杉（2006）

图148　美国波士顿冬天的水杉（2016）

图149　美国哈佛大学阿诺德树木园入口处游客中心对面的水杉春景（20世纪50年代初栽培，2017年拍摄）

图150　美国哈佛大学阿诺德树木园入口处游客中心对面的水杉秋景（20世纪50年代初栽培，2006年拍摄）

图151　美国哈佛大学阿诺德树木园的丛生水杉冬季景观（20世纪50年代初栽培，2018年12月18日拍摄）

图152　美国哈佛大学阿诺德树木园的丛生水杉夏季景观（20世纪50年代初栽培，2005年5月29日拍摄）

图153　胡先骕女儿胡昭静、儿媳张惜光和儿子胡德琨（从左至右）2004年8月11日于哈佛大学阿诺德树木园游客中心对面的水杉树下留念

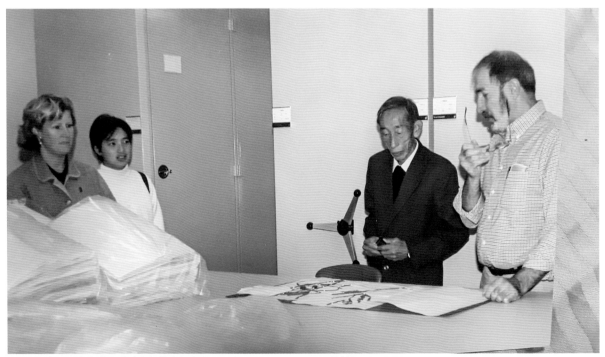

图154　薛纪如在哈佛大学看水杉模式标本（1984年，David E. Boufford提供）

图 155　美国波士顿公园（Boston Common）的水杉（2005）

图156 作者2020年夏于美国波士顿公园（Boston Common）水杉树前

图 157　美国马萨诸塞州史密斯学院的水杉（1972 年国家树木协会冠军）（2006）

图158　美国马萨诸塞州史密斯学院的水杉（1972年国家树木协会冠军），2006年胸围522cm（直径约166cm）（2006）

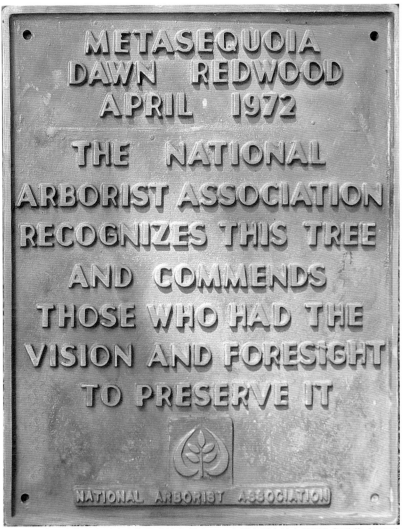

图159 美国马萨诸塞州史密斯学院的水杉（1972年国家树木协会冠军）解说牌（2006）

图160　美国密歇根大学安阿伯校园的水杉（2004）

图 161　美国纽约布鲁克林植物园内的水杉（2005）

图162　美国布鲁克林植物园水杉的冬景（2005）

图163　美国康奈尔大学试验场的水杉（2005）

图164　美国纽约植物园的水杉（2007）

图 165　美国弗吉尼亚大学的水杉（2022 年 3 月 7 日，John Porter 摄，邵国凡提供）

图166 美国弗吉尼亚大学的水杉（2018年8月16日，邵国凡提供）

图167 Kuser教授2006年9月10日与作者于普林斯顿家中后院留念

图168 Kuser教授普林斯顿家中院子前面的水杉（2006）

图169　澳大利亚塔斯马尼亚树木园的水杉（2017年，Chris B. Callaghan 提供）

图170　新西兰丹尼丁公园的水杉（2013）

图171　新西兰丹尼丁市政厅的水杉（2013）

参考文献

安定国，2003. 甘肃省小陇山高等植物志 [M]. 兰州：甘肃民族出版社：1249.

包士英，毛品一，苑淑秀，1998. 云南植物采集史略 1919—1950[M]. 北京：中国科学技术出版社：214.

柴发熹，赵海泉，1997. 甘肃长江流域木本植物资源及其开发利用 [M]. 北京：中国科学技术出版社：15.

陈德懋，1990. 胡先骕与中国近代植物学 [J]. 华中师范大学学报（自然科学版），24（2）：237-244.

陈焕镛，1956. 纪念植物学家梅尔博士 [J]. 科学通报，7（12）：73，33.

陈端，1996. 西藏林芝引种水杉可行性研究 [J]. 西藏科技（2）：60-61，57.

陈绍林，孙云逸，陈世明，等，2008a. 星斗山自然保护区水杉母树的生长状况及保护策略 [J]. 林业调查规划，33（4）：72-75.

陈绍林，孙云逸，余致武，等，2008b. 星斗山自然保护区水杉阴沉木的分布及保护对策 [J]. 林业实用技术（9）：35-36.

陈玮，何兴元，王文菲，等，2003. 水杉在中国北方城市中的应用研究 [J]. 生态学杂志，22（6）：177-180.

陈彦生，2016. 山西维管植物名录 [M]. 北京：高等教育出版社：32，525.

陈勇进，1985. "活化石"水杉 80 里 [N]. 人民日报海外版，10-18.

陈勇进，1986. "活化石"八十里 [J]. 邛县文史资料（4）：38-40.

谌谟美，2009. 神奇的中美红杉树（中英文双语版）[M]. 北京：科学出版社：443.

成俊卿，1985. 中国木材志 [M]. 北京：中国林业出版社：999-1000.

程丹丹，葛继稳，赖旭龙，等，2007. 原生水杉种群的现在及其保护对策 [J]. 环境科学与技术，31（5）：48-50.

程小玲，2004. 湖北利川水杉原生种群保护的研究 [J]. 林业勘察设计（2）：19-21.

第二届植物学名词审定委员会，2019. 植物学名称 [M]. 2 版. 北京：科学出版社.

杜怡斌，李丽云，1986. 河北植物志：第一卷 [M]. 石家庄：河北科学技术出版社：184.

傅立国，1993. 中国植物标本馆索引 [M]. 北京：中国科学技术出版社：458.

干铎，郝文荣，华敬灿，1948. 水杉之树干解析 [M]. 国立中央大学森林系研究所研究报告，森林经理学（1）：1-8.

甘肃白水江国家级自然保护管理局，1997. 甘肃白水江国家级自然保护区综合科学考察报告 [M]. 兰州：甘肃科学技术出版社：400.

冈野浩，塚腰实，2015. 水杉与文化创造 [M]. 大阪公立大学共同出版会，53：1-49.

高沛之，1954. 中国两种驰名的植物 [J]. 生物学通报（1）：23-24（译文）.

耿煊，1957. 水杉 [J]. 台大实验林林业丛刊（10）：1-18.

耿煊，1988. 水杉歌笺注 [J]. 中华林学会季刊，21（2）：103-108.

梗萱（耿煊），1987. 胡先骕教授水杉歌笺注 [J]. 海南大学学报（自然科学版）（1）：90-92.

耿宽厚，薛纪如，1948. 再论水杉 [N]. 中央日报，09-11（星期六，第三版）.

宫振钊，1979. 水杉北移试栽生长情况调查报告 [J]. 辽宁林业科技，144：12-13.

韩恩贤，2002. 赴朝鲜林业考察报告 [J]. 陕西林业科技（1）：90-92.

胡适宜，孙蒙祥，2019. 孑遗植物——水杉 [J]. 大自然（3）：78-81.

胡先骕，1947. 美国西部之世界爷与万县之水杉 [J]. 观察，2（14）：10-11.

胡先骕，1950. 水杉及其历史 [J]. 中国科学杂志，5（1）：9-13.

胡先骕，1980. 水杉歌 [J]. 利川科技（水杉专辑）（2）：1-3.

胡先骕，1983. 水杉歌 [J]. 植物杂志（4）：42.

胡晓江，2020. 胡先骕全集 [M]. 南昌：江西人民出版社.

胡兆谦，1979. 水杉的一生 [M]. 长沙：湖南科学技术出版社：87.

胡兆谦，1980. 谈谈水杉的起源与发展 [J]. 生物学通报（2）：38-39.

胡宗刚，2008. 胡先骕先生年谱长编 [M]. 南昌：江西教育出版社：688.

黄继士，1980. 水杉之乡考察记 [J]. 湖北林讯（8）：35-38.

黄且圆，2010. 植物学家与人文主义者胡先骕 [J]. 科学文化评论，7（2）：107-124.

黄小，朱江，姚兰，等，2020. 水杉原生种群结构及空间分布格局 [J]. 生物多样性，28（4）：463-473.

金建华，廖文波，王伯荪，等，2003. 新生代全球变化与中国古植物区系的演变 [J]. 广西植物，23（3）：217-225.

孔浩，2018. 华敬灿与"天下第一杉"[N]. 枣庄晚报，03-29（第 13 版）.

孔宪武，1962. 兰州植物通志 [M]. 兰州：甘肃人民出版社：19.

李丙贵，2000. 湖南植物志：第二卷 [M]. 长沙：湖南科学技术出版社：45.

李宏泰，2019. 小陇山林区水杉育苗技术及应用前景 [J]. 现代园艺（24）：28-29.

李林初，1986. 水杉的核型研究 [J]. 武汉植物学研究，4（1）：1-5.

李林初，1988. 水杉是北美红杉的一个亲本吗？[J]. 武汉植物学研究，6（2）：163-166.

李林初，1989a. 杉科的细胞分类学和系统演化研究 [J]. 云南植物研究，11（2）：113-131.

李林初，1989b. 杉科的染色体资料及在系统演化研究中的作用 [J]. 广西植物，9（3）：233-242.

李林初，1990. 水杉（属）系统位置的研究 [J]. 武汉植物学研究，8（2）：179-182.

李楠，韦雪梅，2017. 深圳植物志：第一卷 [M]. 北京：中国林业出版社.

李晓彤，冯欣楠，2015. 水杉的故事 [M]. 武汉：武汉出版社：

210.

李晓东，黄宏文，李建强，2003.孑遗植物水杉的遗传多样性研究[J].生物多样性，11（2）：100-108.

李颖，2010.金叶水杉特色鲜明引关注[N].中国花卉报，07-8第二版.

雷开寿，史团省，张新明，1992.汉江两岸水杉幼林生长观察[J].陕西林业科技（4）：21-26.

廖日京，1960.水杉之在台湾[J].台湾省林业试验所通讯（80）：603.

梁广贞，1988.珍稀孑遗植物水杉及其地理分布的植物地理学意义[J].重庆师范学院学报（自然科学版），5（3）：49-52.

林朝钦，2016.一块水杉解说牌背后的学术故事[J].林业研究专讯，23（5）：66-69.

林玲，普布次仁，2008.西藏林芝地区引种水杉扦插繁殖试验[J].江苏林业科技，35（3）：38-39.

林勇，艾训儒，姚兰，等，2017.水杉原生母树种群结构与动态[J].生态学杂志，36（6）：1531-1538.

刘家熙，2000.中国的"活化石"植物[J].化石（3）：29-30.

刘家宜，2004.天津植物志[M].天津：天津科学技术出版社：48.

刘天慰，等，1992.山西植物志：第一卷[M].北京：中国科学技术出版社：161.

刘为民，2012.文坛名家胡先骕[J].科学，64（6）：50-54.

刘业经，1957.水杉[J].台湾森林，3（2）：34-35.

刘毅，李宏军，2006.国家一级珍稀植物水杉母树资源调查及其保护[J].湖北林业科技（6）：46-48.

刘永传，周心铁，苏丕林，1978.水杉——农村科学实验丛书[M].武汉：湖北人民出版社：144.

刘永书，1980.江西省水杉引种栽培概况及其展望[J].江西林业科技（2）：9-10.

刘玉壶，吴容芬，2000.广东植物志：第四卷[M].广州：广东科技出版社：23-24.

刘玉锁，梅曙光，张一青，等，2021.珍稀孑遗植物水杉，在宁夏引种成果[J].生命世界（9）：88-91.

路统信，1961.水杉——二十世纪植物学界的最大发现[J].科学教育，7（10）：19-23.

路统信，1975.水杉[J].中国花卉（3）：57-64.

路统信，1986.水杉发现四十年[J].现代育林，1（2）：61-74.

罗桂环，2000.西方对"中国——园林之母"的认识[J].自然科学史研究，19（1）：72-88.

罗桂环，2004.从"中央花园到园林之母"——西方学者的中国感叹[J].生命世界（6）：20-29.

马金双，2003a.水杉发现大事记——六十年的回顾[J].植物杂志（3）：37-40.

马金双，2003b.水杉的未解之谜的初探[J].云南植物研究，25（2）：155-172.

马金双，2006.水杉的未尽事宜[J].云南植物研究，28（5）：493-504.

马金双，2008a.世界栽培水杉的调查[J].武汉植物学研究，26（2）：186-196.

马金双，2008b.回复"对'水杉未尽事宜'一文的几点意见"[J].云南植物研究，30（6）：729-733.

马金双，2013."活化石"水杉发现的历史证据[J].生命世界（9）：54-58.

马金双，2020.中国植物分类学纪事[M].郑州：河南科学技术出版社：665.

毛宗铮，1991.广西植物志：第一卷[M].南宁：广西科学技术出版社：42.

莫荣，胡洪涛，2000.水杉歌及注释[J].森林与人类（4）：39-40.

齐国凡，杨家驹，苏景中，1993.武汉出土的两种古木的研究[J].植物学报，35（9）：722-726.

覃海宁，刘慧圆，何强，等，2019.中国植物标本馆索引[M].2版.北京：科学出版社：340.

覃海宁，杨永，董仕勇，等，2017.中国高等植物受威胁物种名录[J].生物多样性，25（7）：696-744.

任荣荣，1980.水杉的发现[J].植物杂志（4）：28-29.

三木茂，1940.满洲产的水草[M].関東州と満州国の淡水動植物の報告469-476.

三木茂，1948.水杉——活化石[J].植物学杂志（61）：108.

三木茂，1949.水杉的特征以及现存种发现的意义[J].生物（4）：146-149.

三木茂，1950.水杉[J].最新生物学（1）：300-312.

三木茂，1951.水杉的发现[J].科学朝日，11（2）：31-34.

三木茂，1953.水杉——化石与活植物（On Metasequoia – Fossil and Living）[M].京都：日本地学研究会：141.

三木茂，川瀬，1942.华北牧草的报告[J].兴亚院报告（214）：1-72.

三木茂，矢野，1941.山东的药用植物[J].兴亚院报告（46）：1-52.

三木茂，引田茂，1950.遗留的水杉及红杉之染色体推定[J].植物学杂志（63）：119-123.

山东省水杉引种调查小组，1975.山东省水杉引种情况调查[J].林业科技资料（1）：39-44.

陕西省林业研究所引种组，1974.陕西省树木引种工作情况[J].陕西林业科技（6）：20-24.

施浒，1996.胡先骕传，胡先骕文存下册：[M].南昌：中正大学校友会发行：851-890.

斯行健，1950.大众科学小丛书，植物类第一种：水杉[M].上海：民本出版公司：68.

宋小波，2019.水杉在北方地区的栽培养护技术初探[J].花卉（4）：83-84.

汤庚国，1987.对《水杉区系以及其植物地理学意义》一文的订正[J].南京林业大学学报（1）：88-104.

汤艳，2011.邳州部分陆端水杉死亡原因探析及复壮措施[J].金陵科技学院学报，27（2）：74-77.

王柏泉，艾训儒，彭诚，等，2003.水杉原生群落病虫害及其防治[J].植物保护，29（2）：42-43.

王诚，1981.森林王国中的明星——彩色科教片《水杉》观后记[J].湖北林业通讯（6）：33-34.

王朝辉，费本华，祝四九，等，1998.水杉木材性质及综合利用[J].安徽农业大学学报，25（4）：408-412.

王伏雄，钱南芬，1964.水杉的胚胎发育[J].植物学报，12（3）：241-253.

王红莉，罗建勋，卢建勇，等，2014.金叶水杉繁殖技术研究[J].中国园林文摘（9）：156-157.

王继和，1994.甘肃木本植物名录[M].兰州：甘肃文化出版社：283.

王开发、孙黎明，1989.湖北利川二万多年来的古植被古气候演变[J].地学研究，8（3）：61-65.

王庆礼，1988.辽宁植物志：第一卷[M].沈阳：辽宁科学技术出版社：162-163.

王秋圃，1950.水杉在庐山初次繁殖试验的报道[J].科学通报（1）：410.

王希群，郭保香，2011.郑万钧教授与我国第一部珍稀植物科学普及片《水杉》[J].中国林业教育，29（1）：1-6.

王希群，马履一，郭保香，等，2004.水杉的保护历程和存在的问题[J].生物多样性，12（3）：377-385.

王希群，马履一，郭保香，等，2005.湖北利川水杉原生种群及其生境1948—2003年间变化分析[J].生态学报，25（5）：972-977.

王忠魁，1981.我国固有珍宝树种——水杉发现始末及全球性引种[J].东海学报（22）：15-32.

王战（夷士），1948.水杉发现的前后[J].林讯（4/5）：5-6.

王战文选编委会，2011.王战文选[M].北京：科学出版社：512.

王咨臣，胡德熙，胡德明，等，1986.植物学家胡先骕博士年谱[J].海南大学学报（自然科学版），4（1）：78-94，4（2）：75-89.

汪国权，1999.水杉的发现与研究[M].南昌：江西高校出版社：206.

威尔逊，2015.中国——园林之母[M].胡启明，译.广州：广东科技出版社：305.

威尔逊，2017.中国乃世界花园之母[M].包志毅，主译.北京：中国青年出版社：580.

魏钰，2007.北京樱桃沟的水杉林[J].大自然（2）：54-55.

文甲举，吴彬，李易禄，等，2001.水杉原生古树保护工作现状及存在的问题[J].林业科技通讯（3）：30-31.

吴漫玲，2020.水杉原生种群天然更新种子繁殖障碍与调控研究[D].恩施：湖北民族大学.

吴漫玲，姚兰，艾训儒，等，2020.水杉院生种群核心种质资源的繁殖特性[J].生物多样性，28（3）：303-313.

无名，1985.水杉在伊宁引种成功[J].新疆林业（5）：34.

西北农学院林学系，1973.陕西武功地区水杉的引种及其生长测定[J].陕西林业科技（4）：16-30.

夏念和，2007.香港植物志：第一卷[M].香港：香港特别行政区.

谢彩虹，2010.水杉在伊犁地区的引种表现[J].新疆林业（2）：24.

邢升清，2002.古老而美丽的盆景树种——水杉[J].花木盆景（盆景赏石）（8）：33.

熊彪，姚兰，易咏梅，等，2009.水杉原生母树生长势调查研究[J].湖北民族学院学报，27（4）：439-442.

薛纪如，1947.中国唯一之巨树[J].科学世界，16（11）：339.

薛纪如，1948.万县水杉采集记[J].农业推广通讯，10（7）：20.

杨昌友，1992.新疆植物志：第一卷[M].乌鲁木齐：新疆科技卫生出版社：72.

杨建明，杨星宇，梁慧，2004.湖北利川水杉阴沉木的发现及意义[J].古生物学报，43（1）：124-131.

杨永，王志恒，徐晓婷，2017.世界裸子植物的分类和地理分布[M].上海：上海科学技术出版社：1 223.

余志满，梁凤曦，1987.盆景新树种——水杉[J].中国花卉盆景（3）：32.

俞德浚，1983.胡先骕教授[J].植物杂志（4）：40-42.

斋藤清明，1995.水杉——天皇喜欢的树[M].日文版.东京：中央公论社：238.

张本光，2010.中国阴沉木的形成与分布探讨[J].中国园艺文摘（8）：187-188.

张冬梅，2006.新优彩叶树——金叶水杉[J].园林（1）：32.

张卜阳，2000."活化石"水杉[M].北京：中国林业出版社：169.

张淑梅，2018.辽宁木本植物志[M].沈阳：辽宁科学技术出版社：35-36.

张静，2007.阿克苏市南昌路行道树水杉生长及发病情况的调查研究[J].农业与技术（4）：94-95.

张玉钧，马履一，王希群，等，2008.水杉在日报的引种保护及其社会影响[J].北京林业大学学报（社会科学版），7（4）：17-23.

郑万钧，1984.水杉——六千万年以前遗存之"活化石"（遗作）[J].植物杂志（1）：42-43.

郑万钧，傅立国，1978.中国植物志：第七卷[M].北京：科学出版社：310-312.

郑万钧，曲仲湘，1949.湖北利川县水杉坝的森林现况[J].科学（中国），31（3）：73-80.

周绍武，1993.胡先骕鉴定水杉综述[J].贵州商业专科学校校报（2）：27-28.

ANONYM, 1947. American Redwood Trees Have Chinese Relatives [J]. Science News Letter, 51(5): 79.

ANDERSON A W, 1949. The dawn redwood, a living relic of the far past [J]. New Zealand Gardener, 5:733-736.

ANDREWS H N, 1948. *Metasequoia* and the living fossils [J]. Missouri Botanical Garden Bulletin, 36:79-85.

BARTHOLOMEW B, BOUFFORD D E, CHANG A L, et al, 1983. The 1980 Sino-American Botanical Expedition to Western Hubei Province, People's Republic of China [J]. Journal of the Arnold Arboretum, 64(1): 1-103.

BARTHOLOMEW B, BOUFFORD D E & SPONGBERG S A, 1983. *Metasequoia glyptostroboides* - its present status in central China [J]. Journal of the Arnold Arboretum, 64(1):105-128.

BELDER J, D O WIJNANDS, 1979. *Metasequoia glyptostroboides* [J]. Dendroflora, 15/16: 24-35.

BESKARAVAYNY M M & BOGOLJUBOVA V, 1966. Conifers in the Nikita Botanical Gardens Yalta, Crimea, USSR [J]. Garden Journal, 16(1): 21-24.

BOCHER T W, 1964. Morphology of the vegetative body of *Metasequoia glyptostroboides* [J]. Dansk Dendrologisk Arsskrift, 24: 1-70.

BOERNER F, 1955. Die Entdeckung der *Metasequoia*

glyptostroboides, fast ein Roman [J]. Pflanze und Garten, 12: 326-328.

BOERNER F, 1956. Notizen uber *Metasequoia* [J]. Mitteilungen der Deutschen dendrologischen Gesellschaft, 59:100.

BOJARCZUK T, BORATYNSKI A, 1984. Dendrological notes from Democratic People's Republic of Korea [J]. Arboretum Kornickie, 19: 171-186.

BRAZIER J D, 1963. The timber of young plantation-grown *Metasequoia* [J]. Quarterly Journal of Forestry, 57(2): 151-153.

BRUNSFELD S J, SOLTIS P S, SOLTIS D E, et al, 1994. Phylogenetic relationships among the genera of Taxodiaceae and Cupressaceae: evidence from rbcL sequences [J]. Systematic Botany, 19(2): 253-262.

BUGALA W, 1983. *Metasequoia glyptostroboides* - 35 years of cultivation in the Kornik Arboretum [J]. Arboretum Kornickie, 28: 101-112.

BULYGIN N E, LOVELIUS N V & FIRSOV G A, 1989. The response of *Metasequoia glyptostroboides* (Taxodiaceae) to moisture and warmth ensuring changes in Leningrad [J]. Botanicheskii Zhurnal, 74:1323-1328.

BURSTALL S W & SALE E V, 1984. Great Trees of New Zealand [M]. Wellington: Reed: 288.

BUSHITINOV A D, 1997. The Introduction foreground on *Sequoiaq senpervirens*, *Sequoiadendron giganteum* and *Metasequoia glyptostroboides* [J]. Russian Journal of Forest, 5: 37-38.

CANRIGHT J E, 1972. Evidence of the existence of *Metasequoia* in the Miocene of Taiwan [J]. Taiwania, 17(2): 222-228.

CHAKRABARTI K, ZAIDI A, 1997. Forest notes and observations: *Metasequoia glyptostroboides* (living fossil tree) [J]. Indian Forester, 123:264-265.

CHANEY R W, 1948a. Redwoods in China [J]. Natural History, 47: 440-444.

CHANEY R W, 1948b. Redwoods around the Pacific Basin [J]. Pacific Discovery, 1: 4-14.

CHANEY R W, 1948c. The bearing of the living *Metasequoia* on problems of Tertiary paleobotany [J]. Proceedings of the National Academy of Sciences, USA, 34: 503-515.

CHANEY R W, 1948d. The redwood of China [J]. Plants and Gardens, 4: 231-235.

CHANEY R W, 1950. A revision of fossil *Sequoia* and *Taxodium* in Western North America based on the recent discovery of *Metasequoia* [J]. Transactions of the American Philosophical Society, Philadelphia New Series, 40(3): 171-263.

CHEN M M & RINGROSE B, 2000. The dawn redwood expedition - May 1999, sponsored by the Save-the-Redwoods League [J]. Jepson Globe, 11:1-2, 4, & 6.

CHENG W C, 1939. Les Forets du Se-Tchouan et du Si-Kang Oriental [M]. Travaux du Laboratoire Forestier de Toulouse, V. Geographie Forestiere du Monde, 1: 1-233.

CHRISTENHUSZ M J M, REVEAL J L, FARJON A, et al, 2011. A new classification and linear sequence of extant gymnosperms [J]. Phytotaxa, 19: 55-77.

CHU K L, COOPER W S, 1950. An Ecological Reconnaissance in the Native Home of *Metasequoia glyptostroboides* [J]. Ecology, 31(2): 260-278.

COOK W D, 1949. A New Zealand Garden "East Woodhill", Gisborne, North Island [J]. Journal of the Royal Horticultural Society, 74:183-192.

CRONQUIST A, 1977. Editor's note on *Metasequoia* [J]. Botanical Review, 43:282-284.

De PHILIPPIS A, 1949. Notizie sulla recente scoperta del genere *Metasequoia* (Gymnospermae) [J]. Nuovo Giornale Botanico Italiano n. s., 56: 231- 232.

De VOS F, 1963. *Metasequoia glyptostroboides* 'National' [J]. American Horticultural Magazine, 42: 174-177.

DELKOV N, YURUKOV S, STOYANOV P, 1987. Results from the introduction of *Metasequoia* in Bulgaria [J]. Gorskostopanska Nauka (Sylviculture), 24: 33-42.

DIETERICH H, 1955. Der Nutzwert des Holzes der *Metasequoia* [J]. Holz-Zentralblatt, 81(104): 1237.

DIETERICH H, 1956. *Metasequoia glyptostroboides* [J]. Mitteilungen der Deutschen dendrologischen Gesellschaft, 59: 29-33.

DUPOUY J, 1955. Le *Metasequoia glyptostroboides* Hu et Cheng [J]. Annales de la Societe Nationale d'Horticulture de France, 1: 96-100.

ECKENWALDER J E, 1976. Re-evaluation of Cupressaceae and Taxodiaceae: a proposed merger [J]. Madrono, 23: 237-256.

EM H, 1972. (*Metasequoia glyptostroboides* and its growth in the Skopje basin), Godisen Zbornik na Zemjodelsko-Sumarskiot Fakutet na Univerzitetot Skopje [J]. Sumarstvo, 24: 5-15.

EVINGER E L, 1957. The Dawn Redwood --- an unusual tree for St. Louis [J]. Missouri Botanical Garden Bulletin, 45: 107.

FARJON A, 2005. A Monograph of Cupressaceae and Sciadopitys [M]. 648 pp; Kew: Royal Botanic Gardens.

FARJON A, 2013. *Metasequoia glyptostroboides*. The IUCN Red List of Threatened Species 2013: e.T32317A2814244 (E).

FISCHER E E, 1949. Hoyt's *Metasequoias* [J]. Parks & Recreation, 32: 595.

FISCHER E E, 1952. Dawn redwoods produce cones [J]. Arborist's News, 17: 98-99.

FLORIN R, 1952. On *Metasequoia*, living and fossil [J]. Botaniska Notiser Hafte, 1:1-29.

FU L G, YU Y F, MILL R R, 1999. Flora of China Vol. 4 [M]. Beijing: Science Press and St. Louis: Missouri Botanical

Garden: 54-61.

FU D Z, YANG Y, ZHU G H, 2004. A new scheme of classification of living gymnosperms at family level [J]. Kew Bulletin, 59: 111-116.

FULLING E H, 1976. *Metasequoia*, fossil and living [J]. Botanical Review, 42(3): 215-314.

GADEK P A, ALPERS D L, HESLEWOOD M M, et al, 2000. Relationships within Cupressaceae sensu lato: A combined morphological and molecular approach [J]. American Journal of Botany, 87(7): 1044-1057.

GILMOUR J S L, HANGER F E W, 1949. Recent developments in the gardens at Wisley [J]. Journal of Royal Horticultural Society, 74(4): 133-144.

GITTLEN W, 1999. Discovered alive: The story of the Chinese redwood [M]. CA Berkeley: Pierside Publications: 167.

GOUDZWAARD L, 1992. Gromei en vorm van *Metasequoia glyptostroboides* (Watercypres) in Nederland [M]. Hinkeloord Reports, Wageningen, The Netherlands: Department of Forestry, Agricultural University: 1-69.

GRAMATIKOV D, 1969. On the introduction of *Metasequoia glyptostroboides* Hu and Cheng in Bulgaria, Scientific Works of the Higher Institute of Agriculture [J]. Plovdiv, 18: 145-151.

GRESSITT J L, 1953. The California academy - Lingnan dawn-redwood expedition [J]. Proceeding of the California Academy of Sciences, IV 28(2): 25-58.

HANSELL D A, 1957. The editor visits [J]. Journal of New York Botanical Garden, 7(5): 164-169.

HARA H, 1950. Seedlings of *Metasequoia glyptostroboides* [J]. Journal of the Japanese Botany, 25: 32.

HARRIS A S, 1973. Dawn redwood in Alaska [J]. Journal of Forestry, 71: 228.

HART J A, 1987. A cladistic analysis of conifers: preliminary results [J]. Journal of the Arnold Arboretum, 68(3): 269-307.

HASEGAWA K, 1951. Propagation of *Metasequoia glyptostroboides* Hu and Cheng, by cuttings [J]. Botanical Magazine Tokyo, 64(757-758): 163-164.

HENDRICKS D R, 1994. Dawn redwood at Dawes Arboretum [J]. Dawes Arboretum Newsletter, 28: 3.

HENDRICKS D R, SONDERGAARD P, 1998. *Metasequoia glyptostroboides* 50 years out of China, Observations from the United States and Denmark [J]. Dansk Dendrologisk Arsskrift, 16: 6-24.

HSUEH J R, 1985. Reminiscences of collecting the type specimens of *Metasequoia glyptostoboides* [J]. Arnoldia, 45(4): 10-18.

HU H H, 1925. Synopsis of Chinese Genera of Phanerogams with descriptions of representative species [D]. Cambridge, MA: Harvard University.

HU H H, 1946, Notes on a Palaeogene Species of *Metasequoia* in China [J]. Bulletin of the Geological Society of China, 26: 105-107.

HU H H, 1948. How *Metasequoia*, the "living fossil" was discovered in China [J]. Journal of the New York Botanical Garden, 49(585): 201-207.

HU H H, CHANEY R W, 1940. A Miocene Flora from Shantung Province, China [M]. Carnegie Institution of Washington publication no. 507. Washington DC: Carnegie Institution of Washington: 140.

HU H H, CHENG W C, 1948. On the new family Metasequoiaceae and on *Metasequoia glyptostroboides*, a living species of the genus *Metasequoia* found in Szechuan and Hupeh [J]. Bulletin of the Fan Memorial Institute of Biology, New Series, 1:153-163.

HU S Y, 1980. The Metasequoia Flora and Its Phytogeographic Significance [J]. Journal of the Arnold Arboretum, 61: 41-94.

JAHREN A H, STERNBERG L S L, 2003. Humidity estimate for the middle Eocene Arctic rain forest [J]. Geology, 31(5): 463-466.

KAMMEYER H F, 1957. Die Einfuhrung der *Metasequoia* in Deutschland [J]. Archiv fur Gartenbau, 5: 504-520.

KEMP E E, 1948. The propagation of *Metasequoia* by cuttings [J]. Journal of the Royal Horticultural Society, 73: 334-335.

KRISHTOFOVICH A N, 1953. Two remarkable plants of China [J]. Priroda, 42:76-78.

KUSUMI J, TSUMURA Y, YOSHIMARU H, et al, 2000. Phylogenetic relationships in Taxodiaceae and Cupressaceae sensu stricto based on matK, gene, chlL gene, trnL-trnF IGS region, and trnL intron sequences [J]. American Journal of Botany, 87(10: 1480-1488.

KUSER J E, 1982. *Metasequoia* keeps on growing [J]. Arnoldia, 42: 130-138.

KUSER J E, 1998/1999. *Metasequoia glyptostroboides*: fifty years of growth in North America [J]. Arnoldia, 58(4)-59(1): 76-79.

KUSER J E, 2005. Selecting and propagating new cultivars of *Metasequoia*, The geobiology and ecology of *Metasequoia* [J]. Topics in Geobiology, 22: 353-360.

KUSER J E, SHEELY D L, HENDRICKS D R, 1997. Genetic variation in two ex situ collections of the rare *Metasequoia glyptostroboides* (Cupressaceae) [J]. Silvae Genetica, 46(5): 258-264.

LENG Q, FAN S H, WANG L, et al, 2007. Database of Native *Metasequoia glyptostroboides* Trees in China based on New Census Surveys and Expeditions [J]. Bulletin of the Peabody Museum of Natural History, 48(2): 185-233.

LENOIR R, 1956. Informations diverses au sujet de *Metasequoia glyptostroboides* [J]. Bulletin de la Société royale de botanique de Belgique, 63(10): 434-437.

LEPAGE BA , WILLIAMS C J, YANG H, 2005. The geobiology and ecology of *Metasequoia*, The proceedings of the First International Metasequoia Symposium [J]. Topics in Geobiology, 22: 1-434.

LI C X, YANG Q, 2002. Polymorphism of ITS Sequences of

Nuclear Ribosomal DNA in *Metasequoia glyptostroboies* [J]. Journal of Genetics and Molecular Biology, 13(4): 264-271.

LI H L, 1957. The discovery and cultivation of *Metasequoia* [J]. Morris Arboretum Bulletin, 8(4): 49-53.

LI H L, 1959. The garden flowers of China [M]. 240 pp; New York: The Ronald Press Company.

LI H L, 1964. *Metasequoia*, a living fossil [J]. American Scientist, 52(1): 93-109.

LI J Y-H, 1948a. Anatomical study of the wood of "Shui-Sha" (*Metasequoia glyptostroboides* Hu et Cheng) [J]. Tropical Woods, 94: 28-29.

LI J Y-H, 1948b. Anatomical study of the wood of "Shui-Sha", newly discovered tree, *Metasequoia glyptostroboides* Hu et Cheng [J]. Forest Resources of Bureau of Minister of Agriculture and Forest China, Technological Bulletin, 5: 1-4.

LI Y Y, CHEN X Y, ZHANG X, et al, 2005. Genetic differences between wild and artificial populations of *Metasequoia glyptostroboides*: Implications for species recovery [J]. Biological Conservation, 19(1): 224-231.

LI Y Y, TSANG E P K, CUI M Y et al, 2012. Too early to call it success: An evaluation of the natural regeneration of the endangered *Metasequoia glyptostroboides* [J]. Biological Conservation, 150: 1-4.

LIAO C Y, PODRAZSKY V, 2000. Individual tree growth analysis for Dawn Redwood introduced in the Czech Republic [J]. Scientia Agriculturae Bohemica, 31: 65-79.

LIANG H, CHOW K Y, AU C N, 1948. Properties of a "living fossil" wood (*Metasequoia glyptostroboides* Hu et Cheng) [J]. Nanking National Central University, Forest Institute, Resources Notes, Wood Technology, 1: 1-4. 9 figs (Also as Forest Resources of Bureau of Minister of Agriculture and Forest China, Technological Bulletin Notes, 5: 1-4).

LIN Q, CAO Z Y, 2007. Lectypifications of four names of Chinese Taxa in Gymnospermae [J]. Acta Botanica Yunnanica, 29(3): 291-292.

LIU Y J, ARENS N C, LI C S, 2007. Range change in *Metasequoia*: relationship to palaeoclimate [J]. Botanical Journal of the Linnean Society, 154: 115-127.

LIY Y J, L I CS, WANG Y F, 1999. Studies on fossil *Metasequoia* from Northeast China and their taxonomic implications [J]. Botanical Journal of Linnean Society, 130: 267-297.

LU Y, RAN J H, GUO D M, et al, 2014. Phylogeny and divergence times of gymnosperms inferred from single-copy nuclear genes [J]. PLOS ONE, 9(9): e107679

MA J S, SUN H, CAO W, 2000. The Notes on the Collectors and Authors as well as location names related to the Dawn Redwood, *Metasequoia glyptostroboides*, after it's been discovered almost sixty years from Central China (1941-2000) [J]. Thaiszia, Journal of Botany (Kosice), 9(1999): 143-147.

MA J S, 2003. The Chronology of the "Living Fossil", *Metasequoia glyptostroboides*: A review (1943-2003) [J].

Harvard Papers in Botany, 8(1): 9-18.

MA J S, 2002 (2004). The history of the discovery and initial dissemination of *Metasequoia glyptostroboides*, a "Living Fossil" [J]. Aliso, 21(2): 65-75.

MA J S, 2005. A review of the typification of *Metasequoia glyptostroboides* (Taxodiaceae) [J]. Taxon, 54(2): 475-476.

MA J S, 2007. A Worldwide Survey of Cultivated *Metasequoia glyptostroboides* Hu & W. C. Cheng (Taxodiaceae/ Cupressaceae) from 1947 to 2007 [J]. Bulletin of the Peabody Museum of Natural History, 48(2): 235-253.

MA J S, BARRINGER K, 2005. Dr. Hsen-Hsu Hu (1894–1968) - a founder of modern plant taxonomy in China [J]. Taxon, 54: 559-566.

MA J S, HUANG Y P, PU Y H, et al, 2004. Today's hometown of *Metasequoia* - Lichuan, Hubei, China [J]. Thaiszia, Journal of Botany (Kosice), 14: 23-36.

MA J S, SHAO G F, 2003. Rediscovery of the 'first collection' of the 'Living Fossil', *Metasequoia glyptostroboides* [J]. Taxon, 52(3): 585-588.

MAO K S, MILNE R I, ZHANG L B, 2012. Distribution of living Cupressaceae reflects the breakup of Pangea [J]. Proceedings of the National Academy of Sciences, USA, 109: 7793-7798.

MARTINEZ M, 1957. *Matasequoias* cultivadas en México [J]. Boletín de la Sociedad Botánica de México, 20: 13.

MCGOURTY F Jr, 1969. Notes and buying information on 125 Conifers [J]. Plants and Gardens, 25(2): 94.

MERRILL E D, 1948a. A living *Metasequoia* in China [J]. Science, 107(2771, Feb. 1948): 140.

MERRILL E D, 1948b. *Metasequoia*, another "living fossil" [J]. Arnoldia, 8: 1-8.

MERRILL E D, Walker E H, 1938. A Bibliography of Eastern Asiatic Botany [M]. Jamaica Plain: The Arnold Arboretum of Harvard University: 719.

MIKI S, 1941. On the change of flora in eastern Asia since tertiary period (1), The clay or lignite beds flora in Japan with special reference to the *Pinus trifolia* in central Itondo [J]. Japanese Journal of Botany, 11: 237-303.

MIKI S, HIKITA S, 1951. Probable chromosome number of fossil *Sequoia* and *Metasequoia* found in Japan [J]. Science, 113: 3-4.

MITCHELL A, 1964. The Growth of *Metasequoia* [J]. Journal of the Royal Horticultural Society, 89: 468-469.

MITCHELL A, 1965. Further notes on big Metasequoias [J]. Journal of the Royal Horticultural Society, 90: 122.

MITCHELL A, 1970. Recent measurements of *Metasequoia* in Britain [J]. Journal of the Royal Horticultural Society, 95: 452.

MITCHELL A, 1977. *Metasequoia* in Britain and North America [J]. Journal of the Royal Horticultural Society, 102: 27-29.

MORLEY T, 1948. On leaf arrangement in *Metasequoia*

glyptostroboides [J]. Proceedings of the National Academy of Sciences, USA, 34(12): 574-578.

NAKAO K, 2003. Mabuchi Toichi[41] in Makassar [J]. Senri Ethnological Studies, 65: 239-272.

NELSON E C, 1998. *Metasequoia glyptostroboides*, the dawn redwood - some Irish glosses on its discovery and introduction into cultivation [J]. Curtis's Botanical Magazine, 15: 77-80.

NUGUE C, 2005. Cultivars of *Metasequoia glyptostroboides* [J]. The Geobiology and Ecology of *Metasequoia*, Topics in Geobiology, 22: 361-366.

NOSHITO H, LENG Q, LePAGE B A, et al, 2011. *Metasequoia*: The Legacy of Dr. Shigeru Miki, Proceedings of the Third International Metasequoia Symposium [J]. Japanese Journal of Historical Botany, 19(1/2): 1-136.

RAIZADA M B, 1948. "A living-fossil tree" (*Metasequoia glyptostroboides* Hu and Cheng) [J]. Indian Forester, 74: 208.

RAIZADA M B, 1953. The redwood of China [J]. Indian Forester, 79: 159-162.

ROB R, 1949. Un nouveau fossile vivant: le *Metasequoia glyptostroboides* Hu et Cheng [J]. Revue Forestiere Française, 1: 5-6.

RUBIN K, 2016. The *Metasequoia* Mystery [J]. Landscape Architecture Magazine, 1: 120-127.

RUBCOV N I, 1956. *Metasequoia* in Crimea [J]. Priroda, 45: 116-117.

SATOH K, 1998. *Metasequoia* travels the globe [J]. Arnoldia, 58(4)-59.

SATOH K, 1999. *Metasequoia* travels the globe [J]. Arnoldia, 58(1): 72-75.

SCHOPF J M, 1948a. Should there be a Living *Metasequoia*? [J]. Science new series, 107(2779, April 2, 1948): 344-345.

SCHOPF J M, 1948b. Precedence of Modern Plant Names over Names Based on Fossils [J]. Science New Series, 108(2809, Oct. 29, 1948): 483.

SHAO G F, LIU Q J, QIAN H, et al, 2000. Zhan WANG (1911-2000) [J]. Taxon, 49(3): 593-601.

SILVERMAN M, 1948. 100,000,000 Year old race of redwoods, Science Makes a Spectacular Discovery [N]. San Francisco Chronicle, March 25, 1948, Thursday.

SILVERMAN M, 1990. Search for the Dawn Redwoods [M]. San Francisco: The author: 177.

SKALICHA A, 2005. Interesting woody-plant species in the gardens of the Prague Castle [J]. Natura Pragensis, Praha, 17: 17-23.

SKINNER H T, 1949. *Metasequoia* in its second year [J]. Morris Arboretum Bulletin, 4(11): 94.

SMITH C M, 1950. Notes on seeds and seedlings of *Metasequoia glyptostroboides* [J]. New Zealand Journal of Forestry, 6(2): 145-148.

SMITH C M, 1951. Further notes on *Metasequoia glyptostroboides* [J]. New Zealand Journal of Forestry, 6: 257-258.

SOLYMOSY S L, 1950. Die Wassertanne, ein neuentdeckter Nadelbaum [J]. Garten-Zeitschrift Illustrierte Flora, 73: 6-7.

SOLYMOSY S L, 1967. My experience with a living fossil [J]. Louisiana Society of Horticultural Research Newsletter, 8: 20-24.

SPRING-SMYTH T, 2005. *Metasequoia* in Nepal [J]. Plantsman, 4: 60.

STEBBINS G L, 1948. The chromosomes and relationships of *Metasequoia* and *Sequoia* [J]. Science new series, 108(2796, July 30, 1948): 95-98.

STERLING C, 1951. Some features in the morphology of *Metasequoia* [J]. American Journal of Botany, 36(6): 461-471.

SUN B Y, 2015. Flora of Korea [M]. 1: 218; Incheon: National Institute of Biological Resources.

TANG C Q, YANG Y C, OHSAWA M, et al, 2011. Population structure of relict *Metasequoia glyptostroboides* and its habitat fragmentation and degradation in south-central China [J]. Biological Conservation, 144: 279-280.

TEUSCHER H, 1953. Canadian experiences with winter hardiness [J]. Southern Florist & Nurseryman, 65(March 6): 95-98.

TOKAR F, 1986. Phenological observations on selected foreign conifers in the Mlynany Arboretum [J]. Vedecke Prace Vyskumneho Ustavu Ovocnyck a Okrasnych Drevin v Bojniciach, 6: 133-144.

TSUKAGOSHI M, MOMOHARA A, MINAKI M, 2011. *Metasequoia* and the life and work of Dr. Shigeru Miki [J]. Japanese Journal of Historical Botany, 19(1/2): 1-14.

ULLAH A, KHAN R, 2015. *Metasequoia glyptostroboides* Hu & Cheng of Taxodiaceae: Newly recorded endangered conifer to the Flora of Pakistan [J]. Fuuast Journal of Biology, 5(1): 179-181.

VELICKA M, 1995. Introduction of *Metasequoia glyptostroboides* Hu et Cheng (Taxodiaceae) in northern Moravia (Czech Republic) and its present state [J]. Casopis Slezskeho Muzea Opava (A), 44: 75-87.

VIEHMEYER G, 1961. The dawn redwood [J]. Flower and Garden, 5(6): 40-41.

WALKER E H, 1960. A bibliography of Eastern Asiatic Botany Supplement I [M]. Washington DC: American Institute of Biological Sciences: 552.

WANG L, KUNZMANN L, SU T, et al, 2019. The disappearance of *Metasequoia* (Cupressaceae) after the middle Miocene in Yunnan, Southwest China: Evidences for

---

41 马渊东一（日文：马渊东一まぶちとういち，Mabuchi Tōichi；1909年1月6号—1988年1月8号）系日本籍台湾人类学者。

evolutionary stasis and intensification of the Asian monsoon [J]. Review of Palaeobotany and Palynology, 264: 67-74.

WILLIAMS C, 2005. Ecological Characteristics of *Metasequoia glyptostroboides* [J]. The Geobiology and Ecology of *Metasequoia*, Topics in Geobiology, 22: 285-304.

WILSON E H, 1929. China, mother of gardens [M]. Boston, Massachusetts: The Stratford Co: 408.

WYMAN D, 1968. *Metasequoia* after twenty years in cultivation [J]. Arnoldia, 28: 113-123.

WYMAN D, 1970. The complete *Metasequoia* story [J]. American Nurseryman, 131: 12-13, 28, 30, 32, 34, 36.

YANG H, HICKEY L J, 2007. *Metasequoia*: Back from the Brink? An Update, Proceedings of the Second International Symposium on *Metasequoia* and Associated Plants [J]. Bulletin of the Peabody Museum of Natural History, 48(2): 1-426.

YU C H, 1948. The wood structure of *Metasequoia disticha* [J]. Botanical Bulletin, Academia Sinica, 2(4): 227-230.

致谢

自2000年开始研究水杉,一路走来,感谢很多读者对水杉工作的关注,更感谢大家的各种鼓励与帮助! 20多年来,没有大家的各类鼓励、协助与指导,无法完成书稿;尤其是国内的北京林业大学张玉钧、刘琪璟,中国科学院植物研究所王宇飞,北京科学技术研究院刘艳菊,中国科学院植物研究所马克平,中国科学院西双版纳热带植物园周浙昆,华东师范大学廖帅,湖北纺织大学黄运平,湖北利川林业研究所范深厚,湖北星斗山国家自然保护区洪建峰,成都植物园刘晓莉,中国科学院成都生物研究所印开蒲,重庆市石柱林业局文海洋、唐彪,台湾中山大学刘和毅,台湾林业试验所恒春分所张艺翰,中国科学院新疆生态与地理研究所潘伯荣、师炜,西藏自治区林芝市西藏农牧学院陈甲瑞,宁夏大学李小伟,中国科学院沈阳应用生态研究所金永焕、曹伟以及国外的比利时国家植物园Dirk De Meyere,美国加州大学伯克利标本馆Staci Markos和Amy Kasameyer,加州科学院Bruce Bartholomew,法国的Jean Hoch 与Christophe Nugue等;特别感谢胡先骕之子、北京大学教授胡德琨(1938—2022)提供相关信息以及赴日本期间获得的珍贵资料;胡先骕的孙女、《胡先骕全集》主编、北京师范大学教授胡晓江博士多年来的帮助与奉献,还有庐山植物园胡宗刚多年来的积累与帮助,使得很多有关信息得以确认;特别致谢所有提供照片者(详细参见每幅照片之下的拍摄者以及提供者)。本人从事水杉研究的早期还得到更多人员的帮助,详细参见:马金双,2003,水杉未解之谜《云南植物研究》(第25卷第2期,155~172页);马金双,2006,水杉未尽事宜《云南植物研究》(第28卷第5期,493~504页)的致谢。

2020年12月,笔者来到了北京市植物园,原计划出版的水杉一书,现作为一章载入本书中。再次感谢各位友人的帮助,水杉的多年积累终于得以和读者见面,也是一种交代! 感谢植物园领导对这一工作的鼎力相助并全力支持。中国——园林之母的历史,不会忘记!

作者简介

马金双,男,吉林长岭人(1955年生),恢复高考后的首批大学生,分别于东北林学院获得学士学位(1982)和硕士学位(1985)、北京医科大学获得博士学位(1987);先后于北京师范大学(1987—1995)、哈佛大学植物标本馆(1995—2000)、布鲁克林植物园(2001—2009)、中国科学院昆明植物研究所(2009—2010)、中国科学院上海辰山植物科学研究中心(上海辰山植物园,2010—2020)、北京市植物园(2020年12月至今)从事教学与研究;专长都市植物、植物分类学历史、植物分类学文献及外来入侵植物,特别是马兜铃属、关木通属、大戟属、卫矛属和"活化石"水杉(2000年至今维护水杉网址:www.metasequoia.org,2000—2018;www.metasequoia.net,2019年至今)等。

本章所有照片,除署名外,均为作者拍摄。

China

02

-TWO-

中国马兜铃科马兜铃属和关木通属

Aristolochia and *Isotrema* of Aristolochiaceae in China

朱鑫鑫 [1][*]　马金双 [2][**]
[[1] 信阳师范学院；[2] 国家植物园（北园）]

ZHU Xinxin [1][*]　MA Jinshuang [2][**]
[[1] Xinyang Normal University, Henan, China；[2] China National Botanical Garden (North Garden)]

[*] 邮箱：zhuzhu8niuniu@126.com
[**] 邮箱：jinshuangma@gmail.com

摘　要： 本章根据最新的研究成果和丰富的图片，详细记载了中国17种马兜铃属和72种关木通属植物的分类学信息以及观赏植物资源。

关键词： 马兜铃　关木通　观赏植物

Abstract: Current taxonomic information and ornamental resources for 17 species of *Aristolochia* and 72 species of *Isotrema* in China have been recorded in detail, based on the newest research results and many colorful photos.

Keywords: *Aristolochia*, *Isotrema*, Ornament plants

朱鑫鑫，马金双，2022，第2章，中国马兜铃科马兜铃属和关木通属；中国——二十一世纪的园林之母，第二卷：190–303页

马兜铃科（Aristolochiaceae）位于APG系统中木兰类胡椒目，以其独特的花被管而区别于其他类群；约8~9属，广布于世界热带和温带地区；中国有5属，其中马蹄香属（*Saruma*）只有1种，为中国特有；细辛属（*Asarum*）约100种，分布于北温带到亚热带，东亚约90种，中国有40余种；线果兜铃属（*Thottea*）约45种，分布于热带亚洲，中国只有1种；马兜铃属（广义）（*Aristolochia* s. l. = sensu lato），广布于全世界的热带、亚热带和温带地区，约有600种，是马兜铃科中种类最多的属，其中又尤以热带美洲最多；中国有90余种。

其具有花单被、花被管状、雄雌蕊合生成为合蕊柱、子房下位、中轴胎座、胚珠多数、蒴果等主要特征。近些年，国内大量的新类群被相继报道，而部分类群得到了确认、恢复、重新发表或修订，特别是基于形态和分子证据，关木通属（*Isotrema*）因其花被管急剧弯曲，合蕊柱3裂，雄蕊6，成对与合蕊柱裂片对生，蒴果由上而下开裂等区别特征，而从广义马兜铃属中分出独立成属，余下的狭义马兜铃属则具有花被管直立，合蕊柱6裂，雄蕊6，单一与合蕊柱裂片对生，蒴果由下至上开裂的特征（图1）。

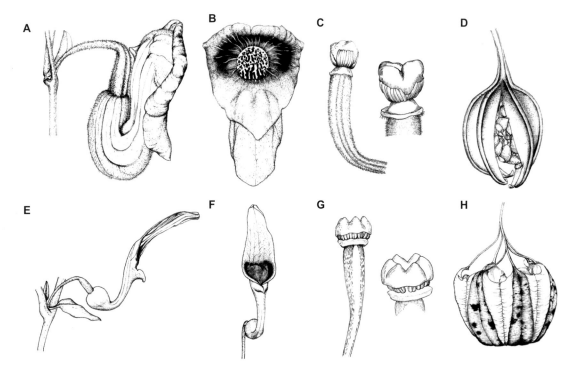

图1　关木通属和马兜铃属主要特征［A—D：关木通属；A：花侧面观，B：花正面观，C：子房与合蕊柱（柱头3裂），D：蒴果（从顶端向基部开裂）；E—H：马兜铃属：E：花侧面观，F，花正面观：G：子房与合蕊柱（柱头6裂），H：蒴果（从基部向顶部开裂）（董惠霞 绘图）］

1 马兜铃属的分类系统

马兜铃属（*Aristolochia*）是林奈（1753）最早建立的，只是随着研究的深入，越来越多的物种被记载，特别是热带美洲和亚洲的类群，不仅种类多而且异常丰富，这是深入研究的结果，同时也出现了分类学界普遍存在的现象，广义和狭义的概念。世界范围的主要工作有Duchartre（1854，1864）、Klotzsch（1859）、Schmidt（1935）和Huber（1960，1985）的研究，他们采用广义马兜铃属概念并将其分为3个亚属（Duchartre，1854，1864；Schmidt，1935）：

对药马兜铃亚属 Subgen. *Siphisia* (Raf.) Duch.，合蕊柱顶部3裂，雄蕊6，两两并生，成3对与合蕊柱裂片相对排列（之下又分为3组），主要分布于东亚和北美。

马兜铃亚属 Subgen. *Aristolochia*，合蕊柱顶部6裂，稀5裂；雄蕊常6，稀5，单一等距的与蕊柱裂片相对排列（之下又分为2组），集中分布于热带美洲，少数分布于欧亚大陆。

多药马兜铃亚属 Subgen. *Pararistolochia* (Hutchi. & Dalz.) O. C. Schmidt，合蕊柱顶部裂片多数，花药多数；分布于旧大陆热带地区，特别是非洲。

采用狭义的观点则将上述广义的马兜铃属划分为几个小属，特别是Klotzsch（1859）和Huber（1960，1985）。然而，早期的工作由于没有详细而有力的证据，这样的细分方案并未被很好地采用；而随着分子生物学手段的加入，特别是基于我国植物种类多、野外采集比较充分、代表性比较齐全的优势，综合各方面研究将对药马兜铃亚属提升为关木通属 *Isotrema* Raf.（Zhu et al., 2019）。

国产马兜铃属和关木通属较为重要的工作有《中国植物志》（黄素美，1988）和英文版*Flora of China*（Huang, Kelly & Gilbert, 2003），以及东亚和南亚马兜铃属的修订（马金双，1989）等。近年来，随着野外工作的深入，很多新类群被陆续报道，而随着材料的积累，研究手段的更新，特别是结合分子证据等各方面工作，广义马兜铃属已被分为狭义马兜铃属和关木通属。目前，全球马兜铃属（狭义）约有500种，关木通属110余种。

2 马兜铃属和关木通属的观赏价值以及海内外引种

众所周知，马兜铃属和关木通属由于其独特的花被管结构，不仅是著名的昆虫传粉植物，更吸引无数爱好者以及科普工作者的关注[1]，当然由于其具有非常多样的花型和花色等，成为著名的观赏植物。遗憾的是，马兜铃属和关木通属的栽培并不十分普遍，海内外基本如此（西方几乎没有引种中国马兜铃属和关木通属的报道或者记载）。初步判断可能有两方面的原因：首先，大多数物种基本上都是稀有类群，且分布于比较偏僻的地区，尚未引起足够的重视，特别是在中国；其次，除个别种类外，其生长非常零散，而且长期作为民间用药而被广泛采挖，造成野生资源更加匮乏，所以几乎见不到大规模引种栽培现象，即使有引种，也都是极其常见的几个类群。作为著名的观赏植物，这两个属的类群远没有引起足够的重视。

---

1 马兜铃属和关木通属植物通过散发独特的气味诱惑昆虫进入花内，再利用其独特的花形状和结构充当陷阱"捕获"传粉者，而传粉者在一定的时间内只能进不能出，只有在花药成熟、陷阱失效后，携带花粉的传粉者才被释放。

3 马兜铃和关木通两属植物的利用与保护

马兜铃、关木通、广防己等诸多类群，作为著名的中草药而载入历史，包括《本草纲目》《中药志》以及以前的药典版本，还有最新出版的《中国药用植物志》等。近年来，学术界开始关注马兜铃酸对肾病等产生的影响（陈淑桢 等，2021；褚春晓，朱国福，2020；薛寿征，曾广先，2018），2020年版《中华人民共和国药典》已经删除了马兜铃相关的药材和饮片。

马兜铃属和关木通属的一个共性就是种群稀少，野外采集极其困难。一方面是本身比较稀少，而且少有被列入国家重点保护野生植物名录，不容易引起重视；另一方面，花一般都比较小，且常被叶子遮盖，不注意很难观察到。但是除了个别广布种之外，几乎所有的类群都亟待保护。事实上很多种类都应进入国家保护名录，遗憾的是两次修订（1981年和2021年）几乎没有给予全面地考虑，即使是2021年9月8日刚刚公布的第二批国家重点保护植物名录[2]，马兜铃属和关木通属也只有1种，不仅少得可怜，而且离实际相差甚远。

4 马兜铃属 (*Aristolochia* s. str.)

Aristolochia L. Sp. Pl. 2: 960, 1753. TYPUS: *Aristolochia rotunda* L.（图1）.

马兜铃属花被管直立或略微弯曲，檐部一侧伸成长舌片；合蕊柱顶部6裂，裂片不再分裂；雄蕊6，单一与合蕊柱裂片对生；蒴果由下至上开裂；全世界约500种，分布于美洲和亚洲以及欧洲，特别是南美洲。本章记载中国马兜铃属（狭义）(*Aristolochia* s. s. = sensu stricto)17种，下文详述其种类及分布等基本情况。

中国马兜铃属 (*Aristochia*，s. s.) 分种检索表

1. 花被管基部收狭成一细柄，其上扩大成球形 ··· 2
  2. 叶3浅裂或3深裂 ····································· 1. 多型叶马兜铃 A. polymorpha
  2. 叶全缘 ·· 3
    3. 叶卵状三角形或肾形，长宽近相等或稍长 ············· 2. 港口马兜铃 A. zollingeriana
    3. 叶长卵形至披针形，长显著大于宽 ·· 4
      4. 叶下面密被短毛；叶基部弯缺浅且窄；花被管喉口处仅边缘一圈红褐色，色圈不向内延伸；舌片先端微凹；果实小，长约1.7 cm ··················3. 凹脉马兜铃 A. impressinervis
      4. 叶下面无毛；叶基部弯缺深且宽；花被管喉口处色圈明显向内延伸，形成宽窄不一的褐

2 国家林业和草原局 农业农村部公告（2021 年第 15 号）（国家重点保护野生植物名录）（http://www.forestry.gov.cn/main/5461/202 10908/162515850572900.html；2021 年 9 月 13 日进入）。

02

色至褐黑色圈；舌片先端具凸尖；果实较大，长3～5cm ⋯⋯⋯ 4. 耳叶马兜铃 A. tagala

1. 花被管基部无细柄，而直接扩大成球形 ⋯⋯⋯⋯⋯⋯⋯⋯⋯⋯⋯⋯⋯⋯⋯⋯⋯⋯⋯⋯ 5

  5. 檐部舌片顶端延伸并扭转 ⋯⋯⋯⋯⋯⋯⋯⋯⋯⋯⋯⋯⋯⋯⋯⋯⋯⋯⋯⋯⋯⋯⋯⋯⋯ 6

    6. 叶宽心形或近圆形，稀卵心形，顶端急渐尖；舌片顶端延伸物线形，稍宽，大于1 mm，种子无翅 ⋯⋯⋯⋯⋯⋯⋯⋯⋯⋯⋯⋯⋯⋯⋯⋯⋯⋯⋯⋯⋯ 5. 弄岗马兜铃 A. longgangensis

    6. 叶卵心形或三角状心形，顶端钝或钝尖；舌片顶端延伸物近丝状，极细，小于1 mm，种子具翅 ⋯⋯⋯⋯⋯⋯⋯⋯⋯⋯⋯⋯⋯⋯⋯⋯⋯⋯⋯⋯⋯⋯⋯⋯ 6. 北马兜铃 A. contorta

  5. 檐部舌片顶端不延伸也不扭转 ⋯⋯⋯⋯⋯⋯⋯⋯⋯⋯⋯⋯⋯⋯⋯⋯⋯⋯⋯⋯⋯⋯⋯ 7

    7. 叶无柄，抱茎；茎直立；种子无翅 ⋯⋯⋯⋯⋯⋯⋯⋯⋯⋯⋯⋯ 7. 山草果 A. delavayi

    7. 叶有柄，不抱茎 ⋯⋯⋯⋯⋯⋯⋯⋯⋯⋯⋯⋯⋯⋯⋯⋯⋯⋯⋯⋯⋯⋯⋯⋯⋯⋯⋯ 8

      8. 茎、叶柄、叶背、花梗、花被外面都密被开展长柔毛 ⋯⋯⋯ 8. 福建马兜铃 A. fujianensis

      8. 毛被非上述情况 ⋯⋯⋯⋯⋯⋯⋯⋯⋯⋯⋯⋯⋯⋯⋯⋯⋯⋯⋯⋯⋯⋯⋯⋯⋯⋯ 9

        9. 叶三角状长圆形至戟状披针形，两侧离叶基1/3处多少内凹，两面无毛；花1～2朵簇生叶腋 ⋯⋯⋯⋯⋯⋯⋯⋯⋯⋯⋯⋯⋯⋯⋯⋯⋯⋯⋯⋯⋯⋯⋯⋯⋯ 9. 马兜铃 A. debilis

        9. 叶各型，两侧离叶基1/3处不内凹，如内凹，则叶背密被短毛；花1～2朵簇生叶腋或形成花序；种子有翅或无翅 ⋯⋯⋯⋯⋯⋯⋯⋯⋯⋯⋯⋯⋯⋯⋯⋯⋯⋯⋯⋯⋯ 10

          10. 叶三角状披针形或披针形，长宽比大于2，叶背密被短毛 ⋯⋯⋯⋯⋯⋯⋯⋯ 11

            11. 叶片无黄色斑点；种子有翅；分布于中国福建、广东、香港 ⋯⋯⋯⋯⋯⋯⋯⋯⋯⋯⋯⋯⋯⋯⋯⋯⋯⋯⋯⋯ 10. 华南马兜铃 A. austrochinensis

            11. 叶片常有黄色斑点；种子无翅；分布于中国台湾、菲律宾、马来西亚、印度尼西亚 ⋯⋯⋯⋯⋯⋯⋯⋯⋯⋯⋯⋯⋯⋯⋯⋯⋯⋯ 11. 蜂窝马兜铃 A. foveolata

          10. 叶三角形、卵状心形至肾形，长宽比小于2，如长宽比大于2，则叶短于5cm，叶背无毛或密被短毛 ⋯⋯⋯⋯⋯⋯⋯⋯⋯⋯⋯⋯⋯⋯⋯⋯⋯⋯⋯⋯⋯ 12

            12. 总状聚伞花序长4～6cm，有花4～10朵，小苞片卵状心形，与花对生 ⋯⋯⋯⋯⋯⋯⋯⋯⋯⋯⋯⋯⋯⋯⋯⋯⋯⋯ 12. 苞叶马兜铃 A. chlamydophylla

            12. 花1～2朵簇生叶腋，稀为总状聚伞花序，小苞片生于花梗中下部 ⋯⋯⋯⋯⋯ 13

              13. 具块根；叶有或无白斑；聚伞花序具2～6花，苞片1，叶状，卵心形，有柄；檐部喉口处黄白色具紫色条纹 ⋯⋯⋯⋯⋯⋯⋯⋯⋯⋯⋯ 13. 背蛇生 A. tuberosa

              13. 无块根；叶无白斑；花1～2朵簇生叶腋，如为聚伞花序，则苞片多枚，且檐部喉口处靠近管部黄白色，向上为紫黑色 ⋯⋯⋯⋯⋯⋯⋯⋯⋯⋯⋯⋯⋯ 14

                14. 叶大，3～15cm×3～16cm；蒴果大，长2.5～4cm，种子大，长4～5mm ⋯ 15

                  15. 叶革质或薄革质，先端长渐尖，叶背密被短毛；聚伞花序或花1～2朵簇生叶腋 ⋯⋯⋯⋯⋯⋯⋯⋯⋯⋯⋯⋯⋯⋯⋯⋯⋯⋯⋯⋯ 14. 通城虎 A. fordiana

                  15. 叶纸质或近膜质，先端钝至急尖；叶背无毛或被短毛；花1～2朵簇生叶腋 ⋯⋯⋯⋯⋯⋯⋯⋯⋯⋯⋯⋯⋯⋯⋯⋯⋯⋯⋯⋯ 15. 辟蛇雷 A. tubiflora

              14. 叶小，1～4.5cm×1～5cm；蒴果小，长1～2cm；种子小，长3～4mm ⋯⋯ 16

                16. 叶常圆肾形，稀三角形，边缘平整；檐部舌片内面紫黑色至棕色 ⋯⋯⋯⋯⋯⋯⋯⋯⋯⋯⋯⋯⋯⋯⋯⋯⋯⋯⋯⋯ 16. 优贵马兜铃 A. gentilis

                16. 叶三角形至三角状披针形，边缘常皱波状；檐部舌片内面黄色 ⋯⋯⋯⋯⋯⋯⋯⋯⋯⋯⋯⋯⋯⋯⋯⋯⋯⋯ 17. 中甸马兜铃 A. zhongdianensis

4.1 中国马兜铃属（*Aristolochia L. str.s.*）分类学处理

4.1.1 多型叶马兜铃

Aristolochia polymorpha S. M. Hwang, Acta Phytotaxonomica Sinica 19 (2): 222, 1981. TYPUS: CHINA, Hainan, Ya Xian, 26 December 1932, *C. L. Tso & N. K. Chun 4460* (Typus: IBSC).

特点：叶型多变，常浅3裂或深3裂；花被管基部收缩成柄状（图2）。

分布：中国海南。

4.1.2 港口马兜铃

Aristolochia zollingeriana Miq., Flora van Nederlandsch Indië 1 (1): 1066, 1858. TYPE: Noesa Baron, op boomen in de kuststreken, s. a., *H. Zollinger 2744* (BM). = *Aristolochia kankauensis* Sasaki, Transactions of the Natural History Society of Taiwan 21: 251. (1931). = *Hocquartia kankauensis* (Sasaki) Nakai ex Masamune, A list of vascular plants of Taiwan 49 (1954), nom. illeg. = *Aristolochia roxburghiana* Klotzsch subsp. *kankauensis* (Sasaki) Kitamura, Acta Phytotaxonomica et Geobotanica 20 (1): 135. (1962). = *Aristolochia tagala* Cham. var. *kankauensis* (Sasaki) Yamazaki, Journal of Japanese Botany 50: 341. (1975), as ,'kankaoensis'.

特点：叶片卵状三角形、肾形或戟形，长宽近相等；花被管基部收缩成柄状（图3）。

分布：中国（台湾）；日本；印度尼西亚；菲律宾。

4.1.3 凹脉马兜铃

Aristolochia impressinervis C. F. Liang, Acta Phytotaxonomica Sinica 13 (2): 15, 1975. TYPE: CHINA, Guangxi, Daxin Xian, alt. 360m, 13 August 1958, *S. L. Wang & Z. X. Zhang 3967* (Type: IBK).

特点：叶片卵状披针形至窄披针形，叶脉于叶面下凹；花被管基部收缩成柄状，花整体白色，舌片黑色，喉口口檐红褐色（图4）。

分布：中国（广西）；越南。

4.1.4 耳叶马兜铃

Aristolochia tagala Champ., Linnaea 7: 207, 1832. TYPE: PHILIPPINES, Luçonia, s.a., *Anonymous s. n.* (MPU). = *Aristolochia roxburghiana* Klotz., Monatsberichte der Königlich Preussischen Akademie der Wissenschaften zu Berlin 1859: 596, 1859.

特点：全株近无毛；叶片常较宽大，宽常为4~9cm；花被管基部收缩成柄状；种子较大，8mm×8mm，具宽翅（图5）。

分布：中国（广东、广西、贵州、海南、香港、云南）；孟加拉国；不丹；缅甸；柬埔寨；印度；印度尼西亚；日本；老挝；尼泊尔；马来西亚；菲律宾；泰国；越南。

记述：本种分布广，叶片变异大，作者在云南盈江采集过叶片窄披针形，宽仅2cm的个体。

4.1.5 弄岗马兜铃

Aristolochia longgangensis C. F. Liang, Guihaia 2 (3): 143, 1982. TYPE: CHINA, Guangxi, cultivated in Guilin Botanic Garden (seedling introduced from Longzhou Xian, Longgang Conservation Area), 25 April 1982, *R. F. Zhao 201* (Holotype: IBK; isotypes: IBK).

特点：叶片心形或近圆形；花被舌片先端延伸成长1~3cm线形而弯扭的尾尖（图6）。

分布：中国（广西）；越南。

4.1.6 北马兜铃

Aristolochia contorta Bunge, Enumeratio Plantarum, quas in China Boreali 58, 1831. TYPUS: CHINA bor.,1931, *Bunge s. n.* (LE). = *Aristolochia nipponica* Makino, Botanical Magazine, Tokyo 24: 124, 1910.

特点：花黄绿色，舌片先端具线形弯扭的尾尖（图7）。

分布：中国（北京、甘肃、河北、黑龙江、河南、内蒙古、江苏、吉林、辽宁、陕西、山东、山西、天津）；日本；朝鲜；俄罗斯；韩国。

4.1.7 山草果

Aristolochia delavayi Franch., Journal

de Botanique (Morot) 12 (19–20): 315, 1898. LECTOTYPE (designated by Lin et al, 2015): CHINA, Yunnan, Lijiang, alt. 1,800m, 10 June 1887, *Delavay 2622* (PE-01863969). = *Aristolochia delavayi* var. *micrantha* W. W. Smith, Notes from the Royal Botanic Garden, Edinburgh 12 (59): 195, 1920.

特点：多年生非缠绕草本；叶基部心形而抱茎；花单生叶腋。具有异常的香味（图8）。

分布：中国四川、云南。

4.1.8　福建马兜铃

Aristolochia fujianensis S. M. Hwang, Guihaia 3 (2): 81, 1983. TYPE: CHINA, Fujian, Ningde Xian, alt. 200m, 17 April 1976, *Gong & Chaio s. n.* (Herb. Fujian Inst. Med. Phram. Sci.).

特点：除成长叶腹面外，全株密被节状长柔毛（图9）。

分布：中国福建。

4.1.9　马兜铃

Aristolochia debilis Sieb. et Zucc., Abhandlungen der Mathematisch-Physikalischen Classe der Königlich Bayerischen Akademie der Wissenschaften 4 (3): 197, 1846. LECTOTYPE (designated by Akiyama et al, 2014): JAPAN, 1842, *Siebold s. n.* (M-0121018). = *Aristolochia sinarum* Lindl., The Gardeners' Chronicle & Agricultural Gazette 1859: 708, 1859. = *Aristolochia recurvilabra* Hance, London Journal of Botany 11: 75, 1873.

特点：叶片基部两侧边缘或多或少往内凹，先端圆钝（图10）。

分布：中国（安徽、重庆、福建、广东、广西、贵州、河南、湖北、湖南、江苏、江西、山东、上海、四川、云南、浙江）；日本。

4.1.10　华南马兜铃

Aristolochia austrochinensis C. Y. Cheng & J. S. Ma, Acta Phytotaxonomica Sinica 27 (4): 293, 1989. TYPUS: CHINA, Guangxi, Ningming, Nanan, Nataoshan, 1978–4–10, *Z. H. Chen 2–371* (GXMI).

特点：叶三角状披针形，中脉两侧基出脉直伸常超过中部；花被外面淡黄色，舌片内面基部暗紫色，上部黄色（图11）。

分布：中国福建、广东、广西。

4.1.11　蜂窝马兜铃

Aristolochia foveolata Merr., Philippine Journal of Science 13 (5): 280, 1918. TYPE: PHILIPPINES, Catanduanes, in forests along small streams back of Calolbong, 9 December 1917, *Ramos 30370* (isotypes: L, K, NYBG). = *Aristolochia kaoi* Liu & Lai, Fl. Taiwan 2: 573. pl. 411, 1976.

特点：叶戟形或卵状披针形，常有黄色斑点，中脉两侧基出脉直伸超过中部，叶下面网脉细密，明显隆起，密被钩毛；种子无翅，有许多疣状突起（图12）。

分布：中国（台湾）；印度尼西亚；马来西亚；菲律宾。

4.1.12　苞叶马兜铃

Aristolochia chlamydophylla C. Y. Wu ex S. M. Hwang, Acta Phytotaxonomica Sinica 19 (2): 223, 1981. TYPUS: CHINA, Yunnan, Ruili, alt. 1,000m, 27 April 1916, *S. Chow 610* (KUN). = *Aristolochia longeracemosa* B. Hansen & Leena Phuphathanaphong, Nordic Journal of Botany 19 (5): 577, 1999.

特点：聚伞花序长4～6cm，苞片和小苞片大，宿存，长4～5mm（图13）。

分布：中国（云南）；泰国；越南。

4.1.13　背蛇生

Aristolochia tuberosa C. F. Liang & S. M. Hwang, Acta Phytotaxonomica Sinica 13 (2): 17, 1975. TYPUS: CHINA, Guangxi, Tianlin Xian, November 1957, *Z. Q. Zhang 11057* (Holotype: IBSC; isotype: IBK). = *Aristolochia cinnabarina* C. Y. Cheng & J. L. Wu, Journal of Wuhan Botanical Research 5 (3): 219, 1987.

特点：多年生宿根性草质藤本；具不规则纺锤状块根；叶面有时具不规则白斑；舌片内面基部暗紫色，往下成3暗紫色长条纹（中间条纹最宽）（图14）。

分布：中国广西、贵州、四川、云南。

4.1.14 通城虎

Aristolochia fordiana Hemsl., Journal of Botany, British and Foreign 23 (273): 286, 1885. TYPE: CHINA, Taimo Mountain, opposite Hongkong, April 1885, *A. B. Westland s. n.* (Holoype: K-000978965).

特点：叶片先端长渐尖，下面网脉细密，仅脉上密被绒毛；聚伞花序具花1~4朵，苞片和小苞片卵形或钻形，3~10mm×1~4mm；檐部舌片短（图15）。

分布：中国广东、广西、香港。

4.1.15 辟蛇雷

Aristolochia tubiflora Dunn, Journal of the Linnean Society, Botany 38 (267): 364, 1908. TYPE: CHINA, Fokien, Yenping, 15may 1905, *Dunn 3472* (Holotype: HK-23775; isotypes: A, K). = *Aristolochia longilingua* C. Y. Cheng & W. Yu, Bulletin of Botanical Research, Harbin 12 (1): 39, 1992. = *Aristolochia tripartita* Backer, Bulletin du Jardin Botanique de Buitenzorg Ⅲ, 2: 322, 1920.

特点：根细长，无块根；檐部舌片暗紫色或上部棕色下部暗紫色，其基部不向下成长条纹（图16）。

分布：中国安徽、福建、广东、广西、贵州、河南、湖北、湖南、江西、四川、浙江。

记述：其花形态和颜色变化较大，但都无块根。其与背蛇生（*Aristolochia tuberosa*）很难区分，可从植株是否具有块根、花被舌片基部向下是否具有3条长条纹（中间条纹宽，两侧条纹窄）区分。

4.1.16 优贵马兜铃

Aristolochia gentilis Franch., Journal de Botanique (Morot) 12 (19–20): 314–315, 1898. TYPE: CHINA, Yunnan, dans les rocailles calcaires au-dessous de Tapin tze près de Mo so yn, ait. 2000m, 23 July 1887, *R. P. Delavay 2623* (Holotype:

P-00623817; isotypes: P). = ?*Aristolochia gracillima* Hemsl., Bulletin of Miscellaneous Information, Royal Gardens, Kew 1901 (175–177): 143, 1901. = ?*Aristolochia chuandianensis* Z. L. Yang, Bulletin of Botanical Research, Harbin 10 (1): 39, 1990.

特点：多年生细弱草本；叶片卵形至肾形，小，常长1~4cm；花单生或2~3朵生于叶腋；舌片基部暗紫色，向下延伸成3条近等宽的长条纹（图17）。

分布：中国四川、云南。

记述：从模式标本看，叶多为肾形，而23 July 1887, Delavay 2623（Isotype，P-00623819）等模式标本叶片以卵形为主。作者在大理鹤庆县采集的优贵马兜铃叶型也有从卵形至肾形的，存在一定的变异。而原始文献（杨祯禄，1990）记载，川滇马兜铃（*Aristolochia chuandianensis*）与优贵马兜铃的主要区别在于其茎多分枝，被短柔毛，叶三角状卵形或卵状心形，花被舌片卵状披针形，长1.5~2cm，先端微凹，柱头6裂片三角形，但是这些性状与优贵马兜铃无法截然分开。另外，纤细马兜铃（*Aristolochia gracillima*）的原始文献记载其与优贵马兜铃的区别在于花小一半，花被舌片非刚毛状渐尖，据我们观察，其叶柄纤细，常长于叶片，与优贵马兜铃区分较为明显，但是其花形态与花被舌片颜色及条纹近似优贵马兜铃。Hwang等（2003）在 *Flora of China* 中将纤细马兜铃作为优贵马兜铃的异名，也将川滇马兜铃作为优贵马兜铃的异名但是存疑，由于缺乏材料，此两者尚需进一步研究，本文中暂将两者作为优贵马兜铃的存疑异名。

4.1.17 中甸马兜铃

Aristolochia zhongdianensis J. S. Ma, Acta Phytotaxonomica Sinica 27 (5): 339, 1989. TYPE: CHINA, Yunnan, Zhongdian, 18 August 1962, *Zhongdian Exp. 1239* (Holotype: KUN-0163227; isotype: PE).

特点：叶三角形，小，长约2cm，边缘常波状；花被外面黄白色，舌片长三角形至三角形，内面黄色（图18）。

分布：中国四川、云南。

图2　多型叶马兜铃

图3　港口马兜铃

图4　凹脉马兜铃

图5 耳叶马兜铃

图6　弄岗马兜铃

图7 北马兜铃

图8　山草果

图9 福建马兜铃

02

5cm

图10　马兜铃

图11　华南马兜铃

图12　蜂窝马兜铃

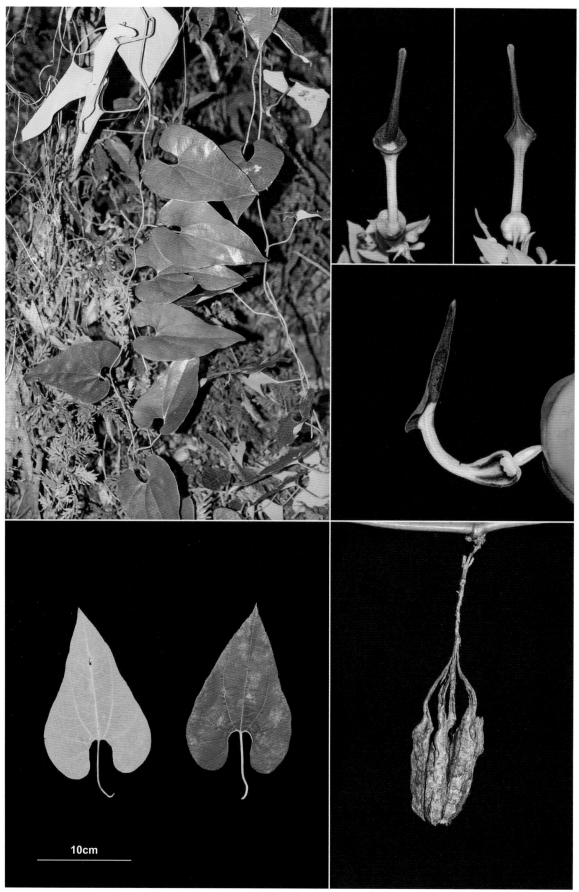

图13　苞叶马兜铃

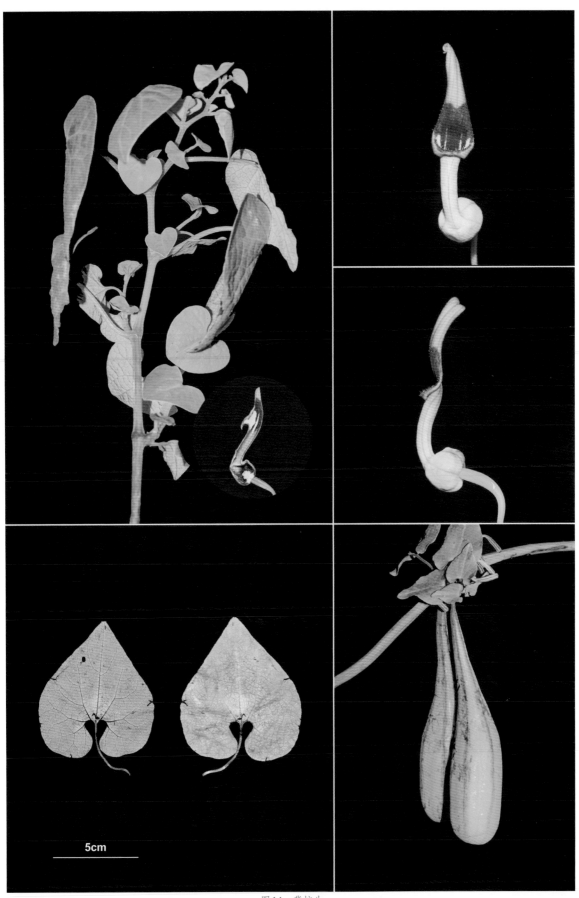

5cm

图 14　背蛇生

图15　通城虎

02

图16 辟蛇雷

图17 优贵马兜铃

图18　中甸马兜铃

5 关木通属

Isotrema Raq. *American Monthly Magazine and Critical Review* 4 (3): 195, 1819. TYPUS: *Isotrema sipho* (L'Her.) Raf. ex B. D. Jacks（图1）.

关木通属，花被管膝曲，檐部各式，常3裂；合蕊柱顶端3裂，裂片稀再裂；花药成对与蕊柱裂片对生，蒴果由上而下开裂。分布于亚洲和美洲，特别是东亚和北美，110余种，中国有70种1亚种和1存疑种。

中国关木通属（*Isotrema* Raf.）分种检索表

02

11. 叶片戟状披针形或长圆状披针形；檐部长2.5~3cm ··· 10. 苍山关木通 I. cangshanense

9. 檐部对称或稍不对称 ······································· 12

12. 叶片戟状披针形；檐部对称，直立，檐口朝上，内面光滑，粉色或黄褐色
    ·································· 11. 杨氏关木通 I. yangii

12. 无上述综合特征 ·· 13

13. 檐部先端裂片紧缩，开口小，宽1~3mm ··············· 14

14. 叶片下面灰白色，密被长柔毛 ······ 12. 卵叶关木通 I. ovatifolium

14. 叶片下面淡绿色，疏被长柔毛 ························ 15

15. 叶片戟状披针形 ································ 16

16. 檐部细，最宽处直径2~3mm，先端裂片长大于宽
··· 13. 葫芦叶关木通 I. cucurbitoides

16. 檐部粗，最宽处直径约8mm，先端裂片宽大于长
··· 14. 缅印关木通 I. wardianum

15. 叶片卵状披针形或卵形至长卵形 ················· 17

17. 叶片卵状披针形；檐部卵形，与上部花被管平行直伸，长1~2cm；喉口横径
    约1mm ························· 15. 囊花关木通 I. utriforme

17. 叶片卵形至长卵形；檐部圆筒状，与上部花被管成钝角，长2~3cm；喉口横径
    约6mm ················· 16. 拟囊花关木通 I. pseudoutriformis

13. 檐部先端裂片开展，开口大，宽至少大于5mm ········ 18

18. 叶片心形，18~24cm×16~20cm ········ 17. 吴氏关木通 I. wuanum

18. 叶片三角状卵形，戟状披针形，披针形至椭圆形，宽一般不超过10cm ··· 19

19. 檐部长宽近相等，口部径小于10mm ········ 18. 短檐关木通 I. brevilimbum

19. 檐部长明显大于宽，口部径大于10mm ············· 20

20. 叶柄、茎、花梗、子房等密被开展黄棕色长柔毛；檐部内面无显著突出
    之乳突 ···································· 21

21. 檐部大，5~8cm×4~7cm，内面黑紫色或大红色而具白色斑块，或纯
    淡黄色无斑块；果实长约10cm ············· 19. 裴氏关木通 I. petelotii

21. 檐部小，约3cm×1.5~2cm，内面深紫红色无杂色斑块；果实长约6cm
    ···································· 20. 黄毛关木通 I. fulvicomum

20. 叶柄、茎、花梗、子房等仅被短毛，无开展长柔毛；檐部内面密被显著
    突起之乳突 ······························ 22

22. 叶片戟状披针形至披针形，基部两侧常具耳；檐部钟形，约
    2cm×1.8cm ··············· 21. 隆林关木通 I. longlinense

22. 叶片三角状卵形至长卵形，基部两侧无耳；檐部圆筒形，约
    3cm×1.5cm ································ 23

23. 叶片长卵形；檐部内面紫黑色密被紫色乳突
    ···································· 22. 粉质花关木通 I. transsectum

23. 叶片三角形卵状；檐部内面白色密被黑头状乳突
    ···································· 23. 黑头关木通 I. melanocephalum

2. 檐部盘状或圆盾状（如广防己、西藏关木通等）或檐部裂片完全内卷（内卷关木通、竹叶关

木通)

02

5.1 中国关木通属分类学处理

5.1.1 海边关木通（海边马兜铃）

Isotrema thwaitesii (Hook.) X. X. Zhu, S. Liao & J. S. Ma, Phytotaxa 401(1): 12, 2019. ≡ *Aristolochia thwaitesii* Hook., Curtis's Botanical Magazine 82, pl. 4918, 1856. ≡ *Siphisia thwaitesii* (Hook.) Klotzsch, Monatsberichte der Königlich Preussischen Akademie der Wissenschaften zu Berlin 1859: 604, 1859. TYPE: pl. 4918 (Original Material). ﹝For more details see Barringer, 1993, Novon 3(4): 321–323﹞.

特点：直立亚灌木；檐部长圆筒状，紧贴花被管上部并斜向下，最低处低于花被管最下部（图19）。

分布：中国广东、香港。

5.1.2 尖峰岭关木通（尖峰岭马兜铃）

Isotrema jianfenglingense (Han Xu, Y. D. Li & H. Q. Chen) X. X. Zhu, S. Liao & J. S. Ma, Phytotaxa 401(1): 10, 2019. ≡ *Aristolochia jianfenglingensis* Han Xu, Y. D. Li & H. Q. Chen, Novon 21(2): 287, 2011. TYPE: CHINA, Hainan, Jianfengling National Nature Reserve, 18°51' N, 108°51' E, 980m, 4 September 2008, *H. Xu & H. Q. Chen JFL00876* (Holotype: CANT).

特点：叶片披针形或椭圆状披针形，侧脉16～18对；花红紫色，花被外面密被黄棕色长毛；檐部开展成喇叭状，喉口宽阔，仅稍小于檐部。

分布：中国海南。

5.1.3 海南关木通（海南马兜铃）

Isotrema hainanense (Merr.) X. X. Zhu, S. Liao & J. S. Ma, Phytotaxa 401(1): 10, 2019. ≡ *Aristolochia hainanensis* Merr., Philippine Journal of Science 21(4): 341, 1922. ≡ *Hocquartia hainanensis* (Merr.) Migo, Bulletin of the Shanghai Science Institute 14(4): 334, 1944. TYPUS: CHINA, Hainan, Ng Chi Leng, *McClure 8630* (Holotype: K; isotypes: A, US).

= *Aristolochia carinata* Merr. & Chun, Sunyatsenia 2: 219, 1935.

特点：叶卵形或卵状披针形，叶基截形或圆形；檐部开展成喇叭状，开口朝上，裂片密被暗红色乳突；喉部黄色无条纹和斑点；蒴果7～10cm×2.5～3cm（图20）。

分布：中国（广西、海南、云南）；越南。

5.1.4 盈江关木通（盈江马兜铃）

Isotrema hainanense subsp. ***yingjiangense*** (X. X. Zhu & J. S. Ma) X. X. Zhu, S. Liao & J. S. Ma, Phytotaxa 401(1): 10, 2019. ≡ *Aristolochia hainanensis* subsp. *yingjiangensis* X. X. Zhu & J. S. Ma, Phytotaxa 332(3): 273, 2017. TYPE: CHINA, Yunnan, Yingjiang County, Xima Town, 24°44'09" N, 97°40'09" E, alt. 1,730m, 26 November 2016, *X. X. Zhu ZXX16052* (Holotype: CSH-0134133; isotypes: CSH, KUN).

特点：叶近圆形，叶基浅心形至心形；檐部开展成喇叭状，开口朝上，裂片密被暗红色乳突；喉部黄色无条纹和斑点；蒴果15～20cm×4～5cm（图21）。

分布：中国云南。

5.1.5 管兰香

Isotrema cathcartii (Hook. f.) X. X. Zhu, S. Liao & J. S. Ma, Phytotaxa 401(1): 8, 2019. ≡ *Aristolochia cathcartii* Hook. f., The Flora of British India 5 (13): 77, 1886. TYPUS: SIKKIM, Sikkim Himalaya and Khasia Mts, alt. 2 000~3 000 ft., *J. D. Hooker & T. Thomson s. n.* (K).

特点：叶窄卵形，背部密被白色丝质长绵毛；檐部矩形，开口微下倾，裂片密被暗紫色乳突；喉部矩形，黄色密被紫黑色斑点。

分布：中国（西藏、云南）；不丹；缅甸；印度；尼泊尔。

5.1.6 中越关木通（中越马兜铃）

Isotrema faviogonzalezii (T. V. Do, S. Wanke & C. Neinhuis) X. X. Zhu, S. Liao & J. S. Ma, Phytotaxa 401(1): 9, 2019. ≡ *Aristolochia faviogonzalezii* T. V. Do, S. Wanke & C. Neinhuis, Systematic Botany 40 (3): 672, 2015. TYPE: VIETNAM, Ha Nam, Kim Bang district, Thanh Son community, on But Son limestone range, near the But Son cement factory, 20°31'387" N, 105°51'306" E, alt. 125m, 11 January 2013, *Do 14* (Holotype: VNMN; isotype: DR).

特点：叶宽卵形或心形，背部密被白色丝质长绵毛；檐部矩形，开口微下倾，裂片密被暗紫色乳突；喉部矩形，喉口上半部白色具黑紫色斑点，下半部粉色斑点不显著（图22）。

分布：中国（云南）；越南。

5.1.7 铜壁关关木通（铜壁关马兜铃）

Isotrema tongbiguanense (J. Y. Shen, Q. B. Gong & S. Landrein) X. X. Zhu, S. Liao & J. S. Ma, Phytotaxa 401(1): 15, 2019. ≡ *Aristolochia tongbiguanensis* J. Y. Shen, Q. B. Gong & S. Landrein, Taiwania 63(3): 183, 2018. TYPE: CHINA, Yunnan, Dehong Prefecture, Tongbiguan Provincial Nature Reserve, 23°56' N,97°33' E, alt. 1,484m, 8 September 2017, *J. Y. Shen & Q. B. Gong 774* (Holotype: HITBC; isotype: HIB).

= *Aristolochia bhamoensis* T. V. Do & Jian W. Li, Nordic Journal of Botany 36(8): e01909, 2018.

特点：檐部椭圆形，开口微下倾，裂片密被暗紫色乳突；喉部近圆形，上部紫黑色，余部白色具紫黑色条纹；合蕊柱裂片先端长突尖（图23）。

分布：中国（云南）；缅甸。

5.1.8 斜檐关木通

Isotrema plagiostomum X. X. Zhou & R. J. Wang, Phytotaxa 405(4): 221, 2019. TYPE: CHINA, Guangdong province, Yangchun city, Tanshui town, Fenglai village, 111°35' E, 22°5'N, alt. 76m, 17 February 2019, flowers and young fruits, *X. X. Zhou, Y. Huang, S. W. Yao & X. Zhou 5559* (Holotype: IBSC0831149; isotypes: IBSC0831150, IBSC0831151, IBSC0831152, CSH0164567).

特点：檐部囊状，与上部花被管形成锐角，长2.4～2.7cm，开口不对称，上面裂至近中部，下面浅裂，内面基部紫色，上部淡黄色，被毛，无突起（图24）。

分布：中国广东。

5.1.9 大囊关木通（大囊马兜铃）

Isotrema forrestianum (J. S. Ma) X. X. Zhu, S. Liao & J. S. Ma, Phytotaxa 401(1): 9, 2019. ≡ *Aristolochia forrestiana* J. S. Ma, Acta Botanica Yunnanica 11(3): 321, 1989. TYPE: CHINA, Yunnan, without locality, *G. Forrest 17932* (Holotype: K; isotype: BNU).

特点：花紫红色；檐部囊状，长6～7cm，开口极不对称，上面裂至近中部，下面浅裂，内面密被紫红色棘突（图25）。

分布：中国云南。

5.1.10 苍山关木通

Isotrema cangshanense X. X. Zhu, H. L. Zheng & J. S. Ma, PhytoKeys 134: 116, 2019. TYPE: CHINA, Yunnan, Yangbi County, The Cangshan Mountain, Sancha River, 25°41'49" N, 100°02'55" E, 2,239m a.s.l., 23 April 2019, *X. X. Zhu et al. ZXX19353* (Holotype: CSH-0164770; isotypes: CSH, KUN).

特点：叶片戟状披针形或长圆状披针形；檐部囊状，与上部花被管形成锐角，长2.5～3cm，开口不对称，上面裂至中部，下面浅裂，内部暗紫色，有网纹状突起（图26）。

分布：中国云南。

5.1.11 杨氏关木通（杨氏马兜铃）

Isotrema yangii (X. X. Zhu & J. S. Ma) X. X. Zhu, Jun Wang & J. S. Ma, Phytotaxa 437(3): 174, 2020. ≡ *Aristolochia yangii* X. X. Zhu & J. S. Ma, PhytoKeys 130: 98, 2019. Type: CHINA, Yunnan, Baoshan, Longyang District, Baihualing（"Hundred Flowers Ridge" in protologue), 98°47.38' E, 25°18.00'N, 1 890m a.s.l., 13may 2018, *X. X. Zhu ZXX18073* (Holotype: CSH0153654; isotypes: CSH, KUN).

特点：叶片戟状披针形；花黄白色，具明显紫色条纹；檐部对称，直立，檐口朝上，内面光滑，粉色或黄褐色（图27）。

分布：中国云南。

5.1.12 卵叶关木通（卵叶马兜铃）

Isotrema ovatifolium (S. M. Hwang) X. X. Zhu, S. Liao & J. S. Ma, Phytotaxa 401(1): 12, 2019. ≡ *Aristolochia ovatifolia* S. M. Hwang, Acta Phytotaxonomica Sinica 19(2): 226, 1981. TYPUS: CHINA, Sichuan, Huidong, alt. 2 520m, 27 June 1959, *S. K. Wu 1584* (SM). = *Aristolochia jinjiangensis* Hao Zhang & C. K. Hsieh, Acta Academiae Medicinae Sichuan 15(1): 12, 1984.

特点：叶片卵心形，叶背密被白色长绒毛；花紫红色，檐部圆筒形，延伸于上部花被管，先端开口小（图28）。

分布：中国贵州、四川、云南。

记述：金江关木通（金江马兜铃，*Aristolochia jinjiangensis* Hao Zhang & C. K. Hsieh）由张浩和谢成科（1981）发表，模式产地为四川凉山彝族自治州宁南县，原始文献记载其与卵叶关木通区别在于本种花被外密被淡黄色柔毛，花先端扩大成囊状，囊内密生紫色疣点，疣点颗粒粗，囊与管部交界处具一环形的横膈膜，果实圆柱形，具6条明显的略呈翅状的棱。马金双（1989）认为卵叶关木通花被管檐部特征变化较大，有细管状、细管状但喉檐不明显或扩展成囊状，故将金江关木通并入了卵叶关木通，作者尚未采集到模式产地的金江关木通材料，未能做出明确的判定，所以本文暂时依据马金双（1989）和Zhu等（2019）的处理，仍然将金江关木通作为卵叶关木通的异名。卵叶关木通复合群除上述花被管檐部形态外，在云南新平县出现了檐部斜弯管状的类群，在云南福贡县和隆阳区出现了檐部"7"字形的类群，这些类群都需要采集更多材料进行深入研究后方能厘清其相互关系。

5.1.13 葫芦叶关木通（葫芦叶马兜铃）

Isotrema cucurbitoides (C. F. Liang) X. X. Zhu, S. Liao & J. S. Ma, Phytotaxa 401(1): 9, 2019. ≡ *Aristolochia cucurbitoides* C. F. Liang, Acta Phytotaxonomica Sinica 13(2): 15, 1975. TYPE: CHINA, Guangxi, Tianlin, Laoshan, 1 650m, 18 April 1963, *Q. H. Lü 2229* (IBK).

特点：叶片戟状披针形；檐部圆筒状，最宽处直径2~3mm，先端裂片紧缩，开口小（图29）。

分布：中国广西。

记述：葫芦叶关木通模式产地为广西田林县，而在云南西部和西南部及缅甸东北部存在很多叶型类似葫芦叶关木通的种类，但是其花型各式，需要进一步研究。

5.1.14 缅印关木通（缅印马兜铃）

Isotrema wardianum (J. S. Ma) X. X. Zhu, S. Liao & J. S. Ma, Phytotaxa 401(1): 15, 2019. ≡ *Aristolochia wardiana* J. S. Ma, Acta Phytotaxonomica Sinica 27(5): 348, 1989. TYPE: BURMA, Adung valley, 12 April 1931, *Kingdon-Ward 9398* (Holotype: BM).

特点：叶片戟状披针形；檐部先端裂片宽大于长，紧缩，开口小，檐部最宽处直径约8mm（图30）。

分布：中国（西藏）；缅甸；印度。

5.1.15 囊花关木通（囊花马兜铃）

Isotrema utriforme (S. M. Hwang) X. X. Zhu, S. Liao & J. S. Ma, Phytotaxa 401(1): 15, 2019. ≡ *Aristolochia utriformis* S. M. Hwang, Acta Phytotaxonomica Sinica 19(2): 228, 1981. TYPUS: CHINA, Yunnan, Wenshan, alt. 1 900m, 24 April 1962, *K. M. Feng 22205* (Holotype: KUN; isotypes: IBSC).

特点：叶片卵状披针形；檐部囊状，卵形，上窄下宽，最宽处直径约10mm，先端开口小（图31）。

分布：中国（云南）；越南。

5.1.16 拟囊花关木通（拟囊花马兜铃）

Isotrema pseudoutriforme (X. X. Zhu & J. S. Ma) X. X. Zhu, Jun Wang & J. S. Ma, Phytotaxa 437(3): 174, 2020. ≡ *Aristolochia pseudoutriformis* X. X. Zhu & J. S. Ma, PhytoKeys 130: 94, 2019. Type: CHINA, Yunnan, Baoshan, Longyang District, Baihualing（"Hundred Flowers Ridge" in protologue), 98°47.38' E, 25°18.00' N, 1 891m a.s.l., 13may 2018, *X. X. Zhu ZXX18074* (Holotype: CSH

0153653; isotypes: CSH, KUN).

特点：叶片卵形至长卵形；花淡黄色；檐部圆筒状，与上部花被管成钝角，长2～3cm；喉口横径约6mm，先端裂片紧缩，开口小（图32）。

分布：中国云南。

5.1.17 吴氏关木通（吴氏马兜铃）

Isotrema wuanum (Z. W. Liu & Y. F. Deng) X. X. Zhu, S. Liao & J. S. Ma, Phytotaxa 401(1): 16, 2019. ≡ *Aristolochia wuana* Z. W. Liu & Y. F. Deng, Novon 19(3): 370, 2009. ≡ *Aristolochia macrocarpa* C. Y. Wu & S. K. Wu ex D. D. Tao, Flora Xizangica 1: 585, 1983, nom. illeg., non *Aristolochia macrocarpa* Duchartre, 1864. TYPE: CHINA. Xizang Autonomous Region, Zayü Xian, in woods, 2 100m, 1 August 1973, *Qinghai-Xizang (Tibet) Complex Expedition 73–948* (Holotype: KUN).

特点：檐部钟形，大，5～6cm×5cm，盛花期先端外翻，内面从外到内，逐渐从平滑到出现疣点再过渡到小刺突，越靠近喉口疣点和小刺突越发密集；叶片心形，大，18～24cm×16～20cm；果实大，粗圆柱形，长约13cm，直径达6cm（图33）。

分布：中国西藏、云南。

5.1.18 短檐关木通

Isotrema brevilimbum X. X. Zhu, Jun Wang & F. Cao, PhytoKeys 152: 16, 2020. TYPE: CHINA, Guizhou, Weining County, Jinzhong Town, 2 226m alt., 5 Aug 2018, *X. X. Zhu et al. ZXX18217* (Holotype: CSH0172289; isotypes: CSH, KUN).

特点：叶片长卵心形，叶背密被柔毛；檐部圆筒状，短，长宽近相等，先端开口大，内面暗红色，密被暗紫色细小乳突，与上部花被管呈直角（图34）。

分布：中国贵州。

5.1.19 裴氏关木通（裴氏马兜铃）

Isotrema petelotii (O. C. Schmidt) X. X. Zhu, S. Liao & J. S. Ma, Phytotaxa 401(1): 13, 2019. ≡ *Aristolochia petelotii* O. C. Schmidt, Repertorium Specierum Novarum Regni Vegetabilis 32: 95, 1933.

TYPUS: VIETNAM, Tonkin, Parvi du ravin au km 4 du sentier de Chopa à To Phinh, ca. 1 550m, September 1932, *A. Petelot 4418* (P).

特点：檐部钟形，大，5～8cm×4～7cm，内面黑紫色或大红色而具白色斑块，或纯淡黄色无斑块（图35）。

分布：中国（云南）；越南。

5.1.20 黄毛关木通（黄毛马兜铃）

Isotrema fulvicomum (Merr. & Chun) X. X. Zhu, S. Liao & J. S. Ma, Phytotaxa 401(1): 9, 2019. ≡ *Aristolochia fulvicoma* Merr. & Chun, Sunyatsenia 5(1–3): 48, 1940. ≡ *Hocquartia fulvicoma* (Merr. & Chun) Migo, Bulletin of the Shanghai Science Institute 14(4): 334, 1944. TYPE: CHINA, Hainan, Po-Ting District, Tung-Tieh Ling, 1 July 1935, *F. C. How 73049* (IBSC, IBK, A).

特点：花被外面密被黄棕色长毛，檐部钟形，内面深紫红色无杂色斑块（图36）。

分布：中国海南。

5.1.21 隆林关木通（隆林马兜铃）

Isotrema longlinense (Yan Liu & L. Wu) X. X. Zhu, S. Liao & J. S. Ma, Phytotaxa 401(1): 11, 2019. ≡ *Aristolochia longlinensis* Yan Liu & L. Wu, Novon 23(4): 491, 2015. TYPE: CHINA, Guangxi, Longlin County, Longhuo Township, Diyan Village, 24°34' N, 105°35' E, 1 200m, 7 July 1991, *H. Q. Wen 00314* (Holotype: IBK; isotype: PE).

特点：叶片戟状披针形至披针形，基部两侧常具耳；檐部钟形，约2cm×1.8cm，内面紫红色，密被棘突（图37）。

分布：中国广西。

5.1.22 粉质花关木通（粉质花马兜铃）

Isotrema transsectum Chatterjee, Kew Bulletin 3(1): 64, 1948. ≡ *Aristolochia transsecta* (Chatterjee) C. Y. Wu ex S. M. Hwang, Acta Phytotaxonomica Sinica 19(2): 231, 1981. TYPE: BURMA, Mytkyina, near Zuklang, alt. about 2 300m,

4 April 1938, *C. W. D. Kermode 17151* (K).

  特点：叶片长卵形；檐部圆筒形，内面紫黑色密被紫色乳突（图38）。

  分布：中国（云南）；缅甸。

5.1.23 黑头关木通（黑头马兜铃）

Isotrema melanocephalum (X. X. Zhu & J. S. Ma) X. X. Zhu, S. Liao & J. S. Ma, Phytotaxa 401(1): 12, 2019. ≡ *Aristolochia melanocephala* X. X. Zhu & J. S. Ma, Novon 26(3): 298, 2018. TYPE: CHINA, Yunnan, Mang City, Heihe Laopo Nature Reserve, 24°13' N, 98°36' E, 2 350m, 19 April 2017, *X. X. Zhu ZXX17047* (Holotype: CSH-0141374; isotype: KUN).

  特点：叶片三角形卵状；檐部内面白色密被黑头状乳突（图39）。

  分布：中国云南。

5.1.24 竹叶关木通（竹叶马兜铃）

Isotrema bambusifolium (C. F. Liang ex H. Q. Wen) X. X. Zhu, S. Liao & J. S. Ma, Phytotaxa 401(1): 8, 2019. ≡ *Aristolochia bambusifolia* C. F. Liang ex H. Q. Wen, Guihaia 12(3): 217, 1992. TYPE: CHINA, Guangxi, Longlin, Longhuo, 1 April 1991, *H. Q. Wen 00459* (IBK).

  特点：叶片线状披针形，侧脉12～16对；檐部裂片完全内卷（图40）。

  分布：中国广西。

5.1.25 内卷关木通（内卷马兜铃）

Isotrema involutum (X. X. Zhu, Z. X. Ma & J. S. Ma) X. X. Zhu, S. Liao & J. S. Ma, Phytotaxa 401(1): 10, 2019. ≡ *Aristolochia involuta* X. X. Zhu, Z. X. Ma & J. S. Ma, Phytotaxa 332(3): 269, 2017. TYPE: CHINA, Yunnan, Malip County, Mt. Hua, 23°02'16" N, 104°43'38" E, alt. 983m, 2 February 2017, *X. X. Zhu ZXX17003* (Holotype: CSH-0137427; isotypes: CSH, IBSC, KUN, PE).

  特点：叶片倒披针形至椭圆形；上部花被管倒三角形，压扁；檐部裂片完全内卷（图41）。

  分布：中国云南。

5.1.26 侯氏关木通（侯氏马兜铃）

Isotrema howii (Merr. & Chun) X. X. Zhu, S. Liao & J. S. Ma, Phytotaxa 401(1): 10, 2019. ≡ *Aristolochia howii* Merr. & Chun, Sunyatsenia 5(1–3): 46, 1940. ≡ *Hocquartia howii* (Merr. & Chun) Migo, Bulletin of the Shanghai Science Institute 14(4): 334, 1944. TYPUS: CHINA, Hainan, Po-Ting District, Tung-Liu village, in forested ravines, 13 June 1935, *F. C. How 72826* (A, IBK, IBSC, PE).

  特点：叶形多变，多以倒披针形、最宽处在上部为主，先端常具1至数枚圆裂片或尖裂片；檐部内面密被疣点（图42）。

  分布：中国海南。

5.1.27 异叶关木通（异叶马兜铃）

Isotrema heterophyllum (Hemsl.) Stapf, Botanical Magazine, pl. 8957. 1923. ≡ *Aristolochia heterophylla* Hemsl., Journal of the Linnean Society, Botany 26(176): 361, 1891. ≡ *Aristolochia kaempferi* Willd. f. *heterophylla* (Hemsl.) S. M. Hwang, Acta Phytotaxonomica Sinica 19(2): 230, 1981. LECTOTYPE (designated by Ma, 1989): CHINA, Hupeh, Patung, *A. Henry, 3493* (K-000546030; isolectotype: MEL- 2039837). = *Aristolochia setchuenensis* Franch., Journal de Botanique (Morot) 12(19–20): 312, 1898. = *Aristolochia setchuenensis* var. *holotricha* Diels, Botanische Jahrbücher für Systematik, Pflanzengeschichte und Pflanzengeographie 29(2): 310, 1900. = *Isotrema chrysops* Stapf, Courtis's Botanical Magazine 148: t. 8957, 1923. = *Isotrema lasiops* Stapf, Courtis's Botanical Magazine 148: sub t. 8957, in adnot, 1923. = *Aristolochia chrysops* (Stapf) E. H. Wilson ex Rehder, Journal of the Arnold Arboretum 22(4): 574, 1941.

  特点：叶形多变；花梗近中部具圆形苞片，长约1cm；檐部裂片密被乳突，喉口突起成"领"（图43）。

  分布：中国重庆、甘肃、湖北、湖南、陕西、四川。

5.1.28 瓜叶关木通（瓜叶马兜铃）

Isotrema cucurbitifolium (Hayata) X. X. Zhu, S. Liao & J. S. Ma, Phytotaxa 401(1): 9, 2019. ≡ *Aristolochia cucurbitifolia* Hayata, Icones Plantarum Formosanarum nec non et Contributiones ad Floram Formosanam 5: 137, 1915. TYPE: CHINA, Taiwan, Kagi, Baiakō, April 1909, *T. Kawakami s. n.* (TI, TAIF, IBSC).

特点：叶片5～7（9）深裂（图44）。

分布：中国台湾。

5.1.29 台湾关木通（台湾马兜铃）

Isotrema shimadae (Hayata) X. X. Zhu, S. Liao & J. S. Ma, Phytotaxa 401(1): 14, 2019. ≡ *Aristolochia shimadae* Hayata, Icones Plantarum Formosanarum nec non et Contributiones ad Floram Formosanam 6: 36, 1916. TYPUS: CHINA, Taiwan, Shimpō, Shinchikuchō, 15 December 1915, *Y. Shimada s. n.* (Holotype: TI; isotype: TAIF). = *Aristolochia kaempferi* var. *trilobata* Franch. & Sav., Enumeratio plantarum: in Japonia sponte crescentium hucusque rite cognitarum, adjectis descriptionibus specierum pro regione novarum, quibus accedit determinatio herbarum in libris japonicis So mokou zoussetz xylographice delineatarum 1: 419, 1875. = *Aristolochia kaempferi* f. *trilobata* (Franch. & Sav.) Makino, Botanical Magazine, Tokyo 24: 125, 1910. = *Aristolochia onoei* Franch. & Sav. ex Koidz., Acta Phytotaxonomica et Geobotanica 8: 50, 1939.

特点：叶片全缘至3～5（7）浅裂；喉口黄色（图45）。

分布：中国（台湾）；日本。

5.1.30 裕荣关木通（裕荣马兜铃）

Isotrema yujungianum (C. T. Lu & J. C. Wang) X. X. Zhu, S. Liao & J. S. Ma, Phytotaxa 401(1): 16, 2019. ≡ *Aristolochia yujungiana* C. T. Lu & J. C. Wang, Taiwan Journal of Forest Science 29(4): 293, 2014. TYPE: CHINA, Taiwan, Nantou County, Yuchi Township, Peishankan, alt. ca. 400m, 8 February 2008, *C. T. Lu 1635* (Holotype: TAIF; isotype: TNU).

特点：叶片线形至披针形，偶3～5浅裂；喉口黑紫色，有时具黄斑（图46）。

分布：中国台湾。

5.1.31 偏花关木通（偏花马兜铃）

Isotrema obliquum (S. M. Hwang) X. X. Zhu, S. Liao & J. S. Ma, Phytotaxa 401(1): 12, 2019. ≡ *Aristolochia obliqua* S. M. Hwang, Acta Phytotaxonomica Sinica 19(2): 226, 1981. TYPUS: CHINA, Yunnan, Gongshan, alt. 2 600m, 6 Jun 1960, *N.-W. Yunnan Exped. 9267* (Holotype: PE; isotypus: YUKU). ［For more details see Zhu et al 2017b, Phytotaxa 332(3): 269–279］.

特点：檐部不等裂，偏斜，上部全裂，下部深裂，裂片三角形，直伸（图47）。

分布：中国云南。

5.1.32 恭城关木通（恭城马兜铃）

Isotrema gongchengense (Y. S. Huang, Y. D. Peng & C. R. Lin) X. X. Zhu, S. Liao & J. S. Ma, Phytotaxa 401(1): 9, 2019. ≡ *Aristolochia gongchengensis* Y. S. Huang, Y. D. Peng & C. R. Lin, Annales Botanici Fennici 52(5–6): 397, 2015. TYPE: CHINA, Guangxi, Guilin City, Gongcheng County, Lianhua Town, in thick forest of limestone area, rare, alt. 220m, 23 April 2013, *Y. S. Huang & C. R. Lin IBK00343749* (Holotype: IBK-00343749).

特点：檐部3深裂，裂片大，黄棕色，椭圆形，反卷，约2cm×1.5cm，长大于宽并长于上部花被管（图48）。

分布：中国广西。

5.1.33 雅长关木通（雅长马兜铃）

Isotrema yachangense (B. G.Huang, Yan Liu & Y. S. Huang) Luu, Q. B. Nguyen & H. C. Nguyen, PhytoKeys 197: 76, 2022. ≡ *Aristolochia yachangensis* B. G. Huang, Yan Liu & Y. S. Huang,. PhytoKeys 153: 51. 2020. TYPE: CHINA, Guangxi, Baise City,

Leye County, Huaping Town, Zhongjing (Yachang Orchid National Nature Reserve), 24°49.367' N, 106°24.029' E, 1,341m a.s.l., 29 July 2019, *Z. C. Lu et al. 20190729YC4141* (Holotype: IBK; isotypes: IBK, GXMG).

特点：叶片披针形到线状披针形，基部圆形或宽楔形；檐部盘状，裂片内面黄色，具紫红色条纹状或花纹状突起（图49）。

分布：中国广西。

5.1.34 环江关木通（环江马兜铃）

Isotrema huanjiangense (Yan Liu & L. Wu) X. X. Zhu, S. Liao & J. S. Ma, Phytotaxa 401(1): 10, 2019. ≡ *Aristolochia huanjiangensis* Yan Liu & L. Wu, Annales Botanici Fennici 50: 413, 2013. TYPE: CHINA, Guangxi, Huanjiang County, Mulun National Natural Reserve, under dense forests on limestone hill slopes, alt. 700m a.s.l., 28 February 2011, *W. B. Xu & L. Wu 11102* (Holotype: IBK; isotype: PE).

特点：檐部裂片黄色，具紫红色较稀疏条纹状突起（图50）。

分布：中国广西、贵州。

5.1.35 翅茎关木通（翅茎马兜铃）

Isotrema caulialatum (C. Y. Wu ex J. S. Ma & C. Y. Cheng) X. X. Zhu, S. Liao & J. S. Ma, Phytotaxa 401(1): 8, 2019. ≡ *Aristolochia caulialata* C. Y. Wu ex J. S. Ma & C. Y. Cheng, Acta Phytotaxonomica Sinica 27(4): 294, 1989. LECTOTYPE (designated by Zhu et al., 2018a): CHINA, Yunnan, Xishuangbanna, Xiaomengyang, 31 April 1957, *Sino-Russ. Exped. 8245* (PEM-0001668). EPITYPE (designated by Zhu et al., 2018a): CHINA. Yunnan, Mengla County, Xishuangbanna Tropical Botanical Garden, 30 November 2016, *X. X. Zhu ZXX16058* (CSH-0151749). [For more details see Zhu et al., 2018a, Phytotaxa 364(1): 49–60].

特点：叶片披针形至卵状披针形，叶基截形或浅心形；檐部3深裂，裂片内面黄绿色，密被暗红色棘突（图51）。

分布：中国云南。

5.1.36 何氏关木通

Isotrema hei Lei Cai & X. X. Zhu, Annales Botanici Fennici 57(1-3): 125, 2020. TYPE: China, Yunnan, Wenshan City, Gumu Town, Luokemu Village, 23°10' N, 104°12' E, elev. 1491m, growing in thickets in karst region, in flower, 12 may 2018, *Xin-Xin Zhu ZXX18072* (Holotype: CSH; isotype: CSH).

特点：叶片线状披针形；檐部平展，裂片内面黄绿色，均匀密被暗红色疣突（图52）。

分布：中国云南。

5.1.37 中缅关木通（中缅马兜铃）

Isotrema sinoburmanicum (Y. H. Tan & B. Yang) X. X. Zhu, S. Liao & J. S. Ma, Phytotaxa 401(1): 14, 2019. ≡ *Aristolochia sinoburmanica* Y. H. Tan & B. Yang, PhytoKeys 94: 15, 2018. TYPE: MYANMAR, Kachin State, Putao, near Shinshanku, on the roadside slope of a mountain range bordering the zone of Hkakaborazi National Park, perennial lianas under tropical mountain broadleaf forest, 27°38'48.65" N, 97°54'01.61" E, 900m a.s.l., 11 may 2017, *Myanmar Exped. 1532* (Holotype: HITBC).

特点：叶片卵形或窄卵形，长宽比小于5；檐部3浅裂，上部两裂片联合下压形成一"帽"，内面黑紫色，被疣突，喉口深紫红色（图53）。

分布：中国（云南）；缅甸。

5.1.38 长叶关木通（长叶马兜铃）

Isotrema championii (Merr. & Chun) X. X. Zhu, S. Liao & J. S. Ma, Phytotaxa 401(1): 9, 2019. ≡ *Aristolochia championii* Merr. & Chun, Sunyatsenia 5(4): 47, 1940. ≡ *Aristolochia longifolia* Champion ex Bentham (1854: 116), nom. illeg., non *Aristolochia longifolia* Roxburgh, 1832. ≡ *Hocquartia championii* (Merr. & Chun) Migo, Bulletin of the Shanghai Science Institute 14(4): 334, 1944. LECTOTYPE (designated by Do et al., 2015): CHINA, Hong Kong, *J. G. Champion 155* (K-000978969). (For more details see Do et al., 2015c).

特点： 叶片披针形至线状披针形，长宽比大于5；檐部3浅裂，上部两裂片联合下压形成一"帽"，内面黑紫色，被疣突，喉口黄色，无或有黑紫色斑点（图54）。

分布： 中国广东、香港。

5.1.39 关木通（木通马兜铃）

Isotrema manshuriense (Kom.) H. Huber, Mitteilungen der Botanischen Staatssammlung München 3: 550, 1960. ≡ *Aristolochia manshuriensis* Kom., Acta Horti Petropolitani (Trudy Imperatorskago S.-Peterburgskago Botaničeskago Sada) 22(1): 112, 1903. ≡ *Hocquartia manshuriensis* (Kom.) Nakai, The Forest Experiment Station, Government General of Chosen, keijye, Japan 21: 27, 1936. TYPE: In provinciis Austro-Ussuriensi, Mukdenensi & in Korea septentr. in salicetis ripariis passim occurrit (LE).

特点： 上部花被管与下部花被管常远离；檐部相对花较小，下裂片底端不达上部花被管一半；喉口明显突出成"领"（图55）。

分布： 中国（甘肃、黑龙江、河南、湖北、吉林、辽宁、陕西、山西）；朝鲜；俄罗斯；韩国。

5.1.40 昆明关木通（昆明马兜铃）

Isotrema kunmingense (C. Y. Cheng & J. S. Ma) X. X. Zhu, S. Liao & J. S. Ma, Phytotaxa 401(1): 11, 2019. ≡ *Aristolochia kunmingensis* C. Y. Cheng & J. S. Ma, Acta Phytotaxonomica Sinica 27(4): 296, 1989. TYPE: CHINA, Yunnan, Kunming, Xishan, 4 may 1986, *J. S. Ma 901* (PEM).

特点： 花较小，檐部暗红色，横径约1cm，喉口黄色，横径约5mm（图56）。

分布： 中国贵州、云南。

记述： 本种与波氏关木通（波氏马兜铃，*Aristolochia bonatii* Lév.）很难区分，波氏关木通由Léveillé（1909）发表，模式标本采自云南大理，马金双（1989）将其并入了淮通（*A. moupinensis* Franch.）。但波氏关木通叶长卵形，花小，下部花被管长约11mm，檐部横径约

10mm，喉口横径约6mm（淮通叶卵形至卵状心形，花大，下部花被管长约30mm，檐部横径20~25mm，喉口横径8~11mm），两者存在显著差别。而波氏关木通与昆明关木通极其接近，两者很可能是同一物种，但由于缺乏足够证据，本文对波氏关木通暂不处理。

5.1.41 淮通（宝兴马兜铃）

Isotrema moupinense (Franch.) X. X. Zhu, S. Liao & J. S. Ma, Phytotaxa 401(1): 12, 2019. ≡ *Aristolochia moupinensis* Franch., Nouvelles archives du muséum d'histoire naturelle, sér. 2, 10: 79, 1887. LECTOTYPE (designated by Ma, 1989): CHINA, Sichuan, Moupine, in fruticetis, fl. June 1869, *David s. n.* (P-02028717). = *Aristolochia jinshanensis* Z. L. Yang & S. X. Tan, Bulletin of Botanical Research, Harbin 7(2): 129, 1987.

特点： 檐部暗红色或黄色，稀黄色具红色斑点，横径2~2.5cm，喉口黄色，横径8~11mm（图57）。

分布： 中国重庆、贵州、四川、云南。

5.1.42 川南关木通（川南马兜铃）

Isotrema austroszechuanicum (C. P. Tsien & C. Y. Cheng ex C. Y. Cheng & J. L. Wu) X. X. Zhu, S. Liao & J. S. Ma, Phytotaxa 401(1): 8, 2019. ≡ *Aristolochia austroszechuanica* C. P. Tsien & C. Y. Cheng ex C. Y. Cheng & J. L. Wu, Journal of Wuhan Botanical Research 5(3): 221, fig. 2, 1987. TYPE: CHINA, Sichuan, Mabian Xian, alt. 750m, April 1982, *J. L. Wu 58206* (Holotype: EMA; isotype: PEM). [For more details see Zhu et al., 2016, Phytotaxa 261(2): 137–146].

特点： 叶片心形至圆形，革质；上部花被管短于下部花被管；檐部裂片密被紫红色斑点；喉口红棕色，夹杂淡黄色，无斑块（图58）。

分布： 中国重庆、贵州、四川。

5.1.43 文山关木通（文山马兜铃）

Isotrema wenshanense (Lei Cai, D. M. He & Z.

L. Dao) X. X. Zhu, Jun Wang & J. S. Ma, **Phytotaxa** 437(3): 174, 2020. ≡ *Aristolochia wenshanensis* Lei Cai, D. M. He & Z. L. Dao, Taiwania 65(1): 41, 2020. Type: CHINA, Yunnan, Wenshan City, Xinjie Town, Caoguoshan Village, Qiqiutian, 23°06' N, 103°57' E, elev. 1 669m, limestone forest, in flowering, 23march 2019, *Lei Cai & D. M. He CL225* (Holotype: KUN; isotypes: KUN, TAI).

特点：叶片心形至圆形；檐部圆盾状，内面密被细乳突；喉口紫黑色；合蕊柱裂片顶端尖（图59）。

分布：中国云南。

5.1.44 斑喉关木通（斑喉马兜铃）

Isotrema faucimaculatum (Hao Zhang & C. K. Hsien) X. X. Zhu, S. Liao & J. S. Ma, Phytotaxa 401(1): 9, 2019. ≡ *Aristolochia faucimaculata* Hao Zhang & C. K. Hsien, Acta Academiae Medicinae Sichuan 15(1): 13, 1984. TYPE: CHINA, Sichuan, Huidong, Xinjie, alt. 2 570m, 20 April 1981, *H. Zhang 81010* (Holotype: WCU; isotype: PEM). ［For more details see Zhu et al 2016, Phytotaxa 261(2): 137–146］.

特点：檐部裂片密被紫红色疣点；喉口小，横径约6mm，淡黄色或白色，密被紫黑色斑块（图60）。

分布：中国四川、云南。

5.1.45 广西关木通（广西马兜铃）

Isotrema kwangsiense (Chun & F. C. How) X. X. Zhu, S. Liao & J. S. Ma, Phytotaxa 401(1): 11, 2019. ≡ *Aristolochia kwangsiensis* Chun & F. C. How, Acta Phytotaxonomica Sinica 13(2): 12, 1975. TYPE: CHINA, Guangxi, Longzhou, Jinlongxiang, Bantanchun, 17 August 1954, *S. K. Lee 200508* (IBK).

特点：叶片卵状心形至圆形，大，厚纸质或革质；檐部裂片内面粉紫色，密被暗紫色棘突；喉口小，横径5～6mm，黄色（图61）。

分布：中国广西、贵州。

5.1.46 木论关木通（木论马兜铃）

Isotrema mulunense (Y. S. Huang & Yan Liu) X. X. Zhu, S. Liao & J. S. Ma, Phytotaxa 401(1): 12, 2019. ≡ *Aristolochia mulunensis* Y. S. Huang & Yan Liu, Annales Botanici Fennici 50(3): 175, 2013. TYPE: CHINA, Guangxi, Hechi City, Huanjiang County, Mulun National Natural Reserve, alt. 614m, 27 April 2012, *Y. S. Huang et al ML1425* (Holotype: IBK; isotype: IBK).

特点：叶片卵状心形至圆形，大，厚纸质或革质；檐部裂片内面暗紫色，密被暗紫色疣突；喉口小，横径约5mm，暗紫色（图62）。

分布：中国广西。

5.1.47 西藏关木通（西藏马兜铃）

Isotrema griffithii (Hook. f. et Thomson ex Duchartre) C. E. C. Fisch, Bulletin of Miscellaneous Information 1940(5): 198, 1940. ≡ *Aristolochia griffithii* Hook. f. & Thomson ex Duch., Prodromus Systematis Naturalis Regni Vegetabilis 15: 437, 1864. TYPE: SIKKIM, In montium Sikkim Indiae orientalis regione temperate ad 2 200～2 500m altit, *J. D. Hooker & T. Thomson s. n.* (K-000820400, K-000820401, GH-00353571, P02028252, P02028253, CAL).

特点：花大，檐部圆盾状，横径5～7cm，内面密被棘突，上部两裂片联合下压形成一"帽"（图63）。

分布：中国（云南、西藏）；不丹；缅甸；印度（锡金）；尼泊尔。

记述：在喜马拉雅一带，存在西藏关木通复合群的大量居群，其叶形较为一致，但花形态之复杂多样，鉴定极其困难。

5.1.48 云南关木通（云南马兜铃）

Isotrema yunnanense (Franch.) X. X. Zhu, S. Liao & J. S. Ma, Phytotaxa 401(1): 16, 2019. ≡ *Aristolochia yunnanensis* Franch., Journal de Botanique (Morot) 12(19–20): 313, 1898. TYPUS: CHINA, Yunnan, bois au Col. De Piiouse, au–dessus de Tapin tze, alt. 2 000m, *R. P. Delavay 2043* (P).

特点：花大，檐部圆盾状，横径6～12cm，内面密被疣点，上部两裂片联合下压形成一"帽"（图64）。

分布：中国西藏、云南。

5.1.49　拟翅茎关木通（拟翅茎马兜铃）

Isotrema pseudocaulialatum (X. X. Zhu, J. N. Liu & J. S. Ma) X. X. Zhu, S. Liao & J. S. Ma, Phytotaxa 401(1): 13, 2019. ≡ *Aristolochia pseudocaulialata* X. X. Zhu, J. N. Liu & J. S. Ma, Phytotaxa 364(1): 55, 2018. TYPE: CHINA, Yunnan, Yingjiang County, Nabang Town, 24°45'05" N, 97°34'01" E, 302 m, 25 November 2016, *X. X. Zhu ZXX16047* (Holotype: CSH-0134143; isotypes: CSH-0134140, CSH-0134141, CSH-0134142, KUN- 1344857).

特点：叶片大，卵形至近圆形，近革质；檐部裂片内面红色，密被暗红色疣突状毛（图65）。

分布：中国云南。

5.1.50　维西关木通（维西马兜铃）

Isotrema weixiense (X. X. Zhu & J. S. Ma) X. X. Zhu, S. Liao & J. S. Ma, Phytotaxa 401(1): 15, 2019. ≡ *Aristolochia weixiensis* X. X. Zhu & J. S. Ma, Phytotaxa 230(1): 54, 2015. TYPE: CHINA, Yunnan, Weixi County, Tacheng Town, 27°38'51" N, 99°21'47" E, alt. 2 599m, 29may 2015, *X. X. Zhu & Z. X. Hua ZH084* (Holotype: CSH-0087897; isotypes: CSH, PE).

特点：檐部裂片内面被微隆起的疣突；喉口明显突出成"领"，亮棕色具棕红色斑点（图66）。

分布：中国云南。

5.1.51　寻骨风

Isotrema mollissimum (Hance) X. X. Zhu, S. Liao & J. S. Ma, Phytotaxa 401(1): 12, 2019. ≡ *Aristolochia mollissima* Hance, Journal of Botany, British and Foreign 17(202): 300, 1879. TYPUS: CHINA, Feng-wang shan, prope Shang-hae, 13 may 1877, invenit amic, *F. B. Forbes* (Herb. Propr. N. 20719) (BM).

特点：嫩枝、叶柄、叶背（有时毛被稀疏）、花梗、子房、花外面等密被白色长绵毛（图67）。

分布：中国安徽、河南、湖北、湖南、江苏、江西、山东、上海、浙江。

5.1.52　克长关木通（克长马兜铃）

Isotrema kechangense (Y. D. Peng & L. Y. Yu) X. X. Zhu, Jun Wang & J. S. Ma, Phytotaxa 437(3): 174, 2020. ≡ *Aristolochia kechangensis* Y. D. Peng & L. Y. Yu, Nordic Journal of Botany 37(9): e02456, 2019. Type: CHINA, Guangxi, Longlin County, Kechang Town, Haichang Village, limestone slope, rare, elev. 1 300m, in flower, 10 April 2014, *L. Y. Yu et al. 451031140410092LY* (Holotype: GXMG).

特点：叶片圆形，长宽近相等，檐部内面黄绿色，密被棕色条纹（图68）。

分布：中国广西、云南。

5.1.53　毛柱关木通（毛柱马兜铃）

Isotrema pilosistylum (X. X. Zhu & J. S. Ma) X. X. Zhu, S. Liao & J. S. Ma, Phytotaxa 401(1): 13, 2019. ≡ *Aristolochia pilosistyla* X. X. Zhu & J. S. Ma, Novon 26(3): 301, 2018. TYPE: CHINA, Yunnan, Malipo Country, Xiajinchang Township, 23°9' N, 104°49' E, 1 734m, 30mar. 2017, *X. X. Zhu ZXX17014* (Holotype: CSH-0141402; isotype: KUN).

特点：檐部内面黄色，上部两裂片联合下压形成一"帽"；喉口极小，横径约3mm；合蕊柱裂片密被短毛（图69）。

分布：中国云南。

5.1.54　线叶关木通（线叶马兜铃）

Isotrema neolongifolium (J. L. Wu & Z. L. Yang) X. X. Zhu, S. Liao & J. S. Ma, Phytotaxa 401(1): 12, 2019. ≡ *Aristolochia neolongifolia* J. L. Wu & Z. L. Yang, Journal of Wuhan Botanical Research 5(3): 223, 1987. TYPE: CHINA, Sichuan, Pong-Shuei Xian, alt. 1 300m, April 1984, *Z. L. Yang 483406* (Holotype: EMA; isotype: PEM).

特点：叶片线形至线状披针形，稀窄卵形；檐部内面黄色，上部两裂片联合下压形成一"帽"；喉口极小，横径约1mm（图70）。

分布：中国重庆、广西、贵州、湖北、湖南、四川、云南。

5.1.55 乐东关木通（乐东马兜铃）

Isotrema ledongense (Han Xu, Y. D. Li & H. J. Yang) X. X. Zhu, S. Liao & J. S. Ma, Phytotaxa 401(1): 11, 2019. ≡ *Aristolochia ledongensis* Han Xu, Y. D. Li & H. J. Yang, Novon 21(2): 285, 2011. TYPE: CHINA, Hainan, Ledong, Jianfengling National Nature Reserve, 18°45' N, 108°58' E, 310m, 20 August 2008, *H. Xu & H. Q. Chen JFL00972* (Holotype: CANT).

特点：叶片披针形或披针状椭圆形，基部浅心形；檐部横径5～7mm。

分布：中国海南。

5.1.56 三亚关木通

Isotrema sanyaense R. T. Li, X. X. Zhu & Z. W. Wang, PhytoKeys 128: 86, 2019. TYPE: CHINA, Hainan, Sanya City, Haitang District, Haitangwan Town, 18°17'22" N, 109°39'45" E, 332m a.s.l., 28 October 2017 (fl), *X. X. Zhu & R. T. Li ZXX17105* (Holotype: CSH0146607; isotypes: CSH, KUN).

特点：叶片椭圆状披针形或披针形，基部耳状心形；上部花被管明显长于下部花被管；檐部内面黄色，上部两裂片联合下压形成一"帽"；喉口横径4～6mm；合蕊柱裂片先端尖（图71）。

分布：中国海南。

5.1.57 革叶关木通（革叶马兜铃）

Isotrema scytophyllum (S. M. Hwang & D. Y. Chen) X. X. Zhu, S. Liao & J. S. Ma, Phytotaxa 401(1): 13, 2019. ≡ *Aristolochia scytophylla* S. M. Hwang & D. Y. Chen, Acta Phytotaxonomica Sinica 19(2): 224, 1981. TYPE: CHINA, Guizhou, Changshun, 14 July 1976, *X. L. Chen, K. Q. Yang & D. Y. Chen 285* (Holotype: GZTM; isotypus: IBSC).

特点：檐部裂片平展，紫红色；喉口横径小，约3mm。

分布：中国广西、贵州。

5.1.58 过石珠

Isotrema versicolor (S. M. Hwang) X. X. Zhu, S. Liao & J. S. Ma, Phytotaxa 401(1): 15, 2019. ≡ *Aristolochia versicolor* S. M. Hwang, Acta Phytotaxonomica Sinica 19(2): 224, 1981. TYPUS: CHINA, Yunnan, Xishuangbanna, alt. 1 050m, 6 December 1961, *Y. H. Li 3694* (Holotype: KUN; isotypus: HITBC).

特点：叶片倒披针形至椭圆状披针形，中上部最宽；花梗、子房、花被外面密被黄棕色长毛；檐部黄色，无杂色斑；喉口横径约5mm（图72）。

分布：中国云南。

记述：本种发表时，描述是依据3个不同来源的材料（云南勐腊的模式标本、广西的副模式标本和广东的副模式标本）综合写成，记载其檐部花蕾期为黄色，花后紫红色，但是依据勐腊模式标本上的采集信息记载其花黄绿色。作者从云南勐海县采集的过石珠也是黄绿色，比较符合模式标本记载，其花形态上与广西的材料存在显著不同，很可能是两个物种，而随着调查的深入，我们获取了不同产地类似过石珠的各种居群，变得相当复杂，需要进一步研究。

5.1.59 滇南关木通(滇南马兜铃)

Isotrema austroyunnanense (S. M. Hwang) X. X. Zhu, S. Liao & J. S. Ma, Phytotaxa 401(1): 8, 2019. ≡ *Aristolochia austroyunnanensis* S. M. Hwang, Acta Phyototaxonomia Sinica 19(2): 228, fig. 8, 1981. LECTOTYPE (designated by Zhu et al 2017a): CHINA. Yunnan, Pingbian County, Waga, 1,800m, 14 June 1956, *Sino-Russ. Exped. 2075* (PEM-0001663; isolectotype: IBSC-0127607). ［For more details see Zhu et al 2017a, Phytotaxa, 313(1): 61–76］.

特点：上部花被管约为下部花被管长的1/2；檐部暗紫色具亮黄色辐射状条纹；喉口黄色（图73）。

分布：中国广西、云南。

5.1.60 广防己

Isotrema fangchi X. X. Zhu, S. Liao & J. S.

Ma, Phytotaxa 401(1): 9, 2019. ≡ *Aristolochia fangchi* Y. C. Wu ex L. D. Chow & S. M. Hwang, Flora of China 5: 264, 2003, nom. illeg. (Art. 53.1), non *Aristolochia fangchi* Y. C. Wu ex L. D. Chow & S. M. Hwang, Acta Phytotaxonomica Sinica 27: 356, 1989. TYPE: CHINA, Guangdong, Zhaoqing, Dinghu Mountain, Jilong Mountain, 22 April 1970, *K. L. Shi 2* (Holotype: IBSC0000647; isotypes IBSC0000646, IBSC0000648). = *Aristolochia fangchi* Y. C. Wu ex L. D. Chow & S. M. Hwang, Acta Phytotaxonomica Sinica 27: 356, 1989. = *Aristolochia fangchi* Y. C. Wu ex L. D. Chow & S. M. Hwang, Acta Phytotaxonomica Sinica 13(2): 108, not validly published, with two gatherings indicated as types, contrary to Art. 40.2.

特点：叶片长矩圆形至长圆形，基部圆截形，稀浅心形；檐部正面观完全覆盖管部；喉口白色（图74）。

分布：中国（广东、广西、贵州、云南）；越南。

5.1.61 香港关木通（香港马兜铃）

Isotrema westlandii (Hemsl.) H. Huber, Mitteilungen der Botanischen Staatssammlung München 3: 551, 1960. ≡ *Aristolochia westlandii* Hemsl., Journal of Botany, British and Foreign 23(273): 286, 1885. ≡ *Hocquartia westlandii* (Hemsl.) Migo, Bulletin of the Shanghai Science Institute 14(4): 334, 1944. TYPE: CHINA, Hongkong, Taimo Mountain, *A. B. Westland* (K).

特点：花大，檐部直径8~13cm，裂片向后显著反卷，遮盖花被管，光滑，紫红色夹杂白斑；喉口黑紫色（图75）。

分布：中国广东、香港。

5.1.62 柔叶关木通（柔叶马兜铃）

Isotrema molle (Dunn) X. X. Zhu, S. Liao & J. S. Ma, Phytotaxa 401(1): 12, 2019. ≡ *Aristolochia mollis* Dunn, Journal of the Linnean Society, Botany 38(267): 364, 1908. Non: *Aristolochia mollis* Standl. & Steyerm, Publications of the Field Museum of Natural History, Botanical Series 23(4): 155, 1944. TYPE: CHINA, Fujian, On walls at Siu Yuk, Min River, *Dunn 3470* (HK, IBSC, K).

特点：草质藤本；叶长三角状心形至披针形，基部心形，两面被贴伏柔毛；檐部黄色至棕褐色，至少部分有杂色条纹或斑纹，上部两裂片联合下压形成一"帽"；喉口横径约5mm（图76）。

分布：中国福建、广东、香港。

5.1.63 凉山关木通（凉山马兜铃）

Isotrema liangshanense (Z. L. Yang) X. X. Zhu, S. Liao & J. S. Ma, Phytotaxa 401(1): 11, 2019. ≡ *Aristolochia liangshanensis* Z. L. Yang, Journal of Wuhan Botanical Research 6(1): 31, 1988. Type: CHINA, Sichuan, Jiangjin Xian, elevation 1 300m, 24 August 1983, *Z. L. Yang 484311* (Holotype: EMA).

特点：叶片披针形到长卵状心形；檐部内面紫红色；喉口污黄色密被紫红色斑块（图77）。

分布：中国四川、云南。

5.1.64 鲜黄关木通（鲜黄马兜铃）

Isotrema hyperxanthum (X. X. Zhu & J. S. Ma) X. X. Zhu, S. Liao & J. S. Ma, Phytotaxa 401(1): 10, 2019. ≡ *Aristolochia hyperxantha* X. X. Zhu & J. S. Ma, Phytotaxa 313(1): 69, 2017. TYPE: CHINA, Zhejiang, Lin'an City, Mt. Baizhangling, 30°11'55" N, 119°1'3" E, alt. 875m, 9 June 2015, *X. X. Zhu, P. Ding & D. H. Yu ZH099* (Holotype: CSH-0109964; isotypes: CSH, KUN, XYTC).

特点：木质藤本；檐部鲜黄色，无杂色；喉口横径约5mm（图78）。

分布：中国浙江。

5.1.65 大别山关木通（大别山马兜铃）

Isotrema dabieshanense (C. Y. Cheng & W. Yu) X. X. Zhu, S. Liao & J. S. Ma, Phytotaxa 401(1): 9, 2019. ≡ *Aristolochia dabieshanensis* C. Y. Cheng & W. Yu, Bulletin of Botanical Research 12(1): 110, 1992. TYPE: CHINA, Anhui, Jinzhai, Baimazhai, alt. 1 200m, 12 July 1989, *W. Yu 89011* (PEM). [For more details see

Zhu et al. 2017a, Phytotaxa 313(1): 61–76〕.

特点：多年生铺散藤本，高常不超过1m；檐部黄色至红棕色，常具杂色条纹；喉口不突起（图79）。

分布：中国安徽、河南、湖北。

记述：在安徽、湖北、湖南、河南、贵州和浙江一带，存在大量的类似大别山关木通的居群，其花、叶形态非常多样化，各个居群之间存在一系列的过渡形态，无法截然进行区分，亟须进行更为全面的采样及深入研究，才能厘清此复合群。

5.1.66 小花关木通（小花马兜铃）

Isotrema meionanthum (Hand.-Mazz.) X. X. Zhu, S. Liao & J. S. Ma, Phytotaxa 401(1): 11, 2019. ≡ *Aristolochia yunnanensis* var. *meionantha* Hand.-Mazz., Anzeiger der Akademie der Wissenschaften in Wien. Manthematisch-naturwissenschaftliche Klasse 61: 163, 1924. ≡ *Aristolochia meionantha* (Hand.-Mazz.) X. X. Zhu & J. S. Ma, Phytotaxa 261(2): 142, 2016. TYPE: CHINA, Yunnan, Dji-schan ad bor.-or. Urbis Dali (Talifu) (Mount Ji Shan i. e. Jizu to northeast of Dali City [Handel-Mazzetti 1927: map; 1996: 57–61, 180]), 3 100m, 21may 1915, *Handel-Mazzetti 6403* (WU-0037863).

特点：花被管内部紫红色区域延伸至花被管弯曲处；檐部紫红色至土黄色具不明显或明显的紫色斑点；喉口突起成环（图80）。

分布：中国云南。

5.1.67 奇异关木通（奇异马兜铃）

Isotrema mirabile (S. M. Hwang) X. X. Zhu, S. Liao & J. S. Ma, Phytotaxa 401(1): 12, 2019. ≡ *Aristolochia kaempferi* f. *mirabilis* S. M. Hwang, Acta Phytotaxonomica Sinica 19(2): 230, 1981. TYPE: CHINA, Sichuan, Leibo, 13 may 1959, alt. 2 100m, fl. *Leuteis, Chuan-Jing (59) 125* (PE).

特点：叶极狭，基部耳状，宽3～7mm（图81）。

分布：中国贵州、四川。

5.1.68 扁茎关木通（扁茎马兜铃）

Isotrema compressicaule (Z. L.Yang) X. X. Zhu & S. Liao, Phytotaxa 513(1): 77, 2021. ≡ *Aristolochia compressicaulis* Z. L. Yang, Acta Phytotaxonomica Sinica 27(5): 359, 1989. TYPE: CHINA, Chongqing, Jiangjin, 1 300m, 24 August 1983, *Z. L. Yang 484311* (EMA [n.v.]). = *Aristolochia compressicaulis* ("compresso-caulis") Z. L. Yang, Bulletin of Sichuan School of Chinese Materia Medica 3(2): 26, 1986, not validly published, with two gatherings indicated as types, contrary to Art. 40.2. = *Aristolochia compressicaulis* Z. L. Yang, Journal of Wuhan Botanical Research 6(1): 32, 1988, not validly published, with two gatherings indicated as types, contrary to Art. 40.2. = *Aristolochia compressicaulis* Z. L. Yang, Phytotaxa 221 (2): 198, 2015, later isonym (Art. 6 Note 2).

特点：老茎扁平；檐部和喉口紫红色（图82）。

分布：中国重庆、四川。

5.1.69 川西关木通（川西马兜铃）

Isotrema thibeticum (Franch.) X. X. Zhu, S. Liao & J. S. Ma, Phytotaxa 401(1): 14, 2019. ≡ *Aristolochia thibetica* Franch., Journal de Botanique (Morot) 12(19–20): 313, 1898. ≡ *Aristolochia kaempferi* f. *thibetica* (Franch.) S. M. Hwang, Acta Phytotaxonomica Sinica 19(2): 230, 1981. TYPE: CHINA, Setchuen occidental, environs de Tatsien lou, sur la route de Kouy eou à Morymien, *Soulié 721* (P).

特点：叶片倒卵状长圆形，上部最宽，苞片卵形（图83）。

分布：中国四川。

5.1.70 大寒药

Isotrema feddei (H. Lév.) X. X. Zhu, S. Liao & J. S. Ma, Phytotaxa 401(1): 9, 2019. ≡ *Aristolochia feddei* H. Lév., Repertorium Specierum Novarum Regni Vegetabilis 12(3): 287, 1913. TYPE: CHINA, Yunnan, Rochers de Ti-Li, 2 800m, June 1912, *E. E. Maire s. n.* (E).

特点：叶片琴状倒披针形，上部最宽，苞片披针形。

分布：中国云南。

5.1.71 怒江关木通（怒江马兜铃）

Isotrema salweenense (C. Y. Cheng & J. S. Ma) X.
X. Zhu, S. Liao & J. S. Ma, Phytotaxa 401(1): 13, 2019.
≡ *Aristolochia salweenensis* C. Y. Cheng & J. S. Ma,
Acta Phytotaxonomica Sinica 27(4): 295, 1989. TYPE:
CHINA, Yunnan, Bijiang, on the way from the town to
Toudaoshui, 27 may 1978, *Bijiang Exped. 0004* (KUN).

特点：叶片线状披针形，宽不超过2cm。

分布：中国云南。

5.1.72 存疑种：袋形关木通（袋形马兜铃）

Isotrema saccatum (Wall.) X. X. Zhu, S.
Liao & J. S. Ma, Phytotaxa 401(1): 13, 2019. ≡
Aristolochia saccata Wall., Plantae Asiaticae Rariores
2(2): 2, 1831. ≡ *Siphisia saccata* (Wall.) Klotzsch,
Monatsberichte der Königlich Preussischen Akademie
der Wissenschaften zu Berlin 1859: 603, t. 2, f. 11,
1859. TYPUS: NEPAL, *Wallich 2707A* (E, K, CAL).
Plantae Asiaticae Rariores 2, t.103, 1829 (Iconotype).
= *Siphisia angustifolia* Kl., Monatsberichte der
Königlich Preussischen Akademie der Wissenschaften
zu Berlin 1859: 603, 1859. = *Aristolochia saccata*
var. *angustifolia* (Kl.) Duch., Prodromus Systematis
Naturalis Regni Vegetabilis 15(1): 436, 1864. =
Aristolochia saccata var. *dilatata* Hook. f., The Flora
of British India 5(13): 77, 1886.

特点：叶片长卵形至卵状披针形，嫩时叶背密被
近贴生丝质柔毛；檐部小，最下部不达上部花被管的
1/3，裂片暗红色，密被暗红色绒毛；喉口黄色。

分布：尼泊尔；印度（锡金）。

记述：本种最初由Wallich（1831）发表，模
式标本采自尼泊尔。Klotzsch（1859）将其组合
到*Siphisia*属下发表新组合*S. saccata*（Wall.）
Kl.，同时发表新种*S. angustifolia* Kl.；而Ducharte
（1864）将*S. angustifolia*归入*Aristolochia saccata*并
发表新组合*A. saccata* var. *angustifolia* (Kl.) Duch.；
Hooker（1886）发表新种管兰香（*A. cathcartii*
Hook. f.），并认为其叶片宽短，叶背密被丝质绵
毛，花被管部宽阔，喉口宽方型而与*A. saccata*区

分明显。马金双（1989）认为管兰香与袋形关木通
为同一物种，并首次将管兰香并入袋形关木通，
而且承认*A. saccata* var. *angustifolia*的变种地位；
Hwang等（2003）也将管兰香并入袋形关木通，
但并未对*A. saccata* var. *angustifolia*这一名称进行处
理；因作者并未查阅到*A. saccata* var. *angustifolia*的
模式标本，也未查阅到有相关文献将其处理为袋形
关木通的异名，仅见TPL（http://www.theplantlist.
org/tpl1.1/record/kew-2875171，2022-01-14获取）
有记载，因此本文暂时采用TPL的处理，但仍需
要进一步研究确认*A. saccata* var. *angustifolia*与袋
形关木通的关系。Upson和Brett（2006）对管兰
香与袋形关木通进行了讨论，并认为两者是两
个独立的物种，区分明显，作者也赞同这种被
广泛接受的观点（Kanjilal，1940；Yeo，1968；
Grierson & Long，1984；Haridasan & Rao，1987；
Mishra，2013；Do，2015）。马金双（1989）依
据标本：普洱，罗开钧 72504（YNMI）；5.23队
70513（YNMI）；金平，绿春队 1054（KUN）；
盈江，陶国达 13396、13397（KUN）及贡山，
冯国楣 24217（KUN）首次记录中国有袋形关木
通（*Isotrema saccatum* (Wall.) X. X. Zhu，S. Liao &
J. S. Ma）及其变种的分布，但经仔细研究，标本
绿春队1054（KUN）实际为管兰香（*I. cathcartii*
(Hook. f.) X. X. Zhu，S. Liao & J. S. Ma），陶
国达 13396（KUN）实际为拟翅茎关木通［*I.
Pseudocaulialatum*（X. X. Zhu, J. N. Liu & J. S.
Ma）X. X. Zhu，S. Liao & J. S. Ma］，冯国楣24217
（KUN）实际为中缅关木通［*I. sinoburmanicum*
（Y. H. Tan & B. Yang）X. X. Zhu，S. Liao & J.
S. Ma］，作者虽然没有看到标本陶国达13397
（KUN），但是其采自盈江，且与13396连号，加
之被马金双（1989）定为袋形关木通，其可基本确
认为是拟翅茎关木通，作者也未见到标本罗开钧
72504（YNMI）和5.23队70513（YNMI），但是
从作者收集的普洱关木通属资料来看，普洱目前尚
未发现袋形关木通或管兰香，故截至目前袋形关木
通在中国并没有确切的分布证据，但很可能会在西
藏南部有分布，仍需采集到确切材料后再确认，故
在本书中作存疑种处理。

02

图19 海边关木通（海边马兜铃）

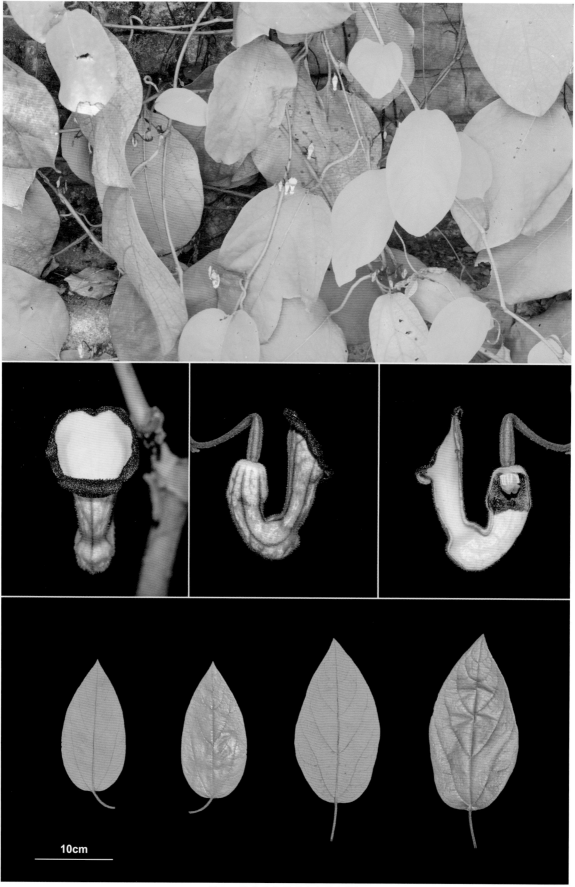

图20　海南关木通（海南马兜铃）

10cm

02

图 21　盈江关木通（盈江马兜铃）

图22 中越关木通（中越马兜铃）

02

图23　铜壁关关木通（铜壁关马兜铃）

5cm

图24 斜檐关木通

02

10cm

图25　大囊关木通（大囊马兜铃）

图26　苍山关木通

02

5cm

图27　杨氏关木通（杨氏马兜铃）

图28 卵叶关木通（卵叶马兜铃）

02

5cm

图29　葫芦叶关木通（葫芦叶马兜铃）

5cm

图30 缅印关木通（缅印马兜铃）

02

图31　囊花关木通（囊花马兜铃）

图32 拟囊花关木通（拟囊花马兜铃）

02

图33　吴氏关木通（吴氏马兜铃）

图34 短檐关木通

02

图35　裴氏关木通（裴氏马兜铃）

图36　黄毛关木通（黄毛马兜铃）

02

图37　隆林关木通（隆林马兜铃）

图38　粉质花关木通（粉质花马兜铃）

02

图39 黑头关木通（黑头马兜铃）

图40　竹叶关木通（竹叶马兜铃）

图41 内卷关木通（内卷马兜铃）

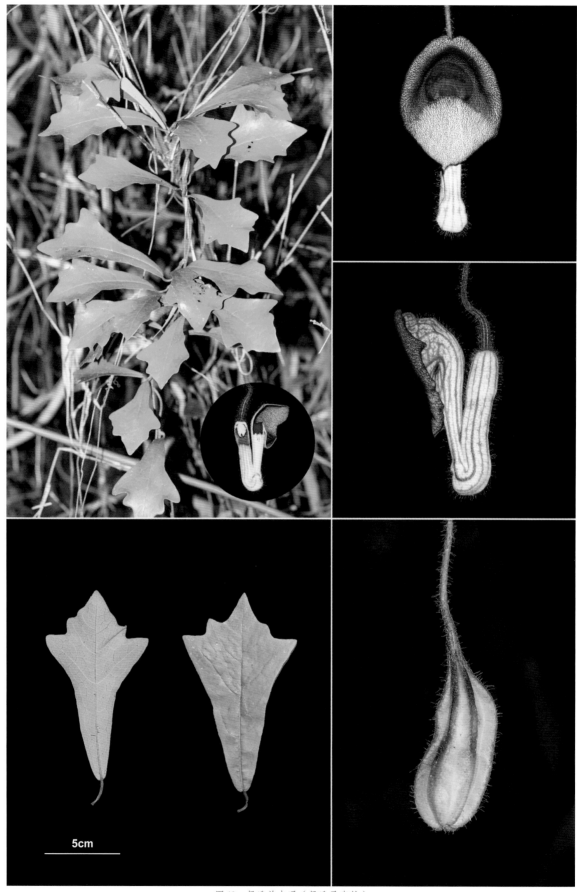

图42　侯氏关木通（侯氏马兜铃）

图 43　异叶关木通（异叶马兜铃）

图44　瓜叶关木通（瓜叶马兜铃）

02

图45　台湾关木通（台湾马兜铃）

图46 裕荣关木通（裕荣马兜铃）

图47　偏花关木通（偏花马兜铃）

图48 恭城关木通（恭城马兜铃）

图49 雅长关木通（雅长马兜铃）

5cm

图 50　环江关木通（环江马兜铃）

02

图51　翅茎关木通（翅茎马兜铃）

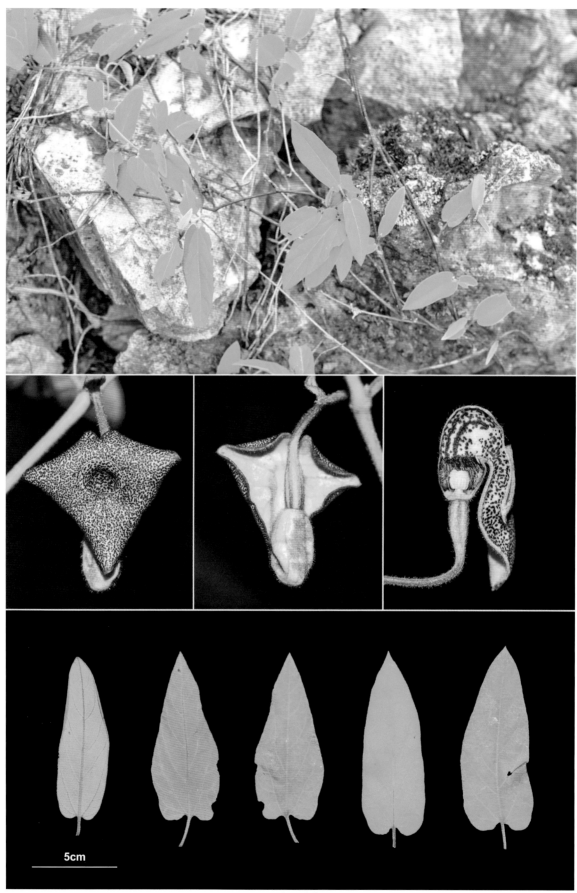

图52　何氏关木通

图 53　中缅关木通（中缅马兜铃）

图54 长叶关木通（长叶马兜铃）

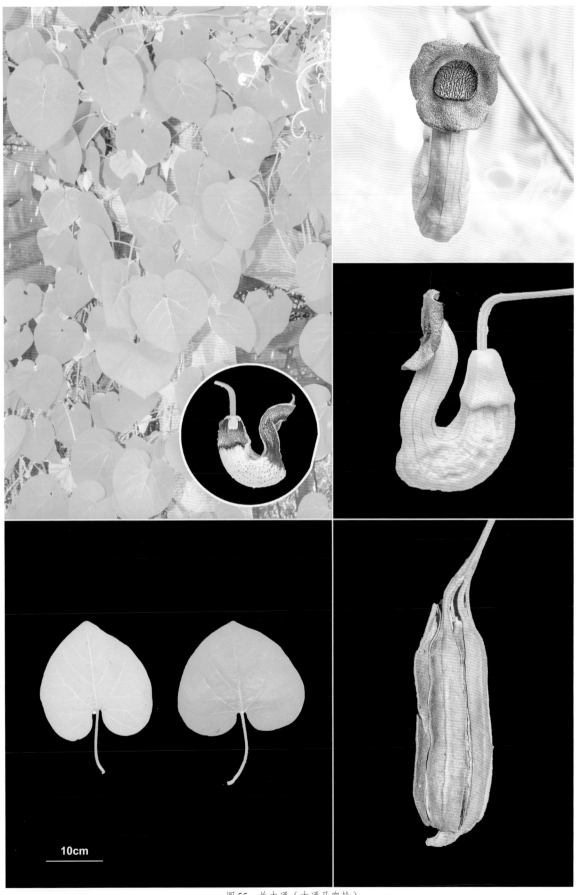

图55 关木通（木通马兜铃）

图56　昆明关木通（昆明马兜铃）

02

图 57　淮通（宝兴马兜铃）

图58　川南关木通（川南马兜铃）

02

图59　文山关木通（文山马兜铃）

图60　斑喉关木通（斑喉马兜铃）

图61 广西关木通（广西马兜铃）

图62 木论关木通（木论马兜铃）

图63　西藏关木通（西藏马兜铃）

图64 云南关木通（云南马兜铃）

图65 拟翅茎关木通（拟翅茎马兜铃）

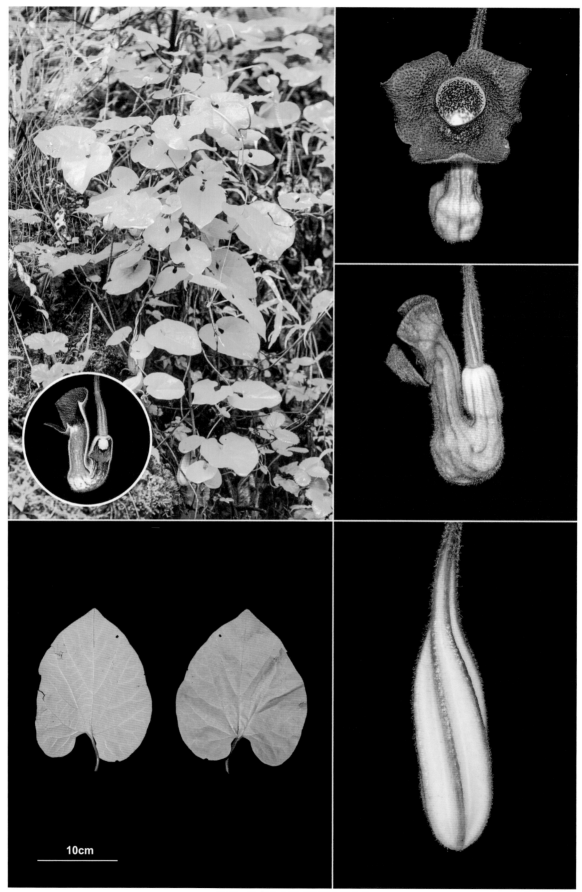

图66　维西关木通（维西马兜铃）

图67 寻骨风

图68　克长关木通（克长马兜铃）

02

图69　毛柱关木通（毛柱马兜铃）

图70 线叶关木通（线叶马兜铃）

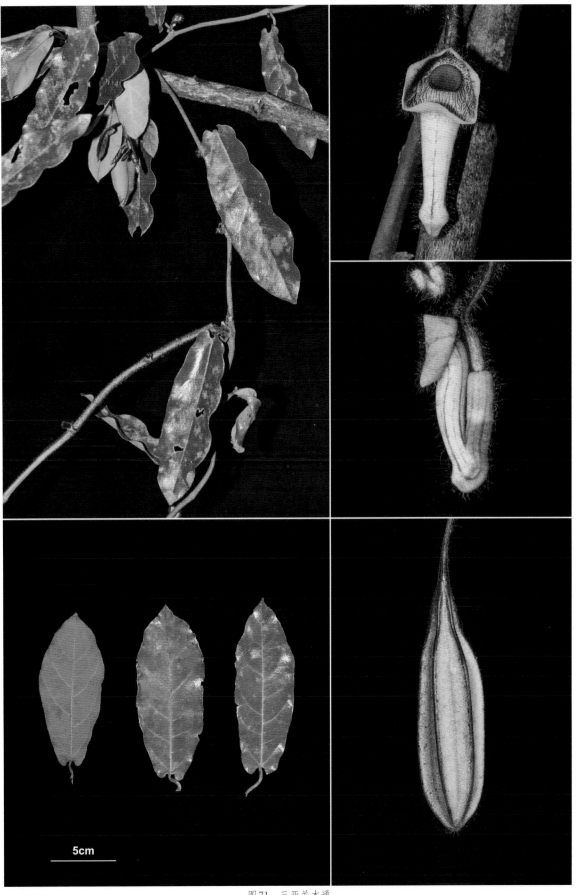

图71　三亚关木通

图72　过石珠

图73　滇南关木通（滇南马兜铃）

图74　广防己

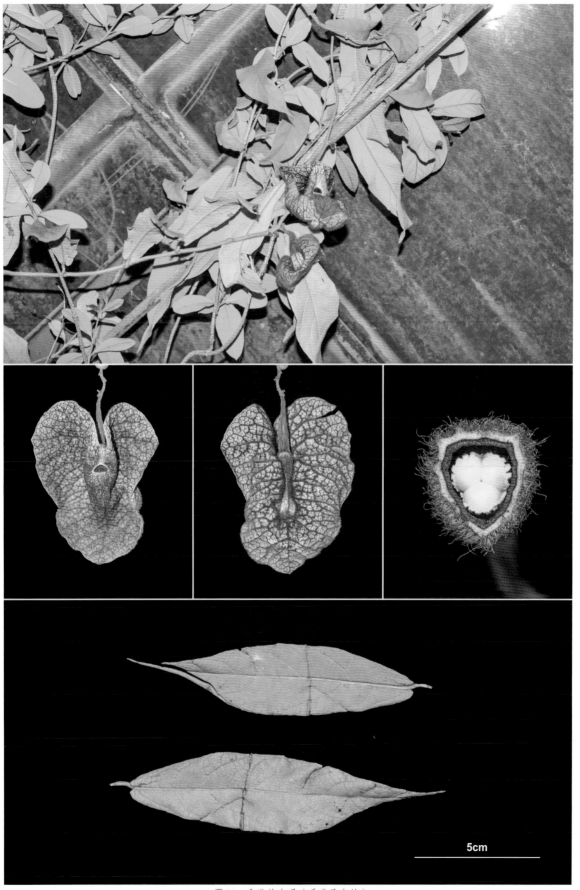

图 75　香港关木通（香港马兜铃）

5cm

图76　柔叶关木通（柔叶马兜铃）

02

图77 凉山关木通（凉山马兜铃）

图78　鲜黄关木通（鲜黄马兜铃）

02

图79 大别山关木通（大别山马兜铃）

图80　小花关木通（小花马兜铃）

02

图81 奇异关木通（奇异马兜铃）

图82 扁茎关木通（扁茎马兜铃）

02

图83 川西关木通（川西马兜铃）

参考文献

陈淑桢，董亚萍，文文，等，2021. 马兜铃酸肝脏致癌性争议及药物安全性思考[J]. 第二军医大学学报，42（1）：1-7.

褚春晓，朱国福，2020. 马兜铃酸肾病研究进展[J]. 中成药，42（9）：2407-2412.

福建省科学技术委员会，1982. 福建植物志：第一卷[M]. 福州：福建科学技术出版社：501-506.

黄淑美，1981. 中国马兜铃属资料[J]. 植物分类学报（19）：222-231.

黄淑美，1987. 广东植物志：第一卷[M]. 广州：广东科技出版社：47-57.

黄淑美，1988. 中国植物志：第24卷 马兜铃科[M]. 北京：科学出版社：199-245.

马金双，1989. 东亚和南亚马兜铃属的修订[J]. 植物分类学报（27）：321-364.

邬家林，诚静容，1987. 四川马兜铃属新植物[J]. 武汉植物学研究（5）：219-225.

薛寿征，曾广先，2018. 马兜铃酸肾病：研究及启示[J]. 科学，70（4）：27-31.

杨祯禄，1990. 四川马兜铃属一新种[J]. 植物研究（10）：39-41.

四川植物志编辑委员会，1992. 四川植物志：第十卷[M]. 成都：四川民族出版社：2-25.

张浩，谢成科，1984. 马兜铃属植物二新种[J]. 四川医学院学报（15）：12-16.

CAI L, HE D M, HUANG Y S, et al, 2019. *Aristolochia wenshanensis*, a new species of Aristolochiaceae from karst region in southeastern Yunnan, China [J]. Taiwania, 65: 41-46.

CAI L, DAO Z L, ZHU X X, 2020. *Isotrema hei* (Aristolochiaceae), a new species from southeastern Yunnan, China [J]. Annales Botanici Fennici, 57: 125-129.

DO T V, LUU T H, WANKE S, et al, 2015. Three new species and three new records of *Aristolochia* subgenus *Siphisia* from Vietnam including a key to the Asian species [J]. Systematic Botany, 40: 671-691.

DUCHARTRE P, 1854. Methodicae Dvivisionis Generis *Aristolochia* [J]. Annales des Sciences Naturelles, Ser. 4, 2: 29-33.

DUCHARTRE P, 1864. Aristolochiaceae [M]. Prodromus systematis naturalis regni vegetabilis. Vol. 15. Paris: Masson: 421-498.

DUNN S T, 1908. A botanical expedition to central Fokien [J]. Journal of the Linnean Society Botany, 38: 350-373.

GRIERSON A J C, LONG D C, 1984. Flora of Bhutan: Including a Record of Plants from Sikkim: Vol. 1. Part 2. [M]. Edinburgh: Royal Botanic Gardens Edinburgh.

HARIDASAN K, RAO R R, 1987. Forest Flora of Maghalaya: Vol. II. [M]. Dehra Dun: Bishen Singh Mahendra Pal Singh.

HOOKER J D, 1886. *Aristolochia*. [M]. The Flora of British India. London: L. Reeve & Co: 74-77.

HUBER H, 1960. Zur Abgrenzung der Gattung *Aristolochia* Linn. [J]. Mitteilungen der Botanischen Staatssammlung Munchuen, 3: 531-553.

HUBER H, 1985. Samen Merkmale und Gliederung der Aristolochiaceen [J]. Botanische Jahrbücher fur Systematik, Pflanzengeschichte und Pflanzengeographie, 107(1-4): 277-320.

HWANG S M, KELLY L M, GILBERT M G, 2003. *Aristolochia*, Flora of China [M]. Beijing: Science Press & St. Louis: Missouri Botanical Garden Press: 258-269.

KANJILAL U N, KANJILAL P C, DE R N, et al, 1940. Flora of Assam Vol. 4. [J]. Shillong: Government of Assam.

KLOTZSCH F, 1859. Die Aristolochiaceae des Berliner Herbariums [J]. Monatsberichte der Königlich Preussischen Akademie der Wissenschaften zu Berlin, 1859: 571-626.

LÉVEILLÉ H, 1909. Aristolochiacées d'Extrême-Orient [J]. Bulletin de la Société Botanique de France, 56: 607-612.

LI R T, WANG Z W, WANG J, et al, 2019. *Isotrema sanyaense*, a new species of Aristolochiaceae from Hainan, China [J]. PhytoKeys, 128: 85-96.

LIAO S, ZHU X X, YAN J, et al, 2021. The valid publication and identity of *Aristolochia compressicaulis* (Aristolochiaceae) [J]. Phytotaxa, 513: 75-79.

LUO Y J, NI S D, JIANG Q, et al, 2020. *Aristolochia yachangensis*, a new species of Aristolochiaceae from limestone areas in Guangxi, China [J]. PhytoKeys, 153: 49-61.

MERRILL E D, CHUN W Y, 1940. Additions to our knowledge of the Hainan flora [J]. Sunyatsenia, 5: 45-200.

MISHRA M, 2013. Taxonomic Revision of the Family Aristolochiaceae Juss. [D]. Kalyani: University of Kalyani.

MURATA J, 2006. Flora of Japan (*Aristolochia*) :IIa [J]. Tokyo: Kodansha: 366-368.

OHI-TOMA T, WATANABE-TOMA K, MURATA H, et al, 2014. Morphological variations of *Aristolochia kaempferi* and *A. tanzawana* (Aristolochiaceae) in Japan [J]. Journal of Japanese Botany, 89: 152-163.

PENG Y L, GADAGKAR S R, LI J, et al, 2019. *Aristolochia kechangensis* sp. nov. (Aristolochiaceae) from Guangxi, China [J]. Nordic Journal of Botany, 37: 1-7.

SCHMIDT O C, 1935. Aristolochaceae, Engler A. & Prantl K., Die Natürlichen Pflanzenfamilien [M]. 2nd ed., 16b: 217-220, f. 112-115.

UPSON T, BRETT R, 2006. 554, *Aristolochia cathcartii* (Aristolochiaceae) [J]. Curtis's Botanical Magazine, 23: 84-90.

WALLICH N, 1831. *Aristolochia saccata*. [M]. Plantae Asiaticae Rariores. London: Treuttel and Würtz: 2-3.

WANG J, MA J S, ZHU X X, 2020. Four new combinations in *Isotrema* (Aristolochiaceae) [J]. Phytotaxa, 437: 174-176.

WANG J, YA J D, LIU C, LIU G, et al, 2020. Taxonomic

studies on the genus *Isotrema* (Aristolochiaceae) from China: II. *I. brevilimbum* (Aristolochiaceae), a new species from Guizhou, China [J]. PhytoKeys, 152: 15-25.

YEO P F, 1968. *Aristolochia confusion* [J]. Gardeners' Chronicle, 163: 6.

ZHU X X, JIANG G B, ZHU X X, et al, 2019. *Isotrema plagiostomum* (Aristolochiaceae), a new species from Guangdong, South China [J]. Phytotaxa, 405: 221-225.

ZHU X X, LI X Q, LIAO S, et al, 2019. Reinstatement of *Isotrema*, a new generic delimitation of *Aristolochia* subgen. *Siphisia* (Aristolochiaceae) [J]. Phytotaxa, 401: 1-23.

ZHU X X, LI X Q, LIAO S, et al, 2019. The taxonomic revision of Asian *Aristolochia* (Aristolochiaceae) V: two new species from Yunnan, China [J]. PhytoKeys, 130: 93-106.

ZHU X X, ZHENG H L, WANG J, et al, 2019. Taxonomic studies on the genus *Isotrema* (Aristolochiaceae) from China: I. *I. cangshanense*, a new species from Yunnan [J]. PhytoKeys, 134: 115-124.

02

致谢

诚挚地感谢各位朋友提供照片（物种：照片提供者和照片张数及照片所在图版位置；按物种在本文中出现的先后顺序排列）：

多型叶马兜铃：陈彬5张；凹脉马兜铃：于胜祥5张；弄岗马兜铃：蔡磊4张（圆圈图，中左二图，下图），于胜祥2张（上图，中右图）；北马兜铃：林秦文1张（中左图），刘冰1张（上图），朱仁斌1张（下图）；山草果：蒴翳翎5张（中层四图，左下图），唐荣1张（上图），朱仁斌1张（下右图）；蜂窝马兜铃：王伟聿（Wei-Yu WANG）3张；通城虎：林建勇2张（上图，下右图），徐晔春3张（中左二图，下左图），曾云保1张（中右图）；中甸马兜铃：刘德团5张；海边关木通：刘金刚3张；中越关木通：莫演波4张；铜壁关关木通：莫演波5张；缅印关木通：刘成2张（上左图，下左图），亚吉东3张（上右图，中右图，下右图）；囊花关木通：蔡磊4张；吴氏关木通：王文广2张（上右图，下右图），吴之坤1张（中右图），袁屏1张（上左图），周卓1张（下左图）；裴氏关木通：蔡磊3张（圆圈图，上右图，下右图），吴磊1张

（中右图）；黄毛关木通：李榕涛2张（中层二图）；隆林关木通：刘演3张；粉质花关木通：陈彬2张（上左图，中右图），王樟华2张（上左图，下图）；竹叶关木通：黄云峰3张（上左图，上右图，中右图），于胜祥1张（下图）；瓜叶关木通：吕长泽（Chang-Tse LU）4张；台湾关木通：龚理1张（中左图），周欣欣3张（上图，中右图，下右图）；裕荣关木通：吕长泽（Chang-Tse LU）5张；偏花关木通：汪远4张；恭城关木通：蔡磊3张（中右图，下二图），黄俞淞2张（上图，中左图）；雅长关木通：黄俞淞5张；中缅关木通：东南亚中心植物多样性与保护研究组5张；长叶关木通：刘金刚4张；关木通：林秦文3张（上左图，下二图），刘冰3张（圆圈图，上右图，中右图）；文山关木通：蔡磊5张；木论关木通：黄俞淞4张；西藏关木通：赵明旭4张；克长关木通：彭玉德2张（上右图，下右图）；滇南关木通：蔡杰5张；凉山关木通：李海宁5张；奇异关木通：胡政坤5张；川西关木通：曾佑派1张（中左图），杨从卫3张（上图，中右图，下图）。凡未署名的照片，均为本文作者朱鑫鑫拍摄。

作者简介

朱鑫鑫，男，浙江嵊州人（1986年生），华中农业大学学士（2009），中国科学院昆明植物研究所博士（2014）；2014年至2015年6月于上海辰山植物园工作；2015年7月至今任教于信阳师范学院（副教授）；对植物分类有着浓厚的兴趣，目前主要从事马兜铃属、关木通属和万寿竹属的分类学研究及大别山区维管植物本底普查工作。十多年来，共拍摄植物照片70多万张，1万余种。

马金双，男，吉林长岭人（1955年生），恢复高考后的首批大学生，分别于东北林学院获得学士学位（1982）和硕士学位（1985）、北京医科大学获得博士学位（1987）；先后于北京师范大学（1987—1995）、哈佛大学植物标本馆（1995—2000）、布鲁克林植物园（2001—2009）、中国科学院昆明植物研究所（2009—2010）、中国科学院上海辰山植物科学研究中心（上海辰山植物园，2010—2020）、北京市植物园从事教学与研究（2020年12月至今）；专长都市植物、植物分类学历史、植物分类学文献及外来入侵植物，特别是马兜铃属、关木通属、大戟属、卫矛属和"活化石"水杉等。

China

03

-THREE-

威廉·麦克纳马拉如何成为当代亚洲最丰产植物采集者之一的故事

The Story of How William A. McNamara Became One of the Most Prolific Modern Plant Explorers in Asia

William A. McNamara*

(Quarryhill Botanical Garden, now Sonoma Botanical Garden)

* 邮箱：mcnamara.w.a@gmail.com

威廉·麦克纳马拉，2022，第3章，威廉·麦克纳马拉如何成为当代亚洲最丰产植物采集者之一的故事，中国——二十一世纪的园林之母，第二卷：304-465页

William Mc Namara, 2022, Chapter 3, The Story of How William A. McNamara Became One of the Most Prolific Modern Plant Explorers in Asia; China, Mother of Gardens, in the Twenty-first Century, 2:304-465

1 Genesis of the Expeditions

In 1985 a client referred me to a landscape installation project in Glen Ellen. The owner, Jane Davenport Jansen, had purchased the 40-acre property in 1968. There was a small garden around the house that was in disrepair from a recent overflowing in 1982 of an ephemeral creek that wound through the property. January of that year torrential rain fell in Northern California causing several floods in Sonoma and Marin counties. Mrs. Jansen had hired a garden designer named Roger Warner to design a new and enlarged garden around her home and my company was hired to install it. In many ways this was an ideal job as the designer kept changing things and we were charging by the hour freeing us of the need to renegotiate a contract price. Mrs. Jansen seemed to have complete faith in him providing us with a steady income for months.

Shortly after buying the property, Mrs. Jansen and her husband Bill installed about 15 acres of vineyard, all cabernet sauvignon, on the land around the house adjoining Sonoma Highway. The eastern 20 acres of the property were left wild. During the design and installation of the garden around the house, Roger showed an interest in those 20 acres. Previously he had worked for Western Hills, a nursery and garden in Occidental, California of some renown, well-known for its unique collection of plants and the design of the 3-acre property. Around this time while in England with his girlfriend and visiting an English friend of hers, Roger met Charles Evelyn Baring, 2nd Baron Howick of Glendale, or Lord Charles Howick as I shall refer to him. He was an Englishman that was in the beginning stages of building an arboretum at Howick Hall, his family's estate in Northumberland,

麦克纳马拉2008年于亚洲月季大会

England, just south of the border with Scotland on the North Sea. He had inherited the estate from the 5th Earl Grey, his maternal grandfather, in 1963. Lord Howick had approached Kew Gardens explaining what he was up to and they had agreed to assist with advice. They suggested to him that he create an arboretum of scientific value by growing the collection from seed collected from plants that were naturally occurring in the wild. He was also to document the activity and to make herbarium specimens of the collections where possible. While meeting with Roger, Charles quickly recognized Roger's horticultural and botanical knowledge and asked if he would be willing to join him on a botanical foray in northeastern America. Roger jumped at the opportunity and the two of them set off in the fall of 1985 for a brief seed and specimen collecting expedition with Kew Gardens assisting with contacts at the Arnold Arboretum, the Morris Arboretum, and the US National Arboretum. The journey turned out to be a success and impressed those at Kew with the quality of the effort. The following year Charles set out for California where he met up with Roger for an expedition on the west coast of North America. It was then that he met Jane Jansen. By this time Roger had already told Jane all about Charles and what he was up to. He had also convinced Jane that they could build a large garden and nursery on the 20 undeveloped acres of her property. By the time Charles arrived in Glen Ellen, Roger was well on his way planning the development of the site.

Jane thoroughly enjoyed meeting Lord Charles Howick with his practiced English charm and wit. She was profoundly impressed by his aristocratic ancestry. Upon retirement from Barings Bank in 1982, he moved his family to Howick and decided to build an arboretum. His father, Evelyn Baring, 1st Baron Howick of Glendale, had been the governor of Southern Rhodesia from 1942 to 1944, the High Commissioner for Southern Africa from 1944 to 1951, and the last Governor of Kenya from 1952 to 1959 for the British government. His grandfather, Evelyn Baring, 1st Earl of Cromer, had been the consul-general in Egypt from 1883 to 1907, and in many ways the de-facto ruler of Egypt for the British. The 1st Earl of Cromer's grandfather, Sir Francis Baring, 1st Baronet, started the Barings Bank in 1762. In 1803 Barings Bank financed the Louisiana Purchase providing Napoleon with a bundle of cash just as he was planning to invade England. That was just his father's side. His mother was Lady Mary Cecil Grey, the daughter of Charles Grey, the 5th Earl Grey. The current residence, Howick Hall, was built in 1782 and enlarged in 1809 by the 2nd Earl Grey. He was the British Prime Minister in the 1830's and authored *the Slavery Abolition Act* of 1833. Earl Grey Tea was supposedly developed for the 2nd Earl Grey by a Mandarin with bergamot to offset the lime in the water at Howick. The Grey family has owned the property since 1319.

Jane's interaction with Charles further convinced her of pursuing her garden project with Roger. The latest incarnation of the project was that Roger, financed by Jane, would create a large garden of great beauty along with a nursery that he would show to potential clients. Roger would then design gardens for the clients using many of the plants grown at their nursery. They even incorporated under the name Warner Jansen Corporation. Roger hired a contractor to begin building ponds and waterfalls that would capture the flow of the creek. He also developed roads and began clearing the site. It was around this time that Roger, who I had gotten to know fairly well working together on the garden around Jane's house, took me up to the site and explained his grand scheme.

Charles and Roger's brief expedition on the west coast in 1986 was again successful and now he was determined to continue around the world with the next destination being Japan. In the meantime, Roger and Jane, along with her husband Bill went to England in the spring of 1987 to see gardens and to make a proposal of some consequence to John Simmons, then Curator of the Living Collection at the Royal Botanic Gardens, Kew. It was assumed that Roger would be joining Charles for his expedition to Japan in the fall of 1987, having become a successful collecting team. During the meeting at Kew, Jane, Roger, and Charles proposed to Mr. Simmons that the three institutions, Kew, the Howick Arboretum, and the Warner Jansen Corp. plan a joint expedition to China for 1988. Jane offered to cover the land costs and reportedly in private had said that if Lord Rothchild can fund an expedition to China, so could she. She was referring to a Kew-led expedition in 1985 to Guìzhōu, China that was indeed funded by Lord Rothchild. Before the day was over a plan was set in motion for the three parties to go to China the follow year. Kew was anxious to begin fieldwork in temperate regions of Sìchuān after the long closure. China was just beginning to open for scientific investigations with foreigners and the anticipation of the journey was palpable. Kew would work on developing contacts for an expedition to Sìchuān, known for its rich and diverse temperate flora. Charles would continue developing his arboretum, and Jane and Roger would continue preparing their project in Glen Ellen.

That summer while Kew was assisting Charles with contacts in Japan, Jane and Roger were spending more and more time together, to the consternation of her husband. Roger was now living in a cottage on

03

the property and enjoying the swimming pool at the house along with copious amounts of white wine with Jane, much of which had been produced at Kenwood Winery. Roger and I had developed a good working relationship with him designing gardens in Sonoma and Napa Valley and my company installing them. As I heard about the upcoming expedition to Japan I wondered if I might be able to join them, finally asking Roger if that might be a possibility. Jane and he talked it over and Charles suggested in a phone call that they could use another pair of hands, and especially because he and Roger were in no position to climb trees and I could, a requirement for much of the collecting. It was finally agreed that I could join them as long as I covered my own costs. I was to meet Roger and Charles in September in Tokyo one month before my 37th birthday, a city my wife and I had wandered through 11 years previously.

I first met Lord Charles Howick at a small hotel in Tokyo near the Imperial Palace, the residence of the Japanese Emperors since 1868. I had gone to Japan a week earlier and was staying with my Aikido Sensei Tetsutaka Sugawara at his home in Machida, near Tokyo. Although Roger had told me about Charles, I had no idea what to expect. He was tall, over six feet, wore thick glasses, and looked quite fit. Born in 1937, he was now 49 years old and had retired early from the Barings Bank, a bank his ancestors had started more than 200 years previously. After our brief introduction, it became clear that he was not much of a talker, a bit reserved, preferring to speak only when necessary. After a quick meal, the three of us headed for a meeting with Dr. Ando, our main contact in Japan, and to meet the two young men that would be our guides, Shigeto Tsukie and Hisashi Kokubun. Both were students of Dr Ando's at Chiba University, well known for its program in horticulture. Dr. Ando was a highly respected botanist in Japan, an expert in orchids, and was now studying plants in the subfamily Petunioideae of the nightshade family related to petunias. At the time, his Spanish was better than his English due to his work in South America on the nightshades. Despite having taken classes in Japanese many years ago, my Japanese was virtually

non-existent. We were though able to communicate to some extent in Spanish. Both Tsukie and Kokubun were terribly timid and despite having studied English for many years, they were barely able to speak English and could not understand our questions. However, both improved rapidly once they were spending day and night with us in the field. They also enthusiastically joined us in our daily hunt for plants in seed. The plan, outlined by Dr. Ando, was for us to go to Hokkaido first with Kokubun for a few weeks and then to meet up with Tsukie in northern Honshu for a few more weeks.

Roger, Charles, and I traveled for six glorious weeks in northern Japan, half the time in Hokkaido and the other half in northern Honshu, in remote mostly mountainous uninhabited areas. Before the journey, I had no idea that anyone did this sort of thing, and I literally had the time of my life. Driving in a rented van and walking back roads searching for plants in seed seemed like something I was meant to do as I don't think I had ever felt more alive. I began to wonder if everyone was meant to do this. Because Howick was in the beginning stages of building his arboretum and Roger was looking for material for his grand garden and nursery, we collected almost everything and anything that was in seed as long as it didn't appear that it might become an escaped exotic back home. We also made herbarium specimens and Charles kept detailed notes. Each night we spent hours cleaning seed, and drying and sorting specimens. Despite the plant knowledge I already possessed, that first trip was hugely educational for me, learning many new plant species and beginning to understand and appreciate how very rich the flora was and how many ornamentals in our gardens in the west had originated there. I was surprised and elated to see all these species new to me, especially *Magnolia obovata*, *Stewartia pseudocamellia*, and *Cercidiphyllum japonicum*, all three of which have become favorites. Although we didn't see any of these in flower, being there in the fall, there is nothing quite like seeing the huge leaves and massive fruiting cones of the *Magnolia*, the elegant smooth beige bark of the *Stewartia*, and the unbelievably delightful fragrance emitted by the redbud like falling leaves of the *Cercidiphyllum,* so correctly noted in its scientific name. The weather couldn't have been better with warm and sunny days, and the accommodations elegant in small inns called minshukus and ryokans, many with wonderful onsens, and delicious and beautifully presented meals. The mountain and coastal scenery were spectacular especially with the beginnings of extraordinary fall color. Being in remote areas we saw no foreigners and very few Japanese. The three of us got on fine, though Roger was at times difficult to control especially after he had had too much to drink. One time on back roads in the mountains of Hokkaido we seemed to be a little lost. With no homes or people in site we just kept driving as it started to get dark concluding that we would eventually come to a paved road. Roger and Kokubun drank an entire bottle of scotch whiskey laughing in the back seat of the van. Soon they were both singing, and Roger was standing up through the open sunroof yelling nonsense when we happened upon a small farm. The poor lady working outside heard and saw us and went running scared screaming that we were demons.

Our return home with over 400 collections was full of surprises. Unbeknown to Jane, Roger had secretly married his girlfriend Marci shortly before we left for Japan. This did not go over well and within a few weeks Jane and Roger had a vigorous shouting match supposedly about uncontrolled spending on the garden project. Roger stormed off and didn't return for 20 years though he was on the phone with me almost daily complaining about Jane. Jane was calling me as well, hoping to get Roger to return. Charles was also contacted, but it was all to no avail, Roger was not coming back and unfortunately was spreading unkind rumors about his relationship with Jane.

Jane was now faced with a crucial dilemma. An expedition of great importance to China was planned for the fall of 1988 and Jane's man was out of the picture. She considered asking someone from UC Berkeley Botanical Garden to join the team of Charles and two representatives from Kew Gardens. She also was busy dissolving the Warner Jansen Corporation

which Roger thankfully for her cooperated. At the recommendation of Charles, Jane abandoned the for-profit idea of a garden and nursery, arguing that Kew would prefer to work with a scientific institution. She also came up with the name Quarryhill Botanical Garden and considered the Japan expedition just completed to be Quarryhill's first official expedition. As a volunteer, I offered to help where I could and contacted UC Berkeley Botanical Garden to see if they could take the seeds that we had collected in Japan and propagate them for us. There was not yet a propagation facility at Quarryhill. This they did, beginning a long and close relationship between Quarryhill and UCB Botanical Garden. Lastly, she had to decide who to send on the expedition to China. Apparently, it was mentioned by Charles and others that I already had some experience in the field, got along with him, and had a good background in plants and horticulture along with business experience running my landscape contracting company. Jane approached me before the end of the year and asked if I would be her representative. I said yes, and as the saying goes, the rest is history. As soon as Jane appointed me to be her man on the China trip for the following year, I began reading up on its unbelievably rich and diverse flora, much greater than Japan's.

Although I had been keen to learn about plants from Asia as a young man, it wasn't until I had the opportunity to travel to China and see them in the wild that I became an ardent student of the flora of China. The arrival of new ornamentals from another country or region had always stirred excitement among gardeners and plant lovers. For temperate plants, China has by far been the major source of this excitement in the last few centuries. The height of this took place during the "golden age of plant hunting" in western China in the late nineteenth and early twentieth centuries. Although intrepid explorers like Scottish botanist Robert Fortune (1812 — 1880) had made in-roads into China as early as 1843 introducing to the west several azaleas, peonies, chrysanthemums and more, little was known about the interior. This began to change with the likes of Père Jean Pierre Armand David (1826 — 1900) and Père Jean Marie

03

Delavay (1834 — 1895), French missionaries that were allowed to go deep into the Tibetan frontier, a barely explored region of rugged high mountains mostly controlled by warlords and Tibetan Lamas. Both David and Delavay were far more than just missionaries, they were skilled naturalists, and both had a fondness and a natural aptitude for botanical exploration. Between the two of them, they collected thousands of plants, almost 2,000 of which were species new to science.

Later "professional" plant hunters arrived on the scene from Europe and America searching for new ornamentals for nurseries and wealthy patrons. The most renowned was Ernest Henry Wilson (1876—1930), trained at Kew Gardens and first sent to China in 1899 by the firm of James Veitch & Sons to search for the Dove Tree, *Davidia involucrata*, for their nurseries. Named after the missionary Armand David, the Dove Tree has large white bracts surrounding the flowers that quiver in the wind. It had caused a stir in Europe when David first introduced it. Wilson was told not to bother looking for anything else as it was likely, they thought, that everything worthwhile from China had already been introduced. He certainly proved them wrong and over the course of four expeditions to China he introduced more than 2,000 species, many of which would become important and sought-after ornamentals. At least 60 plants were named after him. Others that followed Wilson included the Scotsman George Forrest (1873 — 1932), the Dutch American Frank N. Meyer ((1875 — 1918), Englishman Frank Kingdon-Ward (1885—1958), and the Austrian-American Joseph Rock (1884 —

1962). There were several others, but these became the most well-known. This was a difficult and lonely profession, and many suffered tremendous hardships in the field dealing with bandits, poisonous snakes, leeches, fleas, inclement weather, difficult terrain, and long periods away from family. Several never made it back.

Through the efforts of these remarkable men, gardeners, horticulturists, botanists, and others started to become aware of the wealth of temperate plants in China. New and exciting plants from a remote part of the world began to grace the gardens of Europe and America, especially magnolias, dogwoods, lilies, irises, peonies, lilacs, primroses, maples, camellias, rhododendrons, and roses. Much of this ended in the mid twentieth century due to wars and revolutions. The Japanese invasion of China in the 1930's, followed by World War II closed much of China. After the war there was a brief window when botanists, having learned about the discovery of a new redwood tree, *Metasequoia glyptostroboides*, were able to see this remarkable conifer in the wild. The communist revolution completed its takeover of China in 1949 and the country for the most part went silent to the outside world until the death of Mao Zedong in 1976. The interest in new plants had not gone silent and there was a keen desire to get back into China. A resurgence of botanical expeditions began again in the nineteen-eighties with several journeys to remote regions of China. Though goals, ways, and means had changed somewhat, much remained the same in these new efforts to adorn our gardens with novel ornamentals from afar.

2 In the Wilds of East Asia

The following year I met the collection team for our first expedition to China. That was when I came to know the horticulturists from Kew Gardens. It was

September of 1988 and I was the first one to arrive in Běijīng. I was met at the airport and taken to the "Friendship Hotel". The hotel was mediocre at best with carpets that appear to not have been washed for months if not years. Despite being jet-lagged, I was restless and curious, so I took a walk around the block. It turned out to be a very large block with sites under construction everywhere one looked. At dinner that night in the hotel I saw several foreigners speaking different languages, though none appeared to be Americans. Back in my room I fell fast asleep. The next morning at breakfast I met Charlie Erskine and Hans Fliegner, both from Kew Gardens. Charles Howick was there as well. After introductions we began discussing the expedition ahead of us. The two from Kew were both experienced in fieldwork. Hans had been on the 1985 Kew expedition to Guìzhōu, China, and also on expeditions to Spain and Iran, and Charlie had been on expeditions to Brazil and South Korea. Charles, as already detailed, had been on expeditions to the east and west coasts of North America, as well as Japan. Charlie was Head of the Arboretum and Hans was in charge of the Palm House and the Nursery. Both proved to be a wealth of information and quickly became important mentors for me.

That night we were taken to a banquet dinner with several Chinese dignitaries by our host Professor Chen Weilie from the Běijīng Institute of Botany of the Chinese Academy of Sciences. It was, as I was quick to learn, a typical feast at a large round table with seemly endless dishes, many unrecognizable. Several of them had small chicken, duck, and fish bones only to be discovered while chewing. At first, I carefully and discreetly removed the bones from my mouth trying to hide this with my napkin. But as I looked around, I noticed that the Chinese at the table simply leaned to their left or right and spit the bones on the floor. This was all the more astonishing as the floor was carpeted.

After a brief outing to see the Great Wall and a tour of Běijīng, the four of us, along with Professor Chen, flew to Chéngdū, the provincial capital of Sìchuān. We were met at the airport by Yin Kaipu and Zhong Shengxian from the Chéngdū Institute of Biology of the Chinese Academy of Sciences. They would become our companions and good friends for the many expeditions that followed, with Yin as guide and ecologist, and Zhong as interpreter. Chéngdū would become our base and we were housed in a run-down complex appropriately titled the "Experts Residence" with a sign saying as much posted above the front door. Hot and boiled water was a luxury and one of the first words that I learned in Chinese was kāishuǐ meaning boiled water. Hot water for showers was only available, if at all, for an hour or two each evening.

And so began a series of expeditions for the next 33 years to East Asia, primarily China, but also to Japan, India, Nepal, Vietnam, Myanmar, and Bhutan. Initially as Assistant Director and later as Executive Director of Quarryhill Botanical Garden, I would be involved in collecting small amounts of seed and voucher (herbarium) specimens from naturally occurring plants in warm temperate regions of Asia within the Sino-Himalayan and Sino-Japanese floral regions, two of the world's great floras. Although the original focus was quite broad as we were building a botanical garden, the focus shifted over time to searching for a small number of specific genera that included roses, maples, and magnolias. One of the primary goals was to preserve wild germ plasm and to make that available to researchers and other scientific establishments in the hope of better understanding and conserving the wonderful world of plants.

Starting in 1987 and concluding in 2019, I participated in 47 botanical expeditions, 32 of which were to China. Most of these were in Western Sichuan in the Héngduàn Shān, a remote region of high mountains running mostly north to south. It has been declared a biodiversity hotspot due to its rich flora and fauna and its great abundance of endemics. Some of Asia's great rivers, including the Jīnshājiāng (the upper reaches of the Yangtze River) cut through these mountains carving deep canyons as they drain much of Eastern Tibet. With very few roads, the vast area is inhabited by several minorities, though by far the majority are Tibetans. Initially we had long days on difficult roads, stopping in areas that looked promising for botanizing, and then staying in what few small accommodation that were available. Later

I brought tents and we used these in remote areas for several years until they wore out. As time went by, more and better accommodations became available, making our journeys much more comfortable.

The seeds that were collected were shared equally among the participants and the herbarium specimens initially went to the Royal Botanic Gardens, Kew, but later were deposited at various institutions including the Royal Botanic Garden Edinburgh and the California Academy of Sciences. We also usually left a set of specimens at institutions in China. Each of the institutions involved with the expeditions planted the seeds collected and eventually planted out what germinated in their respective gardens. Although a number of the seeds turned out to not be viable, a surprising percentage germinated at Quarryhill and when the plants were old enough, a selection were planted in the garden.

3 McNamara's Botanical Expeditions to China from 1988 through 2019

September-October 1988, Northern & Western Sichuan, China. Participants: C. M. Erskine and H. J. Fliegner, Royal Botanic Gardens, Kew, Lord Howick, Howick Arboretum, W. A. McNamara, Quarryhill Botanical Garden, and Yin Kaipu, Chengdu Institute of Biology.

October 1990, Southwestern Sichuan & Northern Yunnan, China. Participants: Lord Howick, Howick Arboretum, W. A. McNamara, Quarryhill Botanical Garden, and Yin Kaipu, Chengdu Institute of Biology.

September-October 1991, Western Sichuan, China. Participants: C. M. Erskine and J. B. E. Simmons, Royal Botanic Gardens, Kew, Lord Howick, Howick Arboretum, W. A. McNamara, Quarryhill Botanical Garden, and Yin Kaipu, Chengdu Institute of Biology.

September-October 1992, Southwestern Sichuan, China. Participants: H. S. Fliegner and M. Staniforth, Royal Botanic Gardens, Kew, Lord Howick, Howick Arboretum, W. A. McNamara, Quarryhill Botanical Garden, and Yin Kaipu, Chengdu Institute of Biology.

May 1994, Northwestern Sichuan, China. Participants: W. A. McNamara and D. Sheppard, Quarryhill Botanical Garden, and Yin Kaipu, Chengdu Institute of Biology.

September-October 1994, Southwestern Sichuan, China. Participants: C. M. Erskine and H. J. Fliegner, Royal Botanic Gardens, Kew, Lord Howick, Howick Arboretum, W. A. McNamara, Quarryhill Botanical Garden, and Yin Kaipu, Chengdu Institute of Biology.

May 1995, Southeastern Tibet & Western Sichuan, China. Participants: E. Davenport, S. Van Winkle, W. Davenport, W. A. McNamara, Quarryhill Botanical Garden, and Yin Kaipu and Lu Rongsen, Chengdu Institute of Biology.

September-October 1995, Southeastern Tibet & Western Sichuan, China. Participants: C. M. Erskine and H. J. Fliegner, Royal Botanic Gardens, Kew, Lord Howick, Howick Arboretum, W. A. McNamara, Quarryhill Botanical Garden, and Yin Kaipu, Chengdu Institute of Biology.

September-October 1996, Eastern Sichuan & Western Hubei, China. Participants: M. Flanagan and A. Kirkham, Royal Botanic Gardens, Kew, Lord Howick, Howick Arboretum, W. A. McNamara, Quarryhill Botanical Garden, and Yin Kaipu, Chengdu

Institute of Biology.

March 1998, Chengdu, Sichuan & Beijing, China. Participants: N. Taylor, Royal Botanic Gardens, Kew and W. A. McNamara, Quarryhill Botanical Garden.

October 1998, Western Sichuan, China. Participants: Lord Howick, Howick Arboretum, W. A. McNamara, Quarryhill Botanical Garden, and Yin Kaipu, Chengdu Institute of Biology.

September-October 1999, Northeastern Sichuan, China. Participants: A. Kirkham and S. Cole, Royal Botanic Gardens, Kew, M. Flanagan, Windsor Great Park, W. A. McNamara, Quarryhill Botanical Garden, and Yin Kaipu, Chengdu Institute of Biology.

September 2000, Northwestern Sichuan, China. Participants: Lord Howick, Howick Arboretum, W. A. McNamara, Quarryhill Botanical Garden, and Yin Kaipu, Chengdu Institute of Biology.

May 2001, Western Sichuan, China. Participants: W. A. McNamara, Quarryhill Botanical Garden, and Yin Kaipu, Chengdu Institute of Biology.

September-October 2001, Western Sichuan, China. Participants: A. Kirkham and S. Ruddy, Royal Botanic Gardens, Kew, M. Flanagan, Windsor Great Park, W. A. McNamara, Quarryhill Botanical Garden, and Yin Kaipu, Chengdu Institute of Biology.

October 2004, Taiwan, China. Participants: D. Crombie, Crombie Arboretum, Lord Howick, Howick Arboretum, and W. A. McNamara, Quarryhill Botanical Garden.

October 2005, Western Sichuan, China. Participants: T. Anderson, T. Marg, W. A. McNamara, Quarryhill Botanical Garden, J. Welti, Yin Kaipu, Chengdu Institute of Biology.

October 2006, Northeast Yunnan, China. Participants: W. A. McNamara, Quarryhill Botanical Garden, Sun Maosheng and Dr. Yang Hanqi, Southwest Forestry University.

October-November 2006, Western Sichuan, China. Participants: W. A. McNamara, Quarryhill Botanical Garden, Dr. M. S. Roh, USDA, J. Welti, and Yin Kaipu, Chengdu Institute of Biology.

October-November 2007, Southeastern Yunnan, China. Participants: W. A. McNamara, Quarryhill Botanical Garden, Dr. Wang Yaling, Xi'an Botanical

Garden, and Dr. Zhang Shouzhou, Shenzhen Fairylake Botanical Garden.

September-October 2008, Southwestern Sichuan, China. Participants: W. A. McNamara, Quarryhill Botanical Garden, Zhang Liyun and Zhang Song, Sichuan University.

September-October 2009, Southwestern Sichuan, China. Participants: A. Hill, University of British Columbia Botanical Garden, C. Barnes and W. A. McNamara, Quarryhill Botanical Garden, Joanna Welti, and Zhang Liyun, Sichuan University.

April 2010, Western & Northern Sichuan, China. Participants: A. Hill, University of British Columbia Botanical Garden, W. A. McNamara, Quarryhill Botanical Garden, Dr. Wang Yaling, Xi'an Botanical Garden, and Dr. Zhang Shouzhou, Shenzhen Fairylake Botanical Garden.

September-October 2010, Western Sichuan, China. Participants: A. Hill, University of British Columbia Botanical Garden, A. Bunting, Scott Arboretum of Swarthmore College, Christophe Crock, Arboretum Wespelarr, and W. A. McNamara, Quarryhill Botanical Garden.

October 2012, Shaanxi & Yunnan, China. Participants: J. McNamara and W. A. McNamara, Quarryhill Botanical Garden, and Dr. Wang Kang, Beijing Botanical Garden.

September 2013, Western Sichuan, China. Participants: J. McNamara and W. A. McNamara, Quarryhill Botanical Garden, and Dr. Wang Kang, Beijing Botanical Garden.

April 2015, Northwestern Yunnan & Western Sichuan, China. Participants: J. McNamara and W. A. McNamara, and K. Stark Bull, Quarryhill Botanical Garden, Dr. Wang Kang, Beijing Botanical Garden, and D. and S. Sandine.

October 2015, Northwestern Yunnan, China. Participants: J. McNamara and W. A. McNamara, Quarryhill Botanical Garden, and Li Suyu, Yunnan Academy of Forestry.

June 2016, Southern Shaanxi, China. Participants: Dr. Bai Guoqing, Xi'an Botanical Garden and W. A. McNamara, Quarryhill Botanical Garden.

October 2016, Southern Shaanxi, China.

03

Participants: J. McNamara and W. A. McNamara, Quarryhill Botanical Garden, and Wang Yaling, Xi'an Botanical Garden.

June 2018, Western Sichuan & Northwestern Yunnan, China. Participants: J. McNamara and W. A. McNamara, Quarryhill Botanical Garden, and Yin Kaipu and Lu Rongsen, Chengdu Institute of Biology, and Meng Bingbo, Institute of Karst Flora.

October 2019, Nanjing, Anhui, & Northwestern Sichuan, China. Participants: J. McNamara and W. A. McNamara, Yin Kaipu and Lu Rongsen, Chengdu Institute of Biology, and Mr. Zhu, Mei Gui Hua Xi Gu.

Appendix I: A checklist of all of the collections made for Quarryhill Botanical Garden (now Sonoma Botanical Garden) by McNamara

Appendix II: A list of all the collections currently growing at Sonoma Botanical Garden (formerly Quarryhill Botanical Garden)

3.1 Author

William McNamara, Executive Director Emeritus, Quarryhill Botanical Garden (now Sonoma Botanical Garden), Glen Ellen, California, USA

William A. McNamara is an American horticulturist and expert in the field of plant conservation and the flora of Asia. Now retired, he was the President and Executive Director of Quarryhill Botanical Garden (now Sonoma Botanical Garden), a 25-acre wild woodland garden in Northern California's Sonoma Valley featuring wild-sourced plants from temperate East Asia. In 2017, he and Quarryhill Botanical Garden celebrated their 30th Anniversary. He retired from the Garden in October of 2019.

3.2 Education and Career

Bill was born in 1950 in Logansport, Indiana, moved to Palo Alto, California when he was 11, and graduated from Palo Alto High School. During college, he worked at various nurseries in the San Francisco Bay Area and became a California Certified

Nurseryman in 1973. After graduating in 1975 from the University of California, Berkeley with a degree in English, he traveled around the world visiting gardens and remote areas. In 1980, he settled in Sonoma, California where he started Con Mara Gardens, a landscape contracting business. McNamara received a Master of Arts in Conservation Biology from Sonoma State University in 2005. He holds a third degree black belt in Aikido and received a Mokuroku Certificate in Tenshin Shoden Katori Shinto Ryu in 1997.

McNamara has been a Field Associate of the Botany Department at the California Academy of Sciences in San Francisco since 2000. McNamara shares his horticultural knowledge through presentations throughout the country and abroad, and he has been on the Garden Club of America's speakers list for conservation and horticulture since 2010.

He is considered a modern-day plant hunter. In the company of horticulturists from the Royal Botanic Gardens, Kew, Windsor Great Park, the Howick Arboretum, and others, McNamara has botanized extensively in the wilds of temperate East Asia. From 1987 to 2019, he participated in annual plant collecting expeditions to China, Japan, India, Nepal, Vietnam and Myanmar in search of plants for research, conservation, and stemming biodiversity loss. Particularly, he explored to China for 32 times from 1988-2019 during his career in Quarryhill Botanical Garden, California, USA.

3.3 Awards and Honors

Named Honorary Member of The Garden Club of America, 2018; The Veitch Memorial Medal from Britain's Royal Horticultural Society, 2017; Liberty Hyde Bailey Award the American Horticultural Society, 2017; Arthur Hoyt Scott Medal, Scott Arboretum, 2010; National Garden Clubs Inc. Award of Excellence, 2013; California Horticultural Society Annual Award, 2012; The Garden Club of America's Eloise Payne Luquer Medal 2009; Field Associate of the Department of Botany, California Academy of Sciences, San Francisco, CA, 2000; Honorary Consultant of National Plateau Research Center of

China, 2010; Honorary Researcher of the Scientific Information Center of Resources and Environment of the Chinese Academy of Sciences, 2001.

3.4 Publications

McNAMARA W A, 1999, The Risks of Collecting, Pacific Horticulture, volume 60 part 2 (Summer).

McNAMARA W A, 2000, All in a Day's Work, The American Gardener, volume 79 part 4 (July/August).

McNAMARA W A, 2001, Three Conifers South of the Chang, Pacific Horticulture, volume 62 part 1 (January/February/March).

McNAMARA W A, 2002, Making a Last Stand: *Acer pentaphyllum*, Pacific Horticulture, volume 63 part 2 (April/May/June).

McNAMARA W A, 2003—2004, Lilies of Quarryhill, Lilies and Related Plants; London: Royal Horticultural Society.

McNAMARA W A, 2004, Pennel's bird's-beak: *Cordylanthus tenuis* ssp. *capillaries*, Endangered Biodiversity Information Project, May.

McNAMARA W A, 2005, *Emmenopterys henryi*, Pacific Horticulture, volume 66 part 2 (April/May/June).

McNAMARA W A, 2005, *Schima*, Pacific Horticulture, volume 66 part 3 (July/August/September).

McNAMARA W A, 2008, Conifer Heaven, Conifer Quarterly, volume 25 part 2 (Spring).

McNAMARA W A, ROH M S, Picton D, YIN K P & Q WAND, 2008, Assessment of genetic variation in *Acer pentaphyllum* based on amplified fragment length polymorphisms, Journal of Horticultural Science & Biotechnology, volume 83 part 6 (November).

McNAMARA W A, 2009, *Magnolia grandis*: a first flowering, The Journal of the Magnolia Society International, volume 44 issue 86 (Fall/Winter).

McNAMARA W A, 2009, *Schima sinensis*, Curtis's Botanical Magazine, volume 26 part 3 (November).

ROH M S, McNAMARA W A, BARNES C, YIN K P, & Q WANG, 2010, Genetic Variations of *Acer pentaphyllum* Based on AFLP Analysis, Seed Germination, and Seed Morphology, Acta Horticulturae, volume 885 (December).

McNAMARA W A, 2010, Endangered: *Magnolia wilsonii*, The Journal of the Magnolia Society International, volume 45 issue 88 (Fall/Winter).

McNAMARA W A, 2011, *Acer pentaphyllum*, Curtis's Botanical Magazine, volume 28 part 2 (July).

McNAMARA W A, 2013, Botanic Garden Profile: Quarryhill Botanical Garden, Sibbaldia: The Journal of Botanic Garden Horticulture, volume 11.

McNAMARA W A, CAVENDER N, WESTWOOD M, BECHTOLDT K, DONNELLY G, OLDFIELD S, GARDNER M F, & D RAE, 2015, Strengthening the Conservation Value of ex situ Tree Collections, Oryx, volume 49 part 3 (July).

McNAMARA W A, 2015, Wild Roses in Asia and The Quarryhill Botanical Garden, The Indian Rose Annual XXXI.

McNAMARA W A, 2016, *llicium simonsii*, Curtis's Botanical Magazine, volume 33 part 1 (February).

McNAMARA W A, 2016, In Search of Wild Roses in Asia, 2016 American Rose Annual (November/December).

McNAMARA W A, 2021, *Magnolia grandis*. Curtis's Botanical Magazine, volume 38 issue 2 (May).

BARTHOLOMEW B, & W A McNAMARA, 2021, *Polyspora longicarpa*. Curtis's Botanical Magazine, volume 38 issue 2 (May).

03

A checklist of all of the collections made for Quarryhill Botanical Garden (now Sonoma Botanical Garden) by McNamara

Accession	Taxa	Family	Collectors	Number	Time	Elevation (m)	Region	Herbarium
1988.001	Begonia grandis subsp. grandis	Begoniaceae	Erskine, Fliegner, Howick, McNamara	SICH0001	9/9/1988	870	Sichuan	
1988.002	Pittosporum rehderianum	Pittosporaceae	Erskine, Fliegner, Howick, McNamara	SICH0002	9/9/1988	890	Sichuan	K
1988.003	Ophiopogon sp.	Liliaceae	Erskine, Fliegner, Howick, McNamara	SICH0003	9/9/1988	900	Sichuan	
1988.004	Impatiens sp.	Balsaminaceae	Erskine, Fliegner, Howick, McNamara	SICH0004	9/9/1988	1040	Sichuan	
1988.005	Spiraea sp.	Rosaceae	Erskine, Fliegner, Howick, McNamara	SICH0005	9/10/1988	1250	Sichuan	
1988.006	Hydrangea sp.	Hydrangeaceae	Erskine, Fliegner, Howick, McNamara	SICH0006	9/10/1988	1250	Sichuan	K
1988.007	Buddleja davidii	Loganiaceae	Erskine, Fliegner, Howick, McNamara	SICH0007	9/10/1988	1250	Sichuan	K
1988.008	Hypericum henryi subsp. uraloides	Hypericaceae	Erskine, Fliegner, Howick, McNamara	SICH0008	9/10/1988	1250	Sichuan	K
1988.009	Geum aleppicum	Rosaceae	Erskine, Fliegner, Howick, McNamara	SICH0009	9/10/1988	1250	Sichuan	
1988.010	Thladiantha villosula	Cucurbitaceae	Erskine, Fliegner, Howick, McNamara	SICH0010	9/10/1988	1250	Sichuan	K
1988.011	Deutzia sp.	Saxifragaceae	Erskine, Fliegner, Howick, McNamara	SICH0011	9/10/1988	1720	Sichuan	
1988.012	Juglans mandshurica	Juglandaceae	Erskine, Fliegner, Howick, McNamara	SICH0012	9/10/1988	1720	Sichuan	
1988.013	Lonicera sp.	Caprifoliaceae	Erskine, Fliegner, Howick, McNamara	SICH0013	9/10/1988	1720	Sichuan	
1988.014	Schisandra sphenanthera	Schisandraceae	Erskine, Fliegner, Howick, McNamara	SICH0014	9/10/1988	1720	Sichuan	
1988.015	Astilbe myriantha	Saxifragaceae	Erskine, Fliegner, Howick, McNamara	SICH0015	9/10/1988	1900	Sichuan	K
1988.016	Viburnum betulifolium	Adoxaceae	Erskine, Fliegner, Howick, McNamara	SICH0016	9/11/1988	2080	Sichuan	K
1988.017	Cotoneaster sp.	Rosaceae	Erskine, Fliegner, Howick, McNamara	SICH0017	9/11/1988	2080	Sichuan	K
1988.018	Clematis sp.	Ranunculaceae	Erskine, Fliegner, Howick, McNamara	SICH0018	9/11/1988	2080	Sichuan	K
1988.019	Sorbaria kirilowii	Rosaceae	Erskine, Fliegner, Howick, McNamara	SICH0019	9/11/1988	2080	Sichuan	K
1988.020	Rosa sertata	Rosaceae	Erskine, Fliegner, Howick, McNamara	SICH0020	9/11/1988	2080	Sichuan	K
1988.021	Impatiens noli-tangere	Balsaminaceae	Erskine, Fliegner, Howick, McNamara	SICH0021	9/11/1988	2080	Sichuan	K
1988.022	Eleutherococcus cuspidatus	Araliaceae	Erskine, Fliegner, Howick, McNamara	SICH0022	9/11/1988	2080	Sichuan	K
1988.023	Cotoneaster wolongensis	Rosaceae	Erskine, Fliegner, Howick, McNamara	SICH0023	9/11/1988	2310	Sichuan	K
1988.024	Polygonatum sp.	Liliaceae	Erskine, Fliegner, Howick, McNamara	SICH0024	9/11/1988	2310	Sichuan	
1988.025	Acer laxiflorum	Sapindaceae	Erskine, Fliegner, Howick, McNamara	SICH0025	9/11/1988	2320	Sichuan	K
1988.026	Cotoneaster ambiguus	Rosaceae	Erskine, Fliegner, Howick, McNamara	SICH0026	9/11/1988	2320	Sichuan	K
1988.027	Celastrus angulatus	Celastraceae	Erskine, Fliegner, Howick, McNamara	SICH0027	9/11/1988	2340	Sichuan	K
1988.028	Cornus sp.	Cornaceae	Erskine, Fliegner, Howick, McNamara	SICH0028	9/11/1988	2340	Sichuan	K
1988.029	Rosa setipoda	Rosaceae	Erskine, Fliegner, Howick, McNamara	SICH0029	9/11/1988	2340	Sichuan	

03

Accession	Taxa	Family	Collectors	Number	Time	Elevation (m)	Region	Herbarium
1988.030	Malus kansuensis	Rosaceae	Erskine, Fliegner, Howick, McNamara	SICH0030	9/11/1988	2350	Sichuan	K
1988.031	Spiraea sp.	Rosaceae	Erskine, Fliegner, Howick, McNamara	SICH0031	9/11/1988	2350	Sichuan	
1988.032	Rodgersia aesculifolia	Saxifragaceae	Erskine, Fliegner, Howick, McNamara	SICH0032	9/11/1988	2350	Sichuan	
1988.033	Aletris sp.	Liliaceae	Erskine, Fliegner, Howick, McNamara	SICH0033	9/11/1988	2350	Sichuan	
1988.034	Sambucus adnata	Adoxaceae	Erskine, Fliegner, Howick, McNamara	SICH0034	9/11/1988	2370	Sichuan	K
1988.035	Corylus tibetica	Betulaceae	Erskine, Fliegner, Howick, McNamara	SICH0035	9/11/1988	2370	Sichuan	
1988.036	Impatiens sp.	Balsaminaceae	Erskine, Fliegner, Howick, McNamara	SICH0036	9/11/1988	2370	Sichuan	
1988.037	Berberis diaphana	Berberidaceae	Erskine, Fliegner, Howick, McNamara	SICH0037	9/11/1988	2370	Sichuan	K
1988.038	Eleutherococcus sp.	Araliaceae	Erskine, Fliegner, Howick, McNamara	SICH0038	9/11/1988	2370	Sichuan	
1988.039	Euonymus sanguineus	Celastraceae	Erskine, Fliegner, Howick, McNamara	SICH0039	9/11/1988	2370	Sichuan	
1988.040	Rhododendron polylepis	Ericaceae	Erskine, Fliegner, Howick, McNamara	SICH0040	9/11/1988	2370	Sichuan	K
1988.041	(Undetermined)	Orchidaceae	Erskine, Fliegner, Howick, McNamara	SICH0041	9/11/1988	2370	Sichuan	
1988.042	Rosa murieliae	Rosaceae	Erskine, Fliegner, Howick, McNamara	SICH0042	9/11/1988	2370	Sichuan	K
1988.043	Cornus sp.	Cornaceae	Erskine, Fliegner, Howick, McNamara	SICH0043	9/11/1988	2400	Sichuan	
1988.044	Polygonum sp.	Polygonaceae	Erskine, Fliegner, Howick, McNamara	SICH0044	9/11/1988	2400	Sichuan	
1988.045	Tsuga chinensis	Pinaceae	Erskine, Fliegner, Howick, McNamara	SICH0045	9/11/1988	2430	Sichuan	K
1988.046	(Undetermined)	Orchidaceae	Erskine, Fliegner, Howick, McNamara	SICH0046	9/11/1988	2400	Sichuan	
1988.047	Thalictrum baicalense var. megalostigma	Ranunculaceae	Erskine, Fliegner, Howick, McNamara	SICH0047	9/11/1988	2400	Sichuan	
1988.048	(Undetermined)	Rutaceae	Erskine, Fliegner, Howick, McNamara	SICH0048	9/11/1988	2430	Sichuan	
1988.049	Astilbe myriantha	Saxifragaceae	Erskine, Fliegner, Howick, McNamara	SICH0049	9/11/1988	2400	Sichuan	
1988.050	Ligularia sp.	Asteraceae	Erskine, Fliegner, Howick, McNamara	SICH0050	9/11/1988	2380	Sichuan	
1988.051	Actaea sp.	Ranunculaceae	Erskine, Fliegner, Howick, McNamara	SICH0051	9/11/1988	2380	Sichuan	
1988.052	Ophiopogon bodinieri	Liliaceae	Erskine, Fliegner, Howick, McNamara	SICH0052	9/11/1988	2380	Sichuan	K
1988.053	Abies fabri	Pinaceae	Erskine, Fliegner, Howick, McNamara	SICH0053	9/11/1988	2380	Sichuan	K
1988.054	Elsholtzia fruticosa	Lamiaceae	Erskine, Fliegner, Howick, McNamara	SICH0054	9/11/1988	2260	Sichuan	K
1988.055	Rubus sp.	Rosaceae	Erskine, Fliegner, Howick, McNamara	SICH0055	9/11/1988	2050	Sichuan	
1988.056	Sorbus sargentiana	Rosaceae	Erskine, Fliegner, Howick, McNamara	SICH0056	9/11/1988	2260	Sichuan	
1988.057	Buddleja davidii	Loganiaceae	Erskine, Fliegner, Howick, McNamara	SICH0057	9/11/1988	2100	Sichuan	
1988.058	Buddleja sp.	Loganiaceae	Erskine, Fliegner, Howick, McNamara	SICH0058	9/11/1988	1100	Sichuan	K
1988.059	Ceratostigma willmottianum	Plumbaginaceae	Erskine, Fliegner, Howick, McNamara	SICH0059	9/12/1988	1100	Sichuan	K

Accession	Taxa	Family	Collectors	Number	Time	Elevation (m)	Region	Herbarium
1988.060	Incarvillea arguta	Bignoniaceae	Erskine, Fliegner, Howick, McNamara	SICH0060	9/12/1988	1370	Sichuan	K
1988.061	Sophora davidii	Fabaceae	Erskine, Fliegner, Howick, McNamara	SICH0061	9/12/1988	1360	Sichuan	K
1988.062	Berberis sp.	Berberidaceae	Erskine, Fliegner, Howick, McNamara	SICH0062	9/12/1988	1360	Sichuan	
1988.063	Spiraea japonica var. acuminata	Rosaceae	Erskine, Fliegner, Howick, McNamara	SICH0063	9/12/1988	1400	Sichuan	K
1988.064	Spiraea japonica var. acuminata	Rosaceae	Erskine, Fliegner, Howick, McNamara	SICH0064	9/13/1988	2160	Sichuan	K
1988.065	Elaeagnus umbellata	Elaeagnaceae	Erskine, Fliegner, Howick, McNamara	SICH0065	9/13/1988	2160	Sichuan	K
1988.066	Aruncus sylvester	Rosaceae	Erskine, Fliegner, Howick, McNamara	SICH0066	9/13/1988	2140	Sichuan	K
1988.067	Rodgersia aesculifolia	Saxifragaceae	Erskine, Fliegner, Howick, McNamara	SICH0067	9/13/1988	2140	Sichuan	
1988.068	(Undetermined)	Rutaceae	Erskine, Fliegner, Howick, McNamara	SICH0068	9/13/1988	2140	Sichuan	
1988.069	Cotoneaster franchetii	Rosaceae	Erskine, Fliegner, Howick, McNamara	SICH0069	9/13/1988	2150	Sichuan	K
1988.070	Spiraea sargentiana	Rosaceae	Erskine, Fliegner, Howick, McNamara	SICH0070	9/13/1988	2150	Sichuan	K
1988.071	Deutzia glomeruliflora	Saxifragaceae	Erskine, Fliegner, Howick, McNamara	SICH0071	9/13/1988	2150	Sichuan	K
1988.073	Buddleja nivea	Loganiaceae	Erskine, Fliegner, Howick, McNamara	SICH0073	9/13/1988	2150	Sichuan	K
1988.074	Impatiens sp.	Balsaminaceae	Erskine, Fliegner, Howick, McNamara	SICH0074	9/13/1988	2150	Sichuan	
1988.075	(Undetermined)	Rutaceae	Erskine, Fliegner, Howick, McNamara	SICH0075	9/13/1988	2150	Sichuan	
1988.076	Euonymus sanguineus	Celastraceae	Erskine, Fliegner, Howick, McNamara	SICH0076	9/13/1988	2150	Sichuan	K
1988.077	Rosa roxburghii f. normalis	Rosaceae	Erskine, Fliegner, Howick, McNamara	SICH0077	9/13/1988	1960	Sichuan	K
1988.078	Corylus heterophylla var. sutchuenensis	Betulaceae	Erskine, Fliegner, Howick, McNamara	SICH0078	9/13/1988	1970	Sichuan	
1988.079	Lilium sp.	Liliaceae	Erskine, Fliegner, Howick, McNamara	SICH0079	9/13/1988	1970	Sichuan	
1988.080	Sarcococca hookeriana var. digyna	Buxaceae	Erskine, Fliegner, Howick, McNamara	SICH0080	9/13/1988	1970	Sichuan	K
1988.081	Cotoneaster moupinensis	Rosaceae	Erskine, Fliegner, Howick, McNamara	SICH0081	9/13/1988	1870	Sichuan	K
1988.082	Corylus sieboldiana var. mandshurica	Betulaceae	Erskine, Fliegner, Howick, McNamara	SICH0082	9/13/1988	1970	Sichuan	K
1988.083	Boenninghausenia albiflora	Rutaceae	Erskine, Fliegner, Howick, McNamara	SICH0083	9/13/1988	1970	Sichuan	K
1988.084	Physalis sp.	Solanaceae	Erskine, Fliegner, Howick, McNamara	SICH0084	9/13/1988	1970	Sichuan	
1988.085	Rosa sericea subsp. omeiensis f. pteracantha	Rosaceae	Erskine, Fliegner, Howick, McNamara	SICH0085	9/13/1988	1970	Sichuan	
1988.086	Cotoneaster horizontalis	Rosaceae	Erskine, Fliegner, Howick, McNamara	SICH0086	9/13/1988	1820	Sichuan	K
1988.087	Hypericum ascyron	Hypericaceae	Erskine, Fliegner, Howick, McNamara	SICH0087	9/13/1988	1820	Sichuan	K
1988.088	Adenophora sp.	Campanulaceae	Erskine, Fliegner, Howick, McNamara	SICH0088	9/13/1988	1820	Sichuan	
1988.089	Lespedeza buergeri	Fabaceae	Erskine, Fliegner, Howick, McNamara	SICH0089	9/13/1988	1840	Sichuan	K

Accession	Taxa	Family	Number	Time	Elevation (m)	Region	Herbarium
1988.090	Indigofera amblyantha	Fabaceae	SICH0090	9/13/1988	1840	Sichuan	
1988.091	(Undetermined)	Rutaceae	SICH0091	9/13/1988	1850	Sichuan	
1988.092	Ilex pernyi	Aquifoliaceae	SICH0092	9/13/1988	1850	Sichuan	K
1988.093	Aconitum sp.	Ranunculaceae	SICH0093	9/13/1988	1860	Sichuan	
1988.094	Viburnum betulifolium	Adoxaceae	SICH0094	9/13/1988	1880	Sichuan	K
1988.095	Berberis aggregata	Berberidaceae	SICH0095	9/13/1988	1860	Sichuan	K
1988.096	Rosa multibracteata	Rosaceae	SICH0096	9/13/1988	1930	Sichuan	K
1988.097	(Undetermined)	Rutaceae	SICH0097	9/14/1988	2180	Sichuan	
1988.098	Clematis sp.	Ranunculaceae	SICH0098	9/14/1988	2750	Sichuan	
1988.099	Hippophae rhamnoides	Elaeagnaceae	SICH0099	9/14/1988	2750	Sichuan	K
1988.100	Thladiantha villosula	Cucurbitaceae	SICH0100	9/14/1988	2750	Sichuan	
1988.101	Lonicera deflexicalyx	Caprifoliaceae	SICH0101	9/14/1988	3240	Sichuan	K
1988.102	Sorbus koehneana	Rosaceae	SICH0102	9/14/1988	3250	Sichuan	K
1988.103	Cotoneaster delavayanus	Rosaceae	SICH0103	9/14/1988	3250	Sichuan	K
1988.104	Rosa sp.	Rosaceae	SICH0104	9/14/1988	3710	Sichuan	
1988.105	Spiraea sp.	Rosaceae	SICH0105	9/14/1988	3710	Sichuan	
1988.106	Meconopsis integrifolia	Papaveraceae	SICH0106	9/14/1988	4100	Sichuan	
1988.107	Gentiana macrophylla	Gentianaceae	SICH0107	9/15/1988	3460	Sichuan	
1988.108	Gentiana sp.	Gentianaceae	SICH0108	9/15/1988	3460	Sichuan	
1988.109	Sibiraea angustata	Rosaceae	SICH0109	9/15/1988	3570	Sichuan	K
1988.110	Berberis sp.	Berberidaceae	SICH0110	9/15/1988	3570	Sichuan	K
1988.111	Lonicera rupicola var. syringantha	Caprifoliaceae	SICH0111	9/15/1988	3570	Sichuan	K
1988.112	Caragana maximowicziana	Fabaceae	SICH0112	9/15/1988	3250	Sichuan	K
1988.113	Picea purpurea	Pinaceae	SICH0113	9/15/1988	3200	Sichuan	K
1988.114	Picea wilsonii	Pinaceae	SICH0114	9/15/1988	3200	Sichuan	K
1988.115	Sorbus koehneana	Rosaceae	SICH0115	9/15/1988	3200	Sichuan	K
1988.116	Betula platyphylla	Betulaceae	SICH0116	9/15/1988	3200	Sichuan	K
1988.117	Corydalis adunca	Fumariaceae	SICH0117	9/16/1988	2980	Sichuan	
1988.118	Spiraea myrtilloides	Rosaceae	SICH0118	9/16/1988	3190	Sichuan	K
1988.119	(Undetermined)	Rutaceae	SICH0119	9/16/1988	3190	Sichuan	

Accession	Taxa	Family	Collectors	Number	Time	Elevation (m)	Region	Herbarium
1988.120	Clematis sp.	Ranunculaceae	Erskine, Fliegner, Howick, McNamara	SICH0120	9/16/1988	3210	Sichuan	
1988.121	(Undetermined)	Rutaceae	Erskine, Fliegner, Howick, McNamara	SICH0121	9/16/1988	3210	Sichuan	
1988.122	Gentiana sp.	Gentianaceae	Erskine, Fliegner, Howick, McNamara	SICH0122	9/16/1988	3220	Sichuan	
1988.123	Potentilla glabra	Rosaceae	Erskine, Fliegner, Howick, McNamara	SICH0123	9/16/1988	3220	Sichuan	
1988.124	Rosa moyesii	Rosaceae	Erskine, Fliegner, Howick, McNamara	SICH0124	9/16/1988	3220	Sichuan	K
1988.125	Meconopsis punicea	Papaveraceae	Erskine, Fliegner, Howick, McNamara	SICH0125	9/16/1988	3220	Sichuan	
1988.126	Spiraea sp.	Rosaceae	Erskine, Fliegner, Howick, McNamara	SICH0126	9/16/1988	3210	Sichuan	
1988.127	Ribes sp.	Saxifragaceae	Erskine, Fliegner, Howick, McNamara	SICH0127	9/16/1988	3210	Sichuan	
1988.128	Primula tangutica	Primulaceae	Erskine, Fliegner, Howick, McNamara	SICH0128	9/16/1988	3210	Sichuan	
1988.129	Aconitum sp.	Ranunculaceae	Erskine, Fliegner, Howick, McNamara	SICH0129	9/16/1988	3240	Sichuan	
1988.130	Primula involucrata	Primulaceae	Erskine, Fliegner, Howick, McNamara	SICH0130	9/16/1988	3270	Sichuan	K
1988.131	Potentilla glabra	Rosaceae	Erskine, Fliegner, Howick, McNamara	SICH0131	9/16/1988	3270	Sichuan	K
1988.132	Juniperus komarovii	Cupressaceae	Erskine, Fliegner, Howick, McNamara	SICH0132	9/16/1988	3270	Sichuan	K
1988.133	Pedicularis torta	Scrophulariaceae	Erskine, Fliegner, Howick, McNamara	SICH0133	9/16/1988	3220	Sichuan	K
1988.134	Picea likiangensis var. purpurea	Pinaceae	Erskine, Fliegner, Howick, McNamara	SICH0134	9/16/1988	3220	Sichuan	
1988.135	Aconitum sp.	Ranunculaceae	Erskine, Fliegner, Howick, McNamara	SICH0135	9/16/1988	3270	Sichuan	
1988.136	Allium sikkimense	Liliaceae	Erskine, Fliegner, Howick, McNamara	SICH0136	9/16/1988	3270	Sichuan	K
1988.137	Lonicera deflexicalyx	Caprifoliaceae	Erskine, Fliegner, Howick, McNamara	SICH0137	9/17/1988	3580	Sichuan	K
1988.138	Juniperus pingii var. wilsonii	Cupressaceae	Erskine, Fliegner, Howick, McNamara	SICH0138	9/17/1988	3580	Sichuan	K
1988.139	Cotoneaster horizontalis	Rosaceae	Erskine, Fliegner, Howick, McNamara	SICH0139	9/17/1988	3590	Sichuan	
1988.140	(Undetermined)	Rutaceae	Erskine, Fliegner, Howick, McNamara	SICH0140	9/17/1988	3590	Sichuan	
1988.141	Rhododendron przewalskii	Ericaceae	Erskine, Fliegner, Howick, McNamara	SICH0141	9/17/1988	3850	Sichuan	K
1988.142	Rhododendron violaceum	Ericaceae	Erskine, Fliegner, Howick, McNamara	SICH0142	9/17/1988	3850	Sichuan	K
1988.143	Rhododendron primuliflorum	Ericaceae	Erskine, Fliegner, Howick, McNamara	SICH0143	9/17/1988	3850	Sichuan	K
1988.144	Juniperus saltuaria	Cupressaceae	Erskine, Fliegner, Howick, McNamara	SICH0144	9/17/1988	3400	Sichuan	K
1988.145	Spiraea mongolica var. mongolica	Rosaceae	Erskine, Fliegner, Howick, McNamara	SICH0145	9/17/1988	3400	Sichuan	K
1988.146	Polygonatum odoratum	Liliaceae	Erskine, Fliegner, Howick, McNamara	SICH0146	9/17/1988	3400	Sichuan	
1988.147	Sedum sp.	Crassulaceae	Erskine, Fliegner, Howick, McNamara	SICH0147	9/17/1988	3440	Sichuan	
1988.148	Daphne retusa	Thymelaeaceae	Erskine, Fliegner, Howick, McNamara	SICH0148	9/17/1988	3470	Sichuan	K
1988.149	Pedicularis sp.	Scrophulariaceae	Erskine, Fliegner, Howick, McNamara	SICH0149	9/17/1988	3510	Sichuan	

Accession	Taxa	Family	Collectors	Number	Time	Elevation (m)	Region	Herbarium
1988.150	Lonicera trichosantha	Caprifoliaceae	Erskine, Fliegner, Howick, McNamara	SICH0150	9/17/1988	3510	Sichuan	K
1988.151	Meconopsis sp.	Papaveraceae	Erskine, Fliegner, Howick, McNamara	SICH0151	9/17/1988	3790	Sichuan	
1988.152	Meconopsis sp.	Papaveraceae	Erskine, Fliegner, Howick, McNamara	SICH0152	9/17/1988	3790	Sichuan	
1988.153	Rhododendron rufum	Ericaceae	Erskine, Fliegner, Howick, McNamara	SICH0153	9/17/1988	3320	Sichuan	
1988.154	Meconopsis sp.	Papaveraceae	Erskine, Fliegner, Howick, McNamara	SICH0154	9/18/1988	3470	Sichuan	
1988.155	Rhododendron rufum	Ericaceae	Erskine, Fliegner, Howick, McNamara	SICH0155	9/18/1988	3470	Sichuan	K
1988.156	Lonicera tatsienensis	Caprifoliaceae	Erskine, Fliegner, Howick, McNamara	SICH0156	9/18/1988	3470	Sichuan	K
1988.157	Lonicera tangutica	Caprifoliaceae	Erskine, Fliegner, Howick, McNamara	SICH0157	9/18/1988	3480	Sichuan	K
1988.158	Aconitum sp.	Ranunculaceae	Erskine, Fliegner, Howick, McNamara	SICH0158	9/18/1988	3510	Sichuan	
1988.159	Rhodiola sp.	Crassulaceae	Erskine, Fliegner, Howick, McNamara	SICH0159	9/18/1988	3470	Sichuan	K
1988.160	Abies fargesii	Pinaceae	Erskine, Fliegner, Howick, McNamara	SICH0160	9/18/1988	3390	Sichuan	K
1988.161	Meconopsis horridula	Papaveraceae	Erskine, Fliegner, Howick, McNamara	SICH0161	9/18/1988	3000	Sichuan	
1988.162	Betula sp.	Betulaceae	Erskine, Fliegner, Howick, McNamara	SICH0162	9/18/1988	3000	Sichuan	K
1988.163	Rhododendron concinnum	Ericaceae	Erskine, Fliegner, Howick, McNamara	SICH0163	9/18/1988	3000	Sichuan	
1988.164	Sedum sp.	Crassulaceae	Erskine, Fliegner, Howick, McNamara	SICH0164	9/18/1988	3000	Sichuan	
1988.165	Eleutherococcus wilsonii var. wilsonii	Araliaceae	Erskine, Fliegner, Howick, McNamara	SICH0165	9/18/1988	3000	Sichuan	K
1988.166	Berberis dasystachya	Berberidaceae	Erskine, Fliegner, Howick, McNamara	SICH0166	9/18/1988	2990	Sichuan	K
1988.167	Betula albosinensis	Betulaceae	Erskine, Fliegner, Howick, McNamara	SICH0167	9/18/1988	2990	Sichuan	K
1988.168	Eleutherococcus giraldii	Araliaceae	Erskine, Fliegner, Howick, McNamara	SICH0168	9/18/1988	2950	Sichuan	K
1988.169	Betula albosinensis	Betulaceae	Erskine, Fliegner, Howick, McNamara	SICH0169	9/18/1988	2950	Sichuan	K
1988.170	Cypripedium sp.	Orchidaceae	Erskine, Fliegner, Howick, McNamara	SICH0170	9/18/1988	2950	Sichuan	
1988.171	Cimicifuga foetida	Ranunculaceae	Erskine, Fliegner, Howick, McNamara	SICH0171	9/18/1988	2950	Sichuan	
1988.172	Paeonia anomala subsp. veitchii	Paeoniaceae	Erskine, Fliegner, Howick, McNamara	SICH0172	9/18/1988	2950	Sichuan	
1988.173	Euonymus porphyreus	Celastraceae	Erskine, Fliegner, Howick, McNamara	SICH0173	9/18/1988	2950	Sichuan	
1988.174	Crataegus kansuensis	Rosaceae	Erskine, Fliegner, Howick, McNamara	SICH0174	9/18/1988	2420	Sichuan	K
1988.175	Lilium duchartrei	Liliaceae	Erskine, Fliegner, Howick, McNamara	SICH0175	9/18/1988	2420	Sichuan	
1988.176	(Undetermined)	Rutaceae	Erskine, Fliegner, Howick, McNamara	SICH0176	9/18/1988	2420	Sichuan	
1988.177	Eleutherococcus leucorrhizus var. setchuenensis	Araliaceae	Erskine, Fliegner, Howick, McNamara	SICH0177	9/18/1988	2420	Sichuan	K
1988.178	Cotoneaster acuminatus	Rosaceae	Erskine, Fliegner, Howick, McNamara	SICH0178	9/18/1988	2420	Sichuan	K

03

Accession	Taxa	Family	Collectors	Number	Time	Elevation (m)	Region	Herbarium
1988.179	Hydrangea heteromalla	Hydrangeaceae	Erskine, Fliegner, Howick, McNamara	SICH0179	9/18/1988	2420	Sichuan	K
1988.180	Cotoneaster tenuipes	Rosaceae	Erskine, Fliegner, Howick, McNamara	SICH0180	9/18/1988	2420	Sichuan	K
1988.181	Berberis sp.	Berberidaceae	Erskine, Fliegner, Howick, McNamara	SICH0181	9/18/1988	2420	Sichuan	K
1988.182	Cotoneaster purpurescens	Rosaceae	Erskine, Fliegner, Howick, McNamara	SICH0182	9/18/1988	2420	Sichuan	K
1988.183	Clematoclethra actinidioides	Actinidiaceae	Erskine, Fliegner, Howick, McNamara	SICH0183	9/18/1988	2420	Sichuan	K
1988.184	Campanula sp.	Campanulaceae	Erskine, Fliegner, Howick, McNamara	SICH0184	9/18/1988	2420	Sichuan	
1988.185	Cotoneaster sp.	Rosaceae	Erskine, Fliegner, Howick, McNamara	SICH0185	9/18/1988	2420	Sichuan	K
1988.186	Elaeagnus umbellata	Elaeagnaceae	Erskine, Fliegner, Howick, McNamara	SICH0186	9/18/1988	2420	Sichuan	K
1988.187	Viburnum setigerum	Adoxaceae	Erskine, Fliegner, Howick, McNamara	SICH0187	9/18/1988	2420	Sichuan	K
1988.188	Berberis henryana	Berberidaceae	Erskine, Fliegner, Howick, McNamara	SICH0188	9/18/1988	2420	Sichuan	K
1988.189	Rosa sweginzowii	Rosaceae	Erskine, Fliegner, Howick, McNamara	SICH0189	9/18/1988	2420	Sichuan	K
1988.190	Abies sp.	Pinaceae	Erskine, Fliegner, Howick, McNamara	SICH0190	9/18/1988	2420	Sichuan	
1988.191	Euonymus verrucosoides	Celastraceae	Erskine, Fliegner, Howick, McNamara	SICH0191	9/18/1988	2420	Sichuan	K
1988.192	Cephalotaxus fortunei var. alpina	Cephalotaxaceae	Erskine, Fliegner, Howick, McNamara	SICH0192	9/18/1988	2420	Sichuan	K
1988.193	Deutzia longifolia	Saxifragaceae	Erskine, Fliegner, Howick, McNamara	SICH0193	9/18/1988	2420	Sichuan	K
1988.194	Pinus tabuliformis	Pinaceae	Erskine, Fliegner, Howick, McNamara	SICH0194	9/18/1988	2420	Sichuan	
1988.195	Pinus armandii	Pinaceae	Erskine, Fliegner, Howick, McNamara	SICH0195	9/18/1988	2420	Sichuan	
1988.196	Polygonatum odoratum	Liliaceae	Erskine, Fliegner, Howick, McNamara	SICH0196	9/18/1988	2420	Sichuan	
1988.197	Viburnum glomeratum subsp. glomeratum	Adoxaceae	Erskine, Fliegner, Howick, McNamara	SICH0197	9/18/1988	2420	Sichuan	
1988.198	Acer stachyophyllum	Sapindaceae	Erskine, Fliegner, Howick, McNamara	SICH0198	9/19/1988	2640	Sichuan	K
1988.199	Tilia chinensis	Tiliaceae	Erskine, Fliegner, Howick, McNamara	SICH0199	9/19/1988	2640	Sichuan	K
1988.200	Acer laxiflorum	Sapindaceae	Erskine, Fliegner, Howick, McNamara	SICH0200	9/19/1988	2640	Sichuan	K
1988.201	Fargesia nitida	Poaceae	Erskine, Fliegner, Howick, McNamara	SICH0201	9/19/1988	2640	Sichuan	
1988.202	Paeonia anomala subsp. veitchii	Paeoniaceae	Erskine, Fliegner, Howick, McNamara	SICH0202	9/19/1988	2640	Sichuan	
1988.203	Ligularia przewalskii	Asteraceae	Erskine, Fliegner, Howick, McNamara	SICH0203	9/19/1988	2640	Sichuan	
1988.204	Lilium sp.	Liliaceae	Erskine, Fliegner, Howick, McNamara	SICH0204	9/19/1988	2570	Sichuan	
1988.205	Delphinium grandiflorum	Ranunculaceae	Erskine, Fliegner, Howick, McNamara	SICH0205	9/19/1988	2570	Sichuan	K
1988.206	Betula platyphylla	Betulaceae	Erskine, Fliegner, Howick, McNamara	SICH0206	9/19/1988	2570	Sichuan	K
1988.207	Acer sp.	Sapindaceae	Erskine, Fliegner, Howick, McNamara	SICH0207	9/19/1988	2720	Sichuan	

Accession	Taxa	Family	Collectors	Number	Time	Elevation (m)	Region	Herbarium
1988.208	Rosa willmottiae	Rosaceae	Erskine, Fliegner, Howick, McNamara	SICH0208	9/20/1988	2070	Sichuan	
1988.209	Euonymus verrucosoides	Celastraceae	Erskine, Fliegner, Howick, McNamara	SICH0209	9/20/1988	2070	Sichuan	K
1988.210	Koelreuteria paniculata	Sapindaceae	Erskine, Fliegner, Howick, McNamara	SICH0210	9/20/1988	2070	Sichuan	
1988.211	Pyracantha atalantioides	Rosaceae	Erskine, Fliegner, Howick, McNamara	SICH0211	9/20/1988	1620	Sichuan	K
1988.212	Grewia biloba var. parviflora	Malvaceae	Erskine, Fliegner, Howick, McNamara	SICH0212	9/20/1988	1560	Sichuan	K
1988.213	Macleaya microcarpa	Papaveraceae	Erskine, Fliegner, Howick, McNamara	SICH0213	9/20/1988	1740	Sichuan	
1988.214	Jasminum floridum	Oleaceae	Erskine, Fliegner, Howick, McNamara	SICH0214	9/20/1988	1760	Sichuan	K
1988.215	Cotoneaster gracilis	Rosaceae	Erskine, Fliegner, Howick, McNamara	SICH0215	9/20/1988	1760	Sichuan	K
1988.216	Osteomeles schwerinae var. microphylla	Rosaceae	Erskine, Fliegner, Howick, McNamara	SICH0216	9/20/1988	1760	Sichuan	K
1988.217	Bauhinia brachycarpa var. brachycarpa	Fabaceae	Erskine, Fliegner, Howick, McNamara	SICH0217	9/20/1988	1760	Sichuan	K
1988.218	Leptodermis purdomii	Rubiaceae	Erskine, Fliegner, Howick, McNamara	SICH0218	9/20/1988	1760	Sichuan	K
1988.219	Corallodiscus sp.	Gesneriaceae	Erskine, Fliegner, Howick, McNamara	SICH0219	9/20/1988	1760	Sichuan	K
1988.220	Carpinus turczaninowii	Betulaceae	Erskine, Fliegner, Howick, McNamara	SICH0220	9/21/1988	2040	Sichuan	K
1988.221	Tilia paucicostata	Tiliaceae	Erskine, Fliegner, Howick, McNamara	SICH0221	9/21/1988	2040	Sichuan	K
1988.222	Rosa henryi	Rosaceae	Erskine, Fliegner, Howick, McNamara	SICH0222	9/21/1988	2030	Sichuan	K
1988.223	Quercus liaotungensis	Fagaceae	Erskine, Fliegner, Howick, McNamara	SICH0223	9/21/1988	2030	Sichuan	K
1988.224	Cotoneaster hsingshangensis	Rosaceae	Erskine, Fliegner, Howick, McNamara	SICH0224	9/21/1988	2030	Sichuan	K
1988.225	Viburnum betulifolium	Adoxaceae	Erskine, Fliegner, Howick, McNamara	SICH0225	9/21/1988	2030	Sichuan	K
1988.226	Hippophae rhamnoides subsp. sinensis	Elaeagnaceae	Erskine, Fliegner, Howick, McNamara	SICH0226	9/21/1988	2030	Sichuan	K
1988.227	Berberis cristata	Berberidaceae	Erskine, Fliegner, Howick, McNamara	SICH0227	9/21/1988	2030	Sichuan	K
1988.228	Astilbe sp.	Saxifragaceae	Erskine, Fliegner, Howick, McNamara	SICH0228	9/21/1988	2040	Sichuan	
1988.229	Clematis sp.	Ranunculaceae	Erskine, Fliegner, Howick, McNamara	SICH0229	9/21/1988	2100	Sichuan	
1988.230	Lonicera ligustrina subsp. yunnanensis	Caprifoliaceae	Erskine, Fliegner, Howick, McNamara	SICH0230	9/21/1988	2100	Sichuan	K
1988.231	Piptanthus nepalensis	Fabaceae	Erskine, Fliegner, Howick, McNamara	SICH0231	9/21/1988	2110	Sichuan	
1988.232	Juglans mandshurica	Juglandaceae	Erskine, Fliegner, Howick, McNamara	SICH0232	9/21/1988	2150	Sichuan	
1988.233	Corydalis sp.	Fumariaceae	Erskine, Fliegner, Howick, McNamara	SICH0233	9/21/1988	3110	Sichuan	
1988.234	Vitex negundo	Verbenaceae	Erskine, Fliegner, Howick, McNamara	SICH0234	9/22/1988	720	Sichuan	
1988.235	Lilium leucanthum	Liliaceae	Erskine, Fliegner, Howick, McNamara	SICH0235	9/22/1988	720	Sichuan	K
1988.236	Rosa banksiae var. normalis	Rosaceae	Erskine, Fliegner, Howick, McNamara	SICH0236	9/22/1988	740	Sichuan	K
1988.237	Rosa chinensis var. spontanea	Rosaceae	Erskine, Fliegner, Howick, McNamara	SICH0237	9/22/1988	740	Sichuan	K

Accession	Taxa	Family	Collectors	Number	Time	Elevation (m)	Region	Herbarium
1988.238	Hydrangea aspera subsp. strigosa	Hydrangeaceae	Erskine, Fliegner, Howick, McNamara	SICH0238	9/22/1988	740	Sichuan	K
1988.239	Rhododendron lutescens	Ericaceae	Erskine, Fliegner, Howick, McNamara	SICH0239	9/28/1988	1750	Sichuan	K
1988.240	Rhododendron decorum	Ericaceae	Erskine, Fliegner, Howick, McNamara	SICH0240	9/28/1988	1750	Sichuan	K
1988.241	Sorbus scalaris	Rosaceae	Erskine, Fliegner, Howick, McNamara	SICH0241	9/28/1988	1750	Sichuan	K
1988.242	Stranvaesia davidiana var. davidiana	Rosaceae	Erskine, Fliegner, Howick, McNamara	SICH0242	9/28/1988	1750	Sichuan	K
1988.243	Viburnum betulifolium	Adoxaceae	Erskine, Fliegner, Howick, McNamara	SICH0243	9/28/1988	1750	Sichuan	K
1988.244	Rhododendron sp.	Ericaceae	Erskine, Fliegner, Howick, McNamara	SICH0244	9/28/1988	1750	Sichuan	K
1988.245	Ficus beechyana	Moraceae	Erskine, Fliegner, Howick, McNamara	SICH0245	9/28/1988	1750	Sichuan	K
1988.246	Rhododendron polylepis	Ericaceae	Erskine, Fliegner, Howick, McNamara	SICH0246	9/28/1988	1750	Sichuan	K
1988.247	Cotoneaster moupinensis	Rosaceae	Erskine, Fliegner, Howick, McNamara	SICH0247	9/28/1988	1750	Sichuan	K
1988.248	Corylopsis willmottiae	Hamamelidaceae	Erskine, Fliegner, Howick, McNamara	SICH0248	9/28/1988	1760	Sichuan	K
1988.249	Rosa glomerata	Rosaceae	Erskine, Fliegner, Howick, McNamara	SICH0249	9/28/1988	1750	Sichuan	K
1988.250	(Undetermined)	Rutaceae	Erskine, Fliegner, Howick, McNamara	SICH0250	9/28/1988	1760	Sichuan	
1988.251	Hypericum forrestii	Hypericaceae	Erskine, Fliegner, Howick, McNamara	SICH0251	9/28/1988	1800	Sichuan	K
1988.252	Astilbe rivularis	Saxifragaceae	Erskine, Fliegner, Howick, McNamara	SICH0252	9/28/1988	1800	Sichuan	
1988.253	(Undetermined)	Rutaceae	Erskine, Fliegner, Howick, McNamara	SICH0253	9/28/1988	1800	Sichuan	
1988.254	Gaultheria nummularioides	Ericaceae	Erskine, Fliegner, Howick, McNamara	SICH0254	9/28/1988	1800	Sichuan	K
1988.255	Berberis yingjingensis	Berberidaceae	Erskine, Fliegner, Howick, McNamara	SICH0255	9/28/1988	1800	Sichuan	K
1988.256	Deutzia setchuenensis	Saxifragaceae	Erskine, Fliegner, Howick, McNamara	SICH0256	9/28/1988	1800	Sichuan	K
1988.257	Viburnum setigerum	Adoxaceae	Erskine, Fliegner, Howick, McNamara	SICH0257	9/28/1988	1800	Sichuan	K
1988.258	Cotoneaster rehderi	Rosaceae	Erskine, Fliegner, Howick, McNamara	SICH0258	9/28/1988	1800	Sichuan	K
1988.259	Meliosma cuneifolia var. cuneifolia	Sabiaceae	Erskine, Fliegner, Howick, McNamara	SICH0259	9/28/1988	1800	Sichuan	K
1988.260	Clethra monostachya	Clethraceae	Erskine, Fliegner, Howick, McNamara	SICH0260	9/28/1988	1800	Sichuan	K
1988.261	Neillia thibetica	Rosaceae	Erskine, Fliegner, Howick, McNamara	SICH0261	9/28/1988	1800	Sichuan	K
1988.262	Tricyrtis sp.	Liliaceae	Erskine, Fliegner, Howick, McNamara	SICH0262	9/28/1988	1800	Sichuan	
1988.263	Decaisnea insignis	Lardizabalaceae	Erskine, Fliegner, Howick, McNamara	SICH0263	9/28/1988	1800	Sichuan	
1988.264	Cotoneaster dielsianus	Rosaceae	Erskine, Fliegner, Howick, McNamara	SICH0264	9/28/1988	1840	Sichuan	K
1988.265	Rhododendron lutescens	Ericaceae	Erskine, Fliegner, Howick, McNamara	SICH0265	9/28/1988	2310	Sichuan	K
1988.266	Spiraea japonica	Rosaceae	Erskine, Fliegner, Howick, McNamara	SICH0266	9/28/1988	2310	Sichuan	K
1988.267	(Undetermined)	Rutaceae	Erskine, Fliegner, Howick, McNamara	SICH0267	9/29/1988	870	Sichuan	K

03

Accession	Taxa	Family	Collectors	Number	Time	Elevation (m)	Region	Herbarium
1988.268	Polygonum capitatum	Polygonaceae	Erskine, Fliegner, Howick, McNamara	SICH0268	9/29/1988	970	Sichuan	
1988.269	(Undetermined)	Rutaceae	Erskine, Fliegner, Howick, McNamara	SICH0269	9/29/1988	970	Sichuan	
1988.270	Quercus schottkyana	Fagaceae	Erskine, Fliegner, Howick, McNamara	SICH0270	9/29/1988	1530	Sichuan	K
1988.271	Quercus variabilis	Fagaceae	Erskine, Fliegner, Howick, McNamara	SICH0271	9/29/1988	1580	Sichuan	K
1988.272	Quercus sp.	Fagaceae	Erskine, Fliegner, Howick, McNamara	SICH0272	9/29/1988	1590	Sichuan	K
1988.273	Vaccinium sp.	Ericaceae	Erskine, Fliegner, Howick, McNamara	SICH0273	9/29/1988	1590	Sichuan	K
1988.274	Rhabdothamnopsis sinensis	Gesneriaceae	Erskine, Fliegner, Howick, McNamara	SICH0274	9/29/1988	1620	Sichuan	
1988.275	Viburnum foetidum var. ceanothoides	Adoxaceae	Erskine, Fliegner, Howick, McNamara	SICH0275	9/29/1988	1710	Sichuan	K
1988.276	Cornus alsophila	Cornaceae	Erskine, Fliegner, Howick, McNamara	SICH0276	9/30/1988	2100	Sichuan	K
1988.277	Paris sp.	Trilliaceae	Erskine, Fliegner, Howick, McNamara	SICH0277	9/30/1988	2110	Sichuan	
1988.278	Maianthemum sp.	Liliaceae	Erskine, Fliegner, Howick, McNamara	SICH0278	9/30/1988	2120	Sichuan	
1988.279	Stachyurus himalaicus	Stachyuraceae	Erskine, Fliegner, Howick, McNamara	SICH0279	9/30/1988	2110	Sichuan	K
1988.280	Litsea populifolia	Lauraceae	Erskine, Fliegner, Howick, McNamara	SICH0280	9/30/1988	2110	Sichuan	K
1988.281	Cotoneaster wolongensis	Rosaceae	Erskine, Fliegner, Howick, McNamara	SICH0281	9/30/1988	2120	Sichuan	K
1988.282	Neillia thibetica	Rosaceae	Erskine, Fliegner, Howick, McNamara	SICH0282	9/30/1988	2140	Sichuan	K
1988.283	Corylopsis sinensis var. sinensis	Hamamelidaceae	Erskine, Fliegner, Howick, McNamara	SICH0283	9/30/1988	2140	Sichuan	K
1988.284	Rhododendron floribundum	Ericaceae	Erskine, Fliegner, Howick, McNamara	SICH0284	9/30/1988	2130	Sichuan	K
1988.285	Corylus ferox	Betulaceae	Erskine, Fliegner, Howick, McNamara	SICH0285	9/30/1988	2130	Sichuan	K
1988.286	Helwingia japonica	Cornaceae	Erskine, Fliegner, Howick, McNamara	SICH0286	9/30/1988	2130	Sichuan	K
1988.287	Gamblea ciliata var. evodiifolia	Araliaceae	Erskine, Fliegner, Howick, McNamara	SICH0287	9/30/1988	2130	Sichuan	K
1988.288	Clematoclethra scandens	Actinidiaceae	Erskine, Fliegner, Howick, McNamara	SICH0288	9/30/1988	2140	Sichuan	K
1988.289	Deutzia setchuenensis	Saxifragaceae	Erskine, Fliegner, Howick, McNamara	SICH0289	9/30/1988	2140	Sichuan	K
1988.290	Decaisnea insignis	Lardizabalaceae	Erskine, Fliegner, Howick, McNamara	SICH0290	9/30/1988	2140	Sichuan	
1988.291	Rosa glomerata	Rosaceae	Erskine, Fliegner, Howick, McNamara	SICH0291	9/30/1988	2140	Sichuan	K
1988.292	Clematis sp.	Ranunculaceae	Erskine, Fliegner, Howick, McNamara	SICH0292	9/30/1988	2150	Sichuan	K
1988.293	Viburnum kansuense	Adoxaceae	Erskine, Fliegner, Howick, McNamara	SICH0293	9/30/1988	2150	Sichuan	K
1988.294	Acer stachyophyllum	Sapindaceae	Erskine, Fliegner, Howick, McNamara	SICH0294	9/30/1988	2220	Sichuan	K
1988.295	Rosa sertata var. multijuga	Rosaceae	Erskine, Fliegner, Howick, McNamara	SICH0295	9/30/1988	2240	Sichuan	K
1988.296	Lithocarpus cleistocarpus	Fagaceae	Erskine, Fliegner, Howick, McNamara	SICH0296	9/30/1988	2240	Sichuan	
1988.297	(Undetermined)	Rutaceae	Erskine, Fliegner, Howick, McNamara	SICH0297	9/30/1988	2240	Sichuan	

Accession	Taxa	Family	Collectors	Number	Time	Elevation (m)	Region	Herbarium
1988.298	Polygala arillata	Polygalaceae	Erskine, Fliegner, Howick, McNamara	SICH0298	9/30/1988	2250	Sichuan	K
1988.299	Malus prattii	Rosaceae	Erskine, Fliegner, Howick, McNamara	SICH0299	9/30/1988	2270	Sichuan	K
1988.300	Rhododendron polylepis	Ericaceae	Erskine, Fliegner, Howick, McNamara	SICH0300	9/30/1988	2270	Sichuan	K
1988.301	Skimmia laureola subsp. laureola	Rutaceae	Erskine, Fliegner, Howick, McNamara	SICH0301	9/30/1988	2290	Sichuan	K
1988.302	Maianthemum sp.	Liliaceae	Erskine, Fliegner, Howick, McNamara	SICH0302	9/30/1988	2510	Sichuan	
1988.303	Acer laxiflorum	Sapindaceae	Erskine, Fliegner, Howick, McNamara	SICH0303	9/30/1988	2380	Sichuan	K
1988.304	Cardiocrinum giganteum	Liliaceae	Erskine, Fliegner, Howick, McNamara	SICH0304	9/30/1988	2380	Sichuan	
1988.305	Disporum sessile	Liliaceae	Erskine, Fliegner, Howick, McNamara	SICH0305	9/30/1988	2380	Sichuan	
1988.306	(Undetermined)	Rutaceae	Erskine, Fliegner, Howick, McNamara	SICH0306	9/30/1988	2380	Sichuan	
1988.307	Cornus chinensis	Cornaceae	Erskine, Fliegner, Howick, McNamara	SICH0307	9/30/1988	2410	Sichuan	K
1988.308	Sorbus caloneura	Rosaceae	Erskine, Fliegner, Howick, McNamara	SICH0308	9/30/1988	2430	Sichuan	K
1988.309	Vaccinium moupinense	Ericaceae	Erskine, Fliegner, Howick, McNamara	SICH0309	9/30/1988	2430	Sichuan	K
1988.310	Rhododendron calophytum	Ericaceae	Erskine, Fliegner, Howick, McNamara	SICH0310	9/30/1988	2460	Sichuan	K
1988.311	(Undetermined)	Rutaceae	Erskine, Fliegner, Howick, McNamara	SICH0311	9/30/1988	2460	Sichuan	
1988.312	Skimmia sp.	Rutaceae	Erskine, Fliegner, Howick, McNamara	SICH0312	9/30/1988	2460	Sichuan	
1988.313	Actaea asiatica	Ranunculaceae	Erskine, Fliegner, Howick, McNamara	SICH0313	9/30/1988	2490	Sichuan	
1988.314	Acer sterculiaceum subsp. franchetii	Sapindaceae	Erskine, Fliegner, Howick, McNamara	SICH0314	9/30/1988	2550	Sichuan	K
1988.315	Acer laxiflorum	Sapindaceae	Erskine, Fliegner, Howick, McNamara	SICH0315	9/30/1988	2590	Sichuan	K
1988.316	Rhododendron argyrophyllum	Ericaceae	Erskine, Fliegner, Howick, McNamara	SICH0316	9/30/1988	2610	Sichuan	K
1988.317	Sorbus sp.	Rosaceae	Erskine, Fliegner, Howick, McNamara	SICH0317	9/30/1988	2610	Sichuan	
1988.318	Acer flabellatum	Sapindaceae	Erskine, Fliegner, Howick, McNamara	SICH0318	9/30/1988	2590	Sichuan	K
1988.319	Malus prattii	Rosaceae	Erskine, Fliegner, Howick, McNamara	SICH0319	9/30/1988	2590	Sichuan	K
1988.320	Rhododendron argyrophyllum	Ericaceae	Erskine, Fliegner, Howick, McNamara	SICH0320	9/30/1988	2340	Sichuan	K
1988.321	Euptelea pleiosperma	Eupteleaceae	Erskine, Fliegner, Howick, McNamara	SICH0321	9/30/1988	2260	Sichuan	K
1988.322	Zanthoxylum schinifolium	Rutaceae	Erskine, Fliegner, Howick, McNamara	SICH0322	10/1/1988	2020	Sichuan	K
1988.323	Viburnum cylindricum	Adoxaceae	Erskine, Fliegner, Howick, McNamara	SICH0323	10/1/1988	1890	Sichuan	K
1988.324	(Undetermined)	Rutaceae	Erskine, Fliegner, Howick, McNamara	SICH0324	10/1/1988	1890	Sichuan	K
1988.325	Trachycarpus fortunei	Arecaceae	Erskine, Fliegner, Howick, McNamara	SICH0325	10/1/1988	1870	Sichuan	
1988.326	Litsea cubeba	Lauraceae	Erskine, Fliegner, Howick, McNamara	SICH0326	10/1/1988	1770	Sichuan	K
1988.327	(Undetermined)	Rutaceae	Erskine, Fliegner, Howick, McNamara	SICH0327	10/1/1988	1750	Sichuan	K

03

Accession	Taxa	Family	Collectors	Number	Time	Elevation (m)	Region	Herbarium
1988.328	Viburnum rhytidophyllum	Adoxaceae	Erskine, Fliegner, Howick, McNamara	SICH0328	10/1/1988	1720	Sichuan	K
1988.329	Begonia sp.	Begoniaceae	Erskine, Fliegner, Howick, McNamara	SICH0329	10/1/1988	1660	Sichuan	
1988.330	Pinus yunnanensis	Pinaceae	Erskine, Fliegner, Howick, McNamara	SICH0330	10/1/1988	1610	Sichuan	
1988.331	Lyonia ovalifolia var. elliptica	Ericaceae	Erskine, Fliegner, Howick, McNamara	SICH0331	10/1/1988	1540	Sichuan	
1988.332	Hypericum ascyron	Hypericaceae	Erskine, Fliegner, Howick, McNamara	SICH0332	10/2/1988	2620	Sichuan	
1988.333	Rosa soulieana	Rosaceae	Erskine, Fliegner, Howick, McNamara	SICH0333	10/2/1988	2620	Sichuan	K
1988.334	Rosa soulieana	Rosaceae	Erskine, Fliegner, Howick, McNamara	SICH0334	10/2/1988	2630	Sichuan	K
1988.335	Cotoneaster marroninus	Rosaceae	Erskine, Fliegner, Howick, McNamara	SICH0335	10/2/1988	2670	Sichuan	K
1988.336	Salvia dolichantha	Lamiaceae	Erskine, Fliegner, Howick, McNamara	SICH0336	10/2/1988	2670	Sichuan	
1988.337	Berberis wilsoniae	Berberidaceae	Erskine, Fliegner, Howick, McNamara	SICH0337	10/2/1988	2680	Sichuan	K
1988.338	Lyonia villosa	Ericaceae	Erskine, Fliegner, Howick, McNamara	SICH0338	10/2/1988	2690	Sichuan	K
1988.339	Deutzia longifolia	Saxifragaceae	Erskine, Fliegner, Howick, McNamara	SICH0339	10/2/1988	2770	Sichuan	K
1988.340	Berberis dictyophylla	Berberidaceae	Erskine, Fliegner, Howick, McNamara	SICH0340	10/2/1988	2860	Sichuan	K
1988.341	(Undetermined)	Rutaceae	Erskine, Fliegner, Howick, McNamara	SICH0341	10/2/1988	2860	Sichuan	
1988.342	Rhododendron violaceum	Ericaceae	Erskine, Fliegner, Howick, McNamara	SICH0342	10/2/1988	2870	Sichuan	K
1988.343	Rhododendron decorum	Ericaceae	Erskine, Fliegner, Howick, McNamara	SICH0343	10/2/1988	2870	Sichuan	K
1988.344	Rosa caudata	Rosaceae	Erskine, Fliegner, Howick, McNamara	SICH0344	10/2/1988	2890	Sichuan	
1988.345	Rosa sericea	Rosaceae	Erskine, Fliegner, Howick, McNamara	SICH0345	10/2/1988	2910	Sichuan	K
1988.346	Betula platyphylla	Betulaceae	Erskine, Fliegner, Howick, McNamara	SICH0346	10/2/1988	2910	Sichuan	K
1988.347	Betula potaninii	Betulaceae	Erskine, Fliegner, Howick, McNamara	SICH0347	10/2/1988	2900	Sichuan	K
1988.348	Malus sp.	Rosaceae	Erskine, Fliegner, Howick, McNamara	SICH0348	10/2/1988	2870	Sichuan	
1988.349	Rhododendron intricatum	Ericaceae	Erskine, Fliegner, Howick, McNamara	SICH0349	10/2/1988	4240	Sichuan	
1988.350	Gentiana trichotoma	Gentianaceae	Erskine, Fliegner, Howick, McNamara	SICH0350	10/2/1988	4240	Sichuan	
1988.351	Meconopsis integrifolia	Papaveraceae	Erskine, Fliegner, Howick, McNamara	SICH0351	10/3/1988	4240	Sichuan	K
1988.352	Pedicularis sp.	Scrophulariaceae	Erskine, Fliegner, Howick, McNamara	SICH0352	10/3/1988	4240	Sichuan	
1988.353	(Undetermined)	Rutaceae	Erskine, Fliegner, Howick, McNamara	SICH0353	10/3/1988	4240	Sichuan	
1988.354	Sedum sp.	Crassulaceae	Erskine, Fliegner, Howick, McNamara	SICH0354	10/3/1988	4240	Sichuan	
1988.355	Potentilla sp.	Rosaceae	Erskine, Fliegner, Howick, McNamara	SICH0355	10/3/1988	4240	Sichuan	
1988.356	Meconopsis integrifolia	Papaveraceae	Erskine, Fliegner, Howick, McNamara	SICH0356	10/3/1988	4100	Sichuan	K
1988.357	Rhododendron przewalskii	Ericaceae	Erskine, Fliegner, Howick, McNamara	SICH0357	10/3/1988	4100	Sichuan	K

Accession	Taxa	Family	Collectors	Number	Time	Elevation (m)	Region	Herbarium
1988.358	Aconitum sp.	Ranunculaceae	Erskine, Fliegner, Howick, McNamara	SICH0358	10/3/1988	4100	Sichuan	
1988.359	Spiraea myrtilloides	Rosaceae	Erskine, Fliegner, Howick, McNamara	SICH0359	10/3/1988	4100	Sichuan	K
1988.360	Allium sp.	Liliaceae	Erskine, Fliegner, Howick, McNamara	SICH0360	10/3/1988	4100	Sichuan	
1988.361	Spiraea mollifolia	Rosaceae	Erskine, Fliegner, Howick, McNamara	SICH0361	10/3/1988	4100	Sichuan	K
1988.362	Hypericum sp.	Hypericaceae	Erskine, Fliegner, Howick, McNamara	SICH0362	10/3/1988	4100	Sichuan	
1988.363	Swertia sp.	Gentianaceae	Erskine, Fliegner, Howick, McNamara	SICH0363	10/3/1988	3900	Sichuan	
1988.364	Iris chrysographes	Iridaceae	Erskine, Fliegner, Howick, McNamara	SICH0364	10/3/1988	3900	Sichuan	K
1988.365	Lilium lophophorum	Liliaceae	Erskine, Fliegner, Howick, McNamara	SICH0365	10/3/1988	3900	Sichuan	
1988.366	Primula sikkimensis	Primulaceae	Erskine, Fliegner, Howick, McNamara	SICH0366	10/3/1988	3900	Sichuan	
1988.367	Meconopsis integrifolia	Papaveraceae	Erskine, Fliegner, Howick, McNamara	SICH0367	10/3/1988	3900	Sichuan	
1988.368	Rheum sp.	Polygonaceae	Erskine, Fliegner, Howick, McNamara	SICH0368	10/3/1988	3900	Sichuan	
1988.369	Aconitum sp.	Ranunculaceae	Erskine, Fliegner, Howick, McNamara	SICH0369	10/3/1988	3900	Sichuan	
1988.370	Potentilla parvifolia	Rosaceae	Erskine, Fliegner, Howick, McNamara	SICH0370	10/3/1988	3900	Sichuan	K
1988.371	Potentilla parvifolia	Rosaceae	Erskine, Fliegner, Howick, McNamara	SICH0371	10/3/1988	3900	Sichuan	K
1988.372	Triosteum himalayanum	Caprifoliaceae	Erskine, Fliegner, Howick, McNamara	SICH0372	10/3/1988	3800	Sichuan	
1988.373	Sinopodophyllum hexandrum	Berberidaceae	Erskine, Fliegner, Howick, McNamara	SICH0373	10/3/1988	3800	Sichuan	
1988.374	Sedum sp.	Crassulaceae	Erskine, Fliegner, Howick, McNamara	SICH0374	10/3/1988	3800	Sichuan	
1988.375	Berberis diaphana	Berberidaceae	Erskine, Fliegner, Howick, McNamara	SICH0375	10/3/1988	3690	Sichuan	K
1988.376	Quercus semecarpifolia	Fagaceae	Erskine, Fliegner, Howick, McNamara	SICH0376	10/3/1988	3690	Sichuan	K
1988.377	Rhododendron souliei	Ericaceae	Erskine, Fliegner, Howick, McNamara	SICH0377	10/3/1988	3570	Sichuan	K
1988.378	Rhododendron sp.	Ericaceae	Erskine, Fliegner, Howick, McNamara	SICH0378	10/3/1988	3570	Sichuan	K
1988.379	Elsholtzia polystachya	Lamiaceae	Erskine, Fliegner, Howick, McNamara	SICH0379	10/3/1988	3020	Sichuan	K
1988.380	Rhododendron decorum	Ericaceae	Erskine, Fliegner, Howick, McNamara	SICH0380	10/3/1988	3020	Sichuan	K
1988.381	Lilium sp.	Liliaceae	Erskine, Fliegner, Howick, McNamara	SICH0381	10/3/1988	3020	Sichuan	
1988.382	Rosa moyesii	Rosaceae	Erskine, Fliegner, Howick, McNamara	SICH0382	10/3/1988	3020	Sichuan	
1988.383	Actaea asiatica	Ranunculaceae	Erskine, Fliegner, Howick, McNamara	SICH0383	10/3/1988	3040	Sichuan	
1988.384	Hydrangea heteromalla	Hydrangeaceae	Erskine, Fliegner, Howick, McNamara	SICH0384	10/3/1988	3040	Sichuan	K
1988.385	Rhododendron sp.	Ericaceae	Erskine, Fliegner, Howick, McNamara	SICH0385	10/3/1988	3040	Sichuan	K
1988.386	Paris sp.	Trilliaceae	Erskine, Fliegner, Howick, McNamara	SICH0386	10/3/1988	3040	Sichuan	
1988.387	Aralia elata	Araliaceae	Erskine, Fliegner, Howick, McNamara	SICH0387	10/3/1988	3040	Sichuan	

03

Accession	Taxa	Family	Collectors	Number	Time	Elevation (m)	Region	Herbarium
1988.388	Arisaema erubescens	Araceae	Erskine, Fliegner, Howick, McNamara	SICH0388	10/3/1988	3040	Sichuan	
1988.389	Cimicifuga foetida	Ranunculaceae	Erskine, Fliegner, Howick, McNamara	SICH0389	10/3/1988	3040	Sichuan	
1988.390	Rhododendron concinnum	Ericaceae	Erskine, Fliegner, Howick, McNamara	SICH0390	10/3/1988	3040	Sichuan	K
1988.391	Ceratostigma minus	Plumbaginaceae	Erskine, Fliegner, Howick, McNamara	SICH0391	10/4/1988	1660	Sichuan	K
1988.392	Isodon dawoensis	Lamiaceae	Erskine, Fliegner, Howick, McNamara	SICH0392	10/4/1988	1410	Sichuan	K
1988.393	Ligustrum quihoui	Oleaceae	Erskine, Fliegner, Howick, McNamara	SICH0393	10/4/1988	1410	Sichuan	K
1988.394	Excoecaria acerifolia	Euphorbiaceae	Erskine, Fliegner, Howick, McNamara	SICH0394	10/4/1988	1410	Sichuan	K
1988.395	Caryopteris incana	Verbenaceae	Erskine, Fliegner, Howick, McNamara	SICH0395	10/4/1988	1410	Sichuan	K
1988.396	Leptodermis purdomii	Rubiaceae	Erskine, Fliegner, Howick, McNamara	SICH0396	10/4/1988	1410	Sichuan	K
1988.397	Vitex negundo var. heterophylla	Verbenaceae	Erskine, Fliegner, Howick, McNamara	SICH0397	10/4/1988	1410	Sichuan	K
1988.398	Osyris wightiana	Santalaceae	Erskine, Fliegner, Howick, McNamara	SICH0398	10/4/1988	1340	Sichuan	K
1988.399	Quercus serrata	Fagaceae	Erskine, Fliegner, Howick, McNamara	SICH0399	10/5/1988	1870	Sichuan	K
1988.400	Rosa sericea subsp. omeiensis	Rosaceae	Erskine, Fliegner, Howick, McNamara	SICH0400	10/5/1988	2980	Sichuan	K
1988.401	Rhododendron pachytrichum	Ericaceae	Erskine, Fliegner, Howick, McNamara	SICH0401	10/5/1988	2980	Sichuan	K
1988.402	Aletris glabra	Liliaceae	Erskine, Fliegner, Howick, McNamara	SICH0402	10/5/1988	2980	Sichuan	K
1988.403	Malus x micromalus	Rosaceae	Erskine, Fliegner, Howick, McNamara	SICH0403	10/5/1988	2400	Sichuan	K
1988.404	Hydrangea longipes	Hydrangeaceae	Erskine, Fliegner, Howick, McNamara	SICH0404	10/5/1988	2400	Sichuan	K
1988.405	Sorbus meliosmifolia	Rosaceae	Erskine, Fliegner, Howick, McNamara	SICH0405	10/5/1988	2400	Sichuan	
1988.406	Acer erianthum	Sapindaceae	Erskine, Fliegner, Howick, McNamara	SICH0406	10/5/1988	2400	Sichuan	K
1988.407	Sorbus aronioides	Rosaceae	Erskine, Fliegner, Howick, McNamara	SICH0407	10/5/1988	2400	Sichuan	K
1988.408	Hydrangea aspera subsp. robusta	Hydrangeaceae	Erskine, Fliegner, Howick, McNamara	SICH0408	10/5/1988	2330	Sichuan	K
1988.409	Polygonatum verticillatum	Liliaceae	Erskine, Fliegner, Howick, McNamara	SICH0041A	9/11/1988	2370	Sichuan	
1988.410	Gentiana sp.	Gentianaceae	Erskine, Fliegner, Howick, McNamara	SICH0105A	9/14/1988	4200	Sichuan	
1988.411	Gentiana macrophylla	Gentianaceae	Erskine, Fliegner, Howick, McNamara	SICH0110A	9/15/1988	3510	Sichuan	K
1988.412	Delphinium sp.	Ranunculaceae	Erskine, Fliegner, Howick, McNamara	SICH0117A	9/16/1988	2970	Sichuan	
1988.413	Cornus sp.	Cornaceae	McNamara, W.	M0001	9/28/1988	2370	Sichuan	
1988.419	Picea sp.	Pinaceae	Erskine, Fliegner, Howick, McNamara				Sichuan	
1990.001	Quercus aliena	Fagaceae	Howick, McNamara	H&M1364	10/6/1990	1670	Sichuan	
1990.002	Sapindus delavayi	Sapindaceae	Howick, McNamara	H&M1365	10/6/1990	1720	Sichuan	
1990.003	Pistacia chinensis	Anacardiaceae	Howick, McNamara	H&M1366	10/6/1990	1720	Sichuan	

Accession	Taxa	Family	Collectors	Number	Time	Elevation (m)	Region	Herbarium
1990.004	Acer paxii	Sapindaceae	Howick, McNamara	H&M1367	10/6/1990	1720	Sichuan	K
1990.005	Spiraea henryi	Rosaceae	Howick, McNamara	H&M1368	10/6/1990	1740	Sichuan	K
1990.006	Rhamnus utilis	Rhamnaceae	Howick, McNamara	H&M1369	10/6/1990	1750	Sichuan	
1990.007	Desmodium elegans	Fabaceae	Howick, McNamara	H&M1370	10/6/1990	1750	Sichuan	
1990.008	Pistacia chinensis	Anacardiaceae	Howick, McNamara	H&M1371	10/6/1990	1760	Sichuan	
1990.009	Vernonia saligna	Asteraceae	Howick, McNamara	H&M1372	10/6/1990	1760	Sichuan	K
1990.010	Desmodium elegans	Fabaceae	Howick, McNamara	H&M1373	10/6/1990	1800	Sichuan	
1990.011	Pueraria lobata	Fabaceae	Howick, McNamara	H&M1374	10/6/1990	1880	Sichuan	
1990.012	Pistacia chinensis	Anacardiaceae	Howick, McNamara	H&M1375	10/6/1990	1940	Sichuan	
1990.013	Lithocarpus dealbatus	Fagaceae	Howick, McNamara	H&M1376	10/6/1990	1960	Sichuan	
1990.014	Machilus forrestii	Lauraceae	Howick, McNamara	H&M1377	10/6/1990	1980	Sichuan	
1990.015	Ficus sarmentosa var. henryi	Moraceae	Howick, McNamara	H&M1378	10/6/1990	1860	Sichuan	
1990.016	Firmiana simplex	Sterculiaceae	Howick, McNamara	H&M1379	10/6/1990	1810	Sichuan	
1990.017	Sarcococca ruscifolia	Buxaceae	Howick, McNamara	H&M1380	10/6/1990	1980	Sichuan	
1990.018	Rhododendron decorum	Ericaceae	Howick, McNamara	H&M1381	10/7/1990	3020	Sichuan	K
1990.019	Cotoneaster adpressus	Rosaceae	Howick, McNamara	H&M1382	10/7/1990	3020	Sichuan	K
1990.020	Potentilla anserina	Rosaceae	Howick, McNamara	H&M1383	10/7/1990	3030	Sichuan	K
1990.021	Prunella vulgaris	Lamiaceae	Howick, McNamara	H&M1384	10/7/1990	3030	Sichuan	K
1990.022	Swertia cincta	Gentianaceae	Howick, McNamara	H&M1385	10/7/1990	3030	Sichuan	K
1990.023	Rhododendron racemosum	Ericaceae	Howick, McNamara	H&M1386	10/7/1990	3030	Sichuan	K
1990.024	Lithocarpus variolosus	Fagaceae	Howick, McNamara	H&M1387	10/7/1990	3040	Sichuan	K
1990.025	Berberis grodtmanniana var. flavoramea	Berberidaceae	Howick, McNamara	H&M1388	10/7/1990	3050	Sichuan	K
1990.026	Quercus monimotricha	Fagaceae	Howick, McNamara	H&M1389	10/7/1990	3060	Sichuan	K
1990.027	Codonopsis tubulosa	Campanulaceae	Howick, McNamara	H&M1390	10/7/1990	3060	Sichuan	K
1990.028	Viburnum kansuense	Adoxaceae	Howick, McNamara	H&M1391	10/7/1990	3070	Sichuan	K
1990.029	Gueldenstaedtia diversifolia	Fabaceae	Howick, McNamara	H&M1392	10/7/1990	3070	Sichuan	
1990.030	Iris forrestii	Iridaceae	Howick, McNamara	H&M1393	10/7/1990	3090	Sichuan	
1990.031	Salvia yunnanensis	Lamiaceae	Howick, McNamara	H&M1394	10/7/1990	3090	Sichuan	
1990.032	Pinus yunnanensis	Pinaceae	Howick, McNamara	H&M1395	10/7/1990	3080	Sichuan	K
1990.033	Cotoneaster dielsianus	Rosaceae	Howick, McNamara	H&M1396	10/7/1990	3080	Sichuan	K

03

Accession	Taxa	Family	Collectors	Number	Time	Elevation (m)	Region	Herbarium
1990.034	Quercus monimotricha	Fagaceae	Howick, McNamara	H&M1397	10/7/1990	3100	Sichuan	
1990.035	Geranium pylzowianum	Geraniaceae	Howick, McNamara	H&M1398	10/7/1990	3050	Sichuan	
1990.036	Hypericum japonicum	Hypericaceae	Howick, McNamara	H&M1399	10/7/1990	2720	Sichuan	K
1990.037	Sarcococca hookeriana var. digyna	Buxaceae	Howick, McNamara	H&M1401	10/7/1990	2720	Sichuan	K
1990.038	Illicium simonsii	Illiciaceae	Howick, McNamara	H&M1400	10/7/1990	2720	Sichuan	K
1990.039	Buddleja sp.	Loganiaceae	Howick, McNamara	H&M1402	10/7/1990	2720	Sichuan	K
1990.040	Leycesteria formosa	Caprifoliaceae	Howick, McNamara	H&M1403	10/7/1990	2720	Sichuan	K
1990.041	Lithocarpus variolosus	Fagaceae	Howick, McNamara	H&M1404	10/7/1990	2705	Sichuan	K
1990.042	Anemone hupehensis	Ranunculaceae	Howick, McNamara	H&M1405	10/7/1990	2705	Sichuan	
1990.043	Salvia castanea	Lamiaceae	Howick, McNamara	H&M1406	10/7/1990	2705	Sichuan	
1990.044	Rosa sericea subsp. omeiensis	Rosaceae	Howick, McNamara	H&M1407	10/7/1990	2570	Sichuan	
1990.045	Berberis wilsoniae	Berberidaceae	Howick, McNamara	H&M1408	10/7/1990	2570	Sichuan	K
1990.046	Paris polyphylla	Trilliaceae	Howick, McNamara	H&M1409	10/7/1990	2570	Sichuan	
1990.047	Arisaema erubescens	Araceae	Howick, McNamara	H&M1410	10/7/1990	2570	Sichuan	
1990.048	Dipsacus asper	Dipsacaceae	Howick, McNamara	H&M1411	10/7/1990	2570	Sichuan	
1990.049	Pyracantha fortuneana	Rosaceae	Howick, McNamara	H&M1412	10/7/1990	2490	Sichuan	K
1990.050	Anemone sp.	Ranunculaceae	Howick, McNamara	H&M1413	10/7/1990	2490	Sichuan	
1990.051	Rhododendron davidsonianum	Ericaceae	Howick, McNamara	H&M1414	10/8/1990	2370	Sichuan	K
1990.052	Rhododendron sp.	Ericaceae	Howick, McNamara	H&M1414A	10/8/1990	2370	Sichuan	K
1990.053	Delphinium sp.	Ranunculaceae	Howick, McNamara	H&M1415	10/8/1990	2370	Sichuan	
1990.054	Lyonia ovalifolia	Ericaceae	Howick, McNamara	H&M1416	10/8/1990	2370	Sichuan	K
1990.055	Rhododendron pubescens	Ericaceae	Howick, McNamara	H&M1417	10/8/1990	2370	Sichuan	K
1990.056	Campanula sp.	Campanulaceae	Howick, McNamara	H&M1418	10/8/1990	2400	Sichuan	
1990.057	Viburnum cylindricum	Adoxaceae	Howick, McNamara	H&M1419	10/8/1990	2410	Sichuan	K
1990.058	Rhododendron spinuliferum	Ericaceae	Howick, McNamara	H&M1420	10/8/1990	2410	Sichuan	K
1990.059	Rodgersia pinnata	Saxifragaceae	Howick, McNamara	H&M1421	10/8/1990	2240	Sichuan	
1990.060	Gaultheria sp.	Ericaceae	Howick, McNamara	H&M1422	10/8/1990	2240	Sichuan	K
1990.061	Rhododendron augustinii subsp. chasmanthum	Ericaceae	Howick, McNamara	H&M1423	10/8/1990	2240	Sichuan	K
1990.062	Eurya sp.	Theaceae	Howick, McNamara	H&M1424	10/8/1990	2240	Sichuan	K

Accession	Taxa	Family	Collectors	Number	Time	Elevation (m)	Region	Herbarium
1990.063	Rhododendron spinuliferum	Ericaceae	Howick, McNamara	H&M1425	10/8/1990	2240	Sichuan	K
1990.064	Viburnum sp.	Adoxaceae	Howick, McNamara	H&M1426	10/8/1990	2240	Sichuan	
1990.065	Rosa longicuspis var. longicuspis	Rosaceae	Howick, McNamara	H&M1427	10/8/1990	2240	Sichuan	K
1990.066	Camellia sp.	Theaceae	Howick, McNamara	H&M1428	10/8/1990	2240	Sichuan	K
1990.067	Primula poissonii	Primulaceae	Howick, McNamara	H&M1429	10/8/1990	2240	Sichuan	
1990.068	Keteleeria evelyniana	Pinaceae	Howick, McNamara	H&M1430	10/8/1990	2140	Sichuan	K
1990.069	Aconitum sp.	Ranunculaceae	Howick, McNamara	H&M1431	10/9/1990	2800	Sichuan	
1990.070	Viburnum betulifolium	Adoxaceae	Howick, McNamara	H&M1432	10/9/1990	3080	Sichuan	K
1990.071	Quercus guajavifolia	Fagaceae	Howick, McNamara	H&M1433	10/9/1990	3380	Sichuan	K
1990.072	Sorbus prattii	Rosaceae	Howick, McNamara	H&M1434	10/9/1990	3400	Sichuan	K
1990.073	Gentiana sp.	Gentianaceae	Howick, McNamara	H&M1435	10/9/1990	3400	Sichuan	
1990.074	Berberis muliensis	Berberidaceae	Howick, McNamara	H&M1436	10/9/1990	3800	Sichuan	K
1990.075	Thalictrum sp.	Ranunculaceae	Howick, McNamara	H&M1437	10/10/1990	3570	Sichuan	
1990.076	Ribes sp.	Saxifragaceae	Howick, McNamara	H&M1438	10/10/1990	3560	Sichuan	K
1990.077	Spiraea sp.	Rosaceae	Howick, McNamara	H&M1439	10/10/1990	3560	Sichuan	K
1990.078	Rhododendron sp.	Ericaceae	Howick, McNamara	H&M1440	10/10/1990	3570	Sichuan	K
1990.079	Sorbus rehderiana	Rosaceae	Howick, McNamara	H&M1441	10/10/1990	3570	Sichuan	K
1990.080	Polygonatum cirrhifolium	Liliaceae	Howick, McNamara	H&M1442	10/10/1990	3570	Sichuan	K
1990.081	Clematis sp.	Ranunculaceae	Howick, McNamara	H&M1443	10/10/1990	3570	Sichuan	K
1990.082	Polygonatum sp.	Liliaceae	Howick, McNamara	H&M1444	10/10/1990	3570	Sichuan	
1990.083	Aconitum vilmorinianum var. altifidum	Ranunculaceae	Howick, McNamara	H&M1445	10/10/1990	3570	Sichuan	K
1990.084	Rosa sp.	Rosaceae	Howick, McNamara	H&M1446	10/10/1990	3570	Sichuan	K
1990.085	Abies fargesii	Pinaceae	Howick, McNamara	H&M1447	10/10/1990	3570	Sichuan	K
1990.086	Rhododendron pachytrichum	Ericaceae	Howick, McNamara	H&M1448	10/10/1990	3570	Sichuan	K
1990.087	Rhododendron concinnum	Ericaceae	Howick, McNamara	H&M1449	10/10/1990	3570	Sichuan	K
1990.088	Rhododendron sp.	Ericaceae	Howick, McNamara	H&M1450	10/10/1990	3580	Sichuan	K
1990.089	Bergenia purpurascens	Saxifragaceae	Howick, McNamara	H&M1451	10/10/1990	3590	Sichuan	K
1990.090	Rhododendron traillianum	Ericaceae	Howick, McNamara	H&M1452	10/10/1990	3560	Sichuan	K
1990.091	Spiraea sp.	Rosaceae	Howick, McNamara	H&M1453	10/10/1990	3570	Sichuan	K
1990.092	Piptanthus nepalensis	Fabaceae	Howick, McNamara	H&M1453A	10/10/1990	3500	Sichuan	

Accession	Taxa	Family	Collectors	Number	Time	Elevation (m)	Region	Herbarium
1990.093	Smilax bockii	Liliaceae	Howick, McNamara	H&M1454	10/10/1990	3750	Sichuan	K
1990.094	Epilobium angustifolium	Onagraceae	Howick, McNamara	H&M1455	10/10/1990	3700	Sichuan	
1990.095	Acer caudatum	Sapindaceae	Howick, McNamara	H&M1456	10/10/1990	3710	Sichuan	K
1990.096	Hypericum sp.	Hypericaceae	Howick, McNamara	H&M1457	10/10/1990	3710	Sichuan	K
1990.097	Cirsium bolocephalum	Asteraceae	Howick, McNamara	H&M1458	10/11/1990	3700	Sichuan	
1990.098	Bergenia purpurascens	Saxifragaceae	Howick, McNamara	H&M1459	10/11/1990	4000	Sichuan	
1990.099	Gentiana sp.	Gentianaceae	Howick, McNamara	H&M1460	10/11/1990	3970	Sichuan	
1990.100	Spiraea sp.	Rosaceae	Howick, McNamara	H&M1461	10/11/1990	3920	Sichuan	K
1990.101	Rosa sp.	Rosaceae	Howick, McNamara	H&M1462	10/11/1990	3720	Sichuan	
1990.102	Rhododendron amesiae	Ericaceae	Howick, McNamara	H&M1463	10/11/1990	3440	Sichuan	K
1990.103	Buddleja sp.	Loganiaceae	Howick, McNamara	H&M1464	10/11/1990	3440	Sichuan	
1990.104	Juniperus squamata var. fargesii	Cupressaceae	Howick, McNamara	H&M1465	10/11/1990	3440	Sichuan	K
1990.105	Rhododendron rex subsp. fictolacteum	Ericaceae	Howick, McNamara	H&M1466	10/11/1990	3470	Sichuan	K
1990.106	Rhododendron sp.	Ericaceae	Howick, McNamara	H&M1467	10/11/1990	3470	Sichuan	K
1990.107	Rhododendron concinnum	Ericaceae	Howick, McNamara	H&M1468	10/11/1990	3450	Sichuan	K
1990.108	Rhododendron souliei	Ericaceae	Howick, McNamara	H&M1469	10/11/1990	3420	Sichuan	K
1990.109	Rosa sp.	Rosaceae	Howick, McNamara	H&M1470	10/11/1990	3410	Sichuan	
1990.110	Quercus guajavifolia	Fagaceae	Howick, McNamara	H&M1471	10/11/1990	3410	Sichuan	K
1990.111	Rosa sericea	Rosaceae	Howick, McNamara	H&M1472	10/11/1990	3410	Sichuan	K
1990.112	Pedicularis sp.	Scrophulariaceae	Howick, McNamara	H&M1473	10/12/1990	3250	Sichuan	
1990.113	Origanum vulgare	Lamiaceae	Howick, McNamara	H&M1474	10/12/1990	3250	Sichuan	
1990.114	Geum aleppicum	Rosaceae	Howick, McNamara	H&M1475	10/12/1990	3190	Sichuan	K
1990.115	Phlomis umbrosa	Lamiaceae	Howick, McNamara	H&M1476	10/12/1990	3150	Sichuan	K
1990.116	Syringa yunnanensis	Oleaceae	Howick, McNamara	H&M1477	10/12/1990	3120	Sichuan	K
1990.117	Hydrangea heteromalla	Hydrangeaceae	Howick, McNamara	H&M1478	10/12/1990	3120	Sichuan	K
1990.118	Betula albosinensis	Betulaceae	Howick, McNamara	H&M1480	10/12/1990	3120	Sichuan	K
1990.119	Aster sp.	Asteraceae	Howick, McNamara	H&M1481	10/12/1990	3110	Sichuan	K
1990.120	Lithocarpus variolosus	Fagaceae	Howick, McNamara	H&M1482	10/12/1990	3100	Sichuan	K
1990.121	Lithocarpus dealbatus	Fagaceae	Howick, McNamara	H&M1483	10/12/1990	3080	Sichuan	K
1990.122	Buddleja nivea	Loganiaceae	Howick, McNamara	H&M1484	10/12/1990	3080	Sichuan	K

Accession	Taxa	Family	Collectors	Number	Time	Elevation (m)	Region	Herbarium
1990.123	Osmanthus delavayi	Oleaceae	Howick, McNamara	H&M1485	10/12/1990	3080	Sichuan	K
1990.124	Philadelphus purpurascens	Hydrangeaceae	Howick, McNamara	H&M1486	10/12/1990	3070	Sichuan	K
1990.125	Gentiana melandriifolia	Gentianaceae	Howick, McNamara	H&M1487	10/12/1990	3500	Sichuan	
1990.126	Lyonia villosa	Ericaceae	Howick, McNamara	H&M1488	10/12/1990	3560	Sichuan	K
1990.127	Gentiana sino-ornata	Gentianaceae	Howick, McNamara	H&M1489	10/12/1990	3600	Sichuan	K
1990.128	Rhododendron phaeochrysum var. phaeochrysum	Ericaceae	Howick, McNamara	H&M1490	10/12/1990	3750	Sichuan	K
1990.129	Lonicera tatsienensis	Caprifoliaceae	Howick, McNamara	H&M1491	10/12/1990	3750	Sichuan	K
1990.130	Quercus monimotricha	Fagaceae	Howick, McNamara	H&M1492	10/12/1990	3450	Sichuan	
1990.131	Hydrangea heteromalla	Hydrangeaceae	Howick, McNamara	H&M1493	10/13/1990	3040	Sichuan	
1990.132	Illicium simonsii	Illiciaceae	Howick, McNamara	H&M1494	10/13/1990	3040	Sichuan	
1990.133	Osmanthus delavayi	Oleaceae	Howick, McNamara	H&M1495	10/13/1990	3020	Sichuan	K
1990.134	Cyananthus inflatus	Campanulaceae	Howick, McNamara	H&M1495A	10/13/1990	3020	Sichuan	
1990.135	Clematis trullifera	Ranunculaceae	Howick, McNamara	H&M1496	10/13/1990	2970	Sichuan	K
1990.136	Rhododendron floribundum	Ericaceae	Howick, McNamara	H&M1497	10/13/1990	2860	Sichuan	K
1990.137	Berchemia yunnanensis	Rhamnaceae	Howick, McNamara	H&M1498	10/13/1990	2890	Sichuan	K
1990.138	Clethra delavayi	Clethraceae	Howick, McNamara	H&M1499	10/13/1990	2790	Sichuan	K
1990.139	Acer forrestii	Sapindaceae	Howick, McNamara	H&M1500	10/13/1990	2760	Sichuan	K
1990.140	Acer forrestii	Sapindaceae	Howick, McNamara	H&M1501	10/13/1990	2760	Sichuan	K
1990.141	Gaultheria sp.	Ericaceae	Howick, McNamara	H&M1502	10/13/1990	2760	Sichuan	K
1990.142	Acer stachyophyllum	Sapindaceae	Howick, McNamara	H&M1503	10/13/1990	2750	Sichuan	K
1990.143	Stauntonia sp.	Lardizabalaceae	Howick, McNamara	H&M1504	10/13/1990	2760	Sichuan	K
1990.144	Meliosma cuneifolia var. cuneifolia	Sabiaceae	Howick, McNamara	H&M1505	10/13/1990	2740	Sichuan	K
1990.145	Ilex yunnanensis	Aquifoliaceae	Howick, McNamara	H&M1506	10/13/1990	2700	Sichuan	K
1990.146	Pyracantha sp.	Rosaceae	Howick, McNamara	H&M1507	10/16/1990	1890	Yunnan	
1990.147	Sapium sebiferum	Euphorbiaceae	Howick, McNamara	H&M1508	10/16/1990	1600	Yunnan	
1990.148	Rhododendron racemosum	Ericaceae	Howick, McNamara	H&M1509	10/17/1990	2300	Yunnan	K
1990.149	Cyanotis barbata	Commelinaceae	Howick, McNamara	H&M1510	10/17/1990	2250	Yunnan	K
1990.150	Rhododendron microphyton	Ericaceae	Howick, McNamara	H&M1511	10/17/1990	2250	Yunnan	K
1990.151	Sanguisorba officinalis	Rosaceae	Howick, McNamara	H&M1512	10/17/1990	2250	Yunnan	K

03

Accession	Taxa	Family	Collectors	Number	Time	Elevation (m)	Region	Herbarium
1990.152	Astilbe grandis	Saxifragaceae	Howick, McNamara	H&M1513	10/17/1990	2310	Yunnan	K
1990.153	Osbeckia crinita	Melastomataceae	Howick, McNamara	H&M1514	10/17/1990	2310	Yunnan	K
1990.154	Delphinium sp.	Ranunculaceae	Howick, McNamara	H&M1515	10/17/1990	2310	Yunnan	
1990.155	Gaultheria sp.	Ericaceae	Howick, McNamara	H&M1516	10/17/1990	2340	Yunnan	K
1990.156	Polygonum cuspidatum	Polygonaceae	Howick, McNamara	H&M1517	10/17/1990	2340	Yunnan	K
1990.157	Aconitum sp.	Ranunculaceae	Howick, McNamara	H&M1518	10/17/1990	2340	Yunnan	
1990.158	Deutzia longifolia	Saxifragaceae	Howick, McNamara	H&M1519	10/17/1990	2340	Yunnan	K
1990.159	Buddleja myriantha	Loganiaceae	Howick, McNamara	H&M1520	10/17/1990	2350	Yunnan	K
1990.160	Adenophora ornata	Campanulaceae	Howick, McNamara	H&M1521	10/17/1990	2350	Yunnan	K
1990.161	Hedychium yunnanense	Zingiberaceae	Howick, McNamara	H&M1522	10/17/1990	2360	Yunnan	K
1990.162	Lilium sp.	Liliaceae	Howick, McNamara	H&M1523	10/17/1990	2360	Yunnan	
1990.163	Luculia pinceana var. pinceana	Rubiaceae	Howick, McNamara	H&M1524	10/17/1990	2365	Yunnan	K
1990.164	Geranium sinense	Geraniaceae	Howick, McNamara	H&M1525	10/17/1990	2365	Yunnan	
1990.165	Cotoneaster dielsianus	Rosaceae	Howick, McNamara	H&M1526	10/17/1990	2360	Yunnan	K
1990.166	Arisaema yunnanense	Araceae	Howick, McNamara	H&M1527	10/17/1990	2355	Yunnan	
1990.167	Anemone hupehensis	Ranunculaceae	Howick, McNamara	H&M1528	10/17/1990	2350	Yunnan	
1990.168	Rhododendron sp.	Ericaceae	Howick, McNamara	H&M1529	10/17/1990	2360	Yunnan	K
1990.169	Pyracantha fortuneana	Rosaceae	Howick, McNamara	H&M1530	10/17/1990	2350	Yunnan	K
1990.170	Primula sp.	Primulaceae	Howick, McNamara	H&M1531	10/17/1990	2350	Yunnan	
1990.171	Lobelia sp.	Campanulaceae	Howick, McNamara	H&M1531A	10/17/1990	2350	Yunnan	
1990.172	Ligularia melanocephala	Asteraceae	Howick, McNamara	H&M1533	10/17/1990	2320	Yunnan	
1990.173	Malva sp.	Malvaceae	Howick, McNamara	H&M1534	10/17/1990	2250	Yunnan	K
1990.174	Cynoglossum amabile	Boraginaceae	Howick, McNamara	H&M1535	10/17/1990	2240	Yunnan	
1990.175	Ligustrum quihoui	Oleaceae	Howick, McNamara	H&M1536	10/18/1990	2920	Yunnan	K
1990.176	Cotoneaster dielsianus	Rosaceae	Howick, McNamara	H&M1537	10/18/1990	2920	Yunnan	K
1990.177	Rosa rubus	Rosaceae	Howick, McNamara	H&M1538	10/18/1990	2920	Yunnan	K
1990.178	Rhododendron yunnanense	Ericaceae	Howick, McNamara	H&M1539	10/18/1990	2920	Yunnan	K
1990.179	Rhamnus utilis	Rhamnaceae	Howick, McNamara	H&M1540	10/18/1990	3920	Yunnan	K
1990.180	Rhododendron racemosum	Ericaceae	Howick, McNamara	H&M1541	10/18/1990	3920	Yunnan	K
1990.181	Cotoneaster adpressus	Rosaceae	Howick, McNamara	H&M1542	10/18/1990	3920	Yunnan	K

Accession	Taxa	Family	Collectors	Number	Time	Elevation (m)	Region	Herbarium
1990.182	Viburnum betulifolium	Adoxaceae	Howick, McNamara	H&M1543	10/18/1990	3950	Yunnan	K
1990.183	Rhododendron dichroanthum	Ericaceae	Howick, McNamara	H&M1544	10/18/1990	3960	Yunnan	K
1990.184	Salvia digitaloides	Lamiaceae	Howick, McNamara	H&M1545	10/19/1990	3100	Yunnan	K
1990.185	Cimicifuga yunnanensis	Ranunculaceae	Howick, McNamara	H&M1546	10/19/1990	3120	Yunnan	K
1990.186	Rhododendron sp.	Ericaceae	Howick, McNamara	H&M1547	10/19/1990	3120	Yunnan	K
1990.187	Thalictrum finetii	Ranunculaceae	Howick, McNamara	H&M1548	10/19/1990	3120	Yunnan	
1990.188	Rosa sericea	Rosaceae	Howick, McNamara	H&M1549	10/19/1990	3120	Yunnan	K
1990.189	Rodgersia pinnata	Saxifragaceae	Howick, McNamara	H&M1550	10/19/1990	3120	Yunnan	K
1990.190	Ligularia sp.	Asteraceae	Howick, McNamara	H&M1551	10/19/1990	3150	Yunnan	K
1990.191	Rosa sp.	Rosaceae	Howick, McNamara	H&M1552	10/19/1990	3150	Yunnan	K
1990.192	Rhododendron tatsienense	Ericaceae	Howick, McNamara	H&M1553	10/19/1990	3150	Yunnan	K
1990.193	Ligularia sp.	Asteraceae	Howick, McNamara	H&M1554	10/19/1990	3160	Yunnan	
1990.194	Saxifraga sp.	Saxifragaceae	Howick, McNamara	H&M1555	10/19/1990	3160	Yunnan	K
1990.195	Cornus oblonga	Cornaceae	Howick, McNamara	H&M1556	10/19/1990	3180	Yunnan	K
1990.196	Schisandra sphenanthera	Schisandraceae	Howick, McNamara	H&M1557	10/19/1990	3280	Yunnan	K
1990.197	Aconitum brevicalcaratum	Ranunculaceae	Howick, McNamara	H&M1558	10/19/1990	3280	Yunnan	K
1990.198	Philadelphus purpurascens	Hydrangeaceae	Howick, McNamara	H&M1559	10/19/1990	3440	Yunnan	K
1990.199	Viburnum betulifolium	Adoxaceae	Howick, McNamara	H&M1560	10/19/1990	3440	Yunnan	
1990.200	Corylus heterophylla	Betulaceae	Howick, McNamara	H&M1561	10/19/1990	3200	Yunnan	
1990.201	Lonicera acuminata var. acuminata	Caprifoliaceae	Howick, McNamara	H&M1562	10/20/1990	2830	Yunnan	K
1990.202	Cornus capitata	Cornaceae	Howick, McNamara	H&M1563	10/20/1990	2830	Yunnan	K
1990.203	Rhododendron sp.	Ericaceae	Howick, McNamara	H&M1564	10/20/1990	2820	Yunnan	K
1990.204	Lyonia ovalifolia	Ericaceae	Howick, McNamara	H&M1565	10/20/1990	2810	Yunnan	K
1990.205	Clematis sp.	Ranunculaceae	Howick, McNamara	H&M1566	10/20/1990	2810	Yunnan	
1990.206	Rosa longicuspis var. longicuspis	Rosaceae	Howick, McNamara	H&M1567	10/20/1990	2530	Yunnan	K
1990.207	Photinia serratifolia var. serratifolia	Rosaceae	Howick, McNamara	H&M1568	10/20/1990	2520	Yunnan	K
1990.208	Lyonia ovalifolia	Ericaceae	Howick, McNamara	H&M1569	10/20/1990	2510	Yunnan	K
1990.209	Quercus gilliana	Fagaceae	Howick, McNamara	H&M1570	10/20/1990	2510	Yunnan	K
1990.210	Alnus nepalensis	Betulaceae	Howick, McNamara	H&M1571	10/20/1990	2510	Yunnan	K
1990.211	Vaccinium sp.	Ericaceae	Howick, McNamara	H&M1572	10/20/1990	2500	Yunnan	K

03

Accession	Taxa	Family	Collectors	Number	Time	Elevation (m)	Region	Herbarium
1990.212	Coriaria nepalensis	Coriariaceae	Howick, McNamara	H&M1573	10/20/1990	2490	Yunnan	K
1990.213	Thalictrum sp.	Ranunculaceae	Howick, McNamara	H&M1401A	10/7/1990	2700	Sichuan	
1990.214	Aster sp.	Asteraceae	Howick, McNamara	H&M1402A	10/7/1990	2700	Sichuan	
1990.215	Corylus tibetica	Betulaceae	Howick, McNamara	H&M1479	10/12/1990	3120	Sichuan	
1991.001	Lilium sargentiae	Liliaceae	Erskine, Howick, McNamara, Simmons	SICH0500	9/19/1991	840	Sichuan	
1991.002	Hedychium spicatum var. acuminatum	Zingiberaceae	Erskine, Howick, McNamara, Simmons	SICH0501	9/19/1991	980	Sichuan	K
1991.003	Alnus cremastogyne	Betulaceae	Erskine, Howick, McNamara, Simmons	SICH0502	9/19/1991	1300	Sichuan	K
1991.004	Alangium platanifolium	Cornaceae	Erskine, Howick, McNamara, Simmons	SICH0503	9/19/1991	1390	Sichuan	K
1991.005	Euptelea pleiosperma	Eupteleaceae	Erskine, Howick, McNamara, Simmons	SICH0504	9/19/1991	1900	Sichuan	K
1991.006	Rosa sp.	Rosaceae	Erskine, Howick, McNamara, Simmons	SICH0505	9/19/1991	1900	Sichuan	K
1991.007	Eleutherococcus henryi	Araliaceae	Erskine, Howick, McNamara, Simmons	SICH0506	9/19/1991	1900	Sichuan	K
1991.008	Elaeagnus sp.	Elaeagnaceae	Erskine, Howick, McNamara, Simmons	SICH0507	9/19/1991	1900	Sichuan	K
1991.009	Viburnum betulifolium	Adoxaceae	Erskine, Howick, McNamara, Simmons	SICH0508	9/19/1991	1900	Sichuan	K
1991.010	Stachyurus sp.	Stachyuraceae	Erskine, Howick, McNamara, Simmons	SICH0509	9/19/1991	1900	Sichuan	K
1991.011	Meliosma cuneifolia var. cuneifolia	Sabiaceae	Erskine, Howick, McNamara, Simmons	SICH0510	9/19/1991	1900	Sichuan	K
1991.012	Decaisnea insignis	Lardizabalaceae	Erskine, Howick, McNamara, Simmons	SICH0511	9/19/1991	1900	Sichuan	K
1991.013	Swertia cincta	Gentianaceae	Erskine, Howick, McNamara, Simmons	SICH0512	9/19/1991	2900	Sichuan	
1991.014	Indigofera bungeana	Fabaceae	Erskine, Howick, McNamara, Simmons	SICH0513	9/20/1991	2510	Sichuan	K
1991.015	Corydalis linstowiana	Fumariaceae	Erskine, Howick, McNamara, Simmons	SICH0514	9/20/1991	2510	Sichuan	K
1991.016	Eleutherococcus lasiogyne	Araliaceae	Erskine, Howick, McNamara, Simmons	SICH0515	9/20/1991	2510	Sichuan	K
1991.017	Eupatorium heterophyllum	Asteraceae	Erskine, Howick, McNamara, Simmons	SICH0516	9/20/1991	2510	Sichuan	K
1991.018	Rhamnus sp.	Rhamnaceae	Erskine, Howick, McNamara, Simmons	SICH0517	9/20/1991	2510	Sichuan	K
1991.019	Adenophora aurita	Campanulaceae	Erskine, Howick, McNamara, Simmons	SICH0518	9/20/1991	2520	Sichuan	K
1991.020	Rhamnus sp.	Rhamnaceae	Erskine, Howick, McNamara, Simmons	SICH0519	9/20/1991	2510	Sichuan	K
1991.021	Polygonatum sp.	Liliaceae	Erskine, Howick, McNamara, Simmons	SICH0520	9/20/1991	2520	Sichuan	
1991.022	Salvia przewalskii	Lamiaceae	Erskine, Howick, McNamara, Simmons	SICH0521	9/20/1991	2540	Sichuan	K
1991.023	Epipactis mairei	Orchidaceae	Erskine, Howick, McNamara, Simmons	SICH0523	9/20/1991	2570	Sichuan	K
1991.024	Sorbaria kirilowii	Rosaceae	Erskine, Howick, McNamara, Simmons	SICH0524	9/20/1991	2580	Sichuan	K
1991.025	Quercus semecarpifolia	Fagaceae	Erskine, Howick, McNamara, Simmons	SICH0524A	9/20/1991	2580	Sichuan	
1991.026	Abelia dielsii	Caprifoliaceae	Erskine, Howick, McNamara, Simmons	SICH0525	9/20/1991	2580	Sichuan	K

Accession	Taxa	Family	Collectors	Number	Time	Elevation (m)	Region	Herbarium
1991.027	Cotoneaster langei	Rosaceae	Erskine, Howick, McNamara, Simmons	SICH0526	9/20/1991	2580	Sichuan	K
1991.028	Rosa sp.	Rosaceae	Erskine, Howick, McNamara, Simmons	SICH0527	9/20/1991	2580	Sichuan	K
1991.029	(Undetermined)	Rutaceae	Erskine, Howick, McNamara, Simmons	SICH0528	9/20/1991	2590	Sichuan	
1991.030	Anemone hupehensis	Ranunculaceae	Erskine, Howick, McNamara, Simmons	SICH0529	9/20/1991	2640	Sichuan	K
1991.031	Delphinium tatsienense	Ranunculaceae	Erskine, Howick, McNamara, Simmons	SICH0530	9/20/1991	2640	Sichuan	K
1991.032	Rhododendron decorum subsp. decorum	Ericaceae	Erskine, Howick, McNamara, Simmons	SICH0531	9/20/1991	2770	Sichuan	K
1991.033	Corylus heterophylla var. sutchuenensis	Betulaceae	Erskine, Howick, McNamara, Simmons	SICH0532	9/20/1991	2770	Sichuan	K
1991.034	Rhododendron davidsonianum	Ericaceae	Erskine, Howick, McNamara, Simmons	SICH0533	9/20/1991	2770	Sichuan	K
1991.035	Lyonia ovalifolia	Ericaceae	Erskine, Howick, McNamara, Simmons	SICH0534	9/20/1991	2770	Sichuan	K
1991.036	Leontopodium sp.	Asteraceae	Erskine, Howick, McNamara, Simmons	SICH0535	9/20/1991	2790	Sichuan	K
1991.037	Dianthus superbus	Caryophyllaceae	Erskine, Howick, McNamara, Simmons	SICH0536	9/20/1991	2770	Sichuan	
1991.038	Malus sp.	Rosaceae	Erskine, Howick, McNamara, Simmons	SICH0537	9/20/1991	2800	Sichuan	K
1991.039	Berberis dictyophylla	Berberidaceae	Erskine, Howick, McNamara, Simmons	SICH0538	9/20/1991	2820	Sichuan	K
1991.040	Erigeron sp.	Asteraceae	Erskine, Howick, McNamara, Simmons	SICH0539	9/20/1991	2820	Sichuan	K
1991.041	Viburnum kansuense	Adoxaceae	Erskine, Howick, McNamara, Simmons	SICH0540	9/20/1991	2820	Sichuan	K
1991.042	Cotoneaster dielsianus var. elegans	Rosaceae	Erskine, Howick, McNamara, Simmons	SICH0541	9/20/1991	2840	Sichuan	K
1991.043	Rhododendron sp.	Ericaceae	Erskine, Howick, McNamara, Simmons	SICH0542	9/20/1991	2860	Sichuan	K
1991.044	Betula platyphylla	Betulaceae	Erskine, Howick, McNamara, Simmons	SICH0543	9/20/1991	2900	Sichuan	K
1991.045	Astilbe myriantha	Saxifragaceae	Erskine, Howick, McNamara, Simmons	SICH0544	9/20/1991	2850	Sichuan	
1991.046	Spiraea sp.	Rosaceae	Erskine, Howick, McNamara, Simmons	SICH0545	9/20/1991	2840	Sichuan	K
1991.047	Betula potaninii	Betulaceae	Erskine, Howick, McNamara, Simmons	SICH0546	9/20/1991	2840	Sichuan	K
1991.048	Clematis rehderiana	Ranunculaceae	Erskine, Howick, McNamara, Simmons	SICH0547	9/20/1991	2760	Sichuan	K
1991.049	Lilium lophophorum	Liliaceae	Erskine, Howick, McNamara, Simmons	SICH0548	9/21/1991	3960	Sichuan	
1991.050	Juniperus pingii var. wilsonii	Cupressaceae	Erskine, Howick, McNamara, Simmons	SICH0549	9/21/1991	3960	Sichuan	K
1991.051	Rhododendron przewalskii	Ericaceae	Erskine, Howick, McNamara, Simmons	SICH0550	9/21/1991	3960	Sichuan	K
1991.052	Meconopsis integrifolia	Papaveraceae	Erskine, Howick, McNamara, Simmons	SICH0551	9/21/1991	3960	Sichuan	
1991.053	Rhododendron thymifolium	Ericaceae	Erskine, Howick, McNamara, Simmons	SICH0552	9/21/1991	3960	Sichuan	K
1991.054	Gentiana algida	Gentianaceae	Erskine, Howick, McNamara, Simmons	SICH0553	9/21/1991	3960	Sichuan	
1991.055	Dryopteris sp.	Dryopteridaceae	Erskine, Howick, McNamara, Simmons	SICH0554	9/21/1991	3960	Sichuan	K
1991.056	Berberis dictyophylla	Berberidaceae	Erskine, Howick, McNamara, Simmons	SICH0555	9/21/1991	3960	Sichuan	K

03

Accession	Taxa	Family	Collectors	Number	Time	Elevation (m)	Region	Herbarium
1991.057	Cotoneaster adpressus	Rosaceae	Erskine, Howick, McNamara, Simmons	SICH0556	9/21/1991	3960	Sichuan	K
1991.058	Aconitum sp.	Ranunculaceae	Erskine, Howick, McNamara, Simmons	SICH0557	9/21/1991	3970	Sichuan	K
1991.059	Aconitum gymnandrum	Ranunculaceae	Erskine, Howick, McNamara, Simmons	SICH0558	9/21/1991	3970	Sichuan	K
1991.060	Primula deflexa	Primulaceae	Erskine, Howick, McNamara, Simmons	SICH0559	9/21/1991	3940	Sichuan	
1991.061	Primula sikkimensis	Primulaceae	Erskine, Howick, McNamara, Simmons	SICH0560	9/21/1991	3940	Sichuan	
1991.062	Meconopsis sp.	Papaveraceae	Erskine, Howick, McNamara, Simmons	SICH0561	9/21/1991	3930	Sichuan	
1991.063	Fritillaria cirrhosa	Liliaceae	Erskine, Howick, McNamara, Simmons	SICH0562	9/21/1991	3940	Sichuan	
1991.064	Swertia sp.	Gentianaceae	Erskine, Howick, McNamara, Simmons	SICH0563	9/21/1991	3940	Sichuan	
1991.065	Rhodiola yunnanensis subsp. yunnanensis	Crassulaceae	Erskine, Howick, McNamara, Simmons	SICH0564	9/21/1991	3940	Sichuan	
1991.066	Sibiraea angustata	Rosaceae	Erskine, Howick, McNamara, Simmons	SICH0565	9/21/1991	3740	Sichuan	K
1991.067	Berberis diaphana	Berberidaceae	Erskine, Howick, McNamara, Simmons	SICH0566	9/21/1991	3740	Sichuan	K
1991.068	Sinopodophyllum hexandrum	Berberidaceae	Erskine, Howick, McNamara, Simmons	SICH0567	9/21/1991	3740	Sichuan	
1991.069	Caragana jubata	Fabaceae	Erskine, Howick, McNamara, Simmons	SICH0568	9/21/1991	3740	Sichuan	K
1991.070	Daphne retusa	Thymelaeaceae	Erskine, Howick, McNamara, Simmons	SICH0569	9/21/1991	3740	Sichuan	K
1991.071	Triosteum himalayanum	Caprifoliaceae	Erskine, Howick, McNamara, Simmons	SICH0570	9/21/1991	3740	Sichuan	K
1991.072	Ligularia veitchiana	Asteraceae	Erskine, Howick, McNamara, Simmons	SICH0571	9/21/1991	3720	Sichuan	
1991.073	Iris chrysographes	Iridaceae	Erskine, Howick, McNamara, Simmons	SICH0572	9/21/1991	3710	Sichuan	
1991.074	Quercus semecarpifolia	Fagaceae	Erskine, Howick, McNamara, Simmons	SICH0573	9/21/1991	3570	Sichuan	
1991.075	Euphorbia pekinensis	Euphorbiaceae	Erskine, Howick, McNamara, Simmons	SICH0574	9/21/1991	3710	Sichuan	K
1991.076	Rheum sp.	Polygonaceae	Erskine, Howick, McNamara, Simmons	SICH0575	9/21/1991	3710	Sichuan	
1991.077	Smilax menispermoidea	Liliaceae	Erskine, Howick, McNamara, Simmons	SICH0576	9/22/1991	3450	Sichuan	K
1991.078	Maianthemum henryi	Liliaceae	Erskine, Howick, McNamara, Simmons	SICH0577	9/22/1991	3450	Sichuan	K
1991.079	Panax bipinnatifidus	Araliaceae	Erskine, Howick, McNamara, Simmons	SICH0578	9/22/1991	3440	Sichuan	K
1991.080	Clematis gracilifolia	Ranunculaceae	Erskine, Howick, McNamara, Simmons	SICH0579	9/22/1991	3430	Sichuan	K
1991.081	Sorbus hupehensis var. hupehensis	Rosaceae	Erskine, Howick, McNamara, Simmons	SICH0580	9/22/1991	3430	Sichuan	K
1991.082	Sorbus hupehensis var. hupehensis	Rosaceae	Erskine, Howick, McNamara, Simmons	SICH0581	9/22/1991	3430	Sichuan	K
1991.083	Lilium lophophorum	Liliaceae	Erskine, Howick, McNamara, Simmons	SICH0582	9/22/1991	3430	Sichuan	K
1991.084	Sinarundinaria nitida	Poaceae	Erskine, Howick, McNamara, Simmons	SICH0583	9/22/1991	3420	Sichuan	
1991.085	Rhododendron souliei	Ericaceae	Erskine, Howick, McNamara, Simmons	SICH0584	9/22/1991	3420	Sichuan	K

Accession	Taxa	Family	Collectors	Number	Time	Elevation (m)	Region	Herbarium
1991.086	Rhododendron souliei	Ericaceae	Erskine, Howick, McNamara, Simmons	SICH0585	9/22/1991	3420	Sichuan	K
1991.087	Rhododendron sp.	Ericaceae	Erskine, Howick, McNamara, Simmons	SICH0586	9/22/1991	3420	Sichuan	K
1991.088	Rhododendron vernicosum (x hybrid[?])	Ericaceae	Erskine, Howick, McNamara, Simmons	SICH0587	9/22/1991	3420	Sichuan	K
1991.089	Rhododendron bureavii	Ericaceae	Erskine, Howick, McNamara, Simmons	SICH0588	9/22/1991	3400	Sichuan	K
1991.090	Notholirion hyacinthinum	Liliaceae	Erskine, Howick, McNamara, Simmons	SICH0589	9/22/1991	3410	Sichuan	K
1991.091	Ribes glaciale	Saxifragaceae	Erskine, Howick, McNamara, Simmons	SICH0590	9/22/1991	3410	Sichuan	K
1991.092	Euonymus sp.	Celastraceae	Erskine, Howick, McNamara, Simmons	SICH0591	9/22/1991	3410	Sichuan	K
1991.093	Lonicera caerulea	Caprifoliaceae	Erskine, Howick, McNamara, Simmons	SICH0592	9/22/1991	3410	Sichuan	K
1991.094	Thalictrum delavayi	Ranunculaceae	Erskine, Howick, McNamara, Simmons	SICH0593	9/22/1991	3410	Sichuan	K
1991.095	Polygonatum cirrhifolium	Liliaceae	Erskine, Howick, McNamara, Simmons	SICH0594	9/22/1991	3440	Sichuan	K
1991.096	Rhododendron bureavii	Ericaceae	Erskine, Howick, McNamara, Simmons	SICH0595	9/22/1991	3380	Sichuan	K
1991.097	Arisaema sp.	Araceae	Erskine, Howick, McNamara, Simmons	SICH0596	9/22/1991	3380	Sichuan	K
1991.098	Gentiana crassicaulis	Gentianaceae	Erskine, Howick, McNamara, Simmons	SICH0597	9/22/1991	3380	Sichuan	
1991.099	Cornus schindleri	Cornaceae	Erskine, Howick, McNamara, Simmons	SICH0598	9/22/1991	2910	Sichuan	K
1991.100	Polygonatum cirrhifolium	Liliaceae	Erskine, Howick, McNamara, Simmons	SICH0599	9/22/1991	2910	Sichuan	K
1991.101	Arisaema erubescens	Araceae	Erskine, Howick, McNamara, Simmons	SICH0600	9/22/1991	2940	Sichuan	
1991.102	Rosa moyesii	Rosaceae	Erskine, Howick, McNamara, Simmons	SICH0601	9/22/1991	2940	Sichuan	
1991.103	Prunus sp.	Rosaceae	Erskine, Howick, McNamara, Simmons	SICH0602	9/23/1991	3360	Sichuan	K
1991.104	Deutzia sp.	Saxifragaceae	Erskine, Howick, McNamara, Simmons	SICH0603	9/23/1991	3370	Sichuan	K
1991.105	Abies fabri	Pinaceae	Erskine, Howick, McNamara, Simmons	SICH0604	9/23/1991	3380	Sichuan	
1991.106	Cotoneaster tenuipes	Rosaceae	Erskine, Howick, McNamara, Simmons	SICH0605	9/23/1991	3380	Sichuan	K
1991.107	Picea asperata	Pinaceae	Erskine, Howick, McNamara, Simmons	SICH0606	9/23/1991	3360	Sichuan	
1991.108	Philadelphus purpurascens var. venustus	Hydrangeaceae	Erskine, Howick, McNamara, Simmons	SICH0607	9/23/1991	3300	Sichuan	K
1991.109	Sorbus pseudovilmorinii	Rosaceae	Erskine, Howick, McNamara, Simmons	SICH0608	9/23/1991	3280	Sichuan	K
1991.110	Acer caesium	Sapindaceae	Erskine, Howick, McNamara, Simmons	SICH0609	9/23/1991	3210	Sichuan	K
1991.111	Potentilla fruticosa var. arbuscula	Rosaceae	Erskine, Howick, McNamara, Simmons	SICH0610	9/25/1991	3860	Sichuan	K
1991.112	Rhododendron decorum	Ericaceae	Erskine, Howick, McNamara, Simmons	SICH0611	9/26/1991	2590	Sichuan	K
1991.113	Malus yunnanensis	Rosaceae	Erskine, Howick, McNamara, Simmons	SICH0612	9/26/1991	2590	Sichuan	K
1991.114	Tsuga dumosa	Pinaceae	Erskine, Howick, McNamara, Simmons	SICH0613	9/26/1991	2590	Sichuan	
1991.115	Pyracantha sp.	Rosaceae	Erskine, Howick, McNamara, Simmons	SICH0614	9/26/1991	2590	Sichuan	K

Accession	Taxa	Family	Collectors	Number	Time	Elevation (m)	Region	Herbarium
1991.116	Clematis sp.	Ranunculaceae	Erskine, Howick, McNamara, Simmons	SICH0615	9/26/1991	2590	Sichuan	K
1991.117	Juniperus formosana	Cupressaceae	Erskine, Howick, McNamara, Simmons	SICH0616	9/26/1991	2590	Sichuan	K
1991.118	Boenninghausenia sessilicarpa	Rutaceae	Erskine, Howick, McNamara, Simmons	SICH0618	9/26/1991	2590	Sichuan	
1991.119	Cynoglossum zeylanicum	Boraginaceae	Erskine, Howick, McNamara, Simmons	SICH0619	9/26/1991	2650	Sichuan	K
1991.120	Didissandra flabellata	Gesneriaceae	Erskine, Howick, McNamara, Simmons	SICH0620	9/26/1991	2590	Sichuan	
1991.121	Desmodium elegans subsp. elegans	Fabaceae	Erskine, Howick, McNamara, Simmons	SICH0621	9/26/1991	2590	Sichuan	K
1991.122	Rhododendron davidsonianum	Ericaceae	Erskine, Howick, McNamara, Simmons	SICH0622	9/26/1991	2710	Sichuan	K
1991.123	Caragana bicolor	Fabaceae	Erskine, Howick, McNamara, Simmons	SICH0623	9/26/1991	2710	Sichuan	K
1991.124	Nepeta stewartiana	Lamiaceae	Erskine, Howick, McNamara, Simmons	SICH0624	9/26/1991	2710	Sichuan	K
1991.125	Taxus chinensis	Taxaceae	Erskine, Howick, McNamara, Simmons	SICH0625	9/26/1991	2730	Sichuan	K
1991.126	Thalictrum sp.	Ranunculaceae	Erskine, Howick, McNamara, Simmons	SICH0626	9/26/1991	2730	Sichuan	K
1991.127	Viburnum sp.	Adoxaceae	Erskine, Howick, McNamara, Simmons	SICH0627	9/26/1991	2730	Sichuan	K
1991.128	Desmodium elegans subsp. elegans	Fabaceae	Erskine, Howick, McNamara, Simmons	SICH0628	9/26/1991	2730	Sichuan	K
1991.129	Acer cappadocicum subsp. sinicum	Sapindaceae	Erskine, Howick, McNamara, Simmons	SICH0629	9/26/1991	2750	Sichuan	K
1991.130	Acer davidii	Sapindaceae	Erskine, Howick, McNamara, Simmons	SICH0630	9/26/1991	2760	Sichuan	K
1991.131	Stranvaesia davidiana var. davidiana	Rosaceae	Erskine, Howick, McNamara, Simmons	SICH0631	9/26/1991	2760	Sichuan	K
1991.132	Indigofera pendula	Fabaceae	Erskine, Howick, McNamara, Simmons	SICH0632	9/26/1991	2750	Sichuan	K
1991.133	Acer stachyophyllum	Sapindaceae	Erskine, Howick, McNamara, Simmons	SICH0633	9/26/1991	2750	Sichuan	K
1991.134	Pinus armandii	Pinaceae	Erskine, Howick, McNamara, Simmons	SICH0634	9/26/1991	2790	Sichuan	
1991.135	Clematis sp.	Ranunculaceae	Erskine, Howick, McNamara, Simmons	SICH0635	9/26/1991	2810	Sichuan	
1991.136	(Undetermined)	Rutaceae	Erskine, Howick, McNamara, Simmons	SICH0636	9/26/1991	2810	Sichuan	K
1991.137	Pinus densata	Pinaceae	Erskine, Howick, McNamara, Simmons	SICH0637	9/26/1991	2810	Sichuan	
1991.138	Paris mairei	Trilliaceae	Erskine, Howick, McNamara, Simmons	SICH0638	9/26/1991	2800	Sichuan	K
1991.139	Arisaema sp.	Araceae	Erskine, Howick, McNamara, Simmons	SICH0639	9/26/1991	2800	Sichuan	K
1991.140	Arisaema erubescens	Araceae	Erskine, Howick, McNamara, Simmons	SICH0640	9/26/1991	2800	Sichuan	K
1991.141	Schisandra sp.	Schisandraceae	Erskine, Howick, McNamara, Simmons	SICH0641	9/26/1991	2790	Sichuan	K
1991.142	Pteris multifida	Pteridaceae	Erskine, Howick, McNamara, Simmons	SICH0643	9/26/1991	2790	Sichuan	K
1991.143	Picea likiangensis	Pinaceae	Erskine, Howick, McNamara, Simmons	SICH0644	9/27/1991	2880	Sichuan	
1991.144	Picea likiangensis	Pinaceae	Erskine, Howick, McNamara, Simmons	SICH0645	9/27/1991	2830	Sichuan	
1991.145	Oreocharis delavayi	Gesneriaceae	Erskine, Howick, McNamara, Simmons	SICH0646	9/27/1991	2830	Sichuan	K

Accession	Taxa	Family	Collectors	Number	Time	Elevation (m)	Region	Herbarium
1991.146	Abies ernestii var. ernestii	Pinaceae	Erskine, Howick, McNamara, Simmons	SICH0647	9/27/1991	2830	Sichuan	
1991.147	Viburnum sp.	Adoxaceae	Erskine, Howick, McNamara, Simmons	SICH0649	9/27/1991	2950	Sichuan	K
1991.148	Rhododendron sp.	Ericaceae	Erskine, Howick, McNamara, Simmons	SICH0650	9/27/1991	3940	Sichuan	K
1991.149	Primula sinoplantaginea	Primulaceae	Erskine, Howick, McNamara, Simmons	SICH0651	9/27/1991	3940	Sichuan	
1991.150	Gentiana sp.	Gentianaceae	Erskine, Howick, McNamara, Simmons	SICH0652	9/27/1991	3840	Sichuan	
1991.151	Rosa sp.	Rosaceae	Erskine, Howick, McNamara, Simmons	SICH0653	9/27/1991	3840	Sichuan	K
1991.152	Spiraea sp.	Rosaceae	Erskine, Howick, McNamara, Simmons	SICH0654	9/27/1991	3840	Sichuan	K
1991.153	Salix sp.	Salicaceae	Erskine, Howick, McNamara, Simmons	SICH0655	9/27/1991	3940	Sichuan	K
1991.154	Cotoneaster ambiguus	Rosaceae	Erskine, Howick, McNamara, Simmons	SICH0656	9/27/1991	3830	Sichuan	K
1991.155	Primula cockburniana	Primulaceae	Erskine, Howick, McNamara, Simmons	SICH0657	9/27/1991	3830	Sichuan	
1991.156	Primula sikkimensis	Primulaceae	Erskine, Howick, McNamara, Simmons	SICH0658	9/27/1991	3830	Sichuan	
1991.157	Abies forrestii var. georgei	Pinaceae	Erskine, Howick, McNamara, Simmons	SICH0659	9/27/1991	3860	Sichuan	
1991.158	Lilium sp.	Liliaceae	Erskine, Howick, McNamara, Simmons	SICH0660	9/27/1991	3830	Sichuan	
1991.159	Primula sp.	Primulaceae	Erskine, Howick, McNamara, Simmons	SICH0661	9/27/1991	3840	Sichuan	
1991.160	Quercus guajavifolia	Fagaceae	Erskine, Howick, McNamara, Simmons	SICH0662	9/27/1991	3820	Sichuan	K
1991.161	Lobelia sp.	Campanulaceae	Erskine, Howick, McNamara, Simmons	SICH0663	9/27/1991	3820	Sichuan	K
1991.162	Piptanthus nepalensis	Fabaceae	Erskine, Howick, McNamara, Simmons	SICH0664	9/27/1991	3480	Sichuan	K
1991.163	Sambucus sp.	Adoxaceae	Erskine, Howick, McNamara, Simmons	SICH0665	9/28/1991	3450	Sichuan	K
1991.164	Swertia sp.	Gentianaceae	Erskine, Howick, McNamara, Simmons	SICH0666	9/28/1991	3450	Sichuan	K
1991.165	Betula albosinensis	Betulaceae	Erskine, Howick, McNamara, Simmons	SICH0667	9/28/1991	3440	Sichuan	K
1991.166	Philadelphus purpurascens	Hydrangeaceae	Erskine, Howick, McNamara, Simmons	SICH0668	9/28/1991	3440	Sichuan	K
1991.167	Spiraea rosthornii	Rosaceae	Erskine, Howick, McNamara, Simmons	SICH0669	9/28/1991	3440	Sichuan	K
1991.168	Rheum alexandrae	Polygonaceae	Erskine, Howick, McNamara, Simmons	SICH0670	9/28/1991	3440	Sichuan	K
1991.169	Lyonia ovalifolia var. ovalifolia	Ericaceae	Erskine, Howick, McNamara, Simmons	SICH0671	9/28/1991	3440	Sichuan	K
1991.170	Sorbus sp.	Rosaceae	Erskine, Howick, McNamara, Simmons	SICH0672	9/28/1991	3440	Sichuan	K
1991.171	Iris sp.	Iridaceae	Erskine, Howick, McNamara, Simmons	SICH0673	9/27/1991	3440	Sichuan	K
1991.172	Gentiana trichotoma	Gentianaceae	Erskine, Howick, McNamara, Simmons	SICH0674	9/28/1991	3440	Sichuan	K
1991.173	Berberis dictyophylla	Berberidaceae	Erskine, Howick, McNamara, Simmons	SICH0675	9/28/1991	3430	Sichuan	K
1991.174	Rhododendron vernicosum	Ericaceae	Erskine, Howick, McNamara, Simmons	SICH0676	9/28/1991	3440	Sichuan	K
1991.175	Cotoneaster dielsianus	Rosaceae	Erskine, Howick, McNamara, Simmons	SICH0677	9/28/1991	3430	Sichuan	

Accession	Taxa	Family	Collectors	Number	Time	Elevation (m)	Region	Herbarium
1991.176	Hippophae rhamnoides	Elaeagnaceae	Erskine, Howick, McNamara, Simmons	SICH0678	9/28/1991	3440	Sichuan	K
1991.177	Dipsacus asper	Dipsacaceae	Erskine, Howick, McNamara, Simmons	SICH0679	9/28/1991	3440	Sichuan	
1991.178	Syringa yunnanensis	Oleaceae	Erskine, Howick, McNamara, Simmons	SICH0680	9/28/1991	3440	Sichuan	K
1991.179	Astilbe sp.	Saxifragaceae	Erskine, Howick, McNamara, Simmons	SICH0681	9/28/1991	3440	Sichuan	K
1991.180	Hippophae rhamnoides var. procera	Elaeagnaceae	Erskine, Howick, McNamara, Simmons	SICH0682	9/28/1991	3250	Sichuan	K
1991.181	Picea likiangensis	Pinaceae	Erskine, Howick, McNamara, Simmons	SICH0683	9/28/1991	3250	Sichuan	
1991.182	Pinus armandii	Pinaceae	Erskine, Howick, McNamara, Simmons	SICH0684	9/28/1991	3040	Sichuan	
1991.183	Rhododendron davidsonianum	Ericaceae	Erskine, Howick, McNamara, Simmons	SICH0685	9/28/1991	3040	Sichuan	K
1991.184	Filipendula sp.	Rosaceae	Erskine, Howick, McNamara, Simmons	SICH0686	9/28/1991	3040	Sichuan	K
1991.185	Cornus macrophylla	Cornaceae	Erskine, Howick, McNamara, Simmons	SICH0687	9/28/1991	3090	Sichuan	K
1991.186	Arisaema erubescens	Araceae	Erskine, Howick, McNamara, Simmons	SICH0688	9/28/1991	3090	Sichuan	K
1991.187	Salvia roborowskii	Lamiaceae	Erskine, Howick, McNamara, Simmons	SICH0689	9/28/1991	3040	Sichuan	
1991.188	Nepeta sp.	Lamiaceae	Erskine, Howick, McNamara, Simmons	SICH0691	9/28/1991	3050	Sichuan	
1991.189	Clematis ranunculoides	Ranunculaceae	Erskine, Howick, McNamara, Simmons	SICH0692	9/28/1991	2930	Sichuan	K
1991.190	Rosa soulieana	Rosaceae	Erskine, Howick, McNamara, Simmons	SICH0693	9/28/1991	2850	Sichuan	K
1991.191	Clematis tangutica	Ranunculaceae	Erskine, Howick, McNamara, Simmons	SICH0694	9/28/1991	2850	Sichuan	K
1991.192	Primula poissonii	Primulaceae	Erskine, Howick, McNamara, Simmons	SICH0695	9/28/1991	3040	Sichuan	
1991.193	Clematis ranunculoides	Ranunculaceae	Erskine, Howick, McNamara, Simmons	SICH0696	9/28/1991	2850	Sichuan	
1991.194	Gentiana sp.	Gentianaceae	Erskine, Howick, McNamara, Simmons	SICH0697	9/29/1991	4340	Sichuan	K
1991.195	Rhododendron sp.	Ericaceae	Erskine, Howick, McNamara, Simmons	SICH0698	9/29/1991	4360	Sichuan	K
1991.196	Rhodiola sp.	Crassulaceae	Erskine, Howick, McNamara, Simmons	SICH0699	9/29/1991	4370	Sichuan	
1991.197	Lilium sp.	Liliaceae	Erskine, Howick, McNamara, Simmons	SICH0700	9/29/1991	4390	Sichuan	
1991.198	Meconopsis horridula	Papaveraceae	Erskine, Howick, McNamara, Simmons	SICH0701	9/29/1991	4390	Sichuan	
1991.199	Rhododendron thymifolium	Ericaceae	Erskine, Howick, McNamara, Simmons	SICH0702	9/29/1991	4390	Sichuan	
1991.200	Ligularia veitchiana	Asteraceae	Erskine, Howick, McNamara, Simmons	SICH0703	9/29/1991	4170	Sichuan	K
1991.201	Picea likiangensis var. rubescens	Pinaceae	Erskine, Howick, McNamara, Simmons	SICH0704	9/29/1991	3860	Sichuan	
1991.202	Meconopsis integrifolia	Papaveraceae	Erskine, Howick, McNamara, Simmons	SICH0705	9/29/1991	4120	Sichuan	
1991.203	Cotoneaster dielsianus	Rosaceae	Erskine, Howick, McNamara, Simmons	SICH0706	9/29/1991	3300	Sichuan	K
1991.204	Incarvillea compacta	Bignoniaceae	Erskine, Howick, McNamara, Simmons	SICH0707	9/29/1991	4370	Sichuan	
1991.205	Elsholtzia sp.	Lamiaceae	Erskine, Howick, McNamara, Simmons	SICH0708	9/30/1991	3360	Sichuan	K

03

343

Accession	Taxa	Family	Collectors	Number	Time	Elevation (m)	Region	Herbarium
1991.206	Malus kansuensis	Rosaceae	Erskine, Howick, McNamara, Simmons	SICH0709	9/30/1991	3360	Sichuan	K
1991.207	Prunus serrula	Rosaceae	Erskine, Howick, McNamara, Simmons	SICH0710	9/30/1991	3360	Sichuan	K
1991.208	Clematis rehderiana	Ranunculaceae	Erskine, Howick, McNamara, Simmons	SICH0711	9/30/1991	3360	Sichuan	
1991.209	Rhododendron thymifolium	Ericaceae	Erskine, Howick, McNamara, Simmons	SICH0712	9/30/1991	3380	Sichuan	K
1991.210	Rhododendron vernicosum	Ericaceae	Erskine, Howick, McNamara, Simmons	SICH0713	9/30/1991	3380	Sichuan	K
1991.211	Betula utilis	Betulaceae	Erskine, Howick, McNamara, Simmons	SICH0714	9/30/1991	3400	Sichuan	K
1991.212	Juniperus komarovii	Cupressaceae	Erskine, Howick, McNamara, Simmons	SICH0716	9/30/1991	3360	Sichuan	K
1991.213	Ajania sp.	Asteraceae	Erskine, Howick, McNamara, Simmons	SICH0717	9/30/1991	3360	Sichuan	K
1991.214	Sorbus hemsleyi	Rosaceae	Erskine, Howick, McNamara, Simmons	SICH0718	9/30/1991	3040	Sichuan	K
1991.215	Rhamnus sp.	Rhamnaceae	Erskine, Howick, McNamara, Simmons	SICH0719	9/30/1991	3040	Sichuan	K
1991.216	Acer davidii	Sapindaceae	Erskine, Howick, McNamara, Simmons	SICH0720	9/30/1991	3040	Sichuan	K
1991.217	Euonymus sp.	Celastraceae	Erskine, Howick, McNamara, Simmons	SICH0721	9/30/1991	3040	Sichuan	K
1991.218	Silene sp.	Caryophyllaceae	Erskine, Howick, McNamara, Simmons	SICH0722	9/30/1991	3050	Sichuan	K
1991.219	Ceratostigma minus	Plumbaginaceae	Erskine, Howick, McNamara, Simmons	SICH0723	9/30/1991	3050	Sichuan	K
1991.220	Viburnum sp.	Adoxaceae	Erskine, Howick, McNamara, Simmons	SICH0724	9/30/1991	3010	Sichuan	K
1991.221	Lindera sp.	Lauraceae	Erskine, Howick, McNamara, Simmons	SICH0725	9/30/1991	3010	Sichuan	K
1991.222	Fraxinus chinensis subsp. chinensis	Oleaceae	Erskine, Howick, McNamara, Simmons	SICH0726	9/30/1991	3010	Sichuan	K
1991.223	Cotoneaster sp.	Rosaceae	Erskine, Howick, McNamara, Simmons	SICH0727	10/1/1991	2980	Sichuan	K
1991.224	Cotoneaster sp.	Rosaceae	Erskine, Howick, McNamara, Simmons	SICH0728	10/1/1991	2980	Sichuan	K
1991.225	Deutzia milmoriniae	Saxifragaceae	Erskine, Howick, McNamara, Simmons	SICH0729	10/1/1991	2980	Sichuan	K
1991.226	Incarvillea arguta	Bignoniaceae	Erskine, Howick, McNamara, Simmons	SICH0730	10/1/1991	2980	Sichuan	K
1991.227	Acer cappadocicum subsp. sinicum	Sapindaceae	Erskine, Howick, McNamara, Simmons	SICH0731	10/1/1991	2940	Sichuan	K
1991.228	Pinus densata	Pinaceae	Erskine, Howick, McNamara, Simmons	SICH0732	10/1/1991	3220	Sichuan	
1991.229	Abies ernestii var. ernestii	Pinaceae	Erskine, Howick, McNamara, Simmons	SICH0733	10/1/1991	3220	Sichuan	
1991.230	Potentilla sp.	Rosaceae	Erskine, Howick, McNamara, Simmons	SICH0734	10/1/1991	3250	Sichuan	K
1991.231	Meconopsis integrifolia	Papaveraceae	Erskine, Howick, McNamara, Simmons	SICH0735	10/2/1991	4150	Sichuan	
1991.232	Meconopsis henrici	Papaveraceae	Erskine, Howick, McNamara, Simmons	SICH0736	10/2/1991	4210	Sichuan	
1991.233	Physalis alkekengi	Solanaceae	Erskine, Howick, McNamara, Simmons	SICH0737	10/5/1991	1970	Sichuan	K
1991.234	Magnolia dawsoniana	Magnoliaceae	Erskine, Howick, McNamara, Simmons	SICH0738	10/5/1991	1970	Sichuan	K
1991.235	Hydrangea aspera	Hydrangeaceae	Erskine, Howick, McNamara, Simmons	SICH0739	10/5/1991	1970	Sichuan	K

03

Accession	Taxa	Family	Collectors	Number	Time	Elevation (m)	Region	Herbarium
1991.236	Lonicera ligustrina subsp. yunnanensis	Caprifoliaceae	Erskine, Howick, McNamara, Simmons	SICH0740	10/5/1991	1970	Sichuan	K
1991.237	Coriaria nepalensis	Coriariaceae	Erskine, Howick, McNamara, Simmons	SICH0741	10/5/1991	1970	Sichuan	K
1991.238	Cissus sp.	Vitaceae	Erskine, Howick, McNamara, Simmons	SICH0742	10/5/1991	1970	Sichuan	K
1991.239	Rhus chinensis	Anacardiaceae	Erskine, Howick, McNamara, Simmons	SICH0743	10/5/1991	1970	Sichuan	
1991.240	Viburnum betulifolium	Adoxaceae	Erskine, Howick, McNamara, Simmons	SICH0744	10/5/1991	1970	Sichuan	K
1991.241	Thalictrum sp.	Ranunculaceae	Erskine, Howick, McNamara, Simmons	SICH0745	10/5/1991	1970	Sichuan	
1991.242	Rosa sp.	Rosaceae	Erskine, Howick, McNamara, Simmons	SICH0746	10/5/1991	1960	Sichuan	K
1991.243	Zanthoxylum sp.	Rutaceae	Erskine, Howick, McNamara, Simmons	SICH0747	10/5/1991	1960	Sichuan	K
1991.244	Disporum longistylum	Liliaceae	Erskine, Howick, McNamara, Simmons	SICH0748	10/5/1991	1900	Sichuan	K
1991.245	Corylopsis sinensis var. calvescens	Hamamelidaceae	Erskine, Howick, McNamara, Simmons	SICH0749	10/5/1991	2000	Sichuan	K
1991.246	Silene baccifera	Caryophyllaceae	Erskine, Howick, McNamara, Simmons	SICH0750	10/5/1991	2000	Sichuan	K
1991.247	Tetracentron sinense	Tetracentraceae	Erskine, Howick, McNamara, Simmons	SICH0751	10/5/1991	2030	Sichuan	K
1991.248	Pyrrosia drakeana	Polypodiaceae	Erskine, Howick, McNamara, Simmons	SICH0752	10/5/1991	2030	Sichuan	
1991.249	Smilax vaginata	Liliaceae	Erskine, Howick, McNamara, Simmons	SICH0753	10/5/1991	2040	Sichuan	K
1991.250	Meliosma sp.	Sabiaceae	Erskine, Howick, McNamara, Simmons	SICH0754	10/5/1991	2050	Sichuan	K
1991.251	Malus sp.	Rosaceae	Erskine, Howick, McNamara, Simmons	SICH0755	10/5/1991	2070	Sichuan	K
1991.252	Rhododendron polylepis	Ericaceae	Erskine, Howick, McNamara, Simmons	SICH0756	10/5/1991	2070	Sichuan	K
1991.253	Astilbe virescens	Saxifragaceae	Erskine, Howick, McNamara, Simmons	SICH0757	10/5/1991	2080	Sichuan	
1991.254	Polygala sp.	Polygalaceae	Erskine, Howick, McNamara, Simmons	SICH0758	10/5/1991	2110	Sichuan	K
1991.255	Magnolia dawsoniana	Magnoliaceae	Erskine, Howick, McNamara, Simmons	SICH0759	10/5/1991	2110	Sichuan	
1991.256	Ilex pernyi var. pernyi	Aquifoliaceae	Erskine, Howick, McNamara, Simmons	SICH0760	10/5/1991	2120	Sichuan	K
1991.257	Calanthe sp.	Orchidaceae	Erskine, Howick, McNamara, Simmons	SICH0761	10/5/1991	2120	Sichuan	K
1991.258	Skimmia sp.	Rutaceae	Erskine, Howick, McNamara, Simmons	SICH0762	10/5/1991	2140	Sichuan	K
1991.259	Cardiocrinum giganteum	Liliaceae	Erskine, Howick, McNamara, Simmons	SICH0763	10/5/1991	2240	Sichuan	
1991.260	Neolitsea sp.	Lauraceae	Erskine, Howick, McNamara, Simmons	SICH0764	10/5/1991	2240	Sichuan	K
1991.261	Anemone hupehensis	Ranunculaceae	Erskine, Howick, McNamara, Simmons	SICH0765	10/5/1991	2260	Sichuan	
1991.262	Eleutherococcus sp.	Araliaceae	Erskine, Howick, McNamara, Simmons	SICH0766	10/5/1991	2260	Sichuan	K
1991.263	Corylus tibetica	Betulaceae	Erskine, Howick, McNamara, Simmons	SICH0767	10/5/1991	2280	Sichuan	K
1991.264	Arisaema sp.	Araceae	Erskine, Howick, McNamara, Simmons	SICH0768	10/5/1991	2280	Sichuan	
1991.265	Gaultheria nummularioides	Ericaceae	Erskine, Howick, McNamara, Simmons	SICH0769	10/6/1991	2500	Sichuan	K

Accession	Taxa	Family	Collectors	Number	Time	Elevation (m)	Region	Herbarium
1991.266	Cotoneaster rehderi	Rosaceae	Erskine, Howick, McNamara, Simmons	SICH0770	10/6/1991	2500	Sichuan	K
1991.267	Tsuga forrestii	Pinaceae	Erskine, Howick, McNamara, Simmons	SICH0771	10/6/1991	2500	Sichuan	K
1991.268	Hydrangea aspera	Hydrangeaceae	Erskine, Howick, McNamara, Simmons	SICH0772	10/6/1991	2500	Sichuan	K
1991.269	Maianthemum henryi	Liliaceae	Erskine, Howick, McNamara, Simmons	SICH0773	10/6/1991	2530	Sichuan	K
1991.270	Salvia sp.	Lamiaceae	Erskine, Howick, McNamara, Simmons	SICH0774	10/6/1991	2530	Sichuan	K
1991.271	Sorbus sp.	Rosaceae	Erskine, Howick, McNamara, Simmons	SICH0775	10/6/1991	2550	Sichuan	K
1991.272	Eurya sp.	Theaceae	Erskine, Howick, McNamara, Simmons	SICH0776	10/6/1991	2580	Sichuan	K
1991.273	Euonymus sp.	Celastraceae	Erskine, Howick, McNamara, Simmons	SICH0777	10/6/1991	2590	Sichuan	K
1991.274	Malus prattii	Rosaceae	Erskine, Howick, McNamara, Simmons	SICH0778	10/6/1991	2580	Sichuan	K
1991.275	Hydrangea anomala	Hydrangeaceae	Erskine, Howick, McNamara, Simmons	SICH0779	10/6/1991	2580	Sichuan	K
1991.276	Sorbus rutilans	Rosaceae	Erskine, Howick, McNamara, Simmons	SICH0780	10/6/1991	2580	Sichuan	K
1991.277	Viburnum sp.	Adoxaceae	Erskine, Howick, McNamara, Simmons	SICH0781	10/6/1991	2580	Sichuan	
1991.278	Viburnum sp.	Adoxaceae	Erskine, Howick, McNamara, Simmons	SICH0782	10/6/1991	2580	Sichuan	
1991.279	Lonicera sp.	Caprifoliaceae	Erskine, Howick, McNamara, Simmons	SICH0783	10/6/1991	2580	Sichuan	K
1991.280	Arisaema sp.	Araceae	Erskine, Howick, McNamara, Simmons	SICH0784	10/6/1991	2700	Sichuan	
1991.281	Rhododendron ambiguum	Ericaceae	Erskine, Howick, McNamara, Simmons	SICH0785	10/6/1991	2770	Sichuan	K
1991.282	Rhododendron sp.	Ericaceae	Erskine, Howick, McNamara, Simmons	SICH0786	10/6/1991	2770	Sichuan	K
1991.283	Salix magnifica	Salicaceae	Erskine, Howick, McNamara, Simmons	SICH0787	10/6/1991	2770	Sichuan	K
1991.284	Acer maximowiczii	Sapindaceae	Erskine, Howick, McNamara, Simmons	SICH0788	10/6/1991	2870	Sichuan	K
1991.285	Viburnum sp.	Adoxaceae	Erskine, Howick, McNamara, Simmons	SICH0789	10/6/1991	2880	Sichuan	K
1991.286	Philadelphus subcanus var. magdalenae	Hydrangeaceae	Erskine, Howick, McNamara, Simmons	SICH0790	10/6/1991	2880	Sichuan	K
1991.287	Viburnum betulifolium	Adoxaceae	Erskine, Howick, McNamara, Simmons	SICH0791	10/6/1991	2820	Sichuan	
1991.288	Ribes sp.	Saxifragaceae	Erskine, Howick, McNamara, Simmons	SICH0792	10/6/1991	2730	Sichuan	K
1991.289	Athyrium atkinsonii	Dryopteridaceae	Erskine, Howick, McNamara, Simmons	SICH0793	10/6/1991	2710	Sichuan	K
1991.290	Acer stachyophyllum subsp. betulifolium	Sapindaceae	Erskine, Howick, McNamara, Simmons	SICH0794	10/7/1991	2710	Sichuan	K
1991.291	Rodgersia sp.	Saxifragaceae	Erskine, Howick, McNamara, Simmons	SICH0795	10/7/1991	2420	Sichuan	
1991.292	Picea brachytyla	Pinaceae	Erskine, Howick, McNamara, Simmons	SICH0796	10/7/1991	2400	Sichuan	
1991.293	Viburnum davidii	Adoxaceae	Erskine, Howick, McNamara, Simmons	SICH0797	10/7/1991	2400	Sichuan	K
1991.294	Actaea sp.	Ranunculaceae	Erskine, Howick, McNamara, Simmons	SICH0798	10/7/1991	2400	Sichuan	K
1991.295	Sorbus sargentiana	Rosaceae	Erskine, Howick, McNamara, Simmons	SICH0799	10/7/1991	2360	Sichuan	K

Accession	Taxa	Family	Collectors	Number	Time	Elevation (m)	Region	Herbarium
1991.296	Enkianthus sp.	Ericaceae	Erskine, Howick, McNamara, Simmons	SICH0800	10/7/1991	2390	Sichuan	
1991.297	Rosa prattii	Rosaceae	Erskine, Howick, McNamara, Simmons	SICH0801	10/7/1991	2340	Sichuan	K
1991.298	Acer sterculiaceum subsp. franchetii	Sapindaceae	Erskine, Howick, McNamara, Simmons	SICH0802	10/7/1991	2290	Sichuan	K
1991.299	Decaisnea insignis	Lardizabalaceae	Erskine, Howick, McNamara, Simmons	SICH0803	10/7/1991	2260	Sichuan	
1991.300	Prunus sp.	Rosaceae	Erskine, Howick, McNamara, Simmons	SICH0804	10/7/1991	2190	Sichuan	K
1991.301	Sarcococca hookeriana var. digyna	Buxaceae	Erskine, Howick, McNamara, Simmons	SICH0805	10/7/1991	2110	Sichuan	K
1991.302	Clematoclethra sp.	Actinidiaceae	Erskine, Howick, McNamara, Simmons	SICH0806	10/7/1991	2020	Sichuan	K
1991.303	(Undetermined)	Rutaceae	Erskine, Howick, McNamara, Simmons	SICH0807	10/7/1991	2010	Sichuan	K
1991.304	Delphinium tatsienense	Ranunculaceae	Erskine, Howick, McNamara, Simmons	SICH0808	10/7/1991	2370	Sichuan	K
1991.305	Viburnum cinnamomifolium	Adoxaceae	Erskine, Howick, McNamara, Simmons	SICH0809	10/8/1991	1890	Sichuan	
1991.306	Viburnum cylindricum	Adoxaceae	Erskine, Howick, McNamara, Simmons	SICH0810	10/8/1991	1875	Sichuan	K
1991.307	Deutzia monbeigii	Saxifragaceae	Erskine, Howick, McNamara, Simmons	SICH0811	10/8/1991	1900	Sichuan	K
1991.308	Matteuccia intermedia	Onocleaceae	Erskine, Howick, McNamara, Simmons	SICH0812	10/8/1991	1900	Sichuan	K
1991.309	Ancylostemon humilis	Gesneriaceae	Erskine, Howick, McNamara, Simmons	SICH0813	10/8/1991	1900	Sichuan	K
1991.310	Stranvaesia davidiana var. davidiana	Rosaceae	Erskine, Howick, McNamara, Simmons	SICH0814	10/10/1991	2665	Sichuan	K
1991.311	Cimicifuga sp.	Ranunculaceae	Erskine, Howick, McNamara, Simmons	SICH0815	10/10/1991	2650	Sichuan	
1991.312	Hypericum maclarenii	Hypericaceae	Erskine, Howick, McNamara, Simmons	SICH0816	10/10/1991	2660	Sichuan	K
1991.313	Hydrangea sp.	Hydrangeaceae	Erskine, Howick, McNamara, Simmons	SICH0817	10/10/1991	2740	Sichuan	K
1991.314	Rhododendron sp.	Ericaceae	Erskine, Howick, McNamara, Simmons	SICH0818	10/10/1991	2740	Sichuan	K
1991.315	Rhododendron pachytrichum	Ericaceae	Erskine, Howick, McNamara, Simmons	SICH0819	10/10/1991	2790	Sichuan	K
1991.316	Rhododendron concinnum	Ericaceae	Erskine, Howick, McNamara, Simmons	SICH0820	10/10/1991	2840	Sichuan	K
1991.317	Rhododendron sikangense	Ericaceae	Erskine, Howick, McNamara, Simmons	SICH0821	10/10/1991	2840	Sichuan	K
1991.318	Rodgersia aesculifolia	Saxifragaceae	Erskine, Howick, McNamara, Simmons	SICH0822	10/10/1991	2810	Sichuan	
1991.319	Rhododendron sp.	Ericaceae	Erskine, Howick, McNamara, Simmons	SICH0823	10/10/1991	2810	Sichuan	K
1991.320	Philadelphus purpurascens	Hydrangeaceae	Erskine, Howick, McNamara, Simmons	SICH0824	10/10/1991	2810	Sichuan	K
1991.321	Aconitum sp.	Ranunculaceae	Erskine, Howick, McNamara, Simmons	SICH0825	10/10/1991	2810	Sichuan	K
1991.322	Astilbe grandis	Saxifragaceae	Erskine, Howick, McNamara, Simmons	SICH0826	10/10/1991	2560	Sichuan	
1991.323	Tsuga chinensis	Pinaceae	Erskine, Howick, McNamara, Simmons	SICH0827	10/10/1991	2560	Sichuan	
1991.324	Sorbus koehneana	Rosaceae	Erskine, Howick, McNamara, Simmons	SICH0828	10/10/1991	2560	Sichuan	K
1991.325	Arisaema sp.	Araceae	Erskine, Howick, McNamara, Simmons	SICH0829	10/10/1991	2560	Sichuan	K

Accession	Taxa	Family	Collectors	Number	Time	Elevation (m)	Region	Herbarium
1991.326	Viburnum sp.	Adoxaceae	Erskine, Howick, McNamara, Simmons	SICH0830	10/10/1991	2560	Sichuan	K
1991.327	Acer sterculiaceum subsp. franchetii	Sapindaceae	Erskine, Howick, McNamara, Simmons	SICH0831	10/10/1991	2380	Sichuan	K
1991.328	Rhododendron sp.	Ericaceae	Erskine, Howick, McNamara, Simmons	SICH0832	10/10/1991	2360	Sichuan	K
1991.329	Cornus sp.	Cornaceae	Erskine, Howick, McNamara, Simmons	SICH0833	10/10/1991	2340	Sichuan	K
1991.330	Eleutherococcus sp.	Araliaceae	Erskine, Howick, McNamara, Simmons	SICH0834	10/10/1991	2280	Sichuan	K
1991.331	Acer erianthum	Sapindaceae	Erskine, Howick, McNamara, Simmons	SICH0835	10/10/1991	2280	Sichuan	K
1991.332	Aconitum sp.	Ranunculaceae	Erskine, Howick, McNamara, Simmons	SICH0836	10/10/1991	2280	Sichuan	
1991.333	Lilium duchartrei	Liliaceae	Erskine, Howick, McNamara, Simmons	SICH0837	10/10/1991	2250	Sichuan	
1991.334	Viburnum davidii	Adoxaceae	Erskine, Howick, McNamara, Simmons	SICH0838	10/10/1991	2250	Sichuan	K
1991.335	Meliosma sp.	Sabiaceae	Erskine, Howick, McNamara, Simmons	SICH0839	10/10/1991	2230	Sichuan	K
1991.336	Hydrangea aspera	Hydrangeaceae	Erskine, Howick, McNamara, Simmons	SICH0840	10/10/1991	2160	Sichuan	K
1991.337	Clethra delavayi	Clethraceae	Erskine, Howick, McNamara, Simmons	SICH0841	10/10/1991	2160	Sichuan	K
1991.338	Carpinus fangiana	Betulaceae	Erskine, Howick, McNamara, Simmons	SICH0842	10/10/1991	2130	Sichuan	K
1991.339	Schima sinensis	Theaceae	Erskine, Howick, McNamara, Simmons	SICH0843	10/11/1991	1820	Sichuan	K
1991.340	Rosa rubus	Rosaceae	Erskine, Howick, McNamara, Simmons	SICH0844	10/11/1991	1820	Sichuan	K
1991.341	Pterostyrax psilophyllus	Styracaceae	Erskine, Howick, McNamara, Simmons	SICH0845	10/11/1991	1820	Sichuan	K
1991.342	Rhododendron longesquamatum	Ericaceae	Erskine, Howick, McNamara, Simmons	SICH0846	10/11/1991	1830	Sichuan	
1991.343	Ligustrum sinense	Oleaceae	Erskine, Howick, McNamara, Simmons	SICH0847	10/11/1991	1910	Sichuan	K
1991.344	Idesia polycarpa var. vestita	Flacourtiaceae	Erskine, Howick, McNamara, Simmons	SICH0848	10/11/1991	1820	Sichuan	K
1991.345	Alangium chinense	Cornaceae	Erskine, Howick, McNamara, Simmons	SICH0849	10/11/1991	1320	Sichuan	K
1991.346	Ligustrum delavayanum	Oleaceae	Erskine, Howick, McNamara, Simmons	SICH0850	10/11/1991	1320	Sichuan	K
1991.347	Begonia grandis subsp. sinensis	Begoniaceae	Erskine, Howick, McNamara, Simmons	SICH0851	10/11/1991	1320	Sichuan	K
1991.348	Gutzlaffia aprica	Acanthaceae	McNamara, W.	M0004	10/3/1991	1350	Sichuan	
1991.349	Quercus semecarpifolia	Fagaceae	McNamara, W.	M0005	10/9/1991	1480	Sichuan	
1991.350	Desmodium sp.	Fabaceae	McNamara, W.	M0006	9/20/1991	2580	Sichuan	
1991.351	Duchesnea indica	Rosaceae	McNamara, W.	M0007	9/23/1991	3380	Sichuan	
1991.352	Anemone rivularis	Ranunculaceae	McNamara, W.	M0008	9/20/1991	2600	Sichuan	
1991.353	Daphne retusa	Thymelaeaceae	McNamara, W.	M0009	10/2/1991	3860	Sichuan	
1991.354	Osyris sp.	Santalaceae	McNamara, W.	M0010	10/3/1991	1350	Sichuan	
1991.355	Duchesnea indica	Rosaceae	McNamara, W.	M0011	9/26/1991	2590	Sichuan	

Accession	Taxa	Family	Collectors	Number	Time	Elevation (m)	Region	Herbarium
1991.356	Lilium sargentiae	Liliaceae	McNamara, W.	M0012	10/3/1991	1350	Sichuan	
1991.357	Kerria japonica	Rosaceae	McNamara, W.	M0013	10/8/1991	1930	Sichuan	
1991.358	Pouzolzia elegans	Urticaceae	McNamara, W.	M0014	10/3/1991	1350	Sichuan	
1991.359	Callerya dielsiana var. dielsiana	Fabaceae	McNamara, W.	M0015	10/11/1991	1320	Sichuan	
1991.360	Buddleja davidii	Loganiaceae	McNamara, W.	M0016	10/8/1991	1960	Sichuan	
1991.361	Sinacalia davidii	Asteraceae	McNamara, W.	M0017	10/10/1991	2230	Sichuan	
1991.362	Davidia involucrata	Nyssaceae	McNamara, W.	M0018	10/11/1991	1830	Sichuan	
1991.363	Bauhinia faberi	Fabaceae	McNamara, W.	M0019	10/3/1991	1350	Sichuan	
1991.364	Miscanthus sp.	Poaceae	McNamara, W.	M0020	10/9/1991	1430	Sichuan	
1991.365	Calamagrostis sp.	Poaceae	McNamara, W.	M0021	10/11/1991	1810	Sichuan	
1991.366	Thalictrum sp.	Ranunculaceae	Erskine, Howick, McNamara, Simmons	SICH0617	9/26/1991	2590	Sichuan	K
1991.367	Tetracentron sinense	Tetracentraceae	McNamara, W.	M0022	10/5/1991	2110	Sichuan	
1991.368	Saxifraga sp.	Saxifragaceae	McNamara, W.	M0023			Sichuan	
1991.369	Betula delavayi	Betulaceae	Erskine, Howick, McNamara, Simmons	SICH0648	9/27/1991	2830	Sichuan	K
1991.370	Cimicifuga sp.	Ranunculaceae	Erskine, Howick, McNamara, Simmons	SICH0690	9/28/1991	3040	Sichuan	K
1991.371	Salix sp.	Salicaceae	Erskine, Howick, McNamara, Simmons	SICH0715	9/30/1991		Sichuan	
1992.001	Hydrangea villosa	Hydrangeaceae	Fliegner, Howick, McNamara, Staniforth	SICH0900	9/25/1992	1540	Sichuan	K
1992.002	Stachyurus himalaicus	Stachyuraceae	Fliegner, Howick, McNamara, Staniforth	SICH0901	9/25/1992	1540	Sichuan	K
1992.003	Pseudopanax davidii	Araliaceae	Fliegner, Howick, McNamara, Staniforth	SICH0902	9/25/1992	1540	Sichuan	K
1992.004	Impatiens sp.	Balsaminaceae	Fliegner, Howick, McNamara, Staniforth	SICH0903	9/25/1992	1540	Sichuan	
1992.005	Sorbus scalaris	Rosaceae	Fliegner, Howick, McNamara, Staniforth	SICH0904	9/25/1992	1540	Sichuan	K
1992.006	Clethra monostachya	Clethraceae	Fliegner, Howick, McNamara, Staniforth	SICH0905	9/25/1992	1540	Sichuan	K
1992.007	Juglans mandshurica	Juglandaceae	Fliegner, Howick, McNamara, Staniforth	SICH0906	9/25/1992	1530	Sichuan	
1992.008	Rhus punjabensis var. sinica	Anacardiaceae	Fliegner, Howick, McNamara, Staniforth	SICH0907	9/25/1992	1520	Sichuan	

03

Accession	Taxa	Family	Collectors	Number	Time	Elevation (m)	Region	Herbarium
1992.009	Gaultheria suborbicularis	Ericaceae	Fliegner, Howick, McNamara, Staniforth	SICH0908	9/25/1992	1530	Sichuan	K
1992.010	Stranvaesia davidiana var. davidiana	Rosaceae	Fliegner, Howick, McNamara, Staniforth	SICH0909	9/25/1992	1540	Sichuan	K
1992.011	Ilex corallina	Aquifoliaceae	Fliegner, Howick, McNamara, Staniforth	SICH0910	9/25/1992	1910	Sichuan	K
1992.012	Acer stachyophyllum subsp. stachyophyllum	Sapindaceae	Fliegner, Howick, McNamara, Staniforth	SICH0911	9/25/1992	1910	Sichuan	K
1992.013	Viburnum betulifolium	Adoxaceae	Fliegner, Howick, McNamara, Staniforth	SICH0912	9/25/1992	1910	Sichuan	K
1992.014	Actinidia polygama	Actinidiaceae	Fliegner, Howick, McNamara, Staniforth	SICH0913	9/25/1992	1910	Sichuan	
1992.015	Malus sp.	Rosaceae	Fliegner, Howick, McNamara, Staniforth	SICH0914	9/25/1992	1910	Sichuan	K
1992.016	Rosa glomerata	Rosaceae	Fliegner, Howick, McNamara, Staniforth	SICH0915	9/25/1992	1910	Sichuan	K
1992.017	Hydrangea robusta	Hydrangeaceae	Fliegner, Howick, McNamara, Staniforth	SICH0916	9/25/1992	1910	Sichuan	K
1992.018	Magnolia wilsonii	Magnoliaceae	Fliegner, Howick, McNamara, Staniforth	SICH0917	9/25/1992	1900	Sichuan	
1992.019	Euonymus cornutus	Celastraceae	Fliegner, Howick, McNamara, Staniforth	SICH0918	9/25/1992	1900	Sichuan	K
1992.020	Cornus hemsleyi	Cornaceae	Fliegner, Howick, McNamara, Staniforth	SICH0920	9/25/1992	1900	Sichuan	K
1992.021	Rhododendron decorum	Ericaceae	Fliegner, Howick, McNamara, Staniforth	SICH0921	9/26/1992	1460	Sichuan	K
1992.022	Rhododendron yunnanense	Ericaceae	Fliegner, Howick, McNamara, Staniforth	SICH0922	9/26/1992	1460	Sichuan	K
1992.023	Deutzia glomeruliflora	Saxifragaceae	Fliegner, Howick, McNamara, Staniforth	SICH0923	9/26/1992	1460	Sichuan	K
1992.024	Litsea pungens	Lauraceae	Fliegner, Howick, McNamara, Staniforth	SICH0924	9/26/1992	1460	Sichuan	K
1992.025	Hydrangea aspera	Hydrangeaceae	Fliegner, Howick, McNamara, Staniforth	SICH0925	9/26/1992	1460	Sichuan	K

03

Accession	Taxa	Family	Collectors	Number	Time	Elevation (m)	Region	Herbarium
1992.026	Astilbe sp.	Saxifragaceae	Fliegner, Howick, McNamara, Staniforth	SICH0926	9/26/1992	2070	Sichuan	
1992.027	Sorbaria kirilowii	Rosaceae	Fliegner, Howick, McNamara, Staniforth	SICH0927	9/26/1992	2070	Sichuan	K
1992.028	Rhododendron lutescens	Ericaceae	Fliegner, Howick, McNamara, Staniforth	SICH0928	9/26/1992	2070	Sichuan	K
1992.029	Rhododendron floribundum	Ericaceae	Fliegner, Howick, McNamara, Staniforth	SICH0929	9/26/1992	2070	Sichuan	K
1992.030	Rhododendron decorum	Ericaceae	Fliegner, Howick, McNamara, Staniforth	SICH0930	9/26/1992	2070	Sichuan	
1992.031	Vaccinium bracteatum	Ericaceae	Fliegner, Howick, McNamara, Staniforth	SICH0931	9/26/1992	2070	Sichuan	
1992.032	Speirantha sp.	Liliaceae	Fliegner, Howick, McNamara, Staniforth	SICH0932	9/26/1992	2070	Sichuan	
1992.033	Viburnum betulifolium	Adoxaceae	Fliegner, Howick, McNamara, Staniforth	SICH0933	9/26/1992	2070	Sichuan	K
1992.034	Corylopsis sinensis	Hamamelidaceae	Fliegner, Howick, McNamara, Staniforth	SICH0934	9/26/1992	2070	Sichuan	K
1992.035	Helwingia japonica	Cornaceae	Fliegner, Howick, McNamara, Staniforth	SICH0935	9/26/1992	2070	Sichuan	
1992.036	Leptodermis potaninii	Rubiaceae	Fliegner, Howick, McNamara, Staniforth	SICH0936	9/26/1992	2070	Sichuan	K
1992.037	Juglans mandshurica	Juglandaceae	Fliegner, Howick, McNamara, Staniforth	SICH0937	9/26/1992	2070	Sichuan	
1992.038	Tsuga chinensis	Pinaceae	Fliegner, Howick, McNamara, Staniforth	SICH0938	9/26/1992	2070	Sichuan	K
1992.039	Hypericum acmosepalum	Hypericaceae	Fliegner, Howick, McNamara, Staniforth	SICH0939	9/26/1992	2010	Sichuan	K
1992.040	Iris wilsonii	Iridaceae	Fliegner, Howick, McNamara, Staniforth	SICH0940	9/26/1992	2010	Sichuan	
1992.041	Primula wilsonii	Primulaceae	Fliegner, Howick, McNamara, Staniforth	SICH0941	9/26/1992	2010	Sichuan	
1992.042	Lyonia villosa	Ericaceae	Fliegner, Howick, McNamara, Staniforth	SICH0942	9/27/1992	3040	Sichuan	K

Accession	Taxa	Family	Collectors	Number	Time	Elevation (m)	Region	Herbarium
1992.043	Rhododendron irroratum	Ericaceae	Fliegner, Howick, McNamara, Staniforth	SICH0943	9/27/1992	3040	Sichuan	K
1992.044	Rhododendron decorum	Ericaceae	Fliegner, Howick, McNamara, Staniforth	SICH0944	9/27/1992	3040	Sichuan	K
1992.045	Rosa sertata	Rosaceae	Fliegner, Howick, McNamara, Staniforth	SICH0945	9/27/1992	3040	Sichuan	K
1992.046	Ilex delavayi	Aquifoliaceae	Fliegner, Howick, McNamara, Staniforth	SICH0946	9/27/1992	3040	Sichuan	K
1992.047	Rhododendron yunnanense	Ericaceae	Fliegner, Howick, McNamara, Staniforth	SICH0947	9/27/1992	3040	Sichuan	K
1992.048	Ligustrum delavayanum	Oleaceae	Fliegner, Howick, McNamara, Staniforth	SICH0948	9/27/1992	3040	Sichuan	K
1992.049	Rhododendron racemosum	Ericaceae	Fliegner, Howick, McNamara, Staniforth	SICH0949	9/27/1992	3040	Sichuan	K
1992.050	Aster sp.	Asteraceae	Fliegner, Howick, McNamara, Staniforth	SICH0950	9/27/1992	3040	Sichuan	
1992.051	Primula vialii	Primulaceae	Fliegner, Howick, McNamara, Staniforth	SICH0951	9/27/1992	3040	Sichuan	
1992.052	Vaccinium fragile	Ericaceae	Fliegner, Howick, McNamara, Staniforth	SICH0952	9/27/1992	3030	Sichuan	K
1992.053	Vaccinium fragile	Ericaceae	Fliegner, Howick, McNamara, Staniforth	SICH0953	9/27/1992	3030	Sichuan	K
1992.054	Primula sp.	Primulaceae	Fliegner, Howick, McNamara, Staniforth	SICH0954	9/27/1992	3030	Sichuan	
1992.055	Lobelia sp.	Campanulaceae	Fliegner, Howick, McNamara, Staniforth	SICH0955	9/28/1992	3000	Sichuan	
1992.056	Picea brachytyla	Pinaceae	Fliegner, Howick, McNamara, Staniforth	SICH0956	9/28/1992	3000	Sichuan	K
1992.057	Juniperus squamata	Cupressaceae	Fliegner, Howick, McNamara, Staniforth	SICH0957	9/28/1992	3000	Sichuan	K
1992.058	Viburnum cylindricum	Adoxaceae	Fliegner, Howick, McNamara, Staniforth	SICH0958	9/28/1992	3000	Sichuan	K
1992.059	Abies forrestii	Pinaceae	Fliegner, Howick, McNamara, Staniforth	SICH0959	9/28/1992	3120	Sichuan	K

03

Accession	Taxa	Family	Collectors	Number	Time	Elevation (m)	Region	Herbarium
1992.060	Rhododendron rubiginosum	Ericaceae	Fliegner, Howick, McNamara, Staniforth	SICH0960	9/28/1992	3120	Sichuan	K
1992.061	Quercus guajavifolia	Fagaceae	Fliegner, Howick, McNamara, Staniforth	SICH0961	9/28/1992	3120	Sichuan	K
1992.062	Corylus ferox	Betulaceae	Fliegner, Howick, McNamara, Staniforth	SICH0962	9/28/1992	3100	Sichuan	K
1992.063	Cornus schindleri	Cornaceae	Fliegner, Howick, McNamara, Staniforth	SICH0963	9/28/1992	3110	Sichuan	K
1992.064	Parnassia sp.	Saxifragaceae	Fliegner, Howick, McNamara, Staniforth	SICH0964	9/28/1992	3110	Sichuan	
1992.065	Gentiana sp.	Gentianaceae	Fliegner, Howick, McNamara, Staniforth	SICH0965	9/28/1992	3110	Sichuan	
1992.066	Osmanthus delavayi	Oleaceae	Fliegner, Howick, McNamara, Staniforth	SICH0966	9/28/1992	3120	Sichuan	K
1992.067	Incarvillea sp.	Bignoniaceae	Fliegner, Howick, McNamara, Staniforth	SICH0967	9/28/1992	3110	Sichuan	
1992.068	Codonopsis sp.	Campanulaceae	Fliegner, Howick, McNamara, Staniforth	SICH0968	9/28/1992	3110	Sichuan	
1992.069	Trollius sp.	Ranunculaceae	Fliegner, Howick, McNamara, Staniforth	SICH0969	9/28/1992	3110	Sichuan	
1992.070	Rodgersia pinnata	Saxifragaceae	Fliegner, Howick, McNamara, Staniforth	SICH0970	9/28/1992	3120	Sichuan	
1992.071	Rosa rubus	Rosaceae	Fliegner, Howick, McNamara, Staniforth	SICH0971	9/28/1992	2510	Sichuan	K
1992.072	Photinia serratifolia var. serratifolia	Rosaceae	Fliegner, Howick, McNamara, Staniforth	SICH0972	9/28/1992	2500	Sichuan	K
1992.073	Keteleeria evelyniana	Pinaceae	Fliegner, Howick, McNamara, Staniforth	SICH0973	9/28/1992	2510	Sichuan	K
1992.074	Polygonatum cirrhifolium	Liliaceae	Fliegner, Howick, McNamara, Staniforth	SICH0974	9/28/1992	2510	Sichuan	
1992.075	Arisaema yunnanense	Araceae	Fliegner, Howick, McNamara, Staniforth	SICH0975	9/28/1992	2510	Sichuan	
1992.076	Paeonia delavayi	Paeoniaceae	Fliegner, Howick, McNamara, Staniforth	SICH0976	9/28/1992	2510	Sichuan	

Accession	Taxa	Family	Collectors	Number	Time	Elevation (m)	Region	Herbarium
1992.077	Ligustrum quihoui	Oleaceae	Fliegner, Howick, McNamara, Staniforth	SICH0977	9/28/1992	2510	Sichuan	K
1992.078	Pyrus pashia	Rosaceae	Fliegner, Howick, McNamara, Staniforth	SICH0978	9/28/1992	2510	Sichuan	K
1992.079	Hedychium sp.	Zingiberaceae	Fliegner, Howick, McNamara, Staniforth	SICH0979	9/28/1992	2510	Sichuan	
1992.080	Salvia sp.	Lamiaceae	Fliegner, Howick, McNamara, Staniforth	SICH0980	9/28/1992	2510	Sichuan	
1992.081	Rhododendron decorum	Ericaceae	Fliegner, Howick, McNamara, Staniforth	SICH0981	9/28/1992	2510	Sichuan	K
1992.082	Quercus sp.	Fagaceae	Fliegner, Howick, McNamara, Staniforth	SICH0982	9/28/1992	2510	Sichuan	K
1992.083	Onosma paniculatum	Boraginaceae	Fliegner, Howick, McNamara, Staniforth	SICH0983	9/28/1992	2510	Sichuan	
1992.084	Corallodiscus sp.	Gesneriaceae	Fliegner, Howick, McNamara, Staniforth	SICH0984	9/28/1992	2510	Sichuan	K
1992.085	(Undetermined)	Rutaceae	Fliegner, Howick, McNamara, Staniforth	SICH0985	9/28/1992	2510	Sichuan	
1992.086	Abies forrestii var. georgei	Pinaceae	Fliegner, Howick, McNamara, Staniforth	SICH0986	9/29/1992	3690	Sichuan	K
1992.087	Sinarundinaria sp.	Poaceae	Fliegner, Howick, McNamara, Staniforth	SICH0987	9/29/1992	3690	Sichuan	
1992.088	Ribes tenue	Saxifragaceae	Fliegner, Howick, McNamara, Staniforth	SICH0988	9/29/1992	3690	Sichuan	K
1992.089	Polygonatum sp.	Liliaceae	Fliegner, Howick, McNamara, Staniforth	SICH0989	9/29/1992	3690	Sichuan	
1992.090	Rhododendron sikangense	Ericaceae	Fliegner, Howick, McNamara, Staniforth	SICH0990	9/29/1992	3690	Sichuan	
1992.091	Lonicera lanceolata	Caprifoliaceae	Fliegner, Howick, McNamara, Staniforth	SICH0991	9/29/1992	3690	Sichuan	K
1992.092	Acer caudatum	Sapindaceae	Fliegner, Howick, McNamara, Staniforth	SICH0992	9/29/1992	3680	Sichuan	K
1992.093	Polygonatum sp.	Liliaceae	Fliegner, Howick, McNamara, Staniforth	SICH0993	9/29/1992	3680	Sichuan	

03

Accession	Taxa	Family	Collectors	Number	Time	Elevation (m)	Region	Herbarium
1992.094	Acer laxiflorum	Sapindaceae	Fliegner, Howick, McNamara, Staniforth	SICH0994	9/29/1992	3680	Sichuan	K
1992.095	Astilbe sp.	Saxifragaceae	Fliegner, Howick, McNamara, Staniforth	SICH0995	9/29/1992	3470	Sichuan	
1992.096	Lilium sp.	Liliaceae	Fliegner, Howick, McNamara, Staniforth	SICH0996	9/29/1992	3470	Sichuan	
1992.097	Corydalis yui	Fumariaceae	Fliegner, Howick, McNamara, Staniforth	SICH0997	9/29/1992	3470	Sichuan	
1992.098	Betula utilis	Betulaceae	Fliegner, Howick, McNamara, Staniforth	SICH0998	9/29/1992	3470	Sichuan	K
1992.099	Betula platyphylla	Betulaceae	Fliegner, Howick, McNamara, Staniforth	SICH0999	9/29/1992	3470	Sichuan	K
1992.100	Rhododendron intricatum	Ericaceae	Fliegner, Howick, McNamara, Staniforth	SICH1000	9/29/1992	3470	Sichuan	K
1992.101	Arisaema sp.	Araceae	Fliegner, Howick, McNamara, Staniforth	SICH1001	9/29/1992	3470	Sichuan	
1992.102	Sorbus multijuga	Rosaceae	Fliegner, Howick, McNamara, Staniforth	SICH1002	9/29/1992	3470	Sichuan	K
1992.103	Panax sp.	Araliaceae	Fliegner, Howick, McNamara, Staniforth	SICH1003	9/29/1992	3470	Sichuan	
1992.104	Maianthemum henryi	Liliaceae	Fliegner, Howick, McNamara, Staniforth	SICH1004	9/29/1992	3470	Sichuan	
1992.105	Iris chrysographes	Iridaceae	Fliegner, Howick, McNamara, Staniforth	SICH1005	9/30/1992	3580	Sichuan	
1992.106	Codonopsis sp.	Campanulaceae	Fliegner, Howick, McNamara, Staniforth	SICH1006	9/30/1992	3580	Sichuan	
1992.107	Primula amethystina var. brevifolia	Primulaceae	Fliegner, Howick, McNamara, Staniforth	SICH1007	9/30/1992	3580	Sichuan	
1992.108	Rosa sericea subsp. omeiensis	Rosaceae	Fliegner, Howick, McNamara, Staniforth	SICH1008	9/30/1992	3590	Sichuan	K
1992.109	Sorbus microphylla	Rosaceae	Fliegner, Howick, McNamara, Staniforth	SICH1009	9/30/1992	3600	Sichuan	K
1992.110	Rhododendron phaeochrysum var. agglutinatum	Ericaceae	Fliegner, Howick, McNamara, Staniforth	SICH1010	9/30/1992	3600	Sichuan	K

Accession	Taxa	Family	Collectors	Number	Time	Elevation (m)	Region	Herbarium
1992.111	Spiraea arcuata	Rosaceae	Fliegner, Howick, McNamara, Staniforth	SICH1011	9/30/1992	3610	Sichuan	K
1992.112	Rhododendron racemosum	Ericaceae	Fliegner, Howick, McNamara, Staniforth	SICH1012	9/30/1992	3610	Sichuan	K
1992.113	Androsace spinulifera	Primulaceae	Fliegner, Howick, McNamara, Staniforth	SICH1013	9/30/1992	3610	Sichuan	
1992.114	Rhododendron rubiginosum	Ericaceae	Fliegner, Howick, McNamara, Staniforth	SICH1014	9/30/1992	3630	Sichuan	K
1992.115	Philadelphus purpurascens var. venustus	Hydrangeaceae	Fliegner, Howick, McNamara, Staniforth	SICH1015	9/30/1992	3650	Sichuan	K
1992.116	Lilium sp.	Liliaceae	Fliegner, Howick, McNamara, Staniforth	SICH1016	9/30/1992	3650	Sichuan	
1992.117	Saxifraga rufescens	Saxifragaceae	Fliegner, Howick, McNamara, Staniforth	SICH1017	9/30/1992	3680	Sichuan	
1992.118	Quercus guajavifolia	Fagaceae	Fliegner, Howick, McNamara, Staniforth	SICH1018	9/30/1992	3680	Sichuan	K
1992.119	Quercus semecarpifolia	Fagaceae	Fliegner, Howick, McNamara, Staniforth	SICH1019	9/30/1992	3680	Sichuan	K
1992.120	Quercus semecarpifolia	Fagaceae	Fliegner, Howick, McNamara, Staniforth	SICH1020	9/30/1992	3750	Sichuan	K
1992.121	Lilium sp.	Liliaceae	Fliegner, Howick, McNamara, Staniforth	SICH1021	9/30/1992	3700	Sichuan	
1992.122	Codonopsis sp.	Campanulaceae	Fliegner, Howick, McNamara, Staniforth	SICH1022	9/30/1992	3680	Sichuan	
1992.123	Incarvillea mairei var. grandiflora	Bignoniaceae	Fliegner, Howick, McNamara, Staniforth	SICH1023	9/30/1992	3700	Sichuan	
1992.124	Primula sp.	Primulaceae	Fliegner, Howick, McNamara, Staniforth	SICH1024	9/30/1992	3700	Sichuan	
1992.125	Larix potaninii var. potaninii	Pinaceae	Fliegner, Howick, McNamara, Staniforth	SICH1025	9/30/1992	3570	Sichuan	K
1992.126	Rhododendron davidsonianum	Ericaceae	Fliegner, Howick, McNamara, Staniforth	SICH1026	9/30/1992	3570	Sichuan	K
1992.127	Roscoea humeana	Zingiberaceae	Fliegner, Howick, McNamara, Staniforth	SICH1027	9/30/1992	3570	Sichuan	

03

Accession	Taxa	Family	Collectors	Number	Time	Elevation (m)	Region	Herbarium
1992.128	(Undetermined)	Rutaceae	Fliegner, Howick, McNamara, Staniforth	SICH1028	9/30/1992	3700	Sichuan	
1992.129	Lonicera rupicola var. syringantha	Caprifoliaceae	Fliegner, Howick, McNamara, Staniforth	SICH1029	10/1/1992	3230	Sichuan	K
1992.130	Filipendula vestita	Rosaceae	Fliegner, Howick, McNamara, Staniforth	SICH1030	10/1/1992	3230	Sichuan	
1992.131	Euonymus sp.	Celastraceae	Fliegner, Howick, McNamara, Staniforth	SICH1031	10/1/1992	3230	Sichuan	
1992.132	Incarvillea mairei var. grandiflora	Bignoniaceae	Fliegner, Howick, McNamara, Staniforth	SICH1032	10/1/1992	3260	Sichuan	
1992.133	Primula vialii	Primulaceae	Fliegner, Howick, McNamara, Staniforth	SICH1033	10/1/1992	3260	Sichuan	
1992.134	Rosa sikangensis	Rosaceae	Fliegner, Howick, McNamara, Staniforth	SICH1034	10/1/1992	3240	Sichuan	K
1992.135	Rosa sikangensis	Rosaceae	Fliegner, Howick, McNamara, Staniforth	SICH1035	10/1/1992	3240	Sichuan	K
1992.136	Hippophae rhamnoides var. procera	Elaeagnaceae	Fliegner, Howick, McNamara, Staniforth	SICH1036	10/1/1992	3240	Sichuan	K
1992.137	Rhododendron rex	Ericaceae	Fliegner, Howick, McNamara, Staniforth	SICH1037	10/1/1992	3570	Sichuan	K
1992.138	Indigofera szechuensis	Fabaceae	Fliegner, Howick, McNamara, Staniforth	SICH1038	10/1/1992	3140	Sichuan	K
1992.139	Malus yunnanensis	Rosaceae	Fliegner, Howick, McNamara, Staniforth	SICH1039	10/1/1992	3140	Sichuan	K
1992.140	Viburnum betulifolium	Adoxaceae	Fliegner, Howick, McNamara, Staniforth	SICH1040	10/1/1992	2900	Sichuan	K
1992.141	Rhododendron racemosum	Ericaceae	Fliegner, Howick, McNamara, Staniforth	SICH1041	10/2/1992	2690	Sichuan	K
1992.142	Paeonia sp.	Paeoniaceae	Fliegner, Howick, McNamara, Staniforth	SICH1042	10/2/1992	2690	Sichuan	
1992.143	Acer davidii	Sapindaceae	Fliegner, Howick, McNamara, Staniforth	SICH1043	10/2/1992	2690	Sichuan	K
1992.144	Arisaema erubescens	Araceae	Fliegner, Howick, McNamara, Staniforth	SICH1044	10/2/1992	2690	Sichuan	

Accession	Taxa	Family	Collectors	Number	Time	Elevation (m)	Region	Herbarium
1992.145	Rhododendron davidsonianum	Ericaceae	Fliegner, Howick, McNamara, Staniforth	SICH1045	10/2/1992	2690	Sichuan	K
1992.146	Quercus schottkyana	Fagaceae	Fliegner, Howick, McNamara, Staniforth	SICH1046	10/3/1992	2200	Sichuan	K
1992.147	(Undetermined)	Rutaceae	Fliegner, Howick, McNamara, Staniforth	SICH1047	10/3/1992	2240	Sichuan	
1992.148	Lobelia sp.	Campanulaceae	Fliegner, Howick, McNamara, Staniforth	SICH1048	10/3/1992	2240	Sichuan	
1992.149	Euonymus przewalskii	Celastraceae	Fliegner, Howick, McNamara, Staniforth	SICH1049	10/3/1992	3230	Sichuan	K
1992.150	Chelonopsis forrestii	Lamiaceae	Fliegner, Howick, McNamara, Staniforth	SICH1050	10/3/1992	3230	Sichuan	K
1992.151	Arisaema sp.	Araceae	Fliegner, Howick, McNamara, Staniforth	SICH1051	10/3/1992	3230	Sichuan	
1992.152	Hydrangea aspera subsp. aspera	Hydrangeaceae	Fliegner, Howick, McNamara, Staniforth	SICH1052	10/3/1992	3230	Sichuan	K
1992.153	Rhododendron rubiginosum	Ericaceae	Fliegner, Howick, McNamara, Staniforth	SICH1053	10/3/1992	3230	Sichuan	K
1992.154	Rhododendron strigillosum var. monosematum	Ericaceae	Fliegner, Howick, McNamara, Staniforth	SICH1054	10/3/1992	3230	Sichuan	K
1992.155	Leptodermis potaninii	Rubiaceae	Fliegner, Howick, McNamara, Staniforth	SICH1055	10/3/1992	3230	Sichuan	K
1992.156	Deutzia glomeruliflora	Saxifragaceae	Fliegner, Howick, McNamara, Staniforth	SICH1056	10/3/1992	3230	Sichuan	K
1992.157	Philadelphus purpurascens var. venustus	Hydrangeaceae	Fliegner, Howick, McNamara, Staniforth	SICH1057	10/3/1992	3230	Sichuan	K
1992.158	Sorbus hemsleyi	Rosaceae	Fliegner, Howick, McNamara, Staniforth	SICH1058	10/3/1992	3230	Sichuan	K
1992.159	Acer laxiflorum	Sapindaceae	Fliegner, Howick, McNamara, Staniforth	SICH1059	10/3/1992	3230	Sichuan	K
1992.160	Desmodium sequax	Fabaceae	Fliegner, Howick, McNamara, Staniforth	SICH1060	10/3/1992	3090	Sichuan	K
1992.161	Delphinium sp.	Ranunculaceae	Fliegner, Howick, McNamara, Staniforth	SICH1061	10/3/1992	3090	Sichuan	

03

Accession	Taxa	Family	Collectors	Number	Time	Elevation (m)	Region	Herbarium
1992.162	Indigofera sp.	Fabaceae	Fliegner, Howick, McNamara, Staniforth	SICH1062	10/3/1992	3090	Sichuan	K
1992.163	Betula delavayi var. microstachya	Betulaceae	Fliegner, Howick, McNamara, Staniforth	SICH1063	10/3/1992	3130	Sichuan	
1992.164	Dipelta yunnanensis	Caprifoliaceae	Fliegner, Howick, McNamara, Staniforth	SICH1064	10/3/1992	3140	Sichuan	K
1992.165	Rhododendron davidsonianum	Ericaceae	Fliegner, Howick, McNamara, Staniforth	SICH1065	10/3/1992	3120	Sichuan	K
1992.166	Campanula sp.	Campanulaceae	Fliegner, Howick, McNamara, Staniforth	SICH1066	10/4/1992	3970	Sichuan	
1992.167	Incarvillea mairei var. grandiflora	Bignoniaceae	Fliegner, Howick, McNamara, Staniforth	SICH1067	10/4/1992	3970	Sichuan	
1992.168	Lilium sp.	Liliaceae	Fliegner, Howick, McNamara, Staniforth	SICH1068A	10/4/1992	3970	Sichuan	
1992.169	Larix potaninii var. potaninii	Pinaceae	Fliegner, Howick, McNamara, Staniforth	SICH1068	10/4/1992	3970	Sichuan	K
1992.170	Quercus guajavifolia	Fagaceae	Fliegner, Howick, McNamara, Staniforth	SICH1069	10/4/1992	3970	Sichuan	K
1992.171	Rhododendron intricatum	Ericaceae	Fliegner, Howick, McNamara, Staniforth	SICH1070	10/4/1992	3960	Sichuan	K
1992.172	Rhododendron rupicola var. muliense	Ericaceae	Fliegner, Howick, McNamara, Staniforth	SICH1071	10/4/1992	3970	Sichuan	K
1992.173	Delphinium sp.	Ranunculaceae	Fliegner, Howick, McNamara, Staniforth	SICH1072	10/4/1992	3970	Sichuan	
1992.174	Primula chionantha subsp. sinopurpurea	Primulaceae	Fliegner, Howick, McNamara, Staniforth	SICH1073	10/4/1992	3950	Sichuan	
1992.175	Salvia sp.	Lamiaceae	Fliegner, Howick, McNamara, Staniforth	SICH1074	10/4/1992	3950	Sichuan	
1992.176	Rhododendron phaeochrysum var. agglutinatum	Ericaceae	Fliegner, Howick, McNamara, Staniforth	SICH1075	10/4/1992	3940	Sichuan	K
1992.177	Allium wallichii	Liliaceae	Fliegner, Howick, McNamara, Staniforth	SICH1076	10/4/1992	3930	Sichuan	
1992.178	Cimicifuga yunnanensis	Ranunculaceae	Fliegner, Howick, McNamara, Staniforth	SICH1077	10/4/1992	3930	Sichuan	

Accession	Taxa	Family	Collectors	Number	Time	Elevation (m)	Region	Herbarium
1992.179	Sorbus reducta	Rosaceae	Fliegner, Howick, McNamara, Staniforth	SICH1078	10/4/1992	3930	Sichuan	K
1992.180	Sedum sp.	Crassulaceae	Fliegner, Howick, McNamara, Staniforth	SICH1079	10/4/1992	3930	Sichuan	
1992.181	Stellera chamaejasme	Thymelaeaceae	Fliegner, Howick, McNamara, Staniforth	SICH1080	10/4/1992	4000	Sichuan	
1992.182	Primula chionantha subsp. sinopurpurea	Primulaceae	Fliegner, Howick, McNamara, Staniforth	SICH1081	10/4/1992	4000	Sichuan	
1992.183	Primula sikkimensis	Primulaceae	Fliegner, Howick, McNamara, Staniforth	SICH1082	10/4/1992	3900	Sichuan	
1992.184	Iris bulleyana	Iridaceae	Fliegner, Howick, McNamara, Staniforth	SICH1083	10/4/1992	3790	Sichuan	
1992.185	Rhododendron beesianum	Ericaceae	Fliegner, Howick, McNamara, Staniforth	SICH1084	10/4/1992	3790	Sichuan	K
1992.186	Rhododendron wardii	Ericaceae	Fliegner, Howick, McNamara, Staniforth	SICH1085	10/4/1992	3790	Sichuan	K
1992.187	Impatiens sp.	Balsaminaceae	Fliegner, Howick, McNamara, Staniforth	SICH1086	10/4/1992	3600	Sichuan	
1992.188	Aruncus sylvester	Rosaceae	Fliegner, Howick, McNamara, Staniforth	SICH1087	10/4/1992	3600	Sichuan	
1992.189	Maianthemum sp.	Liliaceae	Fliegner, Howick, McNamara, Staniforth	SICH1088	10/4/1992	3600	Sichuan	
1992.190	Sedum sp.	Crassulaceae	Fliegner, Howick, McNamara, Staniforth	SICH1089	10/4/1992	3600	Sichuan	
1992.191	Viburnum kansuense	Adoxaceae	Fliegner, Howick, McNamara, Staniforth	SICH1090	10/4/1992	3470	Sichuan	K
1992.192	Saxifraga sp.	Saxifragaceae	Fliegner, Howick, McNamara, Staniforth	SICH1091	10/4/1992	3470	Sichuan	
1992.193	Gentiana sp.	Gentianaceae	Fliegner, Howick, McNamara, Staniforth	SICH1092	10/4/1992	3470	Sichuan	
1992.194	Gamblea ciliata var. evodiifolia	Araliaceae	Fliegner, Howick, McNamara, Staniforth	SICH1093	10/4/1992	3470	Sichuan	K
1992.195	Euonymus sp.	Celastraceae	Fliegner, Howick, McNamara, Staniforth	SICH1094	10/4/1992	3440	Sichuan	

03

Accession	Taxa	Family	Collectors	Number	Time	Elevation (m)	Region	Herbarium
1992.196	Rhododendron sp.	Ericaceae	Fliegner, Howick, McNamara, Staniforth	SICH1095	10/4/1992	3250	Sichuan	K
1992.197	Polygonatum prattii	Liliaceae	Fliegner, Howick, McNamara, Staniforth	SICH1096	10/4/1992	3250	Sichuan	
1992.198	Euonymus sp.	Celastraceae	Fliegner, Howick, McNamara, Staniforth	SICH1097	10/4/1992	3230	Sichuan	K
1992.199	Jasminum humile var. humile	Oleaceae	Fliegner, Howick, McNamara, Staniforth	SICH1098	10/4/1992	3160	Sichuan	K
1992.200	Campanula colorata	Campanulaceae	Fliegner, Howick, McNamara, Staniforth	SICH1099	10/5/1992	3180	Sichuan	
1992.201	Potentilla glabra var. veitchii	Rosaceae	Fliegner, Howick, McNamara, Staniforth	SICH1100	10/5/1992	3180	Sichuan	K
1992.202	Aster sp.	Asteraceae	Fliegner, Howick, McNamara, Staniforth	SICH1101	10/5/1992	3180	Sichuan	
1992.203	Primula sp.	Primulaceae	Fliegner, Howick, McNamara, Staniforth	SICH1102	10/5/1992	3170	Sichuan	
1992.204	Cotoneaster ambiguus	Rosaceae	Fliegner, Howick, McNamara, Staniforth	SICH1103	10/5/1992	3170	Sichuan	K
1992.205	Tilia intonsa	Tiliaceae	Fliegner, Howick, McNamara, Staniforth	SICH1104	10/5/1992	3170	Sichuan	K
1992.206	Quercus griffithii	Fagaceae	Fliegner, Howick, McNamara, Staniforth	SICH1105	10/5/1992	2930	Sichuan	K
1992.207	Alnus nepalensis	Betulaceae	Fliegner, Howick, McNamara, Staniforth	SICH1106	10/5/1992	2660	Sichuan	K
1992.208	Acer pictum subsp. macropterum	Sapindaceae	Fliegner, Howick, McNamara, Staniforth	SICH1107	10/5/1992	2660	Sichuan	K
1992.209	Photinia serratifolia var. serratifolia	Rosaceae	Fliegner, Howick, McNamara, Staniforth	SICH1108	10/5/1992	2660	Sichuan	K
1992.210	Cornus oblonga	Cornaceae	Fliegner, Howick, McNamara, Staniforth	SICH1109	10/5/1992	2660	Sichuan	K
1992.211	Clematis sp.	Ranunculaceae	Fliegner, Howick, McNamara, Staniforth	SICH1110	10/5/1992	2660	Sichuan	
1992.212	Osteomeles schwerinae	Rosaceae	Fliegner, Howick, McNamara, Staniforth	SICH1111	10/5/1992	2660	Sichuan	K

Accession	Taxa	Family	Collectors	Number	Time	Elevation (m)	Region	Herbarium
1992.213	Eurya sp.	Theaceae	Fliegner, Howick, McNamara, Staniforth	SICH1112	10/5/1992	2660	Sichuan	
1992.214	Aconitum sp.	Ranunculaceae	Fliegner, Howick, McNamara, Staniforth	SICH1113	10/6/1992	2740	Sichuan	
1992.215	Nepeta tenuiflora	Lamiaceae	Fliegner, Howick, McNamara, Staniforth	SICH1114	10/6/1992	2830	Sichuan	
1992.216	(Undetermined)	Rutaceae	Fliegner, Howick, McNamara, Staniforth	SICH1115	10/6/1992	2830	Sichuan	
1992.217	Fraxinus sikkimensis	Oleaceae	Fliegner, Howick, McNamara, Staniforth	SICH1116	10/6/1992	2850	Sichuan	K
1992.218	Juniperus squamata	Cupressaceae	Fliegner, Howick, McNamara, Staniforth	SICH1117	10/6/1992	2850	Sichuan	K
1992.219	Salvia sp.	Lamiaceae	Fliegner, Howick, McNamara, Staniforth	SICH1118	10/6/1992	2850	Sichuan	
1992.220	Acer stachyophyllum subsp. betulifolium	Sapindaceae	Fliegner, Howick, McNamara, Staniforth	SICH1119	10/6/1992	2850	Sichuan	K
1992.221	Abies ernestii var. ernestii	Pinaceae	Fliegner, Howick, McNamara, Staniforth	SICH1120	10/6/1992	2870	Sichuan	K
1992.222	Paris sp.	Trilliaceae	Fliegner, Howick, McNamara, Staniforth	SICH1121	10/6/1992	2870	Sichuan	
1992.223	Acer davidii	Sapindaceae	Fliegner, Howick, McNamara, Staniforth	SICH1122	10/6/1992	2880	Sichuan	K
1992.224	Tsuga forrestii	Pinaceae	Fliegner, Howick, McNamara, Staniforth	SICH1123	10/6/1992	2880	Sichuan	K
1992.225	Rhododendron yunnanense	Ericaceae	Fliegner, Howick, McNamara, Staniforth	SICH1124	10/6/1992	2920	Sichuan	K
1992.226	Tilia chinensis subsp. intonsa	Tiliaceae	Fliegner, Howick, McNamara, Staniforth	SICH1125	10/6/1992	2920	Sichuan	K
1992.227	Picea brachytyla	Pinaceae	Fliegner, Howick, McNamara, Staniforth	SICH1126	10/6/1992	2950	Sichuan	K
1992.228	(Undetermined)	Rutaceae	Fliegner, Howick, McNamara, Staniforth	SICH1127	10/6/1992	2950	Sichuan	
1992.229	(Undetermined)	Rutaceae	Fliegner, Howick, McNamara, Staniforth	SICH1128	10/6/1992	2950	Sichuan	

03

Accession	Taxa	Family	Collectors	Number	Time	Elevation (m)	Region	Herbarium
1992.230	Taxus wallichiana var. wallichiana	Taxaceae	Fliegner, Howick, McNamara, Staniforth	SICH1129	10/6/1992	2980	Sichuan	K
1992.231	Syringa yunnanensis	Oleaceae	Fliegner, Howick, McNamara, Staniforth	SICH1130	10/6/1992	2990	Sichuan	
1992.232	Lilium sp.	Liliaceae	Fliegner, Howick, McNamara, Staniforth	SICH1131	10/6/1992	3040	Sichuan	
1992.233	Sorbus koehneana	Rosaceae	Fliegner, Howick, McNamara, Staniforth	SICH1132	10/6/1992	3060	Sichuan	K
1992.234	Cornus sp.	Cornaceae	Fliegner, Howick, McNamara, Staniforth	SICH1133	10/6/1992	3100	Sichuan	
1992.235	Rhododendron rex	Ericaceae	Fliegner, Howick, McNamara, Staniforth	SICH1134	10/6/1992	3100	Sichuan	K
1992.236	Aconitum sp.	Ranunculaceae	Fliegner, Howick, McNamara, Staniforth	SICH1135	10/6/1992	2980	Sichuan	
1992.237	Abelia sp.	Caprifoliaceae	Fliegner, Howick, McNamara, Staniforth	SICH1136	10/6/1992	2950	Sichuan	
1992.238	Forsythia giraldiana	Oleaceae	Fliegner, Howick, McNamara, Staniforth	SICH1137	10/6/1992	2790	Sichuan	K
1992.239	Arisaema sp.	Araceae	Fliegner, Howick, McNamara, Staniforth	SICH1138	10/6/1992	2790	Sichuan	
1992.240	Clematis sp.	Ranunculaceae	Fliegner, Howick, McNamara, Staniforth	SICH1139	10/6/1992	2790	Sichuan	
1992.241	Alnus nepalensis	Betulaceae	Fliegner, Howick, McNamara, Staniforth	SICH1140	10/7/1992	2900	Sichuan	
1992.242	Onosma sp.	Boraginaceae	Fliegner, Howick, McNamara, Staniforth	SICH1141	10/7/1992	2880	Sichuan	
1992.243	Quercus schottkyana	Fagaceae	Fliegner, Howick, McNamara, Staniforth	SICH1142	10/7/1992	2880	Sichuan	K
1992.244	Rosa longicuspis var. longicuspis	Rosaceae	Fliegner, Howick, McNamara, Staniforth	SICH1143	10/7/1992	2750	Sichuan	K
1992.245	Ilex bioritsensis	Aquifoliaceae	Fliegner, Howick, McNamara, Staniforth	SICH1144	10/7/1992	2770	Sichuan	K
1992.246	Rhamnus dumetorum	Rhamnaceae	Fliegner, Howick, McNamara, Staniforth	SICH1145	10/7/1992	2920	Sichuan	K

Accession	Taxa	Family	Collectors	Number	Time	Elevation (m)	Region	Herbarium
1992.247	Leptodermis potaninii	Rubiaceae	Fliegner, Howick, McNamara, Staniforth	SICH1146	10/8/1992	2780	Sichuan	K
1992.248	Thalictrum sp.	Ranunculaceae	Fliegner, Howick, McNamara, Staniforth	SICH1147	10/8/1992	2795	Sichuan	
1992.249	Ilex yunnanensis	Aquifoliaceae	Fliegner, Howick, McNamara, Staniforth	SICH1148	10/8/1992	2795	Sichuan	K
1992.250	Euonymus sp.	Celastraceae	Fliegner, Howick, McNamara, Staniforth	SICH1149	10/8/1992	2880	Sichuan	K
1992.251	Aconitum sp.	Ranunculaceae	Fliegner, Howick, McNamara, Staniforth	SICH1150	10/8/1992	2825	Sichuan	
1992.252	Rhododendron pleistanthum	Ericaceae	Fliegner, Howick, McNamara, Staniforth	SICH1151	10/8/1992	3380	Sichuan	K
1992.253	Spiraea schneideriana	Rosaceae	Fliegner, Howick, McNamara, Staniforth	SICH1152	10/8/1992	3400	Sichuan	K
1992.254	Rhododendron rex	Ericaceae	Fliegner, Howick, McNamara, Staniforth	SICH1153	10/8/1992	3420	Sichuan	K
1992.255	Rhododendron rex	Ericaceae	Fliegner, Howick, McNamara, Staniforth	SICH1154	10/8/1992	3460	Sichuan	K
1992.256	Syringa yunnanensis	Oleaceae	Fliegner, Howick, McNamara, Staniforth	SICH1155	10/9/1992	3100	Sichuan	K
1992.257	Litsea sp.	Lauraceae	Fliegner, Howick, McNamara, Staniforth	SICH1156	10/9/1992	3090	Sichuan	K
1992.258	Ligularia sp.	Asteraceae	Fliegner, Howick, McNamara, Staniforth	SICH1157	10/9/1992	3060	Sichuan	
1992.259	Tilia sp.	Tiliaceae	Fliegner, Howick, McNamara, Staniforth	SICH1158	10/9/1992	3060	Sichuan	
1992.260	Codonopsis macrocalyx	Campanulaceae	Fliegner, Howick, McNamara, Staniforth	SICH1159	10/9/1992	3060	Sichuan	
1992.261	Gentiana sp.	Gentianaceae	Fliegner, Howick, McNamara, Staniforth	SICH1160	10/9/1992	3060	Sichuan	
1992.262	Tilia chinensis subsp. intonsa	Tiliaceae	Fliegner, Howick, McNamara, Staniforth	SICH1161	10/9/1992	3060	Sichuan	K
1992.263	Sorbus olivacea	Rosaceae	Fliegner, Howick, McNamara, Staniforth	SICH1162	10/9/1992	2850	Sichuan	K

Accession	Taxa	Family	Collectors	Number	Time	Elevation (m)	Region	Herbarium
1992.264	Roscoea tibetica	Zingiberaceae	Fliegner, Howick, McNamara, Staniforth	SICH1163	10/9/1992	2850	Sichuan	
1992.265	Sarcococca hookeriana var. digyna	Buxaceae	Fliegner, Howick, McNamara, Staniforth	SICH1164	10/9/1992	2790	Sichuan	K
1992.266	Lilium sp.	Liliaceae	Fliegner, Howick, McNamara, Staniforth	SICH1165	10/9/1992	2760	Sichuan	
1992.267	Rosa sertata	Rosaceae	Fliegner, Howick, McNamara, Staniforth	SICH1166	10/9/1992	2760	Sichuan	K
1992.268	Aralia chinensis	Araliaceae	Fliegner, Howick, McNamara, Staniforth	SICH1167	10/9/1992	2930	Sichuan	
1992.269	Cyananthus sp.	Campanulaceae	Fliegner, Howick, McNamara, Staniforth	SICH1168	10/10/1992	3130	Sichuan	
1992.270	Iris collettii var. acaulis	Iridaceae	Fliegner, Howick, McNamara, Staniforth	SICH1169	10/10/1992	3130	Sichuan	
1992.271	Gentianopsis grandis	Gentianaceae	Fliegner, Howick, McNamara, Staniforth	SICH1170	10/10/1992	3220	Sichuan	
1992.272	Rhododendron tatsienense	Ericaceae	Fliegner, Howick, McNamara, Staniforth	SICH1171	10/11/1992	3130	Sichuan	K
1992.273	Philadelphus delavayi	Hydrangeaceae	Fliegner, Howick, McNamara, Staniforth	SICH1172	10/11/1992	3110	Sichuan	K
1992.274	Clematis montana	Ranunculaceae	Fliegner, Howick, McNamara, Staniforth	SICH1173	10/11/1992	3090	Sichuan	K
1992.275	Gaultheria griffithiana	Ericaceae	Fliegner, Howick, McNamara, Staniforth	SICH1174	10/11/1992	3100	Sichuan	K
1992.276	Gutzlaffia aprica	Acanthaceae	Fliegner, Howick, McNamara, Staniforth	SICH1175	10/11/1992	1260	Sichuan	
1992.277	Juncus sp.	Juncaceae	Fliegner, Howick, McNamara, Staniforth	SICH1176	10/11/1992	1260	Sichuan	K
1992.278	Rhododendron spinuliferum	Ericaceae	Fliegner, Howick, McNamara, Staniforth	SICH1177	10/11/1992	2330	Sichuan	K
1992.279	Primula wilsonii	Primulaceae	Fliegner, Howick, McNamara, Staniforth	SICH1178	10/11/1992	2330	Sichuan	
1992.280	Ilex micrococca	Aquifoliaceae	Fliegner, Howick, McNamara, Staniforth	SICH1179	10/13/1992	1820	Sichuan	K

03

Accession	Taxa	Family	Collectors	Number	Time	Elevation (m)	Region	Herbarium
1992.281	Gentiana sp.	Gentianaceae	Fliegner, Howick, McNamara, Staniforth	SICH1180	10/13/1992	2300	Sichuan	
1992.282	Rubia leiocaulis	Rubiaceae	Fliegner, Howick, McNamara, Staniforth	SICH1181	10/13/1992	2300	Sichuan	
1992.283	Camellia pitardii	Theaceae	Fliegner, Howick, McNamara, Staniforth	SICH1182	10/13/1992	2180	Sichuan	
1992.284	Ternstroemia gymnanthera	Theaceae	Fliegner, Howick, McNamara, Staniforth	SICH1183	10/13/1992	2150	Sichuan	K
1992.285	Astilbe sp.	Saxifragaceae	Fliegner, Howick, McNamara, Staniforth	SICH1184	10/13/1992	2160	Sichuan	
1992.286	Rhododendron rubiginosum	Ericaceae	Fliegner, Howick, McNamara, Staniforth	SICH1185	10/15/1992	3080	Sichuan	K
1992.287	Iris wilsonii	Iridaceae	Fliegner, Howick, McNamara, Staniforth	SICH1186	10/15/1992	3080	Sichuan	
1992.288	Rhododendron racemosum	Ericaceae	Fliegner, Howick, McNamara, Staniforth	SICH1187	10/15/1992	3080	Sichuan	K
1992.289	Rhododendron racemosum	Ericaceae	Fliegner, Howick, McNamara, Staniforth	SICH1188	10/15/1992	3080	Sichuan	K
1992.290	Euptelea pleiosperma	Eupteleaceae	Fliegner, Howick, McNamara, Staniforth	SICH1189	10/15/1992	2460	Sichuan	K
1992.291	Sorbus glabrescens	Rosaceae	Fliegner, Howick, McNamara, Staniforth	SICH1190	10/15/1992	2460	Sichuan	K
1992.292	Campylandra sp.	Liliaceae	Fliegner, Howick, McNamara, Staniforth	SICH1191	10/15/1992	2460	Sichuan	
1992.293	Ilex pernyi	Aquifoliaceae	Fliegner, Howick, McNamara, Staniforth	SICH1192	10/15/1992	2460	Sichuan	K
1992.294	Ilex yunnanensis	Aquifoliaceae	Fliegner, Howick, McNamara, Staniforth	SICH1193	10/15/1992	2460	Sichuan	K
1992.295	Euonymus sp.	Celastraceae	Fliegner, Howick, McNamara, Staniforth	SICH1194	10/15/1992	2460	Sichuan	
1992.296	Corylopsis sinensis	Hamamelidaceae	Fliegner, Howick, McNamara, Staniforth	SICH1195	10/15/1992	2460	Sichuan	K
1992.297	Ligustrum quihoui	Oleaceae	Fliegner, Howick, McNamara, Staniforth	SICH1196	10/15/1992	2460	Sichuan	K

Accession	Taxa	Family	Collectors	Number	Time	Elevation (m)	Region	Herbarium
1992.298	Meliosma cuneifolia var. cuneifolia	Sabiaceae	Fliegner, Howick, McNamara, Staniforth	SICH1197	10/15/1992	2460	Sichuan	K
1992.299	Rhododendron coeloneurum	Ericaceae	Fliegner, Howick, McNamara, Staniforth	SICH1198	10/15/1992	2460	Sichuan	K
1992.300	Illicium simonsii	Illiciaceae	Fliegner, Howick, McNamara, Staniforth	SICH1199	10/15/1992	2460	Sichuan	K
1992.301	Berberis insolita	Berberidaceae	Fliegner, Howick, McNamara, Staniforth	SICH1200	10/15/1992	2460	Sichuan	K
1992.302	Cornus poliophylla	Cornaceae	Fliegner, Howick, McNamara, Staniforth	SICH1201	10/15/1992	2460	Sichuan	K
1992.303	Viburnum betulifolium	Adoxaceae	Fliegner, Howick, McNamara, Staniforth	SICH1202	10/15/1992	2460	Sichuan	K
1992.304	Actinidia sp.	Actinidiaceae	Fliegner, Howick, McNamara, Staniforth	SICH1203	10/15/1992	2480	Sichuan	
1992.305	Sinofranchetia chinensis	Lardizabalaceae	Fliegner, Howick, McNamara, Staniforth	SICH1204	10/15/1992	2460	Sichuan	
1992.306	Pterocarya macroptera var. insignis	Juglandaceae	Fliegner, Howick, McNamara, Staniforth	SICH1205	10/15/1992	2460	Sichuan	K
1992.307	Malus yunnanensis	Rosaceae	Fliegner, Howick, McNamara, Staniforth	SICH1206	10/15/1992	2460	Sichuan	K
1992.308	Rhododendron yunnanense	Ericaceae	Fliegner, Howick, McNamara, Staniforth	SICH1207	10/15/1992	2460	Sichuan	K
1992.309	Carpinus monbeigiana	Betulaceae	Fliegner, Howick, McNamara, Staniforth	SICH1208	10/15/1992	2460	Sichuan	K
1992.310	Fraxinus insularis	Oleaceae	Fliegner, Howick, McNamara, Staniforth	SICH1209	10/15/1992	2460	Sichuan	K
1992.311	Cercidiphyllum japonicum	Cercidiphyllaceae	Fliegner, Howick, McNamara, Staniforth	SICH1210	10/16/1992	2420	Sichuan	K
1992.312	Celastrus glaucophyllus	Celastraceae	Fliegner, Howick, McNamara, Staniforth	SICH1211	10/16/1992	2460	Sichuan	K
1992.313	Rosa glomerata	Rosaceae	Fliegner, Howick, McNamara, Staniforth	SICH1212	10/16/1992	2420	Sichuan	K
1992.314	Rhus punjabensis var. sinica	Anacardiaceae	Fliegner, Howick, McNamara, Staniforth	SICH1213	10/16/1992	2420	Sichuan	K

03

Accession	Taxa	Family	Collectors	Number	Time	Elevation (m)	Region	Herbarium
1992.315	Acer oliverianum	Sapindaceae	Fliegner, Howick, McNamara, Staniforth	SICH1214	10/16/1992	2390	Sichuan	K
1992.316	Acer stachyophyllum subsp. stachyophyllum	Sapindaceae	Fliegner, Howick, McNamara, Staniforth	SICH1215	10/16/1992	2400	Sichuan	K
1992.317	Betula luminifera	Betulaceae	Fliegner, Howick, McNamara, Staniforth	SICH1216	10/16/1992	2410	Sichuan	K
1992.318	Arisaema erubescens	Araceae	Fliegner, Howick, McNamara, Staniforth	SICH1217	10/16/1992	2460	Sichuan	
1992.319	Clematoclethra scandens	Actinidiaceae	Fliegner, Howick, McNamara, Staniforth	SICH1218	10/16/1992	2480	Sichuan	K
1992.320	Viburnum betulifolium	Adoxaceae	Fliegner, Howick, McNamara, Staniforth	SICH1219	10/16/1992	2480	Sichuan	K
1992.321	Paris sp.	Trilliaceae	Fliegner, Howick, McNamara, Staniforth	SICH1220	10/16/1992	2480	Sichuan	
1992.322	Rosa longicuspis var. longicuspis	Rosaceae	Fliegner, Howick, McNamara, Staniforth	SICH1221	10/16/1992	2480	Sichuan	K
1992.323	Cornus chinensis var. jinyangense	Cornaceae	Fliegner, Howick, McNamara, Staniforth	SICH1222	10/16/1992	2480	Sichuan	K
1992.324	Acer sterculiaceum subsp. franchetii	Sapindaceae	Fliegner, Howick, McNamara, Staniforth	SICH1223	10/16/1992	2480	Sichuan	K
1992.325	(Undetermined)	Orchidaceae	Fliegner, Howick, McNamara, Staniforth	SICH1224	10/16/1992	2480	Sichuan	
1992.326	Pseudopanax davidii	Araliaceae	Fliegner, Howick, McNamara, Staniforth	SICH1225	10/16/1992	2460	Sichuan	K
1992.327	Lonicera sp.	Caprifoliaceae	Fliegner, Howick, McNamara, Staniforth	SICH1226	10/16/1992	2500	Sichuan	K
1992.328	Astilbe sp.	Saxifragaceae	Fliegner, Howick, McNamara, Staniforth	SICH1227	10/16/1992	2480	Sichuan	
1992.329	Hypericum patulum	Hypericaceae	Fliegner, Howick, McNamara, Staniforth	SICH1228	10/17/1992	1610	Sichuan	K
1992.330	Iris wilsonii	Iridaceae	Fliegner, Howick, McNamara, Staniforth	SICH1229	10/18/1992	2290	Sichuan	
1992.331	Rhododendron polylepis	Ericaceae	Fliegner, Howick, McNamara, Staniforth	SICH1230	10/18/1992	2400	Sichuan	K

03

Accession	Taxa	Family	Collectors	Number	Time	Elevation (m)	Region	Herbarium
1992.332	Elaeagnus multiflora	Elaeagnaceae	Fliegner, Howick, McNamara, Staniforth	SICH1231	10/18/1992	2400	Sichuan	K
1992.333	Smilax stans	Liliaceae	Fliegner, Howick, McNamara, Staniforth	SICH1232	10/18/1992	2400	Sichuan	K
1992.334	Sorbus wilsoniana	Rosaceae	Fliegner, Howick, McNamara, Staniforth	SICH1233	10/18/1992	2400	Sichuan	K
1992.335	Spiraea japonica	Rosaceae	Fliegner, Howick, McNamara, Staniforth	SICH1234	10/18/1992	2430	Sichuan	
1992.336	Rosa moyesii	Rosaceae	Fliegner, Howick, McNamara, Staniforth	SICH1235	10/18/1992	2830	Sichuan	
1992.337	Rhododendron rex	Ericaceae	Fliegner, Howick, McNamara, Staniforth	SICH1236	10/18/1992	2830	Sichuan	K
1992.338	Gaultheria hookeri	Ericaceae	Fliegner, Howick, McNamara, Staniforth	SICH1237	10/18/1992	2890	Sichuan	K
1992.339	Cardiocrinum giganteum	Liliaceae	Fliegner, Howick, McNamara, Staniforth	SICH1238	10/18/1992	2890	Sichuan	
1992.340	Cimicifuga sp.	Ranunculaceae	Fliegner, Howick, McNamara, Staniforth	SICH1239	10/18/1992	2890	Sichuan	
1992.341	Hydrangea longipes	Hydrangeaceae	Fliegner, Howick, McNamara, Staniforth	SICH1240	10/18/1992	2890	Sichuan	K
1992.342	Rhododendron pingianum	Ericaceae	Fliegner, Howick, McNamara, Staniforth	SICH1241	10/18/1992	2890	Sichuan	K
1992.343	Ilex fargesii subsp. fargesii var. parvifolia	Aquifoliaceae	Fliegner, Howick, McNamara, Staniforth	SICH1242	10/18/1992	2890	Sichuan	K
1992.344	Philadelphus purpurascens	Hydrangeaceae	Fliegner, Howick, McNamara, Staniforth	SICH1243	10/18/1992	2890	Sichuan	
1992.345	Euonymus sp.	Celastraceae	Fliegner, Howick, McNamara, Staniforth	SICH1244	10/18/1992	2850	Sichuan	
1992.346	Acer sp.	Sapindaceae	Fliegner, Howick, McNamara, Staniforth	SICH1245	10/18/1992	2780	Sichuan	
1992.347	Acer sterculiaceum subsp. franchetii	Sapindaceae	Fliegner, Howick, McNamara, Staniforth	SICH1246	10/18/1992	2600	Sichuan	K
1992.348	Disporum sp.	Liliaceae	Fliegner, Howick, McNamara, Staniforth	SICH1247	10/18/1992	2890	Sichuan	

Accession	Taxa	Family	Collectors	Number	Time	Elevation (m)	Region	Herbarium
1992.349	Clerodendrum bungei	Verbenaceae	Fliegner, Howick, McNamara, Staniforth	SICH1248	10/19/1992	990	Sichuan	
1992.350	Acer paxii	Sapindaceae	McNamara, W.	M0024	10/13/1992	1860	Sichuan	
1992.351	Diospyros mollifolia	Ebenaceae	McNamara, W.	M0025	10/13/1992	1860	Sichuan	
1992.352	Corylus wangii	Betulaceae	McNamara, W.	M0026	9/25/1992	1900	Sichuan	
1992.353	Codonopsis sp.	Campanulaceae	McNamara, W.	M0027	9/27/1992	3030	Sichuan	
1992.354	Salvia sp.	Lamiaceae	McNamara, W.	M0028	9/28/1992	3120	Sichuan	
1992.355	Paris sp.	Trilliaceae	McNamara, W.	M0029	9/28/1992	3110	Sichuan	
1992.356	Viburnum cylindricum	Adoxaceae	McNamara, W.	M0030	9/28/1992	2510	Sichuan	
1992.357	Cornus capitata	Cornaceae	McNamara, W.	M0031	9/28/1992	2500	Sichuan	
1992.358	Betula utilis	Betulaceae	McNamara, W.	M0032	9/30/1992	3580	Sichuan	
1992.359	Prunus sp.	Rosaceae	McNamara, W.	M0033	9/30/1992	3650	Sichuan	
1992.360	Corylus yunnanensis	Betulaceae	McNamara, W.	M0034	10/2/1992	2690	Sichuan	
1992.361	Cotoneaster sp.	Rosaceae	McNamara, W.	M0035	10/2/1992	2690	Sichuan	
1992.362	Juniperus formosana	Cupressaceae	McNamara, W.	M0036	10/3/1992	2240	Sichuan	
1992.363	Leptodermis potaninii	Rubiaceae	McNamara, W.	M0037	10/3/1992	2240	Sichuan	
1992.364	Rhus chinensis	Anacardiaceae	McNamara, W.	M0038	10/3/1992	2240	Sichuan	
1992.365	Pyrus sp.	Rosaceae	McNamara, W.	M0039	10/3/1992	3090	Sichuan	
1992.366	(Undetermined)	Rutaceae	McNamara, W.	M0040	10/3/1992	3090	Sichuan	
1992.367	Piptanthus nepalensis	Fabaceae	McNamara, W.	M0041	10/4/1992	3790	Sichuan	
1992.368	Quercus sp.	Fagaceae	McNamara, W.	M0042	10/4/1992	3160	Sichuan	
1992.369	Rhus chinensis	Anacardiaceae	McNamara, W.	M0043	10/5/1992	2660	Sichuan	
1992.370	Begonia sp.	Begoniaceae	McNamara, W.	M0044	10/6/1992	2740	Sichuan	
1992.371	Duchesnea indica	Rosaceae	McNamara, W.	M0045	10/6/1992	2880	Sichuan	
1992.372	Codonopsis sp.	Campanulaceae	McNamara, W.	M0046	10/7/1992	2880	Sichuan	
1992.373	Pinus yunnanensis	Pinaceae	McNamara, W.	M0047	10/7/1992	2880	Sichuan	
1992.374	Adenophora sp.	Campanulaceae	McNamara, W.	M0048	10/7/1992	2880	Sichuan	
1992.375	Begonia sp.	Begoniaceae	McNamara, W.	M0049	10/8/1992	2795	Sichuan	
1992.376	Caragana sp.	Fabaceae	McNamara, W.	M0050	10/8/1992	3380	Sichuan	
1992.377	Rheum sp.	Polygonaceae	McNamara, W.	M0051	10/9/1992	3060	Sichuan	

Accession	Taxa	Family	Collectors	Number	Time	Elevation (m)	Region	Herbarium
1992.378	Roscoea sp.	Zingiberaceae	McNamara, W.	M0052	10/10/1992	3130	Sichuan	
1992.379	Campanula sp.	Campanulaceae	McNamara, W.	M0053	10/10/1992	3220	Sichuan	
1992.380	Lithocarpus sp.	Fagaceae	McNamara, W.	M0054	10/11/1992	3100	Sichuan	
1992.381	Schima argentea	Theaceae	McNamara, W.	M0055	10/11/1992	2330	Sichuan	
1992.382	Callicarpa sp.	Verbenaceae	McNamara, W.	M0056	10/13/1992	1820	Sichuan	
1992.383	Hydrangea sp.	Hydrangeaceae	McNamara, W.	M0057	10/13/1992	2300	Sichuan	
1992.384	(Undetermined)	Rutaceae	McNamara, W.	M0058	10/15/1992	2460	Sichuan	
1992.385	Cercidiphyllum japonicum	Cercidiphyllaceae	McNamara, W.	M0059	10/15/1992	2420	Sichuan	
1992.386	Pittosporum truncatum	Pittosporaceae	McNamara, W.	M0060	10/17/1992	1610	Sichuan	
1992.387	Viburnum foetidum var. ceanothoides	Adoxaceae	McNamara, W.	M0061	10/17/1992	1610	Sichuan	
1992.388	Parnassia wrightiana	Saxifragaceae	McNamara, W.	M0062	10/18/1992	2400	Sichuan	
1992.389	Astilbe sp.	Saxifragaceae	McNamara, W.	M0063	10/16/1992	2400	Sichuan	
1992.390	Lobelia sp.	Campanulaceae	Fliegner, Howick, McNamara, Staniforth	SICH0939A	9/26/1992	2210	Sichuan	
1992.391	(Undetermined)	Rutaceae	Fliegner, Howick, McNamara, Staniforth	SICH0919	9/25/1992	1900	Sichuan	
1994.001	Buddleja officinalis	Loganiaceae	McNamara, W.	M0096	5/11/1994	1195	Sichuan	
1994.002	(Undetermined)	Orchidaceae	McNamara, W.	M0097	5/11/1994	1195	Sichuan	
1994.003	Buddleja crispa	Loganiaceae	McNamara, W.	M0098	5/12/1994	1475	Sichuan	
1994.004	Sedum sp.	Crassulaceae	McNamara, W.	M0099	5/14/1994	3590	Sichuan	
1994.005	Salix sp.	Salicaceae	McNamara, W.	M0100	5/15/1994	2915	Sichuan	
1994.006	Populus sp.	Salicaceae	McNamara, W.	M0101	5/15/1994	2925	Sichuan	
1994.007	Salix sp.	Salicaceae	McNamara, W.	M0102	5/15/1994	2915	Sichuan	
1994.008	Incarvillea sinensis	Bignoniaceae	McNamara, W.	M0103	5/16/1994	2585	Sichuan	
1994.009	Dicranostigma leptopodum	Papaveraceae	McNamara, W.	M0104	5/17/1994	2595	Sichuan	
1994.010	Dicranostigma leptopodum	Papaveraceae	McNamara, W.	M0105	5/17/1994	2350	Sichuan	
1994.011	Delphinium sp.	Ranunculaceae	McNamara, W.	M0106	5/18/1994	1130	Sichuan	
1994.012	Corydalis sp.	Fumariaceae	McNamara, W.	M0107	5/18/1994	1495	Sichuan	
1994.013	Broussonetia papyrifera	Moraceae	Erskine, Fliegner, Howick, McNamara	SICH1300	9/16/1994	1325	Sichuan	
1994.014	Actinidia sp.	Actinidiaceae	Erskine, Fliegner, Howick, McNamara	SICH1301	9/16/1994	1325	Sichuan	

Accession	Taxa	Family	Collectors	Number	Time	Elevation (m)	Region	Herbarium
1994.015	Clerodendrum sp.	Verbenaceae	Erskine, Fliegner, Howick, McNamara	SICH1302	9/16/1994	1590	Sichuan	
1994.016	Abelia schumannii	Caprifoliaceae	Erskine, Fliegner, Howick, McNamara	SICH1303	9/16/1994	1950	Sichuan	
1994.017	Adenophora aurita	Campanulaceae	Erskine, Fliegner, Howick, McNamara	SICH1304	9/16/1994	1950	Sichuan	
1994.018	Quercus dentata	Fagaceae	Erskine, Fliegner, Howick, McNamara	SICH1305	9/16/1994	1940	Sichuan	
1994.019	Meconopsis integrifolia	Papaveraceae	Erskine, Fliegner, Howick, McNamara	SICH1306	9/17/1994	3935	Sichuan	
1994.020	Daphne retusa	Thymelaeaceae	Erskine, Fliegner, Howick, McNamara	SICH1307	9/17/1994	3990	Sichuan	
1994.021	Lonicera sp.	Caprifoliaceae	Erskine, Fliegner, Howick, McNamara	SICH1308	9/18/1994	4200	Sichuan	
1994.022	Primula sp.	Primulaceae	Erskine, Fliegner, Howick, McNamara	SICH1309	9/18/1994	4200	Sichuan	
1994.023	Aconitum sp.	Ranunculaceae	Erskine, Fliegner, Howick, McNamara	SICH1310	9/18/1994	4200	Sichuan	
1994.024	Rhodiola sp.	Crassulaceae	Erskine, Fliegner, Howick, McNamara	SICH1311	9/18/1994	4200	Sichuan	
1994.025	Meconopsis integrifolia	Papaveraceae	Erskine, Fliegner, Howick, McNamara	SICH1312	9/18/1994	4200	Sichuan	
1994.026	Gentiana sp.	Gentianaceae	Erskine, Fliegner, Howick, McNamara	SICH1313	9/18/1994	4200	Sichuan	
1994.027	Lonicera sp.	Caprifoliaceae	Erskine, Fliegner, Howick, McNamara	SICH1314	9/18/1994	4200	Sichuan	
1994.028	Phlomis sp.	Lamiaceae	Erskine, Fliegner, Howick, McNamara	SICH1315	9/18/1994	4240	Sichuan	
1994.029	Aconitum sp.	Ranunculaceae	Erskine, Fliegner, Howick, McNamara	SICH1316	9/18/1994	4240	Sichuan	
1994.030	Rhododendron phaeochrysum	Ericaceae	Erskine, Fliegner, Howick, McNamara	SICH1317	9/19/1994	4255	Sichuan	
1994.031	Rhododendron sp.	Ericaceae	Erskine, Fliegner, Howick, McNamara	SICH1318	9/19/1994	4255	Sichuan	
1994.032	Sorbus koehneana	Rosaceae	Erskine, Fliegner, Howick, McNamara	SICH1319	9/19/1994	4260	Sichuan	CAS; K
1994.033	Spiraea mollifolia	Rosaceae	Erskine, Fliegner, Howick, McNamara	SICH1320	9/19/1994	4260	Sichuan	CAS; K
1994.034	Primula sikkimensis	Primulaceae	Erskine, Fliegner, Howick, McNamara	SICH1321	9/19/1994	4275	Sichuan	
1994.035	Rhododendron vernicosum	Ericaceae	Erskine, Fliegner, Howick, McNamara	SICH1322	9/19/1994	3785	Sichuan	CAS; K
1994.036	Cimicifuga foetida	Ranunculaceae	Erskine, Fliegner, Howick, McNamara	SICH1323	9/19/1994	3780	Sichuan	
1994.037	Berberis bowashanensis	Berberidaceae	Erskine, Fliegner, Howick, McNamara	SICH1324	9/19/1994	3780	Sichuan	CAS; K
1994.038	Rosa sericea	Rosaceae	Erskine, Fliegner, Howick, McNamara	SICH1325	9/19/1994	3780	Sichuan	CAS; K
1994.039	Ribes meyeri	Saxifragaceae	Erskine, Fliegner, Howick, McNamara	SICH1326	9/19/1994	3760	Sichuan	CAS; K
1994.040	Salvia sp.	Lamiaceae	Erskine, Fliegner, Howick, McNamara	SICH1327	9/20/1994	2990	Sichuan	
1994.041	Clematis rehderiana	Ranunculaceae	Erskine, Fliegner, Howick, McNamara	SICH1328	9/20/1994	2990	Sichuan	CAS; K
1994.042	Acer cappadocicum subsp. sinicum	Sapindaceae	Erskine, Fliegner, Howick, McNamara	SICH1329	9/20/1994	2990	Sichuan	CAS; K
1994.043	Sophora davidii	Fabaceae	Erskine, Fliegner, Howick, McNamara	SICH1330	9/20/1994	2990	Sichuan	CAS; K
1994.044	Ligustrum sp.	Oleaceae	Erskine, Fliegner, Howick, McNamara	SICH1331	9/20/1994	2990	Sichuan	CAS; K

03

Accession	Taxa	Family	Collectors	Number	Time	Elevation (m)	Region	Herbarium
1994.045	Clematis delavayi	Ranunculaceae	Erskine, Fliegner, Howick, McNamara	SICH1332	9/20/1994	2990	Sichuan	CAS; K
1994.046	Primula poissonii	Primulaceae	Erskine, Fliegner, Howick, McNamara	SICH1333	9/20/1994	3000	Sichuan	
1994.047	Arisaema sp.	Araceae	Erskine, Fliegner, Howick, McNamara	SICH1334	9/20/1994	3205	Sichuan	CAS; K
1994.048	Cotoneaster sp.	Rosaceae	Erskine, Fliegner, Howick, McNamara	SICH1335	9/20/1994	3205	Sichuan	CAS; K
1994.049	Deutzia glomeruliflora	Saxifragaceae	Erskine, Fliegner, Howick, McNamara	SICH1336	9/20/1994	3205	Sichuan	CAS; K
1994.050	Cotoneaster sp.	Rosaceae	Erskine, Fliegner, Howick, McNamara	SICH1337	9/20/1994	3165	Sichuan	CAS; K
1994.051	Pittosporum sp.	Pittosporaceae	Erskine, Fliegner, Howick, McNamara	SICH1338	9/22/1994	2840	Sichuan	CAS; K
1994.052	Jasminum officinale	Oleaceae	Erskine, Fliegner, Howick, McNamara	SICH1339	9/22/1994	2840	Sichuan	CAS; K
1994.053	Spiraea mongolica var. mongolica	Rosaceae	Erskine, Fliegner, Howick, McNamara	SICH1340	9/22/1994	2980	Sichuan	CAS; K
1994.054	Buxus sempervirens	Buxaceae	Erskine, Fliegner, Howick, McNamara	SICH1341	9/22/1994	2908	Sichuan	CAS; K
1994.055	Incarvillea sp.	Bignoniaceae	Erskine, Fliegner, Howick, McNamara	SICH1342	9/22/1994	3120	Sichuan	
1994.056	Codonopsis convolvulacea	Campanulaceae	Erskine, Fliegner, Howick, McNamara	SICH1343	9/22/1994	3330	Sichuan	
1994.057	Lilium sp.	Liliaceae	Erskine, Fliegner, Howick, McNamara	SICH1344	9/23/1994	3710	Sichuan	
1994.058	Lilium sp.	Liliaceae	Erskine, Fliegner, Howick, McNamara	SICH1345	9/23/1994	3710	Sichuan	
1994.059	Rhododendron sp.	Ericaceae	Erskine, Fliegner, Howick, McNamara	SICH1346	9/23/1994	3665	Sichuan	
1994.060	Berberis sp.	Berberidaceae	Erskine, Fliegner, Howick, McNamara	SICH1347	9/23/1994	3700	Sichuan	CAS; K
1994.061	Rosa sericea	Rosaceae	Erskine, Fliegner, Howick, McNamara	SICH1348	9/23/1994	3700	Sichuan	CAS; K
1994.062	Betula utilis var. pratti	Betulaceae	Erskine, Fliegner, Howick, McNamara	SICH1349	9/23/1994	3725	Sichuan	CAS; K
1994.063	Juniperus sp.	Cupressaceae	Erskine, Fliegner, Howick, McNamara	SICH1350	9/23/1994	3790	Sichuan	CAS; K
1994.064	Ephedra monosperma	Ephedraceae	Erskine, Fliegner, Howick, McNamara	SICH1351	9/23/1994	3935	Sichuan	
1994.065	Rhododendron sp.	Ericaceae	Erskine, Fliegner, Howick, McNamara	SICH1352	9/23/1994	3900	Sichuan	CAS; K
1994.066	Meconopsis horridula	Papaveraceae	Erskine, Fliegner, Howick, McNamara	SICH1353	9/23/1994	3970	Sichuan	
1994.067	Abies squamata	Pinaceae	Erskine, Fliegner, Howick, McNamara	SICH1354	9/23/1994	3725	Sichuan	
1994.068	Primula sp.	Primulaceae	Erskine, Fliegner, Howick, McNamara	SICH1355	9/23/1994	3725	Sichuan	
1994.069	Iris chrysographes	Iridaceae	Erskine, Fliegner, Howick, McNamara	SICH1356	9/23/1994	3725	Sichuan	
1994.070	Piptanthus nepalensis	Fabaceae	Erskine, Fliegner, Howick, McNamara	SICH1357	9/23/1994	3730	Sichuan	CAS; K
1994.071	Syringa sp.	Oleaceae	Erskine, Fliegner, Howick, McNamara	SICH1358	9/23/1994	3700	Sichuan	
1994.072	Aquilegia rockii x oxysepala var. kansuensis	Ranunculaceae	Erskine, Fliegner, Howick, McNamara	SICH1359	9/23/1994	3700	Sichuan	
1994.073	Berberis sp.	Berberidaceae	Erskine, Fliegner, Howick, McNamara	SICH1360	9/23/1994	3685	Sichuan	

Accession	Taxa	Family	Collectors	Number	Time	Elevation (m)	Region	Herbarium
1994.074	Incarvillea sp.	Bignoniaceae	Erskine, Fliegner, Howick, McNamara	SICH1361	9/23/1994	3715	Sichuan	
1994.075	Clematis sp.	Ranunculaceae	Erskine, Fliegner, Howick, McNamara	SICH1362	9/24/1994	3600	Sichuan	CAS; K
1994.076	Philadelphus purpurascens var. venustus	Hydrangeaceae	Erskine, Fliegner, Howick, McNamara	SICH1363	9/24/1994	3600	Sichuan	CAS; K
1994.077	Aconitum sp.	Ranunculaceae	Erskine, Fliegner, Howick, McNamara	SICH1364	9/24/1994	3575	Sichuan	
1994.078	Aruncus sylvester	Rosaceae	Erskine, Fliegner, Howick, McNamara	SICH1365	9/24/1994	3575	Sichuan	
1994.079	Delphinium sp.	Ranunculaceae	Erskine, Fliegner, Howick, McNamara	SICH1366	9/24/1994	3575	Sichuan	
1994.080	Campanula sp.	Campanulaceae	Erskine, Fliegner, Howick, McNamara	SICH1367	9/24/1994	3575	Sichuan	
1994.081	Trollius sp.	Ranunculaceae	Erskine, Fliegner, Howick, McNamara	SICH1368	9/24/1994	3575	Sichuan	
1994.082	Allium sp.	Liliaceae	Erskine, Fliegner, Howick, McNamara	SICH1369	9/24/1994	3580	Sichuan	
1994.083	Betula utilis	Betulaceae	Erskine, Fliegner, Howick, McNamara	SICH1370	9/24/1994	3580	Sichuan	CAS; K
1994.084	Elsholtzia fruticosa	Lamiaceae	Erskine, Fliegner, Howick, McNamara	SICH1371	9/24/1994	3550	Sichuan	CAS; K
1994.085	Polystichum sp.	Dryopteridaceae	Erskine, Fliegner, Howick, McNamara	SICH1372	9/24/1994	3550	Sichuan	
1994.086	Ribes humile	Saxifragaceae	Erskine, Fliegner, Howick, McNamara	SICH1373	9/24/1994	3550	Sichuan	CAS; K
1994.087	(Undetermined)	Rutaceae	Erskine, Fliegner, Howick, McNamara	SICH1374	9/24/1994	3540	Sichuan	
1994.088	Aquilegia sp.	Ranunculaceae	Erskine, Fliegner, Howick, McNamara	SICH1375	9/24/1994	3525	Sichuan	
1994.089	Arisaema ciliatum	Araceae	Erskine, Fliegner, Howick, McNamara	SICH1376	9/24/1994	3525	Sichuan	
1994.090	Saxifraga rufescens	Saxifragaceae	Erskine, Fliegner, Howick, McNamara	SICH1377	9/24/1994	3515	Sichuan	
1994.091	Pyrrosia sp.	Polypodiaceae	Erskine, Fliegner, Howick, McNamara	SICH1378	9/24/1994	3460	Sichuan	
1994.092	Berberis sp.	Berberidaceae	Erskine, Fliegner, Howick, McNamara	SICH1379	9/24/1994	3435	Sichuan	CAS; K
1994.093	Asparagus sp.	Liliaceae	Erskine, Fliegner, Howick, McNamara	SICH1380	9/24/1994	3390	Sichuan	
1994.094	Abelia sp.	Caprifoliaceae	Erskine, Fliegner, Howick, McNamara	SICH1381	9/24/1994	3380	Sichuan	CAS; K
1994.095	(Undetermined)	Rutaceae	Erskine, Fliegner, Howick, McNamara	SICH1382	9/24/1994	3325	Sichuan	
1994.096	Primula sp.	Primulaceae	Erskine, Fliegner, Howick, McNamara	SICH1383	9/24/1994	3215	Sichuan	
1994.097	Allium sp.	Liliaceae	Erskine, Fliegner, Howick, McNamara	SICH1384	9/24/1994	3215	Sichuan	
1994.098	Lilium sp.	Liliaceae	Erskine, Fliegner, Howick, McNamara	SICH1385	9/24/1994	3215	Sichuan	
1994.099	Acer sp.	Sapindaceae	Erskine, Fliegner, Howick, McNamara	SICH1386	9/24/1994	3150	Sichuan	
1994.100	Rhamnus sp.	Rhamnaceae	Erskine, Fliegner, Howick, McNamara	SICH1387	9/24/1994	3150	Sichuan	CAS; K
1994.101	Corydalis wilsonii	Fumariaceae	Erskine, Fliegner, Howick, McNamara	SICH1388	9/25/1994	3270	Sichuan	
1994.102	Acer forrestii	Sapindaceae	Erskine, Fliegner, Howick, McNamara	SICH1389	9/25/1994	3505	Sichuan	CAS; K
1994.103	Lyonia ovalifolia var. ovalifolia	Ericaceae	Erskine, Fliegner, Howick, McNamara	SICH1390	9/25/1994	3500	Sichuan	CAS; K

Accession	Taxa	Family	Collectors	Number	Time	Elevation (m)	Region	Herbarium
1994.104	Rosa graciliflora	Rosaceae	Erskine, Fliegner, Howick, McNamara	SICH1391	9/25/1994	3510	Sichuan	
1994.105	Disporum sp.	Liliaceae	Erskine, Fliegner, Howick, McNamara	SICH1392	9/25/1994	3505	Sichuan	
1994.106	Blechnum sp.	Blechnaceae	Erskine, Fliegner, Howick, McNamara	SICH1393	9/26/1994	2805	Sichuan	CAS; K
1994.107	Cupressus duclouxiana	Cupressaceae	Erskine, Fliegner, Howick, McNamara	SICH1394	9/26/1994	2805	Sichuan	
1994.108	Onychium sp.	Pteridaceae	Erskine, Fliegner, Howick, McNamara	SICH1395	9/26/1994	2805	Sichuan	
1994.109	Salvia castanea f. glabrescens	Lamiaceae	Erskine, Fliegner, Howick, McNamara	SICH1396	9/26/1994	2805	Sichuan	
1994.110	Campanula colorata	Campanulaceae	Erskine, Fliegner, Howick, McNamara	SICH1397	9/26/1994	2805	Sichuan	
1994.111	Paeonia sp.	Paeoniaceae	Erskine, Fliegner, Howick, McNamara	SICH1398	9/26/1994	2830	Sichuan	
1994.112	Daphne sp.	Thymelaeaceae	Erskine, Fliegner, Howick, McNamara	SICH1399	9/26/1994	2805	Sichuan	CAS; K
1994.113	Malus yunnanensis	Rosaceae	Erskine, Fliegner, Howick, McNamara	SICH1400	9/26/1994	2880	Sichuan	CAS; K
1994.114	Viburnum cylindricum	Adoxaceae	Erskine, Fliegner, Howick, McNamara	SICH1401	9/26/1994	2880	Sichuan	CAS; K
1994.115	Fraxinus inopinata	Oleaceae	Erskine, Fliegner, Howick, McNamara	SICH1402	9/26/1994	2965	Sichuan	CAS; K
1994.116	Cornus sp.	Cornaceae	Erskine, Fliegner, Howick, McNamara	SICH1403	9/26/1994	2985	Sichuan	CAS; K
1994.117	Paris mairei	Trilliaceae	Erskine, Fliegner, Howick, McNamara	SICH1404	9/26/1994	2985	Sichuan	
1994.118	Viburnum betulifolium	Adoxaceae	Erskine, Fliegner, Howick, McNamara	SICH1405	9/26/1994	3125	Sichuan	CAS; K
1994.119	Salvia sp.	Lamiaceae	Erskine, Fliegner, Howick, McNamara	SICH1406	9/26/1994	3150	Sichuan	
1994.120	Saxifraga dielsiana	Saxifragaceae	Erskine, Fliegner, Howick, McNamara	SICH1407	9/26/1994	3160	Sichuan	
1994.121	Roscoea tibetica	Zingiberaceae	Erskine, Fliegner, Howick, McNamara	SICH1408	9/26/1994	3160	Sichuan	
1994.122	Rhododendron davidsonianum	Ericaceae	Erskine, Fliegner, Howick, McNamara	SICH1409	9/27/1994	3805	Sichuan	CAS; K
1994.123	Bergenia purpurascens	Saxifragaceae	Erskine, Fliegner, Howick, McNamara	SICH1410	9/27/1994	3865	Sichuan	
1994.124	Rhododendron phaeochrysum	Ericaceae	Erskine, Fliegner, Howick, McNamara	SICH1411	9/27/1994	3865	Sichuan	K
1994.125	Rhododendron sp.	Ericaceae	Erskine, Fliegner, Howick, McNamara	SICH1412	9/27/1994	3865	Sichuan	CAS; K
1994.126	Primula secundiflora	Primulaceae	Erskine, Fliegner, Howick, McNamara	SICH1413	9/27/1994	3970	Sichuan	
1994.127	Caragana sp.	Fabaceae	Erskine, Fliegner, Howick, McNamara	SICH1414	9/29/1994	4340	Sichuan	CAS; K
1994.128	Spiraea alpina	Rosaceae	Erskine, Fliegner, Howick, McNamara	SICH1415	9/29/1994	4340	Sichuan	CAS; K
1994.129	Lonicera sp.	Caprifoliaceae	Erskine, Fliegner, Howick, McNamara	SICH1416	9/29/1994	4350	Sichuan	CAS; K
1994.130	Swertia sp.	Gentianaceae	Erskine, Fliegner, Howick, McNamara	SICH1417	9/29/1994	4350	Sichuan	
1994.131	Delphinium sp.	Ranunculaceae	Erskine, Fliegner, Howick, McNamara	SICH1418	9/29/1994	4350	Sichuan	
1994.132	Primula sp.	Primulaceae	Erskine, Fliegner, Howick, McNamara	SICH1419	9/29/1994	4350	Sichuan	
1994.133	Meconopsis integrifolia	Papaveraceae	Erskine, Fliegner, Howick, McNamara	SICH1420	9/29/1994	4590	Sichuan	

03

Accession	Taxa	Family	Collectors	Number	Time	Elevation (m)	Region	Herbarium
1994.134	Lonicera sp.	Caprifoliaceae	Erskine, Fliegner, Howick, McNamara	SICH1421	9/29/1994	3985	Sichuan	CAS; K
1994.135	Allium macranthum	Liliaceae	Erskine, Fliegner, Howick, McNamara	SICH1422	9/29/1994	3985	Sichuan	
1994.136	Lilium sp.	Liliaceae	Erskine, Fliegner, Howick, McNamara	SICH1423	9/29/1994	3990	Sichuan	
1994.137	Lonicera sp.	Caprifoliaceae	Erskine, Fliegner, Howick, McNamara	SICH1424	9/29/1994	3990	Sichuan	
1994.138	Rhododendron primuliflorum	Ericaceae	Erskine, Fliegner, Howick, McNamara	SICH1425	9/29/1994	3990	Sichuan	CAS; K
1994.139	Souliea vaginata	Ranunculaceae	Erskine, Fliegner, Howick, McNamara	SICH1426	9/29/1994	3985	Sichuan	CAS; K
1994.140	Rosa sericea	Rosaceae	Erskine, Fliegner, Howick, McNamara	SICH1427	9/29/1994	3480	Sichuan	CAS; K
1994.141	Rhododendron tsaii	Ericaceae	Erskine, Fliegner, Howick, McNamara	SICH1428	9/30/1994	4100	Sichuan	CAS; K
1994.142	Cotoneaster rotundifolius	Rosaceae	Erskine, Fliegner, Howick, McNamara	SICH1429	9/30/1994	4100	Sichuan	CAS; K
1994.143	Incarvillea compacta	Bignoniaceae	Erskine, Fliegner, Howick, McNamara	SICH1430	9/30/1994	4100	Sichuan	
1994.144	Delphinium sp.	Ranunculaceae	Erskine, Fliegner, Howick, McNamara	SICH1431	9/30/1994	4100	Sichuan	
1994.145	Lilium sp.	Liliaceae	Erskine, Fliegner, Howick, McNamara	SICH1432	9/30/1994	3905	Sichuan	
1994.146	Cheilanthes sp.	Pteridaceae	Erskine, Fliegner, Howick, McNamara	SICH1433	9/30/1994	3860	Sichuan	
1994.147	Caragana tibetica	Fabaceae	Erskine, Fliegner, Howick, McNamara	SICH1434	9/30/1994	3390	Sichuan	CAS; K
1994.148	Tamarix chinensis	Tamaricaceae	Erskine, Fliegner, Howick, McNamara	SICH1435	9/30/1994	3390	Sichuan	CAS; K
1994.149	Rhododendron sp.	Ericaceae	Erskine, Fliegner, Howick, McNamara	SICH1436	10/1/1994	3720	Sichuan	CAS; K
1994.150	Rhododendron oreotrephes	Ericaceae	Erskine, Fliegner, Howick, McNamara	SICH1437	10/1/1994	3870	Sichuan	CAS; K
1994.151	Juniperus sp.	Cupressaceae	Erskine, Fliegner, Howick, McNamara	SICH1438	10/1/1994	4050	Sichuan	CAS; K
1994.152	Iris chrysographes	Iridaceae	Erskine, Fliegner, Howick, McNamara	SICH1439	10/1/1994	4020	Sichuan	
1994.153	Primula secundiflora	Primulaceae	Erskine, Fliegner, Howick, McNamara	SICH1440	10/1/1994	4020	Sichuan	
1994.154	Rosa sericea	Rosaceae	Erskine, Fliegner, Howick, McNamara	SICH1441	10/1/1994	4020	Sichuan	CAS; K
1994.155	Primula sp.	Primulaceae	Erskine, Fliegner, Howick, McNamara	SICH1442	10/1/1994	4300	Sichuan	
1994.156	Megacodon stylophorus	Gentianaceae	Erskine, Fliegner, Howick, McNamara	SICH1443	10/1/1994	4920	Sichuan	CAS; K
1994.157	Rhododendron sp.	Ericaceae	Erskine, Fliegner, Howick, McNamara	SICH1444	10/1/1994	4290	Sichuan	
1994.158	Rhododendron beesianum	Ericaceae	Erskine, Fliegner, Howick, McNamara	SICH1445	10/1/1994	4290	Sichuan	
1994.159	Primula sp.	Primulaceae	Erskine, Fliegner, Howick, McNamara	SICH1446	10/1/1994	4195	Sichuan	
1994.160	Corylopsis sinensis	Hamamelidaceae	Erskine, Fliegner, Howick, McNamara	SICH1447	10/7/1994	2690	Sichuan	CAS; K
1994.161	Ilex sp.	Aquifoliaceae	Erskine, Fliegner, Howick, McNamara	SICH1448	10/7/1994	2690	Sichuan	CAS; K
1994.162	Berberis deinacantha	Berberidaceae	Erskine, Fliegner, Howick, McNamara	SICH1449	10/7/1994	2705	Sichuan	CAS; K
1994.163	Ligustrum delavayanum	Oleaceae	Erskine, Fliegner, Howick, McNamara	SICH1450	10/7/1994	2705	Sichuan	CAS; K

Accession	Taxa	Family	Collectors	Number	Time	Elevation (m)	Region	Herbarium
1994.164	Tripterospermum volubile	Gentianaceae	Erskine, Fliegner, Howick, McNamara	SICH1451	10/7/1994	2705	Sichuan	
1994.165	Rhododendron augustinii	Ericaceae	Erskine, Fliegner, Howick, McNamara	SICH1452	10/7/1994	2705	Sichuan	CAS; K
1994.166	Cotoneaster dielsianus	Rosaceae	Erskine, Fliegner, Howick, McNamara	SICH1453	10/7/1994	2705	Sichuan	CAS; K
1994.167	Clethra monostachya	Clethraceae	Erskine, Fliegner, Howick, McNamara	SICH1454	10/7/1994	2705	Sichuan	CAS; K
1994.168	Corylus tibetica	Betulaceae	Erskine, Fliegner, Howick, McNamara	SICH1455	10/7/1994	2720	Sichuan	
1994.169	Rhododendron floribundum	Ericaceae	Erskine, Fliegner, Howick, McNamara	SICH1456	10/7/1994	2720	Sichuan	
1994.170	Acer stachyophyllum subsp. betulifolium	Sapindaceae	Erskine, Fliegner, Howick, McNamara	SICH1457	10/7/1994	2725	Sichuan	CAS; K
1994.171	Rhododendron floribundum	Ericaceae	Erskine, Fliegner, Howick, McNamara	SICH1458	10/7/1994	2740	Sichuan	CAS; K
1994.172	Hydrangea aspera	Hydrangeaceae	Erskine, Fliegner, Howick, McNamara	SICH1459	10/7/1994	2750	Sichuan	CAS; K
1994.173	Taxus sp.	Taxaceae	Erskine, Fliegner, Howick, McNamara	SICH1460	10/7/1994	2750	Sichuan	CAS; K
1994.174	Acer laxiflorum	Sapindaceae	Erskine, Fliegner, Howick, McNamara	SICH1461	10/7/1994	2750	Sichuan	CAS; K
1994.175	Hypericum sp.	Hypericaceae	Erskine, Fliegner, Howick, McNamara	SICH1462	10/7/1994	2705	Sichuan	CAS; K
1994.176	Philadelphus purpurascens	Hydrangeaceae	Erskine, Fliegner, Howick, McNamara	SICH1463	10/7/1994	2720	Sichuan	CAS; K
1994.177	Sorbus hemsleyi	Rosaceae	Erskine, Fliegner, Howick, McNamara	SICH1464	10/7/1994	2720	Sichuan	CAS; K
1994.178	Ampelopsis delavayana	Vitaceae	Erskine, Fliegner, Howick, McNamara	SICH1465	10/7/1994	2720	Sichuan	
1994.179	Sorbus sp.	Rosaceae	Erskine, Fliegner, Howick, McNamara	SICH1466	10/7/1994	2720	Sichuan	
1994.180	Acer sterculiaceum subsp. franchetii	Sapindaceae	Erskine, Fliegner, Howick, McNamara	SICH1467	10/7/1994	2735	Sichuan	CAS; K
1994.181	Pterocarya macroptera	Juglandaceae	Erskine, Fliegner, Howick, McNamara	SICH1468	10/7/1994	2735	Sichuan	
1994.182	Acer flabellatum	Sapindaceae	Erskine, Fliegner, Howick, McNamara	SICH1469	10/7/1994	2775	Sichuan	CAS; K
1994.183	Enkianthus sp.	Ericaceae	Erskine, Fliegner, Howick, McNamara	SICH1470	10/7/1994	2790	Sichuan	CAS; K
1994.184	Celastrus sp.	Celastraceae	Erskine, Fliegner, Howick, McNamara	SICH1471	10/7/1994	2790	Sichuan	
1994.185	Meliosma sp.	Sabiaceae	Erskine, Fliegner, Howick, McNamara	SICH1472	10/7/1994	2810	Sichuan	CAS; K
1994.186	Rhododendron rex subsp. fictolacteum	Ericaceae	Erskine, Fliegner, Howick, McNamara	SICH1473	10/7/1994	2810	Sichuan	
1994.187	Celastrus orbiculatus	Celastraceae	Erskine, Fliegner, Howick, McNamara	SICH1474	10/7/1994	2750	Sichuan	CAS; K
1994.188	Gaultheria sp.	Ericaceae	Erskine, Fliegner, Howick, McNamara	SICH1475	10/7/1994	2690	Sichuan	
1994.189	Rhododendron sp.	Ericaceae	Erskine, Fliegner, Howick, McNamara	SICH1476	10/8/1994	3095	Sichuan	CAS; K
1994.190	Cotoneaster dielsianus	Rosaceae	Erskine, Fliegner, Howick, McNamara	SICH1477	10/8/1994	3095	Sichuan	CAS; K
1994.191	Osmanthus delavayi	Oleaceae	Erskine, Fliegner, Howick, McNamara	SICH1478	10/8/1994	3065	Sichuan	
1994.192	Illicium simonsii	Illiciaceae	Erskine, Fliegner, Howick, McNamara	SICH1479	10/8/1994	3015	Sichuan	CAS; K
1994.193	Rhododendron rubiginosum	Ericaceae	Erskine, Fliegner, Howick, McNamara	SICH1480	10/8/1994	3000	Sichuan	CAS; K

03

Accession	Taxa	Family	Collectors	Number	Time	Elevation (m)	Region	Herbarium
1994.194	Viburnum sp.	Adoxaceae	Erskine, Fliegner, Howick, McNamara	SICH1481	10/8/1994	2880	Sichuan	
1994.195	Sorbus sp.	Rosaceae	Erskine, Fliegner, Howick, McNamara	SICH1482	10/8/1994	2880	Sichuan	
1994.196	Spiraea sp.	Rosaceae	Erskine, Fliegner, Howick, McNamara	SICH1483	10/8/1994	2805	Sichuan	
1994.197	Lindera sp.	Lauraceae	Erskine, Fliegner, Howick, McNamara	SICH1484	10/8/1994	2810	Sichuan	CAS; K
1994.198	Eleutherococcus sp.	Araliaceae	Erskine, Fliegner, Howick, McNamara	SICH1485	10/8/1994	2690	Sichuan	
1994.199	Primula poissonii	Primulaceae	Erskine, Fliegner, Howick, McNamara	SICH1486	10/9/1994	2690	Sichuan	
1994.200	Stranvaesia davidiana var. davidiana	Rosaceae	Erskine, Fliegner, Howick, McNamara	SICH1487	10/9/1994	2630	Sichuan	CAS; K
1994.201	Ilex sp.	Aquifoliaceae	Erskine, Fliegner, Howick, McNamara	SICH1488	10/9/1994	2630	Sichuan	CAS; K
1994.202	Lonicera acuminata var. acuminata	Caprifoliaceae	Erskine, Fliegner, Howick, McNamara	SICH1489	10/9/1994	2630	Sichuan	CAS; K
1994.203	Pyrus sp.	Rosaceae	Erskine, Fliegner, Howick, McNamara	SICH1490	10/9/1994	2630	Sichuan	
1994.204	Smilax sp.	Liliaceae	Erskine, Fliegner, Howick, McNamara	SICH1491	10/9/1994	2630	Sichuan	
1994.205	Smilax sp.	Liliaceae	Erskine, Fliegner, Howick, McNamara	SICH1492	10/9/1994	2630	Sichuan	
1994.206	Vitis sp.	Vitaceae	Erskine, Fliegner, Howick, McNamara	SICH1493	10/9/1994	2620	Sichuan	
1994.207	Thladiantha sp.	Cucurbitaceae	Erskine, Fliegner, Howick, McNamara	SICH1494	10/9/1994	2620	Sichuan	
1994.208	Miscanthus sp.	Poaceae	McNamara, W.	M0108	9/16/1994	1940	Sichuan	
1994.209	Buddleja sp.	Loganiaceae	McNamara, W.	M0109	9/16/1994	1900	Sichuan	
1994.210	Polygonatum sp.	Liliaceae	McNamara, W.	M0110	9/19/1994	3785	Sichuan	
1994.211	Thalictrum sp.	Ranunculaceae	McNamara, W.	M0111	9/19/1994	3785	Sichuan	
1994.212	Corydalis sp.	Fumariaceae	McNamara, W.	M0112	9/21/1994	2970	Sichuan	
1994.213	Origanum vulgare	Lamiaceae	McNamara, W.	M0113	9/20/1994	3000	Sichuan	
1994.214	Inula sp.	Asteraceae	McNamara, W.	M0114	9/20/1994	3000	Sichuan	
1994.215	Nepeta sp.	Lamiaceae	McNamara, W.	M0115	9/21/1994	3100	Sichuan	
1994.216	Cynanchum sp.	Asclepiadaceae	McNamara, W.	M0116	9/21/1994	3105	Sichuan	
1994.217	Hibiscus trionum	Malvaceae	McNamara, W.	M0117	9/21/1994	2955	Sichuan	
1994.218	Primula sp.	Primulaceae	McNamara, W.	M0118	9/23/1994	3930	Sichuan	
1994.219	Thalictrum sp.	Ranunculaceae	McNamara, W.	M0119	9/23/1994	3950	Sichuan	
1994.220	Parnassia sp.	Saxifragaceae	McNamara, W.	M0120	9/23/1994	3740	Sichuan	
1994.221	Daphne retusa	Thymelaeaceae	McNamara, W.	M0121	9/23/1994	3675	Sichuan	
1994.222	Caragana sp.	Fabaceae	McNamara, W.	M0122	9/23/1994	3725	Sichuan	
1994.223	Lonicera sp.	Caprifoliaceae	McNamara, W.	M0123	9/24/1994	3600	Sichuan	

03

Accession	Taxa	Family	Collectors	Number	Time	Elevation (m)	Region	Herbarium
1994.224	Rosa sp.	Rosaceae	McNamara, W.	M0124	9/24/1994	3580	Sichuan	
1994.225	Codonopsis convolvulacea	Campanulaceae	McNamara, W.	M0125	9/24/1994	3550	Sichuan	
1994.226	Corallodiscus sp.	Gesneriaceae	McNamara, W.	M0126	9/24/1994	3525	Sichuan	
1994.227	Allium sp.	Liliaceae	McNamara, W.	M0127	9/24/1994	3525	Sichuan	
1994.228	Rodgersia pinnata	Saxifragaceae	McNamara, W.	M0128	9/24/1994	3525	Sichuan	
1994.229	Codonopsis convolvulacea	Campanulaceae	McNamara, W.	M0129	9/24/1994	3525	Sichuan	
1994.230	Cotoneaster sp.	Rosaceae	McNamara, W.	M0130	9/24/1994	3460	Sichuan	
1994.231	Delphinium grandiflorum	Ranunculaceae	McNamara, W.	M0131	9/24/1994	3380	Sichuan	
1994.232	Zanthoxylum sp.	Rutaceae	McNamara, W.	M0132	9/24/1994	3095	Sichuan	
1994.233	Salvia przewalskii var. mandarinorum	Lamiaceae	McNamara, W.	M0133	9/26/1994	2805	Sichuan	
1994.234	Tamarix chinensis	Tamaricaceae	McNamara, W.	M0134	9/26/1994	2805	Sichuan	
1994.235	Delphinium sp.	Ranunculaceae	McNamara, W.	M0135	9/26/1994	2835	Sichuan	
1994.236	Iris sp.	Iridaceae	McNamara, W.	M0136	9/27/1994	3865	Sichuan	
1994.237	Codonopsis subscaposa	Campanulaceae	McNamara, W.	M0137	9/27/1994	3970	Sichuan	
1994.238	Aconitum sp.	Ranunculaceae	McNamara, W.	M0138	9/29/1994	4350	Sichuan	
1994.239	Rhododendron phaeochrysum	Ericaceae	McNamara, W.	M0139	9/30/1994	4100	Sichuan	
1994.240	Phlomis sp.	Lamiaceae	McNamara, W.	M0140	9/30/1994	3860	Sichuan	
1994.241	Linaria sp.	Scrophulariaceae	McNamara, W.	M0141	9/30/1994	3860	Sichuan	
1994.242	Lilium sp.	Liliaceae	McNamara, W.	M0142	10/1/1994	4050	Sichuan	
1994.243	Actinidia sp.	Actinidiaceae	McNamara, W.	M0143	10/7/1994	2775	Sichuan	
1994.244	Sarcococca hookeriana var. digyna	Buxaceae	McNamara, W.	M0144	10/7/1994	2750	Sichuan	
1994.245	Philadelphus sp.	Hydrangeaceae	McNamara, W.	M0145	10/8/1994	3065	Sichuan	
1994.246	Campanula sp.	Campanulaceae	McNamara, W.	M0146	10/8/1994	3065	Sichuan	
1994.247	Cyananthus inflatus	Campanulaceae	McNamara, W.	M0147	10/8/1994	3015	Sichuan	
1994.248	Lithocarpus sp.	Fagaceae	McNamara, W.	M0148	10/8/1994	3000	Sichuan	
1994.249	Campylandra sp.	Liliaceae	McNamara, W.	M0149	10/7/1994	2765	Sichuan	
1994.250	Schisandra chinensis	Schisandraceae	McNamara, W.	M0150	10/9/1994	2675	Sichuan	
1994.251	Clematis sp.	Ranunculaceae	McNamara, W.	M0151	10/3/1994	2150	Sichuan	
1994.252	Keteleeria evelyniana	Pinaceae	McNamara, W.	M0152	10/4/1994	1910	Yunnan	
1994.253	Sorbaria sp.	Rosaceae	Howick, McNamara	H1944	9/17/1994	3100	Sichuan	

Accession	Taxa	Family	Collectors	Number	Time	Elevation (m)	Region	Herbarium
1994.254	Meconopsis integrifolia	Papaveraceae	Howick, McNamara	H1945	9/17/1994	3930	Sichuan	
1994.255	Meconopsis integrifolia	Papaveraceae	Howick, McNamara	H1946	9/18/1994	4190	Sichuan	
1994.256	Rhododendron sp.	Ericaceae	Howick, McNamara	H1947	9/18/1994	4190	Sichuan	
1994.257	Sorbus sp.	Rosaceae	Howick, McNamara	H1948	9/18/1994	4190	Sichuan	
1994.258	Meconopsis integrifolia	Papaveraceae	Howick, McNamara	H1949	9/18/1994	4600	Sichuan	
1994.259	Picea likiangensis	Pinaceae	Howick, McNamara	H1950	9/19/1994	3785	Sichuan	
1994.260	Larix potaninii	Pinaceae	Howick, McNamara	H1951	9/19/1994	3785	Sichuan	
1994.261	Prunus sp.	Rosaceae	Howick, McNamara	H1952	9/19/1994	3785	Sichuan	
1994.262	Astragalus sp.	Fabaceae	Howick, McNamara	H1953	9/22/1994	3580	Sichuan	
1994.263	Rhododendron sp.	Ericaceae	Howick, McNamara	H1953A	9/23/1994	3580	Sichuan	
1994.264	Acer sp.	Sapindaceae	Howick, McNamara	H1954	9/26/1994	2945	Sichuan	
1994.265	Hippophae rhamnoides	Elaeagnaceae	Howick, McNamara	H1955A	9/26/1994	2965	Sichuan	
1994.266	Hippophae rhamnoides	Elaeagnaceae	Howick, McNamara	H1955B	9/26/1994	2965	Sichuan	
1994.267	Sorbus sp.	Rosaceae	Howick, McNamara	H1956	9/26/1994	3160	Sichuan	
1994.268	Betula platyphylla	Betulaceae	Howick, McNamara	H1957	9/27/1994	3990	Sichuan	
1994.269	Meconopsis integrifolia	Papaveraceae	Howick, McNamara	H1958	9/29/1994	4340	Sichuan	
1994.270	Meconopsis integrifolia	Papaveraceae	Howick, McNamara	H1959	9/29/1994	4590	Sichuan	
1994.271	Sorbus rehderiana	Rosaceae	Howick, McNamara	H1960	9/29/1994	3990	Sichuan	
1994.272	Berberis sp.	Berberidaceae	Howick, McNamara	H1961	9/30/1994	4100	Sichuan	
1994.273	Rosa sp.	Rosaceae	Howick, McNamara	H1962	9/30/1994	4100	Sichuan	
1994.274	Abies ernestii var. ernestii	Pinaceae	Howick, McNamara	H1963	9/30/1994	3420	Sichuan	
1994.275	Meconopsis horridula	Papaveraceae	Howick, McNamara	H1964	10/1/1994	4205	Sichuan	
1994.276	Abies forrestii var. georgei	Pinaceae	Howick, McNamara	H1965	10/1/1994	4100	Sichuan	
1994.277	Rhododendron sp.	Ericaceae	Howick, McNamara	H1966	10/2/1994	3920	Sichuan	
1994.278	Acer sp.	Sapindaceae	Howick, McNamara	H1967	10/2/1994	3895	Sichuan	
1994.279	Polygonatum sp.	Liliaceae	Howick, McNamara	H1968	10/2/1994	3920	Sichuan	
1994.280	Pterocarya macroptera	Juglandaceae	Howick, McNamara	H1969	10/7/1994	2735	Sichuan	
1994.281	Rhododendron rex subsp. fictolacteum	Ericaceae	Howick, McNamara	H1970	10/7/1994	2810	Sichuan	
1994.282	Rhododendron rex subsp. fictolacteum	Ericaceae	Howick, McNamara	H1971	10/7/1994	2800	Sichuan	
1994.283	Sorbaria sp.	Rosaceae	Howick, McNamara	H1972	10/7/1994	2800	Sichuan	

03

Accession	Taxa	Family	Collectors	Number	Time	Elevation (m)	Region	Herbarium
1994.284	Viburnum betulifolium	Adoxaceae	Howick, McNamara	H1973	10/7/1994	2800	Sichuan	
1994.285	Acer sp.	Sapindaceae	Howick, McNamara	H1974	10/7/1994	2630	Sichuan	
1994.286	Hydrangea xanthoneura	Hydrangeaceae	Howick, McNamara	H1975	10/8/1994	3065	Sichuan	
1994.287	Magnolia wilsonii	Magnoliaceae	Howick, McNamara	H&M1976	10/9/1994	2630	Sichuan	
1994.288	(Undetermined)	Rutaceae	McNamara, W.	M0153	5/15/1994		Sichuan	
1994.289	Corydalis sp.	Fumariaceae	McNamara, W.	M0154	5/15/1994		Sichuan	
1994.290	Corydalis sp.	Fumariaceae	McNamara, W.	M0155	5/15/1994		Sichuan	
1994.291	Thalictrum sp.	Ranunculaceae	McNamara, W.	M0156	5/15/1994		Sichuan	
1994.292	(Undetermined)	Rutaceae	McNamara, W.	M0157	5/15/1994		Sichuan	
1994.301	Sinopodophyllum hexandrum	Berberidaceae	McNamara, W.	M0159	9/29/1994	3970	Sichuan	
1994.302	Sinopodophyllum hexandrum	Berberidaceae	McNamara, W.	M0158	9/24/1994	3575	Sichuan	
1995.001	Rhododendron aganniphum var. aganniphum	Ericaceae	Erskine, Fliegner, Howick, McNamara	TIBT01	9/21/1995	4285	Xizang (Tibet)	CAS; K
1995.002	Betula utilis	Betulaceae	Erskine, Fliegner, Howick, McNamara	TIBT02	9/21/1995	4285	Xizang (Tibet)	CAS; K
1995.003	Rhododendron primuliflorum	Ericaceae	Erskine, Fliegner, Howick, McNamara	TIBT03	9/21/1995	4285	Xizang (Tibet)	CAS; K
1995.004	Delphinium sp.	Ranunculaceae	Erskine, Fliegner, Howick, McNamara	TIBT04	9/21/1995	4255	Xizang (Tibet)	CAS; K
1995.005	Sorbus sp.	Rosaceae	Erskine, Fliegner, Howick, McNamara	TIBT05	9/21/1995	4220	Xizang (Tibet)	CAS; K
1995.006	Clematis tibetana	Ranunculaceae	Erskine, Fliegner, Howick, McNamara	TIBT06	9/21/1995	4220	Xizang (Tibet)	CAS; K
1995.007	Cotoneaster nitens	Rosaceae	Erskine, Fliegner, Howick, McNamara	TIBT07	9/21/1995	4035	Xizang (Tibet)	CAS; K
1995.008	Salvia przewalskii var. glabrescens	Lamiaceae	Erskine, Fliegner, Howick, McNamara	TIBT08	9/22/1995	3795	Xizang (Tibet)	
1995.009	Aconitum sp.	Ranunculaceae	Erskine, Fliegner, Howick, McNamara	TIBT09	9/22/1995	3795	Xizang (Tibet)	
1995.010	Rosa sp.	Rosaceae	Erskine, Fliegner, Howick, McNamara	TIBT10	9/22/1995	3795	Xizang (Tibet)	CAS; K
1995.011	Lonicera myrtillus	Caprifoliaceae	Erskine, Fliegner, Howick, McNamara	TIBT11	9/22/1995	3795	Xizang (Tibet)	CAS; K

Accession	Taxa	Family	Collectors	Number	Time	Elevation (m)	Region	Herbarium
1995.012	Berberis sp.	Berberidaceae	Erskine, Fliegner, Howick, McNamara	TIBT12	9/22/1995	3795	Xizang (Tibet)	CAS; K
1995.013	Leptodermis sp.	Rubiaceae	Erskine, Fliegner, Howick, McNamara	TIBT13	9/22/1995	3775	Xizang (Tibet)	CAS; K
1995.014	Sedum sp.	Crassulaceae	Erskine, Fliegner, Howick, McNamara	TIBT14	9/22/1995	3575	Xizang (Tibet)	
1995.015	Hypericum sp.	Hypericaceae	Erskine, Fliegner, Howick, McNamara	TIBT15	9/22/1995	3575	Xizang (Tibet)	
1995.016	Cotoneaster sp.	Rosaceae	Erskine, Fliegner, Howick, McNamara	TIBT16	9/22/1995	3300	Xizang (Tibet)	CAS; K
1995.017	Sophora sp.	Fabaceae	Erskine, Fliegner, Howick, McNamara	TIBT17	9/22/1995	3300	Xizang (Tibet)	
1995.018	Primula sp.	Primulaceae	Erskine, Fliegner, Howick, McNamara	TIBT18	9/23/1995	4515	Xizang (Tibet)	
1995.019	Bergenia purpurascens	Saxifragaceae	Erskine, Fliegner, Howick, McNamara	TIBT19	9/23/1995	4515	Xizang (Tibet)	
1995.020	Meconopsis sp.	Papaveraceae	Erskine, Fliegner, Howick, McNamara	TIBT20	9/23/1995	4510	Xizang (Tibet)	
1995.021	Meconopsis sp.	Papaveraceae	Erskine, Fliegner, Howick, McNamara	TIBT21	9/23/1995	4510	Xizang (Tibet)	
1995.022	Cassiope sp.	Ericaceae	Erskine, Fliegner, Howick, McNamara	TIBT22	9/23/1995	4510	Xizang (Tibet)	
1995.023	Rhododendron aganniphum	Ericaceae	Erskine, Fliegner, Howick, McNamara	TIBT23	9/23/1995	4510	Xizang (Tibet)	CAS; K
1995.024	Juniperus sp.	Cupressaceae	Erskine, Fliegner, Howick, McNamara	TIBT24	9/23/1995	4245	Xizang (Tibet)	
1995.025	Primula sikkimensis	Primulaceae	Erskine, Fliegner, Howick, McNamara	TIBT25	9/23/1995	4245	Xizang (Tibet)	
1995.026	Potentilla sp.	Rosaceae	Erskine, Fliegner, Howick, McNamara	TIBT26	9/23/1995	4245	Xizang (Tibet)	
1995.027	Primula sikkimensis	Primulaceae	Erskine, Fliegner, Howick, McNamara	TIBT27	9/23/1995	4160	Xizang (Tibet)	
1995.028	Primula alpicola var. alba	Primulaceae	Erskine, Fliegner, Howick, McNamara	TIBT28	9/23/1995	4160	Xizang (Tibet)	

03

Accession	Taxa	Family	Collectors	Number	Time	Elevation (m)	Region	Herbarium
1995.029	Geranium sp.	Geraniaceae	Erskine, Fliegner, Howick, McNamara	TIBT29	9/23/1995	4160	Xizang (Tibet)	
1995.030	Silene sp.	Caryophyllaceae	Erskine, Fliegner, Howick, McNamara	TIBT30	9/23/1995	4160	Xizang (Tibet)	
1995.031	Delphinium sp.	Ranunculaceae	Erskine, Fliegner, Howick, McNamara	TIBT31	9/23/1995	4160	Xizang (Tibet)	
1995.032	Meconopsis simplicifolia	Papaveraceae	Erskine, Fliegner, Howick, McNamara	TIBT32	9/23/1995	4160	Xizang (Tibet)	
1995.033	Abies fargesii var. faxoniana	Pinaceae	Erskine, Fliegner, Howick, McNamara	TIBT33	9/23/1995	4160	Xizang (Tibet)	
1995.034	Lilium sp.	Liliaceae	Erskine, Fliegner, Howick, McNamara	TIBT34	9/23/1995	4070	Xizang (Tibet)	
1995.035	Rosa sp.	Rosaceae	Erskine, Fliegner, Howick, McNamara	TIBT35	9/23/1995	4070	Xizang (Tibet)	CAS; K
1995.036	Primula alpicola var. luna	Primulaceae	Erskine, Fliegner, Howick, McNamara	TIBT36	9/23/1995	3965	Xizang (Tibet)	
1995.037	Maianthemum sp.	Liliaceae	Erskine, Fliegner, Howick, McNamara	TIBT37	9/23/1995	3960	Xizang (Tibet)	
1995.038	Acer sp.	Sapindaceae	Erskine, Fliegner, Howick, McNamara	TIBT38	9/23/1995	3960	Xizang (Tibet)	CAS; K
1995.039	Rhododendron sp.	Ericaceae	Erskine, Fliegner, Howick, McNamara	TIBT39	9/23/1995	3905	Xizang (Tibet)	CAS; K
1995.040	Sedum sp.	Crassulaceae	Erskine, Fliegner, Howick, McNamara	TIBT40	9/23/1995	3840	Xizang (Tibet)	
1995.041	Rhododendron agamiphum	Ericaceae	Erskine, Fliegner, Howick, McNamara	TIBT41	9/23/1995	3840	Xizang (Tibet)	CAS; K
1995.042	Cirsium sp.	Asteraceae	Erskine, Fliegner, Howick, McNamara	TIBT42	9/23/1995	3840	Xizang (Tibet)	
1995.043	Acer stachyophyllum	Sapindaceae	Erskine, Fliegner, Howick, McNamara	TIBT43	9/23/1995	3390	Xizang (Tibet)	CAS; K
1995.044	Rhododendron sp.	Ericaceae	Erskine, Fliegner, Howick, McNamara	TIBT44	9/23/1995	3390	Xizang (Tibet)	CAS; K
1995.045	Sedum sp.	Crassulaceae	Erskine, Fliegner, Howick, McNamara	TIBT45	9/23/1995	3390	Xizang (Tibet)	CAS; K

Accession	Taxa	Family	Collectors	Number	Time	Elevation (m)	Region	Herbarium
1995.046	Malus sp.	Rosaceae	Erskine, Fliegner, Howick, McNamara	TIBT46	9/24/1995	3530	Xizang (Tibet)	
1995.047	Rosa sp.	Rosaceae	Erskine, Fliegner, Howick, McNamara	TIBT47	9/24/1995	3530	Xizang (Tibet)	CAS; K
1995.048	Iris bulleyana	Iridaceae	Erskine, Fliegner, Howick, McNamara	TIBT48	9/24/1995	3530	Xizang (Tibet)	
1995.049	Rodgersia aesculifolia	Saxifragaceae	Erskine, Fliegner, Howick, McNamara	TIBT49	9/24/1995	3520	Xizang (Tibet)	
1995.050	Viburnum kansuense	Adoxaceae	Erskine, Fliegner, Howick, McNamara	TIBT50	9/24/1995	3480	Xizang (Tibet)	CAS; K
1995.051	Acer caesium	Sapindaceae	Erskine, Fliegner, Howick, McNamara	TIBT51	9/24/1995	3475	Xizang (Tibet)	CAS; K
1995.052	Iris bulleyana	Iridaceae	Erskine, Fliegner, Howick, McNamara	TIBT52	9/24/1995	3365	Xizang (Tibet)	
1995.053	Nothaphoebe cavaleriei	Lauraceae	Erskine, Fliegner, Howick, McNamara	SICH1600	10/4/1995	1350	Sichuan	CAS; K
1995.054	Schefflera sp.	Araliaceae	Erskine, Fliegner, Howick, McNamara	SICH1601	10/4/1995	1350	Sichuan	
1995.055	Lindera thomsonii	Lauraceae	Erskine, Fliegner, Howick, McNamara	SICH1602	10/4/1995	1500	Sichuan	CAS; K
1995.056	Begonia sp.	Begoniaceae	Erskine, Fliegner, Howick, McNamara	SICH1603	10/4/1995	1500	Sichuan	
1995.057	Ophiopogon sp.	Liliaceae	Erskine, Fliegner, Howick, McNamara	SICH1604	10/4/1995	1525	Sichuan	
1995.058	Rehderodendron macrocarpum	Styracaceae	Erskine, Fliegner, Howick, McNamara	SICH1605	10/4/1995	1525	Sichuan	
1995.059	Eurya semiserrulata	Theaceae	Erskine, Fliegner, Howick, McNamara	SICH1606	10/4/1995	1575	Sichuan	CAS; K
1995.060	Begonia pedatifida	Begoniaceae	Erskine, Fliegner, Howick, McNamara	SICH1607	10/4/1995	1575	Sichuan	
1995.061	Euonymus sp.	Celastraceae	Erskine, Fliegner, Howick, McNamara	SICH1608	10/4/1995	1640	Sichuan	CAS; K
1995.062	(Undetermined)	Rutaceae	Erskine, Fliegner, Howick, McNamara	SICH1609	10/4/1995	1665	Sichuan	
1995.063	Rhododendron lutescens	Ericaceae	Erskine, Fliegner, Howick, McNamara	SICH1610	10/4/1995	1675	Sichuan	CAS; K
1995.064	Polygonatum sp.	Liliaceae	Erskine, Fliegner, Howick, McNamara	SICH1611	10/4/1995	1675	Sichuan	
1995.065	Sorbus folgneri var. folgneri	Rosaceae	Erskine, Fliegner, Howick, McNamara	SICH1612	10/4/1995	1740	Sichuan	
1995.066	Cornus kousa subsp. chinensis	Cornaceae	Erskine, Fliegner, Howick, McNamara	SICH1613	10/4/1995	1740	Sichuan	CAS; K
1995.067	Camellia sp.	Theaceae	Erskine, Fliegner, Howick, McNamara	SICH1614	10/4/1995	1785	Sichuan	
1995.068	Idesia polycarpa var. vestita	Flacourtiaceae	Erskine, Fliegner, Howick, McNamara	SICH1615	10/4/1995	1785	Sichuan	CAS; K
1995.069	Ficus heteromorpha	Moraceae	Erskine, Fliegner, Howick, McNamara	SICH1616	10/4/1995	1810	Sichuan	CAS; K
1995.070	Enkianthus chinensis	Ericaceae	Erskine, Fliegner, Howick, McNamara	SICH1617	10/4/1995	1810	Sichuan	CAS; K

03

Accession	Taxa	Family	Collectors	Number	Time	Elevation (m)	Region	Herbarium
1995.071	Smilax discotis	Liliaceae	Erskine, Fliegner, Howick, McNamara	SICH1618	10/4/1995	1835	Sichuan	CAS; K
1995.072	Viburnum sp.	Adoxaceae	Erskine, Fliegner, Howick, McNamara	SICH1619	10/4/1995	1940	Sichuan	
1995.073	Eleutherococcus leucorrhizus var. fulvescens	Araliaceae	Erskine, Fliegner, Howick, McNamara	SICH1620	10/4/1995	1940	Sichuan	CAS; K
1995.074	Paris sp.	Trilliaceae	Erskine, Fliegner, Howick, McNamara	SICH1621	10/4/1995	1940	Sichuan	
1995.075	Sorbus xanthoneura	Rosaceae	Erskine, Fliegner, Howick, McNamara	SICH1622	10/4/1995	1950	Sichuan	CAS; K
1995.076	Castanopsis sp.	Fagaceae	Erskine, Fliegner, Howick, McNamara	SICH1623	10/4/1995	1950	Sichuan	
1995.077	Eleutherococcus leucorrhizus var. setchuenensis	Araliaceae	Erskine, Fliegner, Howick, McNamara	SICH1624	10/4/1995	1935	Sichuan	CAS; K
1995.078	Tricyrtis latifolia	Liliaceae	Erskine, Fliegner, Howick, McNamara	SICH1625	10/5/1995	1935	Sichuan	
1995.079	Maianthemum sp.	Liliaceae	Erskine, Fliegner, Howick, McNamara	SICH1626	10/5/1995	1965	Sichuan	
1995.080	Mahonia sp.	Berberidaceae	Erskine, Fliegner, Howick, McNamara	SICH1627	10/5/1995	1975	Sichuan	
1995.081	Disporum sp.	Liliaceae	Erskine, Fliegner, Howick, McNamara	SICH1628	10/5/1995	1975	Sichuan	
1995.082	Euonymus sp.	Celastraceae	Erskine, Fliegner, Howick, McNamara	SICH1629	10/5/1995	1975	Sichuan	
1995.083	Rhododendron calophytum	Ericaceae	Erskine, Fliegner, Howick, McNamara	SICH1630	10/5/1995	2070	Sichuan	CAS; K
1995.084	Sorbus setschwanensis	Rosaceae	Erskine, Fliegner, Howick, McNamara	SICH1631	10/5/1995	2080	Sichuan	CAS; K
1995.085	Schisandra sp.	Schisandraceae	Erskine, Fliegner, Howick, McNamara	SICH1632	10/5/1995	2200	Sichuan	
1995.086	Rhododendron pachytrichum	Ericaceae	Erskine, Fliegner, Howick, McNamara	SICH1633	10/5/1995	2295	Sichuan	
1995.087	Taxus sp.	Taxaceae	Erskine, Fliegner, Howick, McNamara	SICH1634	10/5/1995	2340	Sichuan	
1995.088	Ilex ciliospinosa	Aquifoliaceae	Erskine, Fliegner, Howick, McNamara	SICH1635	10/5/1995	2360	Sichuan	CAS; K
1995.089	Salvia cynica	Lamiaceae	Erskine, Fliegner, Howick, McNamara	SICH1636	10/5/1995	2360	Sichuan	
1995.090	Sorbus aronioides	Rosaceae	Erskine, Fliegner, Howick, McNamara	SICH1637	10/5/1995	2365	Sichuan	CAS; K
1995.091	Enkianthus chinensis	Ericaceae	Erskine, Fliegner, Howick, McNamara	SICH1638	10/5/1995	2475	Sichuan	CAS; K
1995.092	Eleutherococcus gracilistylus	Araliaceae	Erskine, Fliegner, Howick, McNamara	SICH1639	10/5/1995	2475	Sichuan	CAS; K
1995.093	Rhododendron openshawianum	Ericaceae	Erskine, Fliegner, Howick, McNamara	SICH1640	10/5/1995	2480	Sichuan	CAS; K
1995.094	Skimmia arborescens	Rutaceae	Erskine, Fliegner, Howick, McNamara	SICH1641	10/5/1995	2480	Sichuan	CAS; K
1995.095	Cotoneaster bullatus var. macrophyllus	Rosaceae	Erskine, Fliegner, Howick, McNamara	SICH1642	10/5/1995	2545	Sichuan	CAS; K
1995.096	Rhododendron ambiguum	Ericaceae	Erskine, Fliegner, Howick, McNamara	SICH1643	10/5/1995	2650	Sichuan	CAS; K
1995.097	Ilex sp.	Aquifoliaceae	Erskine, Fliegner, Howick, McNamara	SICH1644	10/5/1995	2660	Sichuan	
1995.098	Lonicera sp.	Caprifoliaceae	Erskine, Fliegner, Howick, McNamara	SICH1645	10/5/1995	2660	Sichuan	

Accession	Taxa	Family	Collectors	Number	Time	Elevation (m)	Region	Herbarium
1995.099	Berberis julianae	Berberidaceae	Erskine, Fliegner, Howick, McNamara	SICH1646	10/5/1995	2660	Sichuan	CAS; K
1995.100	Euonymus sp.	Celastraceae	Erskine, Fliegner, Howick, McNamara	SICH1647	10/5/1995	2720	Sichuan	
1995.101	Rhododendron oreodoxa	Ericaceae	Erskine, Fliegner, Howick, McNamara	SICH1648	10/5/1995	2720	Sichuan	CAS; K
1995.102	Acer sp.	Sapindaceae	Erskine, Fliegner, Howick, McNamara	SICH1649	10/5/1995	2700	Sichuan	
1995.103	Rhododendron pachytrichum	Ericaceae	Erskine, Fliegner, Howick, McNamara	SICH1650	10/5/1995	2690	Sichuan	
1995.104	Spiraea sp.	Rosaceae	Erskine, Fliegner, Howick, McNamara	SICH1651	10/5/1995	2700	Sichuan	
1995.105	Ilex fargesii subsp. fargesii var. fargesii	Aquifoliaceae	Erskine, Fliegner, Howick, McNamara	SICH1652	10/6/1995	2700	Sichuan	CAS; K
1995.106	Hydrangea xanthoneura	Hydrangeaceae	Erskine, Fliegner, Howick, McNamara	SICH1653	10/6/1995	2700	Sichuan	CAS; K
1995.107	Viburnum sp.	Adoxaceae	Erskine, Fliegner, Howick, McNamara	SICH1654	10/6/1995	2700	Sichuan	
1995.108	Rosa sp.	Rosaceae	Erskine, Fliegner, Howick, McNamara	SICH1655	10/6/1995	2700	Sichuan	
1995.109	Rhododendron calophytum	Ericaceae	Erskine, Fliegner, Howick, McNamara	SICH1656	10/6/1995	2370	Sichuan	CAS; K
1995.110	Sorbus sp.	Rosaceae	Erskine, Fliegner, Howick, McNamara	SICH1657	10/7/1995	1850	Sichuan	CAS; K
1995.111	Hydrangea davidii	Hydrangeaceae	Erskine, Fliegner, Howick, McNamara	SICH1658	10/7/1995	1350	Sichuan	CAS; K
1995.112	Lilium regale	Liliaceae	Erskine, Fliegner, Howick, McNamara	SICH1659	10/10/1995	1145	Sichuan	
1995.113	Celastrus sp.	Celastraceae	Erskine, Fliegner, Howick, McNamara	SICH1660	10/10/1995	1145	Sichuan	CAS; K
1995.114	Schisandra sp.	Schisandraceae	Erskine, Fliegner, Howick, McNamara	SICH1661	10/11/1995	2045	Sichuan	
1995.115	Euonymus sp.	Celastraceae	Erskine, Fliegner, Howick, McNamara	SICH1662	10/11/1995	2050	Sichuan	
1995.116	Rodgersia henrici	Saxifragaceae	Erskine, Fliegner, Howick, McNamara	SICH1663	10/11/1995	2050	Sichuan	
1995.117	Spiraea japonica var. acuminata	Rosaceae	Erskine, Fliegner, Howick, McNamara	SICH1664	10/11/1995	2050	Sichuan	CAS; K
1995.118	Berberis francisci-ferdinandi	Berberidaceae	Erskine, Fliegner, Howick, McNamara	SICH1665	10/11/1995	2050	Sichuan	CAS; K
1995.119	Anemone hupehensis	Ranunculaceae	Erskine, Fliegner, Howick, McNamara	SICH1666	10/11/1995	2085	Sichuan	
1995.120	Cotoneaster foveolatus	Rosaceae	Erskine, Fliegner, Howick, McNamara	SICH1667	10/11/1995	2085	Sichuan	CAS; K
1995.121	Deutzia glomeruliflora	Saxifragaceae	Erskine, Fliegner, Howick, McNamara	SICH1668	10/11/1995	2135	Sichuan	CAS; K
1995.122	Tricyrtis latifolia	Liliaceae	Erskine, Fliegner, Howick, McNamara	SICH1669	10/11/1995	2100	Sichuan	
1995.123	Elaeagnus sp.	Elaeagnaceae	Erskine, Fliegner, Howick, McNamara	SICH1670	10/11/1995	2110	Sichuan	CAS; K
1995.124	Euonymus hamiltonianus	Celastraceae	Erskine, Fliegner, Howick, McNamara	SICH1671	10/11/1995	2120	Sichuan	CAS; K
1995.125	Aconitum sp.	Ranunculaceae	Erskine, Fliegner, Howick, McNamara	SICH1672	10/11/1995	2180	Sichuan	
1995.126	Euonymus sp.	Celastraceae	Erskine, Fliegner, Howick, McNamara	SICH1673	10/11/1995	2200	Sichuan	
1995.127	Hypericum perforatum	Hypericaceae	Erskine, Fliegner, Howick, McNamara	SICH1674	10/11/1995	1950	Sichuan	
1995.128	Akebia trifoliata	Lardizabalaceae	Erskine, Fliegner, Howick, McNamara	SICH1675	10/11/1995	1950	Sichuan	

Accession	Taxa	Family	Collectors	Number	Time	Elevation (m)	Region	Herbarium
1995.129	Ilex pernyi var. pernyi	Aquifoliaceae	Erskine, Fliegner, Howick, McNamara	SICH1676	10/11/1995	2010	Sichuan	CAS; K
1995.130	Cotoneaster dielsianus	Rosaceae	Erskine, Fliegner, Howick, McNamara	SICH1677	10/11/1995	2015	Sichuan	CAS; K
1995.131	Stranvaesia davidiana var. davidiana	Rosaceae	Erskine, Fliegner, Howick, McNamara	SICH1678	10/11/1995	2025	Sichuan	CAS; K
1995.132	Hypericum sp.	Hypericaceae	Erskine, Fliegner, Howick, McNamara	SICH1679	10/11/1995	1920	Sichuan	
1995.133	Cotoneaster salicifolia	Rosaceae	Erskine, Fliegner, Howick, McNamara	SICH1680	10/11/1995	1900	Sichuan	CAS; K
1995.134	Rosa roxburghii f. normalis	Rosaceae	Erskine, Fliegner, Howick, McNamara	SICH1681	10/11/1995	1925	Sichuan	
1995.135	Spiraea canescens	Rosaceae	Erskine, Fliegner, Howick, McNamara	SICH1682	10/11/1995	2085	Sichuan	
1995.136	Betula platyphylla	Betulaceae	Howick, McNamara	H&M1977	9/21/1995	4035	Xizang (Tibet)	
1995.137	Quercus semecarpifolia	Fagaceae	Howick, McNamara	H&M1978	9/22/1995	3775	Xizang (Tibet)	
1995.138	Clematis tangutica	Ranunculaceae	Howick, McNamara	H&M1979	9/22/1995	3775	Xizang (Tibet)	
1995.139	Larix sp.	Pinaceae	Howick, McNamara	H&M1980	9/23/1995	3840	Xizang (Tibet)	
1995.140	Sorbaria sp.	Rosaceae	Howick, McNamara	H&M1981	9/24/1995	3530	Xizang (Tibet)	
1995.141	Aconitum sp.	Ranunculaceae	Howick, McNamara	H&M1982	9/26/1995	2900	Xizang (Tibet)	
1995.142	Betula platyphylla	Betulaceae	Howick, McNamara	H&M1983	9/26/1995	2900	Xizang (Tibet)	
1995.143	Davidia involucrata	Nyssaceae	Howick, McNamara	H&M1984	10/4/1995	1485	Sichuan	
1995.144	Hydrangea sp.	Hydrangeaceae	Howick, McNamara	H&M1985	10/4/1995	1610	Sichuan	
1995.145	Decaisnea insignis	Lardizabalaceae	Howick, McNamara	H&M1986	10/4/1995	1705	Sichuan	
1995.146	Delphinium sp.	Ranunculaceae	Howick, McNamara	H&M1987	10/4/1995	1760	Sichuan	
1995.147	Aralia sp.	Araliaceae	Howick, McNamara	H&M1988	10/15/1995	1760	Sichuan	
1995.148	Viburnum sp.	Adoxaceae	Howick, McNamara	H&M1989	10/5/1995	2035	Sichuan	
1995.149	Sorbus koehneana	Rosaceae	Howick, McNamara	H&M1990	10/5/1995	2700	Sichuan	
1995.150	Sorbus koehneana	Rosaceae	Howick, McNamara	H&M1991	10/6/1995	2700	Sichuan	
1995.151	Acer sp.	Sapindaceae	Howick, McNamara	H&M1992	10/6/1995	2700	Sichuan	
1995.152	Enkianthus chinensis	Ericaceae	Howick, McNamara	H&M1993	10/6/1995	2650	Sichuan	
1995.153	Cornus kousa subsp. chinensis	Cornaceae	Howick, McNamara	H&M1994	10/6/1995	2130	Sichuan	

Accession	Taxa	Family	Collectors	Number	Time	Elevation (m)	Region	Herbarium
1995.154	Euscaphis japonica	Staphyleaceae	Howick, McNamara	H&M1995	10/7/1995	905	Sichuan	
1995.155	Rosa roxburghii f. normalis	Rosaceae	Howick, McNamara	H&M1996	10/11/1995	2045	Sichuan	
1995.156	Aruncus sylvester	Rosaceae	Howick, McNamara	H&M1997	10/11/1995	2050	Sichuan	
1995.157	Ligularia sp.	Asteraceae	Howick, McNamara	H&M1998	10/11/1995	2070	Sichuan	
1995.158	Eleutherococcus sp.	Araliaceae	Howick, McNamara	H&M1999	10/11/1995	2085	Sichuan	
1995.159	Rhus potaninii	Anacardiaceae	Howick, McNamara	H&M2000	10/11/1995	2085	Sichuan	
1995.160	Rodgersia aesculifolia	Saxifragaceae	Howick, McNamara	H&M2001	10/11/1995	2150	Sichuan	
1995.161	Coriaria nepalensis	Coriariaceae	Howick, McNamara	H&M2002	10/11/1995	2120	Sichuan	
1995.162	Cimicifuga foetida	Ranunculaceae	Howick, McNamara	H&M2003	10/11/1995	2120	Sichuan	
1995.163	Lilium duchartrei	Liliaceae	Howick, McNamara	H&M2004	10/11/1995	2025	Sichuan	
1995.164	Anemone hupehensis	Ranunculaceae	Howick, McNamara	H&M2005	10/11/1995	2100	Sichuan	
1995.165	Codonopsis sp.	Campanulaceae	Howick, McNamara	H&M2006	10/11/1995	1890	Sichuan	
1995.167	Corylus sutchuenensis	Betulaceae	Howick, McNamara	H&M2008	10/11/1995	2015	Sichuan	
1996.001	Viburnum utile	Adoxaceae	Flanagan, Howick, Kirkham, McNamara	SICH1700	9/18/1996	645	Sichuan	CAS; K
1996.002	Belamcanda chinensis	Iridaceae	Flanagan, Howick, Kirkham, McNamara	SICH1701	9/18/1996	640	Sichuan	CAS; K
1996.003	Cupressus funebris	Cupressaceae	Flanagan, Howick, Kirkham, McNamara	SICH1702	9/18/1996	820	Sichuan	CAS; K
1996.004	Pittosporum truncatum	Pittosporaceae	Flanagan, Howick, Kirkham, McNamara	SICH1703	9/18/1996	820	Sichuan	CAS; K
1996.005	Viburnum sp.	Adoxaceae	Flanagan, Howick, Kirkham, McNamara	SICH1704	9/18/1996	820	Sichuan	CAS; K
1996.006	Parthenocissus henryana	Vitaceae	Flanagan, Howick, Kirkham, McNamara	SICH1705	9/18/1996	740	Sichuan	CAS; K
1996.007	Keteleeria davidiana var. davidiana	Pinaceae	Flanagan, Howick, Kirkham, McNamara	SICH1706	9/18/1996	600	Sichuan	
1996.008	Quercus serrata	Fagaceae	Flanagan, Howick, Kirkham, McNamara	SICH1707	9/20/1996	1410	Sichuan	CAS; K
1996.009	Hydrangea aspera	Hydrangeaceae	Flanagan, Howick, Kirkham, McNamara	SICH1708	9/20/1996	1410	Sichuan	CAS; K

03

Accession	Taxa	Family	Collectors	Number	Time	Elevation (m)	Region	Herbarium
1996.010	Aralia elata	Araliaceae	Flanagan, Howick, Kirkham, McNamara	SICH1709	9/20/1996	1410	Sichuan	
1996.011	Ilex pernyi	Aquifoliaceae	Flanagan, Howick, Kirkham, McNamara	SICH1710	9/20/1996	1420	Sichuan	CAS; K
1996.012	Acer davidii subsp. davidii	Sapindaceae	Flanagan, Howick, Kirkham, McNamara	SICH1711	9/20/1996	1430	Sichuan	CAS; K
1996.013	Broussonetia papyrifera	Moraceae	Flanagan, Howick, Kirkham, McNamara	SICH1712	9/20/1996	1430	Sichuan	CAS; K
1996.014	Rhus chinensis	Anacardiaceae	Flanagan, Howick, Kirkham, McNamara	SICH1713	9/20/1996	1440	Sichuan	CAS; K
1996.015	Viburnum betulifolium	Adoxaceae	Flanagan, Howick, Kirkham, McNamara	SICH1714	9/20/1996	1445	Sichuan	CAS; K
1996.016	Rosa henryi	Rosaceae	Flanagan, Howick, Kirkham, McNamara	SICH1715	9/20/1996	1430	Sichuan	CAS; K
1996.017	Lonicera acuminata var. acuminata	Caprifoliaceae	Flanagan, Howick, Kirkham, McNamara	SICH1716	9/20/1996	1455	Sichuan	CAS; K
1996.018	Rosa henryi	Rosaceae	Flanagan, Howick, Kirkham, McNamara	SICH1717	9/20/1996	1455	Sichuan	CAS; K
1996.019	Meliosma cuneifolia var. cuneifolia	Sabiaceae	Flanagan, Howick, Kirkham, McNamara	SICH1718	9/20/1996	1455	Sichuan	
1996.020	Sinofranchetia chinensis	Lardizabalaceae	Flanagan, Howick, Kirkham, McNamara	SICH1719	9/20/1996	1455	Sichuan	CAS; K
1996.021	Lysimachia clethroides	Primulaceae	Flanagan, Howick, Kirkham, McNamara	SICH1720	9/20/1996	1455	Sichuan	CAS; K
1996.022	Astilbe sp.	Saxifragaceae	Flanagan, Howick, Kirkham, McNamara	SICH1721	9/20/1996	1455	Sichuan	CAS; K
1996.023	Castanea mollissima	Fagaceae	Flanagan, Howick, Kirkham, McNamara	SICH1722	9/20/1996	1505	Sichuan	CAS; K
1996.024	Betula luminifera	Betulaceae	Flanagan, Howick, Kirkham, McNamara	SICH1723	9/20/1996	1540	Sichuan	CAS; K
1996.025	Celastrus sp.	Celastraceae	Flanagan, Howick, Kirkham, McNamara	SICH1724	9/20/1996	1540	Sichuan	CAS; K
1996.026	Quercus serrata	Fagaceae	Flanagan, Howick, Kirkham, McNamara	SICH1725	9/20/1996	1530	Sichuan	CAS; K

Accession	Taxa	Family	Collectors	Number	Time	Elevation (m)	Region	Herbarium
1996.027	Schisandra chinensis	Schisandraceae	Flanagan, Howick, Kirkham, McNamara	SICH1726	9/20/1996	1550	Sichuan	CAS; K
1996.028	Juglans mandshurica	Juglandaceae	Flanagan, Howick, Kirkham, McNamara	SICH1727	9/20/1996	1550	Sichuan	
1996.029	Actinidia chinensis var. deliciosa	Actinidiaceae	Flanagan, Howick, Kirkham, McNamara	SICH1728	9/20/1996	1550	Sichuan	CAS; K
1996.030	Paeonia sp.	Paeoniaceae	Flanagan, Howick, Kirkham, McNamara	SICH1729	9/20/1996	1565	Sichuan	CAS; K
1996.031	Quercus senescens	Fagaceae	Flanagan, Howick, Kirkham, McNamara	SICH1730	9/20/1996	1585	Sichuan	CAS; K
1996.032	Pterocarya hupehensis	Juglandaceae	Flanagan, Howick, Kirkham, McNamara	SICH1731	9/21/1996	1550	Sichuan	
1996.033	Hydrangea ampla	Hydrangeaceae	Flanagan, Howick, Kirkham, McNamara	SICH1732	9/21/1996	1550	Sichuan	CAS; K
1996.034	Hydrangea sp.	Hydrangeaceae	Flanagan, Howick, Kirkham, McNamara	SICH1733	9/21/1996	1570	Sichuan	CAS; K
1996.035	Clerodendrum trichotomum	Verbenaceae	Flanagan, Howick, Kirkham, McNamara	SICH1734	9/21/1996	1550	Sichuan	CAS; K
1996.036	Sinofranchetia chinensis	Lardizabalaceae	Flanagan, Howick, Kirkham, McNamara	SICH1735	9/21/1996	1550	Sichuan	CAS; K
1996.037	Meliosma cuneifolia var. cuneifolia	Sabiaceae	Flanagan, Howick, Kirkham, McNamara	SICH1736	9/21/1996	1550	Sichuan	CAS; K
1996.038	Euptelea pleiosperma	Eupteleaceae	Flanagan, Howick, Kirkham, McNamara	SICH1737	9/21/1996	1550	Sichuan	CAS; K
1996.039	Euonymus quinquecornutas	Celastraceae	Flanagan, Howick, Kirkham, McNamara	SICH1738	9/21/1996	1550	Sichuan	
1996.040	Dipteronia sinensis	Sapindaceae	Flanagan, Howick, Kirkham, McNamara	SICH1739	9/21/1996	1580	Sichuan	CAS; K
1996.041	Acer stachyophyllum	Sapindaceae	Flanagan, Howick, Kirkham, McNamara	SICH1740	9/21/1996	1580	Sichuan	CAS; K
1996.042	Acer henryi	Sapindaceae	Flanagan, Howick, Kirkham, McNamara	SICH1741	9/21/1996	1580	Sichuan	CAS; K
1996.043	Astilbe sp.	Saxifragaceae	Flanagan, Howick, Kirkham, McNamara	SICH1742	9/21/1996	1570	Sichuan	CAS; K

03

Accession	Taxa	Family	Collectors	Number	Time	Elevation (m)	Region	Herbarium
1996.044	Cotoneaster moupinensis	Rosaceae	Flanagan, Howick, Kirkham, McNamara	SICH1743	9/21/1996	1570	Sichuan	CAS; K
1996.045	Stachyurus sp.	Stachyuraceae	Flanagan, Howick, Kirkham, McNamara	SICH1744	9/21/1996	1570	Sichuan	CAS; K
1996.046	Aquilegia oxysepala	Ranunculaceae	Flanagan, Howick, Kirkham, McNamara	SICH1745	9/21/1996	1600	Sichuan	
1996.047	Acer davidii subsp. davidii	Sapindaceae	Flanagan, Howick, Kirkham, McNamara	SICH1746	9/21/1996	1615	Sichuan	CAS; K
1996.048	Corylus chinensis	Betulaceae	Flanagan, Howick, Kirkham, McNamara	SICH1747	9/21/1996	1600	Sichuan	CAS; K
1996.049	Cyclocarya paliurus	Juglandaceae	Flanagan, Howick, Kirkham, McNamara	SICH1748	9/21/1996	1600	Sichuan	CAS; K
1996.050	Callicarpa sp.	Verbenaceae	Flanagan, Howick, Kirkham, McNamara	SICH1749	9/21/1996	1600	Sichuan	CAS; K
1996.051	Cornus kousa subsp. chinensis	Cornaceae	Flanagan, Howick, Kirkham, McNamara	SICH1750	9/21/1996	1650	Sichuan	CAS; K
1996.052	Pterocarya macroptera	Juglandaceae	Flanagan, Howick, Kirkham, McNamara	SICH1751	9/21/1996	1665	Sichuan	CAS; K
1996.053	Sorbaria kirilowii	Rosaceae	Flanagan, Howick, Kirkham, McNamara	SICH1752	9/21/1996	1665	Sichuan	CAS; K
1996.054	Rodgersia aesculifolia	Saxifragaceae	Flanagan, Howick, Kirkham, McNamara	SICH1753	9/21/1996	1665	Sichuan	
1996.055	Tricyrtis latifolia	Liliaceae	Flanagan, Howick, Kirkham, McNamara	SICH1754	9/21/1996	1665	Sichuan	
1996.056	Stauntonia angustifolia	Lardizabalaceae	Flanagan, Howick, Kirkham, McNamara	SICH1755	9/21/1996	1665	Sichuan	
1996.057	Decaisnea insignis	Lardizabalaceae	Flanagan, Howick, Kirkham, McNamara	SICH1756	9/21/1996	1665	Sichuan	
1996.058	Hydrangea aspera	Hydrangeaceae	Flanagan, Howick, Kirkham, McNamara	SICH1757	9/21/1996	1665	Sichuan	CAS; K
1996.059	Pieris formosa	Ericaceae	Flanagan, Howick, Kirkham, McNamara	SICH1758	9/21/1996	1670	Sichuan	CAS; K
1996.060	Tetracentron sinense	Tetracentraceae	Flanagan, Howick, Kirkham, McNamara	SICH1759	9/21/1996	1675	Sichuan	CAS; K

Accession	Taxa	Family	Collectors	Number	Time	Elevation (m)	Region	Herbarium
1996.061	Rhododendron argyrophyllum	Ericaceae	Flanagan, Howick, Kirkham, McNamara	SICH1760	9/21/1996	1675	Sichuan	CAS; K
1996.062	Tsuga chinensis	Pinaceae	Flanagan, Howick, Kirkham, McNamara	SICH1761	9/21/1996	1670	Sichuan	CAS; K
1996.063	Enkianthus deflexus	Ericaceae	Flanagan, Howick, Kirkham, McNamara	SICH1762	9/22/1996	1665	Sichuan	CAS; K
1996.064	Berberis sp.	Berberidaceae	Flanagan, Howick, Kirkham, McNamara	SICH1763	9/22/1996	1665	Sichuan	CAS; K
1996.065	Eleutherococcus senticosus	Araliaceae	Flanagan, Howick, Kirkham, McNamara	SICH1764	9/22/1996	1665	Sichuan	CAS; K
1996.066	Acer maximowiczii	Sapindaceae	Flanagan, Howick, Kirkham, McNamara	SICH1765	9/22/1996	1665	Sichuan	CAS; K
1996.067	Stewartia sinensis	Theaceae	Flanagan, Howick, Kirkham, McNamara	SICH1766	9/22/1996	1625	Sichuan	CAS; K
1996.068	Cotoneaster acutifolius	Rosaceae	Flanagan, Howick, Kirkham, McNamara	SICH1767	9/22/1996	1565	Sichuan	CAS; K
1996.069	Crataegus kansuensis	Rosaceae	Flanagan, Howick, Kirkham, McNamara	SICH1768	9/22/1996	1565	Sichuan	CAS; K
1996.070	Staphylea bumalda	Staphyleaceae	Flanagan, Howick, Kirkham, McNamara	SICH1769	9/22/1996	1530	Sichuan	CAS; K
1996.071	Schisandra sp.	Schisandraceae	Flanagan, Howick, Kirkham, McNamara	SICH1770	9/22/1996	1530	Sichuan	CAS; K
1996.072	Cotoneaster foveolatus	Rosaceae	Flanagan, Howick, Kirkham, McNamara	SICH1771	9/22/1996	1530	Sichuan	CAS; K
1996.073	Viburnum sp.	Adoxaceae	Flanagan, Howick, Kirkham, McNamara	SICH1772	9/22/1996	1530	Sichuan	CAS; K
1996.074	Cotoneaster foveolatus	Rosaceae	Flanagan, Howick, Kirkham, McNamara	SICH1773	9/22/1996	1530	Sichuan	CAS; K
1996.075	Viburnum sp.	Adoxaceae	Flanagan, Howick, Kirkham, McNamara	SICH1774	9/22/1996	1525	Sichuan	CAS; K
1996.076	Carpinus cordata var. chinensis	Betulaceae	Flanagan, Howick, Kirkham, McNamara	SICH1775	9/22/1996	1530	Sichuan	CAS; K
1996.077	Acer stachyophyllum subsp. betulifolium	Sapindaceae	Flanagan, Howick, Kirkham, McNamara	SICH1776	9/22/1996	1530	Sichuan	CAS; K

Accession	Taxa	Family	Collectors	Number	Time	Elevation (m)	Region	Herbarium
1996.078	Hydrangea sp.	Hydrangeaceae	Flanagan, Howick, Kirkham, McNamara	SICH1777	9/22/1996	1530	Sichuan	CAS; K
1996.079	Rhamnus sp.	Rhamnaceae	Flanagan, Howick, Kirkham, McNamara	SICH1778	9/22/1996	1530	Sichuan	CAS; K
1996.080	Malus baccata	Rosaceae	Flanagan, Howick, Kirkham, McNamara	SICH1779	9/22/1996	1300	Sichuan	CAS; K
1996.081	Akebia trifoliata	Lardizabalaceae	Flanagan, Howick, Kirkham, McNamara	SICH1780	9/22/1996	1300	Sichuan	CAS; K
1996.082	Symplocos paniculata	Symplocaceae	Flanagan, Howick, Kirkham, McNamara	SICH1781	9/22/1996	1300	Sichuan	CAS; K
1996.083	Sorbus glomerulata	Rosaceae	Flanagan, Howick, Kirkham, McNamara	SICH1782	9/22/1996	1300	Sichuan	CAS; K
1996.084	Juglans mandshurica	Juglandaceae	Flanagan, Howick, Kirkham, McNamara	SICH1783	9/22/1996	1295	Sichuan	
1996.085	Ilex fargesii subsp. fargesii var. fargesii	Aquifoliaceae	Flanagan, Howick, Kirkham, McNamara	SICH1784	9/22/1996	1350	Sichuan	CAS; K
1996.086	Rhododendron argyrophyllum	Ericaceae	Flanagan, Howick, Kirkham, McNamara	SICH1785	9/22/1996	1350	Sichuan	
1996.087	Lindera sp.	Lauraceae	Flanagan, Howick, Kirkham, McNamara	SICH1786	9/22/1996	1350	Sichuan	CAS; K
1996.088	Stranvaesia davidiana var. davidiana	Rosaceae	Flanagan, Howick, Kirkham, McNamara	SICH1787	9/22/1996	1350	Sichuan	CAS; K
1996.089	Acer davidii subsp. davidii	Sapindaceae	Flanagan, Howick, Kirkham, McNamara	SICH1788	9/22/1996	1270	Sichuan	CAS; K
1996.090	Paulownia fortunei	Scrophulariaceae	Flanagan, Howick, Kirkham, McNamara	SICH1789	9/22/1996	1175	Sichuan	CAS; K
1996.091	Idesia polycarpa	Flacourtiaceae	Flanagan, Howick, Kirkham, McNamara	SICH1790	9/22/1996	1230	Sichuan	CAS; K
1996.092	Ilex pedunculosa	Aquifoliaceae	Flanagan, Howick, Kirkham, McNamara	SICH1791	9/22/1996	1320	Sichuan	CAS; K
1996.093	Acer sinense	Sapindaceae	Flanagan, Howick, Kirkham, McNamara	SICH1792	9/22/1996	1350	Sichuan	CAS; K
1996.094	Lindera umbellata	Lauraceae	Flanagan, Howick, Kirkham, McNamara	SICH1793	9/22/1996	1500	Sichuan	CAS; K

03

Accession	Taxa	Family	Collectors	Number	Time	Elevation (m)	Region	Herbarium
1996.095	Sassafras tzumu	Lauraceae	Flanagan, Howick, Kirkham, McNamara	SICH1794	9/22/1996	1465	Sichuan	CAS; K
1996.096	Tilia chinensis	Tiliaceae	Flanagan, Howick, Kirkham, McNamara	SICH1795	9/23/1996	1480	Sichuan	CAS; K
1996.097	Acer sinense	Sapindaceae	Flanagan, Howick, Kirkham, McNamara	SICH1796	9/23/1996	1480	Sichuan	CAS; K
1996.098	Celastrus orbiculatus	Celastraceae	Flanagan, Howick, Kirkham, McNamara	SICH1797	9/23/1996	1480	Sichuan	CAS; K
1996.099	Hydrangea anomala	Hydrangeaceae	Flanagan, Howick, Kirkham, McNamara	SICH1798	9/23/1996	1480	Sichuan	CAS; K
1996.100	Tricyrtis latifolia	Liliaceae	Flanagan, Howick, Kirkham, McNamara	SICH1799	9/23/1996	1340	Sichuan	
1996.101	Vaccinium sp.	Ericaceae	Flanagan, Howick, Kirkham, McNamara	SICH1800	9/23/1996	1345	Sichuan	CAS; K
1996.102	Hydrangea sp.	Hydrangeaceae	Flanagan, Howick, Kirkham, McNamara	SICH1801	9/23/1996	1380	Sichuan	CAS; K
1996.103	Dipteronia sinensis	Sapindaceae	Flanagan, Howick, Kirkham, McNamara	SICH1802	9/23/1996	1380	Sichuan	CAS; K
1996.104	Arisaema engleri	Araceae	Flanagan, Howick, Kirkham, McNamara	SICH1803	9/23/1996	1380	Sichuan	
1996.105	Euscaphis japonica	Staphyleaceae	Flanagan, Howick, Kirkham, McNamara	SICH1804	9/23/1996	1390	Sichuan	CAS; K
1996.106	Enkianthus chinensis	Ericaceae	Flanagan, Howick, Kirkham, McNamara	SICH1805	9/23/1996	1390	Sichuan	CAS; K
1996.107	Lindera sp.	Lauraceae	Flanagan, Howick, Kirkham, McNamara	SICH1806	9/23/1996	1390	Sichuan	CAS; K
1996.108	Sorbus sp.	Rosaceae	Flanagan, Howick, Kirkham, McNamara	SICH1807	9/23/1996	1390	Sichuan	CAS; K
1996.109	Euonymus alatus	Celastraceae	Flanagan, Howick, Kirkham, McNamara	SICH1808	9/23/1996	1390	Sichuan	CAS; K
1996.110	Cotoneaster dielsianus	Rosaceae	Flanagan, Howick, Kirkham, McNamara	SICH1809	9/23/1996	1390	Sichuan	CAS; K
1996.111	Acer forrestii	Sapindaceae	Flanagan, Howick, Kirkham, McNamara	SICH1810	9/23/1996	1400	Sichuan	CAS; K

03

Accession	Taxa	Family	Collectors	Number	Time	Elevation (m)	Region	Herbarium
1996.112	Ficus sp.	Moraceae	Flanagan, Howick, Kirkham, McNamara	SICH1811	9/23/1996	1380	Sichuan	CAS; K
1996.113	Pterostyrax psilophyllus	Styracaceae	Flanagan, Howick, Kirkham, McNamara	SICH1812	9/23/1996	1470	Sichuan	CAS; K
1996.114	Sorbus pallescens	Rosaceae	Flanagan, Howick, Kirkham, McNamara	SICH1813	9/24/1996	1665	Sichuan	CAS; K
1996.115	Acer pictum subsp. macropterum	Sapindaceae	Flanagan, Howick, Kirkham, McNamara	SICH1814	9/24/1996	1665	Sichuan	CAS; K
1996.116	Eleutherococcus sp.	Araliaceae	Flanagan, Howick, Kirkham, McNamara	SICH1815	9/24/1996	1665	Sichuan	CAS; K
1996.117	Aconitum sp.	Ranunculaceae	Flanagan, Howick, Kirkham, McNamara	SICH1816	9/24/1996	1665	Sichuan	
1996.118	Euodia daniellii	Rutaceae	Flanagan, Howick, Kirkham, McNamara	SICH1817	9/24/1996	1665	Sichuan	CAS; K
1996.119	Acer flabellatum	Sapindaceae	Flanagan, Howick, Kirkham, McNamara	SICH1818	9/24/1996	1660	Sichuan	CAS; K
1996.120	Euonymus sp.	Celastraceae	Flanagan, Howick, Kirkham, McNamara	SICH1819	9/24/1996	1610	Sichuan	CAS; K
1996.121	Tilia chinensis	Tiliaceae	Flanagan, Howick, Kirkham, McNamara	SICH1820	9/24/1996	1600	Sichuan	CAS; K
1996.122	Rhododendron sutchuenense	Ericaceae	Flanagan, Howick, Kirkham, McNamara	SICH1821	9/24/1996	1560	Sichuan	
1996.123	Cardiocrinum giganteum	Liliaceae	Flanagan, Howick, Kirkham, McNamara	SICH1822	9/24/1996	1560	Sichuan	
1996.124	Sorbus glomerulata	Rosaceae	Flanagan, Howick, Kirkham, McNamara	SICH1823	9/24/1996	1570	Sichuan	CAS; K
1996.125	Acer stachyophyllum	Sapindaceae	Flanagan, Howick, Kirkham, McNamara	SICH1824	9/24/1996	1570	Sichuan	CAS; K
1996.126	Acer sterculiaceum subsp. franchetii	Sapindaceae	Flanagan, Howick, Kirkham, McNamara	SICH1825	9/24/1996	1570	Sichuan	CAS; K
1996.127	Cotoneaster sp.	Rosaceae	Flanagan, Howick, Kirkham, McNamara	SICH1826	9/24/1996	1570	Sichuan	CAS; K
1996.128	Tricyrtis maculata	Liliaceae	Flanagan, Howick, Kirkham, McNamara	SICH1827	9/24/1996	1435	Sichuan	

Accession	Taxa	Family	Collectors	Number	Time	Elevation (m)	Region	Herbarium
1996.129	Tilia chinensis	Tiliaceae	Flanagan, Howick, Kirkham, McNamara	SICH1828	9/24/1996	1425	Sichuan	CAS; K
1996.130	Meliosma veitchiorum	Sabiaceae	Flanagan, Howick, Kirkham, McNamara	SICH1829	9/24/1996	1425	Sichuan	CAS; K
1996.131	Liriodendron chinense	Magnoliaceae	Flanagan, Howick, Kirkham, McNamara	SICH1830	9/24/1996	1400	Sichuan	CAS; K
1996.132	Lilium leucanthum	Liliaceae	Flanagan, Howick, Kirkham, McNamara	SICH1831	9/29/1996	1450	Hubei	
1996.133	Cotoneaster conspicuus	Rosaceae	Flanagan, Howick, Kirkham, McNamara	SICH1832	9/29/1996	1275	Hubei	CAS; K
1996.134	Castanea henryi	Fagaceae	Flanagan, Howick, Kirkham, McNamara	SICH1833	9/29/1996	1315	Sichuan	CAS; K
1996.135	Lilium henryi	Liliaceae	Flanagan, Howick, Kirkham, McNamara	SICH1834	9/30/1996	675	Sichuan	
1996.136	Lilium leucanthum	Liliaceae	Flanagan, Howick, Kirkham, McNamara	SICH1835	9/30/1996	675	Sichuan	
1996.137	Indigofera tinctoria	Fabaceae	Flanagan, Howick, Kirkham, McNamara	SICH1836	9/30/1996	770	Sichuan	CAS; K
1996.138	Viburnum sp.	Adoxaceae	Flanagan, Howick, Kirkham, McNamara	SICH1837	9/30/1996	1030	Sichuan	CAS; K
1996.139	Vaccinium sp.	Ericaceae	Flanagan, Howick, Kirkham, McNamara	SICH1838	9/30/1996	1025	Sichuan	CAS; K
1996.140	Rosa roxburghii f. normalis	Rosaceae	Flanagan, Howick, Kirkham, McNamara	SICH1839	9/30/1996	985	Sichuan	CAS; K
1996.141	Camellia oleifera	Theaceae	Flanagan, Howick, Kirkham, McNamara	SICH1840	9/30/1996	985	Sichuan	CAS; K
1996.142	Castanea mollissima	Fagaceae	Flanagan, Howick, Kirkham, McNamara	SICH1841	9/30/1996	985	Sichuan	CAS; K
1996.143	Cotoneaster conspicuus	Rosaceae	Flanagan, Howick, Kirkham, McNamara	SICH1842	10/2/1996	1185	Sichuan	CAS; K
1996.144	Hosta ventricosa	Liliaceae	Flanagan, Howick, Kirkham, McNamara	SICH1843	10/2/1996	1185	Sichuan	CAS; K
1996.145	Millettia sp.	Fabaceae	Flanagan, Howick, Kirkham, McNamara	SICH1844	10/2/1996	1185	Sichuan	

Accession	Taxa	Family	Collectors	Number	Time	Elevation (m)	Region	Herbarium
1996.146	Rosa multiflora	Rosaceae	Flanagan, Howick, Kirkham, McNamara	SICH1845	10/2/1996	1185	Sichuan	
1996.147	Lilium sp.	Liliaceae	Flanagan, Howick, Kirkham, McNamara	SICH1846	10/2/1996	1185	Sichuan	
1996.148	Emmenopterys henryi	Rubiaceae	Flanagan, Howick, Kirkham, McNamara	SICH1847	10/2/1996	1075	Sichuan	CAS; K
1996.149	Platycarya strobilacea	Juglandaceae	Flanagan, Howick, Kirkham, McNamara	SICH1848	10/2/1996	885	Sichuan	CAS; K
1996.150	Camellia sp.	Theaceae	Flanagan, Howick, Kirkham, McNamara	SICH1849	10/3/1996	615	Sichuan	
1996.151	Lilium leucanthum	Liliaceae	Flanagan, Howick, Kirkham, McNamara	SICH1850	10/4/1996	750	Sichuan	
1996.152	Lilium leucanthum	Liliaceae	Flanagan, Howick, Kirkham, McNamara	SICH1851	10/4/1996	565	Sichuan	
1996.153	Rosa sp.	Rosaceae	Flanagan, Howick, Kirkham, McNamara	SICH1852	10/5/1996	1300	Sichuan	CAS; K
1996.154	Glochidion sp.	Euphorbiaceae	Flanagan, Howick, Kirkham, McNamara	SICH1853	10/5/1996	1300	Sichuan	CAS; K
1996.155	Cotoneaster conspicuus	Rosaceae	Flanagan, Howick, Kirkham, McNamara	SICH1854	10/5/1996	1300	Sichuan	CAS; K
1996.156	Stranvaesia davidiana var. davidiana	Rosaceae	Flanagan, Howick, Kirkham, McNamara	SICH1855	10/5/1996	1350	Sichuan	CAS; K
1996.157	Viburnum sp.	Adoxaceae	Flanagan, Howick, Kirkham, McNamara	SICH1856	10/5/1996	1350	Sichuan	CAS; K
1996.158	Celastrus sp.	Celastraceae	Flanagan, Howick, Kirkham, McNamara	SICH1857	10/5/1996	1346	Sichuan	CAS; K
1996.159	Akebia trifoliata	Lardizabalaceae	Flanagan, Howick, Kirkham, McNamara	SICH1858	10/5/1996	1380	Sichuan	CAS; K
1996.160	Euscaphis japonica	Staphyleaceae	Flanagan, Howick, Kirkham, McNamara	SICH1859	10/5/1996	1400	Sichuan	CAS; K
1996.161	Metapanax davidii	Araliaceae	Flanagan, Howick, Kirkham, McNamara	SICH1860	10/5/1996	1500	Sichuan	CAS; K
1996.162	Euonymus sp.	Celastraceae	Flanagan, Howick, Kirkham, McNamara	SICH1861	10/5/1996	1500	Sichuan	CAS; K

03

Accession	Taxa	Family	Collectors	Number	Time	Elevation (m)	Region	Herbarium
1996.163	Cornus elliptica	Cornaceae	Flanagan, Howick, Kirkham, McNamara	SICH1862	10/5/1996	1520	Sichuan	CAS; K
1996.164	Acer davidii subsp. davidii	Sapindaceae	Flanagan, Howick, Kirkham, McNamara	SICH1863	10/5/1996	1300	Sichuan	CAS; K
1996.165	Camellia sp.	Theaceae	Flanagan, Howick, Kirkham, McNamara	SICH1864	10/5/1996	1300	Sichuan	CAS; K
1996.166	Machilus nanchuenensis	Lauraceae	Flanagan, Howick, Kirkham, McNamara	SICH1865	10/5/1996	700	Sichuan	CAS; K
1996.167	Viburnum sp.	Adoxaceae	Flanagan, Howick, Kirkham, McNamara	SICH1866	10/5/1996	1350	Sichuan	CAS; K
1996.168	Paris polyphylla	Trilliaceae	Flanagan, Howick, Kirkham, McNamara	SICH1867	10/5/1996	1350	Sichuan	
1996.169	Viburnum sp.	Adoxaceae	Flanagan, Howick, Kirkham, McNamara	SICH1868	10/6/1996	1234	Sichuan	CAS; K
1996.170	Viburnum sp.	Adoxaceae	Flanagan, Howick, Kirkham, McNamara	SICH1869	10/6/1996	1234	Sichuan	CAS; K
1996.171	Pittosporum truncatum	Pittosporaceae	Flanagan, Howick, Kirkham, McNamara	SICH1870	10/6/1996	1145	Sichuan	CAS; K
1996.172	Millettia sp.	Fabaceae	Flanagan, Howick, Kirkham, McNamara	SICH1871	10/6/1996	1170	Sichuan	CAS; K
1996.174	Viburnum propinquum	Adoxaceae	Flanagan, Howick, Kirkham, McNamara	SICH1873	10/6/1996	1120	Sichuan	CAS; K
1996.175	Viburnum sp.	Adoxaceae	Flanagan, Howick, Kirkham, McNamara	SICH1874	10/6/1996	1075	Sichuan	CAS; K
1996.176	Lindera sp.	Lauraceae	Flanagan, Howick, Kirkham, McNamara	SICH1875	10/6/1996	960	Sichuan	CAS; K
1996.177	Lilium sargentiae	Liliaceae	Flanagan, Howick, Kirkham, McNamara	SICH1876	10/6/1996	970	Sichuan	CAS; K
1996.178	Pittosporum sp.	Pittosporaceae	Flanagan, Howick, Kirkham, McNamara	SICH1877	10/7/1996	1270	Sichuan	
1996.179	Cotoneaster sp.	Rosaceae	Flanagan, Howick, Kirkham, McNamara	SICH1878	10/7/1996	1235	Guizhou	CAS; K
1996.180	Tetradium ruticarpum	Rutaceae	Flanagan, Howick, Kirkham, McNamara	SICH1879	10/7/1996	1270	Sichuan	CAS; K

03

Accession	Taxa	Family	Collectors	Number	Time	Elevation (m)	Region	Herbarium
1996.181	Rosa roxburghii f. normalis	Rosaceae	Flanagan, Howick, Kirkham, McNamara	SICH1880	10/7/1996	1250	Sichuan	CAS; K
1996.184	Camellia pitardii	Theaceae	McNamara, W.	M0162	10/7/1996	1235	Guizhou	
1998.001	Ceratostigma willmottianum	Plumbaginaceae	Howick, McNamara	H&M2103	10/8/1998	1010	Sichuan	CAS
1998.002	Astilbe grandis	Saxifragaceae	Howick, McNamara	H&M2104	10/8/1998	1880	Sichuan	
1998.003	Hydrangea aspera	Hydrangeaceae	Howick, McNamara	H&M2105	10/8/1998	1880	Sichuan	CAS
1998.004	Buddleja davidii	Loganiaceae	Howick, McNamara	H&M2106	10/8/1998	1905	Sichuan	
1998.005	Lilium sargentiae	Liliaceae	Howick, McNamara	H&M2107	10/8/1998	1365	Sichuan	
1998.006	Acacia teniana	Fabaceae	Howick, McNamara	H&M2108	10/10/1998	1330	Sichuan	CAS
1998.007	Salvia przewalskii var. przewalskii	Lamiaceae	Howick, McNamara	H&M2109	10/10/1998	2975	Sichuan	
1998.008	Meconopsis integrifolia	Papaveraceae	Howick, McNamara	H&M2110	10/10/1998	4225	Sichuan	
1998.009	Meconopsis integrifolia	Papaveraceae	Howick, McNamara	H&M2110A	10/10/1998	4220	Sichuan	
1998.010	Gentiana sp.	Gentianaceae	Howick, McNamara	H&M2111	10/10/1998	4225	Sichuan	
1998.011	Meconopsis sp.	Papaveraceae	Howick, McNamara	H&M2112	10/10/1998	4280	Sichuan	
1998.012	Piptanthus nepalensis	Fabaceae	Howick, McNamara	H&M2113	10/10/1998	3900	Sichuan	CAS
1998.013	Hypericum sp.	Hypericaceae	Howick, McNamara	H&M2114	10/11/1998	2550	Sichuan	CAS
1998.014	Arisaema erubescens	Araceae	Howick, McNamara	H&M2115	10/11/1998	2560	Sichuan	
1998.015	Rosa soulieana	Rosaceae	Howick, McNamara	H&M2116	10/11/1998	2550	Sichuan	CAS
1998.016	Berberis sp.	Berberidaceae	Howick, McNamara	H&M2117	10/11/1998	2560	Sichuan	
1998.017	Aster sp.	Asteraceae	Howick, McNamara	H&M2118	10/11/1998	2545	Sichuan	
1998.018	Koelreuteria paniculata	Sapindaceae	Howick, McNamara	H&M2119	10/11/1998	2730	Sichuan	
1998.019	Philadelphus sp.	Hydrangeaceae	Howick, McNamara	H&M2120	10/11/1998	2720	Sichuan	CAS
1998.020	Primula sp.	Primulaceae	Howick, McNamara	H&M2121	10/11/1998	4355	Sichuan	
1998.021	Ligularia sp.	Asteraceae	Howick, McNamara	H&M2122	10/11/1998	4355	Sichuan	
1998.022	Meconopsis sp.	Papaveraceae	Howick, McNamara	H&M2123	10/11/1998	4355	Sichuan	
1998.023	Ligularia sp.	Asteraceae	Howick, McNamara	H&M2124	10/11/1998	4355	Sichuan	
1998.024	Gentianopsis sp.	Gentianaceae	Howick, McNamara	H&M2125	10/11/1998	4330	Sichuan	
1998.025	Rhododendron sp.	Ericaceae	Howick, McNamara	H&M2126	10/11/1998	4280	Sichuan	CAS
1998.026	Gentiana sino-ornata	Gentianaceae	Howick, McNamara	H&M2127	10/11/1998	4265	Sichuan	
1998.027	Rosa sericea subsp. omeiensis	Rosaceae	Howick, McNamara	H&M2128	10/11/1998	4005	Sichuan	CAS

Accession	Taxa	Family	Collectors	Number	Time	Elevation (m)	Region	Herbarium
1998.028	Sorbus sp.	Rosaceae	Howick, McNamara	H&M2129	10/11/1998	3715	Sichuan	
1998.029	Salvia przewalskii var. przewalskii	Lamiaceae	Howick, McNamara	H&M2130	10/11/1998	3715	Sichuan	
1998.030	Euonymus sp.	Celastraceae	Howick, McNamara	H&M2131	10/12/1998	3120	Sichuan	CAS
1998.031	Sorbaria arborea	Rosaceae	Howick, McNamara	H&M2132	10/12/1998	3120	Sichuan	CAS
1998.032	Indigofera sp.	Fabaceae	Howick, McNamara	H&M2133	10/12/1998	3110	Sichuan	CAS
1998.033	Acer cappadocicum subsp. sinicum	Sapindaceae	Howick, McNamara	H&M2134	10/12/1998	3105	Sichuan	CAS
1998.034	Abies georgei var. smithii	Pinaceae	Howick, McNamara	H&M2135	10/12/1998	3670	Sichuan	
1998.035	Betula utilis	Betulaceae	Howick, McNamara	H&M2136	10/12/1998	3680	Sichuan	
1998.036	Berberis sp.	Berberidaceae	Howick, McNamara	H&M2137	10/12/1998	3710	Sichuan	CAS
1998.037	Cimicifuga foetida	Ranunculaceae	Howick, McNamara	H&M2138	10/12/1998	3710	Sichuan	
1998.038	Ligularia sp.	Asteraceae	Howick, McNamara	H&M2139	10/12/1998	3495	Sichuan	
1998.039	Anemone sp.	Ranunculaceae	Howick, McNamara	H&M2140	10/12/1998	3495	Sichuan	
1998.040	Primula sp.	Primulaceae	Howick, McNamara	H&M2141	10/12/1998	3495	Sichuan	
1998.041	Clematis rehderiana	Ranunculaceae	Howick, McNamara	H&M2142	10/12/1998	3485	Sichuan	
1998.042	Delphinium sp.	Ranunculaceae	Howick, McNamara	H&M2143	10/12/1998	3465	Sichuan	
1998.043	Cotoneaster sp.	Rosaceae	Howick, McNamara	H&M2144	10/12/1998	3465	Sichuan	CAS
1998.044	Picea likiangensis var. hirtella	Pinaceae	Howick, McNamara	H&M2145	10/12/1998	3460	Sichuan	
1998.045	Triosteum himalayanum	Caprifoliaceae	Howick, McNamara	H&M2146	10/12/1998	3225	Sichuan	
1998.046	Rhododendron decorum	Ericaceae	Howick, McNamara	H&M2147	10/12/1998	3225	Sichuan	CAS
1998.047	Pinus densata	Pinaceae	Howick, McNamara	H&M2148	10/12/1998	3100	Sichuan	
1998.048	Desmodium sequax	Fabaceae	Howick, McNamara	H&M2149	10/13/1998	2560	Sichuan	CAS
1998.049	Bauhinia brachycarpa var. brachycarpa	Fabaceae	Howick, McNamara	H&M2150	10/13/1998	2560	Sichuan	CAS
1998.050	Elsholtzia sp.	Lamiaceae	Howick, McNamara	H&M2151	10/13/1998	2880	Sichuan	CAS
1998.051	Corydalis adunca	Fumariaceae	Howick, McNamara	H&M2152	10/13/1998	2880	Sichuan	CAS
1998.052	Cotoneaster sp.	Rosaceae	Howick, McNamara	H&M2153	10/13/1998	2915	Sichuan	CAS
1998.053	Delphinium sp.	Ranunculaceae	Howick, McNamara	H&M2154	10/13/1998	2990	Sichuan	
1998.054	Acer cappadocicum subsp. sinicum	Sapindaceae	Howick, McNamara	H&M2155	10/13/1998	2990	Sichuan	CAS
1998.055	Phlomis sp.	Lamiaceae	Howick, McNamara	H&M2156	10/13/1998	2990	Sichuan	CAS
1998.056	Betula platyphylla	Betulaceae	Howick, McNamara	H&M2157	10/13/1998	3495	Sichuan	CAS
1998.057	Sorbus sp.	Rosaceae	Howick, McNamara	H&M2158	10/13/1998	3520	Sichuan	

Accession	Taxa	Family	Collectors	Number	Time	Elevation (m)	Region	Herbarium
1998.058	Berberis verruculosa	Berberidaceae	Howick, McNamara	H&M2159	10/14/1998	2980	Sichuan	CAS
1998.059	Arisaema sp.	Araceae	Howick, McNamara	H&M2160	10/14/1998	2980	Sichuan	
1998.060	Rosa sp.	Rosaceae	Howick, McNamara	H&M2161	10/14/1998	2980	Sichuan	
1998.061	Paeonia sp.	Paeoniaceae	Howick, McNamara	H&M2162	10/14/1998	2980	Sichuan	
1998.062	Iris sp.	Iridaceae	Howick, McNamara	H&M2163	10/14/1998	2980	Sichuan	
1998.063	Rhamnus sp.	Rhamnaceae	Howick, McNamara	H&M2164	10/14/1998	2980	Sichuan	
1998.064	Paris sp.	Trilliaceae	Howick, McNamara	H&M2165	10/14/1998	2980	Sichuan	
1998.065	Ligularia sp.	Asteraceae	Howick, McNamara	H&M2166	10/14/1998	2980	Sichuan	
1998.066	Berberis dictyophylla	Berberidaceae	Howick, McNamara	H&M2167	10/14/1998	2980	Sichuan	
1998.067	Aquilegia sp.	Ranunculaceae	Howick, McNamara	H&M2168	10/14/1998	3015	Sichuan	
1998.068	Cimicifuga sp.	Ranunculaceae	Howick, McNamara	H&M2169	10/14/1998	3015	Sichuan	
1998.069	Malus kansuensis	Rosaceae	Howick, McNamara	H&M2170	10/14/1998	3045	Sichuan	CAS
1998.070	Rhododendron sp.	Ericaceae	Howick, McNamara	H&M2171	10/14/1998	3130	Sichuan	CAS
1998.071	Ligularia sp.	Asteraceae	Howick, McNamara	H&M2172	10/14/1998	3130	Sichuan	
1998.072	Hippophae rhamnoides	Elaeagnaceae	Howick, McNamara	H&M2173	10/14/1998	3160	Sichuan	CAS
1998.073	Salix sp.	Salicaceae	Howick, McNamara	H&M2174	10/14/1998	3160	Sichuan	CAS
1998.074	Salix sp.	Salicaceae	Howick, McNamara	H&M2175	10/14/1998	3160	Sichuan	CAS
1998.075	Salix sp.	Salicaceae	Howick, McNamara	H&M2176	10/14/1998	3105	Sichuan	CAS
1998.076	Salix sp.	Salicaceae	Howick, McNamara	H&M2177	10/14/1998	3045	Sichuan	CAS
1998.077	Rhododendron sp.	Ericaceae	Howick, McNamara	H&M2178	10/15/1998	3740	Sichuan	CAS
1998.078	Larix potaninii	Pinaceae	Howick, McNamara	H&M2179	10/15/1998	3750	Sichuan	
1998.079	Lilium sp.	Liliaceae	Howick, McNamara	H&M2180	10/15/1998	3750	Sichuan	
1998.080	Spiraea sp.	Rosaceae	Howick, McNamara	H&M2181	10/15/1998	3750	Sichuan	
1998.081	Rheum alexandrae	Polygonaceae	Howick, McNamara	H&M2182	10/15/1998	3750	Sichuan	
1998.082	Potentilla sp.	Rosaceae	Howick, McNamara	H&M2183	10/15/1998	3740	Sichuan	
1998.083	Primula sp.	Primulaceae	Howick, McNamara	H&M2184	10/15/1998	3740	Sichuan	
1998.084	Gentianopsis sp.	Gentianaceae	Howick, McNamara	H&M2185	10/15/1998	3740	Sichuan	
1998.085	Primula sp.	Primulaceae	Howick, McNamara	H&M2186	10/15/1998	3740	Sichuan	
1998.086	Betula sp.	Betulaceae	Howick, McNamara	H&M2187	10/15/1998	3740	Sichuan	
1998.087	Rhododendron calophytum	Ericaceae	Howick, McNamara	H&M2188	10/15/1998	3650	Sichuan	CAS

Accession	Taxa	Family	Collectors	Number	Time	Elevation (m)	Region	Herbarium
1998.088	Rhododendron sp.	Ericaceae	Howick, McNamara	H&M2189	10/15/1998	3615	Sichuan	CAS
1998.089	Abies fabri	Pinaceae	Howick, McNamara	H&M2190	10/15/1998	3375	Sichuan	
1998.090	Clematis sp.	Ranunculaceae	Howick, McNamara	H&M2191	10/15/1998	1620	Sichuan	CAS
1998.091	Dumasia villosa	Fabaceae	Howick, McNamara	H&M2192	10/15/1998	1620	Sichuan	CAS
1998.092	Myrsine africana	Myrsinaceae	Howick, McNamara	H&M2193	10/15/1998	1620	Sichuan	CAS
1998.093	Salix magnifica	Salicaceae	Howick, McNamara	H&M2194	10/16/1998	2825	Sichuan	CAS
1998.094	Cimicifuga sp.	Ranunculaceae	Howick, McNamara	H&M2195	10/16/1998	2825	Sichuan	
1998.095	Cotoneaster sp.	Rosaceae	Howick, McNamara	H&M2196	10/16/1998	2825	Sichuan	
1998.096	Sinacalia davidii	Asteraceae	Howick, McNamara	H&M2197	10/16/1998	2825	Sichuan	
1998.097	Salix sp.	Salicaceae	Howick, McNamara	H&M2198	10/16/1998	2705	Sichuan	
1998.098	Philadelphus sp.	Hydrangeaceae	Howick, McNamara	H&M2199	10/16/1998	2705	Sichuan	
1998.099	Hydrangea sp.	Hydrangeaceae	Howick, McNamara	H&M2200	10/16/1998	2705	Sichuan	
1998.100	Lilium brownii	Liliaceae	Howick, McNamara	H&M2201	10/17/1998	1055	Sichuan	
1998.102	Impatiens sp.	Balsaminaceae	McNamara, W.	M0166	10/11/1998	2550	Sichuan	
1998.103	Rosa sp.	Rosaceae	McNamara, W.	M0167	10/15/1998	3740	Sichuan	
1998.164	Triosteum himalayanum	Caprifoliaceae	Erskine, Howick, McNamara, Simmons	SICH0570	9/21/1991	3740	Sichuan	K
1999.001	Euptelea pleiosperma	Eupteleaceae	Cole, Flanagan, Kirkham, McNamara	SICH2000	9/28/1999	1375	Sichuan	CAS; K
1999.002	Aruncus sylvester	Rosaceae	Cole, Flanagan, Kirkham, McNamara	SICH2001	9/28/1999	1375	Sichuan	CAS; K
1999.003	Hydrangea aspera	Hydrangeaceae	Cole, Flanagan, Kirkham, McNamara	SICH2002	9/28/1999	1375	Sichuan	CAS; K
1999.004	Quercus oxyodon	Fagaceae	Cole, Flanagan, Kirkham, McNamara	SICH2003	9/28/1999	1375	Sichuan	CAS; K
1999.005	Sarcococca sp.	Buxaceae	Cole, Flanagan, Kirkham, McNamara	SICH2004	9/28/1999	1375	Sichuan	CAS; K
1999.006	Ilex sp.	Aquifoliaceae	Cole, Flanagan, Kirkham, McNamara	SICH2005	9/28/1999	1375	Sichuan	CAS; K
1999.007	Pittosporum sp.	Pittosporaceae	Cole, Flanagan, Kirkham, McNamara	SICH2006	9/28/1999	1375	Sichuan	CAS; K
1999.008	Rhamnus dumetorum var. dumetorum	Rhamnaceae	Cole, Flanagan, Kirkham, McNamara	SICH2007	9/28/1999	1375	Sichuan	CAS; K
1999.009	Salix fargesii	Salicaceae	Cole, Flanagan, Kirkham, McNamara	SICH2008	9/28/1999	1375	Sichuan	
1999.010	Astilbe chinensis	Saxifragaceae	Cole, Flanagan, Kirkham, McNamara	SICH2009	9/28/1999	1640	Sichuan	
1999.011	Quercus sp.	Fagaceae	Cole, Flanagan, Kirkham, McNamara	SICH2010	9/29/1999	1335	Sichuan	CAS; K
1999.012	Acer davidii subsp. davidii	Sapindaceae	Cole, Flanagan, Kirkham, McNamara	SICH2011	9/29/1999	1325	Sichuan	CAS; K
1999.013	Pterostyrax psilophyllus	Styracaceae	Cole, Flanagan, Kirkham, McNamara	SICH2012	9/29/1999	1250	Sichuan	CAS; K
1999.014	Lilium brownii	Liliaceae	Cole, Flanagan, Kirkham, McNamara	SICH2013	9/29/1999	1250	Sichuan	

03

Accession	Taxa	Family	Collectors	Number	Time	Elevation (m)	Region	Herbarium
1999.015	Cotoneaster horizontalis var. perpusillus	Rosaceae	Cole, Flanagan, Kirkham, McNamara	SICH2014	9/29/1999	1250	Sichuan	CAS; K
1999.016	Lilium leucanthum	Liliaceae	Cole, Flanagan, Kirkham, McNamara	SICH2015	9/29/1999	1250	Sichuan	
1999.017	Quercus glauca	Fagaceae	Cole, Flanagan, Kirkham, McNamara	SICH2016	9/29/1999	1250	Sichuan	CAS; K
1999.018	Euonymus alatus	Celastraceae	Cole, Flanagan, Kirkham, McNamara	SICH2017	9/29/1999	1250	Sichuan	
1999.019	Betula luminifera	Betulaceae	Cole, Flanagan, Kirkham, McNamara	SICH2018	9/29/1999	1270	Sichuan	CAS; K
1999.020	Paulownia fortunei	Scrophulariaceae	Cole, Flanagan, Kirkham, McNamara	SICH2019	9/29/1999	1220	Sichuan	
1999.021	Rhododendron stamineum	Ericaceae	Cole, Flanagan, Kirkham, McNamara	SICH2020	9/29/1999	1170	Sichuan	CAS; K
1999.022	Malus hupehensis	Rosaceae	Cole, Flanagan, Kirkham, McNamara	SICH2021	9/29/1999	1260	Sichuan	CAS; K
1999.023	Castanea sp.	Fagaceae	Cole, Flanagan, Kirkham, McNamara	SICH2022	9/29/1999	1260	Sichuan	CAS; K
1999.024	Carpinus cordata var. chinensis	Betulaceae	Cole, Flanagan, Kirkham, McNamara	SICH2023	9/29/1999	1260	Sichuan	CAS; K
1999.025	Ilex pernyi	Aquifoliaceae	Cole, Flanagan, Kirkham, McNamara	SICH2024	9/30/1999	1725	Sichuan	CAS; K
1999.026	Quercus sp.	Fagaceae	Cole, Flanagan, Kirkham, McNamara	SICH2025	9/30/1999	1725	Sichuan	CAS; K
1999.027	Sinofranchetia chinensis	Lardizabalaceae	Cole, Flanagan, Kirkham, McNamara	SICH2026	9/30/1999	1725	Sichuan	
1999.028	Betula luminifera	Betulaceae	Cole, Flanagan, Kirkham, McNamara	SICH2027	9/30/1999	1665	Sichuan	CAS; K
1999.029	Adenophora sp.	Campanulaceae	Cole, Flanagan, Kirkham, McNamara	SICH2028	9/30/1999	1685	Sichuan	CAS; K
1999.030	Abelia sp.	Caprifoliaceae	Cole, Flanagan, Kirkham, McNamara	SICH2029	9/30/1999	1670	Sichuan	CAS; K
1999.031	Pterocarya hupehensis	Juglandaceae	Cole, Flanagan, Kirkham, McNamara	SICH2030	9/30/1999	1680	Sichuan	CAS; K
1999.032	Cardiocrinum giganteum	Liliaceae	Cole, Flanagan, Kirkham, McNamara	SICH2031	9/30/1999	1680	Sichuan	
1999.033	Rhus chinensis	Anacardiaceae	Cole, Flanagan, Kirkham, McNamara	SICH2032	9/30/1999	1610	Sichuan	
1999.034	Corylus chinensis	Betulaceae	Cole, Flanagan, Kirkham, McNamara	SICH2033	9/30/1999	1705	Sichuan	
1999.035	Lonicera sp.	Caprifoliaceae	Cole, Flanagan, Kirkham, McNamara	SICH2034	9/30/1999	1790	Sichuan	
1999.036	Tricyrtis latifolia	Liliaceae	Cole, Flanagan, Kirkham, McNamara	SICH2035	9/30/1999	1750	Sichuan	
1999.037	Rhododendron argyrophyllum subsp. hypoglaucum	Ericaceae	Cole, Flanagan, Kirkham, McNamara	SICH2036	9/30/1999	1725	Sichuan	CAS; K
1999.038	Staphylea bumalda	Staphyleaceae	Cole, Flanagan, Kirkham, McNamara	SICH2037	9/30/1999	1600	Sichuan	CAS; K
1999.039	Viburnum opulus subsp. calvescens	Adoxaceae	Cole, Flanagan, Kirkham, McNamara	SICH2038	9/30/1999	1600	Sichuan	
1999.040	Cornus controversa	Cornaceae	Cole, Flanagan, Kirkham, McNamara	SICH2039	9/30/1999	1600	Sichuan	
1999.041	Salvia sp.	Lamiaceae	Cole, Flanagan, Kirkham, McNamara	SICH2040	9/30/1999	1600	Sichuan	
1999.042	Crataegus sp.	Rosaceae	Cole, Flanagan, Kirkham, McNamara	SICH2041	9/30/1999	1600	Sichuan	
1999.043	Aconitum sp.	Ranunculaceae	Cole, Flanagan, Kirkham, McNamara	SICH2042	9/30/1999	1600	Sichuan	

Accession	Taxa	Family	Collectors	Number	Time	Elevation (m)	Region	Herbarium
1999.044	Lilium sp.	Liliaceae	Cole, Flanagan, Kirkham, McNamara	SICH2043	10/1/1999	1045	Sichuan	
1999.045	Carpinus fargesiana	Betulaceae	Cole, Flanagan, Kirkham, McNamara	SICH2044	10/1/1999	1440	Sichuan	CAS; K
1999.046	Liriodendron chinense	Magnoliaceae	Cole, Flanagan, Kirkham, McNamara	SICH2045	10/2/1999	1385	Sichuan	CAS; K
1999.047	Ampelopsis megalophylla	Vitaceae	Cole, Flanagan, Kirkham, McNamara	SICH2046	10/2/1999	1565	Sichuan	
1999.048	Lilium leucanthum	Liliaceae	Cole, Flanagan, Kirkham, McNamara	SICH2047	10/2/1999	1565	Sichuan	
1999.049	Tricyrtis latifolia	Liliaceae	Cole, Flanagan, Kirkham, McNamara	SICH2048	10/2/1999	1570	Sichuan	
1999.050	Rhamnus heterophylla	Rhamnaceae	Cole, Flanagan, Kirkham, McNamara	SICH2049	10/4/1999	530	Sichuan	CAS; K
1999.051	Belamcanda chinensis	Iridaceae	Cole, Flanagan, Kirkham, McNamara	SICH2050	10/5/1999	1435	Sichuan	
1999.052	Cotoneaster horizontalis	Rosaceae	Cole, Flanagan, Kirkham, McNamara	SICH2051	10/5/1999	1435	Sichuan	CAS; K
1999.053	Tilia oliveri	Tiliaceae	Cole, Flanagan, Kirkham, McNamara	SICH2052	10/5/1999	1760	Sichuan	CAS; K
1999.054	Stachyurus himalaicus	Stachyuraceae	Cole, Flanagan, Kirkham, McNamara	SICH2053	10/5/1999	1770	Sichuan	
1999.055	Codonopsis sp.	Campanulaceae	Cole, Flanagan, Kirkham, McNamara	SICH2054	10/5/1999	1770	Sichuan	
1999.056	Vitis betulifolia	Vitaceae	Cole, Flanagan, Kirkham, McNamara	SICH2055	10/5/1999	1765	Sichuan	
1999.057	Viburnum betulifolium	Adoxaceae	Cole, Flanagan, Kirkham, McNamara	SICH2056	10/5/1999	1765	Sichuan	CAS; K
1999.058	Zanthoxylum sp.	Rutaceae	Cole, Flanagan, Kirkham, McNamara	SICH2057	10/5/1999	1780	Sichuan	CAS; K
1999.059	Carpinus viminea var. viminea	Betulaceae	Cole, Flanagan, Kirkham, McNamara	SICH2058	10/5/1999	1745	Sichuan	CAS; K
1999.060	Paulownia fortunei	Scrophulariaceae	Cole, Flanagan, Kirkham, McNamara	SICH2059	10/5/1999	1750	Sichuan	
1999.061	Rosa sp.	Rosaceae	Cole, Flanagan, Kirkham, McNamara	SICH2060	10/5/1999	1752	Sichuan	
1999.062	Sorbus alnifolia	Rosaceae	Cole, Flanagan, Kirkham, McNamara	SICH2061	10/5/1999	1750	Sichuan	
1999.063	Malus yunnanensis var. veitchii	Rosaceae	Cole, Flanagan, Kirkham, McNamara	SICH2062	10/5/1999	1795	Sichuan	CAS; K
1999.064	Trillium tschonoskii	Liliaceae	Cole, Flanagan, Kirkham, McNamara	SICH2063	10/5/1999	1790	Sichuan	
1999.065	Rhododendron davidsonianum	Ericaceae	Cole, Flanagan, Kirkham, McNamara	SICH2064	10/6/1999	1775	Sichuan	CAS; K
1999.066	Rodgersia aesculifolia	Saxifragaceae	Cole, Flanagan, Kirkham, McNamara	SICH2065	10/6/1999	1772	Sichuan	
1999.067	Padus grayana	Rosaceae	Cole, Flanagan, Kirkham, McNamara	SICH2066	10/6/1999	1705	Sichuan	CAS; K
1999.068	Clematis sp.	Ranunculaceae	Cole, Flanagan, Kirkham, McNamara	SICH2067	10/6/1999	1705	Sichuan	CAS; K
1999.069	Sorbus folgneri	Rosaceae	Cole, Flanagan, Kirkham, McNamara	SICH2068	10/6/1999	1700	Sichuan	CAS; K
1999.070	Hydrangea aspera	Hydrangeaceae	Cole, Flanagan, Kirkham, McNamara	SICH2069	10/6/1999	1625	Sichuan	CAS; K
1999.071	Malus hupehensis	Rosaceae	Cole, Flanagan, Kirkham, McNamara	SICH2070	10/6/1999	1390	Sichuan	CAS; K
1999.072	Sorbus aronioides	Rosaceae	Cole, Flanagan, Kirkham, McNamara	SICH2071	10/6/1999	1390	Sichuan	CAS; K
1999.073	Cotoneaster sp.	Rosaceae	Cole, Flanagan, Kirkham, McNamara	SICH2072	10/6/1999	1385	Sichuan	CAS; K

Accession	Taxa	Family	Collectors	Number	Time	Elevation (m)	Region	Herbarium
1999.074	Spiraea japonica var. acuminata	Rosaceae	Cole, Flanagan, Kirkham, McNamara	SICH2073	10/7/1999	1755	Sichuan	CAS; K
1999.075	Lilium sp.	Liliaceae	Cole, Flanagan, Kirkham, McNamara	SICH2074	10/7/1999	1725	Sichuan	
1999.076	Pterocarya hupehensis	Juglandaceae	Cole, Flanagan, Kirkham, McNamara	SICH2076	10/7/1999	1390	Sichuan	
1999.077	Matteuccia struthiopteris	Onocleaceae	Cole, Flanagan, Kirkham, McNamara	SICH2077	10/7/1999	1390	Sichuan	CAS; K
1999.078	Carpinus cordata var. chinensis	Betulaceae	Cole, Flanagan, Kirkham, McNamara	SICH2078	10/7/1999	1380	Sichuan	
1999.079	Euscaphis japonica	Staphyleaceae	Cole, Flanagan, Kirkham, McNamara	SICH2079	10/7/1999	1300	Sichuan	
1999.080	Rhus punjabensis var. sinica	Anacardiaceae	Cole, Flanagan, Kirkham, McNamara	SICH2080	10/7/1999	1285	Sichuan	CAS; K
1999.081	Actinidia chinensis	Actinidiaceae	Cole, Flanagan, Kirkham, McNamara	SICH2081	10/7/1999	1280	Sichuan	
1999.082	Acer davidii	Sapindaceae	Cole, Flanagan, Kirkham, McNamara	SICH2082	10/7/1999	1440	Sichuan	CAS; K
1999.083	Pieris formosa	Ericaceae	Cole, Flanagan, Kirkham, McNamara	SICH2083	10/7/1999	1440	Sichuan	CAS; K
1999.084	Rhododendron augustinii	Ericaceae	Cole, Flanagan, Kirkham, McNamara	SICH2084	10/7/1999	1440	Sichuan	CAS; K
1999.085	Berberis sp.	Berberidaceae	Cole, Flanagan, Kirkham, McNamara	SICH2085	10/7/1999	1555	Sichuan	
1999.086	Ilex pedunculosa	Aquifoliaceae	Cole, Flanagan, Kirkham, McNamara	SICH2086	10/7/1999	1555	Sichuan	CAS; K
1999.087	Acer pictum subsp. macropterum	Sapindaceae	Cole, Flanagan, Kirkham, McNamara	SICH2087	10/7/1999	1565	Sichuan	CAS; K
1999.088	Croton sp.	Euphorbiaceae	McNamara, W.	M0168	9/29/1999	1250	Sichuan	
1999.089	Vaccinium sp.	Ericaceae	McNamara, W.	M0169	10/7/1999	1555	Sichuan	
1999.145	Luculia pinceana var. pinceana	Rubiaceae	Howick, McNamara	H&M1524	10/17/1990	2365	Yunnan	K
1999.150	Callerya dielsiana var. dielsiana	Fabaceae	McNamara, W.	M0015	10/11/1991	1320	Sichuan	
1999.151	Ampelopsis delavayana	Vitaceae	Erskine, Fliegner, Howick, McNamara	SICH1465	10/7/1994	2720	Sichuan	
1999.152	Viburnum davidii	Adoxaceae	Erskine, Howick, McNamara, Simmons	SICH0838	10/10/1991	2250	Sichuan	K
1999.153	Cephalotaxus fortunei var. alpina	Cephalotaxaceae	Erskine, Fliegner, Howick, McNamara	SICH0192	9/18/1988	2420	Sichuan	K
1999.155	Juniperus pingii var. wilsonii	Cupressaceae	Erskine, Fliegner, Howick, McNamara	SICH0138	9/17/1988	3580	Sichuan	
1999.156	Illicium simonsii	Illiciaceae	Howick, McNamara	H&M1400	10/7/1990	2720	Sichuan	K
1999.159	Ilex pernyi var. pernyi	Aquifoliaceae	Erskine, Howick, McNamara, Simmons	SICH0760	10/5/1991	2120	Sichuan	K
1999.160	Ilex pernyi	Aquifoliaceae	Fliegner, Howick, McNamara, Staniforth	SICH1192	10/15/1992	2460	Sichuan	K
2000.156	Cotoneaster sp.	Rosaceae	Howick, McNamara	H&M2203	9/16/2000	1440	Sichuan	
2000.157	Cotoneaster sp.	Rosaceae	Howick, McNamara	H&M2204	9/16/2000	1440	Sichuan	
2000.158	Panax pseudoginseng var. major	Araliaceae	Howick, McNamara	H&M2205	9/16/2000	2140	Sichuan	
2000.159	Eleutherococcus henryi	Araliaceae	Howick, McNamara	H&M2206	9/16/2000	2140	Sichuan	

Accession	Taxa	Family	Collectors	Number	Time	Elevation (m)	Region	Herbarium
2000.160	Deutzia sp.	Saxifragaceae	Howick, McNamara	H&M2207	9/16/2000	2140	Sichuan	
2000.161	Acer pictum subsp. mono	Sapindaceae	Howick, McNamara	H&M2208	9/16/2000	2140	Sichuan	
2000.162	Sorbus sp.	Rosaceae	Howick, McNamara	H&M2209	9/16/2000	2140	Sichuan	
2000.163	Tilia sp.	Tiliaceae	Howick, McNamara	H&M2210	9/16/2000	2150	Sichuan	
2000.164	Lonicera yunnanensis	Caprifoliaceae	Howick, McNamara	H&M2211	9/16/2000	2150	Sichuan	
2000.165	Clematoclethra lasioclada	Actinidiaceae	Howick, McNamara	H&M2212	9/16/2000	2150	Sichuan	
2000.166	Helwingia japonica	Cornaceae	Howick, McNamara	H&M2213	9/16/2000	2170	Sichuan	
2000.167	Rosa moyesii	Rosaceae	Howick, McNamara	H&M2214	9/16/2000	2175	Sichuan	
2000.168	Syringa sp.	Oleaceae	Howick, McNamara	H&M2215	9/16/2000	2490	Sichuan	
2000.169	Sorbus sp.	Rosaceae	Howick, McNamara	H&M2216	9/16/2000	3365	Sichuan	
2000.170	Ribes sp.	Saxifragaceae	Howick, McNamara	H&M2217	9/16/2000	3365	Sichuan	
2000.171	Meconopsis horridula	Papaveraceae	Howick, McNamara	H&M2218	9/16/2000	4355	Sichuan	
2000.172	Meconopsis integrifolia	Papaveraceae	Howick, McNamara	H&M2219	9/16/2000	4355	Sichuan	
2000.173	Meconopsis integrifolia	Papaveraceae	Howick, McNamara	H&M2220	9/16/2000	4355	Sichuan	
2000.174	Meconopsis integrifolia	Papaveraceae	Howick, McNamara	H&M2221	9/16/2000	4355	Sichuan	
2000.175	Meconopsis integrifolia	Papaveraceae	Howick, McNamara	H&M2222	9/16/2000	4355	Sichuan	
2000.176	Meconopsis integrifolia	Papaveraceae	Howick, McNamara	H&M2223	9/16/2000	4355	Sichuan	
2000.177	Allium sp.	Liliaceae	Howick, McNamara	H&M2224	9/16/2000	4355	Sichuan	
2000.178	Primula sp.	Primulaceae	Howick, McNamara	H&M2225	9/16/2000	4355	Sichuan	
2000.179	Aconitum sp.	Ranunculaceae	Howick, McNamara	H&M2226	9/16/2000	4355	Sichuan	
2000.180	Megacarpaea delavayi	Brassicaceae	Howick, McNamara	H&M2227	9/16/2000	4355	Sichuan	
2000.181	Corydalis adunca	Fumariaceae	Howick, McNamara	H&M2228	9/17/2000	2745	Sichuan	
2000.182	Rosa sp.	Rosaceae	Howick, McNamara	H&M2229	9/17/2000	2785	Sichuan	
2000.183	Dicranostigma leptopodum	Papaveraceae	Howick, McNamara	H&M2230	9/17/2000	2785	Sichuan	
2000.184	Buddleja officinalis	Loganiaceae	Howick, McNamara	H&M2231	9/17/2000	2785	Sichuan	
2000.185	Salvia roborowskii	Lamiaceae	Howick, McNamara	H&M2232	9/17/2000	3050	Sichuan	
2000.186	Ajania sp.	Asteraceae	Howick, McNamara	H&M2233	9/17/2000	3235	Sichuan	
2000.187	Euphorbia sp.	Euphorbiaceae	Howick, McNamara	H&M2234	9/17/2000	3535	Sichuan	
2000.188	Anemone sp.	Ranunculaceae	Howick, McNamara	H&M2235	9/17/2000	3535	Sichuan	
2000.189	Nepeta sp.	Lamiaceae	Howick, McNamara	H&M2236	9/17/2000	3535	Sichuan	

Accession	Taxa	Family	Collectors	Number	Time	Elevation (m)	Region	Herbarium
2000.190	Astragalus sp.	Fabaceae	Howick, McNamara	H&M2237	9/17/2000	3535	Sichuan	
2000.191	Aquilegia sp.	Ranunculaceae	Howick, McNamara	H&M2237A	9/17/2000	3535	Sichuan	
2000.192	Triosteum himalayanum	Caprifoliaceae	Howick, McNamara	H&M2238	9/17/2000	3530	Sichuan	
2000.193	Primula sp.	Primulaceae	Howick, McNamara	H&M2239	9/17/2000	3530	Sichuan	
2000.194	Veratrum sp.	Liliaceae	Howick, McNamara	H&M2240	9/17/2000	3530	Sichuan	
2000.195	Anemone rivularis	Ranunculaceae	Howick, McNamara	H&M2241	9/17/2000	3530	Sichuan	
2000.196	Maianthemum henryi	Liliaceae	Howick, McNamara	H&M2242	9/17/2000	3530	Sichuan	
2000.197	Ligularia paradoxa	Asteraceae	Howick, McNamara	H&M2243	9/17/2000	3525	Sichuan	
2000.198	Geranium sp.	Geraniaceae	Howick, McNamara	H&M2244	9/17/2000	3525	Sichuan	
2000.199	Rosa sp.	Rosaceae	Howick, McNamara	H&M2245	9/17/2000	3530	Sichuan	
2000.200	Spiraea sp.	Rosaceae	Howick, McNamara	H&M2246	9/17/2000	3530	Sichuan	
2000.201	Berberis sp.	Berberidaceae	Howick, McNamara	H&M2247	9/17/2000	3530	Sichuan	
2000.202	Lilium sp.	Liliaceae	Howick, McNamara	H&M2248	9/17/2000	3540	Sichuan	
2000.203	Thalictrum sp.	Ranunculaceae	Howick, McNamara	H&M2249	9/17/2000	3540	Sichuan	
2000.204	Lonicera sp.	Caprifoliaceae	Howick, McNamara	H&M2250	9/17/2000	3540	Sichuan	
2000.205	Acer sp.	Sapindaceae	Howick, McNamara	H&M2251	9/17/2000	3540	Sichuan	
2000.206	Aconitum sp.	Ranunculaceae	Howick, McNamara	H&M2252	9/17/2000	3540	Sichuan	
2000.207	Rhododendron sp.	Ericaceae	Howick, McNamara	H&M2253	9/17/2000	3540	Sichuan	
2000.208	Euonymus sp.	Celastraceae	Howick, McNamara	H&M2254	9/17/2000	3540	Sichuan	
2000.209	Polygonatum verticillatum	Liliaceae	Howick, McNamara	H&M2255	9/17/2000	3540	Sichuan	
2000.210	Disporum sp.	Liliaceae	Howick, McNamara	H&M2256	9/17/2000	3540	Sichuan	
2000.211	Sorbus sp.	Rosaceae	Howick, McNamara	H&M2257	9/17/2000	3470	Sichuan	
2000.212	Sorbus sp.	Rosaceae	Howick, McNamara	H&M2258	9/17/2000	3400	Sichuan	
2000.213	Cotoneaster sp.	Rosaceae	Howick, McNamara	H&M2259	9/17/2000	3400	Sichuan	
2000.214	Rhododendron sp.	Ericaceae	Howick, McNamara	H&M2260	9/17/2000	3390	Sichuan	
2000.215	Hippophae rhamnoides	Elaeagnaceae	Howick, McNamara	H&M2261	9/17/2000	3385	Sichuan	
2000.216	Sambucus adnata	Adoxaceae	Howick, McNamara	H&M2262	9/17/2000	3265	Sichuan	
2000.217	Incarvillea arguta	Bignoniaceae	Howick, McNamara	H&M2263	9/18/2000	3065	Sichuan	
2000.218	Desmodium sp.	Fabaceae	Howick, McNamara	H&M2264	9/18/2000	3065	Sichuan	
2000.219	Deutzia longifolia	Saxifragaceae	Howick, McNamara	H&M2265	9/18/2000	3120	Sichuan	

Accession	Taxa	Family	Collectors	Number	Time	Elevation (m)	Region	Herbarium
2000.220	Sinopodophyllum hexandrum	Berberidaceae	Howick, McNamara	H&M2266	9/18/2000	3450	Sichuan	
2000.221	Cimicifuga foetida	Ranunculaceae	Howick, McNamara	H&M2267	9/18/2000	3450	Sichuan	
2000.222	Philadelphus sp.	Hydrangeaceae	Howick, McNamara	H&M2268	9/18/2000	3450	Sichuan	
2000.223	Hippophae rhamnoides var. procera	Elaeagnaceae	Howick, McNamara	H&M2269	9/18/2000	3450	Sichuan	
2000.224	Aconitum sp.	Ranunculaceae	Howick, McNamara	H&M2270	9/18/2000	3465	Sichuan	
2000.225	Juniperus convallium	Cupressaceae	Howick, McNamara	H&M2271	9/18/2000	3615	Sichuan	
2000.226	Fragaria orientalis	Rosaceae	Howick, McNamara	H&M2272	9/18/2000	3615	Sichuan	
2000.227	Souliea vaginata	Ranunculaceae	Howick, McNamara	H&M2273	9/18/2000	3615	Sichuan	
2000.228	Aquilegia sp.	Ranunculaceae	Howick, McNamara	H&M2274	9/18/2000	3850	Sichuan	
2000.229	Phlomis sp.	Lamiaceae	Howick, McNamara	H&M2274A	9/18/2000	3850	Sichuan	
2000.230	Prunus sp.	Rosaceae	Howick, McNamara	H&M2275	9/18/2000	3820	Sichuan	
2000.231	Primula sp.	Primulaceae	Howick, McNamara	H&M2276	9/18/2000	3480	Sichuan	
2000.232	Buddleja davidii	Loganiaceae	Howick, McNamara	H&M2277	9/18/2000	3480	Sichuan	
2000.233	Clematis sp.	Ranunculaceae	Howick, McNamara	H&M2278	9/18/2000	3480	Sichuan	
2000.234	Heracleum sp.	Apiaceae	Howick, McNamara	H&M2279	9/18/2000	3480	Sichuan	
2000.235	Delphinium sp.	Ranunculaceae	Howick, McNamara	H&M2280	9/18/2000	3480	Sichuan	
2000.236	Leonurus sp.	Lamiaceae	Howick, McNamara	H&M2281	9/18/2000	3480	Sichuan	
2000.237	Berberis sp.	Berberidaceae	Howick, McNamara	H&M2282	9/18/2000	3115	Sichuan	
2000.238	Syringa sp.	Oleaceae	Howick, McNamara	H&M2283	9/18/2000	3115	Sichuan	
2000.239	Cornus sp.	Cornaceae	Howick, McNamara	H&M2284	9/18/2000	3115	Sichuan	
2000.240	Cupressus chengiana	Cupressaceae	Howick, McNamara	H&M2285	9/19/2000	2445	Sichuan	
2000.241	Anemone hupehensis	Ranunculaceae	Howick, McNamara	H&M2286	9/19/2000	3010	Sichuan	
2000.242	Aster sp.	Asteraceae	Howick, McNamara	H&M2287	9/19/2000	3115	Sichuan	
2000.243	Primula sp.	Primulaceae	Howick, McNamara	H&M2288	9/19/2000	3970	Sichuan	
2000.244	Primula sp.	Primulaceae	Howick, McNamara	H&M2289	9/19/2000	3970	Sichuan	
2000.245	Sibiraea angustata	Rosaceae	Howick, McNamara	H&M2290	9/19/2000	3970	Sichuan	
2000.246	Ligularia sp.	Asteraceae	Howick, McNamara	H&M2291	9/19/2000	3970	Sichuan	
2000.247	Caryopteris incana	Verbenaceae	Howick, McNamara	H&M2292	9/19/2000	2780	Sichuan	
2000.248	Sorbus discolor	Rosaceae	Howick, McNamara	H&M2293	9/20/2000	2845	Sichuan	
2000.249	Anemone hupehensis	Ranunculaceae	Howick, McNamara	H&M2294	9/20/2000	2845	Sichuan	

Accession	Taxa	Family	Collectors	Number	Time	Elevation (m)	Region	Herbarium
2000.250	Euodia daniellii	Rutaceae	Howick, McNamara	H&M2295	9/20/2000	2845	Sichuan	
2000.251	Malus kansuensis	Rosaceae	Howick, McNamara	H&M2296	9/20/2000	2875	Sichuan	
2000.252	Rosa sp.	Rosaceae	Howick, McNamara	H&M2297	9/20/2000	2890	Sichuan	
2000.253	Sorbus sp.	Rosaceae	Howick, McNamara	H&M2298	9/20/2000	4100	Sichuan	
2000.254	Rhododendron sp.	Ericaceae	Howick, McNamara	H&M2299	9/20/2000	3995	Sichuan	
2000.255	Meconopsis sp.	Papaveraceae	Howick, McNamara	H&M2300	9/20/2000	3960	Sichuan	
2000.256	Delphinium sp.	Ranunculaceae	Howick, McNamara	H&M2301	9/20/2000	3765	Sichuan	
2000.257	Betula utilis	Betulaceae	Howick, McNamara	H&M2302	9/20/2000	3605	Sichuan	
2000.258	Cimicifuga foetida	Ranunculaceae	Howick, McNamara	H&M2303	9/20/2000	3605	Sichuan	
2000.259	Paeonia sp.	Paeoniaceae	Howick, McNamara	H&M2304	9/20/2000	3605	Sichuan	
2000.260	Acer pectinatum	Sapindaceae	Howick, McNamara	H&M2305	9/20/2000	3100	Sichuan	
2000.261	Acer sterculiaceum subsp. franchetii	Sapindaceae	Howick, McNamara	H&M2306	9/20/2000	3095	Sichuan	
2000.262	Fraxinus sp.	Oleaceae	Howick, McNamara	H&M2307	9/21/2000	2525	Sichuan	
2000.263	Koelreuteria paniculata	Sapindaceae	Howick, McNamara	H&M2308	9/21/2000	2525	Sichuan	
2000.264	Cupressus chengiana	Cupressaceae	Howick, McNamara	H&M2309	9/21/2000	2455	Sichuan	
2000.265	Zanthoxylum sp.	Rutaceae	Howick, McNamara	H&M2310	9/21/2000	2570	Sichuan	
2000.266	Thalictrum sp.	Ranunculaceae	Howick, McNamara	H&M2311	9/21/2000	2570	Sichuan	
2000.267	Pittosporum sp.	Pittosporaceae	Howick, McNamara	H&M2312	9/21/2000	2570	Sichuan	
2000.268	Euonymus sp.	Celastraceae	Howick, McNamara	H&M2313	9/21/2000	2600	Sichuan	
2000.269	Quercus semecarpifolia	Fagaceae	Howick, McNamara	H&M2314	9/21/2000	2630	Sichuan	
2000.270	Codonopsis sp.	Campanulaceae	Howick, McNamara	H&M2315	9/22/2000	4085	Sichuan	
2000.271	Salvia sp.	Lamiaceae	Howick, McNamara	H&M2316	9/22/2000	4085	Sichuan	
2000.272	Meconopsis integrifolia	Papaveraceae	Howick, McNamara	H&M2317	9/22/2000	4085	Sichuan	
2000.273	Polygonum sp.	Polygonaceae	Howick, McNamara	H&M2318	9/22/2000	3380	Sichuan	
2000.274	Euonymus frigidus	Celastraceae	Howick, McNamara	H&M2319	9/22/2000	3380	Sichuan	
2000.275	Acer pectinatum	Sapindaceae	Howick, McNamara	H&M2320	9/22/2000	3005	Sichuan	
2000.276	Cacalia sp.	Asteraceae	Howick, McNamara	H&M2321	9/23/2000	1880	Sichuan	
2000.277	Cornus controversa	Cornaceae	Howick, McNamara	H&M2322	9/24/2000	1955	Sichuan	
2000.278	Lindera sp.	Lauraceae	Howick, McNamara	H&M2323	9/24/2000	1965	Sichuan	
2000.279	Panax pseudoginseng	Araliaceae	Howick, McNamara	H&M2324	9/24/2000	1965	Sichuan	

03

Accession	Taxa	Family	Collectors	Number	Time	Elevation (m)	Region	Herbarium
2000.280	Cotoneaster sp.	Rosaceae	Howick, McNamara	H&M2325	9/24/2000	1965	Sichuan	
2000.281	Hydrangea aspera	Hydrangeaceae	Howick, McNamara	H&M2326	9/24/2000	1965	Sichuan	
2000.282	Euonymus sp.	Celastraceae	Howick, McNamara	H&M2327	9/24/2000	1990	Sichuan	
2000.283	Elaeagnus sp.	Elaeagnaceae	Howick, McNamara	H&M2328	9/24/2000	2000	Sichuan	
2000.284	Berberis sp.	Berberidaceae	Howick, McNamara	H&M2329	9/24/2000	2000	Sichuan	
2000.285	Rosa sp.	Rosaceae	Howick, McNamara	H&M2330	9/24/2000	2000	Sichuan	
2000.286	Vitis sp.	Vitaceae	Howick, McNamara	H&M2331	9/24/2000	2000	Sichuan	
2000.287	Schisandra sp.	Schisandraceae	Howick, McNamara	H&M2332	9/24/2000	2000	Sichuan	
2000.288	Philadelphus sp.	Hydrangeaceae	Howick, McNamara	H&M2333	9/25/2000	2235	Sichuan	
2000.289	Angelica sp.	Apiaceae	Howick, McNamara	H&M2334	9/25/2000	2235	Sichuan	
2000.290	Polygonatum verticillatum	Liliaceae	Howick, McNamara	H&M2335	9/25/2000	2235	Sichuan	
2000.291	Cornus sp.	Cornaceae	Howick, McNamara	H&M2336	9/25/2000	2295	Sichuan	
2000.292	Rhododendron sp.	Ericaceae	Howick, McNamara	H&M2337	9/25/2000	2300	Sichuan	
2000.293	Rosa sp.	Rosaceae	Howick, McNamara	H&M2338	9/25/2000	2300	Sichuan	
2000.294	Salix sp.	Salicaceae	Howick, McNamara	H&M2339	9/25/2000	2310	Sichuan	
2000.295	Euonymus sp.	Celastraceae	Howick, McNamara	H&M2340	9/25/2000	2310	Sichuan	
2000.296	Sorbus sargentiana	Rosaceae	Howick, McNamara	H&M2341	9/25/2000	2320	Sichuan	
2000.297	Salix sp.	Salicaceae	Howick, McNamara	H&M2342	9/25/2000	2360	Sichuan	
2000.298	Rosa sp.	Rosaceae	Howick, McNamara	H&M2343	9/25/2000	2675	Sichuan	
2000.299	Viburnum sp.	Adoxaceae	Howick, McNamara	H&M2344	9/26/2000	2675	Sichuan	
2000.300	Viburnum sp.	Adoxaceae	Howick, McNamara	H&M2345	9/26/2000	2675	Sichuan	
2000.301	Panax sp.	Araliaceae	Howick, McNamara	H&M2346	9/26/2000	2675	Sichuan	
2000.302	Rhododendron sp.	Ericaceae	Howick, McNamara	H&M2347	9/26/2000	2675	Sichuan	
2000.303	Berberis sp.	Berberidaceae	Howick, McNamara	H&M2348	9/26/2000	2675	Sichuan	
2000.304	Acer sp.	Sapindaceae	Howick, McNamara	H&M2349	9/26/2000	2670	Sichuan	
2000.305	Viburnum betulifolium	Adoxaceae	Howick, McNamara	H&M2350	9/26/2000	2670	Sichuan	
2000.306	Prunus sp.	Rosaceae	Howick, McNamara	H&M2351	9/26/2000	2670	Sichuan	
2000.307	Indigofera sp.	Fabaceae	Howick, McNamara	H&M2352	9/26/2000	2660	Sichuan	
2000.308	Lonicera sp.	Caprifoliaceae	Howick, McNamara	H&M2353	9/26/2000	2645	Sichuan	
2000.309	Ribes sp.	Saxifragaceae	Howick, McNamara	H&M2354	9/26/2000	2645	Sichuan	

Accession	Taxa	Family	Collectors	Number	Time	Elevation (m)	Region	Herbarium
2000.310	Ophiopogon sp.	Liliaceae	Howick, McNamara	H&M2355	9/26/2000	2645	Sichuan	
2000.311	Rosa sp.	Rosaceae	Howick, McNamara	H&M2356	9/26/2000	2520	Sichuan	
2000.312	Berberis sp.	Berberidaceae	Howick, McNamara	H&M2357	9/26/2000	2520	Sichuan	
2000.313	Rhododendron sp.	Ericaceae	Howick, McNamara	H&M2358	9/26/2000	2515	Sichuan	
2000.314	Salix sp.	Salicaceae	Howick, McNamara	H&M2359	9/26/2000	2500	Sichuan	
2000.315	Salix sp.	Salicaceae	Howick, McNamara	H&M2360	9/26/2000	2500	Sichuan	
2000.316	Corylus sp.	Betulaceae	Howick, McNamara	H&M2361	9/26/2000	2410	Sichuan	
2000.317	Keteleeria evelyniana	Pinaceae	McNamara, W.	M0152	10/4/1994	1910	Yunnan	
2000.318	Schima sinensis	Theaceae	Erskine, Howick, McNamara, Simmons	SICH0843	10/11/1991	1820	Sichuan	K
2000.346	Cotoneaster sp.	Rosaceae	Erskine, Fliegner, Howick, McNamara	SICH0086	9/13/1988	1820	Sichuan	K
2000.357	Viburnum sp.	Adoxaceae	Howick, McNamara	H&M1426	10/8/1990	2240	Sichuan	
2000.358	Cotoneaster conspicuus	Rosaceae	Flanagan, Howick, Kirkham, McNamara	SICH1854	10/5/1996	1300	Sichuan	CAS; K
2000.364	Camellia pitardii	Theaceae	Fliegner, Howick, McNamara, Staniforth	SICH1182	10/13/1992	2180	Sichuan	
2000.366	Rosa sertata	Rosaceae	Erskine, Fliegner, Howick, McNamara	SICH0020	9/11/1988	2080	Sichuan	K
2000.367	Pyracantha fortuneana	Rosaceae	Howick, McNamara	H&M1412	10/7/1990	2490	Sichuan	K
2000.368	Vitex negundo var. heterophylla	Verbenaceae	Erskine, Fliegner, Howick, McNamara	SICH0397	10/4/1988	1410	Sichuan	K
2000.369	Chelonopsis forrestii	Lamiaceae	Fliegner, Howick, McNamara, Staniforth	SICH1050	10/3/1992	3230	Sichuan	
2000.372	Rhododendron floribundum	Ericaceae	Erskine, Fliegner, Howick, McNamara	SICH0284	9/30/1988	2130	Sichuan	K
2000.375	Illicium simonsii	Illiciaceae	Howick, McNamara	H&M1400	10/7/1990	2720	Sichuan	K
2000.376	Bauhinia brachycarpa var. brachycarpa	Fabaceae	Erskine, Fliegner, Howick, McNamara	SICH0217	9/20/1988	1760	Sichuan	K
2000.377	Leptodermis potaninii	Rubiaceae	Fliegner, Howick, McNamara, Staniforth	SICH0936	9/26/1992	2070	Sichuan	K
2001.224	Corydalis sp.	Fumariaceae	McNamara, W.	M0170			Sichuan	
2001.226	Rosa chinensis var. spontanea	Rosaceae	Erskine, Fliegner, Howick, McNamara	SICH0237	9/22/1988	740	Sichuan	K
2001.268	Illicium simonsii	Illiciaceae	Howick, McNamara	H&M1400	10/7/1990	2720	Sichuan	K
2001.269	Juniperus pingii var. wilsonii	Cupressaceae	Erskine, Howick, McNamara, Simmons	SICH0549	9/21/1991	3960	Sichuan	K
2001.270	Ilex pernyi	Aquifoliaceae	Fliegner, Howick, McNamara, Staniforth	SICH1192	10/15/1992	2460	Sichuan	K

03

Accession	Taxa	Family	Collectors	Number	Time	Elevation (m)	Region	Herbarium
2001.275	Cephalotaxus fortunei var. alpina	Cephalotaxaceae	Erskine, Fliegner, Howick, McNamara	SICH0192	9/18/1988	2420	Sichuan	K
2001.278	Sorbus wilsoniana	Rosaceae	Flanagan, Kirkham, McNamara, Ruddy	SICH2100	9/13/2001	1650	Sichuan	CAS; K
2001.279	Carpinus fangiana	Betulaceae	Flanagan, Kirkham, McNamara, Ruddy	SICH2101	9/13/2001	1675	Sichuan	CAS; K
2001.280	Schisandra chinensis	Schisandraceae	Flanagan, Kirkham, McNamara, Ruddy	SICH2102	9/13/2001	1838	Sichuan	CAS; K
2001.281	Rhododendron argyrophyllum	Ericaceae	Flanagan, Kirkham, McNamara, Ruddy	SICH2103	9/13/2001	2023	Sichuan	CAS; K
2001.282	Cornus kousa subsp. chinensis	Cornaceae	Flanagan, Kirkham, McNamara, Ruddy	SICH2104	9/13/2001	2028	Sichuan	CAS; K
2001.283	Lithocarpus sp.	Fagaceae	Flanagan, Kirkham, McNamara, Ruddy	SICH2105	9/13/2001	2048	Sichuan	CAS; K
2001.284	Hydrangea sp.	Hydrangeaceae	Flanagan, Kirkham, McNamara, Ruddy	SICH2106	9/13/2001	2088	Sichuan	CAS; K
2001.285	Hydrangea sargentiana	Hydrangeaceae	Flanagan, Kirkham, McNamara, Ruddy	SICH2107	9/13/2001	2015	Sichuan	CAS; K
2001.286	Scabiosa sp.	Dipsacaceae	Flanagan, Kirkham, McNamara, Ruddy	SICH2108	9/13/2001	2058	Sichuan	CAS; K
2001.287	Philadelphus sp.	Hydrangeaceae	Flanagan, Kirkham, McNamara, Ruddy	SICH2109	9/13/2001	2056	Sichuan	CAS; K
2001.288	Rhododendron vernicosum	Ericaceae	Flanagan, Kirkham, McNamara, Ruddy	SICH2110	9/14/2001	3016	Sichuan	CAS; K
2001.289	Malus kansuensis	Rosaceae	Flanagan, Kirkham, McNamara, Ruddy	SICH2111	9/14/2001	2973	Sichuan	CAS; K
2001.290	Sorbus koehneana	Rosaceae	Flanagan, Kirkham, McNamara, Ruddy	SICH2112	9/14/2001	2957	Sichuan	CAS; K
2001.291	Betula platyphylla	Betulaceae	Flanagan, Kirkham, McNamara, Ruddy	SICH2113	9/14/2001	2956	Sichuan	CAS; K
2001.292	Acer laxiflorum	Sapindaceae	Flanagan, Kirkham, McNamara, Ruddy	SICH2114	9/14/2001	2956	Sichuan	CAS; K
2001.293	Sorbus sp.	Rosaceae	Flanagan, Kirkham, McNamara, Ruddy	SICH2115	9/14/2001	2938	Sichuan	CAS; K
2001.294	Deutzia sp.	Saxifragaceae	Flanagan, Kirkham, McNamara, Ruddy	SICH2116	9/14/2001	2946	Sichuan	CAS; K
2001.295	Rosa moyesii	Rosaceae	Flanagan, Kirkham, McNamara, Ruddy	SICH2117	9/14/2001	2952	Sichuan	CAS; K
2001.296	Acer laxiflorum	Sapindaceae	Flanagan, Kirkham, McNamara, Ruddy	SICH2118	9/14/2001	2956	Sichuan	CAS; K
2001.297	Syringa yunnanensis	Oleaceae	Flanagan, Kirkham, McNamara, Ruddy	SICH2119	9/14/2001	2947	Sichuan	CAS; K
2001.298	Rosa willmottiae	Rosaceae	Flanagan, Kirkham, McNamara, Ruddy	SICH2120	9/14/2001	2935	Sichuan	CAS; K
2001.299	Quercus semecarpifolia	Fagaceae	Flanagan, Kirkham, McNamara, Ruddy	SICH2121	9/14/2001	2927	Sichuan	CAS; K
2001.300	Rosa sericea	Rosaceae	Flanagan, Kirkham, McNamara, Ruddy	SICH2122	9/15/2001	2912	Sichuan	CAS; K
2001.301	Rhododendron phaeochrysum var. agglutinatum	Ericaceae	Flanagan, Kirkham, McNamara, Ruddy	SICH2123	9/15/2001	3606	Sichuan	CAS; K
2001.302	Sinopodophyllum hexandrum	Berberidaceae	Flanagan, Kirkham, McNamara, Ruddy	SICH2124	9/15/2001	3628	Sichuan	CAS; K
2001.303	Meconopsis integrifolia	Papaveraceae	Flanagan, Kirkham, McNamara, Ruddy	SICH2125	9/15/2001	4064	Sichuan	CAS; K
2001.304	Meconopsis horridula	Papaveraceae	Flanagan, Kirkham, McNamara, Ruddy	SICH2126	9/15/2001	4248	Sichuan	CAS; K
2001.305	Salix sp.	Salicaceae	Flanagan, Kirkham, McNamara, Ruddy	SICH2127	9/15/2001	4383	Sichuan	CAS; K

03

Accession	Taxa	Family	Collectors	Number	Time	Elevation (m)	Region	Herbarium
2001.306	Saussurea stella	Asteraceae	Flanagan, Kirkham, McNamara, Ruddy	SICH2128	9/15/2001	4404	Sichuan	CAS; K
2001.307	Rhododendron intricatum	Ericaceae	Flanagan, Kirkham, McNamara, Ruddy	SICH2129	9/15/2001	4369	Sichuan	CAS; K
2001.308	Daphne retusa	Thymelaeaceae	Flanagan, Kirkham, McNamara, Ruddy	F	9/15/2001	4100	Sichuan	CAS; K
2001.309	Meconopsis integrifolia	Papaveraceae	Flanagan, Kirkham, McNamara, Ruddy	SICH2131	9/15/2001	4100	Sichuan	CAS; K
2001.310	Iris sp.	Iridaceae	Flanagan, Kirkham, McNamara, Ruddy	SICH2132	9/16/2001	3356	Sichuan	CAS; K
2001.311	Rhododendron tatsienense	Ericaceae	Flanagan, Kirkham, McNamara, Ruddy	SICH2133	9/16/2001	3406	Sichuan	CAS; K
2001.312	Lyonia ovalifolia	Ericaceae	Flanagan, Kirkham, McNamara, Ruddy	SICH2134	9/16/2001	3405	Sichuan	CAS; K
2001.313	Sorbus sp.	Rosaceae	Flanagan, Kirkham, McNamara, Ruddy	SICH2135	9/16/2001	3405	Sichuan	CAS; K
2001.314	Sorbus koehneana	Rosaceae	Flanagan, Kirkham, McNamara, Ruddy	SICH2136	9/16/2001	3562	Sichuan	CAS; K
2001.315	Rosa sericea subsp. omeiensis	Rosaceae	Flanagan, Kirkham, McNamara, Ruddy	SICH2137	9/16/2001	3565	Sichuan	CAS; K
2001.316	Rhododendron souliei	Ericaceae	Flanagan, Kirkham, McNamara, Ruddy	SICH2138	9/16/2001	3568	Sichuan	CAS; K
2001.317	Lilium lophophorum	Liliaceae	Flanagan, Kirkham, McNamara, Ruddy	SICH2139	9/16/2001	3440	Sichuan	CAS; K
2001.318	Maianthemum henryi	Liliaceae	Flanagan, Kirkham, McNamara, Ruddy	SICH2140	9/16/2001	3561	Sichuan	CAS; K
2001.319	Cotoneaster adpressus	Rosaceae	Flanagan, Kirkham, McNamara, Ruddy	SICH2141	9/16/2001	3558	Sichuan	CAS; K
2001.320	Ribes sp.	Saxifragaceae	Flanagan, Kirkham, McNamara, Ruddy	SICH2142	9/16/2001	3551	Sichuan	CAS; K
2001.321	Rosa sweginzowii	Rosaceae	Flanagan, Kirkham, McNamara, Ruddy	SICH2143	9/16/2001	3544	Sichuan	CAS; K
2001.322	Berberis sp.	Berberidaceae	Flanagan, Kirkham, McNamara, Ruddy	SICH2144	9/16/2001	3661	Sichuan	CAS; K
2001.323	Arisaema fargesii	Araceae	Flanagan, Kirkham, McNamara, Ruddy	SICH2145	9/16/2001	3650	Sichuan	CAS; K
2001.324	Juniperus squamata	Cupressaceae	Flanagan, Kirkham, McNamara, Ruddy	SICH2146	9/16/2001	3632	Sichuan	CAS; K
2001.325	Rhododendron souliei	Ericaceae	Flanagan, Kirkham, McNamara, Ruddy	SICH2147	9/16/2001	3633	Sichuan	CAS; K
2001.326	Rhododendron bureavioides	Ericaceae	Flanagan, Kirkham, McNamara, Ruddy	SICH2148	9/16/2001	3057	Sichuan	CAS; K
2001.327	Cornus macrophylla	Cornaceae	Flanagan, Kirkham, McNamara, Ruddy	SICH2149	9/16/2001	3047	Sichuan	CAS; K
2001.328	Rhododendron concinnum	Ericaceae	Flanagan, Kirkham, McNamara, Ruddy	SICH2150	9/16/2001	3026	Sichuan	CAS; K
2001.329	Betula platyphylla	Betulaceae	Flanagan, Kirkham, McNamara, Ruddy	SICH2151	9/16/2001	3020	Sichuan	CAS; K
2001.330	Deutzia longifolia	Saxifragaceae	Flanagan, Kirkham, McNamara, Ruddy	SICH2152	9/16/2001	3035	Sichuan	CAS; K
2001.331	Rhododendron decorum	Ericaceae	Flanagan, Kirkham, McNamara, Ruddy	SICH2153	9/16/2001	2976	Sichuan	CAS; K
2001.332	Rhododendron trichanthum	Ericaceae	Flanagan, Kirkham, McNamara, Ruddy	SICH2154	9/16/2001	2984	Sichuan	CAS; K
2001.333	Lonicera ligustrina subsp. yunnanensis	Caprifoliaceae	Flanagan, Kirkham, McNamara, Ruddy	SICH2155	9/18/2001	2093	Sichuan	CAS; K
2001.334	Pterocarya macroptera	Juglandaceae	Flanagan, Kirkham, McNamara, Ruddy	SICH2156	9/18/2001	2298	Sichuan	CAS; K
2001.335	Alnus lanata	Betulaceae	Flanagan, Kirkham, McNamara, Ruddy	SICH2157	9/18/2001	2290	Sichuan	CAS; K

Accession	Taxa	Family	Collectors	Number	Time	Elevation (m)	Region	Herbarium
2001.336	Rhododendron heliolepis	Ericaceae	Flanagan, Kirkham, McNamara, Ruddy	SICH2158	9/18/2001	2294	Sichuan	CAS; K
2001.337	Cardiocrinum giganteum	Liliaceae	Flanagan, Kirkham, McNamara, Ruddy	SICH2159	9/18/2001	2159	Sichuan	CAS; K
2001.338	Arisaema erubescens	Araceae	Flanagan, Kirkham, McNamara, Ruddy	SICH2160	9/18/2001	2311	Sichuan	CAS; K
2001.339	Paris polyphylla	Trilliaceae	Flanagan, Kirkham, McNamara, Ruddy	SICH2161	9/18/2001	2311	Sichuan	CAS; K
2001.340	Arisaema fargesii	Araceae	Flanagan, Kirkham, McNamara, Ruddy	SICH2162	9/18/2001	2511	Sichuan	CAS; K
2001.341	Arisaema sp.	Araceae	Flanagan, Kirkham, McNamara, Ruddy	SICH2163	9/18/2001	2511	Sichuan	CAS; K
2001.342	Rhamnus sp.	Rhamnaceae	Flanagan, Kirkham, McNamara, Ruddy	SICH2164	9/18/2001	2525	Sichuan	CAS; K
2001.343	Viburnum kansuense	Adoxaceae	Flanagan, Kirkham, McNamara, Ruddy	SICH2165	9/18/2001	2535	Sichuan	CAS; K
2001.344	Acer sp.	Sapindaceae	Flanagan, Kirkham, McNamara, Ruddy	SICH2166	9/18/2001	2533	Sichuan	CAS; K
2001.345	Acer stachyophyllum	Sapindaceae	Flanagan, Kirkham, McNamara, Ruddy	SICH2167	9/18/2001	2541	Sichuan	CAS; K
2001.346	Sorbus meliosmifolia	Rosaceae	Flanagan, Kirkham, McNamara, Ruddy	SICH2168	9/18/2001	2542	Sichuan	CAS; K
2001.347	Acer erianthum	Sapindaceae	Flanagan, Kirkham, McNamara, Ruddy	SICH2169	9/18/2001	2550	Sichuan	CAS; K
2001.348	Rhododendron polylepis	Ericaceae	Flanagan, Kirkham, McNamara, Ruddy	SICH2170	9/18/2001	2576	Sichuan	CAS; K
2001.349	Arisaema fargesii	Araceae	Flanagan, Kirkham, McNamara, Ruddy	SICH2171	9/18/2001	2578	Sichuan	CAS; K
2001.350	Corylus ferox var. thibetica	Betulaceae	Flanagan, Kirkham, McNamara, Ruddy	SICH2172	9/18/2001	2574	Sichuan	CAS; K
2001.351	Sorbus setschwanensis	Rosaceae	Flanagan, Kirkham, McNamara, Ruddy	SICH2173	9/18/2001	2569	Sichuan	CAS; K
2001.352	Enkianthus deflexus	Ericaceae	Flanagan, Kirkham, McNamara, Ruddy	SICH2174	9/18/2001	2576	Sichuan	CAS; K
2001.353	Astilbe grandis	Saxifragaceae	Flanagan, Kirkham, McNamara, Ruddy	SICH2175	9/18/2001	2534	Sichuan	CAS; K
2001.354	Gaultheria hookeri	Ericaceae	Flanagan, Kirkham, McNamara, Ruddy	SICH2176	9/18/2001	2531	Sichuan	CAS; K
2001.355	Malus prattii	Rosaceae	Flanagan, Kirkham, McNamara, Ruddy	SICH2177	9/18/2001	2445	Sichuan	CAS; K
2001.356	Dipelta floribunda	Caprifoliaceae	Flanagan, Kirkham, McNamara, Ruddy	SICH2178	9/18/2001	2395	Sichuan	CAS; K
2001.357	Eleutherococcus sp.	Araliaceae	Flanagan, Kirkham, McNamara, Ruddy	SICH2179	9/21/2001	2370	Sichuan	CAS; K
2001.358	Arisaema erubescens	Araceae	Flanagan, Kirkham, McNamara, Ruddy	SICH2180	9/21/2001	2370	Sichuan	CAS; K
2001.359	Rhododendron floribundum	Ericaceae	Flanagan, Kirkham, McNamara, Ruddy	SICH2181	9/21/2001	2371	Sichuan	CAS; K
2001.360	Rhododendron davidsonianum	Ericaceae	Flanagan, Kirkham, McNamara, Ruddy	SICH2182	9/21/2001	2376	Sichuan	CAS; K
2001.361	Rosa sp.	Rosaceae	Flanagan, Kirkham, McNamara, Ruddy	SICH2183	9/21/2001	2380	Sichuan	CAS; K
2001.362	Malus sp.	Rosaceae	Flanagan, Kirkham, McNamara, Ruddy	SICH2184	9/21/2001	2381	Sichuan	CAS; K
2001.363	Rhododendron dendrocharis	Ericaceae	Flanagan, Kirkham, McNamara, Ruddy	SICH2185	9/21/2001	2383	Sichuan	CAS; K
2001.364	Rhododendron longesquamatum	Ericaceae	Flanagan, Kirkham, McNamara, Ruddy	SICH2186	9/21/2001	2383	Sichuan	CAS; K
2001.365	Betula utilis	Betulaceae	Flanagan, Kirkham, McNamara, Ruddy	SICH2187	9/21/2001	2378	Sichuan	CAS; K

Accession	Taxa	Family	Collectors	Number	Time	Elevation (m)	Region	Herbarium
2001.366	Eleutherococcus sp.	Araliaceae	Flanagan, Kirkham, McNamara, Ruddy	SICH2188	9/21/2001	2421	Sichuan	CAS; K
2001.367	Paris polyphylla	Trilliaceae	Flanagan, Kirkham, McNamara, Ruddy	SICH2189	9/21/2001	2437	Sichuan	CAS; K
2001.368	Rhododendron argyrophyllum	Ericaceae	Flanagan, Kirkham, McNamara, Ruddy	SICH2190	9/21/2001	2438	Sichuan	CAS; K
2001.369	Campylandra sp.	Liliaceae	Flanagan, Kirkham, McNamara, Ruddy	SICH2191	9/21/2001	2449	Sichuan	CAS; K
2001.370	Actaea asiatica	Ranunculaceae	Flanagan, Kirkham, McNamara, Ruddy	SICH2192	9/21/2001	2452	Sichuan	CAS; K
2001.371	Cardiocrinum giganteum	Liliaceae	Flanagan, Kirkham, McNamara, Ruddy	SICH2193	9/21/2001	2546	Sichuan	CAS; K
2001.372	Sorbus pallescens	Rosaceae	Flanagan, Kirkham, McNamara, Ruddy	SICH2194	9/21/2001	2475	Sichuan	CAS; K
2001.373	Viburnum davidii	Adoxaceae	Flanagan, Kirkham, McNamara, Ruddy	SICH2195	9/21/2001	2515	Sichuan	CAS; K
2001.374	Rhododendron floribundum	Ericaceae	Flanagan, Kirkham, McNamara, Ruddy	SICH2196	9/21/2001	2518	Sichuan	CAS; K
2001.375	Rhododendron pachytrichum	Ericaceae	Flanagan, Kirkham, McNamara, Ruddy	SICH2197	9/21/2001	2519	Sichuan	CAS; K
2001.376	Rhododendron longesquamatum	Ericaceae	Flanagan, Kirkham, McNamara, Ruddy	SICH2198	9/21/2001	2642	Sichuan	CAS; K
2001.377	Meliosma dilleniifolia subsp. tenuis	Sabiaceae	Flanagan, Kirkham, McNamara, Ruddy	SICH2199	9/21/2001	2698	Sichuan	CAS; K
2001.378	Lilium duchartrei	Liliaceae	Flanagan, Kirkham, McNamara, Ruddy	SICH2200	9/21/2001	2699	Sichuan	CAS; K
2001.379	Aquilegia sp.	Ranunculaceae	Flanagan, Kirkham, McNamara, Ruddy	SICH2201	9/22/2001	2887	Sichuan	CAS; K
2001.380	Hypericum sp.	Hypericaceae	Flanagan, Kirkham, McNamara, Ruddy	SICH2202	9/22/2001	2889	Sichuan	CAS; K
2001.381	Cimicifuga foetida	Ranunculaceae	Flanagan, Kirkham, McNamara, Ruddy	SICH2203	9/22/2001	2890	Sichuan	CAS; K
2001.382	Rhododendron rubiginosum	Ericaceae	Flanagan, Kirkham, McNamara, Ruddy	SICH2204	9/22/2001	2897	Sichuan	CAS; K
2001.383	Tilia chinensis	Tiliaceae	Flanagan, Kirkham, McNamara, Ruddy	SICH2205	9/22/2001	2906	Sichuan	CAS; K
2001.384	Rosa sericea	Rosaceae	Flanagan, Kirkham, McNamara, Ruddy	SICH2206	9/22/2001	2914	Sichuan	CAS; K
2001.385	Rosa moyesii	Rosaceae	Flanagan, Kirkham, McNamara, Ruddy	SICH2207	9/22/2001	2919	Sichuan	CAS; K
2001.386	Betula potaninii	Betulaceae	Flanagan, Kirkham, McNamara, Ruddy	SICH2208	9/22/2001	2896	Sichuan	CAS; K
2001.387	Sorbus sargentiana	Rosaceae	Flanagan, Kirkham, McNamara, Ruddy	SICH2209	9/23/2001	2257	Sichuan	CAS; K
2001.388	Acer davidii	Sapindaceae	Flanagan, Kirkham, McNamara, Ruddy	SICH2210	9/23/2001	2105	Sichuan	CAS; K
2001.389	Sorbaria arborea	Rosaceae	Flanagan, Kirkham, McNamara, Ruddy	SICH2211	9/23/2001	2133	Sichuan	CAS; K
2001.390	Euptelea pleiosperma	Eupteleaceae	Flanagan, Kirkham, McNamara, Ruddy	SICH2212	9/23/2001	2144	Sichuan	CAS; K
2001.391	Lithocarpus sp.	Fagaceae	Flanagan, Kirkham, McNamara, Ruddy	SICH2213	9/23/2001	2112	Sichuan	CAS; K
2001.392	Dysosma veitchii	Berberidaceae	Flanagan, Kirkham, McNamara, Ruddy	SICH2214	9/23/2001	2111	Sichuan	CAS; K
2001.393	Sorbus wilsoniana	Rosaceae	Flanagan, Kirkham, McNamara, Ruddy	SICH2215	9/23/2001	2074	Sichuan	CAS; K
2001.394	Rhododendron decorum	Ericaceae	Flanagan, Kirkham, McNamara, Ruddy	SICH2216	9/23/2001	2074	Sichuan	CAS; K
2001.395	Corylopsis sinensis	Hamamelidaceae	Flanagan, Kirkham, McNamara, Ruddy	SICH2217	9/23/2001	2074	Sichuan	CAS; K

Accession	Taxa	Family	Collectors	Number	Time	Elevation (m)	Region	Herbarium
2001.396	Viburnum cylindricum	Adoxaceae	Flanagan, Kirkham, McNamara, Ruddy	SICH2218	9/23/2001	2063	Sichuan	CAS; K
2001.397	Arisaema erubescens	Araceae	Flanagan, Kirkham, McNamara, Ruddy	SICH2219	9/25/2001	3135	Sichuan	CAS; K
2001.398	Cotoneaster conspicuus	Rosaceae	Flanagan, Kirkham, McNamara, Ruddy	SICH2220	9/25/2001	3226	Sichuan	CAS; K
2001.399	Sinopodophyllum hexandrum	Berberidaceae	Flanagan, Kirkham, McNamara, Ruddy	SICH2221	9/25/2001	3231	Sichuan	CAS; K
2001.400	Malus baccata	Rosaceae	Flanagan, Kirkham, McNamara, Ruddy	SICH2222	9/25/2001	3237	Sichuan	CAS; K
2001.401	Piptanthus nepalensis	Fabaceae	Flanagan, Kirkham, McNamara, Ruddy	SICH2223	9/25/2001	3237	Sichuan	CAS; K
2001.402	Berberis dictyophylla	Berberidaceae	Flanagan, Kirkham, McNamara, Ruddy	SICH2224	9/25/2001	3237	Sichuan	CAS; K
2001.403	Malus toringoides	Rosaceae	Flanagan, Kirkham, McNamara, Ruddy	SICH2225	9/25/2001	3186	Sichuan	CAS; K
2001.404	Acer cappadocicum subsp. sinicum	Sapindaceae	Flanagan, Kirkham, McNamara, Ruddy	SICH2226	9/25/2001	3185	Sichuan	CAS; K
2001.405	Lilium sp.	Liliaceae	Flanagan, Kirkham, McNamara, Ruddy	SICH2227	9/25/2001	3182	Sichuan	CAS; K
2001.406	Acer forrestii	Sapindaceae	Flanagan, Kirkham, McNamara, Ruddy	SICH2228	9/25/2001	3059	Sichuan	CAS; K
2001.407	Sorbus gonggashanica	Rosaceae	Flanagan, Kirkham, McNamara, Ruddy	SICH2229	9/26/2001	3400	Sichuan	CAS; K
2001.408	Semiaquilegia adoxoides	Ranunculaceae	Flanagan, Kirkham, McNamara, Ruddy	SICH2230	9/26/2001	3419	Sichuan	CAS; K
2001.409	Betula utilis	Betulaceae	Flanagan, Kirkham, McNamara, Ruddy	SICH2231	9/26/2001	3463	Sichuan	CAS; K
2001.410	Rhododendron hippophaeoides	Ericaceae	Flanagan, Kirkham, McNamara, Ruddy	SICH2232	9/26/2001	3481	Sichuan	CAS; K
2001.411	Rosa sp.	Rosaceae	Flanagan, Kirkham, McNamara, Ruddy	SICH2233	9/26/2001	3517	Sichuan	CAS; K
2001.412	Juniperus tibetica	Cupressaceae	Flanagan, Kirkham, McNamara, Ruddy	SICH2234	9/26/2001	3440	Sichuan	CAS; K
2001.413	Picea likiangensis	Pinaceae	Flanagan, Kirkham, McNamara, Ruddy	SICH2235	9/26/2001	3484	Sichuan	CAS; K
2001.414	Thalictrum dipterocarpum	Ranunculaceae	Flanagan, Kirkham, McNamara, Ruddy	SICH2236	9/27/2001	3367	Sichuan	CAS; K
2001.415	Primula sikkimensis	Primulaceae	Flanagan, Kirkham, McNamara, Ruddy	SICH2237	9/27/2001	3458	Sichuan	CAS; K
2001.416	Thalictrum diffusiflorum	Ranunculaceae	Flanagan, Kirkham, McNamara, Ruddy	SICH2238	9/27/2001	3458	Sichuan	CAS; K
2001.417	Sorbus gonggashanica	Rosaceae	Flanagan, Kirkham, McNamara, Ruddy	SICH2239	9/27/2001	3441	Sichuan	CAS; K
2001.418	Codonopsis sp.	Campanulaceae	Flanagan, Kirkham, McNamara, Ruddy	SICH2240	9/27/2001	3447	Sichuan	CAS; K
2001.419	Potentilla fruticosa var. arbuscula	Rosaceae	Flanagan, Kirkham, McNamara, Ruddy	SICH2241	9/27/2001	3433	Sichuan	CAS; K
2001.420	Geranium sp.	Geraniaceae	Flanagan, Kirkham, McNamara, Ruddy	SICH2242	9/27/2001	3417	Sichuan	CAS; K
2001.421	Rodgersia sambucifolia	Saxifragaceae	Flanagan, Kirkham, McNamara, Ruddy	SICH2243	9/27/2001	3506	Sichuan	CAS; K
2001.422	Rhododendron phaeochrysum var. levistratum	Ericaceae	Flanagan, Kirkham, McNamara, Ruddy	SICH2244	9/27/2001	3952	Sichuan	CAS; K
2001.423	Sorbus sp.	Rosaceae	Flanagan, Kirkham, McNamara, Ruddy	SICH2245	9/27/2001	3951	Sichuan	CAS; K
2001.424	Abies ernestii var. ernestii	Pinaceae	Flanagan, Kirkham, McNamara, Ruddy	SICH2246	9/27/2001	3953	Sichuan	CAS; K

Accession	Taxa	Family	Collectors	Number	Time	Elevation (m)	Region	Herbarium
2001.425	Lilium sp.	Liliaceae	Flanagan, Kirkham, McNamara, Ruddy	SICH2247	9/27/2001	4555	Sichuan	CAS; K
2001.426	Rhododendron phaeochrysum var. agglutinatum	Ericaceae	Flanagan, Kirkham, McNamara, Ruddy	SICH2248	9/27/2001	4600	Sichuan	CAS; K
2001.427	Iris sp.	Iridaceae	Flanagan, Kirkham, McNamara, Ruddy	SICH2249	9/27/2001	3765	Sichuan	CAS; K
2001.428	Triosteum himalayanum	Caprifoliaceae	Flanagan, Kirkham, McNamara, Ruddy	SICH2250	9/27/2001	3758	Sichuan	CAS; K
2001.429	Primula sikkimensis	Primulaceae	Flanagan, Kirkham, McNamara, Ruddy	SICH2251	9/27/2001	3758	Sichuan	CAS; K
2001.430	Acer pentaphyllum	Sapindaceae	Flanagan, Kirkham, McNamara, Ruddy	SICH2252	9/28/2001	2592	Sichuan	CAS; K
2001.431	Fraxinus chinensis subsp. chinensis	Oleaceae	Flanagan, Kirkham, McNamara, Ruddy	SICH2253	9/28/2001	2586	Sichuan	CAS; K
2001.432	Quercus semecarpifolia	Fagaceae	Flanagan, Kirkham, McNamara, Ruddy	SICH2254	9/28/2001	2586	Sichuan	CAS; K
2001.433	Lilium duchartrei	Liliaceae	Flanagan, Kirkham, McNamara, Ruddy	SICH2255	9/30/2001	2475	Sichuan	CAS; K
2001.434	Rhododendron pachytrichum	Ericaceae	Flanagan, Kirkham, McNamara, Ruddy	SICH2256	9/30/2001	2548	Sichuan	CAS; K
2001.435	Rhododendron trichanthum	Ericaceae	Flanagan, Kirkham, McNamara, Ruddy	SICH2257	9/30/2001	2551	Sichuan	CAS; K
2001.436	Paris polyphylla	Trilliaceae	Flanagan, Kirkham, McNamara, Ruddy	SICH2258	9/30/2001	2552	Sichuan	CAS; K
2001.437	Malus yunnanensis	Rosaceae	Flanagan, Kirkham, McNamara, Ruddy	SICH2259	9/30/2001	2556	Sichuan	CAS; K
2001.438	Betula utilis	Betulaceae	Flanagan, Kirkham, McNamara, Ruddy	SICH2260	9/30/2001	2565	Sichuan	CAS; K
2001.439	Cotoneaster bullatus	Rosaceae	Flanagan, Kirkham, McNamara, Ruddy	SICH2261	9/30/2001	2541	Sichuan	CAS; K
2001.440	Acer sp.	Sapindaceae	Flanagan, Kirkham, McNamara, Ruddy	SICH2262	9/30/2001	2541	Sichuan	CAS; K
2001.441	Hydrangea heteromalla	Hydrangeaceae	Flanagan, Kirkham, McNamara, Ruddy	SICH2263	9/30/2001	2527	Sichuan	CAS; K
2001.442	Rosa multibracteata	Rosaceae	Flanagan, Kirkham, McNamara, Ruddy	SICH2264	9/30/2001	2529	Sichuan	CAS; K
2001.443	Deutzia sp.	Saxifragaceae	Flanagan, Kirkham, McNamara, Ruddy	SICH2265	9/30/2001	2532	Sichuan	CAS; K
2001.444	Ilex fargesii	Aquifoliaceae	Flanagan, Kirkham, McNamara, Ruddy	SICH2266	9/30/2001	2530	Sichuan	CAS; K
2001.445	Syringa reflexa	Oleaceae	Flanagan, Kirkham, McNamara, Ruddy	SICH2267	9/30/2001	2530	Sichuan	CAS; K
2001.446	Sorbus aronioides	Rosaceae	Flanagan, Kirkham, McNamara, Ruddy	SICH2268	9/30/2001	2513	Sichuan	CAS; K
2001.447	Decaisnea insignis	Lardizabalaceae	Flanagan, Kirkham, McNamara, Ruddy	SICH2269	9/30/2001	2504	Sichuan	CAS; K
2001.460	Juniperus komarovii	Cupressaceae	Erskine, Howick, McNamara, Simmons	SICH0716	9/30/1991	3360	Sichuan	K
2002.215	Cotoneaster hsingshangensis	Rosaceae	Erskine, Fliegner, Howick, McNamara	SICH0224	9/21/1988	2030	Sichuan	K
2004.121	Chelonopsis forrestii	Lamiaceae	Fliegner, Howick, McNamara, Staniforth	SICH1050	10/3/1992	3230	Sichuan	K
2004.132	Luculia pinceana var. pinceana	Rubiaceae	Howick, McNamara	H&M1524	10/17/1990	2365	Yunnan	K
2004.133	Abies fabri	Pinaceae	Erskine, Howick, McNamara, Simmons	SICH0604	9/23/1991	3380	Sichuan	

03

Accession	Taxa	Family	Collectors	Number	Time	Elevation (m)	Region	Herbarium
2004.134	Abies ernestii var. ernestii	Pinaceae	Howick, McNamara	H1963	9/30/1994	3420	Sichuan	
2004.135	Acer laxiflorum	Sapindaceae	Flanagan, Kirkham, McNamara, Ruddy	SICH2114	9/14/2001	2956	Sichuan	CAS; K
2004.136	Rosa chinensis var. spontanea	Rosaceae	Erskine, Fliegner, Howick, McNamara	SICH0237	9/22/1988	740	Sichuan	K
2004.143	Juniperus komarovii	Cupressaceae	Erskine, Howick, McNamara, Simmons	SICH0716	9/30/1991	3360	Sichuan	K
2004.147	Rhododendron sp.	Ericaceae	Howick, McNamara	H&M2347	9/26/2000	2675	Sichuan	
2004.156	Viburnum formosanum	Adoxaceae	Crombie, Howick, McNamara	HMC2448	10/18/2004	1525	Taiwan	CAS; E; K; MO
2004.157	Tetradium glabrifolium	Rutaceae	Crombie, Howick, McNamara	HMC2449	10/18/2004	1525	Taiwan	CAS; E; K; MO
2004.158	Idesia polycarpa	Flacourtiaceae	Crombie, Howick, McNamara	HMC2450	10/18/2004	1525	Taiwan	
2004.159	Alnus formosana	Betulaceae	Crombie, Howick, McNamara	HMC2451	10/18/2004	1525	Taiwan	CAS; E; K; MO
2004.160	Broussonetia papyrifera	Moraceae	Crombie, Howick, McNamara	HMC2452	10/18/2004	1525	Taiwan	
2004.161	Hydrangea aspera	Hydrangeaceae	Crombie, Howick, McNamara	HMC2453	10/18/2004	1520	Taiwan	CAS; E; K; MO
2004.162	Stachyurus himalaicus	Stachyuraceae	Crombie, Howick, McNamara	HMC2454	10/18/2004	1520	Taiwan	E; K
2004.163	Callicarpa formosana var. glabrata	Verbenaceae	Crombie, Howick, McNamara	HMC2455	10/18/2004	1520	Taiwan	CAS; E; K; MO
2004.164	Carpinus rankanensis	Betulaceae	Crombie, Howick, McNamara	HMC2456	10/18/2004	1530	Taiwan	CAS; E; K
2004.165	Carpinus kawakamii	Betulaceae	Crombie, Howick, McNamara	HMC2457	10/19/2004	1645	Taiwan	CAS; E; K; MO
2004.166	Polyspora axillaris	Theaceae	Crombie, Howick, McNamara	HMC2458	10/19/2004	1645	Taiwan	CAS; E; K; MO
2004.167	Quercus stenophylloides	Fagaceae	Crombie, Howick, McNamara	HMC2459	10/19/2004	1645	Taiwan	CAS; E; K; MO
2004.168	Deutzia pulchra	Saxifragaceae	Crombie, Howick, McNamara	HMC2460	10/19/2004	1645	Taiwan	E; K
2004.169	Pseudotsuga sinensis var. wilsoniana	Pinaceae	Crombie, Howick, McNamara	HMC2461	10/19/2004	1625	Taiwan	
2004.170	Liquidambar formosana	Hamamelidaceae	Crombie, Howick, McNamara	HMC2462	10/19/2004	1625	Taiwan	CAS; E; K; MO
2004.171	Acer serrulatum	Sapindaceae	Crombie, Howick, McNamara	HMC2463	10/19/2004	1710	Taiwan	CAS; E; K; MO
2004.172	Zanthoxylum ailanthoides	Rutaceae	Crombie, Howick, McNamara	HMC2464	10/19/2004	1710	Taiwan	CAS; E; K; MO

03

Accession	Taxa	Family	Collectors	Number	Time	Elevation (m)	Region	Herbarium
2004.173	Quercus variabilis	Fagaceae	Crombie, Howick, McNamara	HMC2465	10/19/2004	1710	Taiwan	
2004.174	Platycarya strobilacea	Juglandaceae	Crombie, Howick, McNamara	HMC2466	10/19/2004	1710	Taiwan	CAS; E; K; MO
2004.175	Liriope sp.	Liliaceae	Crombie, Howick, McNamara	HMC2467	10/19/2004	1710	Taiwan	
2004.176	Acer morrisonense	Sapindaceae	Crombie, Howick, McNamara	HMC2468	10/19/2004	1855	Taiwan	CAS; E; K; MO
2004.177	Juglans mandshurica	Juglandaceae	Crombie, Howick, McNamara	HMC2469	10/19/2004	1855	Taiwan	
2004.178	Euonymus laxiflorus	Celastraceae	Crombie, Howick, McNamara	HMC2470	10/19/2004	2160	Taiwan	CAS; E; K; MO
2004.179	Viburnum foetidum var. rectangulatum	Adoxaceae	Crombie, Howick, McNamara	HMC2471	10/19/2004	2160	Taiwan	CAS; E; K; MO
2004.180	Chamaecyparis formosensis	Cupressaceae	Crombie, Howick, McNamara	HMC2472	10/19/2004	2170	Taiwan	
2004.181	Pinus taiwanensis	Pinaceae	Crombie, Howick, McNamara	HMC2472A	10/19/2004	2170	Taiwan	
2004.182	Picea morrisonicola	Pinaceae	Crombie, Howick, McNamara	HMC2473	10/19/2004	2405	Taiwan	
2004.183	Stranvaesia davidiana var. davidiana	Rosaceae	Crombie, Howick, McNamara	HMC2474	10/19/2004	2430	Taiwan	CAS; E; K; MO
2004.184	Hydrangea integrifolia	Hydrangeaceae	Crombie, Howick, McNamara	HMC2475	10/19/2004	2430	Taiwan	K
2004.185	Acer morrisonense	Sapindaceae	Crombie, Howick, McNamara	HMC2476	10/19/2004	2470	Taiwan	CAS; E; K; MO
2004.186	Trochodendron aralioides	Trochodendraceae	Crombie, Howick, McNamara	HMC2477	10/19/2004	2470	Taiwan	CAS; E; K; MO
2004.187	Pinus taiwanensis	Pinaceae	Crombie, Howick, McNamara	HMC2478	10/20/2004	2380	Taiwan	
2004.188	Meliosma rigida	Sabiaceae	Crombie, Howick, McNamara	HMC2479	10/20/2004	2165	Taiwan	CAS; E; K; MO
2004.189	Gaultheria leucocarpa var. yunnanensis	Ericaceae	Crombie, Howick, McNamara	HMC2480	10/20/2004	2165	Taiwan	CAS; E; K; MO
2004.190	Paulownia kawakamii	Scrophulariaceae	Crombie, Howick, McNamara	HMC2481	10/20/2004	2170	Taiwan	K
2004.191	Hydrangea chinensis	Hydrangeaceae	Crombie, Howick, McNamara	HMC2482	10/20/2004	2160	Taiwan	CAS; E; K; MO
2004.192	Pratia nummularia	Campanulaceae	Crombie, Howick, McNamara	HMC2483	10/20/2004	2170	Taiwan	
2004.193	Cunninghamia lanceolata var. konishii	Cupressaceae	Crombie, Howick, McNamara	HMC2484	10/20/2004	2175	Taiwan	
2004.194	Tsuga chinensis var. formosana	Pinaceae	Crombie, Howick, McNamara	HMC2485	10/20/2004	2575	Taiwan	

Accession	Taxa	Family	Collectors	Number	Time	Elevation (m)	Region	Herbarium
2004.195	Abies kawakamii	Pinaceae	Crombie, Howick, McNamara	HMC2486	10/20/2004	2825	Taiwan	
2004.196	Rhododendron rubropilosum	Ericaceae	Crombie, Howick, McNamara	HMC2487	10/20/2004	2940	Taiwan	CAS; E; K; MO
2004.197	Juniperus formosana	Cupressaceae	Crombie, Howick, McNamara	HMC2488	10/20/2004	2940	Taiwan	CAS; E; K; MO
2004.198	Lilium formosanum	Liliaceae	Crombie, Howick, McNamara	HMC2489	10/20/2004	2930	Taiwan	
2004.199	Cotoneaster acutifolius var. acutifolius	Rosaceae	Crombie, Howick, McNamara	HMC2490	10/20/2004	2930	Taiwan	
2004.200	Ilex bioritsensis	Aquifoliaceae	Crombie, Howick, McNamara	HMC2491	10/20/2004	2815	Taiwan	CAS; E; K; MO
2004.201	Pinus armandii var. mastersiana	Pinaceae	Crombie, Howick, McNamara	HMC2492	10/20/2004	2805	Taiwan	
2004.202	Berberis kawakamii	Berberidaceae	Crombie, Howick, McNamara	HMC2493	10/20/2004	2785	Taiwan	CAS; E; K; MO
2004.203	Rosa transmorrisonensis	Rosaceae	Crombie, Howick, McNamara	HMC2494	10/21/2004	3215	Taiwan	
2004.204	Rosa morrisonensis	Rosaceae	Crombie, Howick, McNamara	HMC2495	10/21/2004	3220	Taiwan	
2004.205	Rhododendron pseudochrysanthum	Ericaceae	Crombie, Howick, McNamara	HMC2496	10/21/2004	3230	Taiwan	E; K
2004.206	Hypericum nagasawai	Hypericaceae	Crombie, Howick, McNamara	HMC2497	10/21/2004	3235	Taiwan	
2004.207	Berberis morrisonensis	Berberidaceae	Crombie, Howick, McNamara	HMC2498	10/21/2004	3255	Taiwan	
2004.208	Spiraea morrisonicola	Rosaceae	Crombie, Howick, McNamara	HMC2499	10/21/2004	3295	Taiwan	
2004.209	Artemisia kawakamii	Asteraceae	Crombie, Howick, McNamara	HMC2500	10/21/2004	3425	Taiwan	CAS; E; K; MO
2004.210	Scabiosa lacerifolia	Dipsacaceae	Crombie, Howick, McNamara	HMC2501	10/21/2004	3425	Taiwan	E; K
2004.211	Sedum morrisonense	Crassulaceae	Crombie, Howick, McNamara	HMC2502	10/21/2004	3425	Taiwan	
2004.212	Veronica morrisonicola	Scrophulariaceae	Crombie, Howick, McNamara	HMC2503	10/21/2004	3425	Taiwan	E; K
2004.213	Potentilla leuconota	Rosaceae	Crombie, Howick, McNamara	HMC2504	10/21/2004	3425	Taiwan	
2004.214	Adenophora morrisonensis	Campanulaceae	Crombie, Howick, McNamara	HMC2505	10/21/2004	3425	Taiwan	
2004.215	Juniperus formosana	Cupressaceae	Crombie, Howick, McNamara	HMC2506	10/21/2004	3425	Taiwan	
2004.216	Juniperus squamata	Cupressaceae	Crombie, Howick, McNamara	HMC2507	10/21/2004	3425	Taiwan	
2004.217	Hylotelephium subcapitatum	Crassulaceae	Crombie, Howick, McNamara	HMC2508	10/21/2004	3425	Taiwan	
2004.218	Sorbus randaiensis	Rosaceae	Crombie, Howick, McNamara	HMC2509	10/21/2004	3295	Taiwan	CAS; E; K; MO
2004.219	Veratrum sp.	Liliaceae	Crombie, Howick, McNamara	HMC2510	10/21/2004	3295	Taiwan	

Accession	Taxa	Family	Collectors	Number	Time	Elevation (m)	Region	Herbarium
2004.220	Abies kawakamii	Pinaceae	Crombie, Howick, McNamara	HMC2511	10/21/2004	3240	Taiwan	
2004.221	Viburnum betulifolium	Adoxaceae	Crombie, Howick, McNamara	HMC2512	10/21/2004	3080	Taiwan	CAS; E; K
2004.222	Primula miyabeana	Primulaceae	Crombie, Howick, McNamara	HMC2513	10/21/2004	3070	Taiwan	
2004.223	Lilium formosanum	Liliaceae	Crombie, Howick, McNamara	HMC2514	10/21/2004	3070	Taiwan	
2004.224	Gentiana scabrida	Gentianaceae	Crombie, Howick, McNamara	HMC2515	10/21/2004	3070	Taiwan	
2004.225	Ophiopogon sp.	Liliaceae	Crombie, Howick, McNamara	HMC2516	10/21/2004	3060	Taiwan	
2004.226	Origanum vulgare	Lamiaceae	Crombie, Howick, McNamara	HMC2517	10/21/2004	3060	Taiwan	
2004.227	Astilbe macroflora	Saxifragaceae	Crombie, Howick, McNamara	HMC2518	10/22/2004	3220	Taiwan	
2004.228	Parnassia palustris	Saxifragaceae	Crombie, Howick, McNamara	HMC2519	10/22/2004	3220	Taiwan	
2004.229	Corydalis ophiocarpa	Fumariaceae	Crombie, Howick, McNamara	HMC2520	10/22/2004	2880	Taiwan	CAS; E; K; MO
2004.230	Senecio sp.	Asteraceae	Crombie, Howick, McNamara	HMC2521	10/22/2004	2880	Taiwan	CAS; E; K; MO
2004.231	Rosa sp.	Rosaceae	Crombie, Howick, McNamara	HMC2522	10/22/2004	2880	Taiwan	
2004.232	Tsuga chinensis var. formosana	Pinaceae	Crombie, Howick, McNamara	HMC2523	10/22/2004	2805	Taiwan	
2004.233	Quercus stenophylloides	Fagaceae	Crombie, Howick, McNamara	HMC2524	10/22/2004	2805	Taiwan	
2004.234	Rhododendron rubropilosum	Ericaceae	Crombie, Howick, McNamara	HMC2525	10/22/2004	2805	Taiwan	CAS; E; K; MO
2004.235	Rhododendron ellipticum	Ericaceae	Crombie, Howick, McNamara	HMC2526	10/22/2004	2805	Taiwan	
2004.236	Pinus taiwanensis	Pinaceae	Crombie, Howick, McNamara	HMC2527	10/22/2004	2225	Taiwan	
2004.237	Alnus formosana	Betulaceae	Crombie, Howick, McNamara	HMC2528	10/22/2004	2225	Taiwan	
2004.238	Prunus phaeosticta	Rosaceae	Crombie, Howick, McNamara	HMC2529	10/22/2004	2205	Taiwan	CAS; E; K; MO
2004.239	Meliosma sp.	Sabiaceae	Crombie, Howick, McNamara	HMC2530	10/22/2004	2205	Taiwan	CAS; E; K; MO
2004.240	Symplocos sp.	Symplocaceae	Crombie, Howick, McNamara	HMC2531	10/22/2004	2205	Taiwan	CAS; E; K; MO
2004.241	Skimmia sp.	Rutaceae	Crombie, Howick, McNamara	HMC2532	10/22/2004	2205	Taiwan	
2004.242	Eriobotrya deflexa	Rosaceae	Crombie, Howick, McNamara	HMC2533	10/22/2004	2205	Taiwan	
2004.243	Aralia bipinnata	Araliaceae	Crombie, Howick, McNamara	HMC2534	10/22/2004	2205	Taiwan	
2004.244	Mussaenda sp.	Rubiaceae	Crombie, Howick, McNamara	HMC2535	10/23/2004	935	Taiwan	CAS; E; K

03

Accession	Taxa	Family	Collectors	Number	Time	Elevation (m)	Region	Herbarium
2004.245	Begonia formosana	Begoniaceae	Crombie, Howick, McNamara	HMC2536	10/23/2004	935	Taiwan	
2004.246	Salvia nipponica var. formosana	Lamiaceae	Crombie, Howick, McNamara	HMC2537	10/23/2004	935	Taiwan	CAS; E; K; MO
2004.247	Alpinia zerumbet	Zingiberaceae	Crombie, Howick, McNamara	HMC2538	10/23/2004	935	Taiwan	
2004.248	Quercus sp.	Fagaceae	Crombie, Howick, McNamara	HMC2539	10/23/2004	935	Taiwan	
2004.249	Maesa japonica	Myrsinaceae	Crombie, Howick, McNamara	HMC2540	10/23/2004	935	Taiwan	
2004.250	Arisaema ringens	Araceae	Crombie, Howick, McNamara	HMC2541	10/23/2004	935	Taiwan	
2004.251	Ardisia sp.	Myrsinaceae	Crombie, Howick, McNamara	HMC2542	10/23/2004	935	Taiwan	
2004.252	Turpinia formosana	Staphyleaceae	Crombie, Howick, McNamara	HMC2543	10/23/2004	920	Taiwan	
2004.253	Saurauia tristyla var. oldhamii	Actinidiaceae	Crombie, Howick, McNamara	HMC2544	10/23/2004	920	Taiwan	
2004.254	Helicia formosana	Proteaceae	Crombie, Howick, McNamara	HMC2545	10/23/2004	915	Taiwan	
2004.255	Lasianthus sp.	Rubiaceae	Crombie, Howick, McNamara	HMC2546	10/23/2004	935	Taiwan	E; K
2004.256	Daphniphyllum glaucescens	Daphniphyllaceae	Crombie, Howick, McNamara	HMC2547	10/23/2004	930	Taiwan	CAS; E; K; MO
2004.257	Rhododendron oldhamii	Ericaceae	Crombie, Howick, McNamara	HMC2548	10/23/2004	925	Taiwan	CAS; E; K; MO
2004.258	Viburnum luzonicum	Adoxaceae	Crombie, Howick, McNamara	HMC2549	10/23/2004	830	Taiwan	CAS; E; K; MO
2004.259	Cryptocarya sp.	Lauraceae	Crombie, Howick, McNamara	HMC2550	10/24/2004	1025	Taiwan	CAS; E; K; MO
2004.260	Cephalotaxus sinensis var. wilsoniana	Cephalotaxaceae	Crombie, Howick, McNamara	HMC2551	10/24/2004	1075	Taiwan	
2004.261	Pinus morrisonicola	Pinaceae	Crombie, Howick, McNamara	HMC2552	10/24/2004	1115	Taiwan	
2004.262	Chamaecyparis formosensis	Cupressaceae	Crombie, Howick, McNamara	HMC2553	10/24/2004	1240	Taiwan	
2004.263	Paris sp.	Trilliaceae	Crombie, Howick, McNamara	HMC2554	10/24/2004	1240	Taiwan	
2004.264	Lagerstroemia subcostata	Lythraceae	Crombie, Howick, McNamara	HMC2555	10/24/2004	1315	Taiwan	
2004.265	Pieris japonica	Ericaceae	Crombie, Howick, McNamara	HMC2556	10/24/2004	1315	Taiwan	
2004.266	Viburnum sp.	Adoxaceae	Crombie, Howick, McNamara	HMC2557	10/24/2004	1315	Taiwan	
2004.267	Viburnum sp.	Adoxaceae	Crombie, Howick, McNamara	HMC2558	10/24/2004	1780	Taiwan	CAS; E; K; MO
2004.268	Viburnum sp.	Adoxaceae	Crombie, Howick, McNamara	HMC2559	10/24/2004	1780	Taiwan	
2004.269	Chamaecyparis obtusa var. formosana	Cupressaceae	Crombie, Howick, McNamara	HMC2560	10/24/2004	1780	Taiwan	

Accession	Taxa	Family	Collectors	Number	Time	Elevation (m)	Region	Herbarium
2004.270	Ardisia sp.	Myrsinaceae	Crombie, Howick, McNamara	HMC2561	10/24/2004	1780	Taiwan	
2004.271	Rhododendron formosanum	Ericaceae	Crombie, Howick, McNamara	HMC2562	10/24/2004	1780	Taiwan	
2004.272	Rhododendron ellipticum	Ericaceae	Crombie, Howick, McNamara	HMC2563	10/24/2004	1780	Taiwan	CAS; E; K; MO
2004.273	Phoebe formosana	Lauraceae	Crombie, Howick, McNamara	HMC2564	10/26/2004	1150	Taiwan	CAS; E; K; MO
2004.274	Melia azedarach	Meliaceae	Crombie, Howick, McNamara	HMC2565	10/26/2004	1150	Taiwan	
2004.275	Diospyros japonica	Ebenaceae	Crombie, Howick, McNamara	HMC2566	10/26/2004	1320	Taiwan	
2004.276	Styrax sp.	Styracaceae	Crombie, Howick, McNamara	HMC2567	10/26/2004	1790	Taiwan	E; K
2004.277	Cinnamomum japonicum	Lauraceae	Crombie, Howick, McNamara	HMC2568	10/26/2004	1785	Taiwan	E; K
2004.278	Cyclobalanopsis sp.	Fagaceae	Crombie, Howick, McNamara	HMC2569	10/26/2004	1785	Taiwan	
2004.279	Hypericum geminiflorum subsp. geminiflorum	Hypericaceae	Crombie, Howick, McNamara	HMC2570	10/26/2004	1805	Taiwan	E; K
2004.280	Viburnum sp.	Adoxaceae	Crombie, Howick, McNamara	HMC2571	10/26/2004	1805	Taiwan	CAS; E; K
2004.281	Arisaema sp.	Araceae	Crombie, Howick, McNamara	HMC2572	10/26/2004	2130	Taiwan	
2004.282	Viburnum sp.	Adoxaceae	Crombie, Howick, McNamara	HMC2573	10/26/2004	2130	Taiwan	E; K
2004.283	Alpinia shimadae	Zingiberaceae	Crombie, Howick, McNamara	HMC2574	10/26/2004	2130	Taiwan	
2004.284	Laurocerasus phaeosticta	Rosaceae	Crombie, Howick, McNamara	HMC2575	10/26/2004	2130	Taiwan	CAS; E; K; MO
2004.285	Hydrangea chinensis	Hydrangeaceae	Crombie, Howick, McNamara	HMC2576	10/26/2004	2130	Taiwan	CAS; E; K; MO
2004.286	Astilbe longicarpa	Saxifragaceae	Crombie, Howick, McNamara	HMC2577	10/26/2004	2130	Taiwan	
2004.287	Tricyrtis formosana	Liliaceae	Crombie, Howick, McNamara	HMC2578	10/26/2004	2605	Taiwan	
2004.288	Miscanthus sinensis	Poaceae	Crombie, Howick, McNamara	HMC2579	10/26/2004	2755	Taiwan	
2004.289	Rubus rolfei	Rosaceae	Crombie, Howick, McNamara	HMC2580	10/26/2004	2755	Taiwan	
2004.290	Eupatorium cannabinum subsp. asiaticum	Asteraceae	Crombie, Howick, McNamara	HMC2581	10/26/2004	2760	Taiwan	
2004.291	Tsuga chinensis var. formosana	Pinaceae	Crombie, Howick, McNamara	HMC2582	10/26/2004	2760	Taiwan	
2004.292	Deutzia taiwanensis	Saxifragaceae	Crombie, Howick, McNamara	HMC2583	10/26/2004	2760	Taiwan	E; K
2004.293	Aconitum fukutomei	Ranunculaceae	Crombie, Howick, McNamara	HMC2584	10/26/2004	2760	Taiwan	CAS; E; K; MO
2004.294	Tricyrtis formosana	Liliaceae	Crombie, Howick, McNamara	HMC2585	10/26/2004	2750	Taiwan	K

Accession	Taxa	Family	Collectors	Number	Time	Elevation (m)	Region	Herbarium
2004.295	Pinus armandii var. mastersiana	Pinaceae	Crombie, Howick, McNamara	HMC2586	10/26/2004	2595	Taiwan	
2004.296	Salix fulvopubescens	Salicaceae	Crombie, Howick, McNamara	HMC2587	10/27/2004	2750	Taiwan	
2004.297	Pieris japonica	Ericaceae	Crombie, Howick, McNamara	HMC2588	10/27/2004	2345	Taiwan	CAS; E; K; MO
2004.298	Vaccinium dunalianum var. caudatifolium	Ericaceae	Crombie, Howick, McNamara	HMC2589	10/27/2004	2345	Taiwan	CAS; E; K; MO
2004.299	Hydrangea anomala	Hydrangeaceae	Crombie, Howick, McNamara	HMC2590	10/27/2004	2355	Taiwan	CAS; E; K; MO
2004.300	Symplocos sp.	Symplocaceae	Crombie, Howick, McNamara	HMC2591	10/27/2004	2355	Taiwan	
2004.301	(Undetermined)	Rutaceae	Crombie, Howick, McNamara	HMC2592	10/27/2004	2355	Taiwan	CAS; E; K; MO
2004.302	Boenninghausenia albiflora	Rutaceae	Crombie, Howick, McNamara	HMC2593	10/27/2004	2350	Taiwan	
2004.303	Liriope minor var. angustissima	Liliaceae	Crombie, Howick, McNamara	HMC2594	10/27/2004	2350	Taiwan	
2004.304	Eurya sp.	Theaceae	Crombie, Howick, McNamara	HMC2595	10/27/2004	2335	Taiwan	CAS; E; K; MO
2004.305	Cleyera japonica	Theaceae	Crombie, Howick, McNamara	HMC2596	10/27/2004	2335	Taiwan	CAS; E; K; MO
2004.306	Skimmia reevesiana	Rutaceae	Crombie, Howick, McNamara	HMC2597	10/27/2004	2325	Taiwan	E; K
2004.307	Rhododendron sp.	Ericaceae	Crombie, Howick, McNamara	HMC2598	10/27/2004	2315	Taiwan	E; K
2004.308	Pittosporum illicioides	Pittosporaceae	Crombie, Howick, McNamara	HMC2599	10/27/2004	2310	Taiwan	
2004.309	Dendropanax dentiger	Araliaceae	Crombie, Howick, McNamara	HMC2600	10/27/2004	2310	Taiwan	CAS; E; K; MO
2004.310	Tricyrtis sp.	Liliaceae	Crombie, Howick, McNamara	HMC2601	10/27/2004	2220	Taiwan	
2004.311	Rhododendron ellipticum	Ericaceae	Crombie, Howick, McNamara	HMC2602	10/27/2004	2185	Taiwan	E; K
2004.312	Ilex tugitakayamensis	Aquifoliaceae	Crombie, Howick, McNamara	HMC2603	10/27/2004	2195	Taiwan	CAS; E; K; MO
2004.313	Quercus sp.	Fagaceae	Crombie, Howick, McNamara	HMC2604	10/27/2004	2185	Taiwan	
2004.314	Sarcopyramis nepalensis var. bodinieri	Melastomataceae	Crombie, Howick, McNamara	HMC2605	10/27/2004	2185	Taiwan	
2004.315	Castanopsis carlesii var. carlesii	Fagaceae	Crombie, Howick, McNamara	HMC2606	10/27/2004	2345	Taiwan	
2004.316	Pittosporum daphniphylloides	Pittosporaceae	Crombie, Howick, McNamara	HMC2607	10/27/2004	2070	Taiwan	CAS; E; K
2004.317	Pinus morrisonicola	Pinaceae	Crombie, Howick, McNamara	HMC2608	10/27/2004	2070	Taiwan	
2004.318	Salix sp.	Salicaceae	Crombie, Howick, McNamara	HMC2609	10/27/2004	2070	Taiwan	

Accession	Taxa	Family	Collectors	Number	Time	Elevation (m)	Region	Herbarium
2004.319	Paulownia kawakamii	Scrophulariaceae	Crombie, Howick, McNamara	HMC2610	10/27/2004	1960	Taiwan	
2004.320	Koelreuteria elegans subsp. formosana	Sapindaceae	Crombie, Howick, McNamara	HMC2611	10/28/2004	955	Taiwan	E; K
2004.321	Quercus glauca	Fagaceae	Crombie, Howick, McNamara	HMC2612	10/28/2004	955	Taiwan	CAS; E; K
2004.322	Hydrangea longifolia	Hydrangeaceae	Crombie, Howick, McNamara	HMC2613	10/28/2004	900	Taiwan	E; K
2004.323	Malus doumeri	Rosaceae	Crombie, Howick, McNamara	HMC2614	10/29/2004	2165	Taiwan	E; K
2004.324	Sycopsis sinensis	Hamamelidaceae	Crombie, Howick, McNamara	HMC2615	10/29/2004	2160	Taiwan	E; K
2004.325	Acer caudatifolium	Sapindaceae	Crombie, Howick, McNamara	HMC2616	10/29/2004	2150	Taiwan	E; K
2004.326	Schima superba	Theaceae	Crombie, Howick, McNamara	HMC2617	10/29/2004	2150	Taiwan	CAS; E; K; MO
2004.327	Pittosporum illicioides	Pittosporaceae	Crombie, Howick, McNamara	HMC2618	10/29/2004	2115	Taiwan	CAS; E; K; MO
2004.332	Keteleeria evelyniana	Pinaceae	McNamara, W.	M0152	10/4/1994	1910	Yunnan	
2004.333	Juniperus komarovii	Cupressaceae	Erskine, Howick, McNamara, Simmons	SICH0716	9/30/1991	3360	Sichuan	K
2005.141	Abies ernestii var. ernestii	Pinaceae	Erskine, Howick, McNamara, Simmons	SICH0647	9/27/1991	2830	Sichuan	
2005.143	Acer pentaphyllum	Sapindaceae	Anderson, Marg, McNamara, Welti	AP05001	10/7/2005	2735	Sichuan	
2005.144	Acer pentaphyllum	Sapindaceae	Anderson, Marg, McNamara, Welti	AP05002	10/9/2005	2630	Sichuan	
2005.145	Acer pentaphyllum	Sapindaceae	Anderson, Marg, McNamara, Welti	AP05003	10/10/2005	2895	Sichuan	
2005.146	Acer pentaphyllum	Sapindaceae	Anderson, Marg, McNamara, Welti	AP05004	10/10/2005	2805	Sichuan	
2005.448	Fordiophyton faberi	Melastomataceae	Boland, Brownless, Jamieson, McNamara, Tsukie		10/7/2005			
2006.043	Schima argentea	Theaceae	McNamara, W.	M0055	10/11/1992	2330	Sichuan	
2006.044	Schima sinensis	Theaceae	Erskine, Howick, McNamara, Simmons	SICH0843	10/11/1991	1820	Sichuan	K
2006.047	Sarcopyramis nepalensis var. bodinieri	Melastomataceae	Crombie, Howick, McNamara	HMC2605	10/27/2004	2185	Taiwan	
2006.048	Veronica morrisonicola	Scrophulariaceae	Crombie, Howick, McNamara	HMC2503	10/21/2004	3425	Taiwan	E; K
2006.194	Clematis tibetana	Ranunculaceae	Erskine, Fliegner, Howick, McNamara	TIBT06	9/21/1995	4220	Xizang (Tibet)	CAS; K
2006.195	Schima sinensis	Theaceae	Erskine, Howick, McNamara, Simmons	SICH0843	10/11/1991	1820	Sichuan	K
2006.197	Schima argentea	Theaceae	McNamara, W.	M0055	10/11/1992	2330	Sichuan	
2006.201	Paris sp.	Trilliaceae	McNamara, W., Sun, Yang	YU06001	10/12/2006	1900	Yunnan	
2006.202	Lithocarpus sp.	Fagaceae	McNamara, W., Sun, Yang	YU06002	10/12/2006	1900	Yunnan	
2006.203	Hydrangea aspera	Hydrangeaceae	McNamara, W., Sun, Yang	YU06003	10/12/2006	1890	Yunnan	
2006.204	Rhododendron araiophyllum	Ericaceae	McNamara, W., Sun, Yang	YU06004	10/12/2006	1890	Yunnan	

Accession	Taxa	Family	Collectors	Number	Time	Elevation (m)	Region	Herbarium
2006.205	Clethra delavayi	Clethraceae	McNamara, W., Sun, Yang	YU06005	10/12/2006	1890	Yunnan	
2006.206	Rhododendron argyrophyllum	Ericaceae	McNamara, W., Sun, Yang	YU06006	10/12/2006	1890	Yunnan	
2006.207	Hydrangea sp.	Hydrangeaceae	McNamara, W., Sun, Yang	YU06007	10/12/2006	1890	Yunnan	
2006.208	Maianthemum sp.	Liliaceae	McNamara, W., Sun, Yang	YU06008	10/12/2006	1890	Yunnan	
2006.209	Rhododendron delavayi	Ericaceae	McNamara, W., Sun, Yang	YU06009	10/12/2006	1890	Yunnan	
2006.210	Acer davidii	Sapindaceae	McNamara, W., Sun, Yang	YU06010	10/12/2006	1890	Yunnan	
2006.211	Ligularia sp.	Asteraceae	McNamara, W., Sun, Yang	YU06011	10/12/2006	1890	Yunnan	
2006.212	Viburnum corymbiflorum	Adoxaceae	McNamara, W., Sun, Yang	YU06012	10/12/2006	1920	Yunnan	
2006.213	Cotoneaster bullatus	Rosaceae	McNamara, W., Sun, Yang	YU06013	10/12/2006	1920	Yunnan	
2006.214	Ligustrum compactum	Oleaceae	McNamara, W., Sun, Yang	YU06014	10/12/2006	1920	Yunnan	
2006.215	Rosa sp.	Rosaceae	McNamara, W., Sun, Yang	YU06015	10/12/2006	1920	Yunnan	
2006.216	Sorbus wilsoniana	Rosaceae	McNamara, W., Sun, Yang	YU06016	10/12/2006	1890	Yunnan	
2006.217	Castanopsis sp.	Fagaceae	McNamara, W., Sun, Yang	YU06017	10/13/2006	1930	Yunnan	
2006.218	Acer sp.	Sapindaceae	McNamara, W., Sun, Yang	YU06018	10/13/2006	1930	Yunnan	
2006.219	Photinia sp.	Rosaceae	McNamara, W., Sun, Yang	YU06019	10/13/2006	1930	Yunnan	
2006.220	Pieris formosa	Ericaceae	McNamara, W., Sun, Yang	YU06020	10/13/2006	1930	Yunnan	
2006.221	Actinidia sp.	Actinidiaceae	McNamara, W., Sun, Yang	YU06021	10/13/2006	1930	Yunnan	
2006.222	Viburnum betulifolium	Adoxaceae	McNamara, W., Sun, Yang	YU06022	10/14/2006	2040	Yunnan	
2006.223	Decaisnea insignis	Lardizabalaceae	McNamara, W., Sun, Yang	YU06023	10/14/2006	2040	Yunnan	
2006.224	Sorbus keissleri	Rosaceae	McNamara, W., Sun, Yang	YU06024	10/14/2006	2060	Yunnan	
2006.225	Begonia sp.	Begoniaceae	McNamara, W., Sun, Yang	YU06025	10/14/2006	1805	Yunnan	
2006.226	Magnolia sargentiana	Magnoliaceae	McNamara, W., Sun, Yang	YU06026	10/17/2006	1840	Yunnan	
2006.227	Clerodendrum mandarinorum	Verbenaceae	McNamara, W., Sun, Yang	YU06027	10/17/2006	1920	Yunnan	
2006.228	Symplocos lucida	Symplocaceae	McNamara, W., Sun, Yang	YU06028	10/17/2006	1920	Yunnan	
2006.229	Sorbus sp.	Rosaceae	McNamara, W., Sun, Yang	YU06029	10/17/2006	1920	Yunnan	
2006.230	Juglans mandshurica	Juglandaceae	McNamara, W., Sun, Yang	YU06030	10/17/2006	1920	Yunnan	
2006.231	Symplocos sp.	Symplocaceae	McNamara, W., Sun, Yang	YU06031	10/17/2006	1920	Yunnan	
2006.232	Aesculus sp.	Hippocastanaceae	McNamara, W., Sun, Yang	YU06032	10/17/2006	1920	Yunnan	
2006.233	Prunus sp.	Rosaceae	McNamara, W., Sun, Yang	YU06033	10/17/2006	1920	Yunnan	
2006.234	Acer sp.	Sapindaceae	McNamara, W., Sun, Yang	YU06034	10/17/2006	1920	Yunnan	

Accession	Taxa	Family	Collectors	Number	Time	Elevation (m)	Region	Herbarium
2006.235	Sorbus sp.	Rosaceae	McNamara, W., Sun, Yang	YU06035	10/17/2006	1920	Yunnan	
2006.236	Sorbus arguta	Rosaceae	McNamara, W., Sun, Yang	YU06036	10/17/2006	1920	Yunnan	
2006.237	Viburnum betulifolium	Adoxaceae	McNamara, W., Sun, Yang	YU06037	10/17/2006	1920	Yunnan	
2006.238	Symplocos sp.	Symplocaceae	McNamara, W., Sun, Yang	YU06038	10/17/2006	1920	Yunnan	
2006.239	Toxicodendron radicans subsp. hispidum	Anacardiaceae	McNamara, W., Sun, Yang	YU06039	10/17/2006	1920	Yunnan	
2006.240	Symplocos sumuntia	Symplocaceae	McNamara, W., Sun, Yang	YU06040	10/17/2006	1920	Yunnan	
2006.241	Tetracentron sinense	Tetracentraceae	McNamara, W., Sun, Yang	YU06041	10/17/2006	2040	Yunnan	
2006.242	Viburnum sp.	Adoxaceae	McNamara, W., Sun, Yang	YU06042	10/18/2006	1660	Yunnan	
2006.243	Arisaema sp.	Araceae	McNamara, W., Sun, Yang	YU06043	10/18/2006	1660	Yunnan	
2006.244	Osbeckia crinita	Melastomataceae	McNamara, W., Sun, Yang	YU06044	10/18/2006	1660	Yunnan	
2006.245	Euscaphis japonica	Staphyleaceae	McNamara, W., Sun, Yang	YU06045	10/18/2006	1600	Yunnan	
2006.246	Glochidion puberum	Euphorbiaceae	McNamara, W., Sun, Yang	YU06046	10/18/2006	1600	Yunnan	
2006.247	Gutzlaffia aprica	Acanthaceae	McNamara, W., Sun, Yang	YU06047	10/19/2006	1330	Yunnan	
2006.248	Hedychium spicatum	Zingiberaceae	McNamara, W., Roh, Wang, Welti, J., Yin, Zhong	AP06001	10/22/2006	2375	Sichuan	CAS; NA
2006.249	Arisaema erubescens	Araceae	McNamara, W., Roh, Wang, Welti, J., Yin, Zhong	AP06002	10/22/2006	2375	Sichuan	NA
2006.250	Rhododendron decorum	Ericaceae	McNamara, W., Roh, Wang, Welti, J., Yin, Zhong	AP06003	10/22/2006	2775	Sichuan	CAS; NA
2006.251	Rhododendron sp.	Ericaceae	McNamara, W., Roh, Wang, Welti, J., Yin, Zhong	AP06004	10/22/2006	2775	Sichuan	CAS; NA
2006.252	Sorbus sp.	Rosaceae	McNamara, W., Roh, Wang, Welti, J., Yin, Zhong	AP06005	10/22/2006	3220	Sichuan	CAS; NA
2006.253	Salvia sp.	Lamiaceae	McNamara, W., Roh, Wang, Welti, J., Yin, Zhong	AP06006	10/22/2006	3220	Sichuan	
2006.254	Pyrus pashia	Rosaceae	McNamara, W., Roh, Wang, Welti, J., Yin, Zhong	AP06007	10/22/2006	3220	Sichuan	CAS; NA
2006.255	Keteleeria evelyniana	Pinaceae	McNamara, W., Roh, Wang, Welti, J., Yin, Zhong	AP06008	10/22/2006	2475	Sichuan	
2006.256	Quercus semecarpifolia	Fagaceae	McNamara, W., Roh, Wang, Welti, J., Yin, Zhong	AP06009	10/22/2006	2775	Sichuan	CAS; NA

Accession	Taxa	Family	Collectors	Number	Time	Elevation (m)	Region	Herbarium
2006.257	Comastoma cyananthiflorum	Gentianaceae	McNamara, W., Roh, Wang, Welti, J., Yin, Zhong	AP06010	10/22/2006	3220	Sichuan	NA
2006.258	Acer cappadocicum subsp. sinicum	Sapindaceae	McNamara, W., Roh, Wang, Welti, J., Yin, Zhong	AP06011	10/23/2006	2722	Sichuan	CAS; NA
2006.259	Tsuga forrestii	Pinaceae	McNamara, W., Roh, Wang, Welti, J., Yin, Zhong	AP06012	10/23/2006	2722	Sichuan	CAS; NA
2006.260	Picea likiangensis	Pinaceae	McNamara, W., Roh, Wang, Welti, J., Yin, Zhong	AP06013	10/23/2006	3047	Sichuan	
2006.261	Rhododendron rex	Ericaceae	McNamara, W., Roh, Wang, Welti, J., Yin, Zhong	AP06014	10/23/2006	3567	Sichuan	CAS; NA
2006.262	Betula utilis	Betulaceae	McNamara, W., Roh, Wang, Welti, J., Yin, Zhong	AP06015	10/23/2006	3567	Sichuan	
2006.263	Sorbus sp.	Rosaceae	McNamara, W., Roh, Wang, Welti, J., Yin, Zhong	AP06016	10/23/2006	3656	Sichuan	CAS; NA
2006.264	Abies georgei	Pinaceae	McNamara, W., Roh, Wang, Welti, J., Yin, Zhong	AP06017	10/24/2006	3533	Sichuan	
2006.265	Gentiana veitchiorum	Gentianaceae	McNamara, W., Roh, Wang, Welti, J., Yin, Zhong	AP06018	10/24/2006	3515	Sichuan	NA
2006.266	Acer pentaphyllum	Sapindaceae	McNamara, W., Roh, Wang, Welti, J., Yin, Zhong	AP06019	10/27/2006	2612	Sichuan	CAS; NA
2006.267	Acer pentaphyllum	Sapindaceae	McNamara, W., Roh, Wang, Welti, J., Yin, Zhong	AP06020	10/27/2006	2621	Sichuan	CAS; NA
2006.268	Acer pentaphyllum	Sapindaceae	McNamara, W., Roh, Wang, Welti, J., Yin, Zhong	AP06021	10/27/2006	2676	Sichuan	CAS; NA
2006.269	Acer pentaphyllum	Sapindaceae	McNamara, W., Roh, Wang, Welti, J., Yin, Zhong	AP06022	10/27/2006	2670	Sichuan	CAS; NA
2006.270	Acer pentaphyllum	Sapindaceae	McNamara, W., Roh, Wang, Welti, J., Yin, Zhong	AP06023	10/27/2006	2679	Sichuan	CAS; NA
2006.271	Acer pentaphyllum	Sapindaceae	McNamara, W., Roh, Wang, Welti, J., Yin, Zhong	AP06024	10/27/2006	2640	Sichuan	CAS; NA
2006.272	Carpinus sp.	Betulaceae	McNamara, W., Roh, Wang, Welti, J., Yin, Zhong	AP06025	10/27/2006	2640	Sichuan	
2006.273	Acer davidii	Sapindaceae	McNamara, W., Roh, Wang, Welti, J., Yin, Zhong	AP06026	10/27/2006	2602	Sichuan	

03

Accession	Taxa	Family	Collectors	Number	Time	Elevation (m)	Region	Herbarium
2006.274	Picea likiangensis	Pinaceae	McNamara, W., Roh, Wang, Welti, J., Yin, Zhong	AP06027	10/28/2006	3044	Sichuan	
2006.275	Picea likiangensis var. rubescens	Pinaceae	McNamara, W., Roh, Wang, Welti, J., Yin, Zhong	AP06028	10/28/2006	3938	Sichuan	
2006.276	Malus sp.	Rosaceae	McNamara, W., Roh, Wang, Welti, J., Yin, Zhong	AP06029	10/28/2006	3096	Sichuan	CAS; NA
2006.277	Acer cappadocicum subsp. sinicum	Sapindaceae	McNamara, W., Roh, Wang, Welti, J., Yin, Zhong	AP06030	10/28/2006	3025	Sichuan	
2006.278	Rosa sp.	Rosaceae	McNamara, W., Roh, Wang, Welti, J., Yin, Zhong	AP06031	10/28/2006	2852	Sichuan	CAS; NA
2006.279	Acer pentaphyllum	Sapindaceae	McNamara, W., Roh, Wang, Welti, J., Yin, Zhong	AP06032	10/28/2006	2850	Sichuan	
2006.280	Acer pentaphyllum	Sapindaceae	McNamara, W., Roh, Wang, Welti, J., Yin, Zhong	AP06033	10/28/2006	2840	Sichuan	
2006.281	Acer pentaphyllum	Sapindaceae	McNamara, W., Roh, Wang, Welti, J., Yin, Zhong	AP06034	10/28/2006	2835	Sichuan	
2006.282	Acer pentaphyllum	Sapindaceae	McNamara, W., Roh, Wang, Welti, J., Yin, Zhong	AP06035	10/28/2006	2856	Sichuan	
2006.283	Acer pentaphyllum	Sapindaceae	McNamara, W., Roh, Wang, Welti, J., Yin, Zhong	AP06036	10/28/2006	2856	Sichuan	
2006.284	Acer pentaphyllum	Sapindaceae	McNamara, W., Roh, Wang, Welti, J., Yin, Zhong	AP06037	10/28/2006	2856	Sichuan	
2006.285	Acer pentaphyllum	Sapindaceae	McNamara, W., Roh, Wang, Welti, J., Yin, Zhong	AP06038	10/28/2006	2849	Sichuan	
2006.286	Acer pentaphyllum	Sapindaceae	McNamara, W., Roh, Wang, Welti, J., Yin, Zhong	AP06039	10/30/2006	2533	Sichuan	CAS; NA
2006.287	Acer pentaphyllum	Sapindaceae	McNamara, W., Roh, Wang, Welti, J., Yin, Zhong	AP06040	10/30/2006	2533	Sichuan	CAS; NA
2006.288	Acer pentaphyllum	Sapindaceae	McNamara, W., Roh, Wang, Welti, J., Yin, Zhong	AP06041	10/30/2006	2565	Sichuan	CAS; NA
2006.289	Acer pentaphyllum	Sapindaceae	McNamara, W., Roh, Wang, Welti, J., Yin, Zhong	AP06042	10/30/2006	2533	Sichuan	CAS; NA
2006.290	Abies fabri	Pinaceae	McNamara, W., Roh, Wang, Welti, J., Yin, Zhong	AP06043	11/1/2006	3453	Sichuan	

Accession	Taxa	Family	Collectors	Number	Time	Elevation (m)	Region	Herbarium
2006.291	Rhododendron sp.	Ericaceae	McNamara, W., Roh, Wang, Welti, J., Yin, Zhong	AP06044	11/1/2006	3453	Sichuan	CAS; NA
2006.292	Juniperus sp.	Cupressaceae	McNamara, W., Roh, Wang, Welti, J., Yin, Zhong	AP06045	11/1/2006	3453	Sichuan	
2006.293	Tsuga chinensis	Pinaceae	McNamara, W., Roh, Wang, Welti, J., Yin, Zhong	AP06046	11/1/2006	3012	Sichuan	
2006.294	Ajania sp.	Asteraceae	McNamara, W., Roh, Wang, Welti, J., Yin, Zhong	AP06047	10/28/2006	3096	Sichuan	CAS; NA
2006.298	Rhododendron polylepis	Ericaceae	Flanagan, Kirkham, McNamara, Ruddy	SICH2170	9/18/2001	2576	Sichuan	CAS; K
2006.299	Rhododendron sp.	Ericaceae	Howick, McNamara	H&M2260	9/17/2000	3390	Sichuan	
2006.300	Rhododendron davidsonianum	Ericaceae	Cole, Flanagan, Kirkham, McNamara	SICH2064	10/6/1999	1775	Sichuan	CAS; K
2006.301	Rhododendron augustinii	Ericaceae	Cole, Flanagan, Kirkham, McNamara	SICH2084	10/7/1999	1440	Sichuan	CAS; K
2006.311	Fordiophyton faberi	Melastomataceae	Boland, Brownless, Jamieson, McNamara, Tsukie		10/7/2005			
2006.319	Acer pentaphyllum	Sapindaceae	McNamara, W., Roh, Wang, Welti, J., Yin, Zhong		10/27/2006	2612-2679	Sichuan	
2007.562	Magnolia martini	Magnoliaceae	McNamara, W., Wang Y., Zhang S.	YU07001			Yunnan	
2007.563	Magnolia chapensis	Magnoliaceae	McNamara, W., Wang Y., Zhang S.	YU07002			Yunnan	
2007.564	Magnolia fulva	Magnoliaceae	McNamara, W., Wang Y., Zhang S.	YU07003			Yunnan	
2007.565	Magnolia yunnanensis	Magnoliaceae	McNamara, W., Wang Y., Zhang S.	YU07004			Yunnan	
2007.566	Magnolia conifera	Magnoliaceae	McNamara, W., Wang Y., Zhang S.	YU07005			Yunnan	
2007.567	Camellia sp.	Theaceae	McNamara, W., Wang Y., Zhang S.	YU07006			Yunnan	
2007.594	Polygonatum odoratum	Liliaceae	Erskine, Fliegner, Howick, McNamara	SICH0196	9/18/1988	2420	Sichuan	
2008.157	Sorbus sp.	Rosaceae	McNamara, W., Zhang L., Zhang S.	SS0801	10/1/2008	1753	Sichuan	SZ
2008.158	Magnolia sargentiana	Magnoliaceae	McNamara, W., Zhang L., Zhang S.	SS0802	10/2/2008	2135	Sichuan	SZ
2008.159	Tupistra sp.	Liliaceae	McNamara, W., Zhang L., Zhang S.	SS0803	10/2/2008	2288	Sichuan	SZ
2008.160	Acer sp.	Sapindaceae	McNamara, W., Zhang L., Zhang S.	SS0804	10/4/2008	2228	Sichuan	SZ
2008.161	Tetracentron sinense	Tetracentraceae	McNamara, W., Zhang L., Zhang S.	SS0805	10/4/2008	2242	Sichuan	SZ
2008.162	Rhododendron sp.	Ericaceae	McNamara, W., Zhang L., Zhang S.	SS0806	10/4/2008	2308	Sichuan	SZ
2008.163	Acer sp.	Sapindaceae	McNamara, W., Zhang L., Zhang S.	SS0807	10/4/2008	2390	Sichuan	SZ
2008.164	Acer sp.	Sapindaceae	McNamara, W., Zhang L., Zhang S.	SS0808	10/5/2008	2083	Sichuan	SZ
2008.165	Davidia involucrata	Nyssaceae	McNamara, W., Zhang L., Zhang S.	SS0809	10/5/2008	2123	Sichuan	SZ

03

Accession	Taxa	Family	Collectors	Number	Time	Elevation (m)	Region	Herbarium
2008.166	Rhododendron sp.	Ericaceae	McNamara, W., Zhang L., Zhang S.	SS0810	10/5/2008	2125	Sichuan	SZ
2008.167	Acer sp.	Sapindaceae	McNamara, W., Zhang L., Zhang S.	SS0811	10/5/2008	2173	Sichuan	SZ
2008.168	Acer sp.	Sapindaceae	McNamara, W., Zhang L., Zhang S.	SS0812	10/5/2008	2291	Sichuan	SZ
2008.169	Philadelphus sp.	Hydrangeaceae	McNamara, W., Zhang L., Zhang S.	SS0813	10/5/2008	2261	Sichuan	SZ
2008.170	Schizophragma sp.	Saxifragaceae	McNamara, W., Zhang L., Zhang S.	SS0814	10/5/2008	2215	Sichuan	SZ
2008.171	Sorbus megalocarpa	Rosaceae	McNamara, W., Zhang L., Zhang S.	SS0815	10/5/2008	2144	Sichuan	SZ
2008.172	Rhododendron sp.	Ericaceae	McNamara, W., Zhang L., Zhang S.	SS0816	10/6/2008	2905	Sichuan	SZ
2008.173	Rhododendron sp.	Ericaceae	McNamara, W., Zhang L., Zhang S.	SS0817	10/6/2008	2905	Sichuan	SZ
2008.174	Rhododendron sp.	Ericaceae	McNamara, W., Zhang L., Zhang S.	SS0818	10/6/2008	2950	Sichuan	SZ
2008.175	Rhododendron sp.	Ericaceae	McNamara, W., Zhang L., Zhang S.	SS0819	10/6/2008	2750	Sichuan	SZ
2008.176	Rhododendron sp.	Ericaceae	McNamara, W., Zhang L., Zhang S.	SS0820	10/7/2008	2421	Sichuan	SZ
2008.177	Acer sp.	Sapindaceae	McNamara, W., Zhang L., Zhang S.	SS0821	10/7/2008	2423	Sichuan	SZ
2008.178	Rhododendron sp.	Ericaceae	McNamara, W., Zhang L., Zhang S.	SS0822	10/7/2008	2420	Sichuan	SZ
2008.179	Enkianthus sp.	Ericaceae	McNamara, W., Zhang L., Zhang S.	SS0823	10/7/2008	2419	Sichuan	SZ
2008.180	Rhododendron sp.	Ericaceae	McNamara, W., Zhang L., Zhang S.	SS0824	10/7/2008	2422	Sichuan	SZ
2008.181	Rhododendron sp.	Ericaceae	McNamara, W., Zhang L., Zhang S.	SS0825	10/7/2008	2422	Sichuan	SZ
2008.182	Ilex sp.	Aquifoliaceae	McNamara, W., Zhang L., Zhang S.	SS0826	10/8/2008	2391	Sichuan	SZ
2008.183	Acer sp.	Sapindaceae	McNamara, W., Zhang L., Zhang S.	SS0827	10/8/2008	2185	Sichuan	SZ
2008.184	Rhododendron orthocladum var. orthocladum	Ericaceae	McNamara, W., Zhang L., Zhang S.	SS0828	10/9/2008	2940	Sichuan	SZ
2008.185	Juniperus pingii	Cupressaceae	McNamara, W., Zhang L., Zhang S.	SS0829	10/9/2008	2996	Sichuan	SZ
2008.186	Rhododendron sp.	Ericaceae	McNamara, W., Zhang L., Zhang S.	SS0830	10/9/2008	3019	Sichuan	SZ
2008.187	Lyonia villosa	Ericaceae	McNamara, W., Zhang L., Zhang S.	SS0831	10/9/2008	3023	Sichuan	SZ
2008.188	Sorbus sp.	Rosaceae	McNamara, W., Zhang L., Zhang S.	SS0832	10/9/2008	3043	Sichuan	SZ
2008.189	Iris wilsonii	Iridaceae	McNamara, W., Zhang L., Zhang S.	SS0833	10/9/2008	3070	Sichuan	SZ
2008.190	Salvia przewalskii	Lamiaceae	McNamara, W., Zhang L., Zhang S.	SS0834	10/9/2008	2849	Sichuan	SZ
2008.195	Polygonatum cirrhifolium	Liliaceae	Howick, McNamara	H&M1442	10/10/1990	3570	Sichuan	K
2009.012	Hypericum japonicum	Hypericaceae	Howick, McNamara	H&M1399	10/7/1990	2720	Sichuan	K
2009.014	Cupressus funebris	Cupressaceae	Flanagan, Howick, Kirkham, McNamara	SICH1702	9/18/1996	820	Sichuan	CAS; K

Accession	Taxa	Family	Collectors	Number	Time	Elevation (m)	Region	Herbarium
2009.078	Ophiopogon bodinieri	Liliaceae	Erskine, Fliegner, Howick, McNamara		9/11/1988	2380	Sichuan	
2009.080	Fordiophyton faberi	Melastomataceae	Boland, Brownless, Jamieson, McNamara, Tsukie		10/7/2005			
2009.082	Hedychium spicatum var. acuminatum	Zingiberaceae	Erskine, Howick, McNamara, Simmons		9/19/1991	980	Sichuan	
2009.108	Rodgersia aesculifolia	Saxifragaceae	Erskine, Fliegner, Howick, McNamara	SICH0067	9/13/1988	2140	Sichuan	
2009.115	Ceratostigma willmottianum	Plumbaginaceae	Howick, McNamara	H&M2103	10/8/1998	1010	Sichuan	CAS
2009.119	Camellia pitardii	Theaceae	McNamara, W.	M0162	10/7/1996	1235	Guizhou	
2009.124	Dichroa febrifuga	Saxifragaceae	Flanagan, Howick, Kirkham, McNamara	SICH1872	10/6/1996	1160	Sichuan	CAS; K
2009.125	Lilium leucanthum	Liliaceae	Erskine, Fliegner, Howick, McNamara	SICH0235	9/22/1988	720	Sichuan	K
2009.126	Primula poissonii	Primulaceae	Howick, McNamara	H&M1429	10/8/1990	2240	Sichuan	
2009.128	Disporum longistylum	Liliaceae	Erskine, Howick, McNamara, Simmons	SICH0748	10/5/1991	1900	Sichuan	K
2009.134	Ophiopogon sp.	Liliaceae	Erskine, Fliegner, Howick, McNamara	SICH1604	10/4/1995	1525	Sichuan	
2009.137	Tricyrtis formosana	Liliaceae	Crombie, Howick, McNamara	HMC2578	10/26/2004	2605	Taiwan	
2009.139	Primula poissonii	Primulaceae	Howick, McNamara	H&M1429	10/8/1990	2240	Sichuan	
2009.144	Decaisnea insignis	Lardizabalaceae	Barnes, Hill, McNamara, Welti, Zhang	BHMWZ001	9/30/2009	2037	Sichuan	
2009.145	Lepisorus sp.	Polypodiaceae	Barnes, Hill, McNamara, Welti, Zhang	BHMWZ002	9/30/2009	2037	Sichuan	
2009.146	Liriope sp.	Liliaceae	Barnes, Hill, McNamara, Welti, Zhang	BHMWZ003	9/30/2009	2049	Sichuan	
2009.147	Actinidia sp.	Actinidiaceae	Barnes, Hill, McNamara, Welti, Zhang	BHMWZ004	9/30/2009	2247	Sichuan	
2009.148	Davidia involucrata	Nyssaceae	Barnes, Hill, McNamara, Welti, Zhang	BHMWZ005	9/30/2009	2212	Sichuan	
2009.149	Cardiocrinum giganteum	Liliaceae	Barnes, Hill, McNamara, Welti, Zhang	BHMWZ006	9/30/2009	2212	Sichuan	
2009.150	Rhododendron decorum	Ericaceae	Barnes, Hill, McNamara, Welti, Zhang	BHMWZ007	9/30/2009	2208	Sichuan	
2009.151	Rhododendron sp.	Ericaceae	Barnes, Hill, McNamara, Welti, Zhang	BHMWZ008	9/30/2009	2208	Sichuan	
2009.152	Adenophora sp.	Campanulaceae	Barnes, Hill, McNamara, Welti, Zhang	BHMWZ009	9/30/2009	2208	Sichuan	
2009.153	Arisaema sp.	Araceae	Barnes, Hill, McNamara, Welti, Zhang	BHMWZ010	10/1/2009	2878	Sichuan	
2009.154	Rhododendron sp.	Ericaceae	Barnes, Hill, McNamara, Welti, Zhang	BHMWZ011	10/1/2009	2906	Sichuan	
2009.155	Maianthemum sp.	Liliaceae	Barnes, Hill, McNamara, Welti, Zhang	BHMWZ012	10/1/2009	2906	Sichuan	
2009.156	Sorbus setschwanensis	Rosaceae	Barnes, Hill, McNamara, Welti, Zhang	BHMWZ013	10/1/2009	2906	Sichuan	
2009.157	Sorbus rufopilosa	Rosaceae	Barnes, Hill, McNamara, Welti, Zhang	BHMWZ014	10/1/2009	3148	Sichuan	
2009.158	Rhododendron sp.	Ericaceae	Barnes, Hill, McNamara, Welti, Zhang	BHMWZ015	10/1/2009	3156	Sichuan	
2009.159	Acer caudatum	Sapindaceae	Barnes, Hill, McNamara, Welti, Zhang	BHMWZ016	10/1/2009	3215	Sichuan	

03

Accession	Taxa	Family	Collectors	Number	Time	Elevation (m)	Region	Herbarium
2009.160	Rosa sp.	Rosaceae	Barnes, Hill, McNamara, Welti, Zhang	BHMWZ017	10/1/2009	3073	Sichuan	
2009.161	Ribes sp.	Saxifragaceae	Barnes, Hill, McNamara, Welti, Zhang	BHMWZ018	10/1/2009	3008	Sichuan	
2009.162	Smilax sp.	Liliaceae	Barnes, Hill, McNamara, Welti, Zhang	BHMWZ019	10/1/2009	3008	Sichuan	
2009.163	Acer laxiflorum	Sapindaceae	Barnes, Hill, McNamara, Welti, Zhang	BHMWZ020	10/1/2009	2955	Sichuan	
2009.164	Sorbus sp.	Rosaceae	Barnes, Hill, McNamara, Welti, Zhang	BHMWZ021	10/1/2009	2871	Sichuan	
2009.165	Sorbus sp.	Rosaceae	Barnes, Hill, McNamara, Welti, Zhang	BHMWZ022	10/1/2009	2856	Sichuan	
2009.166	Meliosma sp.	Sabiaceae	Barnes, Hill, McNamara, Welti, Zhang	BHMWZ023	10/1/2009	2808	Sichuan	
2009.167	Acer laxiflorum	Sapindaceae	Barnes, Hill, McNamara, Welti, Zhang	BHMWZ024	10/2/2009	2817	Sichuan	
2009.168	Acer maximowiczii	Sapindaceae	Barnes, Hill, McNamara, Welti, Zhang	BHMWZ025	10/2/2009	2817	Sichuan	
2009.169	Rhododendron calophytum	Ericaceae	Barnes, Hill, McNamara, Welti, Zhang	BHMWZ026	10/2/2009	2843	Sichuan	
2009.170	Rhododendron sp.	Ericaceae	Barnes, Hill, McNamara, Welti, Zhang	BHMWZ027	10/2/2009	2847	Sichuan	
2009.171	Acer caudatum	Sapindaceae	Barnes, Hill, McNamara, Welti, Zhang	BHMWZ028	10/2/2009	2847	Sichuan	
2009.172	Hydrangea sp.	Hydrangeaceae	Barnes, Hill, McNamara, Welti, Zhang	BHMWZ029	10/2/2009	2867	Sichuan	
2009.173	Ilex sp.	Aquifoliaceae	Barnes, Hill, McNamara, Welti, Zhang	BHMWZ030	10/2/2009	2867	Sichuan	
2009.174	Meconopsis integrifolia	Papaveraceae	Barnes, Hill, McNamara, Welti, Zhang	BHMWZ031	10/2/2009	3775	Sichuan	
2009.175	Rheum sp.	Polygonaceae	Barnes, Hill, McNamara, Welti, Zhang	BHMWZ032	10/2/2009	3775	Sichuan	
2009.176	Delphinium sp.	Ranunculaceae	Barnes, Hill, McNamara, Welti, Zhang	BHMWZ033	10/2/2009	3775	Sichuan	
2009.177	Artemisia sp.	Asteraceae	Barnes, Hill, McNamara, Welti, Zhang	BHMWZ034	10/2/2009	3775	Sichuan	
2009.178	Rhododendron impeditum	Ericaceae	Barnes, Hill, McNamara, Welti, Zhang	BHMWZ035	10/2/2009	3953	Sichuan	
2009.179	Rhodiola sp.	Crassulaceae	Barnes, Hill, McNamara, Welti, Zhang	BHMWZ036	10/2/2009	3953	Sichuan	
2009.180	Begonia muliensis	Begoniaceae	Barnes, Hill, McNamara, Welti, Zhang	BHMWZ037	10/2/2009	1092	Sichuan	
2009.181	Corallodiscus lanuginosus	Gesneriaceae	Barnes, Hill, McNamara, Welti, Zhang	BHMWZ038	10/2/2009	1092	Sichuan	
2009.182	Viburnum foetidum	Adoxaceae	Barnes, Hill, McNamara, Welti, Zhang	BHMWZ039	10/2/2009	1092	Sichuan	
2009.183	Hedychium sp.	Zingiberaceae	Barnes, Hill, McNamara, Welti, Zhang	BHMWZ040	10/2/2009	1090	Sichuan	
2009.184	Mussaenda pubescens	Rubiaceae	Barnes, Hill, McNamara, Welti, Zhang	BHMWZ041	10/2/2009	1090	Sichuan	
2009.185	Decaisnea insignis	Lardizabalaceae	Barnes, Hill, McNamara, Welti, Zhang	BHMWZ042	10/3/2009	2332	Sichuan	
2009.186	Eleutherococcus sp.	Araliaceae	Barnes, Hill, McNamara, Welti, Zhang	BHMWZ043	10/3/2009	2332	Sichuan	
2009.187	Paris sp.	Trilliaceae	Barnes, Hill, McNamara, Welti, Zhang	BHMWZ044	10/3/2009	2300	Sichuan	
2009.188	Lithocarpus cleistocarpus	Fagaceae	Barnes, Hill, McNamara, Welti, Zhang	BHMWZ045	10/3/2009	2292	Sichuan	
2009.189	Alnus lanata	Betulaceae	Barnes, Hill, McNamara, Welti, Zhang	BHMWZ046	10/3/2009	2291	Sichuan	

Accession	Taxa	Family	Collectors	Number	Time	Elevation (m)	Region	Herbarium
2009.190	Rhododendron decorum	Ericaceae	Barnes, Hill, McNamara, Welti, Zhang	BHMWZ047	10/3/2009	2285	Sichuan	
2009.191	Camellia sp.	Theaceae	Barnes, Hill, McNamara, Welti, Zhang	BHMWZ048	10/4/2009	2171	Sichuan	
2009.192	Camellia sp.	Theaceae	Barnes, Hill, McNamara, Welti, Zhang	BHMWZ049	10/4/2009	2171	Sichuan	
2009.193	Arisaema sp.	Araceae	Barnes, Hill, McNamara, Welti, Zhang	BHMWZ050	10/4/2009	2171	Sichuan	
2009.194	Paris sp.	Trilliaceae	Barnes, Hill, McNamara, Welti, Zhang	BHMWZ051	10/4/2009	2171	Sichuan	
2009.195	Rhododendron sp.	Ericaceae	Barnes, Hill, McNamara, Welti, Zhang	BHMWZ052	10/4/2009	2761	Sichuan	
2009.196	Rhododendron sp.	Ericaceae	Barnes, Hill, McNamara, Welti, Zhang	BHMWZ053	10/4/2009	2874	Sichuan	
2009.197	Euonymus sp.	Celastraceae	Barnes, Hill, McNamara, Welti, Zhang	BHMWZ054	10/4/2009	3038	Sichuan	
2009.198	Rhododendron sp.	Ericaceae	Barnes, Hill, McNamara, Welti, Zhang	BHMWZ055	10/4/2009	3156	Sichuan	
2009.199	Rhododendron sp.	Ericaceae	Barnes, Hill, McNamara, Welti, Zhang	BHMWZ056	10/4/2009	3156	Sichuan	
2009.200	Rhododendron rex subsp. fictolacteum	Ericaceae	Barnes, Hill, McNamara, Welti, Zhang	BHMWZ057	10/4/2009	3270	Sichuan	
2009.201	Rhododendron sp.	Ericaceae	Barnes, Hill, McNamara, Welti, Zhang	BHMWZ058	10/4/2009	3267	Sichuan	
2009.202	Rhododendron sp.	Ericaceae	Barnes, Hill, McNamara, Welti, Zhang	BHMWZ059	10/4/2009	3267	Sichuan	
2009.203	Rhododendron sp.	Ericaceae	Barnes, Hill, McNamara, Welti, Zhang	BHMWZ060	10/4/2009	3499	Sichuan	
2009.204	Rhododendron sp.	Ericaceae	Barnes, Hill, McNamara, Welti, Zhang	BHMWZ061	10/4/2009	3547	Sichuan	
2009.205	Rhododendron sp.	Ericaceae	Barnes, Hill, McNamara, Welti, Zhang	BHMWZ062	10/4/2009	3561	Sichuan	
2009.206	Keteleeria evelyniana	Pinaceae	Barnes, Hill, McNamara, Welti, Zhang	BHMWZ063	10/6/2009	1761	Sichuan	
2009.207	Cornus capitata	Cornaceae	Barnes, Hill, McNamara, Welti, Zhang	BHMWZ064	10/6/2009	2065	Sichuan	
2009.208	Incarvillea arguta	Bignoniaceae	Barnes, Hill, McNamara, Welti, Zhang	BHMWZ065	10/6/2009	2065	Sichuan	
2009.209	Rhododendron spinuliferum	Ericaceae	Barnes, Hill, McNamara, Welti, Zhang	BHMWZ066	10/6/2009	2410	Sichuan	
2009.210	Camellia pitardii var. pitardii	Theaceae	Barnes, Hill, McNamara, Welti, Zhang	BHMWZ067	10/6/2009	2410	Sichuan	
2009.211	Rhododendron racemosum	Ericaceae	Barnes, Hill, McNamara, Welti, Zhang	BHMWZ068	10/8/2009	3182	Sichuan	
2009.212	Iris sp.	Iridaceae	Barnes, Hill, McNamara, Welti, Zhang	BHMWZ069	10/8/2009	3132	Sichuan	
2009.213	Salvia przewalskii	Lamiaceae	Barnes, Hill, McNamara, Welti, Zhang	BHMWZ070	10/8/2009	2965	Sichuan	
2009.214	Magnolia sargentiana	Magnoliaceae	Barnes, Hill, McNamara, Welti, Zhang	BHMWZ071	10/9/2009	2257	Sichuan	
2009.215	Cornus kousa subsp. chinensis	Cornaceae	Barnes, Hill, McNamara, Welti, Zhang	BHMWZ072	10/9/2009	2257	Sichuan	
2009.216	Cornus controversa	Cornaceae	Barnes, Hill, McNamara, Welti, Zhang	BHMWZ073	10/9/2009	2245	Sichuan	
2009.217	Euptelea pleiosperma	Eupteleaceae	Barnes, Hill, McNamara, Welti, Zhang	BHMWZ074	10/9/2009	2064	Sichuan	
2009.218	Iris sp.	Iridaceae	Barnes, Hill, McNamara, Welti, Zhang	BHMWZ075	10/9/2009	2067	Sichuan	
2009.219	Davidia involucrata	Nyssaceae	Barnes, Hill, McNamara, Welti, Zhang	BHMWZ076	10/9/2009	2319	Sichuan	

Accession	Taxa	Family	Collectors	Number	Time	Elevation (m)	Region	Herbarium
2009.220	Acer sp.	Sapindaceae	Barnes, Hill, McNamara, Welti, Zhang	BHMWZ077	10/9/2009	2357	Sichuan	
2009.221	Acer sp.	Sapindaceae	Barnes, Hill, McNamara, Welti, Zhang	BHMWZ078	10/9/2009	2357	Sichuan	
2009.222	Idesia polycarpa var. vestita	Flacourtiaceae	Barnes, Hill, McNamara, Welti, Zhang	BHMWZ079	10/9/2009	2394	Sichuan	
2009.223	Rhododendron polylepis	Ericaceae	Barnes, Hill, McNamara, Welti, Zhang	BHMWZ080	10/9/2009	2437	Sichuan	
2009.224	Sorbus sp.	Rosaceae	Barnes, Hill, McNamara, Welti, Zhang	BHMWZ081	10/9/2009	2455	Sichuan	
2009.225	Berberis wilsoniae	Berberidaceae	Barnes, Hill, McNamara, Welti, Zhang	BHMWZ082	10/9/2009	2565	Sichuan	
2009.226	Acer laxiflorum	Sapindaceae	Barnes, Hill, McNamara, Welti, Zhang	BHMWZ083	10/10/2009	2831	Sichuan	
2009.227	Acer erianthum	Sapindaceae	Barnes, Hill, McNamara, Welti, Zhang	BHMWZ084	10/10/2009	2293	Sichuan	
2009.228	Rhododendron sp.	Ericaceae	Barnes, Hill, McNamara, Welti, Zhang	BHMWZ085	10/12/2009	2993	Sichuan	
2009.229	Malus sp.	Rosaceae	Barnes, Hill, McNamara, Welti, Zhang	BHMWZ086	10/12/2009	2643	Sichuan	
2009.230	Acer flabellatum	Sapindaceae	Barnes, Hill, McNamara, Welti, Zhang	BHMWZ087	10/13/2009	2444	Sichuan	
2009.231	Enkianthus deflexus	Ericaceae	Barnes, Hill, McNamara, Welti, Zhang	BHMWZ088	10/13/2009	1755	Sichuan	
2009.232	Schima sinensis	Theaceae	Barnes, Hill, McNamara, Welti, Zhang	BHMWZ089	10/13/2009	1755	Sichuan	
2009.233	Staphylea holocarpa	Staphyleaceae	Barnes, Hill, McNamara, Welti, Zhang	BHMWZ090	10/13/2009	1643	Sichuan	
2009.234	Mahonia gracilipes	Berberidaceae	Barnes, Hill, McNamara, Welti, Zhang	BHMWZ091	10/13/2009	1532	Sichuan	
2009.235	Acer amplum subsp. catalpifolium	Sapindaceae	Barnes, Hill, McNamara, Welti, Zhang	BHMWZ092	10/14/2009	1482	Sichuan	
2009.236	Rhododendron sp.	Ericaceae	Barnes, Hill, McNamara, Welti, Zhang	BHMWZ093	10/16/2009	2695	Sichuan	
2009.237	Rhododendron sp.	Ericaceae	Barnes, Hill, McNamara, Welti, Zhang	BHMWZ094	10/16/2009	2597	Sichuan	
2009.238	Schisandra sp.	Schisandraceae	Barnes, Hill, McNamara, Welti, Zhang	BHMWZ095	10/16/2009	2566	Sichuan	
2009.239	Taxus chinensis	Taxaceae	Barnes, Hill, McNamara, Welti, Zhang	BHMWZ096	10/16/2009	2358	Sichuan	
2009.240	Smilax sp.	Liliaceae	Barnes, Hill, McNamara, Welti, Zhang	BHMWZ097	10/16/2009	2344	Sichuan	
2009.241	Osmanthus sp.	Oleaceae	Barnes, Hill, McNamara, Welti, Zhang	BHMWZ098	10/16/2009	2046	Sichuan	
2009.242	Disporum longistylum	Liliaceae	Barnes, Hill, McNamara, Welti, Zhang	BHMWZ099	10/17/2009	1432	Sichuan	
2009.243	Dichroa febrifuga	Saxifragaceae	Barnes, Hill, McNamara, Welti, Zhang	BHMWZ100	10/17/2009	1436	Sichuan	
2009.244	Camellia sinensis	Theaceae	Barnes, Hill, McNamara, Welti, Zhang	BHMWZ101	10/17/2009	1436	Sichuan	
2009.245	Acer sinense	Sapindaceae	Barnes, Hill, McNamara, Welti, Zhang	BHMWZ102	10/17/2009	1416	Sichuan	
2010.002	Lilium henryi	Liliaceae	Flanagan, Howick, Kirkham, McNamara	SICH1834	9/30/1996	675	Sichuan	
2010.011	Ophiopogon bodinieri	Liliaceae	Erskine, Fliegner, Howick, McNamara		9/11/1988	2380	Sichuan	
2010.067	Fargesia nitida	Poaceae	Hill, McNamara		3/1/2010		Sichuan	

Accession	Taxa	Family	Collectors	Number	Time	Elevation (m)	Region	Herbarium
2010.073	Fargesia nitida	Poaceae	Hill, McNamara, Wang, Zhang S.		4/12/2010		Sichuan	
2010.101	Sorbus scalaris	Rosaceae	Bunting, Crock, Hill, McNamara	BCHM001	9/28/2010	1848	Sichuan	SZ
2010.102	Viburnum sp.	Adoxaceae	Bunting, Crock, Hill, McNamara	BCHM002	9/28/2010	1856	Sichuan	SZ
2010.103	Hydrangea aspera	Hydrangeaceae	Bunting, Crock, Hill, McNamara	BCHM003	9/28/2010	1871	Sichuan	SZ
2010.104	Decaisnea insignis	Lardizabalaceae	Bunting, Crock, Hill, McNamara	BCHM004	9/28/2010	1881	Sichuan	
2010.105	Acer laxiflorum	Sapindaceae	Bunting, Crock, Hill, McNamara	BCHM005	9/28/2010	1883	Sichuan	SZ
2010.106	Cornus macrophylla	Cornaceae	Bunting, Crock, Hill, McNamara	BCHM006	9/28/2010	2288	Sichuan	SZ
2010.107	Quercus sp.	Fagaceae	Bunting, Crock, Hill, McNamara	BCHM007	9/29/2010	1908	Sichuan	SZ
2010.108	Viburnum betulifolium	Adoxaceae	Bunting, Crock, Hill, McNamara	BCHM008	9/29/2010	1910	Sichuan	SZ
2010.109	Begonia grandis	Begoniaceae	Bunting, Crock, Hill, McNamara	BCHM009	9/29/2010	1912	Sichuan	CAS; MO; SZ
2010.110	Rhododendron decorum	Ericaceae	Bunting, Crock, Hill, McNamara	BCHM010	9/29/2010	1932	Sichuan	CAS; MO; SZ
2010.111	Actaea asiatica	Ranunculaceae	Bunting, Crock, Hill, McNamara	BCHM011	9/29/2010	1979	Sichuan	
2010.112	Quercus mongolica	Fagaceae	Bunting, Crock, Hill, McNamara	BCHM012	9/29/2010	2232	Sichuan	SZ
2010.113	Quercus dentata	Fagaceae	Bunting, Crock, Hill, McNamara	BCHM013	9/29/2010	2290	Sichuan	SZ
2010.114	Acer laxiflorum	Sapindaceae	Bunting, Crock, Hill, McNamara	BCHM014	9/29/2010	2286	Sichuan	SZ
2010.115	Acer sterculiaceum subsp. franchetii	Sapindaceae	Bunting, Crock, Hill, McNamara	BCHM015	9/29/2010	2286	Sichuan	SZ
2010.116	Clematis ranunculoides	Ranunculaceae	Bunting, Crock, Hill, McNamara	BCHM016	9/30/2010	2314	Sichuan	SZ
2010.117	Rhododendron spinuliferum	Ericaceae	Bunting, Crock, Hill, McNamara	BCHM017	9/30/2010	2331	Sichuan	SZ
2010.118	Rhododendron sp.	Ericaceae	Bunting, Crock, Hill, McNamara	BCHM018	10/1/2010	3050	Sichuan	SZ
2010.119	Rhododendron sp.	Ericaceae	Bunting, Crock, Hill, McNamara	BCHM019	10/1/2010	3056	Sichuan	SZ
2010.120	Rhododendron sp.	Ericaceae	Bunting, Crock, Hill, McNamara	BCHM020	10/1/2010	3059	Sichuan	SZ
2010.121	Thalictrum sp.	Ranunculaceae	Bunting, Crock, Hill, McNamara	BCHM021	10/1/2010	3059	Sichuan	SZ
2010.122	Arisaema erubescens	Araceae	Bunting, Crock, Hill, McNamara	BCHM022	10/1/2010	3228	Sichuan	
2010.123	Abies forrestii	Pinaceae	Bunting, Crock, Hill, McNamara	BCHM023	10/1/2010	3233	Sichuan	CAS; MO; SZ
2010.124	Adenophora sp.	Campanulaceae	Bunting, Crock, Hill, McNamara	BCHM024	10/1/2010	3183	Sichuan	SZ
2010.125	Allium sp.	Liliaceae	Bunting, Crock, Hill, McNamara	BCHM025	10/1/2010	3181	Sichuan	SZ
2010.126	Parnassia sp.	Saxifragaceae	Bunting, Crock, Hill, McNamara	BCHM026	10/1/2010	3175	Sichuan	SZ
2010.127	Tilia sp.	Tiliaceae	Bunting, Crock, Hill, McNamara	BCHM027	10/1/2010	3167	Sichuan	SZ

03

Accession	Taxa	Family	Collectors	Number	Time	Elevation (m)	Region	Herbarium
2010.128	Salvia sp.	Lamiaceae	Bunting, Crock, Hill, McNamara	BCHM028	10/1/2010	3169	Sichuan	SZ
2010.129	Delphinium sp.	Ranunculaceae	Bunting, Crock, Hill, McNamara	BCHM029	10/1/2010	3171	Sichuan	SZ
2010.130	Arisaema erubescens	Araceae	Bunting, Crock, Hill, McNamara	BCHM030	10/1/2010	3172	Sichuan	
2010.131	Arisaema sp.	Araceae	Bunting, Crock, Hill, McNamara	BCHM031	10/1/2010	3172	Sichuan	
2010.132	Roscoea sp.	Zingiberaceae	Bunting, Crock, Hill, McNamara	BCHM032	10/1/2010	3169	Sichuan	SZ
2010.133	Picea sp.	Pinaceae	Bunting, Crock, Hill, McNamara	BCHM033	10/2/2010	2905	Sichuan	CAS; MO; SZ
2010.134	Malus sp.	Rosaceae	Bunting, Crock, Hill, McNamara	BCHM034	10/2/2010	2905	Sichuan	CAS; MO; SZ
2010.135	Acer cappadocicum subsp. sinicum	Sapindaceae	Bunting, Crock, Hill, McNamara	BCHM035	10/2/2010	2915	Sichuan	CAS; MO; SZ
2010.136	Tsuga chinensis var. forrestii	Pinaceae	Bunting, Crock, Hill, McNamara	BCHM036	10/2/2010	2924	Sichuan	CAS; MO; SZ
2010.137	Rhododendron sp.	Ericaceae	Bunting, Crock, Hill, McNamara	BCHM037	10/2/2010	2934	Sichuan	CAS; MO; SZ
2010.138	Rhododendron rex	Ericaceae	Bunting, Crock, Hill, McNamara	BCHM038	10/2/2010	3525	Sichuan	CAS; MO; SZ
2010.139	Rhododendron sp.	Ericaceae	Bunting, Crock, Hill, McNamara	BCHM039	10/2/2010	3525	Sichuan	CAS; MO; SZ
2010.140	Rhododendron sp.	Ericaceae	Bunting, Crock, Hill, McNamara	BCHM040	10/2/2010	3540	Sichuan	CAS; MO; SZ
2010.141	Acer forrestii	Sapindaceae	Bunting, Crock, Hill, McNamara	BCHM041	10/2/2010	3557	Sichuan	CAS; MO; SZ
2010.142	Viburnum kansuense	Adoxaceae	Bunting, Crock, Hill, McNamara	BCHM042	10/2/2010	3557	Sichuan	CAS; MO; SZ
2010.143	Acer caudatum	Sapindaceae	Bunting, Crock, Hill, McNamara	BCHM043	10/2/2010	3562	Sichuan	CAS; MO; SZ
2010.144	Rhododendron sp.	Ericaceae	Bunting, Crock, Hill, McNamara	BCHM044	10/2/2010	3562	Sichuan	CAS; MO; SZ
2010.145	Sorbus monbeigii	Rosaceae	Bunting, Crock, Hill, McNamara	BCHM045	10/2/2010	3582	Sichuan	CAS; MO; SZ
2010.146	Rosa omeiensis	Rosaceae	Bunting, Crock, Hill, McNamara	BCHM046	10/2/2010	3722	Sichuan	SZ
2010.147	Acer forrestii	Sapindaceae	Bunting, Crock, Hill, McNamara	BCHM047	10/2/2010	3724	Sichuan	SZ

Accession	Taxa	Family	Collectors	Number	Time	Elevation (m)	Region	Herbarium
2010.148	Abies georgei	Pinaceae	Bunting, Crock, Hill, McNamara	BCHM048	10/2/2010	3720	Sichuan	CAS; MO; SZ
2010.149	Acer laxiflorum	Sapindaceae	Bunting, Crock, Hill, McNamara	BCHM049	10/2/2010	3564	Sichuan	SZ
2010.150	Rhododendron sp.	Ericaceae	Bunting, Crock, Hill, McNamara	BCHM050	10/3/2010	3272	Sichuan	SZ
2010.151	Rhododendron racemosum	Ericaceae	Bunting, Crock, Hill, McNamara	BCHM051	10/3/2010	3272	Sichuan	SZ
2010.152	Primula sp.	Primulaceae	Bunting, Crock, Hill, McNamara	BCHM052	10/3/2010	3272	Sichuan	SZ
2010.153	Rosa sp.	Rosaceae	Bunting, Crock, Hill, McNamara	BCHM053	10/3/2010	3471	Sichuan	SZ
2010.154	Vaccinium sp.	Ericaceae	Bunting, Crock, Hill, McNamara	BCHM054	10/3/2010	3056	Sichuan	SZ
2010.155	Quercus sp.	Fagaceae	Bunting, Crock, Hill, McNamara	BCHM055	10/3/2010	3056	Sichuan	SZ
2010.156	Quercus sp.	Fagaceae	Bunting, Crock, Hill, McNamara	BCHM056	10/3/2010	3056	Sichuan	SZ
2010.157	Arisaema sp.	Araceae	Bunting, Crock, Hill, McNamara	BCHM057	10/4/2010	2715	Sichuan	
2010.158	Clematis ranunculoides	Ranunculaceae	Bunting, Crock, Hill, McNamara	BCHM058	10/4/2010	2715	Sichuan	SZ
2010.159	Pyrus sp.	Rosaceae	Bunting, Crock, Hill, McNamara	BCHM059	10/4/2010	2715	Sichuan	SZ
2010.160	Hypericum sp.	Hypericaceae	Bunting, Crock, Hill, McNamara	BCHM060	10/4/2010	2715	Sichuan	SZ
2010.161	Arisaema sp.	Araceae	Bunting, Crock, Hill, McNamara	BCHM061	10/4/2010	2715	Sichuan	
2010.162	Cornus capitata	Cornaceae	Bunting, Crock, Hill, McNamara	BCHM062	10/4/2010	2715	Sichuan	SZ
2010.163	Arisaema sp.	Araceae	Bunting, Crock, Hill, McNamara	BCHM063	10/4/2010	2715	Sichuan	
2010.164	Osteomeles schwerinae	Rosaceae	Bunting, Crock, Hill, McNamara	BCHM064	10/4/2010	2728	Sichuan	SZ
2010.165	Arisaema sp.	Araceae	Bunting, Crock, Hill, McNamara	BCHM065	10/4/2010	2728	Sichuan	
2010.166	(Undetermined)	Asteraceae	Bunting, Crock, Hill, McNamara	BCHM066	10/4/2010	2728	Sichuan	
2010.167	Onosma sp.	Boraginaceae	Bunting, Crock, Hill, McNamara	BCHM067	10/4/2010	2728	Sichuan	SZ
2010.168	Pyrgophyllum yunnanense	Zingiberaceae	Bunting, Crock, Hill, McNamara	BCHM068	10/4/2010	2210	Sichuan	SZ
2010.169	(Undetermined)	Orchidaceae	Bunting, Crock, Hill, McNamara	BCHM069	10/4/2010	2080	Sichuan	SZ
2010.170	(Undetermined)	Orchidaceae	Bunting, Crock, Hill, McNamara	BCHM070	10/4/2010	2080	Sichuan	SZ
2010.171	Hedychium sp.	Zingiberaceae	Bunting, Crock, Hill, McNamara	BCHM071	10/4/2010	2080	Sichuan	SZ
2010.172	Diospyros sp.	Ebenaceae	Bunting, Crock, Hill, McNamara	BCHM072	10/4/2010	2080	Sichuan	SZ
2010.173	Iris sp.	Iridaceae	Bunting, Crock, Hill, McNamara	BCHM073	10/6/2010	3327	Yunnan	SZ
2010.174	Primula sp.	Primulaceae	Bunting, Crock, Hill, McNamara	BCHM074	10/6/2010	3327	Yunnan	SZ
2010.175	Primula sp.	Primulaceae	Bunting, Crock, Hill, McNamara	BCHM075	10/6/2010	3327	Yunnan	SZ

Accession	Taxa	Family	Collectors	Number	Time	Elevation (m)	Region	Herbarium
2010.176	Pinus densata	Pinaceae	Bunting, Crock, Hill, McNamara	BCHM076	10/6/2010	3009	Yunnan	CAS; MO; SZ
2010.177	Crataegus chungtienensis	Rosaceae	Bunting, Crock, Hill, McNamara	BCHM077	10/6/2010	3000	Yunnan	SZ
2010.178	Arisaema sp.	Araceae	Bunting, Crock, Hill, McNamara	BCHM078	10/6/2010	2994	Yunnan	SZ
2010.179	Arisaema sp.	Araceae	Bunting, Crock, Hill, McNamara	BCHM079	10/6/2010	2994	Yunnan	
2010.180	Primula sp.	Primulaceae	Bunting, Crock, Hill, McNamara	BCHM080	10/6/2010	3837	Yunnan	SZ
2010.181	Acer caudatum	Sapindaceae	Bunting, Crock, Hill, McNamara	BCHM081	10/6/2010	3812	Yunnan	SZ
2010.182	Rhododendron sp.	Ericaceae	Bunting, Crock, Hill, McNamara	BCHM082	10/6/2010	3587	Yunnan	SZ
2010.183	Cimicifuga foetida var. foetida	Ranunculaceae	Bunting, Crock, Hill, McNamara	BCHM083	10/6/2010	3601	Yunnan	SZ
2010.184	Iris sp.	Iridaceae	Bunting, Crock, Hill, McNamara	BCHM084	10/6/2010	3618	Yunnan	SZ
2010.185	Campanula sp.	Campanulaceae	Bunting, Crock, Hill, McNamara	BCHM085	10/6/2010	3637	Yunnan	
2010.186	Polygonatum sp.	Liliaceae	Bunting, Crock, Hill, McNamara	BCHM086	10/6/2010	3637	Yunnan	SZ
2010.187	Piptanthus nepalensis	Fabaceae	Bunting, Crock, Hill, McNamara	BCHM087	10/6/2010	3940	Yunnan	SZ
2010.188	Rhododendron sp.	Ericaceae	Bunting, Crock, Hill, McNamara	BCHM088	10/6/2010	4127	Yunnan	SZ
2010.189	Primula sp.	Primulaceae	Bunting, Crock, Hill, McNamara	BCHM089	10/7/2010	4070	Sichuan	SZ
2010.190	Sorbus sp.	Rosaceae	Bunting, Crock, Hill, McNamara	BCHM090	10/7/2010	4080	Sichuan	SZ
2010.191	Meconopsis integrifolia	Papaveraceae	Bunting, Crock, Hill, McNamara	BCHM091	10/7/2010		Sichuan	
2010.192	Clematis tibetana	Ranunculaceae	Bunting, Crock, Hill, McNamara	BCHM092	10/8/2010	3084	Sichuan	SZ
2010.193	Acer cappadocicum subsp. sinicum	Sapindaceae	Bunting, Crock, Hill, McNamara	BCHM093	10/8/2010	3079	Sichuan	SZ
2010.194	Picea likiangensis	Pinaceae	Bunting, Crock, Hill, McNamara	BCHM094	10/8/2010	3295	Sichuan	SZ
2010.195	Larix potaninii	Pinaceae	Bunting, Crock, Hill, McNamara	BCHM095	10/8/2010	3295	Sichuan	SZ
2010.196	Abies recurvata	Pinaceae	Bunting, Crock, Hill, McNamara	BCHM096	10/8/2010	3295	Sichuan	SZ
2010.197	Caragana sp.	Fabaceae	Bunting, Crock, Hill, McNamara	BCHM097	10/8/2010	3627	Sichuan	SZ
2010.198	Deutzia sp.	Saxifragaceae	Bunting, Crock, Hill, McNamara	BCHM098	10/8/2010	3627	Sichuan	SZ
2010.199	Rodgersia pinnata	Saxifragaceae	Bunting, Crock, Hill, McNamara	BCHM099	10/8/2010	3617	Sichuan	SZ
2010.200	Rhododendron sp.	Ericaceae	Bunting, Crock, Hill, McNamara	BCHM100	10/8/2010	3617	Sichuan	SZ
2010.201	Rhododendron wardii	Ericaceae	Bunting, Crock, Hill, McNamara	BCHM101	10/8/2010	3885	Sichuan	CAS; MO; SZ
2010.202	Rhododendron sp.	Ericaceae	Bunting, Crock, Hill, McNamara	BCHM102	10/8/2010	3885	Sichuan	CAS; MO; SZ

03

Accession	Taxa	Family	Collectors	Number	Time	Elevation (m)	Region	Herbarium
2010.203	Lyonia ovalifolia	Ericaceae	Bunting, Crock, Hill, McNamara	BCHM103	10/8/2010	3885	Sichuan	CAS; MO; SZ
2010.204	Rhododendron oreodoxa var. fargesii	Ericaceae	Bunting, Crock, Hill, McNamara	BCHM104	10/8/2010	3903	Sichuan	CAS; MO; SZ
2010.205	Indigofera sp.	Fabaceae	Bunting, Crock, Hill, McNamara	BCHM105	10/8/2010	3908	Sichuan	CAS; MO; SZ
2010.206	Rosa sericea f. pteracantha	Rosaceae	Bunting, Crock, Hill, McNamara	BCHM106	10/8/2010	3908	Sichuan	CAS; MO; SZ
2010.207	Rhododendron sp.	Ericaceae	Bunting, Crock, Hill, McNamara	BCHM107	10/8/2010	4003	Sichuan	CAS; MO; SZ
2010.208	Rosa sericea	Rosaceae	Bunting, Crock, Hill, McNamara	BCHM108	10/8/2010	4005	Sichuan	CAS; MO; SZ
2010.209	Rosa sericea	Rosaceae	Bunting, Crock, Hill, McNamara	BCHM109	10/8/2010	4005	Sichuan	CAS; MO; SZ
2010.210	Rosa sericea	Rosaceae	Bunting, Crock, Hill, McNamara	BCHM110	10/8/2010	4005	Sichuan	CAS; MO; SZ
2010.211	Megacodon stylophorus	Gentianaceae	Bunting, Crock, Hill, McNamara	BCHM111	10/8/2010	4020	Sichuan	
2010.212	Polygonatum sp.	Liliaceae	Bunting, Crock, Hill, McNamara	BCHM112	10/8/2010	4020	Sichuan	
2010.213	Bupleurum sp.	Apiaceae	Bunting, Crock, Hill, McNamara	BCHM113	10/8/2010	4020	Sichuan	SZ
2010.214	Abies sp.	Pinaceae	Bunting, Crock, Hill, McNamara	BCHM114	10/8/2010	4020	Sichuan	SZ
2010.215	Rhododendron sp.	Ericaceae	Bunting, Crock, Hill, McNamara	BCHM115	10/8/2010	4020	Sichuan	CAS; MO; SZ
2010.216	Rhododendron sp.	Ericaceae	Bunting, Crock, Hill, McNamara	BCHM116	10/8/2010	4020	Sichuan	CAS; MO; SZ
2010.217	(Undetermined)	Gentianaceae	Bunting, Crock, Hill, McNamara	BCHM117	10/8/2010	4159	Sichuan	
2010.218	Iris sp.	Iridaceae	Bunting, Crock, Hill, McNamara	BCHM118	10/8/2010	3919	Sichuan	CAS; MO; SZ
2010.219	Sorbus sp.	Rosaceae	Bunting, Crock, Hill, McNamara	BCHM119	10/8/2010	3919	Sichuan	SZ
2010.220	Allium sp.	Liliaceae	Bunting, Crock, Hill, McNamara	BCHM120	10/9/2010	3573	Sichuan	CAS; MO; SZ
2010.221	Primula sp.	Primulaceae	Bunting, Crock, Hill, McNamara	BCHM121	10/9/2010	3573	Sichuan	CAS; MO; SZ

03

Accession	Taxa	Family	Collectors	Number	Time	Elevation (m)	Region	Herbarium
2010.222	Primula sp.	Primulaceae	Bunting, Crock, Hill, McNamara	BCHM122	10/9/2010	3573	Sichuan	CAS; MO; SZ
2010.223	Rhododendron sp.	Ericaceae	Bunting, Crock, Hill, McNamara	BCHM123	10/9/2010	3573	Sichuan	CAS; MO; SZ
2010.224	Rhododendron sp.	Ericaceae	Bunting, Crock, Hill, McNamara	BCHM124	10/9/2010	3573	Sichuan	CAS; MO; SZ
2010.225	Picea likiangensis	Pinaceae	Bunting, Crock, Hill, McNamara	BCHM125	10/9/2010	3573	Sichuan	CAS; MO; SZ
2010.226	Primula sp.	Primulaceae	Bunting, Crock, Hill, McNamara	BCHM126	10/9/2010	4187	Sichuan	CAS; MO; SZ
2010.227	Abies squamata	Pinaceae	Bunting, Crock, Hill, McNamara	BCHM127	10/10/2010	4127	Sichuan	SZ
2010.228	Rhododendron sp.	Ericaceae	Bunting, Crock, Hill, McNamara	BCHM128	10/10/2010	4127	Sichuan	CAS; MO; SZ
2010.229	Abies sp.	Pinaceae	Bunting, Crock, Hill, McNamara	BCHM129	10/10/2010	4127	Sichuan	CAS; MO; SZ
2010.230	Primula sp.	Primulaceae	Bunting, Crock, Hill, McNamara	BCHM130	10/10/2010	4064	Sichuan	CAS; MO; SZ
2010.231	Deutzia sp.	Saxifragaceae	Bunting, Crock, Hill, McNamara	BCHM131	10/10/2010	3762	Sichuan	CAS; MO; SZ
2010.232	Abies squamata	Pinaceae	Bunting, Crock, Hill, McNamara	BCHM132	10/10/2010	3750	Sichuan	CAS; MO; SZ
2010.233	Abies squamata	Pinaceae	Bunting, Crock, Hill, McNamara	BCHM133	10/10/2010	3750	Sichuan	CAS; MO; SZ
2010.234	Acer pentaphyllum	Sapindaceae	Bunting, Crock, Hill, McNamara	BCHM134	10/11/2010	2539	Sichuan	CAS; MO; SZ
2010.235	Acer pentaphyllum	Sapindaceae	Bunting, Crock, Hill, McNamara	BCHM135	10/11/2010	2532	Sichuan	CAS; MO; SZ
2010.236	Acer pentaphyllum	Sapindaceae	Bunting, Crock, Hill, McNamara	BCHM136	10/11/2010	2532	Sichuan	CAS; MO; SZ
2010.237	Acer pentaphyllum	Sapindaceae	Bunting, Crock, Hill, McNamara	BCHM137	10/11/2010	2545	Sichuan	CAS; MO; SZ
2010.238	Caryopteris incana	Verbenaceae	Bunting, Crock, Hill, McNamara	BCHM138	10/11/2010	2586	Sichuan	CAS; MO; SZ

Accession	Taxa	Family	Collectors	Number	Time	Elevation (m)	Region	Herbarium
2010.239	Platycladus orientalis	Cupressaceae	Bunting, Crock, Hill, McNamara	BCHM139	10/11/2010	2560	Sichuan	CAS; MO; SZ
2010.240	Fraxinus sp.	Oleaceae	Bunting, Crock, Hill, McNamara	BCHM140	10/11/2010	2579	Sichuan	CAS; MO; SZ
2010.241	Anemone hupehensis	Ranunculaceae	Bunting, Crock, Hill, McNamara	BCHM141	10/11/2010	2573	Sichuan	
2010.242	Acer pentaphyllum	Sapindaceae	Bunting, Crock, Hill, McNamara	BCHM142	10/11/2010	2579	Sichuan	CAS; MO; SZ
2010.243	Acer pentaphyllum	Sapindaceae	Bunting, Crock, Hill, McNamara	BCHM143	10/11/2010	2579	Sichuan	CAS; MO; SZ
2010.244	Acer davidii	Sapindaceae	Bunting, Crock, Hill, McNamara	BCHM144	10/11/2010	2621	Sichuan	CAS; MO; SZ
2010.245	Clematis sp.	Ranunculaceae	Bunting, Crock, Hill, McNamara	BCHM145	10/11/2010	2621	Sichuan	CAS; MO; SZ
2010.246	Lespedeza thunbergii	Fabaceae	Bunting, Crock, Hill, McNamara	BCHM146	10/11/2010	2645	Sichuan	CAS; MO; SZ
2010.247	Arisaema sp.	Araceae	Bunting, Crock, Hill, McNamara	BCHM147	10/11/2010	2645	Sichuan	
2010.248	Arisaema sp.	Araceae	Bunting, Crock, Hill, McNamara	BCHM148	10/11/2010	2645	Sichuan	
2010.249	Cotoneaster sp.	Rosaceae	Bunting, Crock, Hill, McNamara	BCHM149	10/11/2010	2685	Sichuan	CAS; MO; SZ
2010.250	Arisaema sp.	Araceae	Bunting, Crock, Hill, McNamara	BCHM150	10/11/2010	2685	Sichuan	
2010.251	Arisaema sp.	Araceae	Bunting, Crock, Hill, McNamara	BCHM151	10/11/2010	2685	Sichuan	
2010.252	Arisaema ciliatum	Araceae	Bunting, Crock, Hill, McNamara	BCHM152	10/12/2010	3291	Sichuan	SZ
2010.253	Acer pentaphyllum	Sapindaceae	Bunting, Crock, Hill, McNamara	BCHM153	10/12/2010	2854	Sichuan	CAS; MO; SZ
2010.254	Acer pentaphyllum	Sapindaceae	Bunting, Crock, Hill, McNamara	BCHM154	10/12/2010	2854	Sichuan	CAS; MO; SZ
2010.255	Acer pentaphyllum	Sapindaceae	Bunting, Crock, Hill, McNamara	BCHM155	10/12/2010	2854	Sichuan	CAS; MO; SZ
2010.256	Acer pentaphyllum	Sapindaceae	Bunting, Crock, Hill, McNamara	BCHM156	10/12/2010	2854	Sichuan	CAS; MO; SZ
2010.257	Swertia sp.	Gentianaceae	Bunting, Crock, Hill, McNamara	BCHM157	10/13/2010	2652	Sichuan	CAS; MO; SZ

03

Accession	Taxa	Family	Collectors	Number	Time	Elevation (m)	Region	Herbarium
2010.258	Dipsacus sp.	Dipsacaceae	Bunting, Crock, Hill, McNamara	BCHM158	10/13/2010	2652	Sichuan	CAS; MO; SZ
2010.259	Arisaema sp.	Araceae	Bunting, Crock, Hill, McNamara	BCHM159	10/13/2010	2652	Sichuan	
2010.260	Tsuga dumosa	Pinaceae	Bunting, Crock, Hill, McNamara	BCHM160	10/13/2010	2669	Sichuan	CAS; MO; SZ
2010.261	Rhododendron sp.	Ericaceae	Bunting, Crock, Hill, McNamara	BCHM161	10/13/2010	2669	Sichuan	CAS; MO; SZ
2010.262	Aconitum sp.	Ranunculaceae	Bunting, Crock, Hill, McNamara	BCHM162	10/13/2010	2677	Sichuan	CAS; MO; SZ
2010.263	Acer davidii	Sapindaceae	Bunting, Crock, Hill, McNamara	BCHM163	10/13/2010	2675	Sichuan	SZ
2010.264	Arisaema candidissimum	Araceae	Bunting, Crock, Hill, McNamara	BCHM164	10/13/2010	2679	Sichuan	
2010.265	Arisaema sp.	Araceae	Bunting, Crock, Hill, McNamara	BCHM165	10/13/2010	2679	Sichuan	
2010.266	Euonymus grandiflorus	Celastraceae	Bunting, Crock, Hill, McNamara	BCHM166	10/13/2010	2679	Sichuan	CAS; MO; SZ
2010.267	Tsuga chinensis var. forrestii	Pinaceae	Bunting, Crock, Hill, McNamara	BCHM167	10/13/2010	2684	Sichuan	CAS; MO; SZ
2010.268	Acer pentaphyllum	Sapindaceae	Bunting, Crock, Hill, McNamara	BCHM168	10/13/2010	2555	Sichuan	CAS; MO; SZ
2010.269	Acer pentaphyllum	Sapindaceae	Bunting, Crock, Hill, McNamara	BCHM169	10/13/2010	2555	Sichuan	CAS; MO; SZ
2010.270	Arisaema sp.	Araceae	Bunting, Crock, Hill, McNamara	BCHM170	10/13/2010	3391	Sichuan	
2010.271	Rhododendron sp.	Ericaceae	Bunting, Crock, Hill, McNamara	BCHM171	10/14/2010	3907	Sichuan	SZ
2010.272	Meconopsis integrifolia	Papaveraceae	Bunting, Crock, Hill, McNamara	BCHM172	10/14/2010	3910	Sichuan	
2010.273	Magnolia dawsoniana	Magnoliaceae	Bunting, Crock, Hill, McNamara	BCHM173	10/14/2010	2188	Sichuan	
2010.274	Hydrangea aspera	Hydrangeaceae	Bunting, Crock, Hill, McNamara	BCHM174	10/15/2010	2189	Sichuan	SZ
2010.275	Hydrangea aspera	Hydrangeaceae	Bunting, Crock, Hill, McNamara	BCHM175	10/15/2010	2189	Sichuan	SZ
2010.276	(Undetermined)	Asteraceae	Bunting, Crock, Hill, McNamara	BCHM176	10/15/2010	2189	Sichuan	SZ
2010.277	Viburnum sp.	Adoxaceae	Bunting, Crock, Hill, McNamara	BCHM177	10/15/2010	2198	Sichuan	SZ
2010.278	Aconitum sp.	Ranunculaceae	Bunting, Crock, Hill, McNamara	BCHM178	10/15/2010	2200	Sichuan	SZ
2010.279	Aconitum sp.	Ranunculaceae	Bunting, Crock, Hill, McNamara	BCHM179	10/15/2010	2218	Sichuan	SZ
2010.280	Corylopsis sp.	Hamamelidaceae	Bunting, Crock, Hill, McNamara	BCHM180	10/15/2010	2221	Sichuan	SZ
2010.281	Magnolia sargentiana	Magnoliaceae	Bunting, Crock, Hill, McNamara	BCHM181	10/15/2010	2234	Sichuan	

Accession	Taxa	Family	Collectors	Number	Time	Elevation (m)	Region	Herbarium
2010.282	Hydrangea aspera	Hydrangeaceae	Bunting, Crock, Hill, McNamara	BCHM182	10/15/2010	2249	Sichuan	SZ
2010.283	Epipactis sp.	Orchidaceae	Bunting, Crock, Hill, McNamara	BCHM183	10/15/2010	2258	Sichuan	SZ
2010.284	Impatiens sp.	Balsaminaceae	Bunting, Crock, Hill, McNamara	BCHM184	10/15/2010	2273	Sichuan	SZ
2010.285	Cornus kousa subsp. chinensis	Cornaceae	Bunting, Crock, Hill, McNamara	BCHM185	10/15/2010	2280	Sichuan	
2010.286	Philadelphus sp.	Hydrangeaceae	Bunting, Crock, Hill, McNamara	BCHM186	10/15/2010	2280	Sichuan	
2010.309	Hydrangea chinensis	Hydrangeaceae	Crombie, Howick, McNamara	HMC2482	10/20/2004	2160	Taiwan	
2010.317	Rhododendron augustinii	Ericaceae	Cole, Flanagan, Kirkham, McNamara	SICH2084	10/7/1999	1440	Sichuan	
2010.320	Rhododendron racemosum	Ericaceae	Howick, McNamara	H&M1509	10/17/1990	2300	Yunnan	
2011.236	Salvia nipponica var. formosana	Lamiaceae	Crombie, Howick, McNamara	HMC2537	10/23/2004	935	Taiwan	
2011.242	Triosteum himalayanum	Caprifoliaceae	Howick, McNamara		10/12/1998	3225	Sichuan	
2011.248	Rosa chinensis var. spontanea	Rosaceae	Erskine, Fliegner, Howick, McNamara	SICH0237	9/22/1988	740	Sichuan	
2011.251	Viburnum sp.	Adoxaceae	Flanagan, Howick, Kirkham, McNamara	SICH1774	9/22/1996	1525	Sichuan	
2011.253	Deutzia longifolia	Saxifragaceae	Howick, McNamara	H&M1519	10/17/1990	2340	Yunnan	
2012.002	Rosa chinensis var. spontanea	Rosaceae	Erskine, Fliegner, Howick, McNamara	SICH0237	9/22/1988	740	Sichuan	
2012.003	Rosa chinensis var. spontanea	Rosaceae	Erskine, Fliegner, Howick, McNamara	SICH0237	9/22/1988	740	Sichuan	
2012.004	Clematis tangutica	Ranunculaceae	Erskine, Howick, McNamara, Simmons	SICH0694	9/28/1991	2850	Sichuan	
2012.263	Acer truncatum	Sapindaceae	McNamara, J. McNamara, W., Wang Y.	MMW2012001	10/6/2012	770	Shaanxi	
2012.264	Pittosporum sp.	Pittosporaceae	McNamara, J. McNamara, W., Wang Y.	MMW2012002	10/6/2012	770	Shaanxi	
2012.265	Alangium sp.	Cornaceae	McNamara, J. McNamara, W., Wang Y.	MMW2012003	10/6/2012	1527	Shaanxi	
2012.266	Rosa odorata var. gigantea	Rosaceae	McNamara, J. McNamara, W.	MMW2012004	10/9/2012	1534	Yunnan	
2012.267	Rosa sp.	Rosaceae	McNamara, J. McNamara, W., Wang K.	MMW2012005	10/12/2012	2713	Yunnan	
2012.268	Rosa sp.	Rosaceae	McNamara, J. McNamara, W., Wang K.	MMW2012006	10/12/2012	2765	Yunnan	
2012.269	Rosa sp.	Rosaceae	McNamara, J. McNamara, W., Wang K.	MMW2012007	10/12/2012	2758	Yunnan	
2012.270	Rhododendron sp.	Ericaceae	McNamara, J. McNamara, W., Wang K.	MMW2012008	10/12/2012	2780	Yunnan	
2012.271	Panax japonicus	Araliaceae	McNamara, J. McNamara, W., Wang K.	MMW2012009	10/12/2012	2780	Yunnan	
2012.272	Jasminum humile	Oleaceae	McNamara, J. McNamara, W., Wang K.	MMW2012010	10/12/2012	2796	Yunnan	
2012.273	Paris polyphylla	Trilliaceae	McNamara, J. McNamara, W., Wang K.	MMW2012011	10/12/2012	2796	Yunnan	
2012.274	Daphne sp.	Thymelaeaceae	McNamara, J. McNamara, W., Wang K.	MMW2012012	10/14/2012	3500	Yunnan	
2012.275	Rosa sp.	Rosaceae	McNamara, J. McNamara, W., Wang K.	MMW2012013	10/14/2012	3500	Yunnan	

Accession	Taxa	Family	Collectors	Number	Time	Elevation (m)	Region	Herbarium
2012.276	Rosa praelucens	Rosaceae	McNamara, J. McNamara, W., Wang K.	MMW2012014	10/14/2012	3500	Yunnan	
2012.277	Rosa sp.	Rosaceae	McNamara, J. McNamara, W., Wang K.	MMW2012015	10/14/2012	3281	Yunnan	
2012.278	Iris sp.	Iridaceae	McNamara, J. McNamara, W., Wang K.	MMW2012016	10/14/2012	3281	Yunnan	
2012.279	Rosa sp.	Rosaceae	McNamara, J. McNamara, W., Wang K.	MMW2012017	10/14/2012	3281	Yunnan	
2012.280	Primula sp.	Primulaceae	McNamara, J. McNamara, W., Wang K.	MMW2012018	10/14/2012	3281	Yunnan	
2012.281	Rosa sericea	Rosaceae	McNamara, J. McNamara, W., Wang K.	MMW2012019	10/15/2012	3167	Yunnan	
2012.282	Rosa soulieana	Rosaceae	McNamara, J. McNamara, W., Wang K.	MMW2012020	10/15/2012	3167	Yunnan	
2012.283	Rosa sp.	Rosaceae	McNamara, J. McNamara, W., Wang K.	MMW2012021	10/15/2012	2684	Yunnan	
2012.284	Enkianthus deflexus	Ericaceae	McNamara, J. McNamara, W., Wang K.	MMW2012022	10/15/2012	2684	Yunnan	
2012.285	Rhododendron sp.	Ericaceae	McNamara, J. McNamara, W., Wang K.	MMW2012023	10/15/2012	2684	Yunnan	
2012.286	Acer sp.	Sapindaceae	McNamara, J. McNamara, W., Wang K.	MMW2012024	10/15/2012	2630	Yunnan	
2012.287	Rosa sp.	Rosaceae	McNamara, J. McNamara, W., Wang K.	MMW2012025	10/16/2012	1704	Yunnan	
2012.288	Arisaema sp.	Araceae	McNamara, J. McNamara, W., Wang K.	MMW2012026	10/17/2012	2905	Yunnan	
2012.289	Iris sp.	Iridaceae	McNamara, J. McNamara, W., Wang K.	MMW2012027	10/17/2012	3285	Yunnan	
2012.290	Acer sp.	Sapindaceae	McNamara, J. McNamara, W., Wang K.	MMW2012028	10/17/2012	3133	Yunnan	
2012.291	Rosa sp.	Rosaceae	McNamara, J. McNamara, W., Wang K.	MMW2012029	10/17/2012	2864	Yunnan	
2012.292	Pieris formosa	Ericaceae	McNamara, J. McNamara, W., Wang K.	MMW2012030	10/17/2012	2864	Yunnan	
2012.293	Primula sp.	Primulaceae	McNamara, J. McNamara, W., Wang K.	MMW2012031	10/17/2012	2864	Yunnan	
2013.059	Magnolia dawsoniana	Magnoliaceae	McNamara, J., McNamara, W., Wang K.	MMW2013001	9/15/2013	2145	Sichuan	
2013.060	Acer sp.	Sapindaceae	McNamara, J., McNamara, W., Wang K.	MMW2013002	9/15/2013	2610	Sichuan	CAS
2013.061	Acer sp.	Sapindaceae	McNamara, J., McNamara, W., Wang K.	MMW2013003	9/15/2013	2610	Sichuan	CAS
2013.062	Malus sp.	Rosaceae	McNamara, J., McNamara, W., Wang K.	MMW2013004	9/15/2013	2610	Sichuan	
2013.063	Acer sp.	Sapindaceae	McNamara, J., McNamara, W., Wang K.	MMW2013005	9/15/2013	2725	Sichuan	CAS
2013.064	Arisaema sp.	Araceae	McNamara, J., McNamara, W., Wang K.	MMW2013006	9/15/2013	2725	Sichuan	
2013.065	Meconopsis sp.	Papaveraceae	McNamara, J., McNamara, W., Wang K.	MMW2013007	9/15/2013	3585	Sichuan	
2013.066	Iris sp.	Iridaceae	McNamara, J., McNamara, W., Wang K.	MMW2013008	9/15/2013	3690	Sichuan	
2013.067	Acer pentaphyllum	Sapindaceae	McNamara, J., McNamara, W., Wang K.	MMW2013009	9/16/2013	2565	Sichuan	CAS
2013.068	Acer pentaphyllum	Sapindaceae	McNamara, J., McNamara, W., Wang K.	MMW2013010	9/16/2013	2605	Sichuan	CAS
2013.069	Acer pentaphyllum	Sapindaceae	McNamara, J., McNamara, W., Wang K.	MMW2013011	9/16/2013	2605	Sichuan	CAS
2013.070	Fraxinus insularis	Oleaceae	McNamara, J., McNamara, W., Wang K.	MMW2013012	9/16/2013	2655	Sichuan	CAS

03

Accession	Taxa	Family	Collectors	Number	Time	Elevation (m)	Region	Herbarium
2013.071	Acer pentaphyllum	Sapindaceae	McNamara, J., McNamara, W., Wang K.	MMW2013013	9/18/2013	2585	Sichuan	CAS
2013.072	Acer pentaphyllum	Sapindaceae	McNamara, J., McNamara, W., Wang K.	MMW2013014	9/18/2013	2605	Sichuan	CAS
2013.073	Acer pentaphyllum	Sapindaceae	McNamara, J., McNamara, W., Wang K.	MMW2013015	9/18/2013	2605	Sichuan	CAS
2013.074	Sinopodophyllum hexandrum	Berberidaceae	McNamara, J., McNamara, W., Wang K.	MMW2013016	9/19/2013	3590	Sichuan	
2013.075	Triosteum himalayanum	Caprifoliaceae	McNamara, J., McNamara, W., Wang K.	MMW2013017	9/19/2013	3590	Sichuan	
2013.076	Arisaema sp.	Araceae	McNamara, J., McNamara, W., Wang K.	MMW2013018	9/19/2013	3590	Sichuan	
2013.077	Panax sp.	Araliaceae	McNamara, J., McNamara, W., Wang K.	MMW2013019	9/19/2013	3590	Sichuan	
2013.078	Iris sp.	Iridaceae	McNamara, J., McNamara, W., Wang K.	MMW2013020	9/19/2013	3590	Sichuan	
2013.079	Primula sp.	Primulaceae	McNamara, J., McNamara, W., Wang K.	MMW2013021	9/19/2013	3590	Sichuan	
2013.080	Acer sp.	Sapindaceae	McNamara, J., McNamara, W., Wang K.	MMW2013022	9/19/2013	3135	Sichuan	CAS
2013.081	Tilia sp.	Tiliaceae	McNamara, J., McNamara, W., Wang K.	MMW2013023	9/19/2013	3030	Sichuan	
2013.082	Primula sp.	Primulaceae	McNamara, J., McNamara, W., Wang K.	MMW2013024	9/19/2013	3030	Sichuan	
2013.083	Rosa sp.	Rosaceae	McNamara, J., McNamara, W., Wang K.	MMW2013025	9/20/2013	2325	Sichuan	CAS
2013.092	Juniperus pingii var. wilsonii	Cupressaceae	Erskine, Fliegner, Howick, McNamara	SICH0138	9/17/1988	3580	Sichuan	
2014.020	Rosa moyesii	Rosaceae	Flanagan, Kirkham, McNamara, Ruddy	SICH2207	9/22/2001	2919	Sichuan	
2014.112	Myrsine africana	Myrsinaceae	Howick, McNamara	H&M2193	10/15/1998	1620	Sichuan	
2015.068	Rhododendron sinogrande	Ericaceae	Li, McNamara, McNamara	LMM2015001	10/16/2015	2719	Yunnan	YAF
2015.069	Rhododendron sp.	Ericaceae	Li, McNamara, McNamara	LMM2015002	10/16/2015	2719	Yunnan	YAF
2015.070	Tsuga dumosa	Pinaceae	Li, McNamara, McNamara	LMM2015003	10/16/2015	2719	Yunnan	YAF
2015.071	Pieris formosa	Ericaceae	Li, McNamara, McNamara	LMM2015004	10/16/2015	2719	Yunnan	YAF
2015.072	Enkianthus deflexus	Ericaceae	Li, McNamara, McNamara	LMM2015005	10/16/2015	2719	Yunnan	YAF
2015.073	Rhododendron sp.	Ericaceae	Li, McNamara, McNamara	LMM2015006	10/16/2015	2719	Yunnan	YAF
2015.074	Actinidia arguta	Actinidiaceae	Li, McNamara, McNamara	LMM2015007	10/16/2015	2741	Yunnan	YAF
2015.075	Rhododendron sp.	Ericaceae	Li, McNamara, McNamara	LMM2015008	10/16/2015	2777	Yunnan	YAF
2015.076	Corylus ferox	Betulaceae	Li, McNamara, McNamara	LMM2015009	10/16/2015	2696	Yunnan	YAF
2015.077	Acer campbellii	Sapindaceae	Li, McNamara, McNamara	LMM2015010	10/16/2015	2687	Yunnan	YAF
2015.078	Acer pectinatum subsp. taronense	Sapindaceae	Li, McNamara, McNamara	LMM2015011	10/16/2015	2687	Yunnan	YAF
2015.079	Tetracentron sinense	Tetracentraceae	Li, McNamara, McNamara	LMM2015012	10/16/2015	2480	Yunnan	YAF
2015.080	Philadelphus delavayi	Hydrangeaceae	Li, McNamara, McNamara	LMM2015013	10/17/2015	2630	Yunnan	YAF
2015.081	Tsuga dumosa	Pinaceae	Li, McNamara, McNamara	LMM2015014	10/17/2015	2883	Yunnan	YAF

Accession	Taxa	Family	Collectors	Number	Time	Elevation (m)	Region	Herbarium
2015.082	Sorbus vilmorinii	Rosaceae	Li, McNamara, McNamara	LMM2015.015	10/17/2015	2896	Yunnan	YAF
2015.083	Juniperus recurva	Cupressaceae	Li, McNamara, McNamara	LMM2015.016	10/17/2015	3142	Yunnan	YAF
2015.084	Vaccinium sp.	Ericaceae	Li, McNamara, McNamara	LMM2015.017	10/17/2015	3147	Yunnan	YAF
2015.085	Rhododendron sp.	Ericaceae	Li, McNamara, McNamara	LMM2015.018	10/17/2015	3147	Yunnan	YAF
2015.086	Abies delavayi var. delavayi	Pinaceae	Li, McNamara, McNamara	LMM2015.019	10/17/2015	3133	Yunnan	YAF
2015.087	Skimmia multinervia	Rutaceae	Li, McNamara, McNamara	LMM2015.020	10/17/2015	3122	Yunnan	YAF
2015.088	Acer sp.	Sapindaceae	Li, McNamara, McNamara	LMM2015.021	10/17/2015	3123	Yunnan	YAF
2015.089	Sarcococca sp.	Buxaceae	Li, McNamara, McNamara	LMM2015.022	10/17/2015	2529	Yunnan	YAF
2015.090	Schima sericans	Theaceae	Li, McNamara, McNamara	LMM2015.023	10/18/2015	2638	Yunnan	YAF
2015.091	Tetradium fraxinifolium	Rutaceae	Li, McNamara, McNamara	LMM2015.024	10/18/2015	2638	Yunnan	YAF
2015.092	Acer sp.	Sapindaceae	Li, McNamara, McNamara	LMM2015.025	10/18/2015	2638	Yunnan	YAF
2015.093	Schima sericans	Theaceae	Li, McNamara, McNamara	LMM2015.026	10/18/2015	2658	Yunnan	YAF
2015.094	Vaccinium sp.	Ericaceae	Li, McNamara, McNamara	LMM2015.027	10/18/2015	2763	Yunnan	YAF
2015.095	Deutzia purpurascens	Saxifragaceae	Li, McNamara, McNamara	LMM2015.028	10/18/2015	2770	Yunnan	YAF
2015.096	Buddleja macrostachya	Loganiaceae	Li, McNamara, McNamara	LMM2015.029	10/18/2015	2779	Yunnan	YAF
2015.097	Leycesteria formosa	Caprifoliaceae	Li, McNamara, McNamara	LMM2015.030	10/18/2015	2779	Yunnan	YAF
2015.098	Rhododendron decorum	Ericaceae	Li, McNamara, McNamara	LMM2015.031	10/18/2015	2804	Yunnan	YAF
2015.099	Schisandra sphenanthera	Schisandraceae	Li, McNamara, McNamara	LMM2015.032	10/18/2015	2627	Yunnan	YAF
2015.100	Acer sp.	Sapindaceae	Li, McNamara, McNamara	LMM2015.033	10/21/2015	2958	Yunnan	
2015.101	Acer sp.	Sapindaceae	Li, McNamara, McNamara	LMM2015.034	10/21/2015	2958	Yunnan	
2015.102	(Undetermined)	(Undetermined)	Li, McNamara, McNamara	LMM2015.035	10/21/2015	2958	Yunnan	
2015.103	Iris sp.	Iridaceae	Li, McNamara, McNamara	LMM2015.036	10/21/2015	2820	Yunnan	
2015.104	Acer sp.	Sapindaceae	Li, McNamara, McNamara	LMM2015.037	10/22/2015	2710	Yunnan	YAF
2015.105	Iris sp.	Iridaceae	Li, McNamara, McNamara	LMM2015.038	10/23/2015	3307	Yunnan	
2015.106	Acer sp.	Sapindaceae	Li, McNamara, McNamara	LMM2015.039	10/23/2014	3413	Yunnan	YAF
2015.107	Acer sp.	Sapindaceae	Li, McNamara, McNamara	LMM2015.040	10/24/2015	3630	Yunnan	YAF
2015.108	Paeonia delavayi	Paeoniaceae	Li, McNamara, McNamara	LMM2015.041	10/24/2015	3630	Yunnan	
2015.109	Ophiopogon bodinieri	Liliaceae	Erskine, Fliegner, Howick, McNamara	SICH0052	9/11/1988	2380	Sichuan	
2016.075	Hydrangea sp.	Hydrangeaceae	McNamara, J. McNamara, W.	MM2016.001	10/17/2016	1838	Shaanxi	

03

Accession	Taxa	Family	Collectors	Number	Time	Elevation (m)	Region	Herbarium
2016.076	Rhododendron simsii	Ericaceae	McNamara, J. McNamara, W.	MM2016.002	10/18/2016	1967	Shaanxi	
2016.077	Rhododendron concinnum	Ericaceae	McNamara, J. McNamara, W.	MM2016.003	10/18/2016	2183	Shaanxi	
2016.078	Betula chinensis	Betulaceae	McNamara, J. McNamara, W.	MM2016.004	10/18/2016	2242	Shaanxi	
2016.079	Quercus aliena var. acutiserrata	Fagaceae	McNamara, J. McNamara, W.	MM2016.005	10/18/2016	1843	Shaanxi	
2016.080	Euptelea pleiosperma	Eupteleaceae	McNamara, J. McNamara, W.	MM2016.006	10/18/2016	1604	Shaanxi	
2016.081	Tricyrtis sp.	Liliaceae	McNamara, J. McNamara, W.	MM2016.007	10/18/2016	1604	Shaanxi	
2016.082	Acer cappadocicum subsp. sinicum	Sapindaceae	McNamara, J. McNamara, W.	MM2016.008	10/18/2016	1604	Shaanxi	
2016.083	Acer davidii	Sapindaceae	McNamara, J. McNamara, W.	MM2016.009	10/19/2016	1892	Shaanxi	
2016.085	Caryopteris incana	Verbenaceae	Erskine, Fliegner, Howick, McNamara	SICH0395	10/4/1988	1410	Sichuan	
2016.090	Arisaema erubescens	Araceae	Fliegner, Howick, McNamara, Staniforth	SICH1044	10/2/1992	2690	Sichuan	
2017.108	Salvia nipponica var. formosana	Lamiaceae	Crombie, Howick, McNamara	HMC2537	10/23/2004	935	Taiwan	

The Living Collections of Sonoma Botanical Garden from China[1]

Taxon	Accession	Origin	Taxon	Accession	Origin
Abelia sp.	1999.030	China - Sichuan	Acer elegantulum	2003.030	China - Anhui
Abies delavayi var. delavayi	2015.086	China - Yunnan	Acer flabellatum	1994.182	China - Sichuan
Abies ernestii var. ernestii	1991.146	China - Sichuan	Acer forrestii	1990.139	China - Sichuan
Abies ernestii var. ernestii	1992.221	China - Sichuan	Acer forrestii	2003.394	China - Sichuan
Abies ernestii var. ernestii	2004.134	China - Sichuan	Acer henryi	1996.042	China - Sichuan
Abies ernestii var. ernestii	2005.141	China - Sichuan	Acer laxiflorum	2001.292	China - Sichuan
Abies ernestii var. salouenensis	2004.120	China - Yunnan	Acer mandshuricum	1998.132	China - Jilin
Abies fabri	1991.105	China - Sichuan	Acer morrisonense	2004.176	China - Taiwan
Abies fargesii	1990.085	China - Sichuan	Acer morrisonense	2004.185	China - Taiwan
Abies fargesii	2000.009	China - Shaanxi	Acer oliverianum	2000.006	China - Gansu
Acer albopurpurascens	2003.204	China - Taiwan	Acer oliverianum	2000.008	China - Shaanxi
Acer amplum subsp. catalpifolium	2009.235	China - Sichuan	Acer pentaphyllum	1992.392	China - Sichuan
Acer caesium	1995.051	China - Xizang (Tibet)	Acer pentaphyllum	2001.430	China - Sichuan
Acer cappadocicum subsp. sinicum	1991.129	China - Sichuan	Acer pentaphyllum	2005.143	China - Sichuan
Acer cappadocicum subsp. sinicum	1991.227	China - Sichuan	Acer pentaphyllum	2005.144	China - Sichuan
Acer cappadocicum subsp. sinicum	1994.042	China - Sichuan	Acer pentaphyllum	2005.146	China - Sichuan
Acer cappadocicum subsp. sinicum	1998.033	China - Sichuan	Acer pentaphyllum	2006.267	China - Sichuan
Acer cappadocicum subsp. sinicum	1998.054	China - Sichuan	Acer pentaphyllum	2006.269	China - Sichuan
Acer cappadocicum subsp. sinicum	2001.404	China - Sichuan	Acer pentaphyllum	2006.270	China - Sichuan
Acer cappadocicum subsp. sinicum	2006.277	China - Sichuan	Acer pentaphyllum	2006.279	China - Sichuan
Acer cappadocicum subsp. sinicum	2010.135	China - Sichuan	Acer pentaphyllum	2006.283	China - Sichuan
Acer caudatifolium	2002.128	China - Taiwan	Acer pentaphyllum	2006.284	China - Sichuan
Acer caudatifolium	2002.156	China - Taiwan	Acer pentaphyllum	2006.287	China - Sichuan
Acer davidii	1991.130	China - Sichuan	Acer pentaphyllum	2006.289	China - Sichuan
Acer davidii	1991.216	China - Sichuan	Acer pictum subsp. macropterum	1996.115	China - Sichuan
Acer davidii	1992.143	China - Sichuan	Acer pictum subsp. macropterum	1999.087	China - Sichuan
Acer davidii	1992.223	China - Sichuan	Acer pictum subsp. mono	2000.007	China - Shaanxi
Acer davidii	1992.395	China - Sichuan	Acer serrulatum	2004.171	China - Taiwan
Acer davidii	2001.388	China - Sichuan	Acer shenkanense	2003.288	China - Sichuan
Acer davidii	2011.169	China - Guangxi	Acer sinense	2003.388	China - Sichuan
Acer davidii subsp. davidii	1996.089	China - Sichuan	Acer sinense	2009.245	China - Sichuan
Acer davidii subsp. davidii	1999.012	China - Sichuan	Acer sp.	2009.220	China - Sichuan
			Acer sp.	2009.221	China - Sichuan
			Acer sp.	2014.004	China - Guangxi
			Acer stachyophyllum	1988.198	China - Sichuan
			Acer stachyophyllum	1990.142	China - Sichuan
			Acer stachyophyllum	1995.043	China - Xizang (Tibet)

1 Our thanks are going to Sonoma Botanical Garden for provided their checklist of living collections from China.

Taxon	Accession	Origin
Acer stachyophyllum	1996.041	China - Sichuan
Acer stachyophyllum subsp. betulifolium	1991.290	China - Sichuan
Acer sterculiaceum subsp. franchetii	1991.327	China - Sichuan
Acer sterculiaceum subsp. franchetii	2001.263	China - Sichuan
Acer tsinglingense	2012.159	China - Shaanxi
Acer ukurunduense	2002.029	China - Jilin
Aconitum sp.	1994.023	China - Sichuan
Aconitum sp.	1995.009	China - Xizang (Tibet)
Aconitum sp.	1995.141	China - Xizang (Tibet)
Actinidia polygama	1992.014	China - Sichuan
Actinidia sp.	2009.147	China - Sichuan
Adenophora aurita	1991.019	China - Sichuan
Adenophora aurita	1994.017	China - Sichuan
Adenophora ornata	1990.160	China - Yunnan
Adenophora sp.	1988.088	China - Sichuan
Adenophora sp.	1999.029	China - Sichuan
Adenophora sp.	2009.152	China - Sichuan
Adina rubella	1997.230	China - Hubei
Adinandra bockiana var. acutifolia	2003.182	China - Hunan
Adinandra glischroloma var. glischroloma	2018.028	China - Guangxi
Aesculus chinensis	2001.183	China - Shaanxi
Ailanthus giraldii	2003.398	China - Sichuan
Ajania sp.	1991.213	China - Sichuan
Ajania sp.	2000.186	China - Sichuan
Alangium chinense	1991.345	China - Sichuan
Alangium platanifolium	1991.004	China - Sichuan
Alangium sp.	2012.265	China - Shaanxi
Albizia kalkora	2003.091	China - Shanxi
Albizia kalkora	2003.282	China - Shanxi
Allium macranthum	1994.135	China - Sichuan
Allium sikkimense	1988.136	China - Sichuan
Allium sp.	1994.227	China - Sichuan
Allium wallichii	1992.177	China - Sichuan
Alniphyllum fortunei	2014.009	China - Guangxi
Alniphyllum pterospermum	2002.146	China - Taiwan
Alnus formosana	2002.132	China - Taiwan
Alnus formosana	2004.159	China - Taiwan

Taxon	Accession	Origin
Alnus lanata	2009.189	China - Sichuan
Alnus nepalensis	1990.210	China - Yunnan
Alnus nepalensis	1992.207	China - Sichuan
Alpinia shimadae	2004.283	China - Taiwan
Alpinia zerumbet	2004.247	China - Taiwan
Ampelopsis delavayana	1994.178	China - Sichuan
Anaphalis sp.	2001.021	China - Yunnan
Anemone hupehensis	1990.167	China - Yunnan
Anemone hupehensis	1991.030	China - Sichuan
Anemone hupehensis	1991.261	China - Sichuan
Anemone hupehensis	1995.119	China - Sichuan
Anemone hupehensis	2000.249	China - Sichuan
Anemone hupehensis	2010.241	China - Sichuan
Anemone rivularis	1991.352	China - Sichuan
Anemone rivularis	2001.022	China - Yunnan
Anemone rivularis	2001.023	China - Yunnan
Anemone sp.	1998.039	China - Sichuan
Anemone sp.	2000.188	China - Sichuan
Angelica sp.	2000.289	China - Sichuan
Aquilegia oxysepala	1996.046	China - Sichuan
Aquilegia sp.	1998.067	China - Sichuan
Aquilegia sp.	2000.191	China - Sichuan
Aquilegia sp.	2001.379	China - Sichuan
Aralia elata	1988.387	China - Sichuan
Arisaema ciliatum	2010.252	China - Sichuan
Arisaema erubescens	1990.047	China - Sichuan
Arisaema erubescens	1992.144	China - Sichuan
Arisaema erubescens	1992.318	China - Sichuan
Arisaema erubescens	1998.014	China - Sichuan
Arisaema erubescens	2001.338	China - Sichuan
Arisaema erubescens	2001.397	China - Sichuan
Arisaema erubescens	2006.249	China - Sichuan
Arisaema erubescens	2010.122	China - Sichuan
Arisaema erubescens	2010.130	China - Sichuan
Arisaema sp.	1994.047	China - Sichuan
Arisaema sp.	2009.193	China - Sichuan
Arisaema sp.	2010.157	China - Sichuan
Arisaema sp.	2010.163	China - Sichuan
Arisaema sp.	2010.178	China - Yunnan
Arisaema sp.	2010.179	China - Yunnan
Arisaema sp.	2010.248	China - Sichuan

（续）

Taxon	Accession	Origin
Arisaema sp.	2010.250	China - Sichuan
Arisaema sp.	2010.251	China - Sichuan
Arisaema sp.	2010.265	China - Sichuan
Arisaema sp.	2010.270	China - Sichuan
Artemisia argyi	2000.320	China - Shandong
Artemisia kawakamii	2004.209	China - Taiwan
Artemisia sp.	2009.177	China - Sichuan
Aruncus sp.	2001.026	China - Yunnan
Aruncus sylvester	1992.188	China - Sichuan
Aruncus sylvester	1994.078	China - Sichuan
Aruncus sylvester	1995.156	China - Sichuan
Aruncus sylvester	1999.002	China - Sichuan
Aster sp.	1990.119	China - Sichuan
Aster sp.	1992.050	China - Sichuan
Aster sp.	1998.017	China - Sichuan
Aster sp.	2001.027	China - Yunnan
Astilbe chinensis	1999.010	China - Sichuan
Astilbe grandis	1990.152	China - Yunnan
Astilbe grandis	1991.322	China - Sichuan
Astilbe grandis	1998.002	China - Sichuan
Astilbe longicarpa	2004.286	China - Taiwan
Astilbe myriantha	1988.015	China - Sichuan
Astilbe myriantha	1991.045	China - Sichuan
Astilbe rivularis	1988.252	China - Sichuan
Astilbe sp.	1991.179	China - Sichuan
Astilbe sp.	1992.026	China - Sichuan
Astilbe sp.	1992.095	China - Sichuan
Astilbe sp.	1992.328	China - Sichuan
Astilbe sp.	1992.389	China - Sichuan
Astilbe sp.	1996.043	China - Sichuan
Astilbe virescens	1991.253	China - Sichuan
Atractylodes lancea	2000.321	China - Jiangsu
Begonia grandis	2010.109	China - Sichuan
Begonia grandis subsp. sinensis	1991.347	China - Sichuan
Begonia muliensis	2009.180	China - Sichuan
Begonia pedatifida	1995.060	China - Sichuan
Begonia sp.	1992.375	China - Sichuan
Belamcanda chinensis	1999.051	China - Sichuan
Berberis dasystachya	1988.166	China - Sichuan
Berberis deinacantha	1994.162	China - Sichuan
Berberis diaphana	1991.067	China - Sichuan

Taxon	Accession	Origin
Berberis dictyophylla	1991.039	China - Sichuan
Berberis dictyophylla	1991.173	China - Sichuan
Berberis francisci-ferdinandi	1995.118	China - Sichuan
Berberis grodtmanniana var. flavoramea	1990.025	China - Sichuan
Berberis insolita	1992.301	China - Sichuan
Berberis muliensis	1990.074	China - Sichuan
Berberis poiretii	2002.157	China - Beijing
Berberis sp.	1998.036	China - Sichuan
Berberis sp.	2000.284	China - Sichuan
Berberis sp.	2000.312	China - Sichuan
Berberis verruculosa	1998.058	China - Sichuan
Berberis wilsoniae	1990.045	China - Sichuan
Berberis wilsoniae	2009.225	China - Sichuan
Berberis yingjingensis	1988.255	China - Sichuan
Bergenia purpurascens	1990.089	China - Sichuan
Bergenia purpurascens	1990.098	China - Sichuan
Bergenia purpurascens	1994.123	China - Sichuan
Bergenia purpurascens	1995.019	China - Xizang (Tibet)
Bergenia sp.	2001.029	China - Yunnan
Betula albosinensis	1988.169	China - Sichuan
Betula albosinensis	1990.118	China - Sichuan
Betula albosinensis	2003.041	China - Shanxi
Betula albosinensis	2003.443	China - Sichuan
Betula ermanii	2002.158	China - Jilin
Betula insignis var. fansipanensis	2014.001	China
Betula luminifera	1992.317	China - Sichuan
Betula luminifera	1999.028	China - Sichuan
Betula luminifera	2003.458	China - Sichuan
Betula platyphylla	1988.116	China - Sichuan
Betula platyphylla	1988.206	China - Sichuan
Betula platyphylla	1988.346	China - Sichuan
Betula platyphylla	1998.056	China - Sichuan
Betula platyphylla	2001.291	China - Sichuan
Betula platyphylla	2001.329	China - Sichuan
Betula platyphylla	2003.331	China - Sichuan
Betula platyphylla	2003.446	China - Sichuan
Betula potaninii	1991.047	China - Sichuan
Betula potaninii	2001.386	China - Sichuan
Betula sp.	1998.086	China - Sichuan

03

Taxon	Accession	Origin
Betula sp.	2001.030	China - Yunnan
Betula utilis	1994.083	China - Sichuan
Betula utilis	1995.002	China - Xizang (Tibet)
Betula utilis	1998.035	China - Sichuan
Betula utilis	2001.365	China - Sichuan
Betula utilis	2001.409	China - Sichuan
Betula utilis	2001.438	China - Sichuan
Boenninghausenia albiflora	2004.302	China - Taiwan
Broussonetia papyrifera	1996.013	China - Sichuan
Broussonetia papyrifera	2004.160	China - Taiwan
Buddleja crispa	1994.003	China - Sichuan
Buddleja davidii	1998.004	China - Sichuan
Buddleja macrostachya	2015.096	China - Yunnan
Buddleja myriantha	1990.159	China - Yunnan
Buddleja nivea	1988.073	China - Sichuan
Buddleja nivea	1990.122	China - Sichuan
Buddleja officinalis	1994.001	China - Sichuan
Buddleja sp.	1990.039	China - Sichuan
Cacalia sp.	2000.276	China - Sichuan
Calamagrostis sp.	1991.365	China - Sichuan
Callerya dielsiana var. dielsiana	1991.359	China - Sichuan
Callicarpa formosana	2000.146	China - Taiwan
Callicarpa formosana var. glabrata	2004.163	China - Taiwan
Callicarpa sp.	1996.050	China - Sichuan
Camellia brevistyla var. microphylla	2006.074	China - Hunan
Camellia oleifera	1996.141	China - Sichuan
Camellia pitardii	1992.283	China - Sichuan
Camellia pitardii	1996.184	China - Guizhou
Camellia pitardii var. pitardii	2009.210	China - Sichuan
Camellia sinensis	2009.244	China - Sichuan
Camellia sp.	2009.192	China - Sichuan
Campanula sp.	1992.166	China - Sichuan
Campanula sp.	1994.246	China - Sichuan
Caragana jubata	1991.069	China - Sichuan
Caragana sp.	1994.127	China - Sichuan
Carpinus cordata var. chinensis	1999.078	China - Sichuan
Carpinus cordata var. chinensis	2003.383	China - Sichuan
Carpinus fangiana	2001.279	China - Sichuan
Carpinus kawakamii	2002.133	China - Taiwan

Taxon	Accession	Origin
Carpinus monbeigiana	1992.309	China - Sichuan
Carpinus sp.	2003.415	China - Sichuan
Carpinus stipulata	2012.197	China - Shaanxi
Carpinus turczaninowii	1988.220	China - Sichuan
Carpinus turczaninowii	2003.385	China - Sichuan
Carpinus turczaninowii	2012.162	China - Shaanxi
Caryopteris incana	1988.395	China - Sichuan
Castanea sp.	1999.023	China - Sichuan
Celastrus sp.	1995.113	China - Sichuan
Celtis bungeana	2003.031	China - Jilin
Celtis bungeana	2003.217	China - Gansu
Celtis bungeana	2012.170	China - Shaanxi
Celtis koraiensis	2003.186	China - Gansu
Celtis koraiensis	2012.160	China - Shaanxi
Cephalotaxus fortunei var. alpina	1988.192	China - Sichuan
Cephalotaxus sinensis var. wilsoniana	2001.221	China - Taiwan
Cephalotaxus sinensis var. wilsoniana	2001.222	China - Taiwan
Cephalotaxus sinensis var. wilsoniana	2001.223	China - Taiwan
Ceratostigma minus	1988.391	China - Sichuan
Ceratostigma willmottianum	1988.059	China - Sichuan
Ceratostigma willmottianum	1998.001	China - Sichuan
Cercidiphyllum japonicum	1992.311	China - Sichuan
Cercidiphyllum japonicum	1992.385	China - Sichuan
Cercis chinensis	2000.039	China
Chamaecyparis formosensis	2004.262	China - Taiwan
Chamaecyparis formosensis	2006.059	China - Taiwan
Chamaecyparis obtusa var. formosana	2006.058	China - Taiwan
Chelonopsis forrestii	1992.150	China - Sichuan
Cimicifuga foetida	1988.171	China - Sichuan
Cimicifuga foetida	1988.389	China - Sichuan
Cimicifuga foetida	1995.162	China - Sichuan
Cimicifuga foetida	1998.037	China - Sichuan
Cimicifuga foetida var. foetida	2010.183	China - Yunnan
Cimicifuga sp.	1992.340	China - Sichuan
Clematis montana	1992.274	China - Sichuan
Clematis ranunculoides	1991.189	China - Sichuan
Clematis ranunculoides	1991.193	China - Sichuan

（续）

Taxon	Accession	Origin
Clematis rehderiana	1991.048	China - Sichuan
Clematis sp.	1988.098	China - Sichuan
Clematis sp.	1994.075	China - Sichuan
Clematis sp.	2001.033	China - Yunnan
Clematis sp.	2004.119	China - Yunnan
Clematis sp.	2005.096	China - Yunnan
Clematis sp.	2012.201	China - Shaanxi
Clematis tangutica	1991.191	China - Sichuan
Clematis tibetana	1995.006	China - Xizang (Tibet)
Clematis trullifera	1990.135	China - Sichuan
Codonopsis macrocalyx	1992.260	China - Sichuan
Codonopsis sp.	1992.122	China - Sichuan
Codonopsis sp.	1999.055	China - Sichuan
Codonopsis sp.	2001.418	China - Sichuan
Codonopsis subscaposa	1994.237	China - Sichuan
Codonopsis tubulosa	1990.027	China - Sichuan
Coriaria nepalensis	1991.237	China - Sichuan
Cornus bretschneideri	2003.074	China - Shanxi
Cornus capitata	1990.202	China - Yunnan
Cornus capitata	1992.357	China - Sichuan
Cornus capitata	2009.207	China - Sichuan
Cornus chinensis	1988.307	China - Sichuan
Cornus controversa	2000.277	China - Sichuan
Cornus elliptica	1996.163	China - Sichuan
Cornus hemsleyi	1992.020	China - Sichuan
Cornus kousa subsp. chinensis	1996.051	China - Sichuan
Cornus kousa subsp. chinensis	2000.002	China - Gansu
Cornus kousa subsp. chinensis	2012.166	China - Shaanxi
Cornus kousa subsp. chinensis	2012.200	China - Shaanxi
Cornus macrophylla	1991.185	China - Sichuan
Cornus macrophylla	2001.327	China - Sichuan
Cornus oblonga	1990.195	China - Yunnan
Cornus officinalis	2003.039	China - Shanxi
Cornus schindleri	1991.099	China - Sichuan
Cornus schindleri	1992.063	China - Sichuan
Cornus sp.	1988.413	China - Sichuan
Cornus sp.	1992.234	China - Sichuan
Cornus sp.	1994.116	China - Sichuan
Cornus sp.	2000.239	China - Sichuan

Taxon	Accession	Origin
Corydalis adunca	1988.117	China - Sichuan
Corydalis adunca	1998.051	China - Sichuan
Corydalis adunca	2000.181	China - Sichuan
Corydalis ophiocarpa	2004.229	China - Taiwan
Corydalis sp.	1994.012	China - Sichuan
Corydalis wilsonii	1994.101	China - Sichuan
Corylopsis sinensis	1992.296	China - Sichuan
Corylopsis sinensis	1994.160	China - Sichuan
Corylopsis sinensis	2001.395	China - Sichuan
Corylopsis sinensis var. calvescens	1991.245	China - Sichuan
Corylopsis sinensis var. sinensis	1988.283	China - Sichuan
Corylopsis sp.	2003.455	China - Sichuan
Corylopsis willmottiae	1988.248	China - Sichuan
Corylus chinensis	1996.048	China - Sichuan
Corylus ferox var. thibetica	2001.350	China - Sichuan
Corylus ferox var. thibetica	2003.221	China - Gansu
Corylus heterophylla	1990.200	China - Yunnan
Corylus heterophylla var. sutchuenensis	1991.033	China - Sichuan
Corylus sp.	2000.316	China - Sichuan
Corylus wangii	1992.352	China - Sichuan
Corylus yunnanensis	1992.360	China - Sichuan
Cotinus coggygria	2004.095	China - Gansu
Cotoneaster adpressus	1990.019	China - Sichuan
Cotoneaster adpressus	1990.181	China - Yunnan
Cotoneaster adpressus	2001.319	China - Sichuan
Cotoneaster ambiguus	1988.026	China - Sichuan
Cotoneaster conspicuus	1996.133	China - Hubei
Cotoneaster conspicuus	1996.155	China - Sichuan
Cotoneaster conspicuus	2001.398	China - Sichuan
Cotoneaster dielsianus	1988.264	China - Sichuan
Cotoneaster dielsianus	1990.165	China - Yunnan
Cotoneaster dielsianus	1990.176	China - Yunnan
Cotoneaster dielsianus	1991.203	China - Sichuan
Cotoneaster dielsianus	1994.166	China - Sichuan
Cotoneaster dielsianus	1995.130	China - Sichuan
Cotoneaster dielsianus	1996.110	China - Sichuan
Cotoneaster dielsianus var. elegans	1991.042	China - Sichuan
Cotoneaster gracilis	1988.215	China - Sichuan
Cotoneaster horizontalis	1988.086	China - Sichuan

03

（续）

Taxon	Accession	Origin
Cotoneaster horizontalis	1999.052	China - Sichuan
Cotoneaster horizontalis var. perpusillus	1999.015	China - Sichuan
Cotoneaster marroninus	1988.335	China - Sichuan
Cotoneaster moupinensis	1988.247	China - Sichuan
Cotoneaster rehderi	1988.258	China - Sichuan
Cotoneaster salicifolia	1995.133	China - Sichuan
Cotoneaster sp.	1988.017	China - Sichuan
Cotoneaster sp.	1991.223	China - Sichuan
Cotoneaster sp.	1991.224	China - Sichuan
Cotoneaster sp.	1992.361	China - Sichuan
Cotoneaster sp.	1994.048	China - Sichuan
Cotoneaster sp.	1994.050	China - Sichuan
Cotoneaster sp.	1995.016	China - Xizang (Tibet)
Cotoneaster sp.	1998.043	China - Sichuan
Cotoneaster sp.	1998.052	China - Sichuan
Cotoneaster sp.	2000.157	China - Sichuan
Cotoneaster wolongensis	1988.023	China - Sichuan
Cotoneaster wolongensis	1988.281	China - Sichuan
Crataegus chungtienensis	2010.177	China - Yunnan
Crataegus maximowiczii	1998.107	China - Jilin
Cunninghamia lanceolata	2004.097	China - Hunan
Cunninghamia lanceolata var. konishii	2002.125	China - Taiwan
Cupressus chengiana	2000.264	China - Sichuan
Cupressus duclouxiana	2001.225	China - Yunnan
Cupressus gigantea	1999.144	China
Cyanotis barbata	1990.149	China - Yunnan
Cyclocarya paliurus	1996.049	China - Sichuan
Cynoglossum amabile	1990.174	China - Yunnan
Debregeasia orientalis	2003.205	China - Sichuan
Decaisnea insignis	2006.223	China - Yunnan
Decaisnea insignis	2009.144	China - Sichuan
Delphinium grandiflorum	1988.205	China - Sichuan
Delphinium grandiflorum	1994.231	China - Sichuan
Delphinium sp.	1992.161	China - Sichuan
Delphinium sp.	1992.173	China - Sichuan
Delphinium sp.	1994.144	China - Sichuan
Delphinium sp.	1995.004	China - Xizang (Tibet)
Delphinium sp.	1998.042	China - Sichuan
Delphinium sp.	1998.053	China - Sichuan

Taxon	Accession	Origin
Delphinium sp.	2001.037	China - Yunnan
Desmodium sequax	1992.160	China - Sichuan
Desmodium sequax	1998.048	China - Sichuan
Deutzia glomeruliflora	1988.071	China - Sichuan
Deutzia glomeruliflora	1992.023	China - Sichuan
Deutzia glomeruliflora	1992.156	China - Sichuan
Deutzia glomeruliflora	1994.049	China - Sichuan
Deutzia glomeruliflora	1995.121	China - Sichuan
Deutzia longifolia	1988.339	China - Sichuan
Deutzia longifolia	1990.158	China - Yunnan
Deutzia longifolia	2000.219	China - Sichuan
Deutzia longifolia	2001.330	China - Sichuan
Deutzia longifolia	2003.433	China - Sichuan
Deutzia milmoriniae	1991.225	China - Sichuan
Deutzia monbeigii	1991.307	China - Sichuan
Deutzia pulchra	2004.168	China - Taiwan
Deutzia setchuenensis	1988.256	China - Sichuan
Deutzia sp.	1988.011	China - Sichuan
Deutzia sp.	1991.104	China - Sichuan
Deutzia sp.	2000.160	China - Sichuan
Deutzia sp.	2001.294	China - Sichuan
Deutzia sp.	2001.443	China - Sichuan
Deutzia sp.	2010.198	China - Sichuan
Deutzia sp.	2010.231	China - Sichuan
Deutzia taiwanensis	2004.292	China - Taiwan
Dianthus superbus	1991.037	China - Sichuan
Dichroa febrifuga	1996.173	China - Sichuan
Dicranostigma leptopodum	2000.183	China - Sichuan
Diospyros japonica	2004.098	China - Hunan
Diospyros japonica	2004.275	China - Taiwan
Diospyros sp.	2010.172	China - Sichuan
Dipelta yunnanensis	1992.164	China - Sichuan
Dipsacus asper	1990.048	China - Sichuan
Dipteronia sinensis	2002.180	China - Shaanxi
Dipteronia sinensis	2002.181	China - Shaanxi
Dipteronia sinensis	2002.182	China - Shaanxi
Dipteronia sinensis	2002.183	China - Shaanxi
Disporum cantoniense	2014.005	China - Guizhou
Disporum longistylum	1991.244	China - Sichuan
Disporum longistylum	2009.242	China - Sichuan
Duchesnea indica	1991.355	China - Sichuan

（续）

Taxon	Accession	Origin
Elaeagnus multiflora	1992.332	China - Sichuan
Eleutherococcus leucorrhizus var. setchuenensis	1995.077	China - Sichuan
Eleutherococcus senticosus	1996.065	China - Sichuan
Eleutherococcus sp.	2009.186	China - Sichuan
Elsholtzia flava	2005.102	China - Yunnan
Elsholtzia fruticosa	1994.084	China - Sichuan
Elsholtzia sp.	2005.099	China - Yunnan
Emmenopterys henryi	1991.389	China - Anhui
Emmenopterys henryi	1996.148	China - Sichuan
Enkianthus deflexus	2012.284	China - Yunnan
Ephedra monosperma	1994.064	China - Sichuan
Erigeron sp.	1991.040	China - Sichuan
Eriobotrya deflexa	2004.242	China - Taiwan
Etlingera elatior	2002.154	China - Taiwan
Euodia daniellii	1996.118	China - Sichuan
Euonymus carnosus	1991.381	China - Anhui
Euonymus frigidus	2003.293	China - Sichuan
Euonymus sp.	1991.217	China - Sichuan
Euonymus sp.	1998.030	China - Sichuan
Euonymus sp.	2000.268	China - Sichuan
Euonymus sp.	2009.197	China - Sichuan
Euonymus verrucosoides	1988.209	China - Sichuan
Eupatorium heterophyllum	1991.017	China - Sichuan
Euptelea pleiosperma	1988.321	China - Sichuan
Euptelea pleiosperma	2001.390	China - Sichuan
Euptelea pleiosperma	2009.217	China - Sichuan
Filipendula sp.	1991.184	China - Sichuan
Filipendula vestita	1992.130	China - Sichuan
Forsythia giraldiana	1992.238	China - Sichuan
Forsythia suspensa	2003.224	China - Gansu
Forsythia suspensa	2006.084	China - Gansu
Fragaria orientalis	2000.226	China - Sichuan
Fraxinus baroniana	2012.208	China - Shaanxi
Fraxinus chinensis	2010.298	China
Fraxinus chinensis	2010.299	China
Fraxinus chinensis subsp. chinensis	1991.222	China - Sichuan
Fraxinus insularis	1992.310	China - Sichuan
Fraxinus insularis	2010.314	China - Shaanxi
Fraxinus insularis	2012.183	China - Shaanxi
Fraxinus insularis	2012.199	China - Shaanxi

Taxon	Accession	Origin
Fraxinus mandshurica	2006.001	China - Sichuan
Fraxinus paxiana	2003.374	China - Sichuan
Fraxinus paxiana	2012.181	China - Shaanxi
Fraxinus sikkimensis	1992.217	China - Sichuan
Fraxinus sp.	2000.262	China - Sichuan
Fraxinus sp.	2010.240	China - Sichuan
Gentiana crassicaulis	1991.098	China - Sichuan
Gentiana macrophylla	1988.107	China - Sichuan
Gentiana melandriifolia	1990.125	China - Sichuan
Gentiana scabra	2000.326	China - Jiangsu
Gentiana scabra	2000.327	China - Jiangsu
Gentiana sp.	1990.073	China - Sichuan
Gentiana sp.	1992.281	China - Sichuan
Geranium pylzowianum	1990.035	China - Sichuan
Geranium sinense	1990.164	China - Yunnan
Geum aleppicum	1988.009	China - Sichuan
Ginkgo biloba	1992.398	China - Zhejiang
Ginkgo biloba	2004.114	China
Ginkgo biloba	2009.246	China - Guizhou
Gleditsia sinensis	1997.219	China - Hubei
Glochidion puberum	2006.246	China - Yunnan
Glochidion sp.	1996.154	China - Sichuan
Grewia biloba	2004.140	China - Hunan
Grewia biloba var. parviflora	2003.076	China - Shanxi
Hedychium paludosum	2004.084	China - Sichuan
Hedychium sp.	2009.183	China - Sichuan
Hedychium sp.	2010.171	China - Sichuan
Hedychium spicatum	2004.009	China - Yunnan
Hedychium spicatum	2006.248	China - Sichuan
Hedychium spicatum var. acuminatum	1991.002	China - Sichuan
Hedychium yunnanense	1990.161	China - Yunnan
Helwingia chinensis	2004.141	China - Sichuan
Hemerocallis dumortieri	1998.116	China - Jilin
Hemerocallis dumortieri	2001.185	China - Jilin
Hemerocallis sp.	2002.175	China - Sichuan
Hippophae rhamnoides	1988.099	China - Sichuan
Hippophae rhamnoides	1998.072	China - Sichuan
Hippophae rhamnoides subsp. sinensis	1988.226	China - Sichuan
Hippophae rhamnoides subsp. sinensis	2002.202	China - Liaoning

03

Taxon	Accession	Origin	Taxon	Accession	Origin
Hippophae rhamnoides subsp. sinensis	2002.205	China - Hebei	Hypericum sp.	2005.101	China - Yunnan
Hippophae rhamnoides var. procera	2000.223	China - Sichuan	Hypericum sp.	2010.160	China - Sichuan
Holboellia sp.	2005.107	China - Sichuan	Idesia polycarpa	2003.452	China - Sichuan
Hosta ventricosa	1996.144	China - Sichuan	Idesia polycarpa	2004.158	China - Taiwan
Hovenia dulcis	2003.075	China - Shanxi	Idesia polycarpa var. vestita	1991.344	China - Sichuan
Hydrangea anomala	1996.099	China - Sichuan	Idesia polycarpa var. vestita	1995.068	China - Sichuan
Hydrangea aspera	1991.336	China - Sichuan	Ilex cornuta	2006.085	China - Hunan
Hydrangea aspera	1992.025	China - Sichuan	Ilex fargesii	2001.444	China - Sichuan
Hydrangea aspera	1994.172	China - Sichuan	Ilex fargesii subsp. fargesii var. fargesii	1996.085	China - Sichuan
Hydrangea aspera	1996.009	China - Sichuan	Ilex pernyi	1995.172	China - Guizhou
Hydrangea aspera	2000.281	China - Sichuan	Ilex pernyi	1999.025	China - Sichuan
Hydrangea aspera	2010.274	China - Sichuan	Ilex pernyi var. pernyi	1991.256	China - Sichuan
Hydrangea aspera	2010.282	China - Sichuan	Ilex sp.	2009.173	China - Sichuan
Hydrangea aspera subsp. aspera	1992.152	China - Sichuan	Illicium simonsii	1990.038	China - Sichuan
Hydrangea chinensis	2004.191	China - Taiwan	Illicium simonsii	1992.300	China - Sichuan
Hydrangea chinensis	2004.285	China - Taiwan	Incarvillea arguta	1988.060	China - Sichuan
Hydrangea heteromalla	1988.384	China - Sichuan	Incarvillea arguta	2000.217	China - Sichuan
Hydrangea heteromalla	1990.117	China - Sichuan	Incarvillea arguta	2009.208	China - Sichuan
Hydrangea heteromalla	2001.441	China - Sichuan	Indigofera amblyantha	1988.090	China - Sichuan
Hydrangea longipes	1988.404	China - Sichuan	Indigofera bungeana	1991.014	China - Sichuan
Hydrangea sp.	1991.313	China - Sichuan	Indigofera pendula	1991.132	China - Sichuan
Hydrangea sp.	2009.172	China - Sichuan	Inula sp.	1994.214	China - Sichuan
Hydrangea villosa	1992.001	China - Sichuan	Iris bulleyana	1995.048	China - Xizang (Tibet)
Hypericum acmosepalum	1992.039	China - Sichuan	Iris bulleyana	1995.052	China - Xizang (Tibet)
Hypericum ascyron	1988.087	China - Sichuan	Iris chrysographes	1988.364	China - Sichuan
Hypericum ascyron	1988.332	China - Sichuan	Iris chrysographes	1992.105	China - Sichuan
Hypericum forrestii	1988.251	China - Sichuan	Iris chrysographes	1994.069	China - Sichuan
Hypericum henryi subsp. uraloides	1988.008	China - Sichuan	Iris chrysographes	1994.152	China - Sichuan
Hypericum japonicum	1990.036	China - Sichuan	Iris confusa	2003.294	China - Sichuan
Hypericum maclarenii	1991.312	China - Sichuan	Iris confusa	2008.013	China - Sichuan
Hypericum patulum	1992.329	China - Sichuan	Iris cuniculiformis	2003.005	China - Yunnan
Hypericum perforatum	1995.127	China - Sichuan	Iris forrestii	1990.030	China - Sichuan
Hypericum sp.	1994.175	China - Sichuan	Iris lactea var. lactea	2003.195	China - Gansu
Hypericum sp.	1995.015	China - Xizang (Tibet)	Iris setosa	1998.133	China - Jilin
Hypericum sp.	1995.132	China - Sichuan	Iris sp.	1991.171	China - Sichuan
Hypericum sp.	1998.013	China - Sichuan	Iris sp.	1998.062	China - Sichuan
Hypericum sp.	2001.380	China - Sichuan	Iris sp.	2001.041	China - Yunnan
Hypericum sp.	2005.100	China - Yunnan	Iris sp.	2001.042	China - Yunnan
			Iris sp.	2001.310	China - Sichuan

（续）

Taxon	Accession	Origin
Iris sp.	2001.427	China - Sichuan
Iris sp.	2009.212	China - Sichuan
Iris sp.	2009.218	China - Sichuan
Iris sp.	2012.278	China - Yunnan
Iris sp.	2012.289	China - Yunnan
Iris sp.	2013.078	China - Sichuan
Iris wilsonii	1992.040	China - Sichuan
Iris wilsonii	1992.287	China - Sichuan
Iris wilsonii	1992.330	China - Sichuan
Isodon dawoensis	1988.392	China - Sichuan
Jasminum floridum	1988.214	China - Sichuan
Jasminum humile	2012.272	China - Yunnan
Jasminum humile var. humile	1992.199	China - Sichuan
Juglans mandshurica	1992.037	China - Sichuan
Juglans mandshurica	1996.028	China - Sichuan
Juglans mandshurica	1996.084	China - Sichuan
Juglans mandshurica	2003.448	China - Sichuan
Juglans mandshurica	2004.177	China - Taiwan
Juniperus formosana	1991.117	China - Sichuan
Juniperus pingii var. wilsonii	1988.138	China - Sichuan
Keteleeria davidiana var. davidiana	2000.110	China - Shaanxi
Keteleeria davidiana var. davidiana	2005.140	China - Shaanxi
Koelreuteria bipinnata	2003.292	China - Sichuan
Koelreuteria paniculata	1988.210	China - Sichuan
Koelreuteria paniculata	1998.018	China - Sichuan
Koelreuteria paniculata	2000.263	China - Sichuan
Kolkwitzia amabilis	1995.179	China - Hubei
Lagerstroemia subcostata	2004.264	China - Taiwan
Lespedeza buergeri	1988.089	China - Sichuan
Leycesteria formosa	1990.040	China - Sichuan
Ligularia melanocephala	1990.172	China - Yunnan
Ligularia przewalskii	1988.203	China - Sichuan
Ligularia sp.	1995.157	China - Sichuan
Ligularia sp.	1998.023	China - Sichuan
Ligularia sp.	1998.038	China - Sichuan
Ligularia sp.	1998.065	China - Sichuan
Ligularia sp.	2003.313	China - Sichuan
Ligularia veitchiana	1995.170	China - Guizhou
Ligularia veitchiana	2003.426	China - Sichuan
Ligustrum delavayanum	1992.048	China - Sichuan
Ligustrum delavayanum	1994.163	China - Sichuan
Ligustrum quihoui	1988.393	China - Sichuan
Ligustrum quihoui	1992.297	China - Sichuan
Lilium brownii	1998.100	China - Sichuan
Lilium brownii	1999.014	China - Sichuan
Lilium dauricum	1998.115	China - Jilin
Lilium duchartrei	1988.175	China - Sichuan
Lilium duchartrei	2001.378	China - Sichuan
Lilium duchartrei	2001.433	China - Sichuan
Lilium formosanum	2004.223	China - Taiwan
Lilium henryi	1996.135	China - Sichuan
Lilium leucanthum	1988.235	China - Sichuan
Lilium leucanthum	1996.132	China - Hubei
Lilium leucanthum	1996.136	China - Sichuan
Lilium leucanthum	1996.151	China - Sichuan
Lilium leucanthum	1996.152	China - Sichuan
Lilium leucanthum	1999.016	China - Sichuan
Lilium regale	1995.112	China - Sichuan
Lilium regale	2003.287	China - Sichuan
Lilium sargentiae	1991.001	China - Sichuan
Lilium sargentiae	1991.356	China - Sichuan
Lilium sargentiae	1996.177	China - Sichuan
Lilium sargentiae	1998.005	China - Sichuan
Lilium sp.	1988.079	China - Sichuan
Lilium sp.	1988.204	China - Sichuan
Lilium sp.	1990.162	China - Yunnan
Lilium sp.	1991.158	China - Sichuan
Lilium sp.	1995.173	China - Guizhou
Lilium sp.	1999.044	China - Sichuan
Lilium sp.	1999.075	China - Sichuan
Lilium sp.	2003.384	China - Sichuan
Linaria sp.	1994.241	China - Sichuan
Lindera floribunda	2002.031	China - Hubei
Liquidambar formosana	2002.141	China - Taiwan
Liriodendron chinense	1996.131	China - Sichuan
Liriodendron chinense	1999.046	China - Sichuan
Liriope minor var. angustissima	2004.303	China - Taiwan
Liriope sp.	2004.175	China - Taiwan
Lithocarpus dealbatus	1990.013	China - Sichuan
Lithocarpus variolosus	1990.041	China - Sichuan
Litsea pungens	2003.073	China - Shanxi

Taxon	Accession	Origin
Litsea sp.	2003.457	China - Sichuan
Lobelia sp.	1990.171	China - Yunnan
Lobelia sp.	1992.055	China - Sichuan
Lonicera deflexicalyx	1988.137	China - Sichuan
Lonicera ligustrina subsp. yunnanensis	1988.230	China - Sichuan
Lonicera myrtillus	1995.011	China - Xizang (Tibet)
Lonicera rupicola var. syringantha	1992.129	China - Sichuan
Lonicera sp.	1992.327	China - Sichuan
Lonicera sp.	1994.134	China - Sichuan
Lonicera sp.	1994.223	China - Sichuan
Lonicera sp.	1999.035	China - Sichuan
Lonicera webbiana	2002.155	China
Lonicera yunnanensis	2000.164	China - Sichuan
Loropetalum chinense	2003.197	China - Hunan
Loropetalum chinense	2004.102	China - Hunan
Loropetalum chinense	2005.085	China - Hunan
Loropetalum chinense var. rubrum	2004.137	China - Hunan
Luculia pinceana var. pinceana	1990.163	China - Yunnan
Lycoris aurea	2001.229	China - Yunnan
Machilus forrestii	1990.014	China - Sichuan
Macleaya microcarpa	1988.213	China - Sichuan
Magnolia biondii	2001.012	China - Henan
Magnolia chapensis	2001.236	China - Jiangsu
Magnolia delavayi	2000.131	China - Yunnan
Magnolia denudata	1994.296	China - Zhejiang
Magnolia foveolata	2002.196	China
Magnolia leveilleana	2014.002	China - Guizhou
Magnolia martini	2007.562	China - Yunnan
Magnolia maudiae	1996.189	China - Hunan
Magnolia sargentiana	2006.226	China - Yunnan
Magnolia sinica	1997.228	China - Yunnan
Magnolia sinica	2007.093	China - Yunnan
Magnolia wilsonii	1992.018	China - Sichuan
Magnolia yunnanensis	2007.565	China - Yunnan
Magnolia yuyuanensis	2000.132	China - Anhui
Malus baccata	1996.080	China - Sichuan
Malus baccata	2001.400	China - Sichuan
Malus doumeri	2004.323	China - Taiwan

Taxon	Accession	Origin
Malus hupehensis	1999.071	China - Sichuan
Malus prattii	1988.319	China - Sichuan
Malus sp.	2010.134	China - Sichuan
Malus sp.	2014.012	China - Guizhou
Malus toringoides	2001.403	China - Sichuan
Malus yunnanensis	1991.113	China - Sichuan
Malus yunnanensis	1992.139	China - Sichuan
Malus yunnanensis	1992.307	China - Sichuan
Malus yunnanensis	1994.113	China - Sichuan
Malus yunnanensis	2003.413	China - Sichuan
Morus mongolica	2000.060	China
Myrsine africana	1998.092	China - Sichuan
Neillia thibetica	1988.261	China - Sichuan
Neillia thibetica	1988.282	China - Sichuan
Neolitsea sp.	1991.260	China - Sichuan
Nepeta sp.	1991.188	China - Sichuan
Ophiopogon bodinieri	1988.052	China - Sichuan
Ophiopogon sp.	1995.057	China - Sichuan
Ophiopogon sp.	2000.310	China - Sichuan
Origanum vulgare	1990.113	China - Sichuan
Orychophragmus violaceus	2008.132	China - Zhejiang
Osbeckia crinita	1990.153	China - Yunnan
Osmanthus delavayi	1990.123	China - Sichuan
Osmanthus delavayi	1990.133	China - Sichuan
Osmanthus sp.	2009.241	China - Sichuan
Osmanthus sp.	2014.007	China - Guangxi
Osteomeles schwerinae	1992.212	China - Sichuan
Osteomeles schwerinae	2010.164	China - Sichuan
Paeonia mairei	2018.037	China - Sichuan
Paeonia sp.	2000.259	China - Sichuan
Parthenocissus henryana	1996.006	China - Sichuan
Paulownia fortunei	1996.090	China - Sichuan
Paulownia fortunei	1999.020	China - Sichuan
Paulownia fortunei	2003.229	China - Hunan
Paulownia kawakamii	2004.190	China - Taiwan
Peucedanum praeruptorum	2001.191	China - Shandong
Philadelphus delavayi	1992.273	China - Sichuan
Philadelphus delavayi	2015.080	China - Yunnan
Philadelphus pekinensis	2003.040	China - Shanxi
Philadelphus purpurascens	1990.124	China - Sichuan
Philadelphus purpurascens	1990.198	China - Yunnan

（续）

03

Taxon	Accession	Origin
Philadelphus purpurascens	1991.320	China - Sichuan
Philadelphus purpurascens	1994.176	China - Sichuan
Philadelphus purpurascens	2003.325	China - Sichuan
Philadelphus purpurascens var. venustus	1991.108	China - Sichuan
Philadelphus purpurascens var. venustus	1992.157	China - Sichuan
Philadelphus purpurascens var. venustus	1994.076	China - Sichuan
Philadelphus schrenkii	1998.105	China - Jilin
Philadelphus sericanthus	2003.356	China - Sichuan
Philadelphus sp.	1998.019	China - Sichuan
Philadelphus sp.	1998.098	China - Sichuan
Philadelphus sp.	2000.222	China - Sichuan
Philadelphus sp.	2001.287	China - Sichuan
Philadelphus sp.	2008.169	China - Sichuan
Philadelphus sp.	2010.286	China - Sichuan
Philadelphus subcanus	2003.302	China - Sichuan
Philadelphus subcanus var. magdalenae	1991.286	China - Sichuan
Phlomis sp.	2000.229	China - Sichuan
Phlomis umbrosa	1990.115	China - Sichuan
Photinia sp.	2006.219	China - Yunnan
Picea asperata	1991.107	China - Sichuan
Picea brachytyla	1992.227	China - Sichuan
Picea likiangensis	1991.181	China - Sichuan
Picea likiangensis	1994.259	China - Sichuan
Picea likiangensis	2001.413	China - Sichuan
Picea likiangensis var. rubescens	1991.201	China - Sichuan
Picea morrisonicola	2004.182	China - Taiwan
Picea morrisonicola	2006.065	China - Taiwan
Picea purpurea	1988.113	China - Sichuan
Picea wilsonii	1988.114	China - Sichuan
Pieris formosa	2012.292	China - Yunnan
Pinus armandii	1991.134	China - Sichuan
Pinus armandii	2002.005	China - Yunnan
Pinus densata	1991.137	China - Sichuan
Pinus densata	1991.228	China - Sichuan
Pinus koraiensis	1998.135	China - Jilin
Pinus massoniana	2004.108	China - Hunan
Pinus morrisonicola	2004.317	China - Taiwan
Pinus tabuliformis	1988.194	China - Sichuan

Taxon	Accession	Origin
Pinus taiwanensis	2004.181	China - Taiwan
Pinus taiwanensis	2004.236	China - Taiwan
Pinus yunnanensis	1988.330	China - Sichuan
Pinus yunnanensis	1990.032	China - Sichuan
Piptanthus nepalensis	1988.231	China - Sichuan
Piptanthus nepalensis	1992.367	China - Sichuan
Piptanthus nepalensis	1994.070	China - Sichuan
Piptanthus nepalensis	1998.012	China - Sichuan
Pistacia chinensis	2003.280	China - Shanxi
Pittosporum heterophyllum var. heterophyllum	2003.396	China - Sichuan
Pittosporum illicioides	2004.146	China - Hunan
Pittosporum sp.	2000.267	China - Sichuan
Pittosporum truncatum	1992.386	China - Sichuan
Platycladus orientalis	2002.179	China - Shaanxi
Platycladus orientalis	2003.284	China - Shaanxi
Platycladus orientalis	2010.239	China - Sichuan
Platycodon grandiflorus	2001.193	China - Shandong
Polygonatum cirrhifolium	1991.100	China - Sichuan
Polygonatum cirrhifolium	1992.074	China - Sichuan
Polygonatum odoratum	1988.196	China - Sichuan
Polygonatum sp.	1991.021	China - Sichuan
Polygonum capitatum	1988.268	China - Sichuan
Polyspora axillaris	2004.166	China - Taiwan
Polyspora axillaris	2012.214	China - Taiwan
Polyspora longicarpa	2004.012	China - Yunnan
Polyspora longicarpa	2004.013	China - Yunnan
Polyspora speciosa	2011.178	China - Guangxi
Potentilla anserina	1990.020	China - Sichuan
Potentilla fruticosa var. arbuscula	1991.111	China - Sichuan
Potentilla fruticosa var. arbuscula	2001.419	China - Sichuan
Potentilla glabra	1988.123	China - Sichuan
Potentilla glabra	2003.335	China - Sichuan
Potentilla glabra var. veitchii	1992.201	China - Sichuan
Potentilla parvifolia	1988.371	China - Sichuan
Potentilla sp.	1991.230	China - Sichuan
Pratia nummularia	2004.192	China - Taiwan
Primula involucrata	1988.130	China - Sichuan
Primula poissonii	1990.067	China - Sichuan
Primula poissonii	1991.192	China - Sichuan

（续）

Taxon	Accession	Origin
Primula poissonii	1994.046	China - Sichuan
Primula poissonii	1994.199	China - Sichuan
Primula sikkimensis	1988.366	China - Sichuan
Primula sp.	1990.170	China - Yunnan
Primula sp.	2010.174	China - Yunnan
Primula sp.	2010.175	China - Yunnan
Primula sp.	2012.280	China - Yunnan
Primula sp.	2013.082	China - Sichuan
Primula wilsonii	1992.041	China - Sichuan
Prunella vulgaris	1990.021	China - Sichuan
Prunus maackii	1998.119	China - Jilin
Prunus phaeosticta	2004.238	China - Taiwan
Pseudolarix amabilis	2002.167	China - Jiangsu
Pterocarya macroptera	2001.334	China - Sichuan
Pterocarya macroptera var. insignis	1992.306	China - Sichuan
Pterocarya stenoptera	2003.435	China - Sichuan
Pteroceltis tatarinowii	2003.281	China - Shanxi
Pterostyrax psilophyllus	1991.341	China - Sichuan
Pterostyrax psilophyllus	1999.013	China - Sichuan
Pterostyrax psilophyllus	2001.237	China - Yunnan
Pyracantha atalantioides	1988.211	China - Sichuan
Pyracantha fortuneana	1990.049	China - Sichuan
Pyracantha fortuneana	1990.169	China - Yunnan
Pyracantha sp.	1990.146	China - Yunnan
Pyrgophyllum yunnanense	2010.168	China - Sichuan
Pyrus betulifolia	2006.092	China - Hunan
Pyrus pashia	2006.254	China - Sichuan
Pyrus sp.	2010.159	China - Sichuan
Quercus aliena	1990.001	China - Sichuan
Quercus aliena	2003.373	China - Sichuan
Quercus dentata	1994.018	China - Sichuan
Quercus glauca	2004.321	China - Taiwan
Quercus griffithii	1992.206	China - Sichuan
Quercus guyavifolia	1990.110	China - Sichuan
Quercus liaotungensis	1988.223	China - Sichuan
Quercus schottkyana	1992.146	China - Sichuan
Quercus schottkyana	1992.243	China - Sichuan
Quercus schottkyana	2002.172	China - Yunnan
Quercus sp.	2000.141	China - Yunnan
Quercus sp.	2000.142	China - Yunnan
Quercus sp.	2003.290	China - Sichuan

Taxon	Accession	Origin
Quercus sp.	2003.445	China - Sichuan
Quercus sp.	2004.248	China - Taiwan
Quercus stenophylloides	2004.167	China - Taiwan
Quercus variabilis	1988.271	China - Sichuan
Radermachera sinica	2000.145	China - Taiwan
Rehderodendron macrocarpum	1995.058	China - Sichuan
Rehderodendron macrocarpum	2001.262	China - Sichuan
Rehderodendron macrocarpum	2018.038	China - Guizhou
Rhamnus dumetorum	1992.246	China - Sichuan
Rhamnus sp.	1991.018	China - Sichuan
Rhamnus sp.	1996.079	China - Sichuan
Rhamnus sp.	1998.063	China - Sichuan
Rheum alexandrae	1991.168	China - Sichuan
Rheum alexandrae	1998.081	China - Sichuan
Rhodiola sp.	1991.196	China - Sichuan
Rhodiola yunnanensis subsp. yunnanensis	1991.065	China - Sichuan
Rhododendron argyrophyllum	2001.368	China - Sichuan
Rhododendron augustinii	1994.165	China - Sichuan
Rhododendron augustinii	1999.084	China - Sichuan
Rhododendron augustinii	2006.301	China - Sichuan
Rhododendron augustinii subsp. chasmanthum	1990.061	China - Sichuan
Rhododendron davidsonianum	1990.051	China - Sichuan
Rhododendron davidsonianum	1991.034	China - Sichuan
Rhododendron davidsonianum	1991.122	China - Sichuan
Rhododendron davidsonianum	1994.122	China - Sichuan
Rhododendron davidsonianum	2001.360	China - Sichuan
Rhododendron davidsonianum	2006.300	China - Sichuan
Rhododendron decorum	1990.018	China - Sichuan
Rhododendron decorum	1991.112	China - Sichuan
Rhododendron decorum	2001.331	China - Sichuan
Rhododendron decorum	2001.394	China - Sichuan
Rhododendron decorum	2008.094	China - Yunnan
Rhododendron decorum subsp. decorum	1991.032	China - Sichuan

（续）

Taxon	Accession	Origin
Rhododendron decorum subsp. diaprepes	2008.095	China - Yunnan
Rhododendron dendrocharis	2001.363	China - Sichuan
Rhododendron floribundum	2001.359	China - Sichuan
Rhododendron floribundum	2001.374	China - Sichuan
Rhododendron fortunei	2003.001	China
Rhododendron heliolepis	2001.336	China - Sichuan
Rhododendron hyperythrum	2003.002	China - Taiwan
Rhododendron phaeochrysum var. agglutinatum	2001.301	China - Sichuan
Rhododendron polylepis	2001.348	China - Sichuan
Rhododendron polylepis	2006.298	China - Sichuan
Rhododendron polylepis	2009.223	China - Sichuan
Rhododendron primuliflorum	1991.384	China - Yunnan
Rhododendron protistum var. giganteum	2002.211	China - Yunnan
Rhododendron protistum var. giganteum	2013.085	China - Yunnan
Rhododendron pubescens	1990.055	China - Sichuan
Rhododendron racemosum	1990.148	China - Yunnan
Rhododendron racemosum	1990.180	China - Yunnan
Rhododendron racemosum	2009.211	China - Sichuan
Rhododendron rubiginosum	1992.060	China - Sichuan
Rhododendron rubiginosum	2001.382	China - Sichuan
Rhododendron simiarum	2018.048	China - Guangxi
Rhododendron simsii	2003.211	China - Guizhou
Rhododendron sp.	2000.119	China - Sichuan
Rhododendron sp.	2006.299	China - Sichuan
Rhododendron sp.	2008.174	China - Sichuan
Rhododendron sp.	2009.151	China - Sichuan
Rhododendron sp.	2009.199	China - Sichuan
Rhododendron sp.	2010.119	China - Sichuan
Rhododendron sp.	2010.144	China - Sichuan
Rhododendron sp.	2010.200	China - Sichuan
Rhododendron sp.	2010.261	China - Sichuan
Rhododendron sp.	2012.270	China - Yunnan
Rhododendron spinuliferum	1990.058	China - Sichuan
Rhododendron spinuliferum	1991.385	China - Yunnan
Rhododendron spinuliferum	1991.394	China - Yunnan
Rhododendron spinuliferum	1991.397	China - Yunnan
Rhododendron spinuliferum	2009.209	China - Sichuan
Rhododendron spinuliferum	2010.117	China - Sichuan
Rhododendron tatsienense	2001.311	China - Sichuan

Taxon	Accession	Origin
Rhododendron thymifolium	1991.209	China - Sichuan
Rhododendron trichanthum	2001.332	China - Sichuan
Rhododendron trichanthum	2001.435	China - Sichuan
Rhododendron vernicosum	2001.288	China - Sichuan
Rhododendron yunnanense	1990.178	China - Yunnan
Rhododendron yunnanense	1992.225	China - Sichuan
Rhus chinensis	1996.014	China - Sichuan
Rhus punjabensis var. sinica	1992.008	China - Sichuan
Rhus punjabensis var. sinica	1992.314	China - Sichuan
Rhus sp.	2011.024	China
Ribes mandshuricum	2003.231	China - Gansu
Ribes sp.	2000.309	China - Sichuan
Ribes sp.	2001.320	China - Sichuan
Rodgersia aesculifolia	1988.032	China - Sichuan
Rodgersia aesculifolia	1988.067	China - Sichuan
Rodgersia aesculifolia	1991.318	China - Sichuan
Rodgersia aesculifolia	1995.049	China - Xizang (Tibet)
Rodgersia aesculifolia	1995.160	China - Sichuan
Rodgersia aesculifolia	1999.066	China - Sichuan
Rodgersia aesculifolia	2003.375	China - Sichuan
Rodgersia henrici	1995.116	China - Sichuan
Rodgersia pinnata	1990.059	China - Sichuan
Rodgersia pinnata	1990.189	China - Yunnan
Rodgersia pinnata	1992.070	China - Sichuan
Rohdea fargesii	1996.200	China - Hubei
Rohdea pachynema	2001.369	China - Sichuan
Rosa banksiae var. normalis	1988.236	China - Sichuan
Rosa banksiae var. normalis	2011.229	China - Hubei
Rosa chinensis var. spontanea	1988.237	China - Sichuan
Rosa glomerata	1988.249	China - Sichuan
Rosa glomerata	1992.016	China - Sichuan
Rosa glomerata	1992.313	China - Sichuan
Rosa graciliflora	1994.104	China - Sichuan
Rosa henryi	1996.016	China - Sichuan
Rosa henryi	1996.018	China - Sichuan
Rosa laevigata	2006.094	China - Hunan
Rosa laevigata fma. laevigata	2004.116	China - Guizhou
Rosa longicuspis var. longicuspis	1990.065	China - Sichuan
Rosa longicuspis var. longicuspis	1990.206	China - Yunnan

03

Taxon	Accession	Origin
Rosa longicuspis var. longicuspis	1992.244	China - Sichuan
Rosa longicuspis var. longicuspis	1992.322	China - Sichuan
Rosa moyesii	1988.124	China - Sichuan
Rosa moyesii	1991.102	China - Sichuan
Rosa moyesii	2001.295	China - Sichuan
Rosa moyesii	2001.385	China - Sichuan
Rosa multibracteata	1988.096	China - Sichuan
Rosa multiflora	1996.146	China - Sichuan
Rosa multiflora var. cathayensis	2003.382	China - Sichuan
Rosa odorata var. gigantea	2012.266	China - Yunnan
Rosa praelucens	2012.276	China - Yunnan
Rosa roxburghii fma. normalis	1988.077	China - Sichuan
Rosa roxburghii fma. normalis	1996.140	China - Sichuan
Rosa roxburghii fma. normalis	1996.181	China - Sichuan
Rosa roxburghii fma. normalis	2004.115	China - Guizhou
Rosa rubus	1991.340	China - Sichuan
Rosa rubus	1992.071	China - Sichuan
Rosa rubus	2005.091	China - Hunan
Rosa sericea	1990.111	China - Sichuan
Rosa sericea	1994.061	China - Sichuan
Rosa sericea	1994.140	China - Sichuan
Rosa sericea	2001.300	China - Sichuan
Rosa sericea	2001.384	China - Sichuan
Rosa sericea subsp. omeiensis	1990.044	China - Sichuan
Rosa sericea subsp. omeiensis	1998.027	China - Sichuan
Rosa sertata	1992.267	China - Sichuan
Rosa setipoda	2003.444	China - Sichuan
Rosa sikangensis	1992.134	China - Sichuan
Rosa soulieana	1988.334	China - Sichuan
Rosa soulieana	1991.190	China - Sichuan
Rosa soulieana	1998.015	China - Sichuan
Rosa soulieana	2003.438	China - Sichuan
Rosa soulieana	2012.282	China - Yunnan
Rosa sp.	1991.006	China - Sichuan
Rosa sp.	1991.028	China - Sichuan
Rosa sp.	1991.242	China - Sichuan

Taxon	Accession	Origin
Rosa sp.	1995.047	China - Xizang (Tibet)
Rosa sp.	1998.060	China - Sichuan
Rosa sp.	2000.252	China - Sichuan
Rosa sp.	2000.285	China - Sichuan
Rosa sp.	2001.361	China - Sichuan
Rosa sp.	2001.411	China - Sichuan
Rosa sp.	2003.334	China - Sichuan
Rosa sp.	2004.231	China - Taiwan
Rosa sp.	2009.160	China - Sichuan
Rosa sp.	2012.268	China - Yunnan
Rosa sp.	2012.275	China - Yunnan
Rosa sp.	2012.287	China - Yunnan
Rosa sp.	2012.291	China - Yunnan
Rosa sweginzowii	1988.189	China - Sichuan
Rosa sweginzowii	2001.321	China - Sichuan
Rosa sweginzowii	2012.188	China - Shaanxi
Rosa transmorrisonensis	2004.203	China - Taiwan
Rosa tsinglingensis	2003.232	China - Gansu
Rosa willmottiae	1988.208	China - Sichuan
Rosa willmottiae	2001.298	China - Sichuan
Rosa willmottiae	2003.440	China - Sichuan
Rubus sp.	1988.055	China - Sichuan
Salvia castanea	1990.043	China - Sichuan
Salvia castanea fma. glabrescens	1994.109	China - Sichuan
Salvia digitaloides	1990.184	China - Yunnan
Salvia dolichantha	1988.336	China - Sichuan
Salvia nipponica var. formosana	2004.246	China - Taiwan
Salvia przewalskii	2009.213	China - Sichuan
Salvia przewalskii var. mandarinorum	1994.233	China - Sichuan
Salvia przewalskii var. przewalskii	1998.007	China - Sichuan
Salvia przewalskii var. przewalskii	1998.029	China - Sichuan
Salvia sp.	1992.175	China - Sichuan
Salvia sp.	1994.040	China - Sichuan
Salvia yunnanensis	1990.031	China - Sichuan
Sambucus adnata	1988.034	China - Sichuan
Sambucus javanica	2000.355	China - Taiwan
Sanguisorba officinalis	1990.151	China - Yunnan

（续）

Taxon	Accession	Origin
Sarcococca hookeriana var. digyna	1991.301	China - Sichuan
Sarcococca hookeriana var. digyna	1992.265	China - Sichuan
Sarcococca hookeriana var. digyna	1994.244	China - Sichuan
Sarcococca ruscifolia	1990.017	China - Sichuan
Sarcococca sp.	1999.005	China - Sichuan
Sassafras tzumu	2008.122	China - Zhejiang
Sassafras tzumu	2008.123	China - Zhejiang
Sassafras tzumu	2008.125	China - Zhejiang
Sassafras tzumu	2008.126	China - Zhejiang
Sassafras tzumu	2008.128	China - Zhejiang
Schima argentea	1992.381	China - Sichuan
Schima argentea	2018.051	China - Yunnan
Schima sericans	2015.093	China - Yunnan
Schima sinensis	1991.339	China - Sichuan
Schima sinensis	2009.232	China - Sichuan
Schisandra chinensis	1996.027	China - Sichuan
Schisandra chinensis	2001.280	China - Sichuan
Schisandra sp.	1995.114	China - Sichuan
Schisandra sp.	1996.071	China - Sichuan
Schisandra sp.	2000.287	China - Sichuan
Schisandra sp.	2009.238	China - Sichuan
Sedum sp.	1988.147	China - Sichuan
Sedum sp.	1988.354	China - Sichuan
Sedum sp.	1988.374	China - Sichuan
Sedum sp.	1992.190	China - Sichuan
Sedum sp.	1994.004	China - Sichuan
Sedum sp.	1995.014	China - Xizang (Tibet)
Semiaquilegia adoxoides	2001.408	China - Sichuan
Sibiraea angustata	1988.109	China - Sichuan
Silene baccifera	1991.246	China - Sichuan
Sinacalia davidii	1991.361	China - Sichuan
Sinacalia davidii	1998.096	China - Sichuan
Sinopodophyllum hexandrum	2000.220	China - Sichuan
Sinopodophyllum hexandrum	2001.399	China - Sichuan
Skimmia reevesiana	2011.174	China - Guizhou
Sophora davidii	1994.043	China - Sichuan
Sophora davidii	2000.003	China

Taxon	Accession	Origin
Sophora sp.	1995.017	China - Xizang (Tibet)
Sorbaria arborea	1998.031	China - Sichuan
Sorbaria arborea	2001.389	China - Sichuan
Sorbaria kirilowii	1991.024	China - Sichuan
Sorbus aronioides	1988.407	China - Sichuan
Sorbus discolor	2012.175	China - Shaanxi
Sorbus folgneri var. folgneri	1995.065	China - Sichuan
Sorbus glomerulata	1996.083	China - Sichuan
Sorbus hupehensis var. hupehensis	2011.228	China - Shaanxi
Sorbus keissleri	2006.224	China - Yunnan
Sorbus meliosmifolia	2001.346	China - Sichuan
Sorbus rufopilosa	2009.157	China - Sichuan
Sorbus setschwanensis	2009.156	China - Sichuan
Sorbus sp.	1994.195	China - Sichuan
Sorbus sp.	2000.162	China - Sichuan
Sorbus sp.	2000.212	China - Sichuan
Sorbus sp.	2006.229	China - Yunnan
Sorbus sp.	2006.252	China - Sichuan
Sorbus sp.	2009.164	China - Sichuan
Sorbus sp.	2009.165	China - Sichuan
Sorbus sp.	2014.013	China - Guizhou
Spiraea alpina	1994.128	China - Sichuan
Spiraea arcuata	1992.111	China - Sichuan
Spiraea canescens	1995.135	China - Sichuan
Spiraea henryi	1990.005	China - Sichuan
Spiraea japonica	1992.335	China - Sichuan
Spiraea japonica var. acuminata	1988.063	China - Sichuan
Spiraea japonica var. acuminata	1988.064	China - Sichuan
Spiraea japonica var. acuminata	1995.117	China - Sichuan
Spiraea japonica var. acuminata	1999.074	China - Sichuan
Spiraea mollifolia	1994.033	China - Sichuan
Spiraea mongolica var. mongolica	1994.053	China - Sichuan
Spiraea myrtilloides	1988.118	China - Sichuan
Spiraea pubescens	2003.244	China - Shanxi
Spiraea sargentiana	1988.070	China - Sichuan
Spiraea schneideriana	1992.253	China - Sichuan
Spiraea sp.	1988.031	China - Sichuan

03

（续）

Taxon	Accession	Origin
Spiraea sp.	1988.105	China - Sichuan
Spiraea sp.	1990.077	China - Sichuan
Spiraea sp.	1998.080	China - Sichuan
Spiraea sp.	2003.422	China - Sichuan
Spiraea trilobata	2003.242	China - Shanxi
Stachys sp.	2003.442	China - Sichuan
Stachyurus himalaicus	1992.002	China - Sichuan
Stachyurus himalaicus	1999.054	China - Sichuan
Stachyurus sp.	1996.045	China - Sichuan
Staphylea bumalda	1996.070	China - Sichuan
Staphylea bumalda	1999.038	China - Sichuan
Staphylea holocarpa	2009.233	China - Sichuan
Stauntonia angustifolia	1996.056	China - Sichuan
Stewartia rostrata	2009.250	China - Jiangxi
Stranvaesia davidiana var. davidiana	1991.131	China - Sichuan
Stranvaesia davidiana var. davidiana	1991.310	China - Sichuan
Stranvaesia davidiana var. davidiana	1994.200	China - Sichuan
Styrax confusus var. confusus	1991.380	China - Anhui
Styrax grandiflorus	2012.216	China - Taiwan
Styrax roseus	2014.010	China - Guangxi
Swertia cincta	1990.022	China - Sichuan
Sycopsis sinensis	2004.324	China - Taiwan
Syringa komarowii subsp. reflexa	2001.175	China - Shaanxi
Syringa oblata	2006.095	China - Gansu
Syringa pubescens	2010.291	China
Syringa pubescens subsp. patula	2002.162	China - Jilin
Syringa reticulata subsp. amurensis	2001.176	China - Jilin
Syringa reticulata subsp. pekinensis	2002.032	China - Shaanxi
Syringa reticulata subsp. pekinensis	2002.163	China - Shaanxi
Syringa reticulata subsp. pekinensis	2010.297	China - Hebei
Syringa sp.	2000.168	China - Sichuan
Syringa yunnanensis	1990.116	China - Sichuan
Syringa yunnanensis	1992.256	China - Sichuan
Syringa yunnanensis	2001.297	China - Sichuan
Taiwania cryptomerioides	2006.071	China - Taiwan
Tetracentron sinense	1991.367	China - Sichuan
Tetracentron sinense	1996.060	China - Sichuan
Thalictrum baicalense var. megalostigma	1988.047	China - Sichuan
Thalictrum delavayi	1991.094	China - Sichuan
Thalictrum diffusiflorum	2001.416	China - Sichuan
Thalictrum dipterocarpum	2001.414	China - Sichuan
Thalictrum finetii	1990.187	China - Yunnan
Thalictrum sp.	1992.248	China - Sichuan
Thalictrum sp.	1994.219	China - Sichuan
Thalictrum sp.	2000.203	China - Sichuan
Thalictrum sp.	2010.121	China - Sichuan
Thalictrum tuberiferum	1998.123	China - Jilin
Thladiantha villosula	1988.010	China - Sichuan
Tilia amurensis	2001.177	China - Jilin
Tilia chinensis	1996.121	China - Sichuan
Tilia sp.	1992.259	China - Sichuan
Trachelospermum jasminoides	2006.096	China - Hunan
Tricyrtis formosana	2004.287	China - Taiwan
Tricyrtis latifolia	1995.122	China - Sichuan
Tricyrtis latifolia	1996.055	China - Sichuan
Tricyrtis latifolia	1999.036	China - Sichuan
Tricyrtis latifolia	1999.049	China - Sichuan
Tricyrtis macropoda	1995.182	China - Hubei
Tricyrtis maculata	1996.128	China - Sichuan
Triosteum himalayanum	1998.045	China - Sichuan
Triosteum himalayanum	2000.192	China - Sichuan
Trochodendron aralioides	2004.150	China - Taiwan
Tsuga chinensis	1996.062	China - Sichuan
Tsuga chinensis	2000.111	China - Shaanxi
Tsuga chinensis	2000.113	China - Shaanxi
Vaccinium sp.	1990.211	China - Yunnan
Viburnum betulifolium	1988.016	China - Sichuan
Viburnum betulifolium	1988.243	China - Sichuan
Viburnum betulifolium	1990.070	China - Sichuan
Viburnum betulifolium	1990.182	China - Yunnan
Viburnum betulifolium	1992.320	China - Sichuan
Viburnum betulifolium	1994.118	China - Sichuan
Viburnum betulifolium	1996.015	China - Sichuan
Viburnum betulifolium	1999.057	China - Sichuan
Viburnum betulifolium	2003.379	China - Sichuan
Viburnum betulifolium	2010.108	China - Sichuan

（续）

Taxon	Accession	Origin
Viburnum cinnamomifolium	1991.305	China - Sichuan
Viburnum cylindricum	1990.057	China - Sichuan
Viburnum cylindricum	1992.058	China - Sichuan
Viburnum cylindricum	2001.396	China - Sichuan
Viburnum davidii	1991.293	China - Sichuan
Viburnum davidii	1991.334	China - Sichuan
Viburnum foetidum	2009.182	China - Sichuan
Viburnum foetidum var. ceanothoides	1988.275	China - Sichuan
Viburnum foetidum var. rectangulatum	2004.179	China - Taiwan
Viburnum glomeratum subsp. glomeratum	1988.197	China - Sichuan
Viburnum glomeratum subsp. glomeratum	2003.371	China - Sichuan
Viburnum kansuense	2010.142	China - Sichuan
Viburnum luzonicum	2004.258	China - Taiwan
Viburnum opulus subsp. calvescens	2001.178	China - Jilin

Taxon	Accession	Origin
Viburnum propinquum	1996.174	China - Sichuan
Viburnum rhytidophyllum	1988.328	China - Sichuan
Viburnum sp.	1990.064	China - Sichuan
Viburnum sp.	1996.005	China - Sichuan
Viburnum sp.	1996.075	China - Sichuan
Viburnum sp.	2000.299	China - Sichuan
Viburnum sp.	2010.102	China - Sichuan
Viburnum sp.	2010.277	China - Sichuan
Vicia unijuga	1996.201	China - Sichuan
Vitex negundo	1988.234	China - Sichuan
Vitex negundo var. heterophylla	1988.397	China - Sichuan
Vitis sp.	1994.206	China - Sichuan
Zanthoxylum ailanthoides	2004.172	China - Taiwan
Zanthoxylum schinifolium	1988.322	China - Sichuan
Zanthoxylum sp.	2003.414	China - Sichuan
Zingiber sp.	2004.085	China - Sichuan

03

04

-FOUR-

莫古礼(Floyd Alonzo McClure)在华采集和引种竹类植物的历史

The History of Bamboo Collection and Introduction from China by Floyd Alonzo McClure

吴仁武*

（浙江农林大学）

WU Renwu*

(Zhejiang A&F University)

* 邮箱：wurenwu0034@zafu.edu.cn

摘　要： 随着植物学发展以及经济发展的需求，美国在全球尤其是在我国开展了大量植物采集和引种工作。竹类植物是美国采集者在我国采集和引种的一类主要植物。在众多的竹类植物采集者中，莫古礼（Floyd Alonzo McClure）是最具代表性的一位，他于1919—1940年在岭南大学开展竹类植物研究，在此期间多次采集竹类植物标本并引种竹类植物到美国。调查莫古礼在华采集和引种竹类植物的历史，对分析美国在华引种植物以及竹类植物分类学研究具有重要意义。本章通过大量文献研究、档案查阅以及实地调研，整理莫古礼采集竹类植物路线、采集地以及校对竹类植物学名，从这些方面分析了莫古礼在华研究、采集和引种竹类植物的历史。莫古礼在华采集和引种竹类植物极大地发展了竹类植物分类学，所采集的竹类植物标本为后人竹类植物研究提供极大的帮助，所引种的竹类植物极大丰富了美国竹类植物种类，也促进了竹类植物在美国的应用。

关键词： 竹类植物　标本采集　引种史　采集史　莫古礼

Abstract: With the development of botany and a need for economic development, the United States has extensively collected and introduced plants worldwide, especially in China. Bamboo is one of the main collecting target in China and has been widely introduced to the United States. Among the numerous collectors of bamboo, Floyd Alonzo McClure has made the biggest impact. During his research at Lingnan University from 1919 to 1940, he collected bamboo specimens and introduced bamboo to the United States many times. In order to understand the history of collection and introduction of plants from China to the United States, it is necessary to investigate the history of McClure collection and introduction of bamboo in China. We conducted an extensive review of the literature and collection archives to sort out the route, collection locations, and scientific names of bamboo collected by McClure. We analyzed the history of McClure's research, collection and introduction of bamboo in China. McClure's collection and introduction of bamboo in China was important for the development of bamboo taxonomy. The bamboo specimens collected by McClure were invaluable for subsequent bamboo research. The bamboo introduced by McClure greatly enriched bamboo species in the United States and helped promote the application of bamboo in the United States.

Keywords: Bamboo; Specimen collection; Introduction history; Collection history; McClure

吴仁武，2022，第4章，莫古礼（Floyd Alonzo McClure）在华采集和引种竹类植物的历史；中国——二十一世纪的园林之母，第二卷：466–597页

　　竹类植物在中国的栽培和应用历史悠久。宋代著名学者苏东坡的文句："真可谓不可一日无此君也"足以说明竹类植物对我国生产和生活具有重要作用。东亚文明过去被称作"竹子文明"，我国则被称作"竹子文明的国度"。英国著名学者李约瑟（Joseph Terence Montgomery Needham，1900—1995）指出：没有哪一种植物比竹子更能代表中国景观的特色，也没有哪一种植物像竹子在中国历代艺术和技术中占据如此重要的地位（李约瑟，2006）。19世纪到20世纪上半叶，西方国家不断从中国引种竹类植物。天主教耶稣会意大利籍传教士卫匡国（Martino Martini，1614—1661）在他的《中国新图志》（*Novus Atlas Sinensis*）中介绍了竹类植物。1814年，英国东印度公司的植物学家罗克斯堡（William Roxburgh，1751—1815）在

他的《孟加拉国植物园志》（*Hortus Bengalensis, or a Catalogue of the Plants Growing in the Honourable East India Company's Botanic Garden at Calcutta*）中记载加尔各答从中国引种栽培孝顺竹 [*Bambusa multiplex*（Lour.）Raeuschel ex J. A. et J. H. Schult.，异名：*Bambusa nana*]（Roxburgh，1814）。福琼（Robert Fortune，1812—1880）于1843年首次来华采集时，伦敦园艺学会 [Horticultural Society of London，由约瑟夫·班克斯（Joseph Banks，1743—1820）等人于1804年创建于伦敦，1861年阿尔伯特王子授予其皇家宪章后更名为英国皇家园艺学会（The Royal Horticultural Society，RHS）] 给他列的采集清单中除主要植物茶 [*Camellia sinensis*（L.）O. Ktze.] 之外，还特别强调引种各种竹类植物并了解其用途。福琼第三次（1853—1856）来华

引种时，他认为竹类植物是世界上最漂亮的植物，在宁波考察时，对毛竹 [*Phyllostachys edulis* (Carriere) J. Houzeau] 和其他几种竹类植物印象深刻，认为它们是非常值得引种的植物，也引种了不少竹类植物。1883年，英国庄延龄（Edward Harper Parker，1849—1926）将福建闽西北山区普遍分布的优良园林植物方竹 [*Chimonobambusa quadrangularis* (Fenzi) Makino] 引种到邱园（Royal Botanic Gardens，Kew）（罗桂环，2005）。

美国在近代来华引种之前，本土竹类植物分布极少，他们试图从全球尤其是中国引种竹类植物并挖掘其应用价值。在众多的采集者中，莫古礼（Floyd Alonzo McClure，1897—1970）是采集和引种竹类植物的关键人物，他的主要采集地为华南，并在岭南大学 [前身为1888年（清光绪十四年）由美国基督教长老会（Presbyterian Church）在广州创办的教会学校，（Canton Christian College，CCC），1900年该校称"岭南学堂"，1912年称岭南学校，1916年办"文理科大学"，1918年正式称"岭南大学（Lingnan University）"。1920年岭南大学内分立岭南农科大学，莫古礼属农科大教师]

开展竹类植物研究。莫古礼在华采集和引种竹类植物的影响是极其深远的，极大地发展了竹类植物分类学，发表了数十种新种，采集的竹类植物标本为后来的竹类植物研究提供了极大的帮助，给我国后人的研究奠定了基础；引种竹类植物到美国，丰富了美国竹类植物种类，也促进了竹类植物在美国的应用。但是，由于莫古礼采集的竹类植物标本被分散在不同标本馆，并且采集引种记录缺乏系统整理，以至于没有关于莫古礼在华采集和引种竹类植物到美国的历史的系统研究。

研究莫古礼在华采集和引种竹类植物的历史对了解中国近代植物采集引种史和中国竹类植物向全球的传播及应用具有重要的作用和意义。因此，本章基于查阅文献、档案和标本，以及实地考察，梳理了莫古礼在华采集和引种竹类植物的历史，全面核实了所有采集和引种档案，试图总结如下问题：①莫古礼在华采集竹类植物标本和引种竹类植物的数量；②采集和引种竹类植物的属种分布、时间、地点以及采集经历等；③莫古礼在华采集和引种竹类植物对竹类植物研究及应用的影响。

04

1 竹类植物分布概况

1.1 世界竹类植物多样性及其自然分布概况

随着研究的深入，我国及全球的竹类植物资源基本查清。然而竹类植物分类是植物分类学上的一大难题，其在学术界尚有一定争论，还需要不断研究使其日臻完善（方伟，1995）。根据D. Ohrnberger 于1999年出版的 *The Bamboo of the World*《世界竹类植物》，收录了全球111属1 575种（含种下单位）竹类植物（Ohrnberger，

1999）。根据国际竹藤组织（International Network for Bamboo & Rattan，INBAR，https://www.inbar.int/cn/，是第一个总部设在中国的独立的全球性政府间国际组织，其宗旨是以竹藤资源的可持续发展为前提，联合、协调、支持竹藤的战略性及适应性研究与开发，增进竹藤生产者和消费者的福利，推进竹藤产业包容绿色发展。国际竹藤组织成立于1997年，目前拥有47个成员国，除总部位于中国北京外，还在印度、加纳、埃塞俄比亚、厄瓜多尔和喀麦隆等地设有区域办公室）、

国际竹藤中心（International Centre for Bamboo and Rattan，ICBR，http://www.icbr.ac.cn/，是经中国科技部、财政部、中央编办批准成立的国家级非营利性科研事业单位，正式成立于2000年7月，隶属于国家林业和草原局，其成立的宗旨是通过建立一个国际性的竹藤科学研究平台，直接服务于国际竹藤组织，支持和配合国际竹藤组织履行其使命和宗旨）和邱园合编的 *World Checklist of Bamboos and Rattans*《世界竹藤名录》于2016年出版，共收录全球123属1 642种竹类植物（Vorontsova et al.，2016）。

由于竹类植物在全球范围内有引种栽培，竹类植物自然分布不同于栽培分布，这里我们阐述竹类植物的自然分布。竹类植物的自然分布受到气候、地形、海拔、土壤以及竹种生物学特性等因素的影响（梁泰然，1978），竹类植物广泛分布于地球51°N库页岛中部及太平洋诸岛，西至印度洋，南至42°S新西兰地区，即主要分布在热带及亚热带地区，少数竹类分布在温带和寒带（孙茂盛 等，2015）。

全球竹类植物可以明显地划分为三大分布区，即亚太竹区、美洲竹区、非洲竹区（Jiang，2007；易同培 等，2008）。亚太竹区南自新西兰（42°S），北至俄罗斯远东地区萨哈林群岛中部（51°N），东抵太平洋诸岛，西迄印度西南部，是世界竹类植物属、种分布最丰富的地区，主要产竹国有中国、印度、缅甸、泰国、孟加拉国、柬埔寨、越南和日本。据统计，亚太竹区共有竹类植物58属近1 000种，草本竹类植物（笰类）较少，仅3属16种；美洲竹区包括南北美洲，北至24°N的墨西哥索纳拉州（Sonora），南到47°S的阿根廷南部。北美竹种分布少，中、南美竹种分布多，据统计，该区木本竹类植物共计21属335种2亚种，草本竹类植物23属150种。非洲竹区南自莫桑比克南部（22°S），北至苏丹东部（16°N），产木本竹类12属30余种，草本竹类5属20余种。

在美国，自然分布的竹类植物仅青篱竹属（*Arundinaria* Michx.）的3种，分别为*Arundinaria appalachiana* Triplett，Weakley & L.G. Clark和*A. gigantea*（Walter）Muhl.，*A. tecta* Muhl.（Triplett，2009;

Krayesky and Chmielewski，2014; Triplett et al., 2006）。

1.2 中国竹类植物多样性及其自然分布概况

中国是世界竹类植物最丰富的国家之一，为世界竹类植物分布中心。中国竹类植物种类数量不断有研究更新，1996年出版的《中国植物志》第9卷第1分册，共收录竹类植物37属502种（耿伯介和王正平，1996）。2006年出版的*Flora of China*第22卷禾本科，共收录竹类植物34属534种（本研究中，中国竹类植物属、种数量以*Flora of China*第22卷为准）（Wu，2006）。2008年出版的《中国竹类图志》共收录中国竹类植物37属502种41变种13变型和45个栽培型，计601种及种下分类群（易同培 等，2008）。2017年，在《中国竹类图志》的基础上，新出版的《中国竹类图志（续）》新增收录43种3变种40变型，共86种及种下分类区，截至本书截稿，显示中国分布原产及引种的竹类植物共有43属751种56变种134变型4杂交种，共计945种及种下分类群（易同培，2017）。史军义等人2020年发表的《中国竹类物种的多样性》中，中国实际按照《国际植物命名法规》（*International Code of Botanical Nomenclature*，ICBN）或《国际藻类、菌物和植物命名法规》（*International Code of Nomenclature for Algae，Fungi，and Plants*，ICN）（深圳法规，2018）公开发表的竹类植物共有44属762种，另外55变种147变型5杂交，共计207种下分类不包括在内（史军义 等，2020；史军义 等，2018）。

中国竹类植物分布具有明显的地带性和区域性，一般竹林划分为五大竹区：北方散生区、江南混合竹区、西南高山竹区、南方丛生竹区（分为华南亚区和西南亚区）、琼滇攀缘竹区（张党省，2011）。北方散生竹区包括甘肃东南部、四川北部、陕西南部、河南、湖北、安徽、江苏及山东南部、河南西南部等地区，以刚竹属（*Phyllostachys* Siebold & Zuccarini）等散生竹为主。江南混合竹区包括四川东南部、湖南、江西、浙江、安徽南部及福建西北部，该区散生竹和丛生竹均有分布，是中国竹林面积最大且竹类植物资源最丰富的地区，也是我国人工竹林面积最大、竹材产量最高的地区，尤其是毛竹最为突出。西南高山竹区包括地处横断山区的西藏东南部、云南西北部和东北部、四川西部和南部，该区主要以熊猫主食箭竹属（*Fargesia* Franchet）和玉山竹属（*Yushania* P. C. Keng）等合轴散生型高山竹类为主。南方丛生竹区根据竹种组成成分和生存条件的不同分为两个亚区：华南亚区包括台湾、福建沿海、江西南部、广东南岭以南及广西东南部，是簕竹属（*Bambusa* Schreber）的分布中心。此外，还有薄竹属（*Schizostachyum* Nees）和唐竹属（*Sinobambusa* Makino ex Nakai）较为常见；西南亚区包括广西西部、贵州南部及云南，主要分布有牡竹属（*Dendrocalamus* Nees）、巨竹属（*Gigantochloa* Kurz ex Munro）等丛生竹类。琼滇攀缘竹区包括海南岛中南部，云南南部和西部边缘，西藏东南察隅、墨脱等地，该区主要特点是具有多种攀缘性丛生竹类（孙茂盛 等，2015）。

04

2 美国在华采集引种竹类植物的历史

2.1 美国在华采集竹类植物标本的历史

数据收集截至2020年3月1日，在植物标本数据方面，共收集整理出960号2 238份美国在华采集竹类植物标本数据，相关标本馆馆藏数据见表1。

收集到的2 238份竹类植物标本数据中，记录采集年份的有2 207份。我们对采集年份进行分析，可将标本采集时间分为3个阶段：第一阶段1840—1915年，第二阶段1916—1948年，第三阶段1949—2010年，图1为各阶段标本量。

表 1 相关标本馆竹类植物标本数量

序号	标本馆名称及代码	号数	份数	地点
1	美国自然历史博物馆植物标本馆 （National Museum of Natural History, US）	735	1211	美国华盛顿特区
2	中山大学植物标本室 （Herbarium of Sun Yat-sen University, SYS）	614	801	中国广东广州
3	密苏里植物园植物标本馆 （Missouri Botanical Garden Herbarium, MO）	42	45	美国密苏里州圣路易斯
4	中国科学院华南植物园标本馆 （South China Botanical Garden Herbarium, Chinese Academy of Sciences, IBSC）	33	38	中国广东广州
5	加州科学院植物标本馆 （The Botanical Collection at the California Academy of Sciences, CAS）	22	24	美国加利福尼亚州旧金山
6	中国科学院植物研究所植物标本馆 （Herbarium, Institute of Botany, Chinese Academy of Sciences, PE）	20	37	中国北京
7	南京大学生物系植物标本室 （The Herbarium of Nanjing University, N）	11	14	中国江苏南京
8	邱园植物园植物标本馆 （Herbarium of the Royal Botanic Gardens, Kew, K）	10	11	英国伦敦
9	英国自然历史博物馆植物标本馆 （Natural History Museum, London, UK, NHMUK）	7	11	英国伦敦

（续）

序号	标本馆名称及代码	号数	份数	地点
10	毕夏普博物馆 （Bernice Pauahi Bishop Museum, BPBM）	7	7	美国夏威夷州欧湖岛
11	得克萨斯植物研究所植物标本馆 （Botanical Research Institute of Texas Herbarium, BRIT）	7	3	美国得克萨斯州沃斯堡
12	哈佛大学阿诺德树木园植物标本馆 （Herbarium of the Arnold Arboretum, Harvard University Herbaria, A）	5	6	美国马萨诸塞州剑桥
13	印第安纳大学植物标本馆 （Indiana University Herbarium, IND）	5	6	美国印第安纳州布卢明顿
14	澳大利亚国家植物标本馆 （Australian National Herbarium, CANB）	4	11	澳大利亚堪培拉
15	柏林—达勒姆植物园和植物博物馆植物标本馆 （Herbarium of the Botanic Garden and Botanical Museum Berlin-Dahlem, B）	4	4	德国柏林
16	哈佛大学格雷植物标本馆 （Gray Herbarium, Harvard University Herbaria, GH）	3	3	美国马萨诸塞州剑桥
17	卡内基博物馆植物标本馆 （Herbarium of Carnegie Museum, CM）	2	2	美国宾夕法尼亚州匹兹堡
18	艾奥瓦州立大学艾达·海登植物标本馆 （Ada Hayden Herbarium, Iowa State University, ISC）	2	2	美国艾奥瓦州埃姆斯
19	纽约植物园植物标本馆 （William and Lynda Steere Herbarium of the New York Botanical Garden, NY）	1	1	美国纽约州纽约
20	北京大学生物系植物标本室 （Herbarium, Department of Biology, Peking University, PEY）	1	1	中国北京

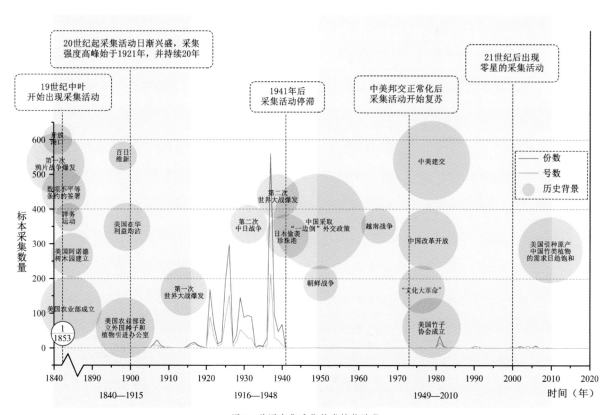

图1　美国在华采集竹类植物阶段

2.1.1 采集时间

第一阶段：竹类植物标本采集包含在全面植物采集中

在20世纪之前，美国在华植物采集活动相对其他国家较少，标本数量不多。本研究查阅到的最早的竹类植物采集是1853年赖特（Charles Wright，1811—1885）在香港采集了麻竹（*Dendrocalamus latiflorus* Munro）、水银竹［*Indocalamus sinicus*（Hance）Nakai］等。进入20世纪，美国农业部引种办公室全面开展引种工作，而阿诺德树木园一直热衷于对中国植物开展研究，此时中国国门也几乎被彻底打开，于是美国农业部和阿诺德树木园等机构派出专业素质过硬的采集者到中国开展大规模植物采集工作。

在这些机构派出"植物猎人"来华采集之前，他们还通过在华的工作人员帮助采集和引种，如1902—1908年，美国驻上海领事馆副总领事巴切特（S. P. Barchet）博士为美国农业部采集植物，于1906年在浙江金华采集毛金竹［*Phyllostachys nigra* var. *henonis*（Mitford）Stapf ex Rendle］、孝顺竹［*Bambusa multiplex*（Loureiro）Raeuschel ex Schultes & J. H. Schultes］等。

1906—1908年，威尔逊（Ernest Henry Wilson，1876—1930）为阿诺德树木园来华采集植物期间采集过竹类植物标本，如1907—1908年在湖北十堰房县和宜昌兴山县采集等（罗桂环，1998，2011）。

迈耶（Frank Nicholas Meyer，1875—1918）前两次来华以引种植物为主要目的，萨金特（Charles Sprague Sargent，1841—1927）建议他重视植物标本采集（罗桂环，1994）。迈耶在华第三次植物采集期间，于1915年来到浙江湖州市德清县莫干山采集毛竹［*Phyllostachys edulis*（Carrière）J. Houzeau］标本，在杭州市临安区昌化镇寻找山核桃（*Carya cathayensis* Sargent）时采集箬竹［*Indocalamus tessellatus*（Munro）P. C. Keng］标本。

这一阶段竹类植物标本采集是包含在全面植物采集中的，其标本采集总量不大，采集时间主要集中于20世纪初。从1840—1915年，美国在华共采集竹类植物标本28号55份，主要采集者是巴切特、威尔逊和迈耶，为美国在下一阶段派学者到中国研究、采集和引种竹类植物打下了良好基础。

第二阶段：专门采集竹类植物标本并开展研究

中国抗日战争之前，在华的传教士、学者具有良好的工作和研究环境，在植物标本采集方面，除有专门机构派出的采集者之外，更多的是为了植物学研究而开展的标本采集活动。

这一阶段，在华教会学校的教师组织了全面的植物标本采集，并建立植物标本馆。与这一阶段竹类植物标本采集和研究活动最为密切的事件是岭南学校植物标本室的建设。1916年10月文理科大学植物标本室成立，由高鲁甫（George Weidman Groff，1884—1954）负责。在此之前，学校还派出两名学生去菲律宾马尼拉接受在菲律宾科学局工作的梅尔（Elmer Drew Merrill，1876—1956）的标本采集、制作和管理方面的专门培训。梅尔长期在菲律宾开展太平洋地区植物学调查和研究，他非常愿意扶助中国植物分类学成为一个独立发展的学科。1916年，高鲁甫邀请到当时正在岭南学校考察的美国农业部作物生理学家施温格和梅尔帮忙采集植物标本，并于当年10～11月开展采集工作，标本由梅尔负责鉴定和整理。在海珠区、罗浮山等地采集到吊丝球竹（*Bambusa beecheyana* Munro）、大头典竹［*Bambusa beecheyana* var. *pubescens*（P. F. Li）W. C. Lin］等代表性竹类植物标本。

1917年，文理科大学下设"农学部"，高鲁甫是负责人，事务繁忙。1917年，标本采集工作落在了畜牧系教师罗飞云（C. O. Levine）身上。罗飞云和梅尔在广东区域采集了标本室的最初一批标本，其中就包含部分竹类植物。

1921年开始，莫古礼也开始了植物考察和标本采集工作。1921年夏，莫古礼同杜赓平在汕头，后又同罗飞云在罗浮山采集。此后，莫古礼又陪同专程来华考察采集禾本科植物的美国国家标本馆系统农业学家（Systematic Agrostologist of the National Herbarium）希区考克（Albert Spear Hitchcock，1865—1935）在广东、海南、香港等地采集竹类植物标本。1921年10月下旬莫古礼在海南同杜赓平采集，于1922年4～6月再次前往海南采集。

1924年秋，莫古礼在美国学习和休假后再次回到中国，在美国农业部引种办公室的合作下，在学校工作之外开展对中国植物的考察和采集工作，最初主要集中在广东、广西、海南等地。1926年秋，莫古礼开始对长江流域进行考察，到过江苏、湖北、安徽，最后经由江西返回到广东。在这期间，莫古礼认识到竹类植物是一个非常有应用价值的类群，但是由于其开花周期太长且时间不定，通过传统分类学的鉴定方法较难区分。因此，莫古礼除采集腊叶标本之外还采集活植株到学校栽培并观察，一直持续到1940年。

除岭南大学外，同一时期的金陵大学也开展了全面的植物采集工作。1922年，梅尔组织金陵大学教师采集标本，1922—1925年，金陵大学的植物学教授史德蔚（Albert Newton Steward，1897—1959）在中国多地采集过植物标本，包括江苏南京、江西庐山、安徽九华山、河南鸡公山。1931年，史德蔚还带领学生到贵州采集植物标本。1933年，金陵大学与阿诺德树木园、纽约植物园建立合作关系，史德蔚和中国植物学家焦启源（1901—1968）带领学生到广西采集植物标本，其中包括不少竹类植物标本。

1922年，受雇于美国国家地理学会的洛克（Joseph Francis Charles Rock，1884—1962）来华进行植物采集和引种工作，主要集中于云南区域，采集的植物中包含竹类植物。

第二次世界大战中，日本发动的侵华战争使得一些在华任教的教师不得不返回美国，同时引种机构也很少派出采集者来中国大陆进行植物采集。

第二阶段是美国在华采集竹类植物标本最重要的时期，其主要目的是植物分类学研究，如1916年以岭南学院植物标本室建立为契机而开展的标本采集，尤其是1921年以后莫古礼专门从事竹类植物的调查、采集和研究，取得了前所未有的进展。这个阶段采集者有罗飞云、梅尔、希区考克、莫古礼、洛克、麦克林（W. Macklin）、史德蔚和麦特嘉（Frank Post Metcalf，1892—1955）等，共采集862号2 076份竹类植物标本。

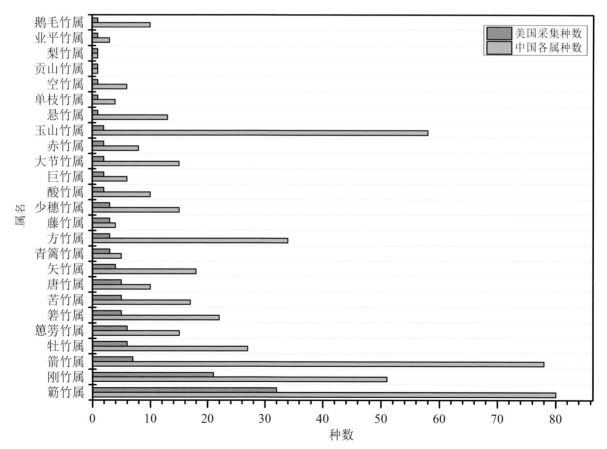

图2　美国来华采集竹类各属种数与中国各属种数比较（中国竹类植物数据来源：*Flora of China*第22卷）

第三阶段：中美联合考察和采集竹类植物标本

新中国成立初期，来华考察、采集植物标本的人员和组织机构较少。20世纪70年代开始，中美关系缓和，开始来华开展植物研究和采集工作，如1981年夏勒（G. Schaller）在汶川卧龙自然保护区、塞登施蒂克（J. Seidensticker）在青川唐家河自然保护区开展采集工作。从20世纪90年代到21世纪初，中外陆续不断组织联合考察队开展生物多样性考察并进行植物标本采集，如2002—2007年的美国国家科学基金"中国云南西部热点地区高黎贡山生物多样性调查"项目，组成了由中国科学院昆明植物研究所、中国科学院昆明动物研究所以及湖南师范大学、美国加州科学院、英国爱丁堡皇家植物园和德国马堡大学联合的植物学和昆虫学考察队（Gaoligong Shan Biodiversity Survey），陆续在高黎贡山区域采集标本，其中包含竹类植物标本。这一阶段，采集者们共采集52号77份竹类植物标本。

2.1.2 采集种类

属、种数量总体分析

在收集到的2 238份竹类植物标本中，有1 883份已鉴定并标注学名。经学名校正后的接受名归属于25属（占中国现有竹类植物属的73.5%）

04

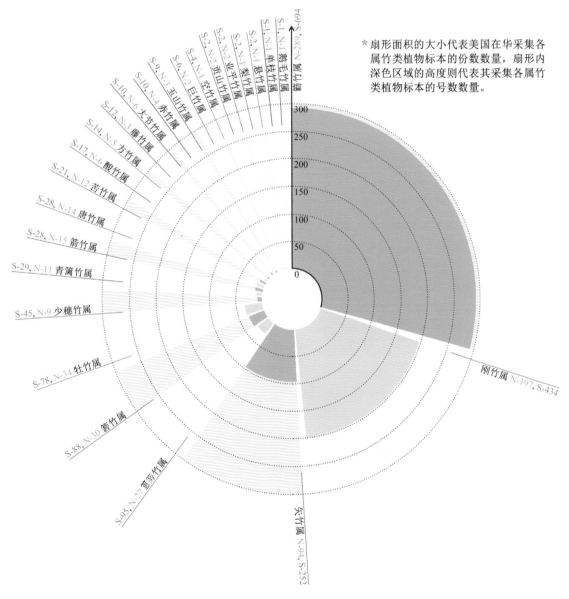

* 扇形面积的大小代表美国在华采集各属竹类植物标本的份数数量，扇形内深色区域的高度则代表其采集各属竹类植物标本的号数数量。

图3　美国来华采集竹类植物各属标本号数和份数 (N: 标本号数；S: 标本份数)

120种（含变种、变型，占中国竹种的22.5%），图2为每属采集竹种数量及中国各属竹种数量的对比，其中采集竹种分布较多的为簕竹属（33种）、刚竹属（21种）和箭竹属（7种），这3个属是我国竹类植物最常见的属，分布广泛。

采集标本数量较多的属分别是簕竹属（289号694份）、刚竹属（197号434份）和矢竹属（*Pseudosasa* Makino ex Nakai，94号252份），图3为各属采集的标本数量分布。有9种竹类采集标本超过50份，采集最多的种分别是托竹 [*Pseudosasa cantorii* （Munro） P. C. Keng ex S. L. Chen et al.，61号137份]、桂竹 [*Phyllostachys reticulata* （Ruprecht） K. Koch，48号109份] 以及青秆竹（*Bambusa tuldoides* Munro，36号87份）。48种标本数量超过10份，占比39.7%，但也有14种只存有1份标本（表2）。采集数量多的种类通常占据较广的分布区，在竹类植物研究之初，更容易被采集者所关注。

表2　美国在华采集竹类植物标本名录

序号	属	种	号数	份数
1	酸竹属 *Acidosasa*	长舌酸竹 *Acidosasa nanunica*	3	6
2	酸竹属 *Acidosasa*	黎竹 *Acidosasa venusta*	3	11
3	悬竹属 *Ampelocalamus*	射毛悬竹 *Ampelocalamus actinotrichus*	1	2
4	青篱竹属 *Arundinaria*	冷箭竹 *Arundinaria faberi*	9	18
5	青篱竹属 *Arundinaria*	巴山木竹 *Arundinaria fargesii*	1	10
6	青篱竹属 *Arundinaria*	总花冷箭竹 *Arundinaria racemosa*	1	1
7	簕竹属 *Bambusa*	印度簕竹 *Bambusa bambos*	15	25
8	簕竹属 *Bambusa*	吊丝球竹 *Bambusa beecheyana*	25	71
9	簕竹属 *Bambusa*	大头典竹 *Bambusa beecheyana* var. *pubescens*	10	21
10	簕竹属 *Bambusa*	簕竹 *Bambusa blumeana*	24	51
11	簕竹属 *Bambusa*	箪竹 *Bambusa cerosissima*	4	18
12	簕竹属 *Bambusa*	粉箪竹 *Bambusa chungii*	6	25
13	簕竹属 *Bambusa*	牛角竹 *Bambusa cornigera*	2	3
14	簕竹属 *Bambusa*	坭簕竹 *Bambusa dissimulator*	9	25
15	簕竹属 *Bambusa*	白节簕竹 *Bambusa dissimulator* var. *albinodia*	2	5
16	簕竹属 *Bambusa*	毛簕竹 *Bambusa dissimulator* var. *hispida*	2	9
17	簕竹属 *Bambusa*	长枝竹 *Bambusa dolichoclada*	3	7
18	簕竹属 *Bambusa*	慈竹 *Bambusa emeiensis*	5	17
19	簕竹属 *Bambusa*	大眼竹 *Bambusa eutuldoides*	10	16
20	簕竹属 *Bambusa*	银丝大眼竹 *Bambusa eutuldoides* var. *basistriata*	1	2
21	簕竹属 *Bambusa*	流苏箪竹 *Bambusa fimbriligulata*	1	2
22	簕竹属 *Bambusa*	鸡窦簕竹 *Bambusa funghomii*	1	5
23	簕竹属 *Bambusa*	坭竹 *Bambusa gibba*	9	28
24	簕竹属 *Bambusa*	鱼肚腩竹 *Bambusa gibboides*	1	2
25	簕竹属 *Bambusa*	油簕竹 *Bambusa lapidea*	9	15
26	簕竹属 *Bambusa*	孝顺竹 *Bambusa multiplex*	27	48
27	簕竹属 *Bambusa*	绿竹 *Bambusa oldhamii*	9	18
28	簕竹属 *Bambusa*	米筛竹 *Bambusa pachinensis*	4	8
29	簕竹属 *Bambusa*	撑篙竹 *Bambusa pervariabilis*	16	40
30	簕竹属 *Bambusa*	石竹仔 *Bambusa piscatorum*	1	6
31	簕竹属 *Bambusa*	甲竹 *Bambusa remotiflora*	5	13
32	簕竹属 *Bambusa*	木竹 *Bambusa rutila*	4	15

（续）

序号	属	种	号数	份数
33	簕竹属 Bambusa	车筒竹 Bambusa sinospinosa	11	25
34	簕竹属 Bambusa	青皮竹 Bambusa textilis	17	34
35	簕竹属 Bambusa	俯竹 Bambusa tulda	1	4
36	簕竹属 Bambusa	青秆竹 Bambusa tuldoides	36	87
37	簕竹属 Bambusa	佛肚竹 Bambusa ventricosa	8	24
38	簕竹属 Bambusa	龙头竹 Bambusa vulgaris	11	25
39	单枝竹属 Bonia	单枝竹 Bonia saxatilis	1	1
40	空竹属 Cephalostachyum	香糯竹 Cephalostachyum pergracile	1	4
41	方竹属 Chimonobambusa	缅甸方竹 Chimonobambusa armata	1	1
42	方竹属 Chimonobambusa	方竹 Chimonobambusa quadrangularis	3	6
43	方竹属 Chimonobambusa	八月竹 Chimonobambusa szechuanensis	1	7
44	牡竹属 Dendrocalamus	勃氏甜龙竹 Dendrocalamus brandisii	1	2
45	牡竹属 Dendrocalamus	福贡龙竹 Dendrocalamus fugongensis	1	2
46	牡竹属 Dendrocalamus	龙竹 Dendrocalamus giganteus	1	2
47	牡竹属 Dendrocalamus	麻竹 Dendrocalamus latiflorus	28	66
48	牡竹属 Dendrocalamus	牡竹 Dendrocalamus strictus	2	5
49	牡竹属 Dendrocalamus	西藏牡竹 Dendrocalamus tibeticus	1	1
50	藤竹属 Dinochloa	无耳藤竹 Dinochloa orenuda［莫古礼所发表的 3 种藤竹经此后中国植物学家鉴定认为很难肯定其属于藤竹属（Dinochloa），因为至今尚未见到有花标本，分类位置存疑］	1	4
51	藤竹属 Dinochloa	毛藤竹 Dinochloa puberula	1	4
52	藤竹属 Dinochloa	藤竹 Dinochloa utilis	1	4
53	箭竹属 Fargesia	斜倚箭竹 Fargesia declivis	1	1
54	箭竹属 Fargesia	黑穗箭竹 Fargesia melanostachys	2	3
55	箭竹属 Fargesia	神农箭竹 Fargesia murielae	1	5
56	箭竹属 Fargesia	华西箭竹 Fargesia nitida	2	5
57	箭竹属 Fargesia	糙花箭竹 Fargesia scabrida	2	5
58	箭竹属 Fargesia	腾冲箭竹 Fargesia solida	1	1
59	箭竹属 Fargesia	箭竹 Fargesia spathacea	6	8
60	贡山竹属 Gaoligongshania	贡山竹 Gaoligongshania megalothyrsa	2	2
61	巨竹属 Gigantochloa	滇竹 Gigantochloa felix	1	3
62	巨竹属 Gigantochloa	毛笋竹 Gigantochloa levis	1	3
63	箬竹属 Indocalamus	粽巴箬竹 Indocalamus herklotsii	7	19
64	箬竹属 Indocalamus	阔叶箬竹 Indocalamus latifolius	7	20
65	箬竹属 Indocalamus	箬叶竹 Indocalamus longiauritus	11	28
66	箬竹属 Indocalamus	水银竹 Indocalamus sinicus	3	17
67	箬竹属 Indocalamus	箬竹 Indocalamus tessellatus	2	4
68	大节竹属 Indosasa	大节竹 Indosasa crassiflora	1	1
69	大节竹属 Indosasa	摆竹 Indosasa shibataeoides	5	9
70	梨竹属 Melocanna	梨竹 Melocanna humilis	1	2
71	少穗竹属 Oligostachyum	细柄少穗竹 Oligostachyum gracilipes	1	2
72	少穗竹属 Oligostachyum	林仔竹 Oligostachyum nuspiculum	6	31
73	少穗竹属 Oligostachyum	毛稃少穗竹 Oligostachyum scopulum	2	12
74	刚竹属 Phyllostachys	石绿竹 Phyllostachys arcana	1	2

04

（续）

序号	属	种	号数	份数
75	刚竹属 *Phyllostachys*	人面竹 *Phyllostachys aurea*	10	18
76	刚竹属 *Phyllostachys*	毛竹 *Phyllostachys edulis*	10	34
77	刚竹属 *Phyllostachys*	甜笋竹 *Phyllostachys elegans*	6	11
78	刚竹属 *Phyllostachys*	曲竿竹 *Phyllostachys flexuosa*	6	25
79	刚竹属 *Phyllostachys*	水竹 *Phyllostachys heteroclada*	20	46
80	刚竹属 *Phyllostachys*	实心竹 *Phyllostachys heteroclada* f. *solida*	4	4
81	刚竹属 *Phyllostachys*	台湾桂竹 *Phyllostachys makinoi*	1	2
82	刚竹属 *Phyllostachys*	美竹 *Phyllostachys mannii*	1	1
83	刚竹属 *Phyllostachys*	篌竹 *Phyllostachys nidularia*	36	75
84	刚竹属 *Phyllostachys*	紫竹 *Phyllostachys nigra*	25	44
85	刚竹属 *Phyllostachys*	毛金竹 *Phyllostachys nigra* var. *henonis*	9	21
86	刚竹属 *Phyllostachys*	早园竹 *Phyllostachys propinqua*	2	9
87	刚竹属 *Phyllostachys*	桂竹 *Phyllostachys reticulata*	48	109
88	刚竹属 *Phyllostachys*	红边竹 *Phyllostachys rubromarginata*	2	4
89	刚竹属 *Phyllostachys*	金竹 *Phyllostachys sulphurea*	3	4
90	刚竹属 *Phyllostachys*	刚竹 *Phyllostachys sulphurea* var. *viridis*	4	8
91	刚竹属 *Phyllostachys*	黄皮绿筋竹 *Phyllostachys sulphurea* var. *viridis* f. *youngii*	1	1
92	刚竹属 *Phyllostachys*	硬头青竹 *Phyllostachys veitchiana*	1	2
93	刚竹属 *Phyllostachys*	早竹 *Phyllostachys violascens*	3	5
94	刚竹属 *Phyllostachys*	乌哺鸡竹 *Phyllostachys vivax*	4	9
95	苦竹属 *Pleioblastus*	苦竹 *Pleioblastus amarus*	7	10
96	苦竹属 *Pleioblastus*	菲白竹 *Pleioblastus fortunei*	1	1
97	苦竹属 *Pleioblastus*	大明竹 *Pleioblastus gramineus*	2	3
98	苦竹属 *Pleioblastus*	斑苦竹 *Pleioblastus maculatus*	1	5
99	苦竹属 *Pleioblastus*	川竹 *Pleioblastus simonii*	1	1
100	矢竹属 *Pseudosasa*	茶秆竹 *Pseudosasa amabilis*	14	37
101	矢竹属 *Pseudosasa*	托竹 *Pseudosasa cantorii*	61	137
102	矢竹属 *Pseudosasa*	篲竹 *Pseudosasa hindsii*	16	68
103	矢竹属 *Pseudosasa*	矢竹 *Pseudosasa japonica*	3	10
104	赤竹属 *Sasa*	赤竹 *Sasa longiligulata*	3	9
105	赤竹属 *Sasa*	维氏熊竹 *Sasa veitchii*	1	1
106	慈竹属 *Schizostachyum*	薄竹 *Schizostachyum chinense*	1	1
107	慈竹属 *Schizostachyum*	苗竹仔 *Schizostachyum dumetorum*	8	35
108	慈竹属 *Schizostachyum*	沙罗箪竹 *Schizostachyum funghomii*	7	18
109	慈竹属 *Schizostachyum*	山骨罗竹 *Schizostachyum hainanense*	8	35
110	慈竹属 *Schizostachyum*	/ *Schizostachyum lumampao*（*Schizostachyum lumampao*（Blanco）Merr., Amer. J. Bot. 3: 63（1916）. 该种分布于菲律宾，本表中记录的该种标本为莫古礼 1929 年 5 月在中山大学竹园所采集，其竹园编号为 1348，标本号为 18538，现两份标本分别藏于美国自然历史博物馆植物标本馆（标本编号为 136297）和中山大学植物标本室（标本编号为 SYS00010145）	1	2
111	慈竹属 *Schizostachyum*	慈竹 *Schizostachyum pseudolima*	2	4
112	业平竹属 *Semiarundinaria*	山竹仔 *Semiarundinaria shapoensis*	2	2
113	鹅毛竹属 *Shibataea*	倭竹 *Shibataea kumasaca*	1	1
114	唐竹属 *Sinobambusa*	扛竹 *Sinobambusa henryi*	2	3
115	唐竹属 *Sinobambusa*	竹仔 *Sinobambusa humilis*	4	6

（续）

序号	属	种	号数	份数
116	唐竹属 *Sinobambusa*	晾衫竹 *Sinobambusa intermedia*	1	3
117	唐竹属 *Sinobambusa*	唐竹 *Sinobambusa tootsik*	3	8
118	唐竹属 *Sinobambusa*	满山爆竹 *Sinobambusa tootsik* var. *laeta*	4	8
119	玉山竹属 *Yushania*	短锥玉山竹 *Yushania brevipaniculata*	2	6
120	玉山竹属 *Yushania*	紫花玉山竹 *Yushania violascens*	1	3

04

簕竹属

簕竹属植物在中国主要分布或栽培于华东、华南以及西南等地。采集份数超过20份的种有：青秆竹（87份）、吊丝球竹（71份）、簕竹（51份）、孝顺竹（48份）、撑篙竹（*Bambusa pervariabilis* McClure，40份）、青皮竹（*Bambusa textilis* McClure，34份）、坭竹（*Bambusa gibba* McClure，28份）、印度簕竹 [*Bambusa bambos*（L.）Voss，25份]、粉箪竹（*Bambusa chungii* McClure，25份）、坭簕竹（*Bambusa dissimulator* McClure，25份）、车筒竹（*Bambusa sinospinosa* McClure，25份）、龙头竹（*Bambusa vulgaris* Schrader ex J. C. Wendland，25份）、佛肚竹（*Bambusa ventricosa* McClure，24份）和大头典竹（21份），这些竹类植物普遍具有较高的经济价值、观赏价值及食用价值，如青秆竹、撑篙竹竹材厚实坚硬，抗压强，为建筑、支撑等用材；青皮竹材质薄且具柔韧性，可以编制各种精细竹器和工艺品等；佛肚竹、孝顺竹为常用园林植物，图4为莫古礼在广州观察到的种植于林缘以及当做绿篱使用的孝顺竹；吊丝球竹笋大而肉多，可供食用，威尔逊在采集过程中有多次关注，莫古礼观察其生长过程并强调其可食用性（图5）。

刚竹属

刚竹属植物在中国广泛分布和栽培，除东北、内蒙古、青海、新疆等地外，全国各地均有自然分布或有成片栽培，尤其是在长江流域至五岭山脉为其主要产地。由于其分布广泛，经济和观赏价值高，且地下茎为单轴散生，易形成大片竹林，更容易引起采集者们的关注。采集标本份数超过20份的有：桂竹（109份）、篌竹（*Phyllostachys nidularia* Munro，75份）、水竹（*Phyllostachys heteroclada* Oliver，46份）、紫竹 [*Phyllostachys nigra*（Loddiges ex Lindley）Munro，44份]、毛竹（34份）、曲竿竹（*Phyllostachys flexuosa* Rivière & C. Rivière，25份）、毛金竹（21份）。刚竹属是我国竹亚科中经济价值最大的一个属，毛竹长期以来大面积栽培，其他刚竹属植物也因不同用途而广泛栽培，以浙江省为甚。迈耶1915年8月3日在浙江湖州莫干山采集，毛竹是他最为关注的一种植物（图6），被莫干山上的大片毛竹林折服，认为山上的房子仅仅是竹林里的点缀（图7）。

图4 孝顺竹在园林中的应用 [A：林缘；B：绿篱；莫古礼摄于广州，图片来源：*The Photographs of A. S. Hitchcock Asia, 1921, Georgia and Florida, Panama and Ecuador*（#782-#1118）]

图5 威尔逊、莫古礼观察的吊丝球竹［A：威尔逊摄于宜宾岷江附近，图片来源：http://id.lib.harvard.edu/images/olvwork289441/catalog; B：莫古礼摄于岭南学校附近，图片来源：*The Photographs of A. S. Hitchcock Asia, 1921, Georgia and Florida, Panama and Ecuador*（#782-#1118）］

箭竹属

箭竹属植物除尼泊尔东部和印度产总花箭竹［*Fargesia racemose*（Munro）T.P.Yi］外，其余种类均产自我国（耿伯介和王正平，1996；马乃训 等，2014）。北自祁连山东坡，南至海南，东到江西、湖南，西到西藏吉隆，在海拔1 400～3 800m的垂直地段都有箭竹属植物生长，其中以云南的种类最为丰富。箭竹属植物很多种类是大熊猫的主要食材，如糙花箭竹（*Fargesia scabrida* T. P. Yi）。我国尤其是西部生态环境多样，不过20世纪上半叶美国在华还未过多涉足，对高山边疆地区的竹类植物考察和采集不多。威尔逊在湖北十堰房县采集时，发现了神农箭竹［*Fargesia murielae*（Gamble）T. P. Yi］竹丛，竹秆金黄色，叶片深绿色排列如羽毛，威尔逊认为是他见过的最美丽的竹子，并采集标本（标本号1462）和引种，为了褒奖他的女儿穆里尔（Muriel Wilson），他将其命名为*Arundinaria murielae*（图8）。1920年，甘布勒（James Sykes Gamble，1847—1925）以威尔逊此次采集的标本为模式标本，以1913年秋从阿诺德树木园引种到邱园竹园的神农箭竹进行描述发表该竹，后由易同培（1932—2016）修订神农箭竹接受名为*Fargesia murielae*。20世纪80年代开始，对西部进行相对深入的考察，箭竹属植物种类则有增加，如采集糙花箭竹、箭竹（*Fargesia spathacea* Franchet）、黑穗箭竹[*Fargesia melanostachys*（Handel-Mazzetti）T. P. Yi]、斜倚箭竹（*Fargesia declivis* T. P. Yi）、腾冲箭竹（*Fargesia solida* T. P. Yi）。

矢竹属

矢竹属植物在中国多分布于华南和华东南部，主要作为观赏及用材竹。美国在华采集本属的种类虽仅4种，但是每种的份数都多，分别为托竹（137份）、篑竹［*Pseudosasa hindsii*（Munro）S. L. Chen & G. Y. Sheng ex T. G. Liang］（68份）、茶秆竹［*Pseudosasa amabilis*（McClure）P. C. Keng ex S. L. Chen et al.］（37份）、矢竹［*Pseudosasa japonica*（Siebold & Zuccarini ex Steudel）Makino ex Nakai］（10份），其中茶秆竹是莫古礼同岭南大学冯钦采集和研究的最主要的种。

04

图6A　迈耶于1915年8月3日在莫干山采集的毛竹标本和采集地生境，毛竹林（图片及标本来源：http://id.lib.harvard.edu/images/olvwork283613/catalog）

图6B　毛竹＋杉木群落（图片及标本来源：http://id.lib.harvard.edu/images/olvwork283614/catalog）

04

图6C　毛竹标本（标本号1630）（图片及标本来源：https://collections.nmnh.si.edu/search/botany/）

图7　莫干山毛竹林（迈耶1915年8月3日摄于浙江湖州莫干山，图片来源：http://id.lib.harvard.edu/images/olvwork283616/catalog）

图8　威尔逊拍摄的神农箭竹照片和采集的神农箭竹标本，照片于1910年6月19日在房县拍摄（图片来源：http://id.lib.harvard.edu/images/olvwork292740/catalog; 标本来源: https://plants.jstor.org/）

图9　标本于 1907 年 5 月 17 日在湖北十堰房县采集（图片菜源：http://id.lib.harvard.edu/images/olvwork292740/catalog，标本来源：https://plants.jstor.org/）

图10 标本于1907年5月17日在湖北十堰房县采集（图片来源：http://id.lib.harvard.edu/images/olvwork292740/catalog，标本来源：https://plants.jstor.org/）

　　莫古礼曾对茶秆竹的评价是竹秆通直、节平、壁厚、光滑、坚韧、材质优良，在广东和广西有分布，在日常生活中被频繁使用，如座椅、伞柄、笔杆、栏杆等。茶秆竹的这些优点也被西方人发现，成为20世纪传统的出口商品。西方人用茶秆竹来制作钓竿、滑雪杆、手柄等（McClure，1931）。由于当时茶秆竹产量不大，其栽培范围主要在广东肇庆怀集县（原属广西，1952年3月划归广东，属肇庆市管辖）和广宁县。为了解其生长习性，莫古礼和同事于1925、

1928、1929年三次到广宁和怀集采集标本和引种植株到岭南大学竹园种植观察。图11a为种植在竹园的茶秆竹，在种植后的第二年就有长笋；图11a为种植在道路两侧茶秆竹竹林，并且他认为茶秆竹是中国最漂亮的竹种之一，其竹秆高直、叶片优雅能构成框景视角（图11b）。1931年，莫古礼以邓金旺和冯钦采集在广宁古水镇采集的标本为模式标本（图12）发表茶秆竹学名为*Arundinaria amabilis*，后接受名为*Pseudosasa amabilis*。

Arundinaria Murielae Gamble

o.1462

ARNOLD ARBORETUM.

EXPEDITION TO CHINA, 1907-09.

Western Hupeh.

o - 12 ft. high

plants stems golden

Fang Hsien   Alt. 7 - 10,000 ft

Coll. **E. H. Wilson**

17/5-/07

2.1.3　采集地

　　获取的标本数据中，共计2 217份标本能够鉴定出所采集的省份，采集地涉及20个省（自治区、直辖市和特别行政区），表3展示了各省采集标本号数和份数，采集标本份数超50的省（自治区及特别行政区）等有8个，包括广东（1 029份）、香港（402份）、海南（216份）、广西（130份）、安徽（94份）、福建（66份）、江西（54份）以及云南（50份）。有1 800份能够鉴定出采集的地级市，涉及的市、自治州有65个，以及82个区（县以及县级市）。采集标本份数较多的城市为广州（674份）、桂林（100份）、肇庆（89份）、清远（85份）、儋州（67份）、池州（57份）以及韶关（54份），表4列出各城市标本采集数量。

图11　茶秆竹及其模式标本（A：种植于岭南大学竹园的茶秆竹竹丛；B：道路两侧的茶秆竹林；C：茶秆竹个体；图片来源：*Studies of Chinese Bamboos. I. A new species of arundinaria from south China*；标本来源：https://collections.nmnh. si.edu/search/botany/）

04

图12　模式标本（图片来源：*Studies of Chinese Bamboos. I. A new species of arundinaria from south China*；标本来源：https://collections.nmnh.si.edu/search/botany/）

表3　美国来华采集竹类植物标本各省（自治区、直辖市、特别行政区）采集份数及号数

省份	号数	份数
广东省	465	1029
香港特别行政区	139	402
海南省	72	216
广西壮族自治区	45	130
安徽省	44	94
云南省	34	50
福建省	31	66
江西省	31	54
四川省	20	47
浙江省	19	28
江苏省	17	32
湖北省	10	27
河南省	8	27
上海市	5	7
山东省	2	2
重庆市	2	2
澳门特别行政区	1	1
贵州省	1	1
陕西省	1	1
西藏自治区	1	1

表4　美国来华采集竹类植物标本各城市采集份数及号数

序号	市级别	份数	号数
1	广州市	674	301
2	桂林市	100	31
3	肇庆市	89	36
4	清远市	85	46
5	儋州市	67	25
6	池州市	57	26
7	韶关市	54	26
8	茂名市	39	12
9	琼海市	38	13
10	惠州市	37	20
11	陵水黎族自治县	36	10
12	漳州市	35	20
13	五指山市	31	10
14	厦门市	27	11
15	信阳市	27	8
16	南京市	25	11
17	阿坝藏族羌族自治州	22	12
18	怒江傈僳族自治州	21	17
19	梧州市	21	9
20	赣州市	19	10
21	九江市	19	14

（续）

序号	市级别	份数	号数
22	六安市	17	8
23	湛江市	17	7
24	安庆市	15	7
25	临高县	15	8
26	宜昌市	15	5
27	吉安市	12	5
28	三亚市	12	4
29	湖州市	10	4
30	金华市	10	8
31	保山市	9	6
32	中山市	9	2
33	迪庆藏族自治州	8	7
34	十堰市	8	3
35	西双版纳傣族自治州	8	3
36	雅安市	8	2
37	海口市	7	2
38	乐山市	7	1
39	阳江市	7	4
40	珠海市	7	1
41	广元市	6	3
42	杭州市	5	4
43	玉林市	5	2
44	合肥市	4	2
45	梅州市	4	2
46	绵阳市	4	2
47	武汉市	4	2
48	保亭黎族苗族自治县	3	2
49	北海市	3	2
50	澄迈县	3	2
51	揭阳市	3	1
52	丽江市	3	1
53	万宁市	3	1
54	镇江市	3	2
55	佛山市	2	1
56	青岛市	2	2
57	汕头市	2	2
58	宜春市	2	1
59	重庆市	2	2
60	百色市	1	1
61	滁州市	1	1
62	汉中市	1	1
63	林芝市	1	1
64	普洱市	1	1
65	铜仁市	1	1

注：本表格包含海南省的县及县级市。

04

采集数量最多的区域是华南，这是由于莫古礼的研究范围主要在华南，尤其是广东。莫古礼除采集野外植物标本外，还会采集种植到岭南大学竹园的竹类。此外，梅里尔、希区考克以及罗飞云在华的考察采集地也集中在华南，图13为莫古礼、希区考克等人在广州英德、韶关等地采集过程中拍摄的采集地概况。华东区域主要是巴切特、迈耶、W. F. Wilson和史德蔚。散生竹在华东区域大量由人工栽培再加以利用，采集者更多是在人工栽培环境下考察和采集竹类，如迈耶在南京看到把竹类种植在菜园中，方便出笋时采笋（图14），在湖州德清莫干山附近，人工栽培竹林基本是在房前屋后的小山坡上（图15），杭州临安区，竹、山核桃、茶叶是特产，迈耶的一张照片就囊括其中（图16、图17）。新中国成立以前，在西南采集标本的主要人员为威尔逊和洛克。湖北西部及四川、云南等地，其采集地环境偏自然生境，如威尔逊在湖北宜昌、四川康定（打箭炉）、四川洪雅县考察地均是自然

山林（图18至图20），少量考察到人工种植环境，如图21为成都平原老百姓自种的竹。1980年之后，采集地主要分布在西南，采集者为沙勒（Schaller）、赛登施蒂克（J. Seidensticker）。很显然，采集地几乎覆盖中国竹类植物的自然分布地，主要集中在华南、华东和西南。

2.2　美国在华引种竹类植物的历史

2.2.1　引种时间

根据本研究的调查和分析，我们把美国在华采集和引种竹类植物的时间分为3个阶段（图22）。第一阶段为1898—1915年，第二阶段为1916—1948年，第三阶段为1949—2010年。

第一阶段：引种初始阶段

1898—1915年，是美国在华引种竹类植物的初始阶段，主要由美国农业部引种办公室和哈佛大学阿诺德树木园开展引种工作，主要采集者为迈耶和威尔逊。美国农业部直

图13　华南采集地［A：广州白云山，不远处为原广州城区和珠江；B：岭南学校附近竹林；C：韶关概览；D：英德概览，远处为北江；图片来源：*The Photographs of A. S. Hitchcock Asia, 1921, Georgia and Florida, Panama and Ecuador*（#782-#1118）]

图 14　华东地区竹类植物生长环境，庭院种植1915年6月5日迈耶拍摄于南京（图片来源：http://id.lib.harvard.edu/images/olvwork283628/catalog）

图 15　低矮山林，1915年8月7日迈耶拍摄于湖州莫干山附近（图片来源：http://id.lib.harvard.edu/images/olvwork283618/catalog）

图 16　竹类植物与其他特色植物组合种植在山坡上，分别于 1915 年 7 月 12 日、15 日迈耶拍摄于杭州市临安区昌化镇（图片来源：
http://id.lib.harvard.edu/images/olvwork282674/catalog, http://id.lib.harvard.edu/images/olvwork283636/catalog ）

图 17　竹类植物与其他特色植物组合种植在山坡上，分别于 1915 年 7 月 12 日、15 日迈耶拍摄于杭州市临安区昌化镇（图片来源：
http://id.lib.harvard.edu/images/olvwork282674/catalog, http://id.lib.harvard.edu/images/olvwork283636/catalog ）

04

图18 湖北、四川竹类植物生长环境，威尔逊1907年11月6日拍摄于湖北宜昌（图片来源：http://id.lib.harvard.edu/images/olvwork291143/catalog）

图19 威尔逊1908年7月30日拍摄于四川甘孜藏族自治州康定（图片来源：http://id.lib.harvard.edu/images/olvwork288045/catalog）

图20　威尔逊1909年1月21日拍摄于湖北省宜昌市长阳土家族自治县（图片来源：http://id.lib.harvard.edu/images/olvwork289599/catalog）

图21　威尔逊1908年10月6日拍摄于四川成都（图片来源：http://id.lib.harvard.edu/images/olvwork289175/catalog）

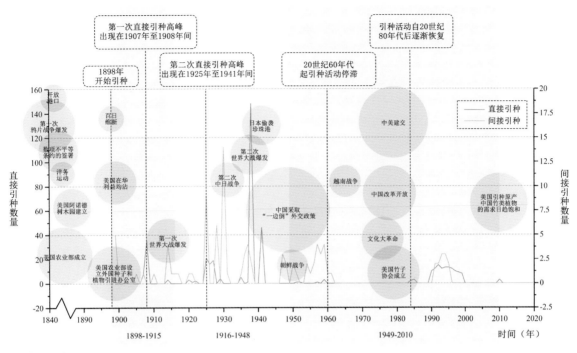

图22　各引种阶段

接从中国引种记录为通过拉斯罗普（Thomas Barbour Lathrop，1847—1927）和费尔柴尔德于（David Fairchild，1869—1954）1902年1月20日收到的从广州引种的黄金间碧竹［*Bambusa vulgaris* 'Vittata'（A. & C. Riv.）T. P. Yi，SPI 9807］。威尔逊1906—1908年间、迈耶1905—1908年及1912—1915年来华引种期间，有引种竹类植物。在这一阶段，共46份竹类植物直接引种到美国。

第二阶段：引种高峰阶段

1916—1948年，是美国在华引种竹类植物的鼎盛时期，其主要引种人有莫古礼、高鲁甫、蒂凡（Tee-Van）和鲁茨（Roots），共引种266份竹类植物到美国。这一期间最重要的人为莫古礼，他于1919年来华任教后，受美国农业部委托，从中国引种竹类植物到美国。1922年7月美国农业部收到他的第一份竹类植物——大头典竹（SPI 55582），一直到1941年1月收到他的最后一份竹类植物——唐竹［*Sinobambusa tootsik*（Makino）Makino，SPI 139913］。近20多年间，莫古礼共引种255份竹类植物到美国，他在华研究竹类植物促进了在华引种竹类植物到美国。

第三阶段：引种有序阶段

1949—2010年，植物引种逐渐规范，美国在华引种也趋于平缓。1949—1959年，仅有6份从中国台湾的引种记录，引种人为Ku，弗里兹（Fritz）和珀杜（Perdue）。1979年，美国竹子协会成立，系统的竹类植物考察和引种工作又开始了，其主要工作在20世纪八九十年代。在这一阶段，美国竹子协会从中国西南引种许多具有代表性竹类植物，如箭竹属植物。1979年，中美建立外交关系，中国的改革开放等历史背景对美国来华引种竹类植物有一定帮助。

除直接从中国引种竹类植物之外，美国还间接从其他国家引种源自中国的竹类植物。美国农业部第一份间接引种中国竹类植物的记录为1899年通过引种自阿尔及利亚的人面竹（*Phyllostachys aurea* Carr. ex A. et C. Riv.，SPI 3222）。从英国、德国和法国等国间接引种则较多，如1925年，通过邱园主任希尔博士（A. W. Hill）在邱园引种原产我国的华西箭竹［*Fargesia nitida*（Mitford）P. C. Keng ex T. P. Yi，SPI 75150］，此后多次从英国引种华西箭竹、神农箭竹等。间接引种的时间主要集中在20世纪初到

30年代、50～60年代以及90年代。

引种了138种竹类植物，其中直接引种126种。

经分析，可鉴定的竹种属于28属（占中国竹类植物属的82.3%）185种（占中国竹类植物种的34.6%）13变种20变型以及25品种（表5）。图23为美国在华引种竹类植物的属种与中国竹类植物属种数量的比较，引种最多的属则是刚竹属、簕竹属和箭竹属。根据引种清单，部分竹类植物被多次引种，这也说明引种人对这些竹种关注度高，图24列出了引种次数超过5种的竹类植物。

2.2.2　引种种类

属、种数量总体分析

自1898年，美国农业部引种办公室从中国引种了390份（其中306份直接引种）竹类植物，本研究中确定了351份竹类植物的种名。1907年，威尔逊受雇于哈佛大学阿诺德树木园，在中国考察和引种植物，《威尔逊植物志》中记录8种竹类植物。自1979年起，美国竹子协会组织人员从中国

表5　美国在华引种竹类植物名录

序号	属	种
1	酸竹属 *Acidosasa*	粉酸竹 *Acidosasa chienouensis*
2	酸竹属 *Acidosasa*	黄甜竹 *Acidosasa edulis*
3	酸竹属 *Acidosasa*	长舌酸竹 *Acidosasa nanunica*
4	酸竹属 *Acidosasa*	斑箨酸竹 *Acidosasa notata*
5	酸竹属 *Acidosasa*	黎竹 *Acidosasa venusta*
6	悬竹属 *Ampelocalamus*	爬竹 *Ampelocalamus scandens*
7	悬竹属 *Ampelocalamus*	坝竹 *Ampelocalamus microphyllus*
8	青篱竹属 *Arundinaria*	冷箭竹 *Arundinaria faberi*
9	青篱竹属 *Arundinaria*	巴山木竹 *Arundinaria fargesii*
10	青篱竹属 *Arundinaria*	饱竹子 *Arundinaria qingchengshanensis*
11	簕竹属 *Bambusa*	花竹 *Bambusa albolineata*
12	簕竹属 *Bambusa*	苦绿竹 *Bambusa basihirsuta*
13	簕竹属 *Bambusa*	吊丝球竹 *Bambusa beecheyana*
14	簕竹属 *Bambusa*	大头典竹 *Bambusa beecheyana* var. *pubescens*
15	簕竹属 *Bambusa*	簕竹 *Bambusa blumeana*
16	簕竹属 *Bambusa*	妈竹 *Bambusa boniopsis*
17	簕竹属 *Bambusa*	黄纹妈竹 *Bambusa boniopsis* ‘Yellowstripe’
18	簕竹属 *Bambusa*	箪竹 *Bambusa cerosissima*
19	簕竹属 *Bambusa*	粉箪竹 *Bambusa chungii*
20	簕竹属 *Bambusa*	水粉箪竹 *Bambusa chungii* var. *barbelatta*
21	簕竹属 *Bambusa*	坭簕竹 *Bambusa dissimulator*
22	簕竹属 *Bambusa*	白节簕竹 *Bambusa dissimulator* var. *albinodia*
23	簕竹属 *Bambusa*	料慈竹 *Bambusa distegia*
24	簕竹属 *Bambusa*	长枝竹 *Bambusa dolichoclada*
25	簕竹属 *Bambusa*	条纹长枝竹 *Bambusa dolichoclada* ‘Stripe’
26	簕竹属 *Bambusa*	慈竹 *Bambusa emeiensis*
27	簕竹属 *Bambusa*	黄毛竹 *Bambusa emeiensis* f. *chrysotrichus*
28	簕竹属 *Bambusa*	慈竹变型 *Bambusa emeiensis* f. *flavidovirens*
29	簕竹属 *Bambusa*	金丝慈竹 *Bambusa emeiensis* f. *viridiflavus*
30	簕竹属 *Bambusa*	大眼竹 *Bambusa eutuldoides*

（续）

序号	属	种
31	簕竹属 Bambusa	青丝黄竹 Bambusa eutuldoides var. viridivittata
32	簕竹属 Bambusa	小簕竹 Bambusa flexuosa
33	簕竹属 Bambusa	坭竹 Bambusa gibba
34	簕竹属 Bambusa	大绿竹 Bambusa grandis
35	簕竹属 Bambusa	桂箪竹 Bambusa guangxiensis
36	簕竹属 Bambusa	绵竹 Bambusa intermedia
37	簕竹属 Bambusa	油簕竹 Bambusa lapidea
38	簕竹属 Bambusa	马岭竹 Bambusa malingensis
39	簕竹属 Bambusa	孝顺竹 Bambusa multiplex
40	簕竹属 Bambusa	观音竹 Bambusa multiplex var. riviereorum
41	簕竹属 Bambusa	黄竹仔 Bambusa mutabilis
42	簕竹属 Bambusa	乌脚绿竹 Bambusa odashimae
43	簕竹属 Bambusa	米筛竹 Bambusa pachinensis
44	簕竹属 Bambusa	撑篙竹 Bambusa pervariabilis
45	簕竹属 Bambusa	花撑篙竹 Bambusa pervariabilis var. viridistriatus
46	簕竹属 Bambusa	甲竹 Bambusa remotiflora
47	簕竹属 Bambusa	硬头黄竹 Bambusa rigida
48	簕竹属 Bambusa	木竹 Bambusa rutila
49	簕竹属 Bambusa	车筒竹 Bambusa sinospinosa
50	簕竹属 Bambusa	青皮竹 Bambusa textilis
51	簕竹属 Bambusa	紫斑竹 Bambusa textilis 'Maculata'
52	簕竹属 Bambusa	光竿青皮竹 Bambusa textilis var. glabra
53	簕竹属 Bambusa	崖州竹 Bambusa textilis var. gracilis
54	簕竹属 Bambusa	马甲竹 Bambusa tulda
55	簕竹属 Bambusa	青秆竹 Bambusa tuldoides
56	簕竹属 Bambusa	壮绿竹 Bambusa valida
57	簕竹属 Bambusa	吊丝箪竹 Bambusa variostriata
58	簕竹属 Bambusa	佛肚竹 Bambusa ventricosa
59	簕竹属 Bambusa	龙头竹 Bambusa vulgaris
60	簕竹属 Bambusa	黄金间碧竹 Bambusa vulgaris 'Vittata'
61	单枝竹属 Bonia	箭秆竹 Bonia saxatilis var. solida
62	空竹属 Cephalostachyum	香糯竹 Cephalostachyum pergracile
63	方竹属 Chimonobambusa	细叶筇竹 Chimonobambusa hsuehiana
64	方竹属 Chimonobambusa	寒竹 Chimonobambusa marmorea
65	方竹属 Chimonobambusa	刺竹子 Chimonobambusa pachystachys
66	方竹属 Chimonobambusa	方竹 Chimonobambusa quadrangularis
67	方竹属 Chimonobambusa	八月竹 Chimonobambusa szechuanensis
68	方竹属 Chimonobambusa	筇竹 Chimonobambusa tumidissinoda
69	方竹属 Chimonobambusa	宁南方竹 Chimonobambusa ningnanica
70	方竹属 Chimonobambusa	月月竹 Chimonobambusa sichuanensis
71	香竹属 Chimonocalamus	马关香竹 Chimonocalamus makuanensis
72	香竹属 Chimonocalamus	灰香竹 Chimonocalamus pallens
73	牡竹属 Dendrocalamus	梁山慈竹 Dendrocalamus farinosus

04

（续）

序号	属	种
74	牡竹属 *Dendrocalamus*	版纳甜龙竹 *Dendrocalamus hamiltonii*
75	牡竹属 *Dendrocalamus*	建水龙竹 *Dendrocalamus jianshuiensis*
76	牡竹属 *Dendrocalamus*	麻竹 *Dendrocalamus latiflorus*
77	牡竹属 *Dendrocalamus*	美浓麻竹 *Dendrocalamus latiflorus* 'Mei-nung'
78	牡竹属 *Dendrocalamus*	吊丝竹 *Dendrocalamus minor*
79	牡竹属 *Dendrocalamus*	花吊丝竹 *Dendrocalamus minor* var. *amoenus*
80	牡竹属 *Dendrocalamus*	歪脚龙竹 *Dendrocalamus sinicus*
81	牡竹属 *Dendrocalamus*	云南龙竹 *Dendrocalamus yunnanicus*
82	镰序竹属 *Drepanostachyum*	扫把竹 *Drepanostachyum fractiflexum*
83	箭竹属 *Fargesia*	贴毛箭竹 *Fargesia adpressa*
84	箭竹属 *Fargesia*	油竹子 *Fargesia angustissima*
85	箭竹属 *Fargesia*	大巴山箭竹 *Fargesia apicirubens*
86	箭竹属 *Fargesia*	白龙大巴山箭 *Fargesia apicirubens* 'White Dragon'
87	箭竹属 *Fargesia*	马亨箭竹 *Fargesia communis*
88	箭竹属 *Fargesia*	缺苞箭竹 *Fargesia denudata*
89	箭竹属 *Fargesia*	缺苞箭竹品种 *Fargesia denudata* 'Xian 1'
90	箭竹属 *Fargesia*	缺苞箭竹品种 *Fargesia denudata* 'Xian 2'
91	箭竹属 *Fargesia*	丰实箭竹 *Fargesia ferax*
92	箭竹属 *Fargesia*	凋叶箭竹 *Fargesia frigidis*
93	箭竹属 *Fargesia*	棉花竹 *Fargesia fungosa*
94	箭竹属 *Fargesia*	香甜竹 *Fargesia gaolinensis*
95	箭竹属 *Fargesia*	神农箭竹 *Fargesia murielae*
96	箭竹属 *Fargesia*	华西箭竹 *Fargesia nitida*
97	箭竹属 *Fargesia*	华西箭竹品种 *Fargesia nitida* 'Gansu 2'
98	箭竹属 *Fargesia*	九寨沟箭竹 *Fargesia nitida* 'Jiuzhaigou'
99	箭竹属 *Fargesia*	华西箭竹品种 *Fargesia nitida* 'Jiuzhaigou 01'
100	箭竹属 *Fargesia*	华西箭竹品种 *Fargesia nitida* 'Jiuzhaigou 10'
101	箭竹属 *Fargesia*	华西箭竹品种 *Fargesia nitida* 'Jiuzhaigou 4'
102	箭竹属 *Fargesia*	红秆九寨沟箭竹 *Fargesia nitida* 'Jiuzhaigou Genf'
103	箭竹属 *Fargesia*	拐棍竹 *Fargesia robusta*
104	箭竹属 *Fargesia*	平武拐棍竹 *Fargesia robusta* 'Pingwu'
105	箭竹属 *Fargesia*	汶川拐棍竹 *Fargesia robusta* 'Wenchuan'
106	箭竹属 *Fargesia*	卧龙拐棍竹 *Fargesia robusta* 'Wolong'
107	箭竹属 *Fargesia*	青川箭竹 *Fargesia rufa*
108	箭竹属 *Fargesia*	糙花箭竹 *Fargesia scabrida*
109	箭竹属 *Fargesia*	秃鞘箭竹 *Fargesia similaris*
110	箭竹属 *Fargesia*	/ *Fargesia songminensis/Fargesia semicoriacea*
111	箭竹属 *Fargesia*	/ *Fargesia* sp. 'Muliensis'
112	箭竹属 *Fargesia*	/ *Fargesia* sp. 'Tabashan II'
113	箭竹属 *Fargesia*	箭竹 *Fargesia spathacea*
114	箭竹属 *Fargesia*	伞把竹 *Fargesia utilis*
115	箭竹属 *Fargesia*	秀叶箭竹 *Fargesia yuanjiangensis*
116	箭竹属 *Fargesia*	玉龙山箭竹 *Fargesia yulongshanensis*

（续）

序号	属	种
117	箭竹属 *Fargesia*	片马箭竹 *Fargesia albocerea*
118	箭竹属 *Fargesia*	带鞘箭竹 *Fargesia contracta*
119	箭竹属 *Fargesia*	棉花竹 *Fargesia fungosa*
120	箭竹属 *Fargesia*	泸水箭竹 *Fargesia lushuiensis*
121	箭竹属 *Fargesia*	西藏箭竹 *Fargesia macclureana*
122	箭竹属 *Fargesia*	怒江箭竹 *Fargesia nujiangensis*
123	箭竹属 *Fargesia*	云龙箭竹 *Fargesia papyrifera*
124	箭竹属 *Fargesia*	超包箭竹 *Fargesia perlonga*
125	贡山竹属 *Gaoligongshania*	贡山竹 *Gaoligongshania megalothyrsa*
126	巨竹属 *Gigantochloa*	毛笋竹 *Gigantochloa levis*
127	箬竹属 *Indocalamus*	都昌箬竹 *Indocalamus cordatus*
128	箬竹属 *Indocalamus*	美丽箬竹 *Indocalamus decorus*
129	箬竹属 *Indocalamus*	粽巴箬竹 *Indocalamus herklotsii*
130	箬竹属 *Indocalamus*	阔叶箬竹 *Indocalamus latifolius*
131	箬竹属 *Indocalamus*	箬叶竹 *Indocalamus longiauritus*
132	箬竹属 *Indocalamus*	矮箬竹 *Indocalamus pedalis*
133	箬竹属 *Indocalamus*	水银竹 *Indocalamus sinicus*
134	箬竹属 *Indocalamus*	箬竹 *Indocalamus tessellatus*
135	箬竹属 *Indocalamus*	胜利箬竹 *Indocalamus victorialis*
136	箬竹属 *Indocalamus*	鄂西箬竹 *Indocalamus wilsoni*
137	大节竹属 *Indosasa*	橄榄竹 *Indosasa gigantea*
138	大节竹属 *Indosasa*	粗穗大节竹 *Indosasa ingens*
139	梨藤竹属 *Melocalamus*	澜沧梨藤竹 *Melocalamus arrectus*
140	少穗竹属 *Oligostachyum*	屏南少穗竹 *Oligostachyum glabrescens*
141	少穗竹属 *Oligostachyum*	细柄少穗竹 *Oligostachyum gracilipes*
142	少穗竹属 *Oligostachyum*	四季竹 *Oligostachyum lubricum*
143	刚竹属 *Phyllostachys*	尖头青竹 *Phyllostachys acuta*
144	刚竹属 *Phyllostachys*	黄古竹 *Phyllostachys angusta*
145	刚竹属 *Phyllostachys*	石绿竹 *Phyllostachys arcana*
146	刚竹属 *Phyllostachys*	黄槽石绿竹 *Phyllostachys arcana* f. *luteosulcata*
147	刚竹属 *Phyllostachys*	乌芽竹 *Phyllostachys atrovaginata*
148	刚竹属 *Phyllostachys*	人面竹 *Phyllostachys aurea*
149	刚竹属 *Phyllostachys*	黄槽竹 *Phyllostachys aureosulcata*
150	刚竹属 *Phyllostachys*	金镶玉竹 *Phyllostachys aureosulcata* f. *spectabilis*
151	刚竹属 *Phyllostachys*	哈尔滨竹 *Phyllostachys aureosulcata* 'Harbin'
152	刚竹属 *Phyllostachys*	蓉城竹 *Phyllostachys bissetii*
153	刚竹属 *Phyllostachys*	矮蓉城竹 *Phyllostachys bissetii* 'Dwarf'
154	刚竹属 *Phyllostachys*	白哺鸡竹 *Phyllostachys dulcis*
155	刚竹属 *Phyllostachys*	毛竹 *Phyllostachys edulis*
156	刚竹属 *Phyllostachys*	金丝毛竹 *Phyllostachys edulis* f. *gracilis*
157	刚竹属 *Phyllostachys*	圣音毛竹 *Phyllostachys edulis* f. *tubaeformis*
158	刚竹属 *Phyllostachys*	甜笋竹 *Phyllostachys elegans*
159	刚竹属 *Phyllostachys*	角竹 *Phyllostachys fimbriligula*

04

（续）

序号	属	种
160	刚竹属 *Phyllostachys*	曲秆竹 *Phyllostachys flexuosa*
161	刚竹属 *Phyllostachys*	花哺鸡竹 *Phyllostachys glabrata*
162	刚竹属 *Phyllostachys*	淡竹 *Phyllostachys glauca*
163	刚竹属 *Phyllostachys*	筠竹 *Phyllostachys glauca* f. *yunzhu*
164	刚竹属 *Phyllostachys*	水竹 *Phyllostachys heteroclada*
165	刚竹属 *Phyllostachys*	实心竹 *Phyllostachys heteroclada* f. *solida*
166	刚竹属 *Phyllostachys*	直秆水竹 *Phyllostachys heteroclada* 'Straightstem'
167	刚竹属 *Phyllostachys*	红壳雷竹 *Phyllostachys incarnata*
168	刚竹属 *Phyllostachys*	红哺鸡竹 *Phyllostachys iridescens*
169	刚竹属 *Phyllostachys*	假毛竹 *Phyllostachys kwangsiensis*
170	刚竹属 *Phyllostachys*	大节刚竹 *Phyllostachys lofushanensis*
171	刚竹属 *Phyllostachys*	台湾桂竹 *Phyllostachys makinoi*
172	刚竹属 *Phyllostachys*	美竹 *Phyllostachys mannii*
173	刚竹属 *Phyllostachys*	毛环竹 *Phyllostachys meyeri*
174	刚竹属 *Phyllostachys*	篌竹 *Phyllostachys nidularia*
175	刚竹属 *Phyllostachys*	实肚竹 *Phyllostachys nidularia* f. *farcta*
176	刚竹属 *Phyllostachys*	光箨篌竹 *Phyllostachys nidularia* f. *glabrovagina*
177	刚竹属 *Phyllostachys*	紫竹 *Phyllostachys nigra*
178	刚竹属 *Phyllostachys*	褐秆紫竹 *Phyllostachys nigra* f. *muchisasa*
179	刚竹属 *Phyllostachys*	毛金竹 *Phyllostachys nigra* var. *henonis*
180	刚竹属 *Phyllostachys*	紫蒲头灰竹 *Phyllostachys nuda* f. *localis*
181	刚竹属 *Phyllostachys*	灰水竹 *Phyllostachys platyglossa*
182	刚竹属 *Phyllostachys*	高节竹 *Phyllostachys prominens*
183	刚竹属 *Phyllostachys*	早园竹 *Phyllostachys propinqua*
184	刚竹属 *Phyllostachys*	桂竹 *Phyllostachys reticulata*
185	刚竹属 *Phyllostachys*	斑竹 *Phyllostachys reticulata* f. *lacrima-deae*
186	刚竹属 *Phyllostachys*	芽竹 *Phyllostachys robustiramea*
187	刚竹属 *Phyllostachys*	红边竹 *Phyllostachys rubromarginata*
188	刚竹属 *Phyllostachys*	衢县红壳竹 *Phyllostachys rutila*
189	刚竹属 *Phyllostachys*	漫竹 *Phyllostachys stimulosa*
190	刚竹属 *Phyllostachys*	金竹 *Phyllostachys sulphurea*
191	刚竹属 *Phyllostachys*	刚竹 *Phyllostachys sulphurea* var. *viridis*
192	刚竹属 *Phyllostachys*	乌竹 *Phyllostachys varioauriculata*
193	刚竹属 *Phyllostachys*	早竹 *Phyllostachys violascens*
194	刚竹属 *Phyllostachys*	雷竹 *Phyllostachys violascens* f. *prevernalis*
195	刚竹属 *Phyllostachys*	东阳青皮竹 *Phyllostachys virella*
196	刚竹属 *Phyllostachys*	粉绿竹 *Phyllostachys viridiglaucescens*
197	刚竹属 *Phyllostachys*	乌哺鸡竹 *Phyllostachys vivax*
198	刚竹属 *Phyllostachys*	黄秆乌哺鸡竹 *Phyllostachys vivax* f. *aureocaulis*
199	刚竹属 *Phyllostachys*	黄纹竹 *Phyllostachys vivax* f. *huangwenzhu*
200	刚竹属 *Phyllostachys*	黄秆京竹 *Phyllostachys aureosulcata*
201	刚竹属 *Phyllostachys*	京竹 *Phyllostachys aureosulcata* f. *pekinensis*
202	刚竹属 *Phyllostachys*	翁竹 *Phyllostachys reticulata* f. *albovariegata*

序号	属	种
203	刚竹属 *Phyllostachys*	桂竹品种 *Phyllostachys reticulata* 'Slender Crookstem'
204	刚竹属 *Phyllostachys*	桂竹品种 *Phyllostachys reticulata* 'White Crookstem'
205	刚竹属 *Phyllostachys*	乌竹 *Phyllostachys varioauriculata*
206	刚竹属 *Phyllostachys*	硬头青竹 *Phyllostachys veitchiana*
207	刚竹属 *Phyllostachys*	花秆早竹 *Phyllostachys violascens* f. *viridisulcata*
208	苦竹属 *Pleioblastus*	苦竹 *Pleioblastus amarus*
209	苦竹属 *Pleioblastus*	银苦竹 *Pleioblastus argenteostriatus*
210	苦竹属 *Pleioblastus*	斑苦竹 *Pleioblastus maculatus*
211	苦竹属 *Pleioblastus*	油苦竹 *Pleioblastus oleosus*
212	苦竹属 *Pleioblastus*	川竹 *Pleioblastus simonii*
213	苦竹属 *Pleioblastus*	仙居苦竹 *Pleioblastus hsienchuensis*
214	矢竹属 *Pseudosasa*	茶秆竹 *Pseudosasa amabilis*
215	矢竹属 *Pseudosasa*	托竹 *Pseudosasa cantorii*
216	矢竹属 *Pseudosasa*	篲竹 *Pseudosasa hindsii*
217	矢竹属 *Pseudosasa*	矢竹 *Pseudosasa japonica*
218	矢竹属 *Pseudosasa*	广竹 *Pseudosasa longiligula*
219	矢竹属 *Pseudosasa*	矢竹仔 *Pseudosasa usawai*
220	矢竹属 *Pseudosasa*	笔竹 *Pseudosasa viridula*
221	泡竹属 *Pseudostachyum*	泡竹 *Pseudostachyum polymorphum*
222	赤竹属 *Sasa*	赤竹 *Sasa longiligulata*
223	篋笋竹属 *Schizostachyum*	苗竹仔 *Schizostachyum dumetorum*
224	篋笋竹属 *Schizostachyum*	沙罗箪竹 *Schizostachyum funghomii*
225	篋笋竹属 *Schizostachyum*	篋笋竹 *Schizostachyum pseudolima*
226	业平竹属 *Semiarundinaria*	毛环短穗竹 *Semiarundinaria densiflora* var. *villosum*
227	业平竹属 *Semiarundinaria*	业平竹 *Semiarundinaria fastuosa*
228	业平竹属 *Semiarundinaria*	短穗竹 *Semiarundinaria densiflora*
229	倭竹属 *Shibataea*	鹅毛竹 *Shibataea chinensis*
230	倭竹属 *Shibataea*	倭竹 *Shibataea kumasasa*
231	倭竹属 *Shibataea*	狭叶鹅毛竹 *Shibataea lancifolia*
232	倭竹属 *Shibataea*	南平鹅毛竹 *Shibataea nanpingensis*
233	唐竹属 *Sinobambusa*	白皮唐竹 *Sinobambusa farinosa*
234	唐竹属 *Sinobambusa*	橄榄竹 *Sinobambusa gigantea*
235	唐竹属 *Sinobambusa*	竹仔 *Sinobambusa humilis*
236	唐竹属 *Sinobambusa*	晾衫竹 *Sinobambusa intermedia*
237	唐竹属 *Sinobambusa*	红舌唐竹 *Sinobambusa rubroligula*
238	唐竹属 *Sinobambusa*	唐竹 *Sinobambusa tootsik*
239	筱竹属 *Thamnocalamus*	筱竹 *Thamnocalamus spathiflorus*
240	玉山竹属 *Yushania*	短锥玉山竹 *Yushania brevipaniculata*
241	玉山竹属 *Yushania*	薄壁玉山竹 *Yushania brevipaniculata* 'Wolong'
242	玉山竹属 *Yushania*	沐川玉山竹 *Yushania exilis*
243	玉山竹属 *Yushania*	斑壳玉山竹 *Yushania maculata*

04

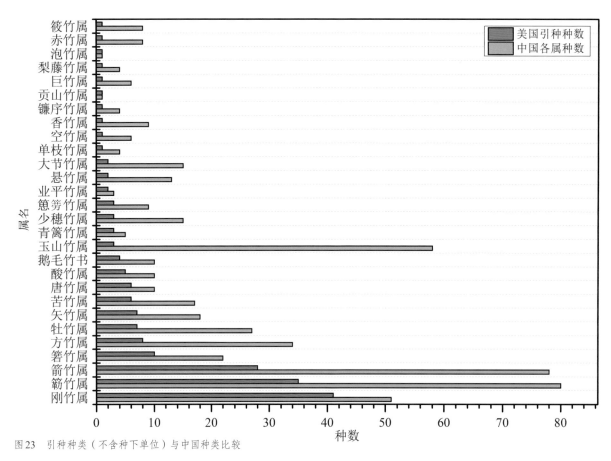

图23 引种种类（不含种下单位）与中国种类比较

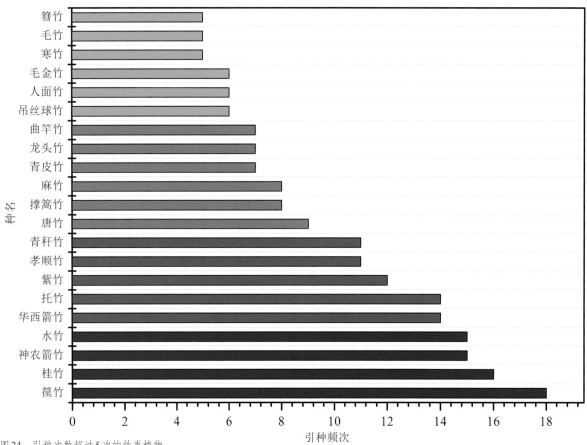

图24 引种次数超过5次的竹类植物

刚竹属

在引种的竹类植物中，有65种（含变种、变型和品种）属于刚竹属。刚竹属植物是美国在华重点引种的种类，其不仅具有观赏价值，大多数种类是作为经济用材和产笋之用。迈耶在华引种期间，初到北京，在美国公使馆秘书柯立芝（J. G. Coolidge）的花园中看到抗寒性强的刚竹属植物，与建筑搭配在一起，无处不体现中国特色（图25、图26）。在杭州市余杭区塘栖镇采集时，迈耶看到不同大小的刚竹属竹类削成竹竿捆好后经水运到各地（图27）；在上海的虹桥集市上看到可食用的竹笋（图28），还在不同场合看到刚竹属竹类的其他用途，如竹栅栏（图29）、削成竹编半成品留作他用（图30）、竹篮、竹筐等。篌竹、桂竹、水竹、紫竹、曲竿竹等在引种频次上较高，这些竹普遍具有较高的经济价值和观赏价值。

毛竹在中国大面积人工栽培，是采集者最容易看到也最为关注的。迈耶在考察过程中认为毛竹是中国竹径最大且最常见的竹种之一，能够有各种用途，如制造梯子、排水沟、建筑等。迈耶看到毛竹林后，形容毛竹叶片如羽毛，非常漂亮，除具有经济价值之外，还具有很高的观赏价值，为人们增添一种优雅和独特的景色（图31、图32）。在20世纪初，在华采集者和教师还关注刚竹属竹类的造纸用途（McClure，1927）。

箣竹属

被引竹类植物中，有50种（含变种、变型和品种）属于箣竹属，其中31种竹类植物是由莫古礼从华南引种。箣竹属同样在人们的衣食住行方面发挥重要作用，采集者们在考察和引种过程中非常注重其利用价值，引种频率较高的有孝顺竹

图25　庭院中种植刚竹属植物，1905年12月27日迈耶拍摄于北京（图片来源：http://id.lib.harvard.edu/images/olvwork279721/catalog）

507

图26　1905年12月27日迈耶拍摄于北京（图片来源：http://id.lib.harvard.edu/images/olvwork279722/catalog）

（11次）、青秆竹（11次）、撑篙竹（8次）、青皮竹（7次）、龙头竹（7次）、吊丝球竹（6次）。他们观察到青皮竹、撑篙竹、佛肚竹利用其竹秆，大头典竹、吊丝球竹等用来产笋（图33a），吊丝球竹顶梢呈弧状或下垂如钓丝状，具有较强的观赏价值（图34、图35）。莫古礼在广东清远市清新区太平镇引种时观察到用小簕竹（鸡皮簕竹，Kai Pei Lak Chuk，*Bambusa flexuosa* Munro）和青皮竹做篱笆（图33b），簕竹可以用来观赏（图33c）（Mcclure，1925）。

箭竹属

箭竹属植物同样是引种到美国最为成功的一类植物，共计引种42种，其中神农箭竹和华西箭竹尤为突出，且在美国公园绿地中应用较多。箭竹属主要分布于我国西南山岳地带，常呈灌木状生长于山地常绿落叶阔叶混交林及亚高山暗针叶林下，一直延续到亚高山明亮针叶林带（易同培，1988）。在引种过程中，箭竹属植株形态及其生长环境受到西方采集者的关注，认为引种到欧美相对寒冷地方依然适宜生长。威尔逊在引种过程中发现的箭竹属植物群落，为典型的针叶林—箭竹群落结构模式，这种群落结构模式在美国风景园林中得到广泛应用，如在四川眉山洪雅县瓦屋山9 200英尺（约2 800m）海拔处看到的苍山冷杉（*Abies delavayi* Franch.）—华西箭竹群落结构（图36、图37）

2.2.3　竹类植物的运输

美国引种者们在华采集完成植物后，还需要运送到美国。19世纪到20世纪初，引种的活植株能够在全球范围远距离输送，得益于1829年英国外科医生纳撒（Nathaniel Bagshaw Ward，1791—1868）

04

图27　刚竹属竹类产品，不同尺寸竹竿漂在水中即将水运至外地，迈耶1908年4月20日拍摄于杭州余杭区塘栖镇（图片来源：http://id.lib.harvard.edu/images/olvwork280455/catalog）

图28　集市上的竹笋，迈耶1906年4月1日拍摄于上海某集市（图片来源：http://id.lib.harvard.edu/images/olvwork279845/catalog）

图29　运河上的的竹栅栏，迈耶1906年2月27日拍摄于杭州余杭区塘栖镇（图片来源：http://id.lib.harvard.edu/images/olvwork279829/catalog）

图30　竹篾，迈耶1915年6月28日拍摄于杭州（图片来源：http://id.lib.harvard.edu/images/olvwork282715/catalog）

04

图31　毛竹景观，迈耶1915年7月12日拍摄于杭州市临安区昌化镇（图片来源：http://id.lib.harvard.edu/images/olvwork282595/catalog;）

图32　毛竹景观，迈耶1907年6月25日拍摄于杭州市余杭区塘栖镇（图片来源：http://id.lib.harvard.edu/images/olvwork280223/catalog）

04

图33　箣竹属竹类植物的用处 [A:
农户种植吊丝球竹用以产笋，图片来
源: F. A. McClure, *Bamboo in the economy
of oriental peoples*; B: 广东清远清
新区太平镇农户用小箣竹（右）、青
皮竹（左）做篱笆; C: 箣竹用作
观赏; B, C 图片来源: F. A. Mcclure,
*Some observations on the bamboos of
Kwangtung*]

图34 吊丝球竹的观赏价值，威尔逊1908年5月11日拍摄于四川乐山（嘉定府，Kiating Fu）（图片来源：http://id.lib.harvard.edu/images/olvwork287104/catalog）

图35　威尔逊1908年12月22日拍摄于四川宜宾（叙府，Suifu）（图片来源：http://id.lib.harvard.edu/images/olvwork289439/catalog）

图36　箭竹属竹类生长环境及群落结构，苍山冷杉—华西箭竹，威尔逊1908年9月11日拍摄于四川眉山市洪雅县瓦屋山（图片来源：http://id.lib.harvard.edu/images/olvwork289056/catalog）

图37　苍山冷杉—华西箭竹，威尔逊1908年9月11日拍摄于四川眉山市洪雅县瓦屋山（图片来源：http://id.lib.harvard.edu/images/olvwork289054/catalog）

发明的沃德箱（Wardian case）（Keogh 2019，2017）。沃德箱由底部基座和上部玻璃罩组成，后来改良版的有在玻璃外面加上木条以防止玻璃破碎，沃德箱是一个相对密封的环境，能形成小的生态循环系统，植物种植在里面，能够抵御海运过程中的恶劣环境，而且能够接受阳光照射，有足够的温湿度使植物得以存活（图38）。由于竹类植物的结实率低，种子采集较难，主要收集和运送竹类活植株和地下茎（图39），因此在运输植物过程中会使用到沃德箱。通过查阅史密森档案馆关于莫古礼的档案，发现有购买过沃德箱（图40）和寄送植物的凭据（图41）。

除用沃德箱运输之外，也有把植株种植在盆中直接放在船上，这就需要有人在船上精心照料。迈耶1908年返回美国时，就曾把植株放在Ashtabula号油轮上，在4周的返航时间里，他亲自照看这些植物，待到达美国后，这些植物需要接受检疫检查以及烟熏消毒（inspected and fumigated）（图42）。不过烟熏消毒也会对这些植物造成很大损伤，例如，1908年迈耶引种的竹类植物临时种植在美国奇科引种园时，因烟熏消毒而损伤大半（图43）。

2.2.4 联邦植物引种园分析

联邦植物引种园总体介绍

植物从中国运送至美国，算是完成了引种工作的一半，如果要在美国应用还需通过检测和扩繁，再分发至全国。美国农业部引种办公室成立后的前50年，运送到美国的植物被送到国家农业试验站（State Agricultural Experiment Stations）、美国农业部的作物专家和其他合作者手中。此外，还建立了几个联邦植物引种园（Federal Plant Introduction Gardens），主要检疫和试种被引进的各种植物。第一个引种园于1898年建在佛罗里达州迈阿密，面积为6英亩（约2.43hm²）。种植在该引种园的植物后又被转移到了1922年在椰林附近建立的引种园，即佛罗里达州椰林植物引种园（The Plant Introduction Garden, Coconut

图38　沃德箱（图片来源：*The Wardian case: Botany game changer* https://www.kew.org/read-and-watch/how-wardian-case-changed-botanical-world）

图39　引种部位：地下茎、种子及植株（截图自：*Inventory of Seeds and Plants Imported*）

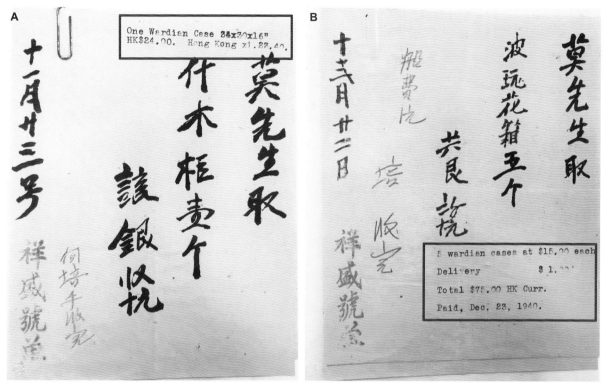

图40 购买沃德箱凭证〔A：莫古礼于1940年11月23日在香港购买1个沃德箱，价格为24港元，尺寸为34英寸×30英寸×16英寸（约86cm×76cm×40cm）；B：莫古礼于1940年12月22日在香港购买5个沃德箱，单价为15港元，运费1港元；图片来源：Floyd Alonzo McClure Papers, 1913—1970 Smithsonian Institution Archives〕

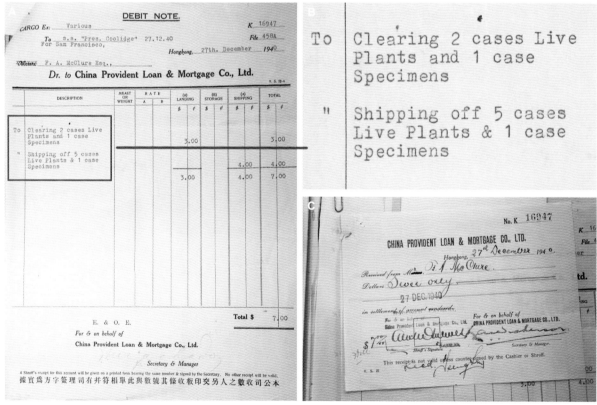

图41 莫古礼支付运送竹类植物和标本费用的凭据（A：莫古礼1940年12月27日支付运费的清单；B：图片A中红框中的内容；C：结算收据；图片来源：Floyd Alonzo McClure Papers, 1913—1970, Floyd Alonzo McClure Papers, circa 1916–1981, Smithsonian Institution Archives）

518

04

图 42　船运盆栽植株（图片来源：*Photograph album of the first plant expedition in China of Frank N. Meyer*）

图 43　临时种植在奇科引种园的竹类植物（图片来源：*Photograph album of the first plant expedition in China of Frank N. Meyer*）

Grove，Miami，Florida）（图44）。椰林植物引种园主要用来种植从热带和亚热带地区引种的植物以及开展初步试验。1904年在加州奇科建立的一座引种园，即加利福尼亚州奇科植物引种园（The Grove in the Plant Introduction Garden，Chico，California），其80英亩（约32.37hm²）土地主要是由热心市民购买再将其赠送给联邦政府，主要种植水果、坚果等，如引种自中国的柿子、栗、枣、柑橘类等。1919年，美国农业部在华盛顿特区附近的马里兰州格兰岱尔新建了一个引种园，即马里兰州格兰岱尔市引种园（The Plant Introduction Station，Glenn Dale，Maryland），以便及时养护从国外长期运输而长势差的植物和需要被隔离的植物。1919年，拉斯罗普建立引种园——佐治亚州萨凡纳巴伯·拉斯罗普植物引种园（The Barbour Lathrop Plant Introduction Garden，Savannah，Georgia），用以种植被引进的竹类植物。此外，还有加州威廉苗圃（the grove owned by William S. Tevis，near Bakersfield，California）、马里兰州贝茨维尔园艺作物研究分部植物引种处（the Plant Introduction Section，Horticultural Crops Research Branch，Beltsville，Maryland）、位于得克萨斯州布朗斯维尔（Brownsville，Texas）和华盛顿州贝灵汉（Bellingham，Washington）的引种园：主要种植引种自中国西部高山地区、日本北部以及欧洲的球根植物；马里兰州亚罗（Yarrow，Maryland）引种园：离华盛顿特区近，主要用于植物检疫，

确定没有病虫害再往外分发；佛罗里达州布鲁克斯维尔（Brooksville，Florida）引种园（图45）：主要种植引种自中国和日本的植物，也有种植竹类植物（Dorsett，1916; Williams and Volk，2020）（Dorsett 1916; K. and GM，2020）。各个引种园的使用时间长短不一，有些被改造重新利用；如格伦戴尔引种园后来变成了一个检疫所，再于1987年成了一个木本植物观赏区。

种植竹类植物的植物引种园

最初在寻找适合种植竹类植物的苗圃时，美国农业部也花费了不少精力。美国农业部把迈耶首次在华引种的包括竹类植物在内的所有植物经过检疫后几乎都种植在加州奇科植物引种园。但美国农业部认为这里不是竹类植物的最佳种植地，他们需要为从中国引种来的竹类植物找到一个相对永久且合适的种植地，这个任务就落在刚结束第一次来华引种回到美国的迈耶身上。由于引种办公室没有购买土地的资金，迈耶还要说服拥有适合种植竹类植物的土地所有权人允许农业部无偿使用。

在1908年11月初，迈耶到访过查尔斯顿（Charleston，South Carolina），但是认为这里的温度还是太低不能种植竹类植物，后又到奥古斯塔和萨凡纳（Augusta and Savannah，Geogia），也没有发现合适种植地。在佛罗里达州杰克逊维尔（Jacksonville）和圣奥古斯丁（Saint Augustine），认为砂质土壤不适合高秆竹类植物生长，而在佛罗里达州迈阿密的植物引种园由

图44 佛罗里达州椰林植物引种园和引种的竹类植物［A：引种园入口；B：毛竹林；C：毛金竹；希区考克拍摄于1922年5月6日；图片来源：*The Photographs of A. S. Hitchcock Asia, 1921, Georgia and Florida, Panama and Ecuador*（*#782-#1118*）］

图45　佛罗里达州布鲁克斯维尔植物引种园和引种的竹类植物［A：桂竹林；B：川竹，希区考克拍摄于1922年5月12日；图片来源：*The Photographs of A. S. Hitchcock Asia, 1921, Georgia and Florida, Panama and Ecuador*（#782-#1118）］

04

于地下水位较高，不适合竹类植物根系生长。他们接下的考察点聚焦到佛罗里达州的盖恩斯维尔（Gainesville），但也没有找到合适的地方。

后来迈耶一行去到佛罗里达州布鲁克斯维尔，当他看到一片种满热带水果和高大树木的时候，这时才看到希望。他们向当地政府说明美国农业部想要在那片区域种植竹类植物，而且农业部缺乏资金来购买这块土地，后经当地商贸局（Board of Trade）会议商定，农业部获得了这块土地的使用权，这也就是后来的布鲁克斯维尔植物引种园（图45），之后迈耶还去了其他地方如新奥尔良（New Orleans）和亚拉巴马（Alabama）考察，但还是没有发现比布鲁克斯维尔更合适的地方。美国农业部在接下来的时间里就把竹类植物种植在布鲁克斯维尔植物引种园（Cunningham，1984）。

佐治亚海岸植物园

在发现佐治亚海岸植物园这块地之前，引种的竹类植物就一直种植在布鲁克斯维尔植物引种园里，之后费尔柴尔德在拉斯罗普（Thomas Barbour Lathrop，1847—1927）出资下于萨凡纳买下一块地之后，从中国引种的竹类植物就基本都种植在萨凡纳的引种园，也就是我们接下来分析的佐治亚海岸植物园（Coastal Georgia Botanical Gardens）。

内战之前，原场地是在萨凡纳西南方向欧吉齐路（Ogeechee Road）边的一个农场，面积约46英亩（约18.6hm^2），属于一个史密斯（Smiths）家族。1890年前后，史密斯夫人在这个农场里种

植了3丛在邻居莫耶罗（Andreas E. Moynello）先生那里购买的在日本旅游时带回来的竹类植物。到1915年，这些竹类长势很好，米勒夫人（原史密斯夫人再婚后改称）的农场雇员代顿（S. B. Dayton）可以将笋卖给附近的餐馆，竹秆也可以出售给佐治亚州本地人。后来代顿意识到这些竹类植物将会被这块地的新主人摧毁，因此他向当时在美国农业部工作的费尔柴尔德求救，还亲自去华盛顿特区拜访费尔柴尔德。1915年7月28日，美国农业部的彼得·比赛特（Peter Bisset）过来考察这块地并拍照了当时农场里种植的竹。费尔柴尔德看过这些照片后认为这块地很适合种植竹类植物。

此时，需要介绍另外一位人——美国慈善家和世界旅行家托拉斯罗普，他是某一任弗吉尼亚州州长的儿子，他继承了家里的财产并且依靠报业赚钱。1893年，在一艘开往意大利的船上，跟费尔柴尔德结识，从此也改变了美国园艺植物引种的进程，比如托拉斯罗普一次碰到费尔柴尔德，托拉斯罗普一时兴起就给了费尔柴尔德1000美元，让他去爪哇岛引种新的植物。由于对竹类植物着迷，拉斯罗普同样资助费尔柴尔德经费去引种竹类植物。

在费尔柴尔德的建议下，拉斯罗普从米勒夫人手上买下了包含原有竹林在内的18.6hm^{2}土地。1919年这块地的价格为5 430美元，随后拉斯罗普以1美元的价格租给了费尔柴尔德和美国农业部。之后就在这块地上建成为萨凡纳引种站（USDA Savannah Plant Introduction Station），也称巴

图46　拉斯罗普植物引种园平面图（图片来源：https://coastalbg.uga.edu/）

UGA Coastal Gardens and Historic Bamboo Farm
Master Plan

Produced by the College of Environment and
Design, the University of Georgia
September 2009

North　Scale: 1"=100'

0' 50' 100' 150'

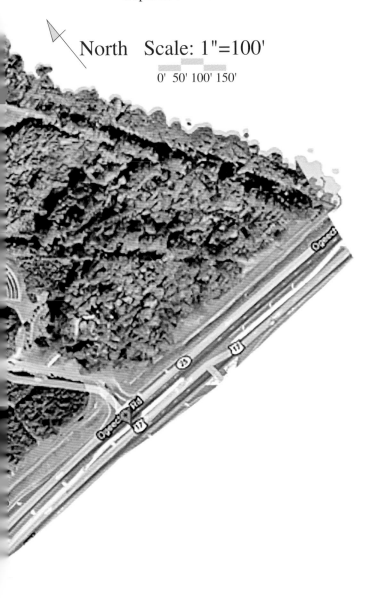

伯·拉斯罗普植物引种园（图46）。

巴伯·拉斯罗普植物引种园相比之前布鲁克斯维尔植物引种园从气候、场地条件等方面来看，更适合竹类植物的种植。20世纪20～40年代种植了大量从东方尤其是中国引种过来的植物，迈耶和莫古礼引种的竹类植物大多种植于此，图47为当时种植在该引种园的竹类植物，图48为莫古礼把竹类植物引种到该引种园时的一份记录。到20世纪40年代，萨凡纳当地人把这个引种园跟竹类苗圃联系到一起，亲切地叫成竹子农场"Bamboo Farm"。20世纪40年代，还在引种园进行了造纸实验，此后莫古礼还继续在这里研究竹类植物并采集标本。1975年，美国农业部开始淘汰Bamboo Farm所有的研究功能。1979年政府削减成本的措施导致Bamboo Farm关闭。在1979年前的60年里，引种园一直是美国农业部植物产业局下的一个园艺农场。引种园从1924年由比赛特（David Andreas Bisset, 1892—1957）开始，直到比赛特去世。莫古礼在后来发表的蓉城竹（*Phyllostachys bissetii*）学名就是以比赛特名字命名，以纪念比赛特在这里管理竹类植物。

Bamboo Farm于1983年转让给佐治亚大学，作为教育和研究中心。到20世纪90年代中期，大学成立咨询委员会，进行改造提升，后来还得到了非营利组织"Friends of the Coastal Gardens"的支持。2012年，Bamboo Farm和海岸花园（Coastal Gardens）合称为佐治亚海岸植物园（the Coastal Georgia Botanical Gardens）（图49至图53）。这让竹种园（Barbour Lathrop Bamboo Collection）得以保留，竹园中还保留标有引种信息的铭牌（图54至图57），现种植散生和丛生竹类植物超过70种（含品种），这对保存和展示20世纪美国园艺遗产具有非常重要的作用（图58）。现在植物园仍由佐治亚大学农业与环境科学学院负责管理。

04

图47 拉斯罗普植物引种园里的竹类植物［希区考克拍摄于1922年5月15日，图片来源：*The Photographs of A. S. Hitchcock Asia, 1921, Georgia and Florida, Panama and Ecuador*（#782-#1118）］

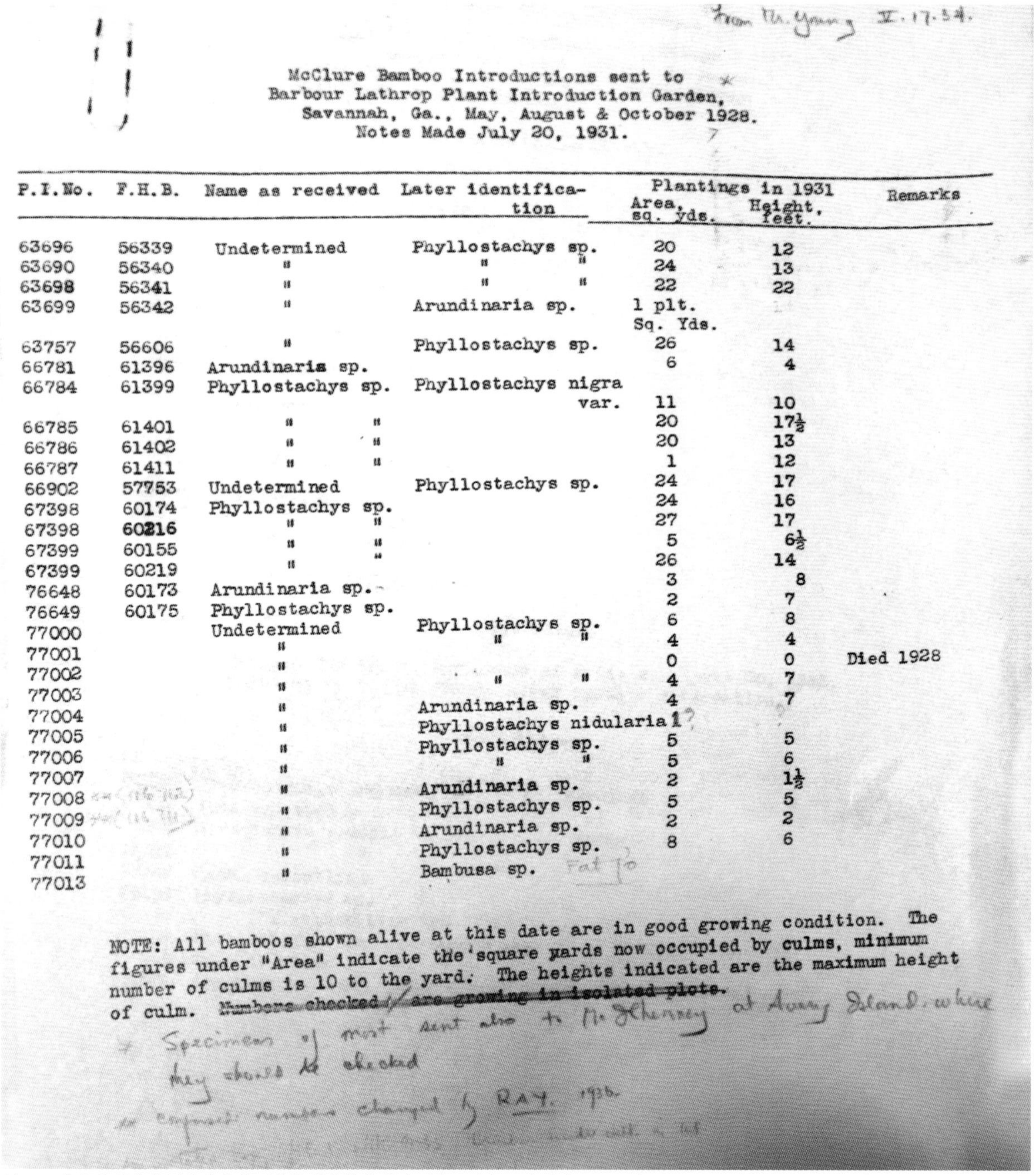

From Mr. Young V. 17. 34.

McClure Bamboo Introductions sent to
Barbour Lathrop Plant Introduction Garden,
Savannah, Ga., May, August & October 1928.
Notes Made July 20, 1931.

P.I.No.	F.H.B.	Name as received	Later identification	Plantings in 1931 Area, sq. yds.	Height, feet.	Remarks
63696	56339	Undetermined	Phyllostachys sp.	20	12	
63690	56340	"	" "	24	13	
63698	56341	"	" "	22	22	
63699	56342	"	Arundinaria sp.	1 plt. Sq. Yds.		
63757	56606	"	Phyllostachys sp.	26	14	
66781	61396	Arundinaria sp.		6	4	
66784	61399	Phyllostachys sp.	Phyllostachys nigra var.	11	10	
66785	61401	" "		20	17½	
66786	61402	" "		20	13	
66787	61411	" "		1	12	
66902	57753	Undetermined	Phyllostachys sp.	24	17	
67398	60174	Phyllostachys sp.		24	16	
67398	60216	" "		27	17	
67399	60155	" "		5	6½	
67399	60219	" "		26	14	
76648	60173	Arundinaria sp.		3	8	
76649	60175	Phyllostachys sp.		2	7	
77000		Undetermined	Phyllostachys sp.	6	8	
77001		"	" "	4	4	
77002		"		0	0	Died 1928
77003		"	" "	4	7	
77004		"	Arundinaria sp.	4	7	
77005		"	Phyllostachys nidularia	1?		
77006		"	Phyllostachys sp.	5	5	
77007		"	" "	5	6	
77008		"	Arundinaria sp.	2	1½	
77009		"	Phyllostachys sp.	5	5	
77010		"	Arundinaria sp.	2	2	
77011		"	Phyllostachys sp.	8	6	
77013		"	Bambusa sp.			

NOTE: All bamboos shown alive at this date are in good growing condition. The figures under "Area" indicate the square yards now occupied by culms, minimum number of culms is 10 to the yard. The heights indicated are the maximum height of culm. ~~Numbers checked / are growing in isolated plots.~~

* Specimens of most sent also to Mr. McIlhenny at Avery Island, where they should be checked

** Comparison numbers changed by RAY. 1936

图48 莫古礼引种中国竹类植物到拉斯罗普植物引种园的记录之一（引种于1928年5、8、10月，记录于1931年7月20日）

04

图 49　佐治亚海岸植物园平面图（图片来源：https://coastalbg.uga.edu/）

图 50　佐治亚海岸植物园实景，植物园入口标牌（拍摄于 2019 年 10 月 29 日）

图 51　植物园入口（拍摄于 2019 年 10 月 29 日）

图 52　竹园（拍摄于 2019 年 10 月 29 日）

图 53　竹子迷宫（拍摄于 2019 年 10 月 29 日）

图54　标有竹类植物引种信息的铭牌，SPI 23237，黄古竹（*Phyllostachys angusta*），迈耶1907年引自浙江杭州余杭区塘栖镇（拍摄于2019年10月29日）

图55　SPI 77259，褐秆紫竹（*Phyllostachys nigra* f. *muchisasa*），1928年引种自法国，原产中国（拍摄于2019年10月29日）

图56　SPI 80149，水竹（*Phyllostachys heteroclada* 异名：*Phyllostachys congesta*），迈耶1907年引自浙江杭州余杭区塘栖镇（拍摄于2019年10月29日）

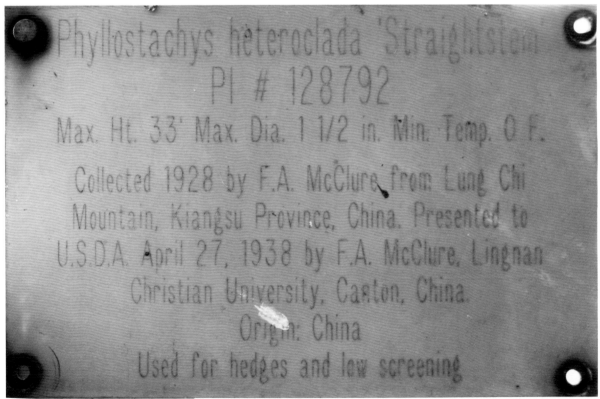

图57　SPI 128792，水竹（*Phyllostachys heteroclada*），莫古礼1928年引自江苏宜兴龙池山（拍摄于2019年10月29日）

图 58　原拉斯罗普植物引种园与今佐治亚海岸植物园对比［A，B：竹园；C，D：松、竹群落结构；A，C 图片来源：*The Photographs of A. S. Hitchcock Asia, 1921, Georgia and Florida, Panama and Ecuador*（#782-#1118）；B，D 拍摄于 2019 年 10 月 29 日］

3 莫古礼在华采集和引种竹类植物的历史

3.1　生平介绍

　　莫古礼（图59）于1897年8月14日出生在俄亥俄州（Ohio）谢尔比县（Shelby County），其父约翰·莫古礼（John T. McClure）是一位农民和教师。作为俄亥俄州农家子弟，莫古礼在农村艰苦朴素的童年生活是他一生中温暖的回忆，他认为没有什么比太阳底下的玉米地和一束野花野草更能唤起他的怀旧之情（Meyer，1972）。莫古礼大学就读于俄亥俄州立大学（Ohio State University）（图60），1918年获得文学学士学位，翌年获得理学学士学位。1919年，刚毕业的他接受了来中

国广州（图61）的岭南学校（图62）园艺学专业的教学工作。从此，他便长期居住在中国，偶尔会到美国短暂休假，一次是回美国完婚并与美国农业部取得联系，后面还有两次因为继续深造而回国。

　　刚到中国，莫古礼被中国传统文化和风土人情所吸引。刚安顿下来不久，他便认真学习中文和风俗习惯，他也着实具有优秀的语言学习能力，很快他就学会了讲粤语（图63），还很快就融入学生和农民之中。为了更方便外出调研，莫古礼还指导绘制了广东、广西等地的地图，并以威妥玛式拼写和中文对照（图64、图65）。由于

04

图59　莫古礼像（A：1918年；B：1940年前后；C：1960年前后；图片来源：Box 9 of 14, Floyd Alonzo McClure Papers, circa 1916-1981, Smithsonian Institution Archives）

图60　莫古礼就读于俄亥俄州立大学时的学生卡（图片来源：Floyd Alonzo McClure Papers, 1913—1970, Smithsonian Institution Archives）

教园艺让他开始接触了经济植物学，有机会接触竹类植物，便开展外业调查和采集工作，主要集中广东及周边区域，在他之前，中国极少有人开展专门且系统的竹类植物科学研究。

1922年，他回到美国与德鲁里（Ruth Drury）完婚，德鲁里陪同他度过在中国的岁月（图66）。婚后不久他去华盛顿特区会见了美国农业部的费尔柴尔德和波普诺。这一年，他们夫妻居住在贝尔站也就是位于马里兰州格伦代尔市的美国引种站（Bell Station, the United States Plant

图 61 20世纪20年代的广州码头（图片来源：Box 4 of 14, Floyd Alonzo McClure Papers, circa 1916—1981, Smithsonian Institution Archives）

图 62 岭南学校鸟瞰图及实景（A：建筑师绘制的鸟瞰图；B：鸟瞰校园全景；C：从珠江一侧看校园全景；图片来源：Box 4 of 14, Floyd Alonzo McClure Papers, circa 1916—1981, Smithsonian Institution Archives）

04

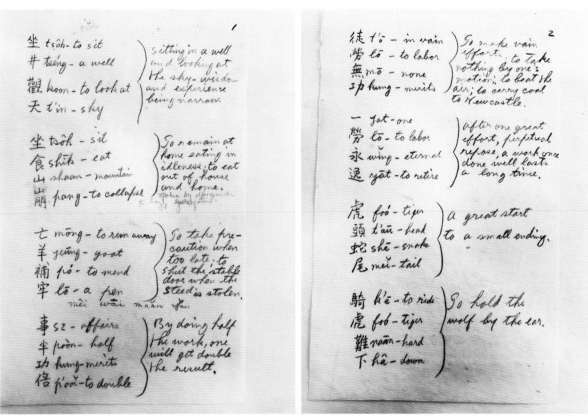

图63　莫古礼当时在中国学习中文和粤语（图片来源：Box 3 of 11, Floyd Alonzo McClure Papers, 1913—1970, Smithsonian Institution Archives）

Introduction Station at Glenn Dale，Maryland）附近，在那里接受了中国竹类植物的采集引种和打包方法的培训。当时，美国在华的植物考察引种非常活跃，他们注意到中国的竹类植物用途广泛，在中国人的生活起居中是必备的，在西方国家越来越受到关注。因此，美国想要引种尽可能多的竹种，尤其是想用在造纸方面。从1924年开始，莫古礼被美国农业部任命为在中国的采集者，从此时起，也就决定了他以后的职业生涯。

在19世纪20年代，植物学家很少对中国竹类植物开展研究。莫古礼此时就满怀热情地接受了美国农业部给他的这个极其重要的对具有经济价值的竹类植物进行植物学研究的机会，由于前人研究很少，这个研究也是困难重重。在此之前，植物分类学方面发表的竹类植物名字是混乱和相互矛盾的，而且由于竹秆往往很大，不同竹种之间的区分度也很有限，依靠前人制作的标本来研究是不尽准确。尽管如此，莫古礼惊讶中国农民总有自己的方式来区分不同竹种。当时解决难题

的唯一方式则是亲身实地调研和观察竹类植物的整个生长周期，但是竹类植物的开花现象较少，甚至不开花，研究竹类植物分类成了莫古礼非常具有挑战性的目标。

1927—1928年，莫古礼在俄亥俄州立大学攻读理学硕士学位。他在返回中国时途径欧洲国家，在英国和欧洲大陆的标本馆，认识了一些对竹类植物感兴趣的植物学家。在1928年返回到岭南大学后被聘为植物学副教授，其后又被聘为植物学教授，并继续集中在华南地区考察植物并采集标本，同时建立和管理植物标本室。

观察植物生长过程对研究植物分类很重要。因此，在岭南大学开辟竹园以收集种植各种竹类，用于观察和实验。他相信通过观察竹类植物秆、地下茎、枝、叶和箨，能找出区分竹类植物的要点，而在他之前没有一个专家学者如此重视观察竹类植物生长。

1932—1936年，莫古礼再次在史密斯研究院（Smithsonian Institution）希区考克和蔡斯（Mary

The Districts and District Cities of Kwangtung and Hainan[30]

MANDARIN[1] (Richard)	CHARAC- TERS	CANTONESE (Cowles)	Key to LOCATION	DISTRICT CITY[2]			MANDARIN[1] (Richard)	CHARAC- TERS	CANTONESE (Cowles)	Key to LOCATION	DISTRICT CITY[2]		
Ch'ang-loh	長樂	Ch'eung-lok	Now Wu-hwa				P'an-yu	番禺	P'oon-ue	8-Q	Sun-tso	新造	
Ch'ang-ning	長寧	Ch'eung-ning	Now Sin-hsing				Pao-an	寶安	Po-on	10-S	Po-on[5]	寶安	
"	長甯		Now Sin-fung				P'ing-yuen	平遠	P'ing-uen	2-X	Ping-yun[6]	平遠	
Ch'ao-an	潮安	Ch'iu-on	6-Z	Chao-an[3]	潮安		Poh-lo	博羅	Pok-loh	7-S	Pok-lo	博羅	
Ch'ao-yang	潮陽	Ch'iu-yeung	7-Z	Chao-yang	潮陽		P'u-ning	普寧	P'o-ning	7-Y	Pu-ning[9]	普寧	
Chen-p'ing	鎮平	Chan-p'ing	Now Chiao-ling				San-shui	三水	Saam-shui	7-O	Sam-shui	三水	
Ch'eng-hai	澄海	Ch'iu-hoi	7-&	Teng-hai	澄海		Shi-hsing	始興	Ch'i-hing	2-Q	Chi-hing	始興	
Chiao-ling	蕉嶺	Ch'iu-ling	2-Y	Chiu-ling[4]	蕉嶺		Shih-ch'eng	石城	Shek-sheng	Now Lien-kiang			
Chih-k'i	赤溪	Chik-k'ai	12-P	Chik-kai	赤溪		Shun-teh	順德	Shun-tak	9-P	Tai-leung[32]	大良	
Chung-shan	中山	Chung-shaan	10-Q	Chung-shan-kong[5]	中山港		Si-ning	西寧	Sai-ning	Now Yuh-nan			
En-p'ing	恩平	Yan-p'ing	11-M	Yan-ping	恩平		Sin-an	新安	San-on	Now Pao-an			
Fang-ch'eng	防城	Fong-shing	13-A	Fang-cheng[6]	防城		Sin-fung	新豐	San-fung	5-R	Sun-fung[20]	新豐	
Fuh-kang	佛岡	Fat-kong	5-Q	Fat-kong	佛岡		Sin-hsing	新興	San-hing	9-M	Sun-hing	新興	
Fung-ch'wan	封川	Fung-ch'uen	7-K	Fung-chun	封川		Sin-i	信宜	Sun-i	11-I	Sun-yi	信宜	
Fung-shun	豐順	Fung-shun	5-Y	Fung-shun[6]	豐川		Sin-hwei	新會	San-ooi	10-O	Kong-moon	江門	
Hai-fung	海豐	Hoi-fung	8-V	Hoi-fung	海豐		Sin-ning	新寧	San-ning	Now T'ai-shan			
Hai-k'ang	海康	Hoi-hong	17-F	Hoi-hong[7]	海康		Su-wen	徐聞	Ch'ui-man	18-F	Su-wen[6]	徐聞	
Hai-yang	海陽	Hoi-yeung	Now Ch'ao-an				Sui-k'i	遂溪	Sui-k'ai	15-F	Sui-kai[6]	遂溪	
Ho-yuen	河源	Ho-yuen	6-U	Ho-yun	河源		Sze-hwei	四會	Sz-ooi	7-N	Sze-wui	四會	
Hoh-p'u	合浦	Hopp'o	13-D	Hop-po[8]	合浦		T'ai-shan	台山	Toi-shaan	11-O	Toi-shan[31]	台山	
Hoh-shan	鶴山	Hok-shaan	9-O	Hok-shan	鶴山		Ta-pu	大埔	Taai-po	3-&	Tai-pu	大埔	
Hsiang-shan	香山	Heung-shaan	Now Chung-shan				Teh-k'ing	德慶	Tak-hing	7-L	Tak-hing	德慶	
Hsing-ning	興寧	Hing-ning	4-X	Hing-ning	興寧		Tien-peh	電白	Tin-paak	13-J	Tin-pak	電白	
Hwa-hsien	花縣	Fa-uen	7-P	Fa-hsien[6]	花縣		Tseng-ch'eng	增城	Tsang-sheng	7-R	Tseng-shing	增城	
Hwa-hsien	化縣	Fa-uen	13-G	Fa-hsien[9]	化縣		Ts'ing-yuen	清遠	Ts'ing-uen	6-O	Tsing-yun	清遠	
Hwei-lai	惠來	Wai-loi	8-Y	Hwei-lai	惠來		Ts'ung-hwa	從化	Ts'ung-fa	6-Q	Tsung-fa	從化	
Hwei-yang	惠陽	Wai-yeung	8-U	Wai-yeung[10]	惠陽		Tsz-kin	紫金	Tsz-kam	6-V	Tze-kam[22]	紫金	
Hwo-p'ing	和平	Woh-p'ing	4-U	Ho-ping	和平		Tung-an	東安	Tung-on	Now Yun-fou			
Jao-p'ing	饒平	Iu-p'ing	5-&	Jao-ping[6]	饒平		Tung-kwan	東莞	Tung-koon	9-R	Tung-kun	東莞	
Jen-hwa	仁化	Yan-fa	1-P	Yan-fa	仁化		Wu-chw'an	吳川	Ng-ch'uen	15-H	Ng-chun[6]	吳川	
Ju-yuen	乳源	Ue-uen	2-N	Yu-yuan[6]	乳源		Wu-hwa	五華	Ng-wa	6-W	Ng-wa[6]	五華	
K'ai-kien	開建	Hoi-kin	5-K	Hoi-kin	開建		Wung-yuen	翁源	Yung-uen	3-Q	Yung-yun[6]	翁源	
K'ai-p'ing	開平	Hoi-p'ing	10-N	Hoi-ping	開平		Yang-ch'un	陽春	Yeung-ch'un	12-K	Yeung-chun	陽春	
Kao-ming	高明	Ko-ming	9-N	Ko-ming[6]	高明		Yang-kiang	陽江	Yeung-kong	13-L	Yeung-kong	陽江	
Kao-yao	高要	Ko-iu	8-N	Ko-yiu[11]	高要		Yang-shan	陽山	Yeung-shaan	3-M	Yeung-shan[6]	陽山	
Kia-ying	嘉應	Ka-ying	Now Mei-hsien				Ying-teh	英德	Ying-tak	4-P	Ying-tak	英德	
Kieh-yang	揭陽	Kit-yeung	6-Y	Kit-yang[12]	揭陽		Yuh-nan	鬱南	Wat-naam	8-J	Wat-nam[24]	鬱南	
K'in-hsien	欽縣	Yam-uen	12-B	Yam-hsien[6]	欽縣		Yun-fou	雲浮	Wan-fau	9-L	Wan-fow[25]	雲浮	
K'uh-kiang	曲江	K'uk-kong	2-P	Ku-kong[13]	曲江		Yung-an	永安	Wing-on	Now Tsz-kin			
Kwang-ning	廣寧	Kwong-ning	6-M	Kwong-ning	廣寧				**HAINAN**				
Kwei-shan	歸善	Kwai-shin	Now Hwei-yang				Ch'ang-hwa	昌化	Ch'eung-fa	Now Ch'ang-kiang			
Lien-hsien	連縣	Lin-uen	2-M	Lin-hsien[14]	連縣		Ch'ang-kiang	昌江	Ch'eung-kong	14-U	Cheong-kong[6]	昌江	
Lien-kiang	廉江	Lim-kong	13-F	Lim-kong[15]	廉江		Ch'eng-mai	澄邁	Ch'ing-maai	12-X	Tsing-mai[6]	澄邁	
Lien-p'ing	連平	Lin-p'ing	4-S	Lin-ping	連平		Hwei-t'ung	會同	Ooi-tung	Now K'iung-tung			
Lien-shan	連山	Lin-shaan	3-L	Lin-shan[6]	連山		Kan-en	感恩	Kam-yan	15-U	Kum-yan[6]	感恩	
Ling-shan	靈山	Ling-shaan	10-C	Ling-shan	靈山		K'iung-shan	瓊山	K'ing-shaan	12-Z	Kiung-shan[26]	瓊山	
Lo-ting	羅定	Loh-ting	9-K	Lo-ting	羅定		K'iung-tung	瓊東	K'ing-tung	13-&	Kiung-tung[27]	瓊東	
Loh-ch'ang	樂昌	Lok-ch'ong	1-O	Lok-chong	樂昌		Lin-kao	臨高	Lam-ko	11-X	Lim-ko[6]	臨高	
Luh-fung	陸豐	Luk-fung	8-X	Luk-fung[6]	陸豐		Ling-shui	陵水	Ling-shui	16-X	Ling-shui[6]	陵水	
Lung-chw'an	龍川	Lung-ch'uen	5-V	Lung-chun	龍川		Loh-hwei	樂會	Lok-ooi	14-Z	Lok-wei[6]	樂會	
Lung-men	龍門	Lung-moon	6-S	Lung-moon	龍門		Tan-hsien	儋縣	Taam-uen	13-V	Tan-hsien[28]	儋縣	
Mei-hsien	梅縣	Mooi-uen	4-Y	Mei-hsien[6]	梅縣		Ting-an	定安	Ting-on	13-X	Ting-an	定安	
Meu-ming	茂名	Mau-ming	13-I	Mow-ming[17]	茂名		Wan-hsien	萬縣	Maan-uen	Now Wan-ning			
Nan-ao	南澳	Naam-o	7—18	Nan-oa[6]	南澳		Wan-ning	萬寧	Maan-ning	15-Z	Man-ning[6]	萬寧	
Nan-hai	南海	Naam-hoi	8-P	Fat-shan[19]	佛山		Wen-ch'ang	文昌	Man-ch'eung	12-&	Men-cheong	文昌	
Nan-hsiung	南雄	Naam-hung	1-R	Nam-yung	南雄		Yai-hsien	崖縣	Ngaai-uen	16-V	Ai-hsien[29]	崖縣	

1. The names in the first column represent the District names as spelled in Richard's Comprehensive Geography of the Chinese Empire (1) with a few slight modifications. A few names, recently changed, do not appear in that work, but are here remanined uniformly with the others. This spelling of the District names has been adopted by the Lingnan Natural History Survey and Museum.
   In order to facilitate visualization and pronunciation, all names have been hyphenated, regardless of usage in references consulted. District names no longer used are shown in italics.

2. The names of the District Cities are here spelled as they appear in the latest edition of the List of Post Offices (3). Unless there is a footnote to the contrary, the District Cities will be found to be identical on the Postal Map (4) in the romanized form shown in this column, which has been adopted by the Lingnan Natural History Survey and Museum.

3. The alternative name, Chao-chow 潮州 given in the L.P.O. (3) is the one which appears on the Postal Map. The Cantonese version of this (6) is Ch'iu-chau.

4. On the Postal Map as Chen-ping 鎮平 (old name).

5. Only recently established; its official list (5) as 岐家醬. The former District City was Shek-ki 石岐 which appears in the L.P.O., with the alternative (Mandarin) spelling, Shih-chi.

6. Only in Chinese on the Postal Map.

7. On the Postal Map as Kiung-chow 雷州 (old name).

8. On the Postal Map as Lim-chow 廉州 (old name).

9. On the Postal Map in Chinese only, as 化州 (old name).

10. On the Postal Map as Wai-chow 惠州 (old name).

11. On Postal Map as Shiu-shing 肇慶 The alternative spelling Shiu-hing in the L.P.O. reproduces the pronunciation popularly used.

12. On the Postal Map as Yam-chow 揭州 (old name).

13. On the Postal Map as Shiu-kwan 韶州. The variant form Shiu-kwaan 韶關 (Mandarin: Shao-kwan or Shao-kuan) is often used in referring to this city. On Chinese maps the name 曲江 is usually given, which corresponds to the name given in the L.P.O.

14. On the Postal Map as Lin-chow 連州 (old name).

15. On the Postal Map only in Chinese, as 石城 (old name).

16. On the Postal Map as Ka-ying 嘉應 (old name). Commonly referred to in Canton as Ka-ying-chow.

17. Shown on the Postal Map as Ko-chow 高州 which name is still in current use. Richard (p. 572) lists it as Kao-chow-fu.

18. An island off the northeastern coast of Kwangtung.

19. Listed in L.P.O. as Nam-hoi 南海 but shown on the Postal Map as Fat-shan.

20. On the Postal Map only in Chinese, as 長甯 (old name).

21. On the Postal Map as Sun-ning 新寧 (old name).

22. On the Postal Map as Yung-an 永安 (old name).

23. On the Postal Map as Chong-lok 長樂 (old name).

24. On the Postal Map only in Chinese, as 鬱南 (old name).

25. On the Postal Map as Tung-on 東安 (old name).

26. On the Postal Map as Kiung-chow 瓊州 (old name).

27. On the Postal Map only in Chinese, as 會同 (old name).

28. On the Postal Map only in Chinese, as 儋州 (old name).

29. On the Postal Map as Ai-chow 崖州 (old name).

30. See Lingnan Sci. Jour. Vol. 12, No. 3, 1933, for fuller notes by F. A. McClure under title, Outline Maps of Kwangtung province and Hainan Island, etc.

31. Inadvertently shown on the map as 埔.

32. Listed in L.P.O. as Shun-tak 順德.

REFERENCES

1. Kennelly, H. 1908. Richard's Comprehensive Geography of the Chinese Empire. 713. p. Shanghai: T'usewel Press. (Romanization of District names, except those recently changed, derived from this source.)

2. T'ung Shih-hsiang. 1915. Atlas of the Chinese Republic, showing new boundaries. 24 maps. 54 pp. Shanghai: Commercial Press. All in Chinese; original Chinese title follows: 中華民國新區域圖. 嘉定童世亨著. 上海中外輿圖局出版. 商務印書館發行. (Consulted for District boundaries.)

3. Ministry of Communications, Directorate General of Posts (CHINA) 1932. List of Post Offices. (Thirteenth Issue) 329 p. Shanghai. (Spelling of District City names follows this authority.)

4. Postal Map of Kwangtung and Hainan. 1925. (Latest edition available. Consulted for annotations showing where the old names already in wide current use, are at variance with the ones adopted in the foregoing reference.)

5. Kwangtung Bureau of Reconstruction (Courtesy of Dr. Feng Rui) 1933. Manuscript list (Chinese) giving 1. District names at present used by the Kwangtung Government as official; 2. Former official names, where these have been changed recently; and 3. Names of District Cities, where these differ from those of the Districts.

6. Cowles, R.T. 1914. Pocket Dictionary of Cantonese. 296 and 124 p. Hongkong: Kelly & Walsh. (Consulted for Cantonese Romanization of District names.)

图64　广东、海南地名（图片来源：美国自然历史博物馆 National Museum of Natural History）

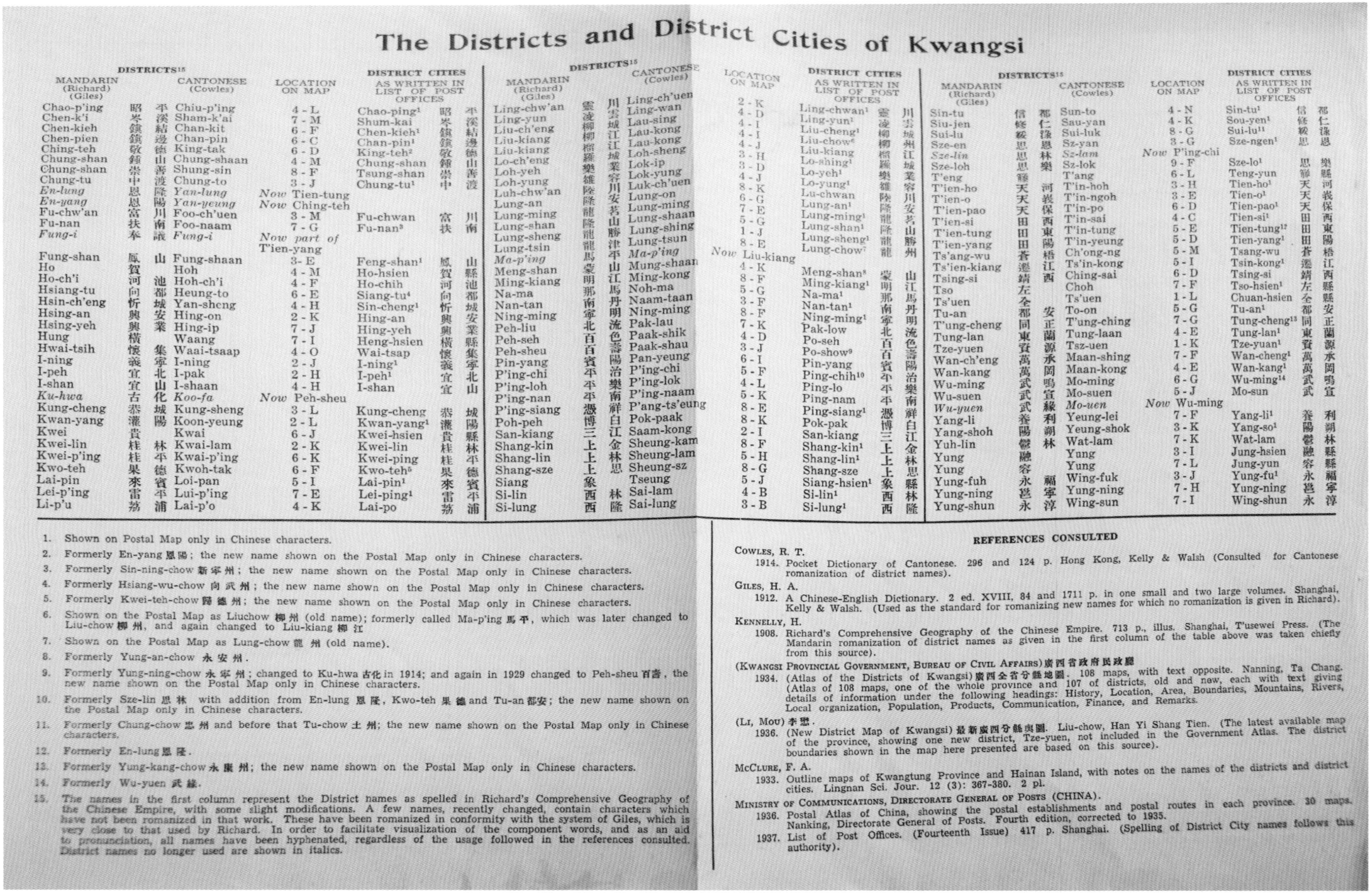

The Districts and District Cities of Kwangsi

DISTRICTS[15] MANDARIN (Richard) (Giles)		CANTONESE (Cowles)	LOCATION ON MAP	DISTRICT CITIES AS WRITTEN IN LIST OF POST OFFICES	
Chao-p'ing	昭平	Chiu-p'ing	4 - L	Chao-ping[1]	昭平
Chen-k'i	岑溪	Sham-k'ai	7 - M	Shum-kai	岑溪
Chen-kieh	鎮結	Chan-kit	6 - F	Chen-kieh[1]	鎮結
Chen-pien	鎮邊	Chan-pin	6 - C	Chan-pin[1]	鎮邊
Ching-teh	敬德	King-tak	6 - D	King-teh[2]	敬德
Chung-shan	鍾山	Chung-shaan	4 - M	Chung-shan	鍾山
Chung-shan	崇善	Shung-sin	8 - F	Tsung-shan	崇善
Chung-tu	中渡	Chung-to	3 - J	Chung-tu[1]	中渡
En-lung	恩隆	*Yan-lung*	*Now* Tien-tung		
En-yang	恩陽	*Yan-yeung*	*Now* Ching-teh		
Fu-chw'an	富川	Foo-ch'uen	3 - M	Fu-chwan	富川
Fu-nan	扶南	Foo-naam	7 - G	Fu-nan[3]	扶南
Fung-i	奉議	*Fung-i*	*Now part of* T'ien-yang		
Fung-shan	鳳山	Fung-shaan	3- E	Feng-shan[1]	鳳山
Ho	賀	Hoh	4 - M	Ho-hsien	賀縣
Ho-ch'i	河池	Hoh-ch'i	4 - F	Ho-chih	河池
Hsiang-tu	向都	Heung-to	6 - E	Siang-tu[4]	向都
Hsin-ch'eng	忻城	Yan-sheng	4 - H	Sin-cheng[1]	忻城
Hsing-an	興安	Hing-on	2 - K	Hing-an	興安
Hsing-yeh	興業	Hing-ip	7 - J	Hing-yeh	興業
Hung	橫	Waang	7 - I	Heng-hsien	橫縣
Hwai-tsih	懷集	Waai-tsaap	4 - O	Wai-tsap	懷集
I-ning	義寧	I-ning	2 - J	I-ning[1]	義寧
I-peh	宜北	I-pak	2 - H	I-peh[1]	宜北
I-shan	宜山	I-shaan	4 - H	I-shan	宜山
Ku-hwa	古化	*Koo-fa*	*Now* Peh-sheu		
Kung-cheng	恭城	Kung-sheng	3 - L	Kung-cheng	恭城
Kwan-yang	灌陽	Koon-yeung	2 - L	Kwan-yang[1]	灌陽
Kwei	貴	Kwai	6 - J	Kwei-hsien	貴縣
Kwei-lin	桂林	Kwai-lam	2 - K	Kwei-lin	桂林
Kwei-p'ing	桂平	Kwai-p'ing	6 - K	Kwei-ping	桂平
Kwo-teh	果德	Kwoh-tak	6 - F	Kwo-teh[5]	果德
Lai-pin	來賓	Loi-pan	5 - I	Lai-pin[1]	來賓
Lei-p'ing	雷平	Lui-p'ing	7 - E	Lei-ping[1]	雷平
Li-p'u	荔浦	Lai-p'o	4 - K	Lai-po	荔浦
Ling-chw'an	靈川	Ling-ch'uen	2 - K	Ling-chwan[1]	靈川
Ling-yun	凌雲	Ling-wan	4 - D	Ling-yun[1]	凌雲
Liu-ch'eng	柳城	Lau-sing	4 - I	Liu-cheng[1]	柳城
Liu-kiang	柳江	Lau-kong	4 - I	Liu-chow[6]	柳州
Liu-kiang	榴江	Lau-kong	4 - J	Liu-kiang	榴江
Lo-ch'eng	羅城	Loh-sheng	3 - H	Lo-shing[1]	羅城
Loh-yeh	樂業	Lok-ip	3 - D	Lo-yeh[1]	樂業
Loh-yung	雒容	Lok-yung	4 - J	Lo-yung[1]	雒容
Luh-chw'an	陸川	Luk-ch'uen	8 - K	Lu-chwan	陸川
Lung-an	隆安	Lung-on	6 - G	Lung-an[1]	隆安
Lung-ming	龍茗	Lung-ming	7 - E	Lung-ming[1]	龍茗
Lung-shan	隆山	Lung-shaan	5 - G	Lung-shan[1]	隆山
Lung-sheng	龍勝	Lung-shing	1 - J	Lung-sheng[1]	龍勝
Lung-tsin	龍津	Lung-tsun	8 - E	Lung-chow[7]	龍州
Ma-p'ing	馬平	*Ma-p'ing*	*Now* Liu-kiang		
Meng-shan	蒙山	Mung-shaan	4 - K	Meng-shan[8]	蒙山
Ming-kiang	明江	Ming-kong	8 - F	Ming-kiang[1]	明江
Na-ma	那馬	Noh-ma	5 - G	Na-ma[1]	那馬
Nan-tan	南丹	Naam-taan	3 - F	Nan-tan[1]	南丹
Ning-ming	寧明	Ning-ming	8 - F	Ning-ming[1]	寧明
Peh-liu	北流	Pak-lau	7 - K	Pak-low	北流
Peh-seh	百色	Paak-shik	4 - D	Po-seh	百色
Peh-sheu	百壽	Paak-shau	3 - J	Po-show[9]	百壽
Pin-yang	賓陽	Pan-yeung	6 - I	Pin-yang	賓陽
P'ing-chi	平治	P'ing-chi	5 - F	Ping-chih[10]	平治
P'ing-loh	平樂	P'ing-lok	4 - L	Ping-lo	平樂
P'ing-nan	平南	P'ing-naam	5 - K	Ping-nam	平南
P'ing-siang	憑祥	P'ang-ts'eung	8 - E	Ping-siang[1]	憑祥
Poh-peh	博白	Pok-paak	8 - K	Pok-pak	博白
San-kiang	三江	Saam-kong	2 - I	San-kiang	三江
Shang-kin	上金	Sheung-kam	8 - F	Shang-kin[1]	上金
Shang-lin	上林	Sheung-lam	5 - H	Shang-lin[1]	上林
Shang-sze	上思	Sheung-sz	8 - G	Shang-sze	上思
Siang	象	Tseung	5 - J	Siang-hsien[1]	象縣
Si-lin	西林	Sai-lam	4 - B	Si-lin[1]	西林
Si-lung	西隆	Sai-lung	3 - B	Si-lung[1]	西隆
Sin-tu	信都	Sun-to	4 - N	Sin-tu[1]	信都
Siu-jen	修仁	Sau-yan	4 - K	Sou-yen[1]	修仁
Sui-lu	綏祿	Sui-luk	8 - G	Sui-lu[11]	綏祿
Sze-en	思恩	Sz-yan	3 - G	Sze-ngen[1]	思恩
Sze-lin	思林	*Sz-lam*	*Now* P'ing-chi		
Sze-loh	思樂	Sz-lok	9 - F	Sze-lo[1]	思樂
T'eng	籐	T'ang	6 - L	Teng-yun	籐縣
T'ien-ho	天河	T'in-hoh	3 - H	Tien-ho[1]	天河
T'ien-o	天峩	T'in-ngoh	3 - E	Tien-o[1]	天峩
T'ien-pao	天保	T'in-po	6 - D	Tien-pao[1]	天保
T'ien-si	田西	T'in-sai	4 - C	Tien-si[1]	田西
T'ien-tung	田東	T'in-tung	5 - E	Tien-tung[12]	田東
T'ien-yang	田陽	T'in-yeung	5 - D	Tien-yang[1]	田陽
Ts'ang-wu	蒼梧	Ch'ong-ng	5 - M	Tsang-wu	蒼梧
Ts'ien-kiang	遷江	Ts'in-kong	5 - I	Tsin-kong[1]	遷江
Tsing-si	靖西	Ching-sai	6 - D	Tsing-si	靖西
Tso	左	Choh	7 - F	Tso-hsien[1]	左縣
Ts'uen	全	Ts'uen	1 - L	Chuan-hsien	全縣
Tu-an	都安	To-on	5 - G	Tu-an[1]	都安
T'ung-cheng	同正	T'ung-ching	7 - G	Tung-cheng[13]	同正
Tung-lan	東蘭	Tung-laan	4 - E	Tung-lan[1]	東蘭
Tze-yuen	資源	Tsz-uen	1 - K	Tze-yuan[1]	資源
Wan-ch'eng	萬承	Maan-shing	7 - F	Wan-cheng[1]	萬承
Wan-kang	萬岡	Maan-kong	4 - E	Wan-kang[1]	萬岡
Wu-ming	武鳴	Mo-ming	6 - G	Wu-ming[14]	武鳴
Wu-suen	武宣	Mo-suen	5 - J	Mo-sun	武宣
Wu-yuen	武緣	*Mo-uen*	*Now* Wu-ming		
Yang-li	養利	Yeung-lei	7 - F	Yang-li[1]	養利
Yang-shoh	陽朔	Yeung-shok	3 - K	Yang-so[1]	陽朔
Yuh-lin	鬱林	Wat-lam	7 - K	Wat-lam	鬱林
Yung	融	Yung	3 - I	Jung-hsien	融縣
Yung	容	Yung	7 - L	Jung-yun	容縣
Yung-fuh	永福	Wing-fuk	3 - J	Yung-fu[1]	永福
Yung-ning	邕寧	Yung-ning	7 - H	Yung-ning	邕寧
Yung-shun	永淳	Wing-sun	7 - I	Wing-shun	永淳

1. Shown on Postal Map only in Chinese characters.
2. Formerly En-yang 恩陽; the new name shown on the Postal Map only in Chinese characters.
3. Formerly Sin-ning-chow 新寧州; the new name shown on the Postal Map only in Chinese characters.
4. Formerly Hsiang-wu-chow 向武州; the new name shown on the Postal Map only in Chinese characters.
5. Formerly Kwei-teh-chow 歸德州; the new name shown on the Postal Map only in Chinese characters.
6. Shown on the Postal Map as Liuchow 柳州 (old name); formerly called Ma-p'ing 馬平, which was later changed to Liu-chow 柳州, and again changed to Liu-kiang 柳江
7. Shown on the Postal Map as Lung-chow 龍州 (old name).
8. Formerly Yung-an-chow 永安州.
9. Formerly Yung-ning-chow 永寧州; changed to Ku-hwa 古化 in 1914; and again in 1929 changed to Peh-sheu 百壽, the new name shown on the Postal Map only in Chinese characters.
10. Formerly Sze-lin 思林 with addition from En-lung 恩隆, Kwo-teh 果德 and Tu-an 都安; the new name shown on the Postal Map only in Chinese characters.
11. Formerly Chung-chow 忠州 and before that Tu-chow 土州; the new name shown on the Postal Map only in Chinese characters.
12. Formerly En-lung 恩隆.
13. Formerly Yung-kang-chow 永康州; the new name shown on the Postal Map only in Chinese characters.
14. Formerly Wu-yuen 武緣.
15. The names in the first column represent the District names as spelled in Richard's Comprehensive Geography of the Chinese Empire, with some slight modifications. A few names, recently changed, contain characters which have not been romanized in that work. These have been romanized in conformity with the system of Giles, which is very close to that used by Richard. In order to facilitate visualization of the component words, and as an aid to pronunciation, all names have been hyphenated, regardless of the usage followed in the references consulted. District names no longer used are shown in italics.

REFERENCES CONSULTED

COWLES, R. T.
1914. Pocket Dictionary of Cantonese. 296 and 124 p. Hong Kong, Kelly & Walsh (Consulted for Cantonese romanization of district names).

GILES, H. A.
1912. A Chinese-English Dictionary. 2 ed. XVIII, 84 and 1711 p. in one small and two large volumes. Shanghai, Kelly & Walsh. (Used as the standard for romanizing new names for which no romanization is given in Richard).

KENNELLY, H.
1908. Richard's Comprehensive Geography of the Chinese Empire. 713 p., illus. Shanghai, T'usewei Press. (The Mandarin romanization of district names as given in the first column of the table above was taken chiefly from this source).

(KWANGSI PROVINCIAL GOVERNMENT, BUREAU OF CIVIL AFFAIRS) 廣西省政府民政廳
1934. (Atlas of the Districts of Kwangsi) 廣西全省分縣地圖. 108 maps, with text opposite. Nanning, Ta Chang. (Atlas of 108 maps, one of the whole province and 107 of districts, old and new, each with text giving details of information under the following headings: History, Location, Area, Boundaries, Mountains, Rivers, Local organization, Population, Products, Communication, Finance, and Remarks.

(LI, MOU) 李懋.
1936. (New District Map of Kwangsi) 最新廣西分縣輿圖. Liu-chow, Han Yi Shang Tien. (The latest available map of the province, showing one new district, Tze-yuen, not included in the Government Atlas. The district boundaries shown in the map here presented are based on this source).

McCLURE, F. A.
1933. Outline maps of Kwangtung Province and Hainan Island, with notes on the names of the districts and district cities. Lingnan Sci. Jour. 12 (3): 367-380. 2 pl.

MINISTRY OF COMMUNICATIONS, DIRECTORATE GENERAL OF POSTS (CHINA).
1936. Postal Atlas of China, showing the postal establishments and postal routes in each province. 30 maps. Nanking, Directorate General of Posts. Fourth edition, corrected to 1935.
1937. List of Post Offices. (Fourteenth Issue) 417 p. Shanghai. (Spelling of District City names follows this authority).

图65 广西地图地名（图片来源：Box 5 of 14, Floyd Alonzo McClure Papers, circa 1916—1981, Smithsonian Institution Archives）

图66 莫古礼与德鲁里在岭南大学校园内（大约拍摄于20世纪30年代）（图片来源：Box 9 of 14, Floyd Alonzo McClure Papers, circa 1916—1981, Smithsonian Institution Archives）

Agnes Chase，1869—1963）、俄亥俄州立大学的夏弗纳（John Henry Schaffner，1866—1939）共同指导下展开研究。1935年，以题为*The Chinese species of Schizostachyum*（中国篾箬竹属植物）的博士论文，获得俄亥俄州立大学博士学位。

1936年，莫古礼回到中国，在岭南大学负责经济植物学研究，很快继续专注于竹类植物分类及其用途的研究。他与岭南大学农业、生物、化学及工程系合作，开展关于竹类植物虫害、竹渗出液、竹秆强度及抗腐蚀等方面的研究。此时竹园种植了30种和变种共约10 000丛竹类植物，部分用以研究其抗腐性和产笋情况。1937年，他还参加了美国国家地理学会、中山大学联合考察团的赴广西的植物考察。在岭南大学任教期间，莫古礼还为中国培养人才做出不少贡献，如他是我国著名植物学家胡秀英（1910—2012）硕士导师。图67、图68为胡秀英硕士论文相关页面。

1937年冬，由于日本侵华中断了岭南大学的所有学术工作，教师和学生被迫疏散，而莫古礼则留在学校的难民营照顾7 500名难民。在抗战时期，他采取了预防措施用以保护这些无价的竹类植物标本，同时还用竹园里的竹子制作竹帽、竹篮、扫帚和其他工具来提供给难民，这也能看出他乐于助人的一面。

1940年底莫古礼离开中国后，就再也没到过中国，结束了他人生的一个重要篇章。1941年，他搬到华盛顿特区，在史密森学会农业部工作。1942—1943年，在古根海姆基金会（John Simon Guggenheim Foundation）的资助下，他开展了西半球（Western Hemisphere）竹类植物的分类研究。1943—1944年在史密森学会的资助下，莫古礼为美国国家研究委员会科学研究与发展办公室（Office of Scientific Research and Development of the U.S. National Research Council）做了一个关于美国、墨西哥、洪都拉斯、哥伦比亚、委内瑞拉、巴西和波多黎各等地特有竹材的调查。

1944—1945年，莫古礼在美国农业部对外农业关系办公室（Office of Foreign Agriculture Relations）担任关于竹类植物的现场服务顾问，主要研究新大陆（New World）的竹类植物，有机会在中美洲、南美洲的6个国家以及印度、孟加拉国（Bangladesh，原东巴基斯坦：East Pakistan）、爪哇岛和吕宋岛考察和采集竹类植物标本。之后他还在危地马拉、萨尔瓦多、尼加拉瓜、哥斯达黎加、厄瓜多尔和秘鲁建立经济竹种园。他还担任了美国国内的一家造纸公司的顾问并开展研究，如92种本地和外来竹类植物制浆性能比较研究。与此同时，他还辅助危地马拉建立了一个30英亩（约12.14hm^2）竹类植物试验地，调查栽培竹子用以造纸的可能性。1953年，莫古礼作为参会代表访问了亚洲，参加了菲律宾举办的第八届太平洋科学大会（the Eighth Pacific Science Congress），并作为美国对外业务管理局（United States Foreign Operations Administration）的顾问访问了越南、印度、巴基斯坦和印度尼西亚，讨论有关竹浆造纸的问题。1956年，莫古礼结束了美国农业部的工作。

1956年，得到美国国家科学基金会（National Science Foundation）和哈佛大学玛丽亚·穆尔斯·卡博特基金会（Maria Moors Cabot Foundation

PLANT ESCULENTS
USED FOR THE PRESERVATION OF HEALTH

A THESIS
SUBMITTED TO
THE GRADUATE INSTITUTE OF NATURAL SCIENCES
LINGNAN UNIVERSITY
IN PARTIAL FULFILLMENT
OF THE REQUIREMENTS FOR THE DEGREE OF
MASTER OF SCIENCE

胡 BY
HU SIU YING
MAY 21ST, 1937

CERTIFICATE OF ACCEPTANCE

Accepted in partial fulfillment
of the requirements for the degree of
MASTER OF SCIENCE
by
The Graduate Institute of Natural Science
Lingnan University

Special Committee

F. A. McClure
Chairman

F. P. Metcalf

H. T. Chen

图67 胡秀英硕士论文*Plant esculents used for the preservation of health*（植物补品之研究）作者和答辩委员会页面

誌謝
本研究之成皆为吾師莫古礼先生之指導改正
善誘鼓勵之功作者特誌謝忱

图68 胡秀英硕士论文*Plant esculents used for the preservation of health*（植物补品之研究）致谢页面

of Harvard University）的资助，让他能够专注于竹类植物分类学的研究。这些资助让他有时间思考、提炼、消化和撰写关于他30多年在中国和拉丁美洲研究竹类植物的成果。此后，他继续在史密森学会工作，在那里他开始为恩格勒（Heinrich Gustav Adolf Engler，1844—1930）和勃兰特（K. Prantl）新编*Die Natürlichen Pflanzenfamilien*《自然植物分类志科》收集关于竹类植物分类的数据。虽然这项工作尚未完成，但在他去世前，关于新大陆乡土竹类植物的内容几近完成，后来由史密森学会负责出版了这部分内容——*Genera of Bamboos Native to the New World*《新大陆乡土竹类植物属》（McClure，1973）。

1966年，出版的*The bamboos-A Fresh Perspective*，是莫古礼一生对竹类植物观察和研究的总结，该书也是竹类植物分类学的一本重要的参考书。

1970年4月15日，他在家里的花园中为一位年轻的朋友挖竹子的时候去世。现在莫古礼的档案收藏于美国史密森档案馆及美国自然历史博物馆（图69）。

3.2　在华主要采集、引种和研究竹类植物活动

04

经整理和分析发现，莫古礼的标本采集地涉及12个省（自治区、直辖市和特别行政区），39个地级市，引种地涉及9个省（自治区和特别行政区）（表6），25个地级市。

图69　莫古礼档案（A，B：存于美国自然历史博物馆的莫古礼档案，拍摄于2019年10月24日；C，D：存于史密森档案馆的莫古礼档案，拍摄于2019年10月23日）

表6 莫古礼在华竹类植物采集地分布及采集引种
数量情况

序号	省份	采集份数	采集号数	引种份数	引种种数
1	广东省	933	341	175	60
2	香港特别行政区	366	118	6	5
3	海南省	177	57	18	13
4	广西壮族自治区	127	41	12	8
5	安徽省	82	36	12	10
6	福建省	64	29	1	1
7	江西省	35	17	1	1
8	河南省	22	5	/	/
9	江苏省	17	9	24	12
10	上海市	7	6	/	/
11	湖北省	4	2	/	/
12	澳门特别行政区	1	1	/	/
13	浙江省	/	/	6	4

3.2.1 海南采集

第一、二次海南采集

莫古礼首次考察海南是在1921年9~12月，第2次是在1922年4~6月。他的主要任务是在五指山及其周边等地考察和采集珍稀植物（The Canton Christian College Hainan Island Expedition）（McClure，1922）。在第一次考察中，莫古礼随行还有具有丰富植物采集经验的杜赓平以及海南儋州市那大镇当地的邓金旺。他们到达的第一站是琼海市嘉积镇，主要是陪同希区考克在海南岛考察禾本科植物，因此莫古礼和希区考克均有采集竹类植物标本（图70）。莫古礼一行从海口市出发途径澄迈县、临高县，最后抵达儋州市那大镇，最终到达五指山市五指山，回程时，他们沿着原来路线走一段后，经定安县到达海口。他们此行在那大镇考察

图70 海南竹类植物考察（簕竹属植物，希区考克1921年拍摄于海口，图片来源：*The Photographs of A. S. Hitchcock Asia, 1921, Georgia and Florida, Panama and Ecuador*（#782-#1118））

一个月，其他地方还有位于儋州市兰洋镇莲花山、那大镇的沙煲岭和笔架岭等地。此次考察中，共采集了23号45份竹类植物标本。

在第二次考察中，除杜赓平和邓金旺之外，莫古礼一行还有具有丰富采集经验的陆德、曾怀德、陵水客家人钟煜蕃以及一名向导（图71）。这次他们是从海口经临高县和舍镇、那大镇最终到达五指山，在返回的途中，向东绕过五指山北侧，经过嘉积镇前往海口。在第二次海南考察中，共采集7号18份竹类植物标本。

第三次海南采集

在莫古礼第三次考察海南前，岭南大学还组织了两次海南植物考察。一次是曾怀德带领的于1927年7月15至9月27日去海南海口琼山区、澄迈、儋州等地考察采集，也就是"岭南大学第三次海南岛考察（The Lingnan University Third Hainan Island Expedition）"，共采集986号植物标本；另一次是1928年4月24日到6月22日由曾怀德带领的"岭南大学第四次海南岛考察（The Lingnan University Fourth Hainan Island Expedition）"，共采集782号植物标本（McClure，1933）。这两次岭南大学组织的考察采集活动，基本把海南北部地区植物考察清楚，这两次的考察也为莫古礼接下来的海南考察奠定了基础。

莫古礼的第三次海南植物考察是在陈桂生总带领下的"岭南大学第五次海南考察（The Lingnan University Fifth Hainan Island Expedition）"，于1929年4月从广州出发到海南（McClure，1934a）最初考察队的成员为邓瑞

宾、曾怀德和冯钦，不包括莫古礼，目的地是那大镇南部的红毛岭。不幸的是，邓瑞宾在途中因病去世，冯钦也因生病不得不返回广州，曾怀德则在其他队员的帮助下从5月一直考察到8月。为了能够继续考察，学校派出莫古礼和刘守仁去海南增援，于8月12日从广州出发去往那大镇与前面队伍汇合。8月15日，莫古礼一行到达海口后由美国长老教会（American Presbytrian Mission）的斯坦纳（J. F. Steiner）开车送到那大镇，在那大镇停留一天之后继续前往南丰镇。

在莫古礼到来前，采集队把所有精力都集中在植物标本采集上。8月28日，他们整理了接下来采集标本的思路，包括了解该地区栽培和野生的竹类植物形态，并尽可能采集多的标本和活植株；引种可能适合在广州种植的兰科植物；采集木本经济植物的标本用于日后鉴定；采集本地黎族人常用栽培及野生经济植物标本；采集高山植物标本。此次共采集858号标本，主要采集地为儋州市、定安县、临高县以及海口琼山区等。通过这次考察，他们对考察地栽培和野生竹类植物有了较深刻的认识，尤其是获得了很多植物标本和活植株。在此次考察中，莫古礼共采集14号51份竹类植物标本。

第四次海南采集

1932年4月6日至6月13日，岭南大学组织了"岭南大学第六次海南岛考察（the Lingnan University sixth Hainan island expedition）"，这次是由莫古礼带队，随行还有冯钦和刘心祈（McClure，1934b）。这次考察地为海南南部，

图71　采集队在海南采集（A：莫古礼一行在黎族首领的房前合照；B：采集队和搬运工；图片来源：F. A. Mcclure, *Notes on the island of Hainan*）

主要集中在三亚市。他们一行从海口上岸，在琼山区进行短暂采集后，由水路前往三亚，在三亚港登陆，随后到达三亚藤桥镇，本打算在保亭黎族苗族自治县七仙岭（七指岭，1932年属于陵水）落脚，这里当时是很少有植物学家知道，但恰巧原中山大学也有一波考察队在这里驻扎，出于对他们的尊重，莫古礼等把驻扎地改到了尖山山脚的一个黎族村落蕃万村（图72），于5月4～21日在附近采集，然后返回到三亚采集。之后莫古礼和冯钦继续前往其他地方考察采集，于5月31日乘船去往琼海博鳌镇。在博鳌镇短暂采集后经由嘉积镇回到海口。而刘心祈从6月1日开始在三亚采集，到10月13日才回到广州。

在这次采集中，莫古礼一行共采集1 027号标本，115份种子和植株，其中包括22份竹类，还拍摄了185张关于当地风土人情、农耕等方面的照片，采集地主要集中在三亚、保亭、陵水，少量

在文昌、琼海市、琼海市博鳌镇乐城村和万宁。

莫古礼在此次考察中发现海南南部有大量的栽培和野生竹类植物并被人们广泛利用。攀缘性的篲笋竹属和藤竹属（*Dinochloa*）在林中最引人注目，具有细长茎秆的篲笋竹属竹类经常窜到最高处。有种长节间的一个篲笋竹属的野生种被黎族人用来做奇特的鼻子吹的笛子，而其他同属的一种则可以用来做成黎族人房子的墙。门帘、捕鱼器具、篱笆等可以用青篱竹属（莫古礼研究初期，很多竹类植物划归到青篱竹属，所以该处青篱竹属竹类不是现在所指的青篱竹属竹类）或赤竹属（*Sasa* Makino & Shibata）做成，而箣竹属和牡竹属的竹笋可以食用，黎族或苗族人还用大竹径的篲笋竹属和牡竹属的竹子做水杯。这次考察中，莫古礼共采集18号60份竹类植物标本以及22份植株。

继第六次海南考察后，岭南大学还组织了"岭南大学第七次海南岛考察（The Lingnan

图72　莫古礼第四次海南考察（A：黎族挑夫和标本采集设备；B：采集过三周的采集地——尖山；C：藤桥镇和三亚之间的一处采集地；D：用作从三亚港运盐到广州的新马蒂尔德号轮船，载莫古礼一行从海口到三亚港；图片来源：F. A. McClure, The Lingnan University sixth and seventh Hainan Island expeditions）

University seventh Hainan island expedition）"，由冯钦组织。他于1932年7月14日从广州离开，于9月1日返回到广州，主要采集地为海口、文昌，主要对前几次采集进行补漏。此次共采集215号植物标本，还带回7份竹类植株种植到岭南大学竹园。

除植物标本采集，莫古礼还带领岭南大学学生到海南课程实习（图73）。

3.2.2 广东采集

在广东，莫古礼共采集394号933份竹标本。莫古礼的竹类植物采集工作始于1921年夏，他利用部分假期跟随杜赓平在汕头市和梅州市进行植物考察和标本采集；回到广州后又同罗飞云和杜赓平去了罗浮山采集；同年9月，莫古礼陪同希区考克前往北江流域如清远市英德采集（图74）。

1924年开始，莫古礼在美国农业部的派遣下，利用一半的工作时间开展野外考察、采集和引种工作。从1924年10月到1926年6月，他去

过如下地方采集过竹类植物标本和植株：广州市（白云区、海珠区、黄埔区和荔湾区）、清远市（Ts'ing-yuen，清新区、清城区）、肇庆市（广宁县、怀集县、德庆县）、韶关市（浈江区、曲江区），此外，广西东部的梧州市也在这段时间内进行过考察。从1929—1938年，莫古礼有在如下地方采集过竹类植物标本和植株：广州市（荔湾区、海珠区、白云区、黄埔区、从化区）、肇庆市（广宁县）、揭阳市（揭西县）、中山市、珠海市、阳江市江城区、茂名市（高州市）、湛江市（廉江市）、惠州市（博罗县）。

3.2.3 其他地区采集

香港也是莫古礼的一个主要采集地之一，在香港共采集366份标本，图75为莫古礼去香港植物采集的通行证。在广西的采集地除上面提及过的梧州，还有在北海市（合浦县）、桂林市［全州县（图76）、秀峰区、兴安县］等地采集竹类植物标本。

图73 岭南大学植物学班级海南岛实习（莫古礼拍摄于1931年3月26日）（图片来源：Box 2 of 14, Floyd Alonzo McClure Papers, circa 1916—1981, Smithsonian Institution Archives）

图74　莫古礼在北江流域采集标本［A：莫古礼一行（左二）在清远英德市；B：英德街景；C：从英德北部山上看北江和城区；D：北江英德段；图片来源：*The Photographs of A. S. Hitchcock Asia, 1921, Georgia and Florida, Panama and Ecuador*（#782-#1118）]

除华南外，莫古礼还深入到中国内陆考察，1926年他在华东进行过竹类植物采集。1926年9月，莫古礼到达上海，短暂考察之后，于10月初到达江苏省南京市，随后前往安徽省，在合肥、池州等地进行考察和采集，此后再次回到南京。11月又从南京前往湖北省武汉市，再到江西省考察，主要考察地为宜春市樟树市、吉安市和赣州市，最后于12月下旬经由韶关回到广州。此次考察使他更深入了解到中国竹类植物种类丰富，用途极广。

3.2.4　岭南大学竹园

一般开花植物种类鉴定以花为主，而竹类植物花期不定，给其分类和鉴定带来了很大的困难。莫古礼当时主要靠竹类植物的营养器官进行鉴定，制作好的标本具有一定作用，但是更为直接的还是观察植株生长。基于此，莫古礼在学校里建立了一个竹园，从1924年开始专门用以种植在外采集回

来的竹类植物植株，这样莫古礼就可以连续不断地观察竹类植物生长情况并开展后续研究（图77至图80）。1924—1940年，他在岭南大学的竹园中有种植600棵（丛）竹类植物，这些竹类植物对他的竹类植物分类具有不可替代的作用，现在中山大学还保留竹园区域（图81至图84）。

3.3　在华采集和引种竹类植物种类

3.3.1　采集竹类植物标本组成

经统计，1921—1940年莫古礼共采集727号1 840份竹类植物标本，其标本号数和份数分别占到美国在华采集标本号数和份数的75.7%、82.2%（图85）。莫古礼所采集的标本中，有1 549份鉴定出种名，隶属于20属93种（含变种、变型），见表7，图86为各属分布情况。标本采集最多的属为簕竹属（226号，575份）、刚竹属

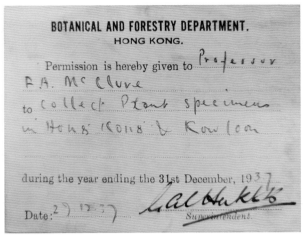

图75　莫古礼香港植物采集通行证（图片来源：Box 9 of 14, Accession 88–125, Floyd Alonzo McClure Papers, Smithsonian Institution Archives）

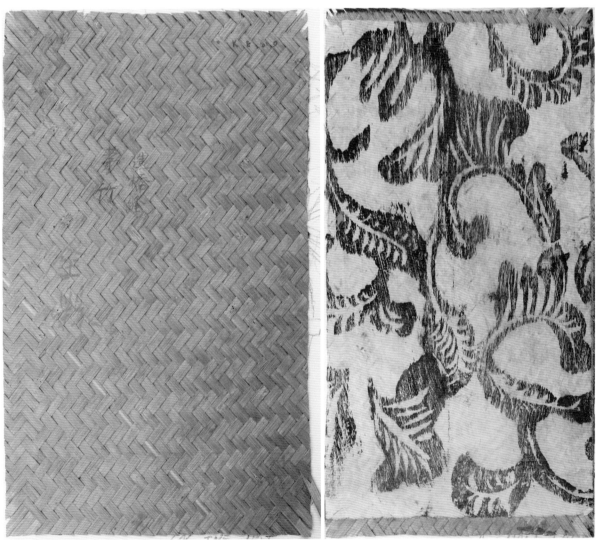

图76　在全州县收集的竹编产品（图片来源：Floyd Alonzo McClure Papers, circa 1916—1981, Smithsonian Institution Archives）

图77　莫古礼与岭南大学生物系的同事（拍摄于1931年9月）图片来源：Box 9 of 14, Accession 88-125, Floyd Alonzo McClure Papers, Smithsonian Institution Archives）

图78　莫古礼采集标本回来（拍摄于20世纪30年代）（图片来源：Box 9 of 14, Accession 88-125, Floyd Alonzo McClure Papers, Smithsonian Institution Archives）

04

图79　莫古礼在竹园工作（拍摄于20世纪30年代）（图片来源：Box 9 of 14, Accession 88-125, Floyd Alonzo McClure Papers, Smithsonian Institution Archives）

图80　莫古礼吹着由他发明的茶秆竹制成的笛子（图片来源：Box 9 of 14, Accession 88-125, Floyd Alonzo McClure Papers, Smithsonian Institution Archives）

图81　中山大学竹园（拍摄于2019年8月30日）

图82　中山大学竹园（拍摄于2019年8月30日）

图83　中山大学竹园（拍摄于2019年8月30日）

04

图84　中山大学竹园（拍摄于2019年8月30日）

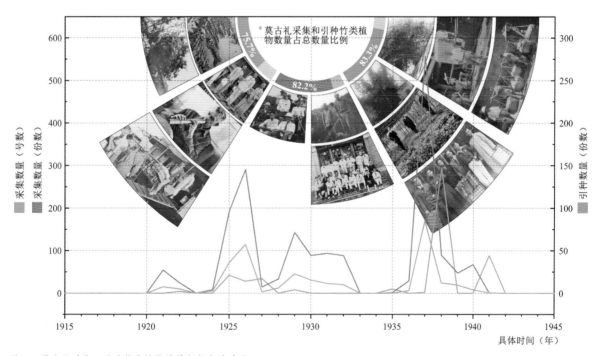

图85　莫古礼采集、引种竹类植物数量与年代关系图

（144号，352份）、矢竹属（89号、240份）、蕲笋竹属（24号、92份）、箬竹属（*Indocalamus* Nakai，27号、80份）、牡竹属（26号、63份）。45种采集超过10份，最多的10个种为托竹（61号137份）、桂竹［*Phyllostachys reticulata*（Ruprecht）K. Koch，28号79份）］、青秆竹（27号67份）、箪竹（14号64份）、麻竹（25号61份）、篌竹（28号60份）、吊丝球竹（18号57份）、孝顺竹（22号42份）、撑篙竹（16号40份）、山骨罗竹（*Schizostachyum hainanense* Merrill ex McClure，8号35份）。有4种仅存1号1份标本。

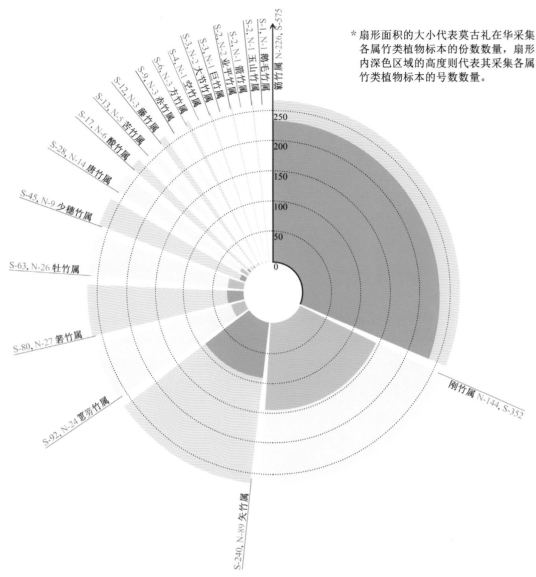

图86 莫古礼采集竹类植物标本属的分布

表7 莫古礼在华采集竹类植物名录

序号	属	物种	号数	份数
1	酸竹属 Acidosasa	长舌酸竹 Acidosasa nanunica	3	6
2	酸竹属 Acidosasa	黎竹 Acidosasa venusta	3	11
3	簕竹属 Bambusa	印度簕竹 Bambusa bambos	9	18
4	簕竹属 Bambusa	吊丝球竹 Bambusa beecheyana	18	57
5	簕竹属 Bambusa	大头典竹 Bambusa beecheyana var. pubescens	5	12
6	簕竹属 Bambusa	簕竹 Bambusa blumeana	10	24
7	簕竹属 Bambusa	箪竹 Bambusa cerosissima	4	18
8	簕竹属 Bambusa	粉箪竹 Bambusa chungii	4	19
9	簕竹属 Bambusa	牛角竹 Bambusa cornigera	2	3
10	簕竹属 Bambusa	坭簕竹 Bambusa dissimulator	5	19
11	簕竹属 Bambusa	白节簕竹 Bambusa dissimulator var. albinodia	2	5

（续）

序号	属	物种	号数	份数
12	簕竹属 Bambusa	毛簕竹 Bambusa dissimulator var. hispida	2	9
13	簕竹属 Bambusa	长枝竹 Bambusa dolichoclada	3	7
14	簕竹属 Bambusa	慈竹 Bambusa emeiensis	5	16
15	簕竹属 Bambusa	大眼竹 Bambusa eutuldoides	10	16
16	簕竹属 Bambusa	银丝大眼竹 Bambusa eutuldoides var. basistriata	1	2
17	簕竹属 Bambusa	流苏箪竹 Bambusa fimbriligulata	1	2
18	簕竹属 Bambusa	鸡窦簕竹 Bambusa funghomii	1	5
19	簕竹属 Bambusa	坭竹 Bambusa gibba	9	28
20	簕竹属 Bambusa	鱼肚腩竹 Bambusa gibboides	1	2
21	簕竹属 Bambusa	油簕竹 Bambusa lapidea	8	14
22	簕竹属 Bambusa	孝顺竹 Bambusa multiplex	22	42
23	簕竹属 Bambusa	绿竹 Bambusa oldhamii	7	16
24	簕竹属 Bambusa	米筛竹 Bambusa pachinensis	4	8
25	簕竹属 Bambusa	撑篙竹 Bambusa pervariabilis	16	40
26	簕竹属 Bambusa	甲竹 Bambusa remotiflora	4	10
27	簕竹属 Bambusa	木竹 Bambusa rutila	4	15
28	簕竹属 Bambusa	车筒竹 Bambusa sinospinosa	9	23
29	簕竹属 Bambusa	青皮竹 Bambusa textilis	16	32
30	簕竹属 Bambusa	俯竹 Bambusa tulda	1	4
31	簕竹属 Bambusa	青秆竹 Bambusa tuldoides	27	67
32	簕竹属 Bambusa	佛肚竹 Bambusa ventricosa	8	24
33	簕竹属 Bambusa	龙头竹 Bambusa vulgaris	8	18
34	空竹属 Cephalostachyum	香糯竹 Cephalostachyum pergracile	1	4
35	方竹属 Chimonobambusa	方竹 Chimonobambusa quadrangularis	3	6
36	牡竹属 Dendrocalamus	麻竹 Dendrocalamus latiflorus	25	61
37	牡竹属 Dendrocalamus	牡竹 Dendrocalamus strictus	1	2
38	藤竹属 Dinochloa	无耳藤竹 Dinochloa orenuda	1	4
39	藤竹属 Dinochloa	毛藤竹 Dinochloa puberula	1	4
40	藤竹属 Dinochloa	藤竹 Dinochloa utilis	1	4
41	箭竹属 Fargesia	华西箭竹 Fargesia nitida	1	2
42	巨竹属 Gigantochloa	毛笋竹 Gigantochloa levis	1	3
43	箬竹属 Indocalamus	粽巴箬竹 Indocalamus herklotsii	7	19
44	箬竹属 Indocalamus	阔叶箬竹 Indocalamus latifolius	7	20
45	箬竹属 Indocalamus	箬叶竹 Indocalamus longiauritus	11	28
46	箬竹属 Indocalamus	水银竹 Indocalamus sinicus	1	11
47	箬竹属 Indocalamus	箬竹 Indocalamus tessellatus	1	2
48	大节竹属 Indosasa	摆竹 Indosasa shibataeoides	2	3
49	少穗竹属 Oligostachyum	细柄少穗竹 Oligostachyum gracilipes	1	2
50	少穗竹属 Oligostachyum	林仔竹 Oligostachyum nuspiculum	6	31
51	少穗竹属 Oligostachyum	毛秆少穗竹 Oligostachyum scopulum	2	12
52	刚竹属 Phyllostachys	石绿竹 Phyllostachys arcana	1	2
53	刚竹属 Phyllostachys	人面竹 Phyllostachys aurea	10	18
54	刚竹属 Phyllostachys	毛竹 Phyllostachys edulis	8	30

（续）

序号	属	物种	号数	份数
55	刚竹属 *Phyllostachys*	甜笋竹 *Phyllostachys elegans*	6	11
56	刚竹属 *Phyllostachys*	曲竿竹 *Phyllostachys flexuosa*	6	25
57	刚竹属 *Phyllostachys*	水竹 *Phyllostachys heteroclada*	14	34
58	刚竹属 *Phyllostachys*	实心竹 *Phyllostachys heteroclada* f. *solida*	4	4
59	刚竹属 Phyllostachys	台湾桂竹 *Phyllostachys makinoi*	1	2
60	刚竹属 *Phyllostachys*	美竹 *Phyllostachys mannii*	1	1
61	刚竹属 *Phyllostachys*	篌竹 *Phyllostachys nidularia*	28	60
62	刚竹属 *Phyllostachys*	紫竹 *Phyllostachys nigra*	15	33
63	刚竹属 *Phyllostachys*	毛金竹 *Phyllostachys nigra* var. *henonis*	5	15
64	刚竹属 *Phyllostachys*	早园竹 *Phyllostachys propinqua*	2	9
65	刚竹属 *Phyllostachys*	桂竹 *Phyllostachys reticulata*	28	79
66	刚竹属 *Phyllostachys*	红边竹 *Phyllostachys rubromarginata*	2	4
67	刚竹属 *Phyllostachys*	金竹 *Phyllostachys sulphurea*	1	2
68	刚竹属 *Phyllostachys*	刚竹 *Phyllostachys sulphurea* var. *viridis*	4	8
69	刚竹属 *Phyllostachys*	黄皮绿筋竹 *Phyllostachys sulphurea* var. *viridis* f. *youngii*	1	1
70	刚竹属 *Phyllostachys*	早竹 *Phyllostachys violascens*	3	5
71	刚竹属 *Phyllostachys*	乌哺鸡竹 *Phyllostachys vivax*	4	9
72	苦竹属 *Pleioblastus*	苦竹 *Pleioblastus amarus*	3	6
73	苦竹属 *Pleioblastus*	大明竹 *Pleioblastus gramineus*	1	2
74	苦竹属 *Pleioblastus*	斑苦竹 *Pleioblastus maculatus*	1	5
75	矢竹属 *Pseudosasa*	茶秆竹 *Pseudosasa amabilis*	11	29
76	矢竹属 *Pseudosasa*	托竹 *Pseudosasa cantorii*	61	137
77	矢竹属 *Pseudosasa*	篲竹 *Pseudosasa hindsii*	14	64
78	矢竹属 *Pseudosasa*	矢竹 *Pseudosasa japonica*	3	10
79	赤竹属 *Sasa*	赤竹 *Sasa longiligulata*	2	8
80	赤竹属 *Sasa*	维氏熊竹 *Sasa veitchii*	1	1
81	簕笋竹属 *Schizostachyum*	苗竹仔 *Schizostachyum dumetorum*	7	34
82	簕笋竹属 *Schizostachyum*	沙罗箪竹 *Schizostachyum funghomii*	6	17
83	簕笋竹属 *Schizostachyum*	山骨罗竹 *Schizostachyum hainanense*	8	35
84	簕笋竹属 *Schizostachyum*	/ *Schizostachyum lumampao*	1	2
85	簕笋竹属 *Schizostachyum*	簕笋竹 *Schizostachyum pseudolima*	2	4
86	业平竹属 *Semiarundinaria*	山竹仔 *Semiarundinaria shapoensis*	2	2
87	鹅毛竹属 *Shibataea*	倭竹 *Shibataea kumasaca*	1	1
88	唐竹属 *Sinobambusa*	扛竹 *Sinobambusa henryi*	2	3
89	唐竹属 *Sinobambusa*	竹仔 *Sinobambusa humilis*	4	6
90	唐竹属 *Sinobambusa*	晾衫竹 *Sinobambusa intermedia*	1	3
91	唐竹属 *Sinobambusa*	唐竹 *Sinobambusa tootsik*	3	8
92	唐竹属 *Sinobambusa*	满山爆竹 *Sinobambusa tootsik* var. *laeta*	4	8
93	玉山竹属 *Yushania*	短锥玉山竹 *Yushania brevipaniculata*	1	2

莫古礼采集的竹类植物标本详录如下：

（1）酸竹属 *Acidosasa* C. D. Chu & C. S. Chao ex P. C. Keng, J. Bamboo Res. 1（2）：31. 1982.

长舌酸竹 *Acidosasa nanunica*（McClure）C. S. Chao & G. Y. Yang, Acta Phytotax. Sin. 39: 66. 2001.

采集号（Field No.）：1462；标本号（Herbarium No.）：13286；采集日期：19250314；采集地：广东省清远市清新区太平镇香炉脚村；馆藏单位（有条形码的会注明条形码）：US00030812。（注：此后标本描述内容的顺序均为采集号、标本号、采集日期、采集地、馆藏单位）

20624；45566；19371013；广东省广州市海珠区中山大学；US00029588、US00029589、US00065466，MO。

/；173462；广东省广州市海珠区中山大学；竹园编号（Bamboo Garden No.）：BG1193；SYS00011436。

黎竹 *Acidosasa venusta*（McClure）Z. P. Wang & G. H. Ye ex C. S. Chao & C. D. Chu, Acta Phytotax. Sin. 29: 524. 1991.

20628；45569；19371013；广东省广州市海珠区中山大学；BG2396；SYS00010592。

20805；45752；19380711；香港新界大屿山；BG2737；SYS00010587、SYS00010588、SYS00010589、SYS00010590，US00142857、US00142858、US00142859、US00142860、142861。

/；173444；19390405；广东省广州市海珠区中山大学；BG2396；SYS00010596。

（2）簕竹属 *Bambusa* Schreber, Gen. Pl. 236. 1789.

印度簕竹 *Bambusa bambos*（L.）Voss Vilm. Blumengärtn. ed. 31: 1189. 1895.

1279；7803；19211028；海南省临高县和舍镇；SYS00012259，BPBM。

2302；9833；19220306；广东省广州市海珠区；SYS00012168。

/；9852；19220325；广东省广州市海珠区；SYS00011278。

1111；13032；19241003；广东省广州市白云区；SYS00012169、SYS00012170，US00034994。

1988；13813；19260206；广东省韶关市浈江区；SYS00012227、SYS00012241。

2237；13958；19260903；广东省广州市海珠区中山大学；BG1190；SYS00012221，US00034995。

41；18533；19290518；广东省广州市海珠区；SYS00012215，US00163158。

468；19648；19311215；广东省阳江市江城区；SYS00012255，US00034979。

20508；37188；19361004；广东省广州市海珠区；SYS00011839，US00035308、US00035308。

吊丝球竹 *Bambusa beecheyana* Munro, Trans. Linn. Soc. London. 26: 108. 1868.

1916；8417；19211209；海南省五指山市五指山；SYS00005964、IBSC33671、IBSC53419、SYS00032673、BPBM。

/；9779；19220601；海南省五指山市五指山；IBSC33296、US00032672。

1103；13024；19241003；广东省广州市白云区白云山；SYS00010367、US00034939。

1431；13261；19250313；广东省清远市清新区太平镇香炉脚村；BG1196；SYS00010341。

2227；13948；19260819；广东省广州市海珠区中山大学；BG1196；US00331708。

2267；13988；19260904；广东省广州市海珠区中山大学；BG2664；SYS00005965、SYS00006031，US00163332。

2268；13989；19260904；广东省广州市海珠区中山大学；BG2666；SYS00005966，US01187535。

18；18531；19290424；广东省广州市荔湾区西关；BG1887；SYS00010371、SYS00010372，US00032148。

19；18532；19290424；广东省广州市荔湾区西关；BG1888；SYS00046952，US01103640。

20690；45631；19371129；香港新界；

04

SYS00006044、SYS00019623，US00142998、US00142999。

20690-A；45632；19371129；香港新界；SYS00010363，US00143001。

20690-B；45633；19371129；香港新界；SYS00006023，US00143002。

20690-C；45634；19371129；香港新界；SYS00010362，US00143003。

20690-D；45635；19371129；香港新界；SYS00006033，US00143004。

20692；45637；19371129；香港新界青山湾；SYS00006036、SYS00006037。

20701；45648；19371130；香港新界青山湾；SYS00006035。

20714；45661；19371211；广东省广州市海珠区中山大学；SYS00006004、SYS00006006、SYS00006007、SYS00006008，US00142978、US00142979、US00142980。

20772；45719；19380320；广东省广州市海珠区赤岗塔；SYS00005959、SYS00005960。

20893；/；19400825；香港东山台；PE01513271、PE01513269、PE01513272、PE01513270、SYS00006045、US00143007、US00143008、US00143009，CANB。

/；广东省广州市海珠区中山大学；SYS00005967。

大头典竹 _Bambusa beecheyana_ var. _pubescens_（P. F. Li）W. C. Lin, Bull. Taiwan Forest. Res. Inst. 6: 1. 1964.

1645；13469；19250529；广东省广州市海珠区中山大学；SYS00010370，US00035672。

2234；13955；19260820；广东省广州市海珠区；SYS00010369，US00032144。

2269；13990；19260904；广东省广州市海珠区中山大学；SYS00006010，US00163333。

Y-119；18586；19300306；广东省广州市白云区；SYS00010366，US00035673。

20720；45667；19371211；广东省广州市海珠区中山大学；SYS00006003、SYS00006005，US00143005、US00143006。

簕竹 _Bambusa blumeana_ J. H. Schultes in Schultes & J. H. Schultes, Syst. Veg. 7（2）：1343. 1830.

1287；7810；19211027；海南省澄迈县金江镇；SYS00012260，US00035016。

2302；9833；19220306；广东省广州市海珠区；US00034985。

/；8941；19220410；海南省临高县和舍镇；SYS00012192。

2541；8986；19220411；海南省临高县和舍镇；SYS00012257，US00034775。

3237；9785；19220601；海南省琼海市嘉积镇；SYS00012258，US00035014。

1608；13432；19250521；广东省广州市黄埔区萝岗街道；SYS00012239，US00034998。

1994；13819；19260304；广东省广州市海珠区；SYS00012218，US00035007。

2001；13826；19260427；广东省广州市海珠区；SYS00012219，US00034991。

10；18523；19290318；广东省广州市海珠区；BG1882；SYS00012214，US00034999。

B-57；19228；19300626；福建省厦门市思明区鼓浪屿；US00032795。

76；19384；19310524；澳门；US00034993。

20036；21176；19320426；海南省保亭黎族苗族自治县保城镇；BG2439；SYS00012244。

20041；21181；19320426；海南省保亭黎族苗族自治县保城镇；SYS00012243、SYS00012247。

/；52278；BG1356；US00035005、US00035006。

箪竹 _Bambusa cerosissima_ McClure, Lingnan Sci. J. 15: 637. 1936.

1489；13313；19250321；广东省清远市清新区飞来寺（北江北）；BG1232；IBSC153433，US00065418、US00289535、US00289536、US00289543，MO。

2255；13976；19260904；广东省广州市海珠区中山大学；BG1232；SYS00012115，US00034826。

20669；45610；19371119；广东省广州市海珠区中山大学；US00034803、US00034804。

20673；45614；19371119；广东省广州市海珠区中山大学；US00034810、US00034811。

20715；45662；19371211；广东省广州市海珠区中山大学；SYS00011897、SYS00011900、SYS00012898、SYS00012899, US00034795。

20716；45663；19371211；广东省广州市海珠区中山大学；US00018973。

粉箪竹 *Bambusa chungii* McClure, Lingnan Sci. J. 15: 639. 1936.

1589；13413；19250428；广东省肇庆市怀集县绥江；BG1243；US00130302、US00130303、US00130304、US00130305、US00130306、US00130380, MO。

3549；19114；19281105；广东省肇庆市怀集县坳仔镇；SYS00012119, US00032213。

20759；/；19311230；香港；SYS00012119, US00032180、US00032181、US00032182。

20672；45613；19371119；广东省广州市海珠区中山大学；SYS00011904、SYS00011905、SYS00011907、SYS00011908, US00032183、US00032184。

牛角竹 *Bambusa cornigera* McClure, Lingnan Univ. Sci. Bull. 9: 7. 1940.

2249；13970；19260903；广东省广州市海珠区中山大学；BG1228；SYS00011446, US00391110。

20525；43410；19370310；广东省广州市海珠区中山大学；BG1240；SYS00011675。

坭簕竹 *Bambusa dissimulator* McClure, Lingnan Sci. J. 19: 413. 1940 ["dissemulator"].

Y-118；18585；19300306；广东省广州市白云区白云山；SYS00012167、SYS00012177。

20673；45614；19371119；广东省广州市海珠区中山大学；SYS00011377、SYS00011382。

20718；45665；19371213；广东省广州市海珠区中山大学；SYS00011387、SYS00011388, US00032199。

20725；45672；19371214；广东省广州市海珠区中山大学；SYS00011379、SYS00011390、US00032200、US00032201、US00032202。

20726；45673；19371214；广东省广州市海珠区中山大学；SYS00011376、SYS00011378、SYS00011389、SYS00011894, ISBC121849, US00032198, MO。

白节簕竹 *Bambusa dissimulator* var. albinodia McClure, Lingnan Sci. J. 19: 415. 1940.

40；18552；19290518；广东省广州市海珠区；US00034813、US00034814。

20719；45666；19371213；广东省广州市海珠区中山大学；BG2722；ISBC153442, US00034812、US00130313。

毛簕竹 *Bambusa dissimulator* var. hispida McClure, Lingnan Sci. J. 19: 415. 1940.

/；8771；19220226；广东省广州市海珠区；US00032809、US00032810。

20861；/；19390926；广东省广州市海珠区中山大学；BG2751；SYS00011402, ISBC113953、ISBC113953-2, US00130315, ISC、K。

长枝竹 *Bambusa dolichoclada* Hayata, Icon. Pl. Formosan. 6: 144. 1916.

20004；20985；19320323；广东省广州市海珠区中山大学；BG2000；SYS00011453、US00033404、US00033405。

20005；20986；19320323；广东省广州市海珠区中山大学；BG2000；SYS00011451、US00033418。

200713；45660；19371211；广东省广州市海珠区中山大学；SYS00011159、SYS00011167。

慈竹 *Bambusa emeiensis* L. C. Chia & H. L. Fung, Acta Phytotax. Sin. 18: 214. 1980.

/；21039；19250428；广东省肇庆市怀集县中洲镇乌石村；US00029211。

/；21151；19250428；广东省肇庆市怀集县中洲镇乌石村；US00029213。

20555；43440；19370712；广西壮族自治区桂林市兴安县兴安镇；SYS00010216、SYS00010217、US00035323、US00035325。

20559；43445；19370715；广西壮族自治区

桂林市兴安县兴安镇；BG2704；SYS00010211、SYS00010215、SYS00010227、US00035320、US00035321、US00035326。

20562；43448；19370717；广西壮族自治区桂林市全州县全州镇；BG2704；SYS00010217、SYS00010218、US00035322、US00035324。

大眼竹 *Bambusa eutuldoides* McClure, Lingnan Univ. Sci. Bull. 9: 8. 1940.

/；13342；19250420；广东省清远市清新区太平镇；BG1244；SYS00011474、SYS00012178。

1473；13302；19250315；广东省清远市清新区；BG1208；SYS00011475。

1916；13741；19260108；广东省韶关市浈江区；BG1483；SYS00011473、US00035214。

2241；13862；19260903；广东省广州市海珠区中山大学；BG1200；SYS00011463、ISBC153435、US00033455。

2243；13964；19260903；广东省广州市海珠区中山大学；BG1206；SYS00011465、US00032718。

20697；45643；19371130；香港新界；SYS00011102、US00032208。

20736；45683；19371228；香港新界；SYS00011470、US00033478。

20820；45767；19380904；广东省广州市海珠区；SYS00011447、US00032212。

银丝大眼竹 *Bambusa eutuldoides* var. *basistriata* McClure, Lingnan Univ. Sci. Bull. 9: 9. 1940.

2245；13966；19260903；广东省广州市海珠区中山大学；BG1160；US00033483、US00130317。

流苏箪竹 *Bambusa fimbriligulata* McClure, Lingnan Univ. Sci. Bull. 9: 10. 1940.

20547；43432；19370708；广西壮族自治区桂林市全州县黄沙河镇；US00065419、US00130321。

鸡窦簕竹 *Bambusa funghomii* McClure, Lingnan Sci. J. 19: 535. 1940.

20717；45664；19371213；广东省广州市海珠区中山大学；US00065375、US00130322、

US00130323、US00130324，MO。

坭竹 *Bambusa gibba* McClure, Lingnan Univ. Sci. Bull. 9: 10. 1940.

1926；12751；19260110；广东省韶关市浈江区；BG1484；SYS00011476、SYS00011481，US00033402。

3422；15284；19261209；江西省吉安市吉州区；SYS00011477。

3458；15320；19261216；江西省赣州市赣县区；BG1669；US00032205。

/；18518；19290218；广东省广州市海珠区中山大学；BG1669；ISBC153437、99709、US00033489、US00033490、US00130325，K，A。

49；19357；19310522；广东省珠海市香洲区唐家湾镇那洲村；BG1851、2358；SYS00011478，US00163314、US00163315、US00035237、US00035238、US00035237、US00035238。

/；20739；19311229；香港新界；US00032232。

20703；45650；19371202；香港；SYS00011489，US00032233。

20716；45663；19371211；广东省广州市海珠区中山大学；SYS00011230、SYS00011492。

20728；45675；19371227；香港新界大屿山；SYS00011488，US00034848。

20843；45791；19390203；香港；SYS00011491，US00034849。

鱼肚腩竹 *Bambusa gibboides* W. T. Lin, Acta Phytotax. Sin. 16（1）: 70. 1978.

20815；45762；193907；广东省广州市海珠区；BG1851；US00035212、00035213。

油簕竹 *Bambusa lapidea* McClure, Lingnan Sci. J. 19: 531. 1940.

2229；13950；19260819；广东省广州市海珠区中山大学；BG1114；US00032289、00065448。

2231；13952；19260820；广东省广州市海珠区；US00034893。

2247；13968；19260903；广东省广州市海珠区；BG1227；US00033412。

32；19340；19310522；广东省中山市；BG2359；US00035159。

618；19797；19311231；广东省湛江市廉江市；US00034888。

655；19834；19310107；广西壮族自治区北海市合浦县廉州镇；US00034887。

20681；45622；19371129；香港新界；US00032287。

20860；/；19390923；广东省广州市海珠区中山大学；BG2756；ISBC88818、ISBC153443、US00130327、MO、B、CAS。

孝顺竹 *Bambusa multiplex*（Loureiro）Raeuschel ex Schultes & J. H. Schultes in Roemer & Schultes, Syst. Veg. 7（2）：1350. 1830.

/；8951；19220410；海南省临高县和舍镇；SYS00012181、BPBM。

1434；13258；19250313；广东省清远市清新区太平镇香炉脚村；BG1199；SYS00011663、SYS00011665。

1586；13410；19250427；广东省肇庆市广宁县五和镇水坑村；BG1240；SYS00011668、US00035215。

266；52273；1925；广东省广州市海珠区中山大学；BG1351；US00032602。

1914；12739；19260107；广东省韶关市浈江区；BG1480；SYS00011749、SYS00011752。

2223；13949；19260819；广东省广州市海珠区中山大学；BG1199；SYS00011667、US00033381、00033382。

2253；13974；19260904；广东省广州市海珠区中山大学；BG1240；US00033378。

2256；13977；19260904；广东省广州市海珠区中山大学；BG2672；US00032620。

3413；15275；19261203；江西省；SYS00011692、US00032620。

3427；15289；19261210；江西省吉安市泰和县；BG1687；SYS00011231、US00034909。

3477；15339；19261219；江西省赣州市龙南县；US00034910。

B-54；19225；19300726；福建省厦门市思明

区鼓浪屿；SYS00011688、US00032599。

B-62；19233；19300728；福建省厦门市思明区鼓浪屿；SYS00011697、US00034904。

20525；43410；19370310；广东省广州市海珠区中山大学；BG1240；US00391185。

20621；45563；19371012；广东省广州市海珠区中山大学；BG1240；SYS00011750、US00032610、US00032610。

20684；45625；19371129；香港新界；SYS00011740、US00034915。

20709；45656；19371211；广东省广州市海珠区中山大学；BG2671；SYS00011695、SYS00011700、US00032619。

20757；45704；19371226；香港新界；SYS00011698、US00032626。

20727；45674；19371227；香港新界；SYS00011747、US00034914。

20743；45690；19371229；香港；US00032624。

20747；45694；19371229；香港；SYS00019633、US00032625。

20840；45788；19381227；香港新界；SYS00011742、US00032621。

绿竹 *Bambusa oldhamii* Munro, Trans. Linn. Soc. London. 26: 109. 1868 ["oldhami"].

B-1；19174；19300712；福建省厦门市思明区；SYS00011135、US00034943。

B-4；19177；19300714；福建省厦门市思明区；US00034941。

B-20；19192；19300719；福建省漳州市南靖县山城镇；BG2213；US00034946、US00034947。

B-35；19207；19300721；福建省漳州市南靖县山城镇；BG2213；US00391183。

B-37；19209；19300721；福建省漳州市南靖县山城镇；US00034944、US00034945。

B-51；19222；19300725；福建省厦门市思明区鼓浪屿；BG2213；SYS00011686。

B-55；19226；19300726；福建省厦门市思明区鼓浪屿；SYS00011843、US00033383、

US00033384、US00033385。

米筛竹 *Bambusa pachinensis* Hayata, Icon. Pl. Formosan. 6: 150. 1916.

B-27；19199；19300720；福建省漳州市南靖县山城镇；SYS00011180，US00362485。

20687；45628；19371129；香港新界；SYS00011140，US00032853。

20729；45676；19371227；香港新界；US00045676。

20765；45712；19380316；广东省广州市海珠区中山大学；SYS00011162、SYS00011232，US00032852。

撑篙竹 *Bambusa pervariabilis* McClure, Lingnan Univ. Sci. Bull. 9: 13. 1940.

20698；45644；19371130；香港新界；SYS00011103，US00032740。

20711；45658；19371211；广东省广州市海珠区中山大学；US00032733。

20734；45681；19371228；香港新界；SYS00019630，US00032737。

20735；45682；19371228；香港新界；SYS00019631、SYS00019632，US00032736。

20774；45721；19380320；广东省广州市海珠区中山大学；BG2719；SYS00011132、SYS00011133。

甲竹 *Bambusa remotiflora*（Kuntze）L. C. Chia & H. L. Fung, Acta Phytotax. Sin. 18: 214. 1980.

1710；8293；19211130；海南省儋州市南丰镇；US00029791。

2495；8940；19220410；海南省临高县合舍镇；SYS00012112，ISBC724052。

/；16829；19280927；海南省临高县；SYS00011929，ISBC103420。

20026；21009；19320413；海南省海口市琼山区；US00029781、US00029782、US00065360、US00134147，MO。

木竹 *Bambusa rutila* McClure, Lingnan Sci. J. 19: 533. 1940.

1986；13811；19260121；广东省韶关市浈江

区；US00034968。

20683；45624；19371129；香港新界；ISBC114705，US00032780、US00032781、US00032782，K。

20683-A；45624-A；19371129；香港新界；ISBC153440、116883，US00032778、US00032779、US00034971、US00130337、US00130340，MO。

20899；/；19401221；香港新界；US00032786。

车筒竹 *Bambusa sinospinosa* McClure, Lingnan Sci. J. 19: 411. 1940.

202；7150；19210724；广东省梅州市五华县安流；SYS00011838、SYS00093117。

241；7181；19210727；广东省梅州市梅县区畲江镇（畲坑）；SYS00011841、SYS00011854。

1426；13250；19250312；广东省清远市清城区北江；SYS00011840，US00032804。

1768；13592；19251110；广西壮族自治区梧州市；SYS00011794，US00032802。

2258；13979；19260904；广东省广州市海珠区中山大学；BG1149；US00032796。

2259；13980；19260904；广东省广州市海珠区中山大学；BG1113；SYS00011803，US00240516。

556；19765；19311228；广东省茂名市高州市；ISBC153431，US00032811、US00032812、US00065447、US00130343。

634；19813；19320105；广西壮族自治区玉林市玉州区；SYS00011796，US00034983。

20685；45626；19371129；香港新界；SYS00011787、SYS00011788、SYS00011852、US00034974、US00034975。

青皮竹 *Bambusa textilis* McClure, Lingnan Univ. Sci. Bull. 9: 14. 1940.

1436；13260；19250313；广东省清远市清新区太平镇香炉脚村；BG1202；SYS00011827。

1531；13355；19250421；广东省清远市清新区；BG1201；US00391173。

1571；13395；19250424；广东省肇庆

市广宁县；SYS00011821、SYS00011824，US00033438。

1572；13396；19250425；广东省肇庆市广宁县；SYS00011823。

1573；13397；19250425；广东省肇庆市广宁县南街镇塘坑村；SYS00011820，US00035166。

1938；13763；19260113；广东省韶关市浈江区；BG1487；SYS00011689、SYS00019663，US00034906。

1987；13812；19260121；广东省韶关市浈江区；BG1477；SYS00011689、SYS00011814，US00035167。

2236；13957；19260903；广东省广州市海珠区中山大学；BG1202；SYS00011826、US00033439。

2251；13972；19260904；广东省广州市海珠区中山大学；SYS00011833。

3546；19111；19281104；广东省肇庆市怀集县坳仔镇；SYS00011634，US00033470。

3547；19112；19281104；广东省肇庆市怀集县坳仔镇；SYS00011815，US00033471。

3550；19115；19281105；广东省肇庆市怀集县坳仔镇；SYS00011817，US00033472。

B-43；19214；19300721；福建省漳州市南靖县山城镇；US00035032。

583；19762；19311227；广东省茂名市高州市；SYS00011831，US00033434。

20710；45657；19371211；广东省广州市海珠区中山大学；SYS00011810、SYS00011811、SYS00011812，US00032827。

20713；45660；19371211；广东省广州市海珠区中山大学；US00032827。

20729；45676；19371227；香港新界；SYS00011828。

俯竹 _Bambusa tulda_ Roxburgh, Fl. Ind., ed. 1832. 2: 193. 1832.

265；52272；1925；广东省广州市海珠区中山大学；US00035679、US00035680、US00035681、US00035682。

青秆竹 _Bambusa tuldoides_ Munro, Trans. Linn. Soc. London. 26: 93. 1868.

1619；35158；19250521；广东省广州市黄埔区萝岗街道；BG1295；SYS00011315，US00035158。

1674；13498；19250604；广东省广州市海珠区；SYS00011367，US00035174。

1776；13600；19251121；广西壮族自治区梧州市；SYS00011370、SYS00011371，US00033452。

1989；13814；19260215；广东省广州市海珠区赤岗塔附近；SYS00011373，US00033476。

2116；13914；19260623；广东省广州市荔湾区老五眼桥火车站附近；SYS00011363，US00390879。

2225；13946；19260820；广东省广州市海珠区；BG1229；SYS00011344，US00033453。

2232；13953；19260820；广东省广州市海珠区；SYS00011375，US00035250。

2250；13971；19260904；广东省广州市海珠区中山大学；BG2669；SYS00011365，US00033477。

/；15135；192705；香港；BG1817；SYS00011311，US00032717。

3539；19104；19281103；广东省肇庆市怀集县坳仔镇；SYS00011138、SYS00011143，US00035178、US00035179。

20；18533；19290424；广东省广州市荔湾区西关；BG1889；US00033464、US00033465。

28；18542；19290505；香港铜锣湾；SYS00011501，US00033393。

36；18549；19290506；香港九龙；SYS00011502。

496；19676；19311218；广东省阳江市江城区；SYS00011200，US00362482。

531；19711；19311222；广东省茂名市高州市乐天；SYS00011241，US00034821、US00034822。

607；19786；19311231；广东省湛江市廉江市；SYS00011202，US00035048。

20669；45610；19371119；广东省广州市

海珠区中山大学；BG2669；SYS00011380、SYS00011381、SYS00011383、SYS00011384、SYS00011385、SYS00011386。

20682；45623；19371129；香港新界；SYS00011100。

20686；45627；19371129；香港新界；SYS00011101。

20682；45623；19371129；香港新界；SYS00011100。

20699；45645；19371130；香港新界；SYS00011099、US00163154。

20700；45647；19371130；香港新界；SYS00011097、SYS00011669、US00035052。

20721；45668；19371211；广东省广州市海珠区中山大学；SYS00011104、SYS00011105。

20752；45699；19371220；香港新界中洲岛；US00033070。

20753；45700；19371226；香港新界中洲岛；US00033076、00033077。

20754；45701；19371226；香港新界中洲岛；US00033071。

20756；45703；19371226；香港新界中洲岛；US00033072。

20731；45658；19371227；香港新界大屿山；US00033074。

20732；45659；19371227；香港新界大屿山；US00033075。

20730；45677；19371227；香港新界大屿山；SYS00019626、US00035051。

20745；45692；19371229；香港；SYS00011243、US00033073。

20762；45709；19380202；香港；SYS00011236、SYS00019638、US00033069。

20795；45742；19380508；广东省惠州市博罗县；SYS00019639、SYS00019640、US00035047。

佛肚竹 *Bambusa ventricosa* McClure, Lingnan Sci. J. 17: 57. 1938.

/；1053；19250428；广东省肇庆市怀集县中洲镇乌石村；US00054971。

/；15138；192705；广东省广州市海珠区中山大学；SYS00011703、SYS00011704、SYS00011707。

23；15143；19281224；广东省广州市海珠区中山大学；BG2651；SYS00011702、US00032606。

571；19751；19311226；广东省茂名市高州市；BG2394；SYS00011442、US00362483。

587；17966；19311228；广东省茂名市高州市；BG2395；SYS00011587、US00031470、00031471。

20536；43421；193170619；广东省广州市海珠区中山大学；BG2651；SYS00011708、US00033124。

20569；43455；19370722；广西壮族自治区桂林市全州县全州镇；SYS00011711、US00035076。

20637；45578；19371023；广东省广州市海珠区中山大学；BG2395；SYS00011588、US00305578。

20667；45608；19371115；广东省广州市海珠区；US00033466、MO。

20676；45617；19371119；香港跑马地；SYS00011164。

20699-A；45646；19371130；香港新界青山湾；SYS00011706、SYS00019625、US00033467。

龙头竹 *Bambusa vulgaris* Schrader ex J. C. Wendland, Coll. Pl. 2: 26. 1810.

274；52281；1925；广东省广州市海珠区中山大学；BG1359；US00033299、00033300。

2248；13969；19260903；广东省广州市海珠区中山大学；BG1225；SYS00011086、US00033319。

33；10427；19280829；广东省广州市海珠区；SYS00011089。

20712；19234；19300728；福建省厦门市思明区鼓浪屿；SYS00011088。

B-65；19236；19300728；福建省厦门市思明区鼓浪屿；US00033317、US00033320。

B-63；45659；19301211；广东省广州市海珠区中山大学；SYS00011087。

20702；45649；19371130；香港新界青山湾；SYS00011083。

20706；45653；19371204；香港；SYS00011083、SYS00011969、SYS00011971，US00028579、US00028580。

20712；45659；19371211；广东省广州市海珠区中山大学；SYS00011085，US00033324。

（3）空竹属*Cephalostachyum* Munro, Trans. Linn. Soc. London. 26: 138. 1868.

香糯竹 *Cephalostachyum pergracile* Munro, Trans. Linn. Soc. London. 26: 141. 1868.

181；/；194012；香港；SYS00011964、SYS00011963、SYS00011962、SYS00011885。

（4）方竹属 *Chimonobambusa* Makino, Bot. Mag.（Tokyo）. 28: 153. 1914.

方竹 *Chimonobambusa quadrangularis*（Franceschi）Makino, Bot. Mag.（Tokyo）. 28: 153. 1914.

3310；15171；19260917；上海市长宁区原圣约翰大学；US00362299。

3455；15317；19261215；江西省赣州市章贡区；SYS00011049、SYS00012027。

20580；43466；19370722；广西壮族自治区桂林市全州县全州镇；SYS00011042，US00362302、US00362303。

（5）牡竹属 *Dendrocalamus* Nees, Linnaea. 9: 476. 1835.

麻竹 *Dendrocalamus latiflorus* Munro, Trans. Linn. Soc. London. 26: 152. 1868.

1711；8294；19211130；海南省儋州市南丰镇；SYS00010330，ISBC53417。

/；8411；19211209；海南省五指山市五指山；SYS00010399、SYS00010405、BPBM。

1921；8377；19211210；海南省五指山市五指山；SYS00010406、SYS00010397、SYS00010398，K。

1435；13259；19250313；广东省清远市清新区太平镇香炉脚村；BG1205；SYS00010333，US00163313。

1438；13262；19250313；广东省清远市清新区太平镇香炉脚村；BG1197；SYS00010336、SYS00010337，US00331706、US00331707。

1477；13301；19250315；广东省清远市清新区；SYS00005972、SYS00005973，US00035842。

1515；13339；19250418；广东省清远市清新区笔架山；SYS00010353，US00391056。

1763；13587；19251121；广西壮族自治区梧州市；SYS00010318、SYS00010355、SYS00010403，US00035834、US00035835。

1766；13590；19251121；广西壮族自治区梧州市；SYS00010358，US00331705。

1902；13727；19260103；广东省韶关市浈江区；BG1518；SYS00011012、SYS00011013、SYS00010404，ISBC12988，PE01513299，US00035671、US00035457，NHMUK。

2102；13900；19260121；广东省韶关市浈江区；SYS00010396，US00018847。

2230；13951；19260820；广东省广州市海珠区中山大学；BG1133；SYS00010345，US01187533。

2242；13963；19260903；广东省广州市海珠区中山大学；BG1205；US00331725。

2252；13973；19260904；广东省广州市海珠区中山大学；BG1132；SYS00010351，US00035458。

2254；13975；19260904；广东省广州市海珠区中山大学；BG1133；SYS00010343，US01187534。

B-16；19189；19300718；福建省漳州市芗城区；BG2212；SYS00010400，US00331713。

562；19742；19311224；广东省茂名市高州市；SYS00010424，US00035969、US00035970。

584；19763；19311227；广东省茂名市高州市；SYS00010425，US00390891。

20118；21258；19320503；海南省陵水黎族自治县；BG2455；SYS00010339。

20238；21381；19320520；海南省陵水黎族

自治县；BG2455；SYS00010340。

20521；43406；19370205；香港新界；SYS00010294，US00035833。

20559；125569；19370717；广西壮族自治区桂林市全州县全州镇；ISBC125569。

20562；125570；19370717；广西壮族自治区桂林市全州县全州镇；ISBC125570。

牡竹 *Dendrocalamus strictus* （Roxburgh） Nees, Linnaea. 9: 476. 1834.

2260；13981；19260903；广东省广州市海珠区中山大学；BG2662；SYS00011561，US00035678。

（6）藤竹属 *Dinochloa* Buse, Pl. Jungh.: 387. 1854.

莫古礼所发表的3种藤竹经此后的中国植物学家鉴定认为很难肯定其属于藤竹属，因为至今尚未见到有花标本，分类位置存疑。

无耳藤竹 *Dinochloa orenuda* McClure, Lingnan Univ. Sci. Bull. 9: 18. 1940.

20230；21373；19320503；海南省陵水黎族自治县；MO。

20087；21071；19320504；海南省陵水黎族自治县；BG2447；SYS00011576，US00036338、US00036339。

毛藤竹 *Dinochloa puberula* McClure, Lingnan Univ. Sci. Bull. 9: 19. 1940.

837；18370；19290828；海南省儋州市南丰镇；BG2014；US00036344、US00036345、US00065463，MO。

藤竹 *Dinochloa utilis* McClure, Lingnan Univ. Sci. Bull. 9: 20. 1940.

20136；36336；19320504；海南省陵水黎族自治县；BG2452；US00036336、US00036337、US00065464，MO。

（7）箭竹属 *Fargesia* Franchet, Bull. Mens. Soc. Linn. Paris. 2: 1067. 1893.

华西箭竹 *Fargesia nitida* （Mitford） P. C. Keng ex T. P. Yi, J. Bamboo Res. 4（2）: 30. 1985.

20514-A；37194-A；193610；广东省广州市从化区良口镇锦村千泷沟大瀑布；BG2693；

SYS00010426，US00390659。

（8）巨竹属 *Gigantochloa* Kurz ex Munro, Trans. Linn. Soc. London. 26: 123. 1868.

毛笋竹 *Gigantochloa levis* （Blanco） Merrill, Amer. J. Bot. 3: 61. 1916.

273；52280；1925；广东省广州市海珠区中山大学；BG1358；US00029477、US00029478、US00029479。

（9）箬竹属 *Indocalamus* Nakai, J. Arnold Arbor. 6: 148. 1925.

棕巴箬竹 *Indocalamus herklotsii* McClure, Lingnan Univ. Sci. Bull. 9: 22. 1940.

1432；13256；19250312、0313；广东省清远市清城区北江；BG1204；SYS00012130，US00312702。

20268；15149；192907；广东省广州市海珠区中山大学；BG2246；US00029556、US00029557。

46；18558；192908；香港；BG2376；US00029558。

20268；15152；193008；香港新界大屿山；BG2247；ISBC153436，US00029564、US00029565。

20738；45685；19371229；香港新界；US00029559。

20808；45755；19380713；香港新界大屿山；BG2738；US00029566、US00029567、US00029568。

20838、20828-A；45786；19381005；香港新界大屿山；BG2394；US00065465、US00065471、US00065472、US00029560、US00029561，MO。

阔叶箬竹 *Indocalamus latifolius* （Keng） Mcclure, Sunyatsenia. 6（1）: 37. 1941.

4055；15405；19261101；安徽省池州市青阳县九华山；SYS00012121，US00007313、US00029573、US00029574。

4065；15415；19261102；安徽省池州市青阳县九华山；SYS00012123，US00031252、US00031253。

4090；15430；19261103；安徽省池州市青阳县九华山；SYS00012122，US00029570。

3412；15274；19261128；湖北省武汉市江岸区（汉口跑马俱乐部，今解放公园）；SYS00012125，US00391101。

20523；43408；19370316；广东省广州市海珠区中山大学；BG2309；US00312718、US00312719、US00312720、US00312721、US00312722、US00312723。

20625；45567；19371013；广东省广州市海珠区中山大学；BG2390；SYS00019621。

/；19390325；广东省广州市海珠区中山大学；BG2390；US00029594、US00029595。

箬叶竹 *Indocalamus longiauritus* Handel-Mazzetti, Anz. Akad. Wiss. Wien, Math.-Naturwiss. Kl. 62: 254. 1925.

1911；13736；19260107；广东省韶关市浈江区；BG1482；SYS00011423，US00030806、US00030807。

3461；15323；19261220；江西省赣州市龙南县；BG1667；SYS00011424，US00312700、US00312701。

20572；43458；19370722；广西壮族自治区桂林市全州县全州镇；SYS00011426、SYS00011427，US00029578、US00029579。

21504；43564；19370722；广西壮族自治区桂林市全州县龙水镇；SYS00011429。

20622；45564；19371012；广东省广州市海珠区中山大学；BG2189；SYS00011406、SYS00011409、SYS00011408、SYS00011411，US00305598。

20623；45565；19371012；广东省广州市海珠区中山大学；BG2289；SYS00011414、SYS00011418、SYS00011419，US00312710、US00312711、US00312712。

20625；45565；19371013；广东省广州市海珠区中山大学；BG2390；US00312713、US00312714、US00312715。

20630；45571；19371014；广东省广州市海珠区中山大学；BG2331；SYS00011581，

US00312716、US00312717。

水银竹 *Indocalamus sinicus*（Hance）Nakai, J. Arnold Arbor. 6: 148. 1925.

20892；/；19390825；香港宝云道；BG2331；SYS00011956，US00029603、US00029604、US00029605、US00029606、US00029607，PE01512485、PE01512487、PE01512486，CANB。

箬竹 *Indocalamus tessellatus*（Munro）P. C. Keng, Acta Phytotax. Sin. 6: 355. 1957.

20851；45799；1937；SYS00019641，US00029616。

（10）大节竹属 *Indosasa* McClure, Lingnan Univ. Sci. Bull. 9: 28. 1940.

摆竹 *Indosasa shibataeoides* McClure, Lingnan Univ. Sci. Bull. 9: 32. 1940.

1463；13287；19250314；广东省清远市清新区太平镇香炉脚村；BG1192；US00018838。

1541；13365；19250422；广东省清远市清新区太平镇秦皇村秦皇山；BG1273；SYS00011613，US00018839。

（11）少穗竹属 *Oligostachyum* Z. P. Wang & G. H. Ye, J. Nanjing Univ., Nat. Sci. Ed. 1982（1）: 95. 1982 ["Oligostacyum"].

细柄少穗竹 *Oligostachyum gracilipes*（McClure）G. H. Ye & Z. P. Wang, J. Nanjing Univ., Nat. Sci. Ed. 26（3）: 488. 1990.

1450；13274；19250313；广东省清远市清新区太平镇香炉脚村；BG1195；SYS00011282，US00142961。

林仔竹 *Oligostachyum nuspiculum*（McClure）Z. P. Wang & G. H. Ye, J. Nanjing Univ., Nat. Sci. Ed. 1982（1）: 98. 1982.

49；6561；19290719；广东省揭阳市揭西县大洋山；SYS00010184、SYS00010185、SYS00010189。

722；18256；19290821；海南省临高县；SYS00012133，US01860371。

752；18286；19290824；海南省儋州市兰洋镇；BG2007；SYS00010187、SYS00010188、

SYS00012134，US00305655、US00305656、US00305657。

753；18307；19290822；海南省儋州市兰洋镇；US00018813、US00018814、US00065424、US00065425、US00141375，MO。

20060；21044；19320504；海南省陵水黎族自治县；US00018829、US00018830、US00018831、US00141376、US00141377、US00141378，A，B，ISC，MO，K，CAS。

10315；173413；193704；广东省广州市海珠区中山大学；SYS00010315。

毛稃少穗竹 Oligostachyum scopulum（McClure）Z. P. Wang & G. H. Ye, J. Nanjing Univ., Nat. Sci. Ed. 1982（1）: 98. 1982.

819；18352；19290827；海南省儋州市兰洋镇番打村；BG2011；US00031528、US00031529、US00031530。

841；18374；19290828；海南省儋州市南丰镇；US00031525、US00031526、US00031527、US00141380、US00141381、US00141386、US00141387，MO。

（12）刚竹属 Phyllostachys Siebold & Zuccarini, Abh. Math.-Phys. Cl. Königl. Bayer. Akad. Wiss. 3: 745. 1843.

石绿竹 Phyllostachys arcana McClure, J. Wash. Acad. Sci. 35: 280. 1945.

4063；15413；19261102；安徽省池州市青阳县九华山；SYS00010600，US00149848。

人面竹 Phyllostachys aurea Carrière ex Rivière & C. Rivière, Bull. Soc. Natl. Acclim. France, sér. 3. 5: 716. 1878.

1521；13345；19250422；广东省清远市清新区；BG1271；SYS00010607，US00144490。

2226；13947；19260819；广东省广州市海珠区中山大学；BG1298；SYS00010916，US00149912。

2226；13947；19260819；广东省广州市海珠区中山大学；BG1298；SYS00010916，US00149912。

3244；13965；19260903；广东省广州市

海珠区中山大学；BG1198；SYS00010611，US00149914。

5；18517；19290209；广东省广州市海珠区中山大学；BG1298；SYS00010618，US00149920。

9；18522；19290317；广东省广州市海珠区；BG1298；SYS00010619，US00144594。

Y-117；18584；19300218；广东省广州市海珠区中山大学；BG1298；SYS00010617，US00149913。

B-56；19227；19300726；福建省厦门市思明区鼓浪屿；US00149913。

B-58；19229；19300726；福建省厦门市思明区鼓浪屿；SYS00010615。

/；173480；193003；广东省广州市海珠区中山大学；BG2274；SYS00012056。

/；173442；19370401；广东省广州市海珠区中山大学；BG1298；SYS00010621。

20582；43458；19300712；广西壮族自治区桂林市；SYS00010623。

毛竹 Phyllostachys edulis（Carrière）J. Houzeau, Bambou（Mons）. 39. 1906.

1398；13222；19250305；广东省广州市海珠区；SYS00010493，US00149413。

1456；13280；19250313；广东省清远市清新区太平镇香炉脚村；BG1191；SYS00010924，US00149416。

1514；13308；19250418；广东省清远市清新区笔架山；BG1264；SYS00010488，US00144874、US00149415。

1578；13402；19250426；广东省肇庆市广宁县；BG1251；SYS00010492，US00149414。

B-28；19200；19300720；福建省漳州市南靖县山城镇；US00144453。

/；15151；193007；福建省；SYS00010494，US00144431。

20543；43428；19370701；河南省信阳市浉河区鸡公山；SYS00010880，US00144192。

20590；43478；19370727；广西壮族自治区桂林市；SYS00010495、SYS00010499、

SYS00010500、ISBC125573、US00144213、US00144214、US00144215、US00144846、US00144847、PE01512997、PE01512994。

20591；43479；19370727；广西壮族自治区桂林市；US00144355、US00144356。

20846；45797；19381010；香港皇后镇；SYS00010503、US00144217。

甜笋竹 *Phyllostachys elegans* McClure, J. Arnold Arbor. 37: 183. 1956.

1542；13366；19250422；广东省清远市清新区；BG1272；SYS00011979、US00149404。

1574；13398；19250425；广东省肇庆市广宁县；BG1250；SYS00010740、US00144268、US00144313。

3545；19110；19281104；广东省肇庆市怀集县坳仔镇；BG1875；SYS00010766、US00144616。

128；/；19280324；广东省肇庆市广宁县圆岭；US00140956、MO。

/；15150；192904；广东省广州市海珠区中山大学；BG1272；US00149403。

/；173437；19370330；广东省广州市海珠区中山大学；BG1250；SYS00010739。

曲竿竹 *Phyllostachys flexuosa* Rivière & C. Rivière, Bull. Soc. Natl. Acclim. France, sér. 3. 5: 758. 1878.

20737；/；19311228；香港新界；US00032226、US00032227、US00032228。

20674；45615；19371119；广东省广州市海珠区中山大学；SYS00012171、SYS00012174、SYS00012185、SYS00012186、SYS00012187、US00032223、US00032224、US00032225。

20695；45640；19371130；香港新界；SYS00012238、US00032220。

20723；45670；19371214；广东省广州市海珠区中山大学；SYS00012237、US00032221。

20724；45671；19371214；广东省广州市海珠区中山大学；SYS00012231、SYS00012235、SYS00012236、US00032222。

20777；45724；19380417；广东省广州

市海珠区；SYS00012166、SYS00012228、SYS00012229、US00034837、US00034838、US00034839。

水竹 *Phyllostachys heteroclada* Oliver, Hooker's Icon. Pl. 23: t. 2288. 1894.

1584；13408；19250427；广东省肇庆市广宁县五和镇水坑村；SYS00012080、US00144825、US00144826。

1985；13810；19260126；广东省韶关市浈江区；SYS00010711、SYS00010715。

4057；15407；19261101；安徽省池州市青阳县九华山；SYS00010897、US00144535。

4059；15409；19261101；安徽省池州市青阳县九华山；SYS00010899、US00144534。

4067；15417；19261102；安徽省池州市青阳县九华山；SYS00010900、US00144533。

4069；15419；19261103；安徽省池州市青阳县九华山；SYS00010901、US00144194。

4070；15420；19261103；安徽省池州市青阳县九华山；BG1793、BG1800、BG1802；SYS00010902、US00144193。

4073；15423；19261103；安徽省池州市青阳县九华山；SYS00010705、US00305651。

4075；15425；19261103；安徽省池州市青阳县九华山；SYS00010708、US00144346、US00144380。

3442；15304；19261212；江西省吉安市万安县；SYS00010710、US00144364、US00144365、US00144366。

3471；15333；19261223；广东省韶关市浈江区；SYS00010714、US00144536。

20540；43425；19370701；河南省信阳市浉河区鸡公山；US00065399、US00140950、US00149446、MO。

20767；45714；19380318；广东省广州市海珠区赤岗塔；SYS00010519、US00149040。

20776；45723；19380417；广东省广州市海珠区；SYS00010522。

/；173455；BG2201；广东省广州市海珠区；SYS00011000。

实心竹 *Phyllostachys heteroclada* f. *solida*
（S.L.Chen）Z.P.Wang et Z.H.Yu, Act. Phytotax.
Sin. 18（2）: 188. 1980.

/；173448；193704；广东省广州市海珠区中山大学；BG2151；SYS00010514。

/；173449；193704；广东省广州市海珠区中山大学；BG2151；SYS00010514。

/；173450；193704；广东省广州市海珠区中山大学；BG2151；SYS00010514。

/；173451；193704；广东省广州市海珠区中山大学；BG2151；SYS00010514。

台湾桂竹 *Phyllostachys makinoi* Hayata, Icon.
Pl. Formosan. 5: 250. 1915.

B-29；19201；19300720；福建省漳州市南靖县山城镇；SYS00010761, US00305650。

美竹 *Phyllostachys mannii* Gamble, Ann. Roy.
Bot. Gard. Calcutta. 7: 28. 1896.

21757；/；MO。

篌竹 *Phyllostachys nidularia* Munro, Gard.
Chron., n.s.,. 6: 773. 1876.

1635；13459；19250523；广东省广州市黄埔区萝岗街道；BG1294；SYS00010670,
US00144385。

1735；13577；19251101；广东省广州市黄埔区；SYS00010911, US00149111。

1790；13614；19251127；广东省肇庆市德庆县；BG1420；SYS00010648, US00149077。

1791；13615；19251127；广东省肇庆市德庆县；BG1440；SYS00010748, US00149082。

3330；15191；19261003；江苏省南京市鼓楼区幕府山；SYS00010668, US00144347。

3363；15224；19261014；安徽省；
SYS00010968, US00144927。

4070；15429；19261104；安徽省池州市青阳县九华山；BG1807；SYS00010576,
US00144230。

3420；15282；19261209；江西省吉安市吉州区；SYS00010973, US00144348。

3459；15321；19261216；江西省赣州市赣县区；BG1670；SYS00010977, US00149072、

US00149073。

12；18525；19290315；广东省广州市海珠区中山大学；BG1881；SYS00010885,
US00149051、US00149052。

Y-99；18568；19291219；广东省广州市海珠区中山大学；BG2102；SYS00010984,
US00144932。

Y-102；18570；19291221；广东省广州市海珠区中山大学；BG2135；SYS00010674,
US00144923。

Y-129；18597；19300324；广东省广州市海珠区中山大学；US00149112。

Y-130；18598；19300324；广东省广州市海珠区中山大学；BG1118；SYS00010920,
US00149098。

20000；20981；19320303；广东省广州市黄埔区；BG2166；SYS00010772, US00149049、
US00149050。

20006；20987；19320323；广东省广州市海珠区中山大学；BG2166；SYS00010665,
US00144377、US00144378。

20776；45723；19360417；广东省广州市海珠区；US00144388、US00144389。

/；173446；19370319；广东省广州市海珠区中山大学；BG1117；SYS00010578。

20527；43412；19370406；广东省广州市海珠区中山大学；SYS00019608、SYS00010884、
US00149057、US00149058。

20529；43414；19370419；广东省广州市海珠区中山大学；SYS00010923。

20541；43426；19370701；河南省信阳市鸡公山；SYS00019609。

20576；43462；19370722；广西壮族自治区桂林市全州县全州镇；SYS00010971,
US00144548、US00149047。

20588；43475；19370722；广西壮族自治区桂林市全州县全州镇；SYS00011269,
US00391259。

20766；45713；19380318；广东省广州市海珠区；SYS00010950, US00149053、

US00149054。

20768；45715；19380318；广东省广州市海珠区赤岗塔；SYS00010441，US00149039。

20769；45716；19380318；广东省广州市海珠区赤岗塔；SYS00010442，US00149055、US00149056。

20792；45739；19380502；香港；SYS00010759，US00149055、US00144391。

/；173440；广东省广州市海珠区中山大学；BG2353；SYS00010683。

紫竹 *Phyllostachys nigra* （Loddiges ex Lindley） Munro, Trans. Linn. Soc. London. 26: 38. 1868.

1924；13749；19260110；广东省韶关市浈江区；BG1479；SYS00010530、SYS00012085，US00149102。

1952；13777；19260116；广东省韶关市浈江区；SYS00010535、SYS00010536。

3308；15169；19260917；上海市长宁区原圣约翰大学；BG1656；SYS00012020，US00144912。

3308；15169；19260917；上海市长宁区原圣约翰大学；BG1656；SYS00012020，US00144912。

3366；15227；19261014；安徽省；BG1791；SYS00010965，US00149099。

4005；15355；19261014；安徽省；BG1791；SYS00010482，US00144259。

3447；15309；19261213；江西省吉安市；SYS00010483，US00144756。

Y-123；18590；19300317；广东省广州市海珠区中山大学；US00144917。

44；18556；19300404；广东省广州市海珠区；BG2429；SYS00010985，US00144755。

20003；20984；19320323；广东省广州市海珠区；BG2429；SYS00010771，US00144781、US00144782。

20535；43420；19370615；广东省广州市海珠区中山大学；SYS00010467、SYS00010472，US00144919。

20670；45611；19370619；广东省广州市海珠区中山大学；US00144916。

20579；43465；19370722；广西壮族自治区桂林市全州县全州镇；PE01512926，US00144247。

20581；43467；19370722；广西壮族自治区桂林市全州县全州镇；SYS00010466，PE01512925，US00144778。

20670；45611；19371119；广东省广州市海珠区中山大学；BG2429；SYS00010470、SYS00010476。

20814；45761；19380720；广东省广州市海珠区中山大学；BG2429；SYS00010528、SYS00010948，US00144918。

毛金竹 *Phyllostachys nigra* var. *henonis* （Mitford） Stapf ex Rendle, J. Linn. Soc., Bot. 36: 443. 1904.

4064；15414；19261102；安徽省池州市青阳县九华山；BG1804；SYS00010534，US00144244。

24；18537；19290426；广东省广州市海珠区中山大学；SYS00011018，US00149138、US00149139。

20514；37194；193610；广东省广州市从化区流溪河温泉；SYS00010980、SYS00010983，US00144351、US00144352、US00144353、US00144354。

20591；43479；19370727；广西壮族自治区桂林市；SYS00010649，US00144326。

20800；45747；19380508；广东省惠州市博罗县罗浮山；SYS00010755，US00144349。

早园竹 *Phyllostachys propinqua* McClure, J. Wash. Acad. Sci. 35: 289. 1945.

1769；13593；19251110；广西壮族自治区梧州市；BG1424；SYS00010904，US00144212。

20537；43422；19370618；河南省信阳市浉河区鸡公山；SYS00010540、SYS00010542、SYS00010543、US00144477、US00144478、US00144479、US00144480。

桂竹 *Phyllostachys reticulata* （Ruprecht）K.

Koch, Dendrologie. 2（2）: 356. 1873.

/；9984；19210907；广东省清远市英德市北江；SYS00012005。

1667；8010；19211121；海南省儋州市那大镇；SYS00011091，ISBC33100。

1520；13344；19250420；广东省清远市清新区太平镇；SYS00012028。

1455；13279；192500313；广东省清远市清新区太平镇；BG1194；SYS00010926，US00144393。

1537；13361；19250421；广东省清远市清新区；BG1269；SYS00010913、SYS00010937。

1925；13750；19260110；广东省韶关市浈江区；BG1507；SYS00010631、SYS00010632。

1979；13804；19260118；广东省韶关市浈江区；BG1474；SYS00011005、SYS00011006。

1932；13757；19260611；广东省韶关市曲江区；BG1478；SYS00011007、SYS00011008。

2233；13954；19260820；广东省广州市海珠区；BG1194；SYS00010909，US00390874。

2238；13959；19260903；广东省广州市海珠区中山大学；SYS00010907，US00149620。

3368；15229；19261014；安徽省；BG1786；SYS00010960，US00149664。

3394；15255；19261026；安徽省；BG1786；SYS00010958，US00144722、US02889200。

7；18519；19290222；广东省广州市海珠区中山大学；BG1662；SYS00012033，US00149659、US00149692。

8；18520；19260313；广东省广州市海珠区；BG1302；SYS00010628、SYS00010629，US00144424、US00144446。

Y-104；18571；193001；广东省广州市海珠区中山大学；BG1662；SYS00012034。

B-44；19215；19300721；福建省漳州市南靖县山城镇；SYS00010762，US00163235。

20541；43426；19370701；河南省信阳市浉河区鸡公山；SYS00012040、SYS00019610，US00144473、US00144656、US00144679、

US00144680、US00144702、US00144725。

20546；43431；19370708；广西壮族自治区桂林市全州县；SYS00010717、SYS00012001，ISBC125567，PE01512730、01512731，US00144421、US00144422、US00144423、US00144570、US00144578。

20565；43451；19370717；广西壮族自治区桂林市全州县全州镇；SYS00011999，ISBC125567，US00149668。

20568；43454；19370722；广西壮族自治区桂林市全州县全州镇；SYS00011997、SYS00012000，ISBC125567，US00149645、US00149722。

20571；43457；19370722；广西壮族自治区桂林市全州县全州镇；SYS00011998，US00144440。

20584；43471；19370722；广西壮族自治区桂林市全州县全州镇；SYS00011995、SYS00011996，ISBC125572，PE01512732、PE01512733，US00144418、US00144571、US00144579。

20585；43472；19370722；广西壮族自治区桂林市全州县全州镇；SYS00010883，ISBC125572，US00144545、US00144676。

20604；43492；19370727；广西壮族自治区桂林市；SYS00012038，US00144221。

20648；45589；19371029；广东省广州市海珠区中山大学；BG2184；SYS00006089，US00391392。

20742；45689；19371229；香港；SYS00010756，US00144426、US00144449。

/；173404；19390323；广东省广州市海珠区中山大学；BG2184；SYS00010193。

/；/；19390511；广东省广州市海珠区中山大学；BG2184；SYS00006092。

红边竹 Phyllostachys rubromarginata McClure, Lingnan Univ. Sci. Bull. 9: 44. 1940.

1638；13462；19250523；广东省广州市黄埔区罗岗街道；SYS00010688、SYS00010689，US00144195。

1762；13586；19251121；广西壮族自治区梧州市；BG1426；US00144196。

金竹 *Phyllostachys sulphurea*（Carrière）Rivière & C. Rivière, Bull. Soc. Natl. Acclim. France, sér. 3. 5: 773. 1878.

3460；15322；19261216；江西省赣州市赣县区；BG1683；SYS00010976, US00144623。

刚竹 *Phyllostachys sulphurea* var. *viridis* R. A. Young, J. Wash. Acad. Sci. 27: 345. 1937.

4083；15433；19261120；江苏省南京市；BG1808；SYS00010726, US00144653。

20526；43411；19370407；广东省广州市海珠区中山大学；BG1996；SYS00010703, US00144549、US00144550。

/；173439；广东省广州市海珠区中山大学；BG2144；SYS00010727。

黄皮绿筋竹 *Phyllostachys sulphurea* var. *viridis* f. *youngii* C. D. Chu et C. S. Chao, Act. Phytotax. Sin. 18（2）: 169. 1980.

/；173436；19280426；广东省广州市海珠区中山大学；BG2143；SYS00010734。

早竹 *Phyllostachys violascens*（Carrière）Rivière & C. Rivière, Bull. Soc. Acclim. France, sér. 3. 5: 770. 1878 ["violescens"].

4084；15434；19261120；江苏省南京市；SYS00010549, US00144720。

3417；15279；19261122；江苏省南京市；SYS00010548。

3418；15280；19261122；江苏省南京市；SYS00010546、SYS00010547。

乌哺鸡竹 *Phyllostachys vivax* McClure, J. Wash. Acad. Sci. 35: 292. 1945.

3372；15173；19260917；上海市长宁区原圣约翰大学；BG1657；SYS00010826, US00144630。

3370；15231；19261014；安徽省；SYS00010743, US00071728、US00144721。

3372；15233；19261014；安徽省；SYS00010959, US00144675。

3415；15277；19261122；江苏省南京市；SYS00010742、SYS00010744。

（13）苦竹属 *Pleioblastus* Nakai, J. Arnold Arbor. 6: 145. 1925.

苦竹 *Pleioblastus amarus*（Keng）P. C. Keng, Techn. Bull. Natl. Forest. Res. Bur. 8: 14. 1948.

4014；15364；19261021；安徽省；BG1975；SYS00010941, US00390648。

4017；15367；19261022；安徽省；BG1790；SYS00010942, US00031500。

4018；15428；19261103；安徽省池州市青阳县九华山；BG1790；SYS00010943, US00029572。

大明竹 *Pleioblastus gramineus*（Bean）Nakai, J. Arnold Arbor. 6（3）: 146. 1925.

20708；45655；19371204；香港；SYS00005900, US00391311。

斑苦竹 *Pleioblastus maculatus*（McClure）C. D. Chu & C. S. Chao, Acta Phytotax. Sin. 18: 31. 1980.

20573；43459；19370722；广西壮族自治区桂林市全州县全州镇；US00141441、00141442、00142856，A，MO。

（14）矢竹属 *Pseudosasa* Makino ex Nakai, J. Arnold Arbor. 6: 150. 1925.

茶秆竹 *Pseudosasa amabilis*（McClure）P. C. Keng ex S. L. Chen et al., Fl. Reipubl. Popularis Sin. 9（1）: 641. 1996.

1575；13399；19250426；广东省肇庆市广宁县；SYS00006111, US00030541。

1587；13411；19250427；广东省肇庆市怀集县中洲镇乌石村；BG1248；US00031236、US00031237、US00031238、US00031239、US00031240、US00031246、US00131598、US00619903、US00131552、US00031244，NY。

1705；13529；19251022；广东省广州市海珠区；BG2670；US00031340。

2262；13983；19250904；广东省广州市海珠区中山大学；BG2670；SYS00011303, US00030844。

3555；19120；19281105；广东省肇庆市怀集县坳仔镇；US00029544、US00030539。

11；18524；19290324；广东省肇庆市广宁县古水镇；SYS00006110、SYS00006112，US00031245，ISBC25225。

/；17531-2；19290324；广东省肇庆市广宁县古水镇；US00131595。

20664；45605；19371103；广东省广州市海珠区中山大学；BG2339；US00391378。

/；/；19390325；广东省广州市海珠区中山大学；BG1880；SYS00012100、SYS00005930、SYS00006109。

/；173470；广东省广州市海珠区中山大学；BG2670；SYS00011300。

托竹 *Pseudosasa cantorii* （Munro） P. C. Keng ex S. L. Chen et al., Fl. Reipubl. Popularis Sin. 9（1）：654. 1996 ["cantori"].

1533；13357；19250421；广东省清远市清新区；BG1265；SYS00005913，US00030645。

1594；13418；19250429；广东省肇庆市怀集县；BG1252；SYS00006083，US00390762、US00390763。

1636；13460；19250523；广东省广州市黄埔区萝岗街道；BG1293；SYS00006126、SYS00006127。

1774；13598；19251121；广西壮族自治区梧州市；BG1422；SYS00005906，US00031487、US00031488。

823；18356；19280827；海南省儋州市兰洋镇番打村；SYS00010047，US00390769。

826；18359；19290828；海南省儋州市兰洋镇番打村；BG2010；SYS00006116，US01079894、US01079895。

842；18375；19280828；海南省儋州市南丰镇；BG2015；SYS00010101，US00390758、US00390759。

B-30；19202；19300720；福建省漳州市南靖县山城镇；SYS00010056，US00390883。

Y-138；18605；193008；香港新界；SYS00006099。

A-680；19084；19310425；广东省广州市海珠区中山大学；BG2245；SYS00006100，US00030809。

200；19508；19310810；香港；SYS00012131，US00031296、US00031297。

549；19729；19311223；广东省茂名市高州市；SYS00010051，US00390748。

635；19814；19320105；广东省湛江市廉江市；SYS00010044，US00390771。

641；19820；19320106；广东省湛江市廉江市；SYS00010045，US00031510、US00031511。

20143；21127；19320423；海南省三亚市海棠区塘桥镇；SYS00006079，US00030829、US00030830、US00030831。

20144；21128；19320423；海南省三亚市海棠区塘桥镇；SYS00010027，US00305629。

20162；21146；19320623；海南省万宁市大洲岛；BG1486；SYS00010048，US00305595、US00305596。

20524；43409；19370316；广东省广州市海珠区中山大学；BG2384；SYS00006073，US00031467、US00031468。

/；19370327；广东省广州市海珠区中山大学；BG2245；SYS00006095。

20528；43413；19370410；广东省广州市从化区街口街道；SYS00010052，US000391061。

/；193704；广东省广州市海珠区中山大学；SYS00006071。

20553；43438；19370712；广西壮族自治区桂林市；SYS00010025，US00031506、US00031507。

20570；43456；19370722；广西壮族自治区桂林市全州县全州镇；SYS00010024，US00391260。

20626；45568；19371013；广东省广州市海珠区中山大学；BG1472；SYS00005902，US00391380。

20627；45568-A；19371013；广东省广州市海珠区中山大学；BG2340；SYS00006053，US00391409、US00391410、US00391412。

20633；45574；19371015；广东省广州市海珠区中山大学；BG2393；SYS00012140，US00391399。

20638；45579；19371023；广东省广州市海珠区中山大学；BG2163；SYS00006117，US00391336。

20639；45580；19371023；广东省广州市海珠区中山大学；BG2245；SYS00006097，US00305618。

20640；45581；19371025；广东省广州市海珠区中山大学；BG2176；SYS00006118，US00391328。

20642；45583；19371028；广东省广州市海珠区中山大学；BG2644；SYS00010022，US00391329。

20643；45584；19371028；广东省广州市海珠区中山大学；BG2648；SYS00010020，US00391100。

20644；45585；19371028；广东省广州市海珠区中山大学；BG2015；SYS00010102，US00391103。

20645；45586；19371029；广东省广州市海珠区中山大学；BG2181；SYS00006084，US00391309。

20647；45588；19371029；广东省广州市海珠区中山大学；BG2384；SYS00006074，US00391384。

20649；45590；19371029；广东省广州市海珠区中山大学；BG2441；SYS00010013，US00305609。

20651；45592；19371029；广东省广州市海珠区中山大学；BG2443；SYS00010250，US0031289。

20653；45594；19371029；广东省广州市海珠区中山大学；BG2163、2343；SYS00006119，US00391319。

20655；45596；19371029；广东省广州市海珠区中山大学；BG2369；SYS00006060，US00391325。

20656；45597；19371029；广东省广州市海珠区中山大学；BG2436；SYS00010030，US00305619。

20658；45599；19371102；广东省广州市海珠区中山大学；BG2385；SYS00006066，US00391324。

20660；45601；19371103；广东省广州市海珠区中山大学；BG1995；SYS00006140，US00305621。

20661；45602；19371103；广东省广州市海珠区中山大学；BG1994；SYS00006132，US00305620。

20662；45603；19371103；广东省广州市海珠区中山大学；BG2010；SYS00006106，US00391326。

20663；45604；19371103；广东省广州市海珠区中山大学；BG1852；SYS00005919，US00391327。

20677；45618；19371121；香港跑马地；SYS00011137、SYS00010050、SYS00019622，US00031515、US00031516、US00031517、US00031518。

20749；45696；19371229；香港；SYS00005956，US00390734、US00390735。

20751；45698；19371229；香港；SYS00006064、SYS00006065、SYS00010041，US00390720、US00390721、US00390722、US00390723、US00390724。

20770；45717；19380318；广东省广州市海珠区赤岗塔；SYS00010057、SYS00011275，US00031394、US00031395、US00031396。

20790；45737；19380501；香港新界中洲岛；SYS00010038、SYS00010058，US00391267。

20524；43409；19390316；香港新界中洲岛；BG2384；SYS00006072。

/；19390325；广东省广州市海珠区中山大学；BG1422；SYS00005912。

/；19390325；广东省广州市海珠区中山大学；BG2445；SYS00010006、SYS00010010。

/；19390405；广东省广州市海珠区中山大

学；BG2679；SYS00005957。

/；19390511；广东省广州市海珠区中山大学；BG1995；SYS00006062。

/；广东省广州市海珠区中山大学；BG2343；SYS00010245。

/；广东省广州市海珠区中山大学；BG1995；SYS00006138。

/；广东省广州市海珠区中山大学；BG2163；SYS00006121。

/；广东省广州市海珠区中山大学；BG2436；SYS00010028。

篲竹 *Pseudosasa hindsii*（Munro）S. L. Chen & G. Y. Sheng ex T. G. Liang, Fujian Bamboos. 142. 1987.

/；8116；19211109；海南省儋州市那大镇；US00018815。

1631；13455；19250523；广东省广州市黄埔区萝岗街道；SYS00011524、US00031287。

1983；13808；19260120；广东省韶关市浈江区；BG1473；SYS00011525、SYS00011526。

20265；15136；192705；香港长洲岛；BG1818；SYS00019655、SYS00005954、SYS00010039、US00030566、US00030567、US00030568、US00030569。

25；18539；19290502；香港；BG1949；SYS00005896、US00391278。

31；18545；19291126；香港九龙；SYS00005894、US00031298、US00031299。

33；18547；19290505；香港九龙；BG1952；SYS00005897、US00391292、US00391293、US00391294。

37；18550；19290507；香港；SYS00010264、SYS00019653、US00031512、US00031513、US00031514。

Y-122；18589；19300306；广东省广州市白云区白云山；SYS00010265、US00390772。

603；19782；19311231；广东省湛江市廉江市；BG2398；US00031508、US00031509、US00131562，MO。

20896；/；19400810；香港司徒拔道近真光中

学；，PE01483572、PE01483573，US00031332、US00031333、US00031334，CANB。

20894；173488；19400814；香港司徒拔道；SYS00012154、US00031328、US00031329、US00031330。

20891；/；19400814；香港岛宝云道；PE01483575、PE01483571、PE01483574、PE01483570、PE01483569、PE01483567、PE01483568、SYS00005898、US00031322、US00031323、US00031324、US00031325、US00031326、US00031327，CANB。

20900；/；194001；香港宝云道近真光中学；US00031331。

矢竹 *Pseudosasa japonica*（Siebold & Zuccarini ex Steudel）Makino ex Nakai, J. Jap. Bot. 2（4）：15. 1920.

1705；13529；19251022；广东省广州市海珠区；SYS00010035。

272；52279；1925；广东省广州市海珠区中山大学；BG1357；US00030832、US00030833、US00030834。

20707；45654；19371204；香港；BG2713；SYS00010110、US00144135。

20831；45778；19381005；香港新界大屿山；SYS00011440、SYS00012101，US00029608、US00029609。

（15）**赤竹属** *Sasa* Makino & Shibata, Bot. Mag.（Tokyo）. 15: 18. 1909.

赤竹 *Sasa longiligulata* McClure, Lingnan Sci. J. 19: 536. 1940.

20512；37192；19361101；广东省惠州市博罗县罗浮山；BG2695；US00305591、US00305592、US00305593、US00141341，MO。

20533；43418；19370423；广东省惠州市博罗县罗浮山；SYS00010072，US00163304。

/；广东省广州市海珠区中山大学；SYS00010075。

维氏熊竹 *Sasa veitchii*（Carrière）Rehder, J. Arnold Arbor. 1（1）：58. 1919.

3309；15170；19260917；上海市长宁区原圣

约翰大学；BG1659；US00305581。

（16）篁笋竹属 *Schizostachyum* Nees in Martius et al., Fl. Bras. Enum. Pl. 2: 535. 1829.

苗竹仔 *Schizostachyum dumetorum*（Hance ex Walpers）Munro in Seemann, Bot. Voy. Herald. 424. 1857.

1124；13045；19241010；广东省惠州市博罗县罗浮山；SYS00010150、SYS00010152，US00139668。

32；18546；19290505；香港新界；BG1951；SYS00010151、SYS00010160、SYS00012190，US00139642。

45；19353；19310522；广东省中山市；BG2357；SYS00010147，US00143197、US00143198、US00143199。

20760；45707；19371230；香港跑马地；SYS00010157，US00139670、US00139671。

21286；45480；19380917；香港香港岛司徒拔道；SYS00010242。

20890；/；19400810；香港香港岛宝云道；PE01513163、PE01513162、SYS00010153、US00139663、US00139664、US00139665、US00139666、US00139667。

20895；/；19401112；香港香港岛宝云道；PE01513165、PE01513164、SYS00010154、US00139656、US00139657。

20898；/；19401203；香港香港岛宝云道；US00139658、US00139659、US00139660。

沙罗箪竹 *Schizostachyum funghomii* McClure, Lingnan Sci. J. 14: 585. 1935.

1773；13597；19251121；广西壮族自治区梧州市；BG1425；SYS00010162，US00143351。

1797；13621；19251121；广西壮族自治区梧州市；BG1425；US00034825。

2257；13978；19260904；广东省广州市海珠区中山大学；BG1120；SYS00010167，US00143348。

563；19743；19311224；广东省茂名市高州市；US00141357、US00141358、US00810968、US00810969、US01106059、MO。

20667；45608；19371115；广东省广州市海珠区中山大学；BG1120；US00130359。

20671；45612；19371119；广东省广州市海珠区中山大学；BG1120；SYS00010168、SYS00010169、SYS00010171、US01860247、US01860249。

山骨罗竹 *Schizostachyum hainanense* Merrill ex McClure, Lingnan Sci. J. 14: 591. 1935.

1759；8189；19211111；海南省儋州市那大镇；SYS00010175，ISBC53415，K。

1848；8345；19211206；海南省五指山市五指山；SYS00010182，ISBC53416，K，BPBM。

1915；8398；19211209；海南省五指山市五指山；SYS00011888，US00139707、US00139710。

2910；9464；19220506；海南省五指山市五指山；SYS00011889，SYS00095370，ISBC33212，US00142687、US00139706、US00139708、US00139709。

743；18277；19290822；海南省儋州市兰洋镇；SYS00011887，US00139702。

772；18306；19290822；海南省儋州市兰洋镇；SYS00010174，US00139703、US00139704、US00139705。

20063；21047；19320504；海南省陵水黎族自治县；US00139712、US00141360、US00288837、US00288838、US00288839、US00288840、US00288841、US00288842。

20135；21119；19320504；海南省陵水黎族自治县；BG2453；SYS00011890，US00139699、US00139700、US00139701。

***Schizostachyum lumampao*（Blanco）Merr., Amer. J. Bot. 3: 63. 1916.**

24-A；18538；19290501；广东省广州市海珠区中山大学；BG1348；SYS00010145，US00136296、US00136297。

篁笋竹 *Schizostachyum pseudolima* McClure, Lingnan Sci. J. 19: 537. 1940.

20047；21030；19320423；海南省三亚市海棠区藤桥镇；BG2442；SYS00010122，

US00139697、US00139698。

（17）业平竹属 *Semiarundinaria* Nakai, J. Arnold Arbor. 6: 150. 1925.

山竹仔 *Semiarundinaria shapoensis* McClure, Lingnan Univ. Sci. Bull. 9: 54. 1940.

20636；45577；19371015；广东省广州市海珠区中山大学；BG1980；US00141384、US00142862。

（18）鹅毛竹属 *Shibataea* Makino ex Nakai, J. Jap. Bot. 9（2）：83. 1933.

倭竹 *Shibataea kumasaca*（Zollinger ex Steudel）Makino ex Nakai, J. Jap. Bot. 9（2）：78. 1933.

20532；43417；19370424；广东省广州市海珠区中山大学；BG2702；SYS00010206。

（19）唐竹属 *Sinobambusa* Makino ex Nakai, J. Arnold Arbor. 6: 152. 1925.

扛竹 *Sinobambusa henryi*（McClure）C. D. Chu & C. S. Chao, Acta Phytotax. Sin. 18: 32. 1980.

1543；13367；19250422；广东省清远市清新区太平镇秦皇村秦皇山；SYS00010263，US01860370。

/；173408；193903；广东省广州市海珠区中山大学；BG1192；SYS00010262。

竹仔 *Sinobambusa humilis* McClure, Lingnan Univ. Sci. Bull. 9: 59. 1940 ["humila"].

3；/；18515；19280127；广东省清远市清城区飞来峡；BG1948-A；US00018806、00065402。

/；193504；广东省广州市海珠区中山大学；BG1948-A；US00142990。

20659；/；19371102；广东省广州市海珠区中山大学；BG1948-A；ISBC153438，US00142991。

/；173425；广东省广州市海珠区中山大学；BG2644；SYS00010299。

晾衫竹 *Sinobambusa intermedia* McClure, Lingnan Univ. Sci. Bull. 9: 61. 1940.

/；19370315；广东省广州市海珠区中山大学；BG1301；US142984。

/；193704；广东省广州市海珠区中山大学；BG1301；。

/；19390511；广东省广州市海珠区中山大学；SYS00005974。

唐竹 *Sinobambusa tootsik*（Makino）Makino, J. Jap. Bot. 2: 8. 1918.

22；18535；19290424；广东省广州市；BG1890；US00240508。

A-677；19082；19310305；广东省广州市黄埔区长洲街道；BG2350；，US01187560、US01187561。

/；19370315；广东省广州市海珠区中山大学；BG1159；SYS00011281。

/；193703；广东省广州市海珠区中山大学；BG1159；SYS00011280。

满山爆竹 *Sinobambusa tootsik* var. *laeta*（McClure）T. H. Wen, J. Bamboo Res. 1（2）：13. 1982.

1452；13276；19250313；广东省清远市清新区太平镇香炉脚村；BG1203；US01187644。

2239；/；19250313；广东省清远市清新区太平镇香炉脚村；MO。

1585；13409；19250427；广东省肇庆市广宁县五和镇水坑村；BG1239；SYS00012097，US390764。

2239；13960；19260903；广东省广州市海珠区中山大学；BG1203；MO，US00141440、US00289548。

/；19370315；广东省广州市海珠区中山大学；BG1203；US00142958。

（20）玉山竹属 *Yushania* P. C. Keng, Acta Phytotax. Sin. 6: 355. 1957.

短锥玉山竹 *Yushania brevipaniculata*（Handel-Mazzetti）T. P. Yi, J. Bamboo Res. 5（1）：44. 1986.

/；19261103；安徽省池州市青阳县九华山；US00031251、US00031254。

3.3.2 引种竹类植物分析

在华期间，美国农业部306份直接从华引种的竹类植物，有255份是莫古礼引种的，占据了83.3%，为美国在华引种竹类植物做出了巨大贡献（图87）。引种的种类中有226份可鉴定种名，他们分属于17属77种（含变种和变型）。份数最多的属为簕竹属（91份）、刚竹属（66份）、矢竹属（20份）、唐竹属（13份）、牡竹属（9

份），份数最多的种为篌竹（16份）、水竹（14份）、托竹（14份）、孝顺竹（11份）、青秆竹（*Bambusa tuldoides*，10份）和桂竹（10份）（表8）。而81种之中，种类最多的为簕竹属（31种）和刚竹属（17种），图3.27为引种竹类植物各属分布情况。

04

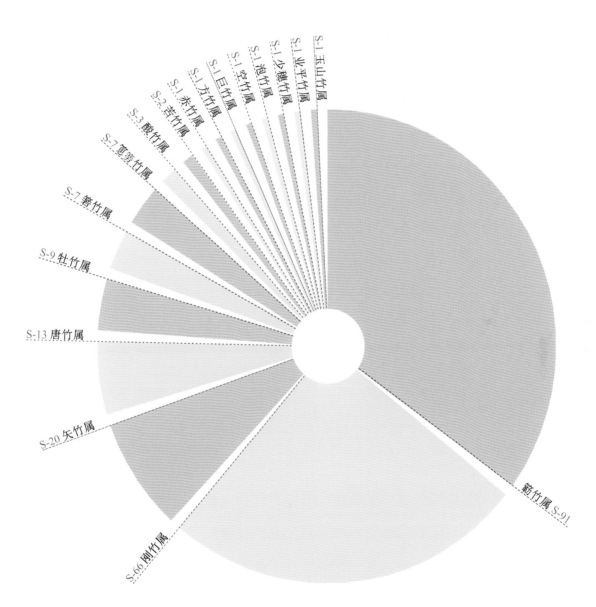

图87 莫古礼引种竹类植物属的分布

表 8　莫古礼在华引种竹类植物名录

序号	属	物种	引种份数
1	刚竹属 *Phyllostachys*	篌竹 *Phyllostachys nidularia*	17
2	刚竹属 *Phyllostachys*	水竹 *Phyllostachys heteroclada*	14
3	矢竹属 *Pseudosasa*	托竹 *Pseudosasa cantorii*	14
4	簕竹属 *Bambusa*	孝顺竹 *Bambusa multiplex*	11
5	簕竹属 *Bambusa*	青秆竹 *Bambusa tuldoides*	10
6	刚竹属 *Phyllostachys*	桂竹 *Phyllostachys reticulata*	9
7	簕竹属 *Bambusa*	撑篙竹 *Bambusa pervariabilis*	8
8	簕竹属 *Bambusa*	青皮竹 *Bambusa textilis*	7
9	唐竹属 *Sinobambusa*	唐竹 *Sinobambusa tootsik*	7
10	牡竹属 *Dendrocalamus*	麻竹 *Dendrocalamus latiflorus*	6
11	簕竹属 *Bambusa*	吊丝球竹 *Bambusa beecheyana*	5
12	簕竹属 *Bambusa*	油簕竹 *Bambusa lapidea*	4
13	簕竹属 *Bambusa*	崖州竹 *Bambusa textilis* var. *gracilis*	4
14	唐竹属 *Sinobambusa*	竹仔 *Sinobambusa humilis*	4
15	簕竹属 *Bambusa*	粉箪竹 *Bambusa chungii*	3
16	簕竹属 *Bambusa*	坭簕竹 *Bambusa dissimulator*	3
17	簕竹属 *Bambusa*	大眼竹 *Bambusa eutuldoides*	3
18	簕竹属 *Bambusa*	小簕竹 *Bambusa flexuosa*	3
19	簕竹属 *Bambusa*	坭竹 *Bambusa gibba*	3
20	簕竹属 *Bambusa*	佛肚竹 *Bambusa ventricosa*	3
21	刚竹属 *Phyllostachys*	淡竹 *Phyllostachys glauca*	3
22	刚竹属 *Phyllostachys*	美竹 *Phyllostachys mannii*	3
23	刚竹属 *Phyllostachys*	毛金竹 *Phyllostachys nigra* var. *henonis*	3
24	刚竹属 *Phyllostachys*	金竹 *Phyllostachys sulphurea*	3
25	矢竹属 *Pseudosasa*	篲竹 *Pseudosasa hindsii*	3
26	思筹竹属 *Schizostachyum*	苗竹仔 *Schizostachyum dumetorum*	3
27	酸竹属 *Acidosasa*	黎竹 *Acidosasa venusta*	2
28	簕竹属 *Bambusa*	花竹 *Bambusa albolineata*	2
29	簕竹属 *Bambusa*	妈竹 *Bambusa boniopsis*	2
30	簕竹属 *Bambusa*	乌脚绿竹 *Bambusa odashimae*	2
31	簕竹属 *Bambusa*	米筛竹 *Bambusa pachinensis*	2
32	簕竹属 *Bambusa*	甲竹 *Bambusa remotiflora*	2
33	簕竹属 *Bambusa*	车筒竹 *Bambusa sinospinosa*	2
34	箬竹属 *Indocalamus*	粽巴箬竹 *Indocalamus herklotsii*	2
35	箬竹属 *Indocalamus*	箬叶竹 *Indocalamus longiauritus*	2
36	箬竹属 *Indocalamus*	水银竹 *Indocalamus sinicus*	2
37	刚竹属 *Phyllostachys*	人面竹 *Phyllostachys* aurea	2
38	刚竹属 *Phyllostachys*	甜笋竹 *Phyllostachys elegans*	2
39	刚竹属 *Phyllostachys*	曲竿竹 *Phyllostachys flexuosa*	2
40	刚竹属 *Phyllostachys*	早园竹 *Phyllostachys propinqua*	2
41	刚竹属 *Phyllostachys*	红边竹 *Phyllostachys rubromarginata*	2
42	苦竹属 *Pleioblastus*	苦竹 *Pleioblastus amarus*	2
43	矢竹属 *Pseudosasa*	茶秆竹 *Pseudosasa amabilis*	2

（续）

序号	属	物种	引种份数
44	莎箪竹属 Schizostachyum	沙罗箪竹 Schizostachyum funghomii	2
45	莎箪竹属 Schizostachyum	莎箪竹 Schizostachyum pseudolima	2
46	酸竹属 Acidosasa	长舌酸竹 Acidosasa nanunica	1
47	簕竹属 Bambusa	苦绿竹 Bambusa basihirsuta	1
48	簕竹属 Bambusa	大头典竹 Bambusa beecheyana var. pubescens	1
49	簕竹属 Bambusa	簕竹 Bambusa blumeana	1
50	簕竹属 Bambusa	长枝竹 Bambusa dolichoclada	1
51	簕竹属 Bambusa	马岭竹 Bambusa malingensis	1
52	簕竹属 Bambusa	观音竹 Bambusa multiplex var. riviereorum	1
53	簕竹属 Bambusa	黄竹仔 Bambusa mutabilis	1
54	簕竹属 Bambusa	木竹 Bambusa rutila	1
55	簕竹属 Bambusa	紫斑竹 Bambusa textilis 'Maculata'	1
56	簕竹属 Bambusa	光竿青皮竹 Bambusa textilis var. glabra	1
57	簕竹属 Bambusa	马甲竹 Bambusa tulda	1
58	簕竹属 Bambusa	龙头竹 Bambusa vulgaris	1
59	空竹属 Cephalostachyum	香糯竹 Cephalostachyum pergracile	1
60	方竹属 Chimonobambusa	方竹 Chimonobambusa quadrangularis	1
61	牡竹属 Dendrocalamus	梁山慈竹 Dendrocalamus farinosus	1
62	牡竹属 Dendrocalamus	版纳甜龙竹 Dendrocalamus hamiltonii	1
63	牡竹属 Dendrocalamus	吊丝竹 Dendrocalamus minor	1
64	巨竹属 Gigantochloa	毛笋竹 Gigantochloa levis	1
65	箬竹属 Indocalamus	阔叶箬竹 Indocalamus latifolius	1
66	少穗竹属 Oligostachyum	细柄少穗竹 Oligostachyum gracilipes	1
67	刚竹属 Phyllostachys	石绿竹 Phyllostachys arcana	1
68	刚竹属 Phyllostachys	毛环竹 Phyllostachys meyeri	1
69	刚竹属 Phyllostachys	实肚竹 Phyllostachys nidularia f. farcta	1
70	刚竹属 Phyllostachys	紫竹 Phyllostachys nigra	1
71	矢竹属 Pseudosasa	矢竹 Pseudosasa japonica	1
72	泡竹属 Pseudostachyum	泡竹 Pseudostachyum polymorphum	1
73	赤竹属 Sasa	赤竹 Sasa longiligulata	1
74	业平竹属 Semiarundinaria	业平竹 Semiarundinaria fastuosa	1
75	唐竹属 Sinobambusa	晾衫竹 Sinobambusa intermedia	1
76	唐竹属 Sinobambusa	红舌唐竹 Sinobambusa rubroligula	1
77	玉山竹属 Yushania	短锥玉山竹 Yushania brevipaniculata	1

（1）酸竹属 *Acidosasa* C. D. Chu & C. S. Chao ex P. C. Keng, J. Bamboo Res. 1（2）: 31. 1982.

长舌酸竹 *Acidosasa nanunica*（McClure）C. S. Chao & G. Y. Yang, Acta Phytotax. Sin. 39: 66. 2001.

SPI 139896；到达日期：19410130；引种地：广东省清远市。（注：此后引种描述内容的顺序均为引种号、到达日期、引种地）

黎竹 *Acidosasa venusta*（McClure）Z. P. Wang & G. H. Ye ex C. S. Chao & C. D. Chu, Acta Phytotax. Sin. 29: 524. 1991.

SPI 63694；19250420；广东省。

SPI 139905；19410130；广东省广州市花都区。

（2）簕竹属 *Bambusa* Schreber, Gen. Pl. 236. 1789.

花竹 *Bambusa albolineata* L. C. Chia, Guihaia. 8: 121. 1988 ["albo-lineata"].

SPI 128691；19380427；广东省韶关市曲江区。

SPI 128742；19380427；广东省广州市增城区。

苦绿竹 *Bambusa basihirsuta* McClure, Lingnan Univ. Sci. Bull. 9: 6. 1940.

SPI 128747；19380427；广东省河源市。

吊丝球竹 *Bambusa beecheyana* Munro, Trans. Linn. Soc. London. 26: 108. 1868.

SPI 64054；19250603；广东省广州市海珠区。

SPI 128693；19380427；广东省清远市清新区太平镇香炉脚村。

SPI 128756；19380427；广东省广州市海珠区。

SPI 128758；19380427；广东省广州市海珠区。

SPI 128759；19380427；广东省广州市海珠区。

大头典竹 *Bambusa beecheyana* var. *pubescens* （P. F. Li）W. C. Lin, Bull. Taiwan Forest. Res. Inst. 6: 1. 1964.

SPI 55582；19220729；广东省广州市。

簕竹 *Bambusa blumeana* J. H. Schultes in Schultes & J. H. Schultes, Syst. Veg. 7（2）: 1343. 1830.

SPI 128710；19380427；广东省广州市海珠区。

妈竹 *Bambusa boniopsis* McClure, Lingnan Univ. Sci. Bull. 9: 7. 1940.

SPI 128730；19380427；海南省儋州市南丰镇。

SPI 128754；19380427；海南省三亚市。

粉箪竹 *Bambusa chungii* McClure, Lingnan Sci. J. 15: 639. 1936.

SPI 77002；19270624；安徽省。

SPI 80873；19290411；广东省广州市海珠区。

SPI 139898；19410130；广东省广州市。

坭簕竹 *Bambusa dissimulator* McClure, Lingnan Sci. J. 19: 413. 1940 ["dissemulator"].

SPI 128748；19380427；广东省广州市海珠区。

SPI 128750；19380427；广东省广州市海珠区。

SPI 139890；19410130；广东省广州市。

长枝竹 *Bambusa dolichoclada* Hayata, Icon. Pl. Formosan. 6: 144. 1916.

SPI 128732；19380427；海南省儋州市那大镇。

大眼竹 *Bambusa eutuldoides* McClure, Lingnan Univ. Sci. Bull. 9: 8. 1940.

SPI 63696；19250420；广东省肇庆市德庆县。

SPI 128696；19380427；广东省清远市清新区太平镇香炉脚村。

SPI 139888；19410130；广东省广州市。

小簕竹 *Bambusa flexuosa* Munro, Trans. Linn. Soc. London. 26: 101. 1868.

SPI 128692；19380427；广东省清远市清城区。

SPI 128737；19380427；广东省广州市海珠区。

SPI 128752；19380427；海南省陵水黎族自治县。

坭竹 *Bambusa gibba* McClure, Lingnan Univ. Sci. Bull. 9: 10. 1940.

SPI 77008；19270624；安徽省池州市青阳县九华山。

SPI 128718；19380427；江西省赣州市。

SPI 128733；19380427；海南省儋州市那大镇新兴。

油簕竹 *Bambusa lapidea* McClure, Lingnan Sci. J. 19: 531. 1940.

SPI 128685；19380427；广东省肇庆市德庆县。

SPI 128701；19380427；广东省广州市海珠区。

SPI 128705；19380427；广东省清远县清新区太平镇。

SPI 128726；19380427；广东省东莞市。

马岭竹 *Bambusa malingensis* McClure, Lingnan Univ. Sci. Bull. 9: 11. 1940.

SPI 139892；19410130；海南省三亚市。

孝顺竹 *Bambusa multiplex* （Loureiro）Raeuschel ex Schultes & J. H. Schultes in Roemer & Schultes, Syst. Veg. 7（2）: 1350. 1830.

SPI 80874；19290412；广东省清远市清新区太平镇香炉脚村。

SPI 124675；19370721；广东省广州市海珠区。

SPI 128695；19380427；广东省清远市清新区太平镇香炉脚村。

SPI 128702；19380427；广东省肇庆市广宁县游鱼坑。

SPI 128708；19380427；广东省广州市海珠区。

SPI 128722；19380427；广东省广州市增城区。

SPI 128734；19380427；海南省儋州市那大镇新兴。

SPI 128738；19380427；广东省惠州市龙门县。

SPI 128739；19380427；广东省广州市增城区。

SPI 128741；19380427；广东省惠州市博罗县。

SPI 128760；19380427；广东省广州市海珠区。

观音竹 Bambusa multiplex var. riviereorum Maire, Fl. Afrique N. 1: 355. 1952.

SPI 77014；19270624；广东省广州市海珠区。

黄竹仔 Bambusa mutabilis McClure, Lingnan Univ. Sci. Bull. 9: 12. 1940.

SPI 128751；19380427；海南省三亚市。

乌脚绿竹 Bambusa odashimae Hatusima ex Ohrnberger, Bamboos World. 271. 1999.

SPI 128688；19380427；广东省云浮。

SPI 128689；19380427；广东省云浮。

米筛竹 Bambusa pachinensis Hayata, Icon. Pl. Formosan. 6: 150. 1916.

SPI 128746；19380427；广东省河源市。

SPI 139889；19410130；广东省广州市。

撑篙竹 Bambusa pervariabilis McClure, Lingnan Univ. Sci. Bull. 9: 13. 1940.

SPI 128700；19380427；广东省广州市海珠区。

SPI 128723；19380427；广东省广州市增城区。

SPI 128724；19380427；广东省广州市增城区。

SPI 128744；19380427；广东省河源市源城区中山人民公园

SPI 128762；19380427；广东省广州市海珠区。

SPI 128766；19380427；广东省广州市海珠区。

SPI 128767；19380427；广东省广州市海珠区。

SPI 139893；19410130；广东省广州市。

甲竹 Bambusa remotiflora （Kuntze）L. C. Chia & H. L. Fung, Acta Phytotax. Sin. 18: 214. 1980.

SPI 128729；19380427；海南省。

SPI 128753；19380427；海南省三亚市。

木竹 Bambusa rutila McClure, Lingnan Sci. J. 19: 533. 1940.

SPI 128714；19380427；广东省韶关市曲江区。

车筒竹 Bambusa sinospinosa McClure, Lingnan Sci. J. 19: 411. 1940.

SPI 128684；19380427；广东省肇庆市德庆县。

SPI 128736；19380427；广东省广州市。

青皮竹 Bambusa textilis McClure, Lingnan Univ. Sci. Bull. 9: 14. 1940.

SPI 80872；19290410；广东省清远市清新区太平镇香炉脚村。

SPI 128698；19380427；广东省清远市清新区太平镇香炉脚村。

SPI 128703；19380427；广东省清远市怀集县汶朗镇乌石村。

SPI 128704；19380427；广东省清远市怀集县坳仔镇。

SPI 128715；19380427；广东省韶关市曲江区。

SPI 128721；19380427；广西壮族自治区梧州市苍梧县。

SPI 128761；19380427；广东省广州市海珠区。

紫斑竹 Bambusa textilis ‘Maculata’ L.C. Chia & et al., Guihaia 8（2）: 127. 1988.

SPI 128765；19380427；广东省广州市增城区。

光竿青皮竹 Bambusa textilis var. glabra McClure, Lingnan Univ. Sci. Bull. 9: 16. 1940.

SPI 128725；19380427；广东省东莞市塘头下。

崖州竹 Bambusa textilis var. gracilis McClure, Lingnan Univ. Sci. Bull. 9: 16. 1940.

SPI 128716；19380427；广东省韶关市曲江区。

SPI 128740；19380427；广东省广州市增城区。

SPI 128763；19380427；广东省广州市海珠区。

SPI 128764；19380427；广东省广州市海珠区。

马甲竹 Bambusa tulda Roxburgh, Fl. Ind., ed. 1832. 2: 193. 1832.

SPI 128707；19380427；广东省广州市海珠区。

青秆竹 Bambusa tuldoides Munro, Trans. Linn. Soc. London. 26: 93. 1868.

SPI 80875；19290413；广东省广州市。

SPI 110510；19350409；广东省广州市。

04

SPI 128690；19380427；广东省肇庆市鼎湖区鼎湖寺。

SPI 128699；19380427；广东省清远市清新区太平镇香炉脚村。

SPI 128713；19380427；广东省韶关市曲江区。

SPI 128719；19380427；香港。

SPI 128720；19380427；香港。

SPI 128735；19380427；广东省惠州市龙门县。

SPI 128743；19380427；广东省惠州市龙门县。

SPI 128745；19380427；广东省河源市源城区。

佛肚竹 *Bambusa ventricosa* McClure, Lingnan Sci. J. 17: 57. 1938.

SPI 63872；19250507；广东省清远市清新区太平镇香炉脚村。

SPI 77013；19270624；广东省广州市。

SPI 128706；19380427；广东省广州市荔湾区花地村（花埭）。

龙头竹 *Bambusa vulgaris* Schrader ex J. C. Wendland, Coll. Pl. 2: 26. 1810.

SPI 128712；19380427；广东省广州市海珠区。

（3）**空竹属 *Cephalostachyum*** Munro, Trans. Linn. Soc. London. 26: 138. 1868.

香糯竹 *Cephalostachyum pergracile* Munro, Trans. Linn. Soc. London. 26: 141. 1868.

SPI 139899；19410130；广东省广州市。

（4）**方竹属 *Chimonobambusa*** Makino, Bot. Mag.（Tokyo）. 28: 153. 1914.

方竹 *Chimonobambusa quadrangularis* （Franceschi）Makino, Bot. Mag.（Tokyo）. 28: 153. 1914.

SPI 77012；19270624；广西壮族自治区桂林市永福县。

（5）**牡竹属 *Dendrocalamus*** Nees, Linnaea. 9: 476. 1835.

梁山慈竹 *Dendrocalamus farinosus* （Keng & P. C. Keng）L. C. Chia & H. L. Fung, Acta Phytotax. Sin. 18: 215. 1980.

SPI 128727；19380427；广东省广州市番禺区。

版纳甜龙竹 *Dendrocalamus hamiltonii* Nees & Arnott ex Munro, Trans. Linn. Soc. London. 26: 151. 1868.

SPI 64056；19250603；广东省广州市海珠区。

麻竹 *Dendrocalamus latiflorus* Munro, Trans. Linn. Soc. London. 26: 152. 1868.

SPI 55583；19220729；广东省广州市。

SPI 128687；19380427；广东省云浮市。

SPI 128694；19380427；广东省清远市清新区太平镇香炉脚村。

SPI 128717；19380427；广西壮族自治区梧州市苍梧县。

SPI 128749；19380427；广东省广州市增城区。

SPI 128816；19380427；广西壮族自治区梧州市苍梧县。

吊丝竹 *Dendrocalamus minor* L. C. Chia & H. L. Fung, Acta Phytotax. Sin. 18: 215. 1980.

SPI 128697；19380427；广东省清远市清新区太平镇香炉脚村。

（6）**巨竹属 *Gigantochloa*** Kurz ex Munro, Trans. Linn. Soc. London. 26: 123. 1868.

毛笋竹 *Gigantochloa levis* （Blanco）Merrill, Amer. J. Bot. 3: 61. 1916.

SPI 128711；19380427；广东省广州市海珠区。

（7）**箬竹属 *Indocalamus*** Nakai, J. Arnold Arbor. 6: 148. 1925.

棕巴箬竹 *Indocalamus herklotsii* McClure, Lingnan Univ. Sci. Bull. 9: 22. 1940.

SPI 128711；19380427；香港。

SPI 139895；19410130；广东省广州市。

阔叶箬竹 *Indocalamus latifolius* （Keng）Mcclure, Sunyatsenia. 6（1）: 37. 1941.

SPI 116712；19270624；安徽省池州市青阳县九华山。

箬叶竹 *Indocalamus longiauritus* Handel-Mazzetti, Anz. Akad. Wiss. Wien, Math.-Naturwiss. Kl. 62: 254. 1925.

SPI 66781；19260407；广东省广州市黄埔区龙头山。

SPI 139897；19410130；广东省肇庆市鼎湖区鼎湖山。

水银竹 *Indocalamus sinicus* （Hance）Nakai,

J. Arnold Arbor. 6: 148. 1925.

SPI 128815；19380427；香港。

SPI 139894；19410130；广东省广州市。

（8）少穗竹属 *Oligostachyum* Z. P. Wang & G. H. Ye, J. Nanjing Univ., Nat. Sci. Ed. 1982（1）: 95. 1982 ["Oligostacyum"].

细柄少穗竹 *Oligostachyum gracilipes*（McClure）G. H. Ye & Z. P. Wang, J. Nanjing Univ., Nat. Sci. Ed. 26（3）: 488. 1990.

SPI 128672；19380427；广东省清远市清新区太平镇秦皇山。

（9）刚竹属 *Phyllostachys* Siebold & Zuccarini, Abh. Math.-Phys. Cl. Königl. Bayer. Akad. Wiss. 3: 745. 1843.

石绿竹 *Phyllostachys arcana* McClure, J. Wash. Acad. Sci. 35: 280. 1945.

SPI 77007；19370624；安徽省池州市青阳县九华山。

人面竹 *Phyllostachys aurea* Carrière ex Rivière & C. Rivière, Bull. Soc. Natl. Acclim. France, sér. 3. 5: 716. 1878.

SPI 128770；19380427；江苏省宜兴市。

SPI 128804；19380427；浙江省湖州市德清县武康街道。

甜笋竹 *Phyllostachys elegans* McClure, J. Arnold Arbor. 37: 183. 1956.

SPI 128778；19380427；海南省儋州市。

SPI 110511；19250409；广东省广州市。

曲竿竹 *Phyllostachys flexuosa* Rivière & C. Rivière, Bull. Soc. Natl. Acclim. France, sér. 3. 5: 758. 1878.

SPI 128784；19380427；江苏省南京市。

SPI 139877；19410130；海南省儋州市那大镇。

淡竹 *Phyllostachys glauca* McClure, J. Arnold Arbor. 37: 185. 1956.

SPI 77011；19270624；江苏省南京市。

SPI 128781；19380427；江苏省南京市。

SPI 139900；19410130；江苏省南京市。

水竹 *Phyllostachys heteroclada* Oliver, Hooker's Icon. Pl. 23: t. 2288. 1894.

SPI 77001；19270624；广东省。

SPI 77006；19270624；安徽省池州市青阳县九华山。

SPI 77009；19270624；安徽省池州市青阳县九华山。

SPI 116711；19270624；安徽省池州市青阳县九华山。

SPI 128771；19380427；广东省肇庆市广宁县。

SPI 128791；19380427；江苏省宜兴市。

SPI 128792；19380427；江苏省宜兴市。

SPI 128796；19380427；江苏省宜兴市。

SPI 128797；19380427；江苏省宜兴市。

SPI 128800；19380427；浙江省湖州市德清县武康街道。

SPI 128803；19380427；浙江省湖州市德清县武康街道。

SPI 128805；19380427；浙江省湖州市德清县武康街道。

美竹 *Phyllostachys mannii* Gamble, Ann. Roy. Bot. Gard. Calcutta. 7: 28. 1896.

SPI 128788；19380427；江苏省宜兴市。

SPI 128789；19380427；江苏省宜兴市。

SPI 128793；19380427；江苏省宜兴市。

毛环竹 *Phyllostachys meyeri* McClure, J. Wash. Acad. Sci. 35: 286. 1945.

SPI 128785；19380427；江苏省南京市。

篌竹 *Phyllostachys nidularia* Munro, Gard. Chron., n.s.,. 6: 773. 1876.

SPI 63695；19250420；广东省。

SPI 63697；19250420；广东省肇庆市德庆县。

SPI 66786；19260407；广东省广州市黄埔区龙头山。

SPI 67398；192601；广西壮族自治区梧州市。

SPI 67399；192601；广西壮族自治区梧州市。

SPI 77005；19270624；安徽省池州市青阳县九华山。

SPI 128769；19380427；广东省肇庆市德庆县。

SPI 128772；19380427；广东省广州市。

SPI 128773；19380427；广东省肇庆市德庆县。

SPI 128776；19380427；广西壮族自治区梧

04

州市藤县。

SPI 128779；19380427；广东省广州市荔湾区花地村（花埭）。

SPI 128790；19380427；江苏省宜兴市。

SPI 128808；19380427；广东省惠州市博罗县罗浮山。

SPI 128810；19380427；广东省广州市番禺区。

SPI 128812；19380427；广东省广州市海珠区。

SPI 128813；19380427；广东省广州市海珠区。

SPI 139902；19410130；广东省广州市海珠区。

实肚竹 _Phyllostachys nidularia_ f. _farcta_ H.R. Zhao & A.T. Liu, Acta Phytotax. Sin. 18（2）：186. 1980.

SPI 63757；19250424；广东省广州市黄埔区龙头山。

紫竹 _Phyllostachys nigra_（Loddiges ex Lindley）Munro, Trans. Linn. Soc. London. 26: 38. 1868.

SPI 66784；19260407；广东省广州市。

毛金竹 _Phyllostachys nigra_ var. _henonis_（Mitford）Stapf ex Rendle, J. Linn. Soc., Bot. 36: 443. 1904.

SPI 66787；19260407；广东省广州市。

SPI 128777；19380427；广西壮族自治区梧州市苍梧县。

SPI 128780；19380427；江苏省南京市。

早园竹 _Phyllostachys propinqua_ McClure, J. Wash. Acad. Sci. 35: 289. 1945.

SPI 76649；19260126；广西壮族自治区梧州市。

SPI 128774；19380427；广西壮族自治区梧州市苍梧县。

桂竹 _Phyllostachys reticulata_（Ruprecht）K. Koch, Dendrologie. 2（2）：356. 1873.

SPI 63698；19250420；广东省河源市紫金县。

SPI 66782；19260407；广东省广州市黄埔区龙头山。

SPI 66785；19260407；广东省广州市黄埔区龙头山。

SPI 77003；19270624；安徽省池州市青阳县九华山。

SPI 128775；19380427；广东省韶关市翁源县。

SPI 128787；19380427；江苏省南京市。

SPI 128794；19380427；江苏省宜兴市。

SPI 128795；19380427；江苏省宜兴市。

SPI 128798；19380427；广东省惠州市龙门县。

红边竹 _Phyllostachys rubromarginata_ McClure, Lingnan Univ. Sci. Bull. 9: 44. 1940.

SPI 66902；192506；广西壮族自治区。

SPI 77000；19270624；广东省。

金竹 _Phyllostachys sulphurea_（Carrière）Rivière & C. Rivière, Bull. Soc. Natl. Acclim. France, sér. 3. 5: 773. 1878.

SPI 128782；19380427；江苏省南京市。

SPI 128786；19380427；江苏省南京市。

SPI 139901；19410130；广东省广州市海珠区。

水竹 _Phyllostachys heteroclada_ Oliver, Hooker's Icon. Pl. 23: t. 2288. 1894.

SPI 128768；19380427；广东省肇庆市德庆县。

19380428；广东省肇庆市德庆县。

（10）苦竹属 _Pleioblastus_ Nakai, J. Arnold Arbor. 6: 145. 1925.

苦竹 _Pleioblastus amarus_ P. C. Keng, Techn. Bull. Natl. Forest. Res. Bur. 8: 14. 1948.

SPI 66783；19260407；广东省广州市黄埔区龙头山。

SPI 128814；19380427；江苏省宜兴市龙池山。

（11）矢竹属 _Pseudosasa_ Makino ex Nakai, J. Arnold Arbor. 6: 150. 1925.

茶秆竹 _Pseudosasa amabilis_（McClure）P. C. Keng ex S. L. Chen et al., Fl. Reipubl. Popularis Sin. 9（1）：641. 1996.

SPI 76648；19260126；广西壮族自治区梧州市岑溪市。

SPI 110509；19350409；广东省广州市。

托竹 _Pseudosasa cantorii_（Munro）P. C. Keng ex S. L. Chen et al., Fl. Reipubl. Popularis Sin. 9（1）：654. 1996 ["cantori"].

SPI 128675；19280427；江苏省宜兴市龙池山。

SPI 128676；19280427；广东省中山市。

SPI 128802；19280427；浙江省湖州市德庆县武康街道。

SPI 128811；19280427；海南省文昌市。

SPI 139874；19410130；广东省肇庆市鼎湖区鼎湖山。

SPI 139875；19410130；广东省广州市增城区。

SPI 139878；19410130；海南省琼中黎族苗族自治县。

SPI 139881；19410130；广东省河源市源城区。

SPI 139882；19410130；广东省河源市源城区。

SPI 139883；19410130；广东省河源市源城区。

SPI 139884；19410130；广东省茂名市高州市。

SPI 139885；19410130；海南省文昌市。

SPI 139887；19410130；海南省陵水黎族自治县。

SPI 139879；19410130；香港新界。

篲竹 *Pseudosasa hindsii*（Munro）S. L. Chen & G. Y. Sheng ex T. G. Liang, Fujian Bamboos. 142. 1987.

SPI 139870；19410130；广东省广州市。

SPI 139871；19410130；广东省广州市。

SPI 139872；19410130；广东省广州市。

矢竹 *Pseudosasa japonica*（Siebold & Zuccarini ex Steudel）Makino ex Nakai, J. Jap. Bot. 2（4）：15. 1920.

SPI 139886；19410130；广东省广州市海珠区。

（12）泡竹属 *Pseudostachyum* Munro, Trans. Linn. Soc. London. 26: 141. 1868.

泡竹 *Pseudostachyum polymorphum* Munro, Trans. Linn. Soc. London. 26: 142. 1868.

SPI 63693；19250420；广东省。

（13）赤竹属 *Sasa* Makino & Shibata, Bot. Mag.（Tokyo）. 15: 18. 1909.

赤竹 *Sasa longiligulata* McClure, Lingnan Sci. J. 19: 536. 1940.

SPI 128679；19380427；广东省惠州市博罗县。

（14）篾箬竹属 *Schizostachyum* Nees in Martius et al., Fl. Bras. Enum. Pl. 2: 535. 1829.

苗竹仔 *Schizostachyum dumetorum*（Hance ex Walpers）Munro in Seemann, Bot. Voy. Herald. 424. 1857.

SPI 77010；19270624；安徽省。

SPI 128728；19380427；香港新界。

SPI 139903；19410130；广东省广州市。

沙罗箪竹 *Schizostachyum funghomii* McClure, Lingnan Sci. J. 14: 585. 1935.

SPI 110512；19350409；广东省广州市。

SPI 128686；19380427；广东省肇庆市德庆县。

篲箬竹 *Schizostachyum pseudolima* McClure, Lingnan Sci. J. 19: 537. 1940.

SPI 128709；19380427；广东省广州市海珠区。

SPI 128731；19380427；海南省儋州市南丰镇。

（15）业平竹属 *Semiarundinaria* Nakai, J. Arnold Arbor. 6: 150. 1925.

业平竹 *Semiarundinaria fastuosa*（Mitford）Makino, J. Jap. Bot. 2（2）：8. 1918.

SPI 77004；19270624；安徽省池州市青阳县九华山。

（16）唐竹属 *Sinobambusa* Makino ex Nakai, J. Arnold Arbor. 6: 152. 1925.

竹仔 *Sinobambusa humilis* McClure, Lingnan Univ. Sci. Bull. 9: 59. 1940 ["humila"].

SPI 128671；19380427；广东省肇庆市鼎湖区鼎湖山。

SPI 128674；19380427；广东省清远市北江。

SPI 128755；19380427；海南省文昌市龙楼镇铜鼓岭。

SPI 139907；19410130；广东省清远市。

晾衫竹 *Sinobambusa intermedia* McClure, Lingnan Univ. Sci. Bull. 9: 61. 1940.

SPI 139908；19410130；广东省广州市番禺区。

红舌唐竹 *Sinobambusa rubroligula* McClure, Lingnan Univ. Sci. Bull. 9: 65. 1940.

SPI 139911；19410130；广东省广州市海珠区。

唐竹 *Sinobambusa tootsik*（Makino）Makino, J. Jap. Bot. 2: 8. 1918.

SPI 128673；19380427；广东省肇庆市鼎湖区鼎湖寺。

SPI 128677；19380427；广东省广州市番禺区。

SPI 128681；19380427；广东省广州市海珠区。

SPI 128682；19380427；广东省广州市海珠区。

SPI 139909；19410130；广东省清远市。

SPI 139910；19410130；广东省广州市。

SPI 139912；19410130；广东省河源市源城区。

（17）玉山竹属 *Yushania* P. C. Keng, Acta Phytotax. Sin. 6: 355. 1957.

短锥玉山竹 *Yushania brevipaniculata*（Handel-Mazzetti）T. P. Yi, J. Bamboo Res. 5（1）: 44. 1986.

SPI 69384；引种日期：19261104；19261222；安徽省池州市青阳县九华山。

未确定种如下：

SPI 63699；19250420；广东省河源市紫金县。

SPI 63826；19250424；广东省广州市海珠区。

SPI 63870；19250507；广东省清远市清新区太平镇秦皇山。

SPI 63871；19250507；广东省清远市清新区太平镇秦皇山。

SPI 63873；19250507；广东省清远市清新区太平镇香炉脚村。

SPI 63874；19250507；广东省清远市清新区太平镇香炉脚村。

SPI 63875；19250507；广东省广州市。

SPI 64055；19250603；广东省广州市海珠区。

SPI 66788；19260407；广东省广州市。

SPI 66789；19260407；广东省广州市。

SPI 66900；192506；广东省肇庆市怀集县汶朗镇乌石村。

SPI 66901；192506；广东省肇庆市怀集县汶朗镇乌石村。

SPI 110513；19350409；广东省广州市。

SPI 128678；19380427；广东省惠州市博罗县。

SPI 128680；19380427；广东省广州市海珠区。

SPI 128757；19380427；广东省广州市海珠区。

SPI 128783；19380427；江苏省南京市。

SPI 128799；19380427；江苏省南京市。

SPI 128801；19380427；浙江省湖州市德清县武康街道。

SPI 128806；19380427；福建省厦门市思明区南普陀寺。

SPI 128807；19380427；广东省广州市增城区。

SPI 128809；19380427；广东省河源市源城区。

SPI 139873；19410130；广东省广州市。

SPI 139876；19410130；广东省韶关市。

SPI 139880；19410130；广东省广州市增城区。

SPI 139891；19410130；广东省广州市。

SPI 139904；19410130；广东省惠州市龙门县。

SPI 139906；19410130；广东省惠州市博罗县。

SPI 139913；19410130；广东省广州市。

4 莫古礼在华采集和引种竹类植物的影响

4.1 促进竹子分类学的发展

竹类植物研究的突出问题始终表现在分类学研究上面（耿伯介和王正平，1996）。莫古礼在华研究竹类植物期间，科研态度严谨，在外采集竹类植物标本的同时，还收集活植物种植到岭南大学竹园，用以观察植物的形态和生长情况。经

统计，从1840—2010年，美国人在华采集的竹类植物标本共计960号2 238份，其中莫古礼就采集了727号1 840份，分别占75.7%和82.2%，足见他在竹类植物采集方面付出的心血，而且采集地域跨度大，采集种类普遍，为早期竹类植物研究提供了基础材料。莫古礼关于竹子分类学的研究成果也是极其丰富的，在华研究期间，他一共

发表了74个新种9个变种8个新组合以及3个新属（McClure，1931，1935，1936，1938，1940a，1940b，1940c，1941），详细内容见表9。莫古礼的采集工作在一定程度上也激励了同时代中国植物学家对本土植物的研究。

回到美国后，莫古礼继续研究竹类植物，在综合在华研究竹类植物的基础上所著的*The bamboos-A Fresh Perspective*中有专述分类方法，及不同竹属的种子所表现的开花和结果的形状，还从分类的观点分析竹类植物等，尤

其是无限花序与有限花序的理论，很具有独创性（McClure，1966）。他的遗著*Genera of Bamboos Native to the New World*，继续发表了当时美洲所有的野生竹类共17属，其中有4新属（McClure，1973）。在美国期间他的这些研究对竹类分类系统具有重要的参考价值。

时至今日，竹子分类学除经典分类研究之外，从解剖学、胚胎学、化学分类学、分子生物学等多学科手段上寻找可用于系统分类的证据，也是竹类植物学家努力的方向（杨光耀，2000）。

04

表9 莫古礼在华研究期间发表的竹类植物新种名录

序号	物种	发表时名称	接受名	活体模式标本	模式标本	模式标本采集者
1	茶秆竹	*Arundinaria amabilis* McClure, Lingnan Sci. J. 10（1）：6. 1931.	*Pseudosasa amabilis*（McClure）P. C. Keng ex S. L. Chen et al., Fl. Reipubl. Popularis Sin. 9（1）：641. 1996.	/	LU 17531-2	邓瑞宾、冯钦
2	沙罗箪竹	*Schizostachyum funghomii* McClure, Lingnan Sci. J. 14（4）：585. 1935.	*Schizostachyum funghomii* McClure, Lingnan Sci. J. 14（4）：585. 1935.	/	/	/
3	箪竹	*Bambusa cerosissima* McClure, Lingnan Sci. J. 15（4）：637. 1936.	*Bambusa cerosissima* McClure, Lingnan Sci. J. 15（4）：637. 1936.	/	LU 13313	莫古礼
4	粉箪竹	*Bambusa chungii* McClure, Lingnan Sci. J. 15（4）：639. 1936.	*Bambusa chungii* McClure, Lingnan Sci. J. 15（4）：639. 1936.	/	LU 19114	莫古礼
5	佛肚竹	*Bambusa ventricosa* McClure, Lingnan Sci. J. 17: 57. 1938.	*Bambusa ventricosa* McClure, Lingnan Sci. J. 17: 57. 1938.	BG 2651	McClure 20667	莫古礼
6	油簕竹	*Bambusa lapidea* McClure, Lingnan Sci. J. 19（4）：531. 1940.	*Bambusa lapidea* McClure, Lingnan Sci. J. 19: 531. 1940.	BG 1114	LU 19555	冯钦
7	木竹	*Bambusa rutila* McClure, Lingnan Sci. J. 19（4）：533. 1940.	*Bambusa rutila* McClure, Lingnan Sci. J. 19（4）：533. 1940.	BG 1476	Fung 20706	冯钦
8	鸡窦簕竹	*Bambusa funghomii* McClure, Lingnan Sci. J. 19（4）：535. 1940.	*Bambusa funghomii* McClure, Lingnan Sci. J. 19（4）：535. 1940.	BG 2721	McClure 20717	莫古礼
9	赤竹	*Sasa longiligulata* McClure, Lingnan Sci. J. 19（4）：536. 1940.	*Sasa longiligulata* McClure, Lingnan Sci. J. 19（4）：536. 1940.	/	McClure 20512	莫古礼
10	篋箬竹	*Schizostachyum pseudolima* McClure, Lingnan Sci. J. 19（4）：537. 1940.	*Schizostachyum pseudolima* McClure, Lingnan Sci. J. 19（4）：537. 1940.	BG 1991	Fung 20078	冯钦
11	托竹	*Arundinaria basigibbosa* McClure, Lingnan Univ. Sci. Bull. 9: 1. 1940.	*Pseudosasa cantorii*（Munro）P. C. Keng ex S. L. Chen et al., Fl. Reipubl. Popularis Sin. 9（1）：654. 1996.	BG 2393	Fung 20970	冯钦

（续）

序号	物种	发表时名称	接受名	活体模式标本	模式标本	模式标本采集者
12	簩竹	*Arundinaria cerata* McClure, Lingnan Univ. Sci. Bull. 9: 2. 1940.	*Pseudosasa hindsii*（Munro）S. L. Chen & G. Y. Sheng ex T. G. Liang, Fujian Bamboos 142. 1987.	BG 2398	LU 19782	莫古礼
13	托竹	*Arundinaria funghomii* McClure,Lingnan Univ. Sci. Bull. 9: 3. 1940.	*Pseudosasa cantorii*（Munro）P. C. Keng ex S. L. Chen et al., Fl. Reipubl. Popul100s Sin. 9（1）: 654. 1996.	BG 2343	LU 19053	冯钦
14	裸耳竹	*Bambusa aurinuda* McClure, Lingnan Univ. Sci. Bull. 9: 3. 1940.	*Bambusa aurinuda* McClure, Lingnan Univ. Sci. Bull. 9: 3. 1940.	/	Tsang 29447	曾怀德
15	扁竹	*Bambusa basihirsuta* McClure, Lingnan Univ. Sci. Bull. 9: 6. 1940.	*Bambusa basihirsuta* McClure, Lingnan Univ. Sci. Bull. 9: 6. 1940.	BG 2337	LU 19037	冯钦
16	妈竹	*Bambusa boniopsis* McClure, Lingnan Univ. Sci. Bull. 9: 7. 1940.	*Bambusa boniopsis* McClure, Lingnan Univ. Sci. Bull. 9: 7. 1940.	BG 2454	Fung 20237	冯钦
17	牛角竹	*Bambusa cornigera* McClure, Lingnan Univ. Sci. Bull. 9: 7. 1940.	*Bambusa cornigera* McClure, Lingnan Univ. Sci. Bull. 9: 7. 1940.	BG 1833	Fung 20712	冯钦
18	大眼竹	*Bambusa eutuldoides* McClure, Lingnan Univ. Sci. Bull. 9: 8. 1940.	*Bambusa eutuldoides* McClure, Lingnan Univ. Sci. Bull. 9: 8. 1940.	BG 1200	LU 19544	冯钦
19	银丝大眼竹	*Bambusa eutuldoides* var. basistriata McClure, Lingnan Univ. Sci. Bull. 9: 9. 1940.	*Bambusa eutuldoides* var. basistriata McClure, Lingnan Univ. Sci. Bull. 9: 9. 1940.	BG 1160	LU 13966	莫古礼
20	妈竹	*Bambusa fecunda* McClure, Lingnan Univ. Sci. Bull. 9: 9. 1940.	*Bambusa boniopsis* McClure, Lingnan Univ. Sci. Bull. 9: 7. 1940.	BG 1989	LU 18386	冯钦
21	流苏箪竹	*Bambusa fimbriligulata* McClure, Lingnan Univ. Sci. Bull. 9: 10. 1940.	*Bambusa fimbriligulata* McClure, Lingnan Univ. Sci. Bull. 9: 10. 1940.	/	McClure 20547	莫古礼
22	坭竹	*Bambusa gibba* McClure, Lingnan Univ. Sci. Bull. 9: 10. 1940.	*Bambusa gibba* McClure, Lingnan Univ. Sci. Bull. 9: 10. 1940.	BG 1669	Fung 20709	冯钦
23	马岭竹	*Bambusa malingensis* McClure, Lingnan Univ. Sci. Bull. 9: 11. 1940.	*Bambusa malingensis* McClure, Lingnan Univ. Sci. Bull. 9: 11. 1940.	BG 2653	Fung 20986	冯钦
24	黄竹仔	*Bambusa mutabilis* McClure, Lingnan Univ. Sci. Bull. 9: 12. 1940.	*Bambusa mutabilis* McClure, Lingnan Univ. Sci. Bull. 9: 12. 1940.	BG 2438	Fung 20248	冯钦
25	撑篙竹	*Bambusa pervariabilis* McClure, Lingnan Univ. Sci. Bull. 9: 13. 1940.	*Bambusa pervariabilis* McClure, Lingnan Univ. Sci. Bull. 9: 13. 1940.	BG 1226	Fung 19542	冯钦
26	石竹仔	*Bambusa piscatorum* McClure, Lingnan Univ. Sci. Bull. 9: 14. 1940 ["piscaporum"].	*Bambusa piscatorum* McClure, Lingnan Univ. Sci. Bull. 9: 14. 1940	BG 2646	Fung 20439	冯钦
27	青皮竹	*Bambusa textilis* McClure, Lingnan Univ. Sci. Bull. 9: 14. 1940.	*Bambusa textilis* McClure, Lingnan Univ. Sci. Bull. 9: 14. 1940.	BG 1842	LU 19162	邓瑞宾、冯钦

04

序号	物种	发表时名称	接受名	活体模式标本	模式标本	模式标本采集者
28	花竹	*Bambusa textilis* McClure var. *albostriata* McClure, Lingnan Univ. Sci. Bull. 9: 15. 1940 ["albostriata"].	*Bambusa albolineata* L. C. Chia, Guihaia 8: 121. 1988 ["albostriata"].	BG 2286	LU 18977	冯钦
29	青皮竹（原变种）	*Bambusa textilis* var. *maculata* McClure, Lingnan Univ. Sci. Bull. 9: 16. 1940.	*Bambusa textilis* var. *textilis*	BG 1241	Fung 20983	冯钦
30	光秆青皮竹	*Bambusa textilis* var. *glabra* McClure, Lingnan Univ. Sci. Bull. 9: 16. 1940.	*Bambusa textilis* var. *glabra* McClure, Lingnan Univ. Sci. Bull. 9: 16. 1940.	BG 1865	Fung 20722	冯钦
31	长毛米筛竹	*Bambusa textilis* McClure var. *fusca* McClure, Lingnan Univ. Sci. Bull. 9: 16. 1940.	*Bambusa pachinensis* var. *hirsutissima* （Odashima） W. C. Lin, Bull. Taiwan Forest. Res. Inst. 98: 21. 1964.	BG 2335	Fung 20755	冯钦
32	崖州竹	*Bambusa textilis* var. *gracilis* McClure, Lingnan Univ. Sci. Bull. 9: 16. 1940.	*Bambusa textilis* var. *gracilis* McClure, Lingnan Univ. Sci. Bull. 9: 16. 1940.	BG 2678	Fung 21356	冯钦
33	小花方竹	*Chimonobambusa microfloscula* McClure, Lingnan Univ. Sci. Bull. 9: 17. 1940.	*Chimonobambusa microfloscula* McClure, Lingnan Univ. Sci. Bull. 9: 17. 1940.	/	LU 19878	莫古礼
34	无耳藤竹	*Dinochloa orenuda* McClure, Lingnan Univ. Sci. Bull. 9: 18. 1940.	*Dinochloa orenuda* McClure, Lingnan Univ. Sci. Bull. 9: 18. 1940.	/	Fung 20230	冯钦
35	毛藤竹	*Dinochloa puberula* McClure, Lingnan Univ. Sci. Bull. 9: 19. 1940.	*Dinochloa puberula* McClure, Lingnan Univ. Sci. Bull. 9: 19. 1940.	/	LU 18370	莫古礼
36	藤竹	*Dinochloa utilis* McClure, Lingnan Univ. Sci. Bull. 9: 20. 1940.	*Dinochloa utilis* McClure, Lingnan Univ. Sci. Bull. 9: 20. 1940.	/	McClure 20136	莫古礼
37	鄂西玉山竹	*Indocalamus confusus* McClure, Lingnan Univ. Sci. Bull. 9: 20. 1940.	*Yushania confusa*（McClure） Z. P. Wang & G. H. Ye, J. Nanjing Univ., Nat. Sci. Ed. 1981（1）: 92. 1981.	/	Henry 6832	亨利（A. Henry）
38	粽巴箬竹	*Indocalamus herklotsii* McClure, Lingnan Univ. Sci. Bull. 9: 22. 1940.	*Indocalamus herklotsii* McClure, Lingnan Univ. Sci. Bull. 9: 22. 1940.	BG 2727	McClure 20838	莫古礼
39	大姚箭竹	*Indocalamus mairei*（Hackel ex Handel-Mazzetti） McClure, Lingnan Univ. Sci. Bull. 9: 22. 1940.	*Fargesia mairei*（Hackel ex Handel-Mazzetti） T. P. Yi, J. Bamboo Res. 7（2）: 50. 1988.	/	Maire 7524	莫雅（R. P. Maire）
40	长舌酸竹	*Indocalamus nanunicus* McClure, Lingnan Univ. Sci. Bull. 9: 25. 1940.	*Acidosasa nanunica*（McClure） C. S. Chao & G. Y. Yang, Acta Phytotax. Sin. 39: 66. 2001.	BG 1193	McClure 20624	莫古礼
41	毛花茶秆竹	*Indocalamus pallidiflorus* McClure, Lingnan Univ. Sci. Bull. 9: 26. 1940.	*Pseudosasa pubiflora*（Keng） P. C. Keng ex D. Z. Li & L. M. Gao, comb. nov.	/	Tsang 20216	曾怀德
42	巴山木竹	*Indocalamus scariosus* McClureMcClure, Lingnan Univ. Sci. Bull. 9: 27. 1940.	*Arundinaria fargesii* E. G. Camus, Notul. Syst.（Paris）2: 244. 1912.	/	Kung 2700	孔宪武（H. W. Kung）

（续）

序号	物种	发表时名称	接受名	活体模式标本	模式标本	模式标本采集者
43	大节竹	*Indosasa crassiflora* McClure, Lingnan Univ. Sci. Bull. 9: 29. 1940.	*Indosasa crassiflora* McClure, Lingnan Univ. Sci. Bull. 9: 29. 1940.	/	Tsang 29205	曾怀德
44	浦竹仔	*Indosasa hispida* McClure, Lingnan Univ. Sci. Bull. 9: 31. 1940.	*Indosasa hispida* McClure, Lingnan Univ. Sci. Bull. 9: 31. 1940.	/	Tsang 20361	曾怀德
45	摆竹	*Indosasa shibataeoides* McClure, Lingnan Univ. Sci. Bull. 9: 32. 1940 ["shibataeaoides"].	*Indosasa shibataeoides* McClure, Lingnan Univ. Sci. Bull. 9: 32. 1940 ["shibataeaoides"].	/	Metcalf 17781	麦特嘉
46	摆竹	*Indosasa tinctilimba* McClure, Lingnan Univ. Sci. Bull. 9: 33. 1940.	*Indosasa shibataeoides* McClure, Lingnan Univ. Sci. Bull. 9: 32. 1940 ["shibataeaoides"].	BG 1116-C	Fung 20882	冯钦
47	粉箪竹	*Lingnania chungii* （McClure） McClure, Lingnan Univ. Sci. Bull. 9: 351. 1940.	*Bambusa chungii* McClure, Lingnan Sci. J. 15（4）: 639. 1936.	BG 2676	/	/
48	箪竹	*Lingnania cerosissima* （McClure） McClure, Lingnan Univ. Sci. Bull. 9: 35. 1940.	*Bambusa cerosissima* McClure, Lingnan Sci. J. 15: 637. 1936.	BG 1232	/	/
49	甲竹	*Lingnania fimbriligulata* McClure, Lingnan Univ. Sci. Bull. 9: 35. 1940.	*Bambusa remotiflora* （Kuntze） L. C. Chia & H. L. Fung, Acta Phytotax. Sin. 18: 214. 1980.	BG 1984	Fung 20729	冯钦
50	桂箪竹	*Lingnania funghomii* McClure, Lingnan Univ. Sci. Bull. 9: 36. 1940.	*Bambusa guangxiensis* L. C. Chia & H. L. Fung, Acta Phytotax. Sin. 18: 214. 1980.	/	Fung 21073	冯钦
51	甲竹	*Lingnania parviflora* McClure, Lingnan Univ. Sci. Bull. 9: 37. 1940.	*Bambusa remotiflora* （Kuntze） L. C. Chia & H. L. Fung, Acta Phytotax. Sin. 18: 214. 1980.	/	McClure 20026	莫古礼
52	藤箪竹	*Lingnania scandens* McClure, Lingnan Univ. Sci. Bull. 9: 38. 1940.	*Bambusa hainanensis* L. C. Chia & H. L. Fung, Acta Phytotax. Sin. 18: 213. 1980.	/	Lau 6289	刘心祈
53	香糯竹	*Oxytenanthera aliena* McClure, Lingnan Univ. Sci. Bull. 9: 39. 1940.	*Cephalostachyum pergracile* Munro, Trans. Linn. Soc. London. 26: 141. 1868.	BG 2757	Fung 21375	冯钦
54	水竹	*Phyllostachys cerata* McClure, Lingnan Univ. Sci. Bull. 9: 41. 1940.	*Phyllostachys heteroclada* Oliver, Hooker' s Icon. Pl. 23: t. 2288. 1894.	/	McClure 20540	莫古礼
55	紫竹（原变种）	*Phyllostachys filifera* McClure, Lingnan Univ. Sci. Bull. 9: 42. 1940.	*Phyllostachys nigra* var. *nigra*	/	Fan 9285	H. N. Fan （Fan Hsioh Niao）
56	水竹	*Phyllostachys purpurata* McClure, Lingnan Univ. Sci. Bull. 9: 43. 1940.	*Phyllostachys heteroclada* Oliver, Hooker' s Icon. Pl. 23: t. 2288. 1894.	BG 1246	Fung 20889	冯钦
57	红边竹	*Phyllostachys rubromarginata* McClure, Lingnan Univ. Sci. Bull. 9: 44. 1940.	*Phyllostachys rubromarginata* McClure, Lingnan Univ. Sci. Bull. 9: 44. 1940.	BG 1426	Fung 20545	冯钦
58	光笹竹	*Sasa subglabra* McClure, Lingnan Univ. Sci. Bull. 9: 45. 1940.	*Sasa subglabra* McClure, Lingnan Univ. Sci. Bull. 9: 45. 1940.	BG 2734	Fung 21251	冯钦

（续）

序号	物种	发表时名称	接受名	活体模式标本	模式标本	模式标本采集者
59	白皮唐竹	*Semiarundinaria farinosa* McClure, Lingnan Univ. Sci. Bull. 9: 45. 1940.	*Sinobambusa farinosa*（McClure）T. H. Wen, J. Bamboo Res. 1（2）: 19. 1982.	BG 2334	Fung 20939	冯钦
60	细柄少穗竹	*Semiarundinaria gracilipes* McClure, Lingnan Univ. Sci. Bull. 9: 47. 1940.	*Oligostachyum gracilipes*（McClure）G. H. Ye & Z. P. Wang, J. Nanjing Univ., Nat. Sci. Ed. 26（3）: 488. 1990.	/	Fung 20159	冯钦
61	扛竹	*Semiarundinaria henryi* McClure, Lingnan Univ. Sci. Bull. 9: 48. 1940.	*Sinobambusa henryi*（McClure）C. D. Chu & C. S. Chao, Acta Phytotax. Sin. 18: 32. 1980.	BG 1192	Fung 20596	冯钦
62	林仔竹	*Semiarundinaria lima* McClure, Lingnan Univ. Sci. Bull. 9: 50. 1940.	*Oligostachyum nuspiculum*（McClure）Z. P. Wang & G. H. Ye, J. Nanjing Univ., Nat. Sci. Ed. 1982（1）: 98. 1982.	/	LU 18307	莫古礼
63	林仔竹	*Semiarundinaria nuspicula* McClure, Lingnan Univ., Sci. Bull. 9: 50. 1940.	*Oligostachyum nuspiculum*（McClure）Z. P. Wang & G. H. Ye, J. Nanjing Univ., Nat. Sci. Ed. 1982（1）: 98. 1982.	/	McClure 20060	莫古礼
64	糙花少穗竹（原变种）	*Semiarundinaria scabriflora* McClure, Lingnan Univ. Sci. Bull. 9: 52. 1940.	*Oligostachyum scabriflorum* var. *scabriflorum*		Tsang 22097	曾怀德
65	毛秆少穗竹	*Semiarundinaria scopula* McClure, Lingnan Univ. Sci. Bull. 9: 53. 1940.	*Oligostachyum scopulum*（McClure）Z. P. Wang & G. H. Ye, J. Nanjing Univ., Nat. Sci. Ed. 1982（1）: 98. 1982.	/	LU 18374	莫古礼
66	山竹子[1]	*Semiarundinaria shapoensis* McClure, Lingnan Univ. Sci. Bull. 9: 54. 1940.	*Semiarundinaria shapoensis* McClure, Lingnan Univ. Sci. Bull. 9: 54. 1940.	BG 1980	McClure 20636	莫古礼
67	黎竹	*Semiarundinaria venusta* McClure, Lingnan Univ. Sci. Bull. 9: 55. 1940.	*Acidosasa venusta*（McClure）Z. P. Wang & G. H. Ye ex C. S. Chao & C. D. Chu, Acta Phytotax. Sin. 29: 524. 1991.	BG 2396	Fung 21002	冯钦
68	芦花竹	*Shibataea hispida* McClure, Lingnan Univ. Sci. Bull. 9: 57. 1940.	*Shibataea hispida* McClure, Lingnan Univ. Sci. Bull. 9: 57. 1940.	/	LU 54300	秦仁昌
69	大节竹	*Sinobambusa gibbosa* McClure, Lingnan Univ. Sci. Bull. 9: 58. 1940.	*Indosasa crassiflora* McClure, Lingnan Univ. Sci. Bull. 9: 29. 1940.	/	Tsang 29125	曾怀德
70	竹仔	*Sinobambusa humilis* McClure, Lingnan Univ. Sci. Bull. 9: 59. 1940 ["humila"].	*Sinobambusa humilis* McClure, Lingnan Univ. Sci. Bull. 9: 59. 1940 ["humila"].	BG 1948-A	Fung 20907	冯钦
71	晾衫竹	*Sinobambusa intermedia* McClure, Lingnan Univ. Sci. Bull. 9: 61. 1940.	*Sinobambusa intermedia* McClure, Lingnan Univ. Sci. Bull. 9: 61. 1940.	BG 2673	Fung 20595	冯钦
72	满山爆竹	*Sinobambusa laeta* McClure, Lingnan Univ. Sci. Bull. 9: 63. 1940.	*Sinobambusa tootsik* var. *laeta*（McClure）T. H. Wen, J. Bamboo Res. 1（2）: 13. 1982.	BG 1203	LU 13960	莫古礼

1 *Semiarundinaria shapoensis* McClure, Lingnan Univ. Sci. Bull. 9: 54. 1940. 由于仅看到莫古礼在海南采集到该种的标本，《中国植物志》和 *Flora of China* 中未收录。

（续）

序号	物种	发表时名称	接受名	活体模式标本	模式标本	模式标本采集者
73	斑苦竹	*Sinobambusa maculata* McClure, Lingnan Univ. Sci. Bull. 9: 64. 1940.	*Pleioblastus maculatus*（McClure）C. D. Chu & C. S. Chao, Acta Phytotax. Sin. 18: 31. 1980.	/	McClure 20573	莫古礼
74	红舌唐竹	*Sinobambusa rubroligula* McClure, Lingnan Univ. Sci. Bull. 9: 65. 1940.	*Sinobambusa rubroligula* McClure, Lingnan Univ. Sci. Bull. 9: 65. 1940.	BG 2354	Fung 20946	冯钦
75	麻竹	*Sinocalamus latiflorus*（Munro）McClure, Lingnan Univ. Sci. Bull. 9: 67. 1940.	*Dendrocalamus latiflorus* Munro, Trans. Linn. Soc. London 26: 152. 1868.	/	Type examined at Kew	/
76	吊丝球竹（原变种）	*Sinocalamus beecheyanus*（Munro）McClure, Lingnan Univ. Sci. Bull. 9: 67. 1940.	*Bambusa beecheyana* var. *beecheyana*	/	Type examined at Kew	/
77	绿竹	*Sinocalamus oldhamii*（Munro）McClure, Lingnan Univ. Sci. Bull. 9: 67. 1940.	*Bambusa oldhamii* Munro, Trans. Linn. Soc. London 26: 109. 1868 ["oldhami"].	/	Type examined at Kew	/
78	慈竹	*Sinocalamus affinis*（Rendle）McClure, Lingnan Univ. Sci. Bull. 9: 67. 1940.	*Bambusa emeiensis* L. C. Chia & H. L. Fung, Acta Phytotax. Sin. 18: 214. 1980.	/	Type examined at Kew	/
79	车筒竹	*Bambusa sinospinosa* McClure, Lingnan Sci. J. 19: 411. 1940.	*Bambusa sinospinosa* McClure, Lingnan Sci. J. 19: 411. 1940.	BG 1149	Fung 20773	冯钦
80	坭簕竹	*Bambusa dissimulator* McClure, Lingnan Sci. J. 19: 413. 1940 ["dissemulator"].	*Bambusa dissimulator* McClure, Lingnan Sci. J. 19: 413. 1940 ["dissemulator"].	BG 2348	LU 19079	冯钦
81	白节簕竹	*Bambusa dissimulator* var. *albinodia* McClure, Lingnan Sci. J. 19: 415. 1940.	*Bambusa dissimulator* var. *albinodia* McClure, Lingnan Sci. J. 19: 415. 1940.	BG 2722	McClure 20719	莫古礼
82	毛簕竹	*Bambusa dissimulator* var. *hispida* McClure, Lingnan Sci. J. 19: 415. 1940.	*Bambusa dissimulator* var. *hispida* McClure, Lingnan Sci. J. 19: 415. 1940.	BG 2751	McClure 20861	莫古礼
83	短柄箭竹	*Arundinaria brevipes* McClure, Sunyatsenia 6（1）: 28. 1941	*Fargesia brevipes*（McClure）T. P. Yi, J. Bamboo Res. 7（2）: 113. 1988.	/	SYS 51600	莫雅（E. E. Maire）
84	射毛悬竹	*Indocalamus actinotrichus*（Merrill & Chun）McClure, Sunyatsenia 6（1）: 28. 1941.	*Ampelocalamus actinotrichus*（Merrill & Chun）S. L. Chen, T. H. Wen & G. Y. Sheng, Acta Phytotax. Sin. 19: 332. 1981.	/	/	/
85	髯毛箬竹	*Indocalamus barbatus* McClure, Sunyatsenia 6（1）: 32. 1941.	*Indocalamus barbatus* McClure, Sunyatsenia 6（1）: 32. 1941.	/	Wang 5060	C. Y. Wang
86	毛玉山竹	*Indocalamus basihirsutus* McClure, Sunyatsenia 6（1）: 35. 1941.	*Yushania basihirsuta*（McClure）Z. P. Wang & G. H. Ye, J. Nanjing Univ., Nat. Sci. Ed. 1981（1）: 92. 1981.	/	Li 2071	Y. Li

序号	物种	发表时名称	接受名	活体模式标本	模式标本	模式标本采集者
87	阔叶箬竹	*Indocalamus latifolius*（Keng）McClure, Sunyatsenia 6（1）: 37. 1941.	*Indocalamus latifolius*（Keng）McClure, Sunyatsenia 6（1）: 37. 1941.	/	/	/
88	锦帐竹	*Indocalamus pseudosinicus* McClure, Sunyatsenia 6（1）: 37. 1941.	*Indocalamus pseudosinicus* McClure, Sunyatsenia 6（1）: 37. 1941.	How 73208	侯宽昭（F. C. How, How Foonchew）
89	黔竹	*Lingnania tsiangii* McClure, Sunyatsenia 6（1）: 41. 1941.	*Dendrocalamus tsiangii*（McClure）L. C. Chia & H. L. Fung, Acta Phytotax. Sin. 18: 216. 1980.	/	Tsiang 6495	蒋英（Y. Tsiang）
90	泡竹	*Schizostachyum leviculme* McClure, Sunyatsenia 6（1）: 43. 1941.	*Pseudostachyum polymorphum* Munro, Trans. Linn. Soc. London 26: 142. 1868.	/	SYS 126599	辛树帜（S. S. Sin）
91	吊丝竹（原变种）	*Sinocalamus minor* McClure, Sunyatsenia 6（1）: 47. 1941.	*Dendrocalamus minor* var. *minor*	/	Tsiang 1473	蒋英

04

4.2 丰富了美国竹类植物种类

20世纪初，哈佛大学阿诺德树木园曾派威尔逊来华采集植物，他对中国的竹类植物也是情有独钟，引种过不少竹类植物回美国。美国农业部也曾派遣迈耶和洛克来华引种植物，也引种过竹类植物到美国。经统计，从1898—2010年，经美国农业部外国种子和植物引种办公室记录直接从华引种的竹类植物有306份，而其中莫古礼引种就有255份，占到总数的83.3%。截止到2010年，美国直接或间接引种竹类植物有29属185种13变种20变型25品种，而莫古礼就引种了17属77种，其引种成果远超其他引种人，并且极大丰富了美国竹类植物种质资源，把我国最有文化内涵和最为丰富的植物变成了美国甚至全人类的财富，为竹类植物在美国作为园林植物和经济植物奠定了基础，也极大地改变了竹类植物的自然分布。

由于美国气候条件与中国类似，多数引种到美国的竹类植物都能存活下来。如刚竹属植物喜温暖湿润地区，在美国西海岸大部分地区、东部沿海华盛顿特区东南以及海湾各州等地生长良好（McClure，1945）。美国从全球范围内广泛引种，根据截止到2020年3月的美国竹子协会数据，美国从最初本土3种竹类植物，发展到现在的51属340种27变种52变型158品种3亚种2杂交种。

4.3 促进了美国竹产业的发展

目前，竹类植物形成的产品在室内外装修、家具、用具、纸产品等方面都有广泛的利用，在建筑和桥梁方面也有拓展。美国引种竹类植物之初有发展经济目的，植物采集者在全球考察时候，看到在竹类植物主产区的人们把竹类植物运用到极致，比如在中国，竹类植物可以做成各种衣食住行的产品，由此他们引种竹类植物的很大目的也是想开展竹产业发展经济，尤其是引种诸如毛竹这种大径材的竹类植物。而且由于资源匮乏可以利用丰富和廉价的竹资源减少经济压力，这在引种初期竹类植物引种到美国之后得到了一定的应用（Young and Haun，1961）。最初竹类植物应用方向是作为固土护坡、动物饲料、纸浆生产原料等（包英爽和李智勇，2005）。这里简要分析20世纪上半叶美国引种竹类植物高峰期对竹材的利用情况。

鱼竿是美国初级竹产品中最为常见的一类，但制作鱼竿的竹材大部分依靠进口，仅在美国国内进一步加工成成品再进入市场进行销售。在进口贸易中，鱼竿制作最常用的种类为人面竹、曲竿竹、桂竹、毛环竹（*Phyllostachys meyeri* McClure）、毛金竹等。竹竿在美国还用于农场植物支架、篱笆等。这一时期也形成了对竹类植物进行初加工公司，如在莫古礼的档案中还存留一份关于某竹滑雪杆生产公司的新闻报纸，从新闻内容上看，在20世纪40年代竹制滑雪杆还是比较新奇的（图88）。美国也考虑过竹材在建筑中的应用，如南卡罗来纳州克莱姆森的工程试验站（Engineering Experiment Station at Clemson, S.C.）做过用足够竹龄竹材替换混凝土中的钢筋的试验，但由于技术问题，没有大面积推广。

美国自产的竹产品还有射箭用的弓、工具和运动用品手柄、帆船和无线电桅杆、相框、管制乐器等等，在引种栽培竹类植物之后还开展过相应的产品试验（图89）（McClure，1944）。竹浆造纸在中国具有悠久的历史，竹浆造纸也是美国当初引种竹类的一个重要用途，为此还开展过相关的试验，主要确定适合造纸的竹种、栽培要求以及收获方法（McClure，1927；Meyer，1972）。竹类植物的叶子和竹笋还用作动物的饲料，还有种植竹类植物用于固土护坡之用，如竹林抗风雪。美国还大量使用竹制的家具、屏风等，这些产品以及生产这些产

图88　记录滑雪杆生产企业的报纸

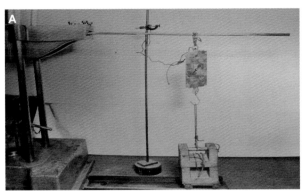
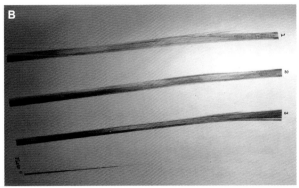

图89　滑雪杆强度试验（A：强度测试；B：用于测试的茶秆竹，图片来源：F. A. McClure, *Western hemisphere bamboos as substitutes for oriental bamboos for the manufacture of ski pole shafts*）

04

品的竹材主要依靠进口。

　　20世纪80、90年代，越来越多的美国人加强竹材利用的意识，尤其是美国竹子协会成立后，加大了对竹类的植物的科普和引种工作，为美国竹产业的发展做出了贡献。到21世纪初，美国竹产业发展较为迅速，2002年竹产业产值3000万～4000万美元，积极发展本国的竹笋生产基地，以及美国竹子协会南加州分会的"美洲竹子"行动，也对原产美洲的竹类进行保护和开发利用（张新萍和郭岩，2009）。

　　尽管现代制造技术可以让很多产品用竹材来制造，但与竹类植物主产区国家比较，美国对竹材的使用量要少得多，较少加工利用本国生产的竹类植物原材料，时至今日美国是世界上最大的竹制品进口市场之一，竹制产品主要依靠从国外进口。也由于美国本地生产竹类植物有限，所引种的竹类植物以用于园林和种植资源保存为主。如今，在竹产业方面，中国远比美国在前，中国充分发挥竹类植物资源的优势，在保护环境的基础上，因地制宜发展竹产业，同时竹产业在应对气候变化、生态系统恢复等方面具有突出作用和独特表现。

参考文献

艾文胜，龙应忠，李昌珠，等，2005. 湖南竹类资源与可持续性[J]. 湖南林业科技，32（3）：7-10.

包英爽，李智勇，2005. 国外竹产业的发展现状及趋势[J]. 世界竹藤通讯，3（4）：40-42.

北京师范大学生物系，1992. 北京植物志：下册[M]. 北京：北京出版社.

方伟，1995. 竹子分类学[M]. 北京：北京林业科技出版社.

福建省科学技术委员会，《福建植物志》编写组，1995. 福建植物志：第六卷[M]. 福州：福建科学技术出版社.

耿伯介，王正平，1996. 中国植物志：第九卷　第一分册[M]. 北京：科学出版社.

耿伯介，王正平，1996.《中国植物志》九卷一分册（禾本科—竹亚科）编后记[J]. 竹子研究汇刊，15（1）：77-79.

黄大勇，黄大志，李立杰，等，2017. 广西特有竹种及其保护研究[J]. 世界竹藤通讯，15（4）：13-17，31.

黄华梨，靳继军，2003. 甘肃省竹类资源发展利用方向及对策[J]. 甘肃林业科技，28（1）：26-28.

江苏省植物研究所，1976. 江苏植物志：上册[M]. 南京：江苏人民出版社.

李书春，陈绍球，黄成林，等，1990. 安徽竹类植物地理新分布及一栽培变型[J]. 竹子研究汇刊，9（1）：35-37.

李约瑟，2006. 中国科学技术史：第六卷　第一分册[M]. 北京：科学出版社.

梁泰然，1978. 中国竹林区划[J]. 河南农学院科技通讯（1）：96-123.

林万涛，1995. 广东竹林自然区划续报[J]. 竹子研究汇刊，14（1）：52-62.

罗昌海，1990. 香港竹类植物检索[J]. 西南师范大学学报（自然科学版），15（3）：391-398.

罗桂环，1994. 近代西方对中国生物的研究[J]. 中国科技史料，19（4）：1-18.

罗桂环，1998. 近代西方人在华的植物学考察和收集[J]. 中国科技史料，15（2）：17-31.

罗桂环，2005. 近代西方识华生物史[M]. 济南：山东教育出版社.

罗桂环，2011. 哈佛大学阿诺德树木园对我国植物学早期发展的影响[J]. 北京林业大学学报（社会科学版），10（3）：1-8.

马乃训，赖广辉，张培新，等，2014. 中国刚竹属[M]. 杭州：浙江科学技术出版社.

单家林，1997. 海南竹类的地理分布及区系特征[J]. 植物研究，17（4）：51-56.

史军义，易同培，王海涛，等，2007. 台湾竹子考察[J]. 竹子研究汇刊，26（3）：6-11.

史军义，周德群，马丽莎，等，2020. 中国竹类物种的多样性[J]. 世界竹藤通讯，18（4）：55-65.

史军义，周德群，张玉霄，等，2018. 关于竹类栽培品种国际登录中的命名范式问题[J]. 竹子学报，37（4）：1-3.

四川植物志编辑委员会，1983. 四川植物志：第十二卷[M]. 成都：四川人民出版社.

孙茂盛，鄢波，徐田，等，2015. 竹类植物资源与利用[M]. 北京：科学出版社.

王海涛，史军义，易同培，等，2007. 台湾的竹类植物及其特点[J]. 四川林业科技，28（6）：44-47.

杨光耀，2000. 中国散生竹类植物系统分类研究[D]. 南京：南京林业大学.

杨光耀，黎祖尧，1995. 江西竹类植物区系研究[J]. 江西农业大学学报，17（4）：466-470.

易同培，1983. 西藏竹类新植物[J]. 竹子研究汇刊，2（1）：28-46.

易同培，1988. 中国箭竹属的研究[J]. 竹子研究汇刊，7（2）：1-119.

易同培，史军义，马丽莎，等，2008. 中国竹类图志[M]. 北京：科学出版社.

易同培，史军义，马丽莎，等，2017. 中国竹类图志（续）[M]. 北京：科学出版社.

张党省，2011. 竹子分类及区域分布探究[J]. 陕西农业科学，57（5）：192-193.

张新萍，郭岩，2009. 国外竹产业的发展状况[J]. 世界竹藤通讯，7（2）：35-37.

浙江植物志编辑委员会，1993. 浙江植物志：第七卷[M]. 杭州：浙江科学技术出版社.

中国科学院华南植物园，2009. 广东植物志：第九卷[M]. 广州：广东科技出版社.

中国科学院昆明植物研究所，2003. 云南植物志：第九卷[M]. 北京：科学出版社.

中国科学院上海辰山植物科学研究中心. 上海数字植物志[DB/OL]. http://shflora.ibiodiversity.net/.

中国科学院武汉植物研究所，2002. 湖北植物志：第四卷[M]. 武汉：湖北科学技术出版社.

周益权，耿养会，蒋宣斌，等，2011. 重庆竹资源开发利用现状与发展对策[J]. 竹子研究汇刊，30（3）：58-61.

左家哺，1989. 贵州省竹亚科植物区系的初探[J]. 竹子研究汇刊，8（4）：22-29.

CUNNINGHAM I S, 1984. Frank N. Meyer, Plant Hunter in Asia[M]. Iowa State University Press, Ames.

DORSETT P H, 1916. The plant - introduction gardens of the Department of Agriculture[M]. Yearbook of the U S Department of Agriculture, 135-144.

JIANG Z, 2007. Bamboo and rattan in the world[M]. Beijing: China Forestry Publishing House.

KAREN W, GAYLE M V, 2020. The USDA plant introduction program[EB/OL]. https://colostate.pressbooks.pub/cropwildrelatives/chapter/usda-plant-introduction-program/.

KEOGH L, 2017. The wardian case: how a simple box moved the plant kingdom[J]. Arnoldia, 74 (4): 1-13.

KEOGH L, 2019. The wardian case: environmental histories of a box for moving plant[J]. Environment & History, 25(2): 219-244.

KRAYESKY D M, CHMIELEWSKI J G, 2014. Arundinaria gigantea: new to Pennsylvania[J]. Rhodora, 116(966): 228-231.

McCLURE F A, 1922. Notes on the island of Hainan[J]. Lingnan Agricultural Review, 1(1): 65-72.

McCLURE F A, 1925. Some observations on the bamboos of Kwangtung[J]. Lingnan Agricultural Review, 3(1): 40-47.

McCLURE F A, 1927. The native paper industry in Kwangtung[J]. Lingnan Science Journal, 5(3): 255-264.

McCLURE F A, 1931. Studies of Chinese bamboos, a new species of *Arundinaria* from southern China[J]. Lingnan Science Journal, 10(1): 5-10.

McCLURE F A, 1933. The Lingnan University third and fourth Hainan Island expedition[J]. Lingnan Science Journal, 12(3): 381-388.

McCLURE F A, 1934a. The Lingnan University fifth Hainan Island expedition[J]. Lingnan Science Journal, 13(1): 163-179.

McCLURE F A, 1934b. The Lingnan University sixth and seventh Hainan Island expeditions[J]. Lingnan Science Journal, 13(4): 577-601.

McCLURE F A, 1935. The Chinese species of *Schizostachyum*[J]. Lingnan Science Journal, 14(4): 575-602.

McCLURE F A, 1936. Two new species of *Bambusa* from southeastern China (Gramineae) [J]. Lingnan Science Journal, 15(4): 637-643.

McCLURE F A, 1938. *Bambusa ventricosa*, a new species with a teratological bent[J]. Lingnan Science Journal, 17(1): 57-61.

McCLURE F A, 1940a. Five new bamboos from southern China[J]. Lingnan Science Journal, 19(4): 531-542.

McCLURE F A, 1940b. New genera and species of Bambusaceae from eastern Asia[J]. Lingnan University Science, 9: 1-67.

McCLURE F A, 1940c. Two new thorny species of *Bambusa* from southern China[J]. Lingnan Science Journal, 19(3): 411-415.

McCLURE F A, 1941. On some new and imperfectly known species of Chinese bamboos[J]. Sunyatsenia, 6(1): 28-51.

McCLURE F A, 1944. Western hemisphere bamboos as substitutes for oriental bamboos for the manufacture of ski pole shafts.

McCLURE F A, 1945. The vegetative characters of the bamboo genus *Phyllostachys* and descriptions of eight new species introduced from China[J]. Journal of the Washington Academy of Sciences, 35(9): 276-293.

McCLURE F A, 1966. The bamboos, a fresh perspective[M].

Boston: Harvard University Press.

McCLURE F A, 1973. Genera of bamboos native to the New World (Gramineae: Bambusoideae) [M]. Washington D.C.: Smithsonian Institution Press.

MEYER F G, 1972. Floyd Alonzo McClure (1897—1970): A Tribute[J]. JSTOR.

OHRNBERGER D, 1999. The bamboos of the world: annotated nomenclature and literature of the species and the higher and lower taxa[M]. Elsevier.

TRIPLETT J K, CLARK L G, 2009. Towards a Stable Nomenclature for the North American Temperate Bamboos: Epitypification of *Arundo gigantea* Walt. and *Arundinaria macrosperma* Michx. (Poaceae)[J]. Castanea, 74(3): 207-212.

TRIPLETT J K, WEAKLEY A S, CLARK L G, 2006. Hill cane (*Arundinaria appalachiana*), a new species of bamboo (Poaceae: Bambusoideae) from the southern Appalachian Mountains[J]. SIDA, Contributions to Botany: 79-95.

VORONTSOVA M S, CLARK L G, DRANSFIELD J, et al, 2016. World checklist of bamboos and rattans: In celebration of INBAR's 20th Anniversary[M]. Beijing: International Network for Bamboo and Rattan.

WU Z, RAVEN P H, HONG D, 2006. Flora of China, vol 22[M]. Beijing: Science Press.

YOUNG R A, JOSEPH R H, 1961. Bamboo in the United States: description, culture, and utilization (Agriculture Handbook, No. 193) [M]. Washington, D. C.: United States Department of Agriculture.

致谢

本章内容的完成，得到了浙江农林大学风景园林与建筑学院以及全国多位专家学者的帮助，在此一并表示谢意。

感谢国家植物园（北园）马金双教授对本研究提供的宝贵建议并给予本次编撰书籍机会；感谢浙江农林大学包志毅教授提供研究方向，并感谢他的辛勤栽培和知遇之恩！感谢黑豹工社晏海副教授、史琰副教授、杨凡老师、饶显龙老师在本研究的文献查阅、数据处理、撰写思路等方面不断为我提供重要帮助，感谢南歆格博士在原始数据整理和制图方面提供的极大帮助。感谢黑豹工社的师弟师妹们，感谢姚兴达、楼晋盼、沈姗姗、朱怀真、李上善、金亚璐、胡汪涵、张明月、姚兴达等师弟师妹帮忙录入原始标本数据等。

本研究还得到国内外多位专家、同学、同门和朋友的支持。感谢华东师范大学博士研究生廖帅提供文献资料；感谢中国科学院自然科学史研究所罗桂环研究员提供近代植物采集史相关资料；感谢夏念和研究员介绍莫古礼采集历史以及提供莫古礼档案查阅线索；感谢廖文波教授为查阅中山大学植物标本室标本提供的帮助；感谢史军义研究员介绍竹类植物品种登录和提供国际竹类植物名录；感谢国际竹藤中心费本华主任、高健研究员帮忙介绍欧美竹类植物应用情况及莫古礼相关情况；感谢南京林业大学丁雨龙教授提供佐治亚海岸植物园的线索；感谢张宪春研究员、包伯坚老师提供中国科学院植物研究所禾本科标本数据；感谢南京大学庞延军教授、王菲皓老师为查阅南京大学生物系植物标本室标本提供的帮助；感谢华南植物园曾飞燕老师为研究中查阅华南植物园植物标本馆标本提供的帮助；感谢哈佛大学David Boufford教授、史密森学会美国自然历史博物馆国家标本馆文军教授、Robert Soreng教授、Meghann Toner以及史密森学会档案馆Deborah Shapiro为我在美国查阅资料鼎力相助。

作者简介

吴仁武（1987年出生，湖南临湘人），2005年9月至2009年8月就读于浙江林学院园林专业，获学士学位；2009年9月至2012年8月就读于浙江农林大学园林植物与观赏园艺专业，获硕士学位；2012年9月至2016年10月就职于浙江农林大学风景园林与建筑学院；2016年11月至2021年2月就职于浙江农林大学园林设计院有限公司，高级工程师；2015年9月至2021年1月就读于浙江农林大学竹资源与高效利用专业，获博士学位；2021年3月至今就职于浙江农林大学风景园林与建筑学院。主要从事植物景观规划设计、植物引种史研究。

植物中文名索引
Plant Names in Chinese

植物学名索引
Plant Names in Latin

中文人名索引
Persons Index in Chinese

西文人名索引
Persons Index